# Algèbre linéaire et géométrie vectorielle

**HOWARD ANTON**
**CHRIS RORRES**

*Drexel University*

**John Wiley & Sons Canada, Ltd.**

**Catalogage avant publication de Bibliothèque et Archives Canada**

Anton, Howard
    Algèbre linéaire et géométrie vectorielle / Howard Anton, Chris Rorres ;
Céline Tremblay, traduction ; Diane Demers, révision scientifique.

Traduit de l'anglais.
Comprend un index.
ISBN-13: 978-0-470-83725-2
ISBN-10: 0-470-83725-X

    1. Algèbre, Linéaire—Manuels.    2. Géométrie vectorielle—Manuels.  I. Rorres, Chris  II. Tremblay, Céline  III. Titre.

QA184.A5714 2005                         512'.5                    C2005-903285-5

Supervision éditorial : Karen Staudinger
Traduction : Céline Tremblay
Révision scientifique : Diane Demers
Correction d'épreuves : Marie Robert
Édition électronique : Quadratone Graphics Ltd.
Impression : Tri-Graphic Printing Limited

Imprimé au Canada

10  9  8  7  6  5  4  3  2  1

John Wiley & Sons Canada, Ltd.
6045 Freemont Blvd.
Mississauga, Ontario  L5R 4J3

www.wiley.ca

Le manuel *Algèbre linéaire et géométrie vectorielle* présente les bases de l'algèbre linéaire de façon claire, selon une approche adaptée à tous les étudiants de niveau collégial. La pédagogie est au coeur des préoccupations des auteurs.

Le dernier chapitre de ce manuel regroupe huit applications de l'algèbre linéaire, tirées du domaine des affaires, de l'économie et d'autres secteurs d'activités. Les applications sont indépendantes les unes des autres et chacune commence par une liste des notions mathématiques préalables. Cette présentation laisse à l'enseignant toute la latitude nécessaire pour choisir les applications les mieux adaptées à sa clientèle et pour les introduire au moment le plus opportun en cours de session, une fois que les préalables mathématiques sont acquis.

L'ordinateur n'est pas obligatoire, mais pour ceux et celles qui veulent utiliser MATLAB, Maple, Mathematica, ou des calculatrices scientifiques dotées de programmes d'algèbre linéaire, nous avons inclus des exercices à la fin de chaque chapitre pour permettre d'en explorer davantage le contenu spécifique.

## CARACTÉRIS-TIQUES DE L'OUVRAGE

- **Liens entre les notions :** Dans un cours d'algèbre linéaire, il est important de bien établir les liens qui tissent le canevas complexe des relations entre les systèmes d'équations linéaires, les matrices, les déterminants, les vecteurs, les transformations linéaires et les valeurs propres. Dans ce manuel, le fil de ces relations est développé progressivement, par une suite logique de théorèmes qui relient les nouvelles idées aux précédentes ; les théorèmes 1.5.3, 1.6.4, 2.3.6, 4.3.4 et 5.6.9 établissent ces liens. Ils assurent ainsi la cohésion du paysage de l'algèbre linéaire et ils permettent également de revoir régulièrement l'ensemble des notions traitées antérieurement.

- **Passage en douceur vers l'abstraction :** Le passage des espaces $R^n$ aux espaces vectoriels généraux s'avère souvent difficile pour les étudiants. Pour faciliter cette transition, la géométrie de $R^n$ sous-jacente est continuellement mise en évidence et les concepts clés sont d'abord développés dans $R^n$ avant d'être intégrés aux espaces vectoriels généraux.

- **Introduction rapide des transformations linéaires et des valeurs propres:** Pour éviter que le traitement des transformations linéaires et des valeurs propres ne se perde dans le brouhaha des fins de session, nous abordons ces notions dès que possible, pour les revoir ensuite et les développer plus loin dans le texte lorsque le sujet est traité plus en profondeur. Par exemple, nous présentons brièvement les équations caractéristiques dans le chapitre qui porte sur les déterminants, et nous étudions les bases des transformations linéaires de $R^n$ dans $R^m$ immédiatement après l'introduction de $R^n$.

## À propos des exercices

La série d'exercices qui accompagne chaque section débute par des exercices de routine, évolue vers des problèmes plus consistants et se termine avec des problèmes théoriques. Dans la plupart des sections, le corps principal des exercices est suivi de la rubrique *Exploration et discussion* qui contient des problèmes théoriques. La plupart des chapitres se terminent par une série d'exercices supplémentaires qui représentent généralement un plus gros défi pour l'étudiant, en l'obligeant à intégrer l'ensemble des notions couvertes dans le chapitre plutôt que de s'en tenir au contenu d'une section. À la suite des exercices supplémentaires, les exercices informatiques viennent clore le chapitre; ils sont classés en fonction de la section à laquelle ils se rapportent. Les données des exercices informatiques peuvent être téléchargées, dans les formats appropriés pour MATLAB, Maple, and Mathematica, à partir du site **www.wiley.com/canada/anton**.

## À propos des applications (chapitre 6)

Le chapitre 6 développe huit applications de l'algèbre linéaire, traitées dans huit sections indépendantes. Cette présentation permet à chacun de changer l'ordre des applications à sa guise ou d'en éliminer, selon ses intérêts et ses besoins. Chaque section débute par une liste des notions d'algèbre linéaire préalables, de sorte que le lecteur sait à l'avance s'il possède le bagage nécessaire pour lire la section.

Le niveau de difficulté varie d'une application à l'autre. Pour cette raison, nous les avons classées selon qu'elles sont jugées faciles ou d'un niveau de difficulté plus difficile :

**Facile :** L'étudiant moyen qui possède les préalables indiqués devrait pouvoir lire la section sans l'aide du professeur.

**Plus difficile :** L'étudiant moyen qui possède les préalables indiqués pourrait devoir solliciter l'aide de son professeur en cours de lecture.

| Niveau de difficulté | 1 | 2 | 3 | 4 | 5 | 6 | 7 | 8 |
|---|---|---|---|---|---|---|---|---|
| Facile | x | x | x | x | | | | |
| Plus difficile | | | | | x | x | x | x |

Cette évaluation repose davantage sur le niveau de difficulté intrinsèque au sujet traité que sur la quantité de notions préalables; ainsi, un sujet qui exige peu de préalables mathématiques peut être jugé plus difficile qu'un autre qui demande davantage de notions préalables.

Notre but premier étant de présenter des applications de l'algèbre linéaire, nous omettons souvent les démonstrations dans ce chapitre. Nous supposons que le lecteur possède les notions d'algèbre linéaire préalables et, lorsque le contexte l'exige, nous introduisons les principes issus d'autres domaines, en les justifiant autant que possible, mais la plupart du temps sans les démontrer.

## Autres ressources destinées aux étudiants

**Données formatées pour les exercices informatiques** Ces données sont disponibles dans les formats destinés à MATLAB, Maple, et Mathematica. Elles peuvent être téléchargées à partir du site **www.wiley.com/canada/anton**.

Autres ressources
destinées à
l'enseignant

***Corrigé des exercices pour l'enseignant*** — Ce document contient les solutions de tous les exercices présentés dans ce manuel.

***Banque de questions d'examen*** — Cette banque inclut une cinquantaine de questions diverses, cinq questions à développement par chapitre et un modèle d'examen final cumulatif.

***Ces deux ressources sont disponibles sur le site*** **www.wiley.com/canada/anton**.

# TABLE DES MATIÈRES

# Systèmes d'équations linéaires et matrices

## CONTENU DU CHAPITRE

**INTRODUCTION :** Les scientifiques et les mathématiciens regroupent souvent l'information dans des tableaux appelés « matrices ». Les lignes et les colonnes des matrices contiennent la plupart du temps des données numériques issues d'observations physiques, mais on les retrouve également dans divers contextes mathématiques. Par exemple, considérons le système d'équations ci-dessous :

$$5x + y = 3$$
$$2x - y = 4$$

Nous verrons dans ce chapitre que la matrice qui suit renferme toutes les données nécessaires à la résolution de ce système.

$$\begin{bmatrix} 5 & 1 & 3 \\ 2 & -1 & 4 \end{bmatrix}$$

On trouve la solution à l'aide d'opérations sur la matrice. Cette façon de faire devient particulièrement intéressante quand vient le temps de concevoir des programmes informatiques en vue de résoudre des systèmes d'équations linéaires; en effet, les ordinateurs manipulent facilement les tableaux de données numériques. Par ailleurs, les matrices représentent davantage qu'une notation utile à la résolution de systèmes d'équations; elles sont des objets mathématiques en soi, assortis d'une théorie élaborée qui donne lieu à un large spectre d'applications. Ce chapitre introduit la notion de matrice.

## 1.1
### INTRODUCTION AUX SYSTÈMES D'ÉQUATIONS LINÉAIRES

*Le cours d'« algèbre linéaire » donne une place prépondérante aux systèmes d'équations linéaires algébriques et à leur résolution. Dans cette première section du chapitre, nous introduirons la terminologie de base et nous appliquerons une méthode de résolution des systèmes d'équations linéaires.*

### Équations linéaires

Toute droite située dans le plan $xy$ peut être représentée par une équation de la forme suivante :

$$a_1 x + a_2 y = b$$

où $a_1$, $a_2$ et $b$ représentent des constantes réelles, $a_1$ et $a_2$ n'étant pas toutes deux égales à zéro. Une équation de cette forme est une équation linéaire à deux variables $x$ et $y$. Plus généralement, on exprime comme suit une ***équation linéaire*** à $n$ variables $x_1, x_2,..., x_n$ :

$$a_1 x_1 + a_2 x_2 + \cdots + a_n x_n = b$$

où $a_1$, $a_2,..., a_n$ et $b$ sont des constantes réelles. On appelle souvent ***inconnues*** les variables d'une équation linéaire.

---

### EXEMPLE 1   Équations linéaires

Les équations suivantes sont linéaires :

$$x + 3y = 7, \quad y = \tfrac{1}{2}x + 3z + 1 \quad \text{et} \quad x_1 - 2x_2 - 3x_3 + x_4 = 7$$

Observez que les variables de ces équations ne sont ni multipliées ni divisées entre elles et qu'elles n'apparaissent pas sous un radical. Elles figurent toutes à la première puissance et aucune n'est l'argument d'une fonction trigonométrique, logarithmique ou exponentielle. À l'inverse, les équations qui suivent

$$x + 3\sqrt{y} = 5, \quad 3x + 2y - z + xz = 4 \quad \text{et} \quad y = \sin x$$

*ne sont pas* linéaires. ◆

Une ***solution*** d'une équation linéaire $a_1 x_1 + a_2 x_2 + \cdots + a_n x_n = b$ comprend une séquence de $n$ nombres $s_1, s_2,..., s_n$ qui satisfont à l'équation lorsqu'on substitue ces nombres aux variables correspondantes, soit $x_1 = s_1, x_2 = s_2,..., x_n = s_n$. L'ensemble de toutes les solutions de l'équation se nomme ***ensemble solution*** ou encore ***solution générale*** de l'équation.

---

### EXEMPLE 2   Trouver la solution générale

Trouver la solution générale de (a) $4x - 2y = 1$ et (b) $x_1 - 4x_2 + 7x_3 = 5$.

#### Solution de (a)

Pour trouver les solutions de (a), on peut procéder en attribuant une valeur arbitraire à $x$, pour déterminer ensuite la valeur correspondante de $y$; ou, à l'inverse, on peut choisir une valeur de $y$, et calculer $x$ par la suite. Selon la première approche, posons $x = t$. On obtient

$$x = t, \qquad y = 2t - \tfrac{1}{2}$$

Ces formules décrivent la solution générale en fonction d'une valeur arbitraire $t$, appelée **paramètre**. On obtient les solutions numériques particulières en donnant des valeurs spécifiques à $t$. Par exemple, $t = 3$ donne la solution $x = 3$, $y = \frac{11}{2}$ et $t = -\frac{1}{2}$ donne $x = -\frac{1}{2}$, $y = -\frac{3}{2}$.

Considérons maintenant la seconde approche et posons $y = t$. On trouve

$$x = \tfrac{1}{2}t + \tfrac{1}{4}, \qquad y = t$$

Bien que ces expressions diffèrent des premières obtenues, elles représentent la même solution générale lorsqu'on considère toutes les valeurs possibles de $t$, c'est-à-dire l'ensemble des nombres réels. Par exemple, la première méthode donnait $x = 3$, $y = \frac{11}{2}$ pour $t = 3$; la seconde méthode donne la même solution pour $t = \frac{11}{2}$.

### Solution de (b)

Pour trouver l'ensemble des solutions de (b), attribuons des valeurs arbitraires à deux variables quelconques et calculons la troisième. Par exemple, posons $x_2 = s$ et $x_3 = t$; on obtient

$$x_1 = 5 + 4s - 7t, \qquad x_2 = s, \qquad x_3 = t \quad \blacklozenge$$

## Systèmes linéaires

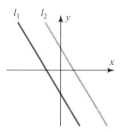

(a) Aucune solution

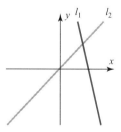

(b) Solution unique

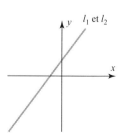

(c) Infinité de solutions

**Figure 1.1.1**

On appelle **système d'équations linéaires** ou **système linéaire** un ensemble fini d'équations linéaires incluant les variables $x_1, x_2, \ldots, x_n$. Une séquence de nombres $s_1, s_2, \ldots, s_n$ représente une **solution** de ce système si $x_1 = s_1$, $x_2 = s_2, \ldots, x_n = s_n$ solutionne chacune des équations du système. Par exemple, considérons le système suivant :

$$4x_1 - x_2 + 3x_3 = -1$$
$$3x_1 + x_2 + 9x_3 = -4$$

Il a pour solution $x_1 = 1$, $x_2 = 2$, $x_3 = -1$ puisque ces valeurs satisfont aux deux équations. Par contre, $x_1 = 1$, $x_2 = 8$, $x_3 = 1$ n'est pas une solution parce qu'elle satisfait seulement à la première équation du système.

Certains systèmes d'équations linéaires n'ont pas de solution. Prenons, par exemple, le cas suivant :

$$x + y = 4$$
$$2x + 2y = 6$$

Si l'on multiplie par $\frac{1}{2}$ la seconde équation du système, on voit immédiatement apparaître l'impossibilité :

$$x + y = 4$$
$$x + y = 3$$

Le système n'admet donc aucune solution.

On dit d'un système sans solution qu'il est **incohérent** ou **incompatible**. S'il possède au moins une solution, on dira qu'un système est **cohérent** ou **compatible**. Afin d'illustrer les possibilités rencontrées en solutionnant des systèmes d'équations linéaires, considérons un système général de deux équations linéaires à deux inconnues $x$ et $y$ :

$$a_1 x + b_1 y = c_1 \;\; \text{\scriptsize ($a_1$ et $b_1$ ne sont pas tous les deux nuls)}$$
$$a_2 x + b_2 y = c_2 \;\; \text{\scriptsize ($a_2$ et $b_2$ ne sont pas tous les deux nuls)}$$

Les graphes associés à ces relations, ces équations correspondent à des droites, que nous nommons $l_1$ et $l_2$. Sachant qu'un point $(x, y)$ appartient à une droite si et seulement si les nombres $x$ et $y$ satisfont à l'équation de cette droite, les solutions du système d'équations correspondent aux points d'intersection de $l_1$ et $l_2$. La figure 1.1.1 illustre les trois cas possibles :

- Les droites $l_1$ et $l_2$ sont parallèles; ainsi, il n'y a pas d'intersection et le système n'a aucune solution.
- Les droites $l_1$ et $l_2$ se croisent en un seul point, donc le système a une solution unique.
- Les droites $l_1$ et $l_2$ coïncident et les points d'intersection sont en nombre infini; le système admet donc une infinité de solutions.

Bien que nous ayons considéré un système formé de seulement deux équations à deux inconnues, nous montrerons plus loin que tout système arbitraire d'équations linéaires présente les trois mêmes possibilités :

*Un système d'équations linéaires n'a aucune solution, ou il a une solution unique, ou encore une infinité de solutions.*

Un système arbitraire de $m$ équations à $n$ inconnues peut s'écrire :

$$
\begin{aligned}
a_{11}x_1 + a_{12}x_2 + \cdots + a_{1n}x_n &= b_1 \\
a_{21}x_1 + a_{22}x_2 + \cdots + a_{2n}x_n &= b_2 \\
\vdots \qquad\quad \vdots \qquad\qquad \vdots \qquad\quad \vdots \\
a_{m1}x_1 + a_{m2}x_2 + \cdots + a_{mn}x_n &= b_m
\end{aligned}
$$

où $x_1, x_2, \ldots, x_n$ représentent les inconnues, et les $a_{ij}$ et $b_i$ correspondent à des constantes. Par exemple, un système général de trois équations linéaires à quatre inconnues a pour expression :

$$
\begin{aligned}
a_{11}x_1 + a_{12}x_2 + a_{13}x_3 + a_{14}x_4 &= b_1 \\
a_{21}x_1 + a_{22}x_2 + a_{23}x_3 + a_{24}x_4 &= b_2 \\
a_{31}x_1 + a_{32}x_2 + a_{33}x_3 + a_{34}x_4 &= b_3
\end{aligned}
$$

Le double indice des coefficients sert à préciser leur position dans le système. Le premier indice du coefficient $a_{ij}$ identifie l'équation dans laquelle il se trouve, et le second indice réfère à l'inconnue à laquelle il s'applique. Ainsi, le coefficient $a_{12}$ figure dans la première équation et il multiplie l'inconnue $x_2$.

## Matrices augmentées

Si l'on retient mentalement la position des symboles $+$, $x_i$ et $=$, on peut abréger l'écriture d'un système de $m$ équations à $n$ inconnues en le représentant par le tableau de nombres suivant :

$$
\begin{bmatrix}
a_{11} & a_{12} & \cdots & a_{1n} & b_1 \\
a_{21} & a_{22} & \cdots & a_{2n} & b_2 \\
\vdots & \vdots & & \vdots & \vdots \\
a_{m1} & a_{m2} & \cdots & a_{mn} & b_m
\end{bmatrix}
$$

Ce tableau est appelé ***matrice augmentée*** du système. (En mathématique, une *matrice* réfère à un tableau de nombres. On utilise les matrices dans divers contextes, comme nous le verrons dans les prochaines sections.) Considérons l'exemple suivant :

$$
\begin{aligned}
x_1 + x_2 + 2x_3 &= 9 \\
2x_1 + 4x_2 - 3x_3 &= 1 \\
3x_1 + 6x_2 - 5x_3 &= 0
\end{aligned}
$$

La matrice augmentée de ce système d'équations s'écrit :

$$\begin{bmatrix} 1 & 1 & 2 & 9 \\ 2 & 4 & -3 & 1 \\ 3 & 6 & -5 & 0 \end{bmatrix}$$

*REMARQUE* Pour construire une matrice augmentée, on place d'abord les inconnues suivant le même ordre dans chacune des équations et on inscrit les constantes à droite.

L'idée de base, pour résoudre un système d'équations linéaires, consiste à remplacer le système donné par un nouveau système dont la solution générale est la même, mais qui est plus simple à résoudre. On obtient généralement ce nouveau système en procédant par étapes, qui consistent à éliminer systématiquement des inconnues à l'aide des trois types d'opérations suivantes :

1. Multiplier tous les termes d'une équation par une constante non nulle.
2. Permuter deux équations.
3. Additionner un multiple d'une équation à une autre équation.

Or, les lignes d'une matrice augmentée correspondent aux équations du système dont elle est issue. Appliquées à la matrice, ces trois opérations deviennent :

1. Multiplier une ligne par une constante non nulle.
2. Permuter deux lignes.
3. Additionner un multiple d'une ligne à une autre ligne.

**Opérations élémentaires sur les lignes**

On nomme ces trois opérations les ***opérations élémentaires sur les lignes***. L'exemple qui suit illustre la façon de les utiliser pour résoudre des systèmes d'équations linéaires. Ne vous attardez pas pour l'instant à la séquence des opérations; une marche à suivre systématique sera présentée à la prochaine section. Assurez-vous cependant de bien suivre chacune des étapes et de comprendre les explications données.

---

**EXEMPLE 3** Utilisation des opérations élémentaires sur les lignes

---

La colonne de gauche présente la résolution d'un système d'équations linéaires en manipulant directement les équations. Parallèlement, on résout le même système dans la colonne de droite en opérant sur les lignes de la matrice augmentée.

$$\begin{aligned} x + y + 2z &= 9 \\ 2x + 4y - 3z &= 1 \\ 3x + 6y - 5z &= 0 \end{aligned}$$

$$\begin{bmatrix} 1 & 1 & 2 & 9 \\ 2 & 4 & -3 & 1 \\ 3 & 6 & -5 & 0 \end{bmatrix}$$

Ajoutons à la deuxième équation la première équation multipliée par $-2$; on obtient

Ajoutons à la deuxième ligne la première ligne multipliée par $-2$; on obtient

$$\begin{aligned} x + y + 2z &= 9 \\ 2y - 7z &= -17 \\ 3x + 6y - 5z &= 0 \end{aligned}$$

$$\begin{bmatrix} 1 & 1 & 2 & 9 \\ 0 & 2 & -7 & -17 \\ 3 & 6 & -5 & 0 \end{bmatrix}$$

Ajoutons à la troisième équation la première équation multipliée par $-3$ :

$$\begin{aligned} x + y + 2z &= 9 \\ 2y - 7z &= -17 \\ 3y - 11z &= -27 \end{aligned}$$

Ajoutons à la troisième ligne la première ligne multipliée par $-3$ :

$$\begin{bmatrix} 1 & 1 & 2 & 9 \\ 0 & 2 & -7 & -17 \\ 0 & 3 & -11 & -27 \end{bmatrix}$$

Multiplions la deuxième équation par par $\frac{1}{2}$ :

$$\begin{aligned} x + y + 2z &= 9 \\ y - \tfrac{7}{2}z &= -\tfrac{17}{2} \\ 3y - 11z &= -27 \end{aligned}$$

Multiplions la deuxième ligne par $\frac{1}{2}$ :

$$\begin{bmatrix} 1 & 1 & 2 & 9 \\ 0 & 1 & -\tfrac{7}{2} & -\tfrac{17}{2} \\ 0 & 3 & -11 & -27 \end{bmatrix}$$

Ajoutons à la troisième équation la deuxième équation multipliée par $-3$ :

$$\begin{aligned} x + y + 2z &= 9 \\ y - \tfrac{7}{2}z &= -\tfrac{17}{2} \\ -\tfrac{1}{2}z &= -\tfrac{3}{2} \end{aligned}$$

Ajoutons à la troisième ligne la deuxième ligne multipliée par $-3$ :

$$\begin{bmatrix} 1 & 1 & 2 & 9 \\ 0 & 1 & -\tfrac{7}{2} & -\tfrac{17}{2} \\ 0 & 0 & -\tfrac{1}{2} & -\tfrac{3}{2} \end{bmatrix}$$

Multiplions la troisième équation par $-2$ :

$$\begin{aligned} x + y + 2z &= 9 \\ y - \tfrac{7}{2}z &= -\tfrac{17}{2} \\ z &= 3 \end{aligned}$$

Multiplions la troisième ligne par $-2$ :

$$\begin{bmatrix} 1 & 1 & 2 & 9 \\ 0 & 1 & -\tfrac{7}{2} & -\tfrac{17}{2} \\ 0 & 0 & 1 & 3 \end{bmatrix}$$

Ajoutons à la première équation la deuxième équation multipliée par $-1$ :

$$\begin{aligned} x + \tfrac{11}{2}z &= \tfrac{35}{2} \\ y - \tfrac{7}{2}z &= -\tfrac{17}{2} \\ z &= 3 \end{aligned}$$

Ajoutons à la première ligne la deuxième ligne multipliée par $-1$ :

$$\begin{bmatrix} 1 & 0 & \tfrac{11}{2} & \tfrac{35}{2} \\ 0 & 1 & -\tfrac{7}{2} & -\tfrac{17}{2} \\ 0 & 0 & 1 & 3 \end{bmatrix}$$

Ajoutons à la première équation la troisième équation multipliée par $-\frac{11}{2}$ : ajoutons ensuite à la deuxième équation la troisième équation multipliée par $\frac{7}{2}$ :

$$\begin{aligned} x &= 1 \\ y &= 2 \\ z &= 3 \end{aligned}$$

Ajoutons à la première ligne la troisième ligne multipliée par $-\frac{11}{2}$ : ajoutons ensuite à la deuxième ligne la troisième ligne multipliée par $\frac{7}{2}$ :

$$\begin{bmatrix} 1 & 0 & 0 & 1 \\ 0 & 1 & 0 & 2 \\ 0 & 0 & 1 & 3 \end{bmatrix}$$

La solution apparaît alors clairement, soit $x = 1$, $y = 2$, $z = 3$. ◆

---

# SÉRIE D'EXERCICES 1.1

1. Parmi les équations suivantes, lesquelles sont des équations linéaires en $x_1$, $x_2$ et $x_3$?

(a) $x_1 + 5x_2 - \sqrt{2}x_3 = 1$

(b) $x_1 + 3x_2 + x_1x_3 = 2$

(c) $x_1 = -7x_2 + 3x_3$

(d) $x_1^{-2} + x_2 + 8x_3 = 5$

(e) $x_1^{3/5} - 2x_2 + x_3 = 4$

(f) $\pi x_1 - \sqrt{2}x_2 + \tfrac{1}{3}x_3 = 7^{1/3}$

**2.** Si $k$ est une constante, lesquelles des équations ci-dessous sont linéaires?

(a) $x_1 - x_2 + x_3 = \sin k$  (b) $kx_1 - \dfrac{1}{k}x_2 = 9$  (c) $2^k x_1 + 7x_2 - x_3 = 0$

**3.** Déterminez l'ensemble solution de chacun des systèmes d'équations linéaires suivants :

(a) $7x - 5y = 3$  (b) $3x_1 - 5x_2 + 4x_3 = 7$

(c) $-8x_1 + 2x_2 - 5x_3 + 6x_4 = 1$  (d) $3v - 8w + 2x - y + 4z = 0$

**4.** Écrivez la matrice augmentée de chacun des systèmes d'équations linéaires suivants :

(a)
$$\begin{aligned}
3x_1 - 2x_2 &= -1 \\
4x_1 + 5x_2 &= 3 \\
7x_1 + 3x_2 &= 2
\end{aligned}$$

(b)
$$\begin{aligned}
2x_1 \qquad + 2x_3 &= 1 \\
3x_1 - x_2 + 4x_3 &= 7 \\
6x_1 + x_2 - x_3 &= 0
\end{aligned}$$

(c)
$$\begin{aligned}
x_1 + 2x_2 \qquad - x_4 + x_5 &= 1 \\
3x_2 + x_3 \qquad - x_5 &= 2 \\
x_3 + 7x_4 \qquad &= 1
\end{aligned}$$

(d)
$$\begin{aligned}
x_1 \qquad &= 1 \\
x_2 \qquad &= 2 \\
x_3 &= 3
\end{aligned}$$

**5.** Associez un système d'équations linéaires à chacune des matrices augmentées données ci-dessous.

(a) $\begin{bmatrix} 2 & 0 & 0 \\ 3 & -4 & 0 \\ 0 & 1 & 1 \end{bmatrix}$  (b) $\begin{bmatrix} 3 & 0 & -2 & 5 \\ 7 & 1 & 4 & -3 \\ 0 & -2 & 1 & 7 \end{bmatrix}$

(c) $\begin{bmatrix} 7 & 2 & 1 & -3 & 5 \\ 1 & 2 & 4 & 0 & 1 \end{bmatrix}$  (d) $\begin{bmatrix} 1 & 0 & 0 & 0 & 7 \\ 0 & 1 & 0 & 0 & -2 \\ 0 & 0 & 1 & 0 & 3 \\ 0 & 0 & 0 & 1 & 4 \end{bmatrix}$

**6.** (a) Écrivez une équation linéaire des variables $x$ et $y$ qui a pour solution générale $x = 5 + 2t$, $y = t$.

(b) Montrez que $x = t$, $y = \frac{1}{2}t - \frac{5}{2}$ décrit également la solution générale de l'équation trouvée en (a).

**7.** La courbe $ax^2 + bx + c$ illustrée sur la figure ci-contre passe par les points $(x_1, y_1)$, $(x_2, y_2)$ et $(x_3, y_3)$. Montrez que les coefficients $a$, $b$ et $c$ forment une solution du système d'équations linéaires correspondant à la matrice augmentée suivante :

$$\begin{bmatrix} x_1^2 & x_1 & 1 & y_1 \\ x_2^2 & x_2 & 1 & y_2 \\ x_3^2 & x_3 & 1 & y_3 \end{bmatrix}$$

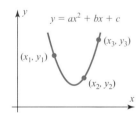

**Figure Ex-7**

**8.** Considérons le système d'équations suivant :

$$\begin{aligned}
x + y + 2z &= a \\
x \qquad + z &= b \\
2x + y + 3z &= c
\end{aligned}$$

Montrez que pour que ce système soit compatible, les constantes $a$, $b$ et $c$ doivent satisfaire la relation $c = a + b$.

**9.** Montrez que, si les équations $x_1 + kx_2 = c$ et $x_1 + lx_2 = d$ ont la même solution générale, alors ces équations sont identiques.

**10.** Démontrez que les opérations élémentaires sur les lignes ne modifient en rien la solution générale d'un système linéaire.

*Exploration*
*& discussion*

**11.** Pour quelle(s) valeur(s) de la constante $k$ le système suivant

$$x - y = 3$$
$$2x - 2y = k$$

n'a-t-il aucune solution? Pour quelles valeurs a-t-il une solution unique? une infinité de solutions? Justifiez vos réponses.

**12.** Considérons le système d'équations suivant :

$$ax + by = k$$
$$cx + dy = l$$
$$ex + fy = m$$

Que peut-on dire de la position relative des droites représentées par ces équations si:

(a) le système n'a aucune solution?

(b) le système a une solution unique?

(c) le système admet une infinité de solutions?

**13.** Si le système d'équations de l'exercice 12 est compatible, on peut éliminer au moins l'une des équations sans changer la solution générale. Expliquez cette affirmation.

**14.** Si $k = l = m = 0$ dans les équations de l'exercice 12, le système est nécessairement compatible. Expliquez pourquoi. Que peut-on dire du point d'intersection des trois droites si le système a une solution unique?

**15.** Nous pourrions définir des opérations élémentaires sur les colonnes comme nous l'avons fait pour les lignes. Ces opérations modifieraient-elles la solution générale d'un système linéaire? Comment peut-on interpréter les effets des opérations élémentaires sur les colonnes?

# 1.2
## MÉTHODE DE GAUSS

*Dans cette section, nous allons établir une procédure systématique pour résoudre les systèmes d'équations linéaires. L'idée consiste à réduire la matrice augmentée d'un système à une autre matrice augmentée plus simple, de sorte que la solution du système apparaisse clairement au simple examen de la matrice.*

Matrices échelonnées

Dans l'exemple 3 de la section précédente, nous avons résolu un système d'équations linéaires contenant les inconnues $x$, $y$ et $z$ en réduisant la matrice augmentée à la forme suivante :

$$\begin{bmatrix} 1 & 0 & 0 & 1 \\ 0 & 1 & 0 & 2 \\ 0 & 0 & 1 & 3 \end{bmatrix}$$

Un simple coup d'œil révèle la solution du système, soit $x = 1$, $y = 2$, $z = 3$. Ce type de matrice, appelée ***matrice échelonnée réduite***, est définie par les propriétés suivantes :

1. Si une ligne ne contient pas que des zéros, alors le premier élément non nul de la ligne, appelé ***pivot***, est égal à l'unité.

2. Les lignes qui ne contiennent que des zéros sont groupées au bas de la matrice.

3. Si deux lignes successives contiennent au moins un élément non nul, le pivot de la ligne inférieure est à droite de celui de la ligne supérieure.

**4.** Un pivot est le seul élément non nul de la colonne où il se trouve.

Une matrice qui présente les trois premières propriétés de la liste ci-dessus est appelée *matrice échelon* ou *matrice échelonnée*. (Ainsi, une matrice échelonnée réduite est nécessairement une matrice échelonnée, mais la réciproque n'est pas vraie.)

---

### EXEMPLE 1    Matrices échelonnées et matrices échelonnées réduites

---

Soit les matrices échelonnées réduites

$$\begin{bmatrix} 1 & 0 & 0 & 4 \\ 0 & 1 & 0 & 7 \\ 0 & 0 & 1 & -1 \end{bmatrix}, \quad \begin{bmatrix} 1 & 0 & 0 \\ 0 & 1 & 0 \\ 0 & 0 & 1 \end{bmatrix}, \quad \begin{bmatrix} 0 & 1 & -2 & 0 & 1 \\ 0 & 0 & 0 & 1 & 3 \\ 0 & 0 & 0 & 0 & 0 \\ 0 & 0 & 0 & 0 & 0 \end{bmatrix}, \quad \begin{bmatrix} 0 & 0 \\ 0 & 0 \end{bmatrix}$$

et les matrices échelonnées

$$\begin{bmatrix} 1 & 4 & -3 & 7 \\ 0 & 1 & 6 & 2 \\ 0 & 0 & 1 & 5 \end{bmatrix}, \quad \begin{bmatrix} 1 & 1 & 0 \\ 0 & 1 & 0 \\ 0 & 0 & 0 \end{bmatrix}, \quad \begin{bmatrix} 0 & 1 & 2 & 6 & 0 \\ 0 & 0 & 1 & -1 & 0 \\ 0 & 0 & 0 & 0 & 1 \end{bmatrix}$$

Vérifiez que chacune de ces matrices possède les propriétés correspondant à sa classification. ◆

---

### EXEMPLE 2    Matrices échelonnées et matrices échelonnées réduites : allure générale

---

L'exemple qui précède montre qu'une matrice échelonnée contient des zéros sous les pivots alors qu'une matrice échelonnée réduite a également des zéros *au-dessus* des pivots. Par exemple, si on remplace les ∗ par des nombres réels dans les matrices ci-dessous, on obtient des matrices échelonnées :

$$\begin{bmatrix} 1 & * & * & * \\ 0 & 1 & * & * \\ 0 & 0 & 1 & * \\ 0 & 0 & 0 & 1 \end{bmatrix}, \quad \begin{bmatrix} 1 & * & * & * \\ 0 & 1 & * & * \\ 0 & 0 & 1 & * \\ 0 & 0 & 0 & 0 \end{bmatrix},$$

$$\begin{bmatrix} 1 & * & * & * \\ 0 & 1 & * & * \\ 0 & 0 & 0 & 0 \\ 0 & 0 & 0 & 0 \end{bmatrix}, \quad \begin{bmatrix} 0 & 1 & * & * & * & * & * & * & * \\ 0 & 0 & 0 & 1 & * & * & * & * & * \\ 0 & 0 & 0 & 0 & 1 & * & * & * & * \\ 0 & 0 & 0 & 0 & 0 & 1 & * & * & * \\ 0 & 0 & 0 & 0 & 0 & 0 & 0 & 1 & * \end{bmatrix}$$

et des matrices échelonnées réduites :

$$\begin{bmatrix} 1 & 0 & 0 & 0 \\ 0 & 1 & 0 & 0 \\ 0 & 0 & 1 & 0 \\ 0 & 0 & 0 & 1 \end{bmatrix}, \quad \begin{bmatrix} 1 & 0 & 0 & * \\ 0 & 1 & 0 & * \\ 0 & 0 & 1 & * \\ 0 & 0 & 0 & 0 \end{bmatrix},$$

$$\begin{bmatrix} 1 & 0 & * & * \\ 0 & 1 & * & * \\ 0 & 0 & 0 & 0 \\ 0 & 0 & 0 & 0 \end{bmatrix}, \quad \begin{bmatrix} 0 & 1 & * & 0 & 0 & 0 & * & * & 0 & * \\ 0 & 0 & 0 & 1 & 0 & 0 & * & * & 0 & * \\ 0 & 0 & 0 & 0 & 1 & 0 & * & * & 0 & * \\ 0 & 0 & 0 & 0 & 0 & 1 & * & * & 0 & * \\ 0 & 0 & 0 & 0 & 0 & 0 & 0 & 0 & 1 & * \end{bmatrix} \blacklozenge$$

Si, en appliquant une série d'opérations élémentaires sur les lignes, on transforme la matrice augmentée d'un système d'équations linéaires en une matrice échelonnée réduite, alors la solution générale du système apparaît directement, sinon on la trouve en quelques étapes très simples. Voyons quelques exemples.

---

### EXEMPLE 3   Résolution de quatre systèmes linéaires

Des opérations sur les lignes des matrices augmentées de systèmes d'équations linéaires ont donné les matrices échelonnées réduites présentées ci-dessous. Dans chaque cas, résoudre le système.

(a) $\begin{bmatrix} 1 & 0 & 0 & 5 \\ 0 & 1 & 0 & -2 \\ 0 & 0 & 1 & 4 \end{bmatrix}$
(b) $\begin{bmatrix} 1 & 0 & 0 & 4 & -1 \\ 0 & 1 & 0 & 2 & 6 \\ 0 & 0 & 1 & 3 & 2 \end{bmatrix}$

(c) $\begin{bmatrix} 1 & 6 & 0 & 0 & 4 & -2 \\ 0 & 0 & 1 & 0 & 3 & 1 \\ 0 & 0 & 0 & 1 & 5 & 2 \\ 0 & 0 & 0 & 0 & 0 & 0 \end{bmatrix}$
(d) $\begin{bmatrix} 1 & 0 & 0 & 0 \\ 0 & 1 & 2 & 0 \\ 0 & 0 & 0 & 1 \end{bmatrix}$

*Solution de (a)*

Le système d'équations correspondant s'écrit :

$$\begin{aligned} x_1 \quad\quad\quad &= \quad 5 \\ x_2 \quad\quad &= -2 \\ x_3 &= \quad 4 \end{aligned}$$

La solution est donc $x_1 = 5$, $x_2 = -2$, $x_3 = 4$.

*Solution de (b)*

Le système d'équations correspondant s'écrit :

$$\begin{aligned} x_1 \quad\quad\quad + 4x_4 &= -1 \\ x_2 \quad\quad + 2x_4 &= \quad 6 \\ x_3 + 3x_4 &= \quad 2 \end{aligned}$$

Puisque $x_1$, $x_2$ et $x_3$ se retrouvent en position des pivots de la matrice augmentée, on les appelle également **variables liées.** Les autres variables, seulement $x_4$ dans le cas présent sont dites **variables libres.** Si on exprime les variables liées en termes de la variable libre, on a

$$\begin{aligned} x_1 &= -1 - 4x_4 \\ x_2 &= 6 - 2x_4 \\ x_3 &= 2 - 3x_4 \end{aligned}$$

Sous cette forme, on voit que l'on peut attribuer à $x_4$ une valeur arbitraire, disons $t$, qui détermine la valeur des variables liées $x_1$, $x_2$ et $x_3$. Dans ce cas, il y a une infinité de solutions et la solution générale s'exprime comme suit :

$$x_1 = -1 - 4t, \qquad x_2 = 6 - 2t, \qquad x_3 = 2 - 3t, \qquad x_4 = t$$

### Solution de (c)

La ligne de zéros représente l'équation $0x_1 + 0x_2 + 0x_3 + 0x_4 + 0x_5 = 0$, qui n'impose aucune contrainte à la solution (pourquoi?). On peut donc omettre cette équation et écrire le système correspondant comme suit :

$$
\begin{aligned}
x_1 + 6x_2 \qquad\quad + 4x_5 &= -2 \\
x_3 \quad\ + 3x_5 &= \ \ 1 \\
x_4 + 5x_5 &= \ \ 2
\end{aligned}
$$

Les variables liées sont ici $x_1$, $x_3$ et $x_4$ et les variables libres, $x_2$ et $x_5$. En exprimant les variables liées en fonction des variables libres, on obtient

$$
\begin{aligned}
x_1 &= -2 - 6x_2 - 4x_5 \\
x_3 &= 1 - 3x_5 \\
x_4 &= 2 - 5x_5
\end{aligned}
$$

Puisqu'on peut attribuer une valeur arbitraire à $x_5$, soit $t$, et une valeur arbitraire à $x_2$, soit $s$, le système admet une infinité de solutions. La solution générale prend alors la forme suivante :

$$x_1 = -2 - 6s - 4t, \qquad x_2 = s, \qquad x_3 = 1 - 3t, \qquad x_4 = 2 - 5t, \qquad x_5 = t$$

### Solution de (d)

La dernière équation du système s'écrit

$$0x_1 + 0x_2 + 0x_3 = 1$$

Puisque cette équation ne peut être résolue, le système n'a aucune solution. ◆

**Méthodes d'élimination**

Nous venons de voir qu'il est facile de résoudre un système d'équations linéaires une fois la matrice augmentée transformée en matrice échelonnée réduite. Décrivons maintenant dans le détail une méthode d'***élimination***, qui permet de transformer une matrice quelconque en une matrice échelonnée réduite. Nous allons illustrer chacune des étapes en réduisant la matrice ci-dessous en une matrice échelonnée réduite :

$$
\begin{bmatrix}
0 & 0 & -2 & 0 & 7 & 12 \\
2 & 4 & -10 & 6 & 12 & 28 \\
2 & 4 & -5 & 6 & -5 & -1
\end{bmatrix}
$$

*Étape 1.* En commençant par la gauche, repérez la première colonne qui ne contient pas que des zéros.

$$
\begin{bmatrix}
0 & 0 & -2 & 0 & 7 & 12 \\
2 & 4 & -10 & 6 & 12 & 28 \\
2 & 4 & -5 & 6 & -5 & -1
\end{bmatrix}
$$

↑
└── **Première colonne non nulle**

*Étape 2.* Si nécessaire, échangez la première ligne avec une autre, de sorte que le premier élément de la colonne identifiée à l'étape 1 ne soit pas un zéro.

$$\begin{bmatrix} 2 & 4 & -10 & 6 & 12 & 28 \\ 0 & 0 & -2 & 0 & 7 & 12 \\ 2 & 4 & -5 & 6 & -5 & -1 \end{bmatrix}$$

← Les deux premières lignes de la matrice précédente ont été permutées.

*Étape 3.* Si le premier élément de la colonne repérée à l'étape 1 est maintenant nommé $a$, on multiplie la première ligne par $1/a$ de façon à obtenir un pivot unitaire.

$$\begin{bmatrix} 1 & 2 & -5 & 3 & 6 & 14 \\ 0 & 0 & -2 & 0 & 7 & 12 \\ 2 & 4 & -5 & 6 & -5 & -1 \end{bmatrix}$$

← La première ligne de la matrice précédente a été multipliée par $\frac{1}{2}$.

*Étape 4.* À chacune les autres lignes, ajouter un multiple approprié de la première ligne, de façon à ce que tous les éléments sous le pivot unitaire deviennent des zéros.

$$\begin{bmatrix} 1 & 2 & -5 & 3 & 6 & 14 \\ 0 & 0 & -2 & 0 & 7 & 12 \\ 0 & 0 & 5 & 0 & -17 & -29 \end{bmatrix}$$

← À la troisième ligne on a ajouté $-2$ fois la première ligne.

*Étape 5.* Couvrez maintenant la première ligne de la matrice et reprenez à l'étape 1, en l'appliquant à la « sous-matrice » résiduelle. Procédez de la même manière jusqu'à ce que *toute* la matrice soit échelonnée.

$$\begin{bmatrix} 1 & 2 & -5 & 3 & 6 & 14 \\ 0 & 0 & -2 & 0 & 7 & 12 \\ 0 & 0 & 5 & 0 & -17 & -29 \end{bmatrix}$$

↑ **Première colonne non nulle de la sous-matrice**

$$\begin{bmatrix} 1 & 2 & -5 & 3 & 6 & 14 \\ 0 & 0 & 1 & 0 & -\frac{7}{2} & -6 \\ 0 & 0 & 5 & 0 & -17 & -29 \end{bmatrix}$$

← La première ligne de la sous-matrice a été multipliée par $-\frac{1}{2}$ pour obtenir un pivot unitaire.

$$\begin{bmatrix} 1 & 2 & -5 & 3 & 6 & 14 \\ 0 & 0 & 1 & 0 & -\frac{7}{2} & -6 \\ 0 & 0 & 0 & 0 & \frac{1}{2} & 1 \end{bmatrix}$$

← Pour introduire un zéro sous le pivot unitaire, on a ajouté à la seconde ligne de la sous-matrice $-5$ fois la première ligne.

$$\begin{bmatrix} 1 & 2 & -5 & 3 & 6 & 14 \\ 0 & 0 & 1 & 0 & -\frac{7}{2} & -6 \\ 0 & 0 & 0 & 0 & \frac{1}{2} & 1 \end{bmatrix}$$

← La première ligne de la sous-matrice est maintenant couverte (tramée), et nous reprenons à l'étape 1.

↑ **Première colonne non nulle de la nouvelle sous-matrice**

$$\begin{bmatrix} 1 & 2 & -5 & 3 & 6 & 14 \\ 0 & 0 & 1 & 0 & -\frac{7}{2} & -6 \\ 0 & 0 & 0 & 0 & 1 & 2 \end{bmatrix}$$

*Toute* la matrice est maintenant échelonnée. Pour obtenir une matrice échelonnée réduite, il s'agit de procéder à l'étape supplémentaire suivante.

*Étape 6.* En commençant par la dernière ligne qui ne contient pas que des zéros et en procédant vers le haut, on ajoute un multiple approprié de chaque ligne à la ligne qui se trouve au-dessus, de façon à obtenir des zéros au-dessus des pivots unitaires.

$$\begin{bmatrix} 1 & 2 & -5 & 3 & 6 & 14 \\ 0 & 0 & 1 & 0 & 0 & 1 \\ 0 & 0 & 0 & 0 & 1 & 2 \end{bmatrix}$$

$$\begin{bmatrix} 1 & 2 & -5 & 3 & 0 & 2 \\ 0 & 0 & 1 & 0 & 0 & 1 \\ 0 & 0 & 0 & 0 & 1 & 2 \end{bmatrix}$$

$$\begin{bmatrix} 1 & 2 & 0 & 3 & 0 & 7 \\ 0 & 0 & 1 & 0 & 0 & 1 \\ 0 & 0 & 0 & 0 & 1 & 2 \end{bmatrix}$$

La dernière matrice a la forme échelonnée réduite.

La méthode formée des cinq premières étapes ci-dessus est appelée la ***méthode de Gauss***. Elle permet d'obtenir une matrice échelonnée. En ajoutant la sixième étape, on obtient la ***méthode*** dite ***de Gauss-Jordan*** et le résultat est une matrice échelonnée réduite.

REMARQUE   Il peut être démontré *qu'à chaque matrice correspond une seule et unique matrice échelonnée réduite*; ainsi, la matrice échelonnée réduite d'une matrice donnée est la même peu importe la façon dont on a procédé dans les opérations sur les lignes. (On trouve une preuve de cette affirmation dans l'article « The Reduced Row Echelon Form of a Matrix Is Unique: A Simple Proof[1] » par Thomas Yuster, *Mathematics Magazine*, Vol. 57, No. 2, 1984, p. 93–94.) Par ailleurs, *une forme échelonnée d'une matrice donnée n'est pas unique*; le résultat varie selon la séquence des opérations sur les lignes.

---

## EXEMPLE 4   Méthode de Gauss-Jordan

---

Résoudre le système suivant à l'aide de la méthode de Gauss-Jordan

$$\begin{aligned} x_1 + 3x_2 - 2x_3 \qquad\quad + 2x_5 \qquad\qquad &= 0 \\ 2x_1 + 6x_2 - 5x_3 - \ 2x_4 + 4x_5 - \ 3x_6 &= -1 \\ 5x_3 + 10x_4 \qquad + 15x_6 &= 5 \\ 2x_1 + 6x_2 \qquad\quad + \ 8x_4 + 4x_5 + 18x_6 &= 6 \end{aligned}$$

*Solution*

La matrice augmentée du système est la suivante :

$$\begin{bmatrix} 1 & 3 & -2 & 0 & 2 & 0 & 0 \\ 2 & 6 & -5 & -2 & 4 & -3 & -1 \\ 0 & 0 & 5 & 10 & 0 & 15 & 5 \\ 2 & 6 & 0 & 8 & 4 & 18 & 6 \end{bmatrix}$$

On ajoute à la deuxième et à la quatrième ligne la première multipliée par $-2$; on obtient

$$\begin{bmatrix} 1 & 3 & -2 & 0 & 2 & 0 & 0 \\ 0 & 0 & -1 & -2 & 0 & -3 & -1 \\ 0 & 0 & 5 & 10 & 0 & 15 & 5 \\ 0 & 0 & 4 & 8 & 0 & 18 & 6 \end{bmatrix}$$

---

1 « La forme échelonnée réduite d'une matrice est unique : une preuve simple. » *Ndt.*

**Karl Friedrich Gauss**

**Wilhelm Jordan**

**Karl Friedrich Gauss** *(1777–1855)*, mathématicien et scientifique allemand. Parfois surnommé le « prince des mathématiciens », Gauss compte parmi les trois plus grands mathématiciens de tous les temps, au rang des Isaac Newton et Archimède. Sans doute le plus précoce enfant de toute l'histoire des mathématiques, Gauss aurait de son propre chef établi les rudiments de l'arithmétique avant même d'avoir appris à parler. Ses parents prirent soudainement conscience de son génie alors qu'il n'avait pas encore trois ans. Son père préparait le registre hebdomadaire des salaires des employés sous sa responsabilité. L'enfant l'observait calmement d'un coin de la pièce. Lorsque son père eut terminé ces longs calculs fastidieux, Gauss, qui avait fait les calculs mentalement, lui signifia une erreur et indiqua la correction à faire. Au grand étonnement de ses parents, la vérification des calculs donna raison à l'enfant!

Dans sa thèse de doctorat, Gauss établit la première preuve complète du théorème fondamental de l'algèbre, qui stipule que toute équation polynomiale de degré $n$ possède $n$ solutions. À 19 ans, il résout un problème sur lequel avait buté Euclide en construisant un polygone régulier de dix-sept côtés dans un cercle à l'aide d'une règle et d'un compas. Et en 1801, à l'âge de 24 ans, il publie son premier chef-d'œuvre, *Disquisitiones Arithmeticae*, souvent cité comme la plus brillante réalisation dans le domaine des mathématiques. Dans ce document, Gauss systématise l'étude de la théorie des nombres (l'étude des propriétés des nombres entiers) et formule les concepts de base de cette théorie.

Parmi ses autres prouesses, Gauss découvre la courbe « en cloche », aussi appelée courbe de Gauss, fondamentale en calcul des probabilités; il donne la première interprétation géométrique des nombres complexes et établit leur rôle fondamental en mathématiques; il développe des méthodes pour caractériser les surfaces à l'aide des courbes qu'elles contiennent, élabore la théorie des projections cartographiques conformes (sans déformation des angles), et découvre la géométrie non euclidienne 30 ans avant que d'autres mathématiciens en publient les fondements. En physique, il contribue à la théorie des lentilles, étudie l'action capillaire et, avec Wilhelm Weber, réalise un travail fondamental en électromagnétisme. Il invente également l'héliotrope, le magnétomètre bifilaire et l'électrotélégraphe.

Gauss, très religieux et d'allure aristocratique, maîtrisait facilement les langues étrangères et lisait beaucoup. Il s'intéressait à la minéralogie et à la botanique dans ses temps libres. Il détestait enseigner et se montrait généralement froid et décourageant à l'égard des autres mathématiciens, peut-être qu'il anticipait facilement leurs résultats. On dit parfois que les mathématiques actuelles seraient plus avancées de 50 ans si Gauss avait publié toutes ses découvertes. Il était sans conteste le plus grand mathématicien de l'ère moderne.

**Wilhelm Jordan** *(1842–1899)*, ingénieur allemand spécialisé en géodésie. Il contribue la résolution de systèmes d'équations linéaires. Il publie ses résultats en 1888 dans l'ouvrage de vulgarisation *Handbuch der Vermessungskunde* (*Manuel de géodésie*).

On multiplie par $-1$ la deuxième ligne; on ajoute à la troisième ligne la nouvelle deuxième ligne multipliée par $-5$ et on ajoute à la quatrième ligne la nouvelle deuxième ligne multipliée par $-4$. On trouve

$$\begin{bmatrix} 1 & 3 & -2 & 0 & 2 & 0 & 0 \\ 0 & 0 & 1 & 2 & 0 & 3 & 1 \\ 0 & 0 & 0 & 0 & 0 & 0 & 0 \\ 0 & 0 & 0 & 0 & 0 & 6 & 2 \end{bmatrix}$$

On permute les troisième et quatrième lignes. On multiplie ensuite par $\frac{1}{6}$ la troisième ligne de la matrice résultante, ce qui donne la matrice échelonnée

$$\begin{bmatrix} 1 & 3 & -2 & 0 & 2 & 0 & 0 \\ 0 & 0 & 1 & 2 & 0 & 3 & 1 \\ 0 & 0 & 0 & 0 & 0 & 1 & \frac{1}{3} \\ 0 & 0 & 0 & 0 & 0 & 0 & 0 \end{bmatrix}$$

On ajoute à la deuxième ligne la troisième ligne multipliée par $-3$; on ajoute ensuite à la première ligne la deuxième ligne multipliée par 2. On obtient ainsi la matrice échelonnée réduite

$$\begin{bmatrix} 1 & 3 & 0 & 4 & 2 & 0 & 0 \\ 0 & 0 & 1 & 2 & 0 & 0 & 0 \\ 0 & 0 & 0 & 0 & 0 & 1 & \frac{1}{3} \\ 0 & 0 & 0 & 0 & 0 & 0 & 0 \end{bmatrix}$$

Le système d'équations correspondant s'écrit :

$$x_1 + 3x_2 \qquad + 4x_4 + 2x_5 \qquad = 0$$
$$x_3 + 2x_4 \qquad \qquad = 0$$
$$x_6 = \frac{1}{3}$$

(Nous avons laissé tomber la dernière équation, $0x_1 + 0x_2 + 0x_3 + 0x_4 + 0x_5 = 0$, qui sera systématiquement satisfaite par les solutions des autres équations.) En isolant les variables liées, on obtient

$$x_1 = -3x_2 - 4x_4 - 2x_5$$
$$x_3 = -2x_4$$
$$x_6 = \frac{1}{3}$$

Attribuons respectivement les valeurs arbitraires $r$, $s$ et $t$ aux variables libres $x_2$, $x_4$ et $x_5$. La solution générale s'écrit alors

$$x_1 = -3r - 4s - 2t, \quad x_2 = r, \quad x_3 = -2s, \quad x_4 = s, \quad x_5 = t, \quad x_6 = \frac{1}{3} \quad \blacklozenge$$

**Substitution à rebours**

La méthode de Gauss est parfois plus avantageuse pour résoudre les systèmes d'équations linéaires; on échelonne la matrice augmentée, sans la réduire davantage. Une fois cette étape franchie, on résout le système d'équations en appliquant une technique appelée ***substitution à rebours***, telle qu'illustré ci-dessous.

---

**EXEMPLE 5**   Résolution du cas de l'exemple 4 par substitution à rebours

---

À l'exemple 4, nous avons réduit une matrice augmentée à la matrice échelonnée suivante :

$$\begin{bmatrix} 1 & 3 & -2 & 0 & 2 & 0 & 0 \\ 0 & 0 & 1 & 2 & 0 & 3 & 1 \\ 0 & 0 & 0 & 0 & 0 & 1 & \frac{1}{3} \\ 0 & 0 & 0 & 0 & 0 & 0 & 0 \end{bmatrix}$$

Le système d'équations correspondant s'écrit :

$$x_1 + 3x_2 - 2x_3 \qquad + 2x_5 \qquad = 0$$
$$x_3 + 2x_4 \qquad + 3x_6 = 1$$
$$x_6 = \frac{1}{3}$$

On le résout comme suit :

*Étape 1.* On isole d'abord les variables liées; on a

$$x_1 = -3x_2 + 2x_3 - 2x_5$$
$$x_3 = 1 - 2x_4 - 3x_6$$
$$x_6 = \tfrac{1}{3}$$

*Étape 2.* En procédant du bas vers le haut, on substitue successivement chacune des équations dans les équations au-dessus d'elle.

Ainsi, en substituant $x_6 = \tfrac{1}{3}$ dans la deuxième équation, on obtient

$$x_1 = -3x_2 + 2x_3 - 2x_5$$
$$x_3 = -2x_4$$
$$x_6 = \tfrac{1}{3}$$

On substitue ensuite $x_3 = -2x_4$ dans la première équation; on trouve

$$x_1 = -3x_2 - 4x_4 - 2x_5$$
$$x_3 = -2x_4$$
$$x_6 = \tfrac{1}{3}$$

*Étape 3.* On donne finalement des valeurs arbitraires aux variables libres, s'il y a lieu.

Dans le cas présent, attribuons respectivement les valeurs $r$, $s$ et $t$ aux variables $x_2$, $x_4$ et $x_5$; la solution générale devient alors

$$x_1 = -3r - 4s - 2t, \quad x_2 = r, \quad x_3 = -2s, \quad x_4 = s, \quad x_5 = t, \quad x_6 = \tfrac{1}{3}$$

Ce résultat est le même que celui nous avions obtenu à l'exemple 4. ◆

*REMARQUE* On donne généralement le nom de ***paramètres*** aux valeurs arbitraires attribuées aux variables libres. Les lettres $r$, $s$, $t$,... sont généralement utilisées pour représenter les paramètres, mais toute autre lettre qui n'entre pas en conflit avec les noms des variables fera tout aussi bien l'affaire.

---

## EXEMPLE 6   Méthode de Gauss

Résoudre le système d'équations

$$\begin{aligned} x + y + 2z &= 9 \\ 2x + 4y - 3z &= 1 \\ 3x + 6y - 5z &= 0 \end{aligned}$$

en utilisant la méthode de Gauss et la substitution à rebours.

*Solution*

Considérons le système vu à l'exemple 3 de la section 1.1. Nous avions alors la matrice augmentée suivante :

$$\begin{bmatrix} 1 & 1 & 2 & 9 \\ 2 & 4 & -3 & 1 \\ 3 & 6 & -5 & 0 \end{bmatrix}$$

Nous en avions obtenu la matrice échelonnée :

$$\begin{bmatrix} 1 & 1 & 2 & 9 \\ 0 & 1 & -\frac{7}{2} & -\frac{17}{2} \\ 0 & 0 & 1 & 3 \end{bmatrix}$$

Le système d'équations associé à cette matrice s'écrit

$$\begin{aligned} x + y + 2z &= 9 \\ y - \tfrac{7}{2}z &= -\tfrac{17}{2} \\ z &= 3 \end{aligned}$$

En isolant les variables liées, on obtient

$$\begin{aligned} x &= 9 - y - 2z \\ y &= -\tfrac{17}{2} + \tfrac{7}{2}z \\ z &= 3 \end{aligned}$$

En substituant la dernière équation dans les précédentes, on trouve

$$\begin{aligned} x &= 3 - y \\ y &= 2 \\ z &= 3 \end{aligned}$$

Finalement, en substituant la deuxième équation dans la première, on obtient $x = 1$, $y = 2$, $z = 3$. Cette solution est la même que celle obtenue avec la méthode de Gauss-Jordan à l'exemple 3 de la section 1.1. ◆

## Systèmes linéaires homogènes

Un système d'équations linéaires est dit ***homogène*** lorsque tous les termes constants sont nuls; le système prend alors la forme suivante :

$$\begin{aligned} a_{11}x_1 + a_{12}x_2 + \cdots + a_{1n}x_n &= 0 \\ a_{21}x_1 + a_{22}x_2 + \cdots + a_{2n}x_n &= 0 \\ \vdots \qquad \vdots \qquad\qquad \vdots \qquad \vdots \\ a_{m1}x_1 + a_{m2}x_2 + \cdots + a_{mn}x_n &= 0 \end{aligned}$$

Tout système d'équations linéaires homogène est compatible, étant donné que la solution $x_1 = 0$, $x_2 = 0, \ldots, x_n = 0$ satisfait toujours à un tel système. Cette solution est appelée la ***solution triviale***; les autres solutions, s'il y a lieu, sont appelées ***solutions non triviales***.

Un système homogène ayant toujours pour solution la solution triviale, il reste seulement deux possibilités pour la solution générale :

- Le système a uniquement la solution triviale.
- Le système admet une infinité de solutions, incluant la solution triviale.

Considérons le cas particulier d'un système linéaire homogène de deux équations à deux inconnues; on a

$$\begin{aligned} a_1x + b_1y &= 0 \quad \text{\scriptsize ($a_1$, $b_1$ ne sont pas tous les deux nuls)} \\ a_2x + b_2y &= 0 \quad \text{\scriptsize ($a_2$, $b_2$ ne sont pas tous les deux nuls)} \end{aligned}$$

Les équations correspondent graphiquement à des droites passant par l'origine et la solution triviale coïncide avec le point d'intersection des droites, situé à l'origine du graphique (figure 1.2.1, page suivant).

Lorsqu'un système homogène contient davantage d'inconnues que d'équations, il admet toujours des solutions non triviales. Voyons l'exemple d'un système de quatre équations à cinq inconnues.

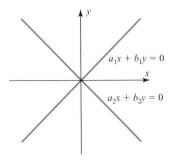

($a$) La solution triviale est
l'unique solution

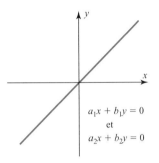

($b$) Une infinité de solutions

**Figure 1.2.1**

## EXEMPLE 7   Méthode de Gauss-Jordan

Résoudre le système linéaire homogène suivant à l'aide de la méthode de Gauss-Jordan.

$$
\begin{aligned}
2x_1 + 2x_2 - x_3 \phantom{-3x_4} + x_5 &= 0 \\
-x_1 - x_2 + 2x_3 - 3x_4 + x_5 &= 0 \\
x_1 + x_2 - 2x_3 \phantom{-3x_4} - x_5 &= 0 \\
x_3 + x_4 + x_5 &= 0
\end{aligned}
\tag{1}
$$

*Solution*

Écrivons d'abord la matrice augmentée du système :

$$
\begin{bmatrix}
2 & 2 & -1 & 0 & 1 & 0 \\
-1 & -1 & 2 & -3 & 1 & 0 \\
1 & 1 & -2 & 0 & -1 & 0 \\
0 & 0 & 1 & 1 & 1 & 0
\end{bmatrix}
$$

Déterminons la matrice échelonnée réduite correspondante : on obtient

$$
\begin{bmatrix}
1 & 1 & 0 & 0 & 1 & 0 \\
0 & 0 & 1 & 0 & 1 & 0 \\
0 & 0 & 0 & 1 & 0 & 0 \\
0 & 0 & 0 & 0 & 0 & 0
\end{bmatrix}
$$

Écrivons le système d'équations de cette matrice :

$$
\begin{aligned}
x_1 + x_2 \phantom{+ x_3} + x_5 &= 0 \\
x_3 + x_5 &= 0 \\
x_4 &= 0
\end{aligned}
\tag{2}
$$

Isolons les variables liées :

$$
\begin{aligned}
x_1 &= -x_2 - x_5 \\
x_3 &= -x_5 \\
x_4 &= 0
\end{aligned}
$$

Exprimons la solution générale en termes des paramètres $s$ et $t$ :

$$
x_1 = -s - t, \qquad x_2 = s, \qquad x_3 = -t, \qquad x_4 = 0, \qquad x_5 = t
$$

Notez que l'on obtient la solution triviale avec $s = t = 0$. ◆

L'exemple 7 illustre deux éléments importants de la résolution des systèmes linéaires homogènes. Premièrement, aucune des trois opérations élémentaires sur les lignes ne modifie la dernière colonne de la matrice augmentée, constituée uniquement de zéros; le système d'équations de la matrice échelonnée réduite est donc aussi un système homogène [voir le système (2)]. Deuxièmement, si la matrice échelonnée réduite contient des lignes de zéros, le nombre d'équations du système réduit est inférieur ou égal au nombre d'équations du système original [comparez les systèmes (1) et (2)]. Ainsi, si le système homogène de départ contient $m$ équations et $n$ inconnues et que $m < n$, et si la matrice échelonnée réduite de la matrice augmentée contient $r$ lignes non entièrement nulles, alors $r < n$. Le système d'équations issu de la matrice échelonnée réduite aura alors la forme suivante :

$$\begin{aligned}
\cdots x_{k_1} && + \Sigma(\ ) &= 0 \\
\cdots x_{k_2} && + \Sigma(\ ) &= 0 \\
\cdots \ddots && \vdots & \\
x_{k_r} + \Sigma(\ ) &= 0 &&
\end{aligned} \tag{3}$$

où $x_{k_1}, x_{k_2}, \ldots, x_{k_r}$ sont les variables liées et $\Sigma(\ )$ représente les sommes (qui peuvent être différentes les unes des autres) impliquant les variables libres $n - r$ [comparez le système (3) au système (2) de l'exemple donné plus haut]. En isolant les variables liées, on obtient

$$\begin{aligned}
x_{k_1} &= -\Sigma(\ ) \\
x_{k_2} &= -\Sigma(\ ) \\
&\vdots \\
x_{k_r} &= -\Sigma(\ )
\end{aligned}$$

Comme on l'a fait à l'exemple 7, on peut donner des valeurs arbitraires aux variables libres du membre de droite des équations et obtenir ainsi une infinité de solutions pour le système.

En résumé, voici l'énoncé d'un théorème important :

**THÉORÈME 1.2.1**

> *Un système d'équations linéaires homogène qui contient davantage d'inconnues que d'équations possède une infinité de solutions.*

*REMARQUE* Le théorème 1.2.1 s'applique uniquement aux systèmes homogènes. Un système non homogène qui contient plus d'inconnues que d'équations n'est pas nécessairement compatible (exercice 28); cependant, si le système est compatible, il aura une infinité de solutions. Nous en ferons la preuve plus loin.

## Traitement informatique des systèmes linéaires

En pratique, on fait régulièrement appel à l'ordinateur pour résoudre les systèmes linéaires imposants. La plupart des algorithmes s'appuient sur les méthodes de Gauss et de Gauss-Jordan; toutefois, les procédures diffèrent afin de tenir compte d'exigences telles que :

- réduire les erreurs dues à l'arrondissement des valeurs;
- minimiser l'utilisation de l'espace mémoire;
- résoudre le système le plus rapidement possible.

Ces questions seront abordées au chapitre 9. En pratique, dans les calculs manuels, les fractions demeurent souvent un inconvénient inévitable. Mais on peut parfois les éviter en choisissant judicieusement les opérations élémentaires sur les lignes. Lorsque vous maîtriserez bien les méthodes de Gauss et de Gauss-Jordan, vous serez en mesure d'adapter les étapes de résolution de certains problèmes afin d'éviter les fractions (voir l'exercice 18).

*REMARQUE* La méthode par élimination de Gauss-Jordan semble à priori plus efficace que la méthode de Gauss étant donné qu'elle permet d'éviter les substitutions à rebours.

Cette affirmation s'avère juste lorsqu'on résout manuellement de petits systèmes, car cette méthode exige alors moins d'écriture. Cependant, il a été démontré que le nombre d'opérations nécessaires pour résoudre les systèmes d'équations imposants est 50 % plus élevé avec la méthode de Gauss-Jordan qu'avec la méthode de Gauss. C'est un fait important à considérer lorsqu'on utilise un ordinateur pour résoudre de tels systèmes.

**1.** Parmi les matrices $3 \times 3$ suivantes, lesquelles sont échelonnées réduites?

(a) $\begin{bmatrix} 1 & 0 & 0 \\ 0 & 1 & 0 \\ 0 & 0 & 1 \end{bmatrix}$  (b) $\begin{bmatrix} 1 & 0 & 0 \\ 0 & 1 & 0 \\ 0 & 0 & 0 \end{bmatrix}$  (c) $\begin{bmatrix} 0 & 1 & 0 \\ 0 & 0 & 1 \\ 0 & 0 & 0 \end{bmatrix}$  (d) $\begin{bmatrix} 1 & 0 & 0 \\ 0 & 0 & 1 \\ 0 & 0 & 0 \end{bmatrix}$

(e) $\begin{bmatrix} 1 & 0 & 0 \\ 0 & 0 & 0 \\ 0 & 0 & 1 \end{bmatrix}$  (f) $\begin{bmatrix} 0 & 1 & 0 \\ 1 & 0 & 0 \\ 0 & 0 & 0 \end{bmatrix}$  (g) $\begin{bmatrix} 1 & 1 & 0 \\ 0 & 1 & 0 \\ 0 & 0 & 0 \end{bmatrix}$  (h) $\begin{bmatrix} 1 & 0 & 2 \\ 0 & 1 & 3 \\ 0 & 0 & 0 \end{bmatrix}$

(i) $\begin{bmatrix} 0 & 0 & 1 \\ 0 & 0 & 0 \\ 0 & 0 & 0 \end{bmatrix}$  (j) $\begin{bmatrix} 0 & 0 & 0 \\ 0 & 0 & 0 \\ 0 & 0 & 0 \end{bmatrix}$

**2.** Parmi les matrices $3 \times 3$ suivantes, lesquelles sont échelonnées?

(a) $\begin{bmatrix} 1 & 0 & 0 \\ 0 & 1 & 0 \\ 0 & 0 & 1 \end{bmatrix}$  (b) $\begin{bmatrix} 1 & 2 & 0 \\ 0 & 1 & 0 \\ 0 & 0 & 0 \end{bmatrix}$  (c) $\begin{bmatrix} 1 & 0 & 0 \\ 0 & 1 & 0 \\ 0 & 2 & 0 \end{bmatrix}$

(d) $\begin{bmatrix} 1 & 3 & 4 \\ 0 & 0 & 1 \\ 0 & 0 & 0 \end{bmatrix}$  (e) $\begin{bmatrix} 1 & 5 & -3 \\ 0 & 1 & 1 \\ 0 & 0 & 0 \end{bmatrix}$  (f) $\begin{bmatrix} 1 & 2 & 3 \\ 0 & 0 & 0 \\ 0 & 0 & 1 \end{bmatrix}$

**3.** Dans chaque cas, déterminez si la matrice est échelonnée, échelonnée réduite, les deux à la fois, ou si elle n'est ni l'une ni l'autre.

(a) $\begin{bmatrix} 1 & 2 & 0 & 3 & 0 \\ 0 & 0 & 1 & 1 & 0 \\ 0 & 0 & 0 & 0 & 1 \\ 0 & 0 & 0 & 0 & 0 \end{bmatrix}$  (b) $\begin{bmatrix} 1 & 0 & 0 & 5 \\ 0 & 0 & 1 & 3 \\ 0 & 1 & 0 & 4 \end{bmatrix}$  (c) $\begin{bmatrix} 1 & 0 & 3 & 1 \\ 0 & 1 & 2 & 4 \end{bmatrix}$

(d) $\begin{bmatrix} 1 & -7 & 5 & 5 \\ 0 & 1 & 3 & 2 \end{bmatrix}$  (e) $\begin{bmatrix} 1 & 3 & 0 & 2 & 0 \\ 1 & 0 & 2 & 2 & 0 \\ 0 & 0 & 0 & 0 & 1 \\ 0 & 0 & 0 & 0 & 0 \end{bmatrix}$  (f) $\begin{bmatrix} 0 & 0 \\ 0 & 0 \\ 0 & 0 \end{bmatrix}$

**4.** Les matrices échelonnées réduites ci-dessous sont issues des matrices augmentées de systèmes d'équations linéaires. Trouvez la solution de chacun de ces systèmes.

(a) $\begin{bmatrix} 1 & 0 & 0 & -3 \\ 0 & 1 & 0 & 0 \\ 0 & 0 & 1 & 7 \end{bmatrix}$  (b) $\begin{bmatrix} 1 & 0 & 0 & -7 & 8 \\ 0 & 1 & 0 & 3 & 2 \\ 0 & 0 & 1 & 1 & -5 \end{bmatrix}$

(c) $\begin{bmatrix} 1 & -6 & 0 & 0 & 3 & -2 \\ 0 & 0 & 1 & 0 & 4 & 7 \\ 0 & 0 & 0 & 1 & 5 & 8 \\ 0 & 0 & 0 & 0 & 0 & 0 \end{bmatrix}$  (d) $\begin{bmatrix} 1 & -3 & 0 & 0 \\ 0 & 0 & 1 & 0 \\ 0 & 0 & 0 & 1 \end{bmatrix}$

**5.** Les matrices échelonnées réduites ci-dessous sont issues des matrices augmèntées de systèmes d'équations linéaires. Trouvez la solution de chacun de ces systèmes.

(a) $\begin{bmatrix} 1 & -3 & 4 & 7 \\ 0 & 1 & 2 & 2 \\ 0 & 0 & 1 & 5 \end{bmatrix}$  (b) $\begin{bmatrix} 1 & 0 & 8 & -5 & 6 \\ 0 & 1 & 4 & -9 & 3 \\ 0 & 0 & 1 & 1 & 2 \end{bmatrix}$

$$(c) \begin{bmatrix} 1 & 7 & -2 & 0 & -8 & -3 \\ 0 & 0 & 1 & 1 & 6 & 5 \\ 0 & 0 & 0 & 1 & 3 & 9 \\ 0 & 0 & 0 & 0 & 0 & 0 \end{bmatrix} \qquad (d) \begin{bmatrix} 1 & -3 & 7 & 1 \\ 0 & 1 & 4 & 0 \\ 0 & 0 & 0 & 1 \end{bmatrix}$$

**6.** Utilisez la méthode de Gauss-Jordan pour résoudre les systèmes suivants :

(a)
$$\begin{aligned} x_1 + x_2 + 2x_3 &= 8 \\ -x_1 - 2x_2 + 3x_3 &= 1 \\ 3x_1 - 7x_2 + 4x_3 &= 10 \end{aligned}$$

(b)
$$\begin{aligned} 2x_1 + 2x_2 + 2x_3 &= 0 \\ -2x_1 + 5x_2 + 2x_3 &= 1 \\ 8x_1 + x_2 + 4x_3 &= -1 \end{aligned}$$

(c)
$$\begin{aligned} x - y + 2z - w &= -1 \\ 2x + y - 2z - 2w &= -2 \\ -x + 2y - 4z + w &= 1 \\ 3x \qquad\qquad - 3w &= -3 \end{aligned}$$

(d)
$$\begin{aligned} -2b + 3c &= 1 \\ 3a + 6b - 3c &= -2 \\ 6a + 6b + 3c &= 5 \end{aligned}$$

**7.** Résolvez les systèmes de l'exercice 6 en utilisant cette fois la méthode de Gauss.

**8.** Utilisez la méthode de Gauss-Jordan pour résoudre les systèmes suivants :

(a)
$$\begin{aligned} 2x_1 - 3x_2 &= -2 \\ 2x_1 + x_2 &= 1 \\ 3x_1 + 2x_2 &= 1 \end{aligned}$$

(b)
$$\begin{aligned} 3x_1 + 2x_2 - x_3 &= -15 \\ 5x_1 + 3x_2 + 2x_3 &= 0 \\ 3x_1 + x_2 + 3x_3 &= 11 \\ -6x_1 - 4x_2 + 2x_3 &= 30 \end{aligned}$$

(c)
$$\begin{aligned} 4x_1 - 8x_2 &= 12 \\ 3x_1 - 6x_2 &= 9 \\ -2x_1 + 4x_2 &= -6 \end{aligned}$$

(d)
$$\begin{aligned} 10y - 4z + w &= 1 \\ x + 4y - z + w &= 2 \\ 3x + 2y + z + 2w &= 5 \\ -2x - 8y + 2z - 2w &= -4 \\ x - 6y + 3z &= 1 \end{aligned}$$

**9.** Résolvez les systèmes de l'exercice 8 en utilisant la méthode de Gauss.

**10.** Utilisez la méthode de Gauss-Jordan pour résoudre les systèmes suivants :

(a)
$$\begin{aligned} 5x_1 - 2x_2 + 6x_3 &= 0 \\ -2x_1 + x_2 + 3x_3 &= 1 \end{aligned}$$

(b)
$$\begin{aligned} x_1 - 2x_2 + x_3 - 4x_4 &= 1 \\ x_1 + 3x_2 + 7x_3 + 2x_1 &= 2 \\ x_1 - 12x_2 - 11x_3 - 16x_4 &= 5 \end{aligned}$$

(c)
$$\begin{aligned} w + 2x - y &= 4 \\ x - y &= 3 \\ w + 3x - 2y &= 7 \\ 2u + 4v + w + 7x &= 7 \end{aligned}$$

**11.** Résolvez les systèmes de l'exercice 10 à l'aide de la méthode de Gauss.

**12.** Sans crayon ni papier, déterminez lesquels des systèmes homogènes suivants ont des solutions non triviales :

(a)
$$\begin{aligned} 2x_1 - 3x_2 + 4x_3 - x_4 &= 0 \\ 7x_1 + x_2 - 8x_3 + 9x_4 &= 0 \\ 2x_1 + 8x_2 + x_3 - x_4 &= 0 \end{aligned}$$

(b)
$$\begin{aligned} x_1 + 3x_2 - x_3 &= 0 \\ x_2 - 8x_3 &= 0 \\ 4x_3 &= 0 \end{aligned}$$

(c)
$$\begin{aligned} a_{11}x_1 + a_{12}x_2 + a_{13}x_3 &= 0 \\ a_{21}x_1 + a_{22}x_2 + a_{23}x_3 &= 0 \end{aligned}$$

(d)
$$\begin{aligned} 3x_1 - 2x_2 &= 0 \\ 6x_1 - 4x_2 &= 0 \end{aligned}$$

**13.** Résolvez les systèmes d'équations linéaires homogènes suivants en utilisant la méthode de votre choix :

(a)
$$\begin{aligned} 2x_1 + x_2 + 3x_3 &= 0 \\ x_1 + 2x_2 &= 0 \\ x_2 + x_3 &= 0 \end{aligned}$$

(b)
$$\begin{aligned} 3x_1 + x_2 + x_3 + x_4 &= 0 \\ 5x_1 - x_2 + x_3 - x_4 &= 0 \end{aligned}$$

(c)
$$\begin{aligned} 2x + 2y + 4z &= 0 \\ w - y - 3z &= 0 \\ 2w + 3x + y + z &= 0 \\ -2w + x + 3y - 2z &= 0 \end{aligned}$$

**14.** Résolvez les systèmes d'équations linéaires homogènes suivants en utilisant la méthode de votre choix.

(a)
$$\begin{aligned} 2x - y - 3z &= 0 \\ -x + 2y - 3z &= 0 \\ x + y + 4z &= 0 \end{aligned}$$

(b)
$$\begin{aligned} v + 3w - 2x &= 0 \\ 2u + v - 4w + 3x &= 0 \\ 2u + 3v + 2w - x &= 0 \\ -4u - 3v + 5w - 4x &= 0 \end{aligned}$$

(c)
$$\begin{aligned} x_1 + 3x_2 \quad\quad + x_4 &= 0 \\ x_1 + 4x_2 + 2x_3 \quad &= 0 \\ - 2x_2 - 2x_3 - x_4 &= 0 \\ 2x_1 - 4x_2 + x_3 + x_4 &= 0 \\ x_1 - 2x_2 - x_3 + x_4 &= 0 \end{aligned}$$

**15.** Résolvez les systèmes suivants en utilisant la méthode de votre choix.

(a)
$$\begin{aligned} 2I_1 - I_2 + 3I_3 + 4I_4 &= 9 \\ I_1 \quad\quad - 2I_3 + 7I_4 &= 11 \\ 3I_1 - 3I_2 + I_3 + 5I_4 &= 8 \\ 2I_1 + I_2 + 4I_3 + 4I_4 &= 10 \end{aligned}$$

(b)
$$\begin{aligned} Z_3 + Z_4 + Z_5 &= 0 \\ -Z_1 - Z_2 + 2Z_3 - 3Z_4 + Z_5 &= 0 \\ Z_1 + Z_2 - 2Z_3 \quad\quad - Z_5 &= 0 \\ 2Z_1 + 2Z_2 - Z_3 \quad\quad + Z_5 &= 0 \end{aligned}$$

**16.** Résolvez les systèmes suivants, sachant que $a$, $b$ et $c$ sont des constantes :

(a)
$$\begin{aligned} 2x + y &= a \\ 3x + 6y &= b \end{aligned}$$

(b)
$$\begin{aligned} x_1 + x_2 + x_3 &= a \\ 2x_1 \quad\quad + 2x_3 &= b \\ 3x_2 + 3x_3 &= c \end{aligned}$$

**17.** Pour quelle(s) valeur(s) de $a$ le système suivant n'a-t-il aucune solution? Pour quelle(s) valeur(s) a-t-il une solution unique? une infinité de solutions?

$$\begin{aligned} x + 2y - 3z &= 4 \\ 3x - y + 5z &= 2 \\ 4x + y + (a^2 - 14)z &= a + 2 \end{aligned}$$

**18.** Réduisez la matrice suivante à sa forme échelonnée réduite :

$$\begin{bmatrix} 2 & 1 & 3 \\ 0 & -2 & -29 \\ 3 & 4 & 5 \end{bmatrix}$$

**19.** Réduire la matrice suivante à deux formes échelonnées différentes :

$$\begin{bmatrix} 1 & 3 \\ 2 & 7 \end{bmatrix}$$

**20.** Résolvez le système d'équations non linéaires suivant en déterminant les angles inconnus $\alpha$, $\beta$ et $\gamma$, sachant que $0 \leq \alpha \leq 2\pi$, $0 \leq \beta \leq 2\pi$, et $0 \leq \gamma < \pi$ :

$$\begin{aligned} 2\sin\alpha - \cos\beta + 3\tan\gamma &= 3 \\ 4\sin\alpha + 2\cos\beta - 2\tan\gamma &= 2 \\ 6\sin\alpha - 3\cos\beta + \tan\gamma &= 9 \end{aligned}$$

**21.** Montrez que le système non linéaire suivant admet 18 solutions si $0 \leq \alpha \leq 2\pi$, $0 \leq \beta \leq 2\pi$, et $0 \leq \gamma < 2\pi$ :

$$\begin{aligned} \sin\alpha + 2\cos\beta + 3\tan\gamma &= 0 \\ 2\sin\alpha + 5\cos\beta + 3\tan\gamma &= 0 \\ -\sin\alpha - 5\cos\beta + 5\tan\gamma &= 0 \end{aligned}$$

**22.** Pour quelle(s) valeur(s) de $\lambda$ le système d'équations

$$\begin{aligned} (\lambda - 3)x + y &= 0 \\ x + (\lambda - 3)y &= 0 \end{aligned}$$

a-t-il des solutions non triviales?

**23.** Résolvez le système d'équations

$$2x_1 - x_2 \quad = \lambda x_1$$
$$2x_1 - x_2 + x_3 = \lambda x_2$$
$$-2x_1 + 2x_2 + x_3 = \lambda x_3$$

en déterminant les inconnues $x_1$, $x_2$ et $x_3$ dans le cas où $\lambda = 1$ et dans le cas où $\lambda = 2$.

**24.** Résoudre le système suivant en trouvant les valeurs de $x$, $y$ et $z$ :

$$\frac{1}{x} + \frac{2}{y} - \frac{4}{z} = 1$$
$$\frac{2}{x} + \frac{3}{y} + \frac{8}{z} = 0$$
$$-\frac{1}{x} + \frac{9}{y} + \frac{10}{z} = 5$$

**25.** Déterminez les coefficients $a$, $b$, $c$ et $d$ tels que la courbe illustrée sur la figure Ex-25 plus bas corresponde à l'équation $y = ax^3 + bx^2 + cx + d$.

**26.** Déterminez les coefficients $a$, $b$, $c$ et $d$ tels que la courbe illustrée sur la figure Ex-26 ci-dessous corresponde à l'équation $ax^2 + ay^2 + bx + cy + d = 0$.

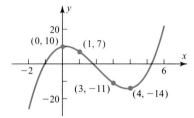

**Figure Ex-25**          **Figure Ex-26**

**27.** (a) Montrez que si $ad - bc \neq 0$, alors la forme échelonnée réduite de la matrice

$$\begin{bmatrix} a & b \\ c & d \end{bmatrix} \quad \text{est} \quad \begin{bmatrix} 1 & 0 \\ 0 & 1 \end{bmatrix}$$

(b) Utilisez la partie (a) pour montrer que le système

$$ax + by = k$$
$$cx + dy = l$$

a une solution unique lorsque $ad - bc \neq 0$.

**28.** Trouvez un système linéaire incohérent qui contient davantage d'inconnues que d'équations.

---

**Exploration & discussion**

**29.** Dans chaque cas, associez à la matrice donnée toutes les matrices échelonnées réduites possibles.

(a) $\begin{bmatrix} a & b & c \\ d & e & f \\ g & h & i \end{bmatrix}$    (a) $\begin{bmatrix} a & b & c & d \\ e & f & g & h \\ i & j & k & l \\ m & n & p & q \end{bmatrix}$

**30.** Considérez le système d'équations suivant :

$$ax + by = 0$$
$$cx + dy = 0$$
$$ex + fy = 0$$

Discutez de la position relative des droites $ax + by = 0$, $cx + dy = 0$ et $ex + fy = 0$ dans chacun des cas suivants : (a) le système a pour unique solution la solution triviale; (b) le système admet des solutions non triviales.

**31.** Dans chacun des cas ci-dessous, indiquez si l'énoncé est toujours vrai ou s'il peut être faux dans certains cas. Justifiez votre réponse à l'aide d'une explication ou en donnant un contre-exemple.

(a) Si l'on transforme une matrice quelconque en une matrice échelonnée réduite en lui appliquant deux séquences différentes d'opérations élémentaires sur les lignes, les matrices obtenues seront différentes.

(b) Si l'on transforme une matrice quelconque en une matrice échelonnée en lui appliquant deux séquences différentes d'opérations élémentaires sur les lignes, les matrices obtenues pourront être différentes.

(c) Si la forme échelonnée réduite de la matrice augmentée d'un système linéaire contient une ligne de zéros, alors le système admet une infinité de solutions.

(d) Si trois droites situées dans le plan $xy$ délimitent les côtés d'un triangle, alors le système linéaire constitué des équations correspondant à ces droites possède trois solutions, chacune correspondant à un sommet du triangle.

**32.** Dans chacun des cas suivants, indiquez si l'énoncé est toujours vrai ou s'il peut être faux dans certains cas. Justifiez votre réponse à l'aide d'une explication ou en donnant un contre-exemple.

(a) Un système linéaire de trois équations à cinq inconnues est compatible.

(b) Un système linéaire de cinq équations à trois inconnues ne peut être compatible.

(c) Si la matrice échelonnée réduite qui est issue de la matrice augmentée d'un système linéaire de $n$ équations à $n$ inconnues contient $n$ pivots unitaires, alors le système a une solution unique.

(d) Si un système de $n$ équations linéaires à $n$ inconnues contient deux équations qui sont multiples l'une de l'autre, alors le système est incompatible.

# 1.3
## MATRICES ET OPÉRATIONS SUR LES MATRICES

*On utilise les tableaux de nombres réels dans un large éventail de contextes et non pas uniquement pour représenter les matrices augmentées des systèmes d'équations linéaires. Dans cette section, nous amorçons la théorie des matrices en donnant quelques définitions fondamentales. Nous verrons également comment combiner des matrices à l'aide d'addition, de soustraction et de multiplication.*

### Notation matricielle et terminologie

Dans la section 1.2, nous avons utilisé des tableaux de nombres appelés *matrices augmentées* pour abréger la notation des systèmes d'équations linéaires. On retrouve également ce type de tableaux dans d'autres contextes. Par exemple, le tableau de trois lignes et sept colonnes ci-dessous rapporte le nombre d'heures qu'un étudiant a consacré à l'étude de trois matières au cours d'une semaine :

| | Lun. | Mar. | Mer. | Jeu. | Ven. | Sam. | Dim. |
|---|---|---|---|---|---|---|---|
| **Math** | 2 | 3 | 2 | 4 | 1 | 4 | 2 |
| **Histoire** | 0 | 3 | 1 | 4 | 3 | 2 | 2 |
| **Langue** | 4 | 1 | 3 | 1 | 0 | 0 | 2 |

En éliminant les entêtes, on obtient un tableau de nombres constitué de trois lignes et de sept colonnes appelé « matrice » :

$$\begin{bmatrix} 2 & 3 & 2 & 4 & 1 & 4 & 2 \\ 0 & 3 & 1 & 4 & 3 & 2 & 2 \\ 4 & 1 & 3 & 1 & 0 & 0 & 2 \end{bmatrix}$$

On définit plus généralement une matrice comme suit :

### DÉFINITION

Une ***matrice*** est un tableau rectangulaire de nombres. Ces nombres sont les ***éléments*** de la matrice.

## EXEMPLE 1   Exemples de matrices

Voici quelques exemples de matrices :

$$\begin{bmatrix} 1 & 2 \\ 3 & 0 \\ -1 & 4 \end{bmatrix}, \quad [2 \quad 1 \quad 0 \quad -3], \quad \begin{bmatrix} e & \pi & -\sqrt{2} \\ 0 & \frac{1}{2} & 1 \\ 0 & 0 & 0 \end{bmatrix}, \quad \begin{bmatrix} 1 \\ 3 \end{bmatrix}, \quad [4] \quad \blacklozenge$$

La ***dimension*** d'une matrice indique le nombre de lignes et de colonnes qu'elle contient. Par exemple, on dira de la première matrice de l'exemple 1, qui contient trois lignes et deux colonnes, qu'elle est de dimension 3 par 2 (on écrit 3 × 2). Dans l'expression de la dimension d'une matrice, le premier nombre correspond toujours au nombre de lignes et le second, au nombre de colonnes. Ainsi, les autres matrices de l'exemple 1 ont des dimensions respectives de 1 × 4, 3 × 3, 2 × 1 et 1 × 1. Une matrice à une seule colonne est appelée ***matrice colonne*** (ou ***vecteur colonne***) et une matrice à une seule ligne s'appelle ***matrice ligne*** (ou ***vecteur ligne***). Dans l'exemple 1, la matrice 2 × 1 est une matrice colonne, la matrice 1 × 4 est une matrice ligne, et la matrice 1 × 1 est à la fois une matrice ligne et une matrice colonne. (Nous reviendrons sur la signification du terme *vecteur* dans les chapitres subséquents.)

*REMARQUE*   On omet généralement les crochets d'une matrice 1 × 1; ainsi, on écrira 4 plutôt que [4]. On ne peut alors pas distinguer si le 4 décrit le nombre « quatre » ou s'il représente l'élément d'une matrice 1 × 1, mais le contexte permet généralement de savoir de quel cas il s'agit.

On symbolise généralement les matrices par des lettres majuscules et les valeurs numériques par des lettres minuscules; par exemple, on écrit

$$A = \begin{bmatrix} 2 & 1 & 7 \\ 3 & 4 & 2 \end{bmatrix} \quad \text{ou} \quad C = \begin{bmatrix} a & b & c \\ d & e & f \end{bmatrix}$$

Dans l'étude des matrices, on réfère souvent aux valeurs numériques en parlant de **scalaires**. À moins d'indication contraire, *les scalaires seront des nombres réels.*

L'élément situé sur la ligne $i$ et dans la colonne $j$ d'une matrice $A$ est noté $a_{ij}$. Ainsi, on représente comme suit une matrice quelconque de dimension $3 \times 4$ :

$$A = \begin{bmatrix} a_{11} & a_{12} & a_{13} & a_{14} \\ a_{21} & a_{22} & a_{23} & a_{24} \\ a_{31} & a_{32} & a_{33} & a_{34} \end{bmatrix}$$

Et une matrice quelconque $m \times n$ a pour expression :

$$A = \begin{bmatrix} a_{11} & a_{12} & \cdots & a_{1n} \\ a_{21} & a_{22} & \cdots & a_{2n} \\ \vdots & \vdots & & \vdots \\ a_{m1} & a_{m2} & \cdots & a_{mn} \end{bmatrix} \quad (1)$$

Pour condenser la notation, on peut représenter la dernière matrice par

$$[a_{ij}]_{m \times n} \quad \text{ou encore} \quad [a_{ij}]$$

On utilise la première notation lorsque la dimension de la matrice a de l'importance dans le propos et la seconde dans les autres cas. On choisit généralement la même lettre pour représenter une matrice et ses éléments; par exemple, dans une matrice $B$, le symbole $b_{ij}$ correspond à l'élément de la ligne $i$ et de la colonne $j$, alors que dans une matrice $C$, on écrira $c_{ij}$.

On note également $(A)_{ij}$, l'élément de la ligne $i$ et de la colonne $j$ d'une matrice $A$. Si l'on réfère à la matrice (1) donnée plus haut, on a

$$(A)_{ij} = a_{ij}$$

Dans la matrice

$$A = \begin{bmatrix} 2 & -3 \\ 7 & 0 \end{bmatrix}$$

on a $(A)_{11} = 2$, $(A)_{12} = -3$, $(A)_{21} = 7$ et $(A)_{22} = 0$.

Les matrices lignes et les matrices colonnes revêtent une importance particulière et on les note souvent par des lettres minuscules en gras au lieu d'utiliser les majuscules. Dans ces matrices, un second indice devient inutile pour situer les éléments. Ainsi, une matrice ligne quelconque **a** de dimension $1 \times n$ et une matrice colonne **b**, $m \times 1$, deviennent

$$\mathbf{a} = \begin{bmatrix} a_1 & a_2 & \cdots & a_n \end{bmatrix} \quad \text{et} \quad \mathbf{b} = \begin{bmatrix} b_1 \\ b_2 \\ \vdots \\ b_m \end{bmatrix}$$

Une matrice $A$ formée de $n$ lignes et de $n$ colonnes est appelée **matrice carrée d'ordre n**, et les éléments $a_{11}, a_{22}, \ldots, a_{nn}$, ombrés dans la représentation ci-dessous (2), constituent la **diagonale principale** de $A$.

$$\begin{bmatrix} a_{11} & a_{12} & \cdots & a_{1n} \\ a_{21} & a_{22} & \cdots & a_{2n} \\ \vdots & \vdots & & \vdots \\ a_{n1} & a_{n2} & \cdots & a_{nn} \end{bmatrix} \quad (2)$$

## Opérations sur les matrices

Dans les sections précédentes, nous avons utilisé les matrices pour simplifier la résolution de systèmes d'équations linéaires. Pour d'autres applications, il devient nécessaire de développer une « algèbre matricielle », incluant l'addition, la soustraction et la multiplication de matrices. Le reste de cette section est consacré à l'apprentissage de ces opérations.

> **DÉFINITION**
>
> Deux matrices sont ***égales*** si elles ont la même dimension et si leurs éléments correspondants sont égaux.

En notation matricielle, la définition devient : si $A = [a_{ij}]$ et $B = [b_{ij}]$ ont la même dimension, alors $A = B$ si et seulement si $(A)_{ij} = (B)_{ij}$ ou $a_{ij} = b_{ij}$, pour toute valeur de $i$ et $j$.

## EXEMPLE 2  Égalité de matrices

Considérons les matrices suivantes :

$$A = \begin{bmatrix} 2 & 1 \\ 3 & x \end{bmatrix}, \qquad B = \begin{bmatrix} 2 & 1 \\ 3 & 5 \end{bmatrix}, \qquad C = \begin{bmatrix} 2 & 1 & 0 \\ 3 & 4 & 0 \end{bmatrix}$$

Si $x = 5$, alors $A = B$; par contre, pour toute autre valeur de $x$, les matrices $A$ et $B$ ne sont pas égales, car leurs éléments correspondants ne sont pas tous égaux. Quelle que soit la valeur de $x$, les matrices $A$ et $C$ ne peuvent être égales, car elles ne sont pas de même dimension. ◆

> **DÉFINITION**
>
> Soit $A$ et $B$ des matrices de même dimension. Alors la ***somme*** $A + B$ est la matrice obtenue en additionnant les éléments correspondants de $A$ et $B$, et la ***différence*** $A - B$ définit la matrice obtenue en soustrayant les éléments de $B$ des éléments correspondants de $A$. Des matrices de dimensions différentes ne peuvent être ni additionnées ni soustraites.

En notation matricielle, on écrit : si $A = [a_{ij}]$ et $B = [b_{ij}]$ sont de mêmes dimensions, alors

$$(A + B)_{ij} = (A)_{ij} + (B)_{ij} = a_{ij} + b_{ij} \quad \text{et} \quad (A - B)_{ij} = (A)_{ij} - (B)_{ij} = a_{ij} - b_{ij}$$

## EXEMPLE 3  Addition et soustraction

Considérons les matrices suivantes :

$$A = \begin{bmatrix} 2 & 1 & 0 & 3 \\ -1 & 0 & 2 & 4 \\ 4 & -2 & 7 & 0 \end{bmatrix}, \qquad B = \begin{bmatrix} -4 & 3 & 5 & 1 \\ 2 & 2 & 0 & -1 \\ 3 & 2 & -4 & 5 \end{bmatrix}, \qquad C = \begin{bmatrix} 1 & 1 \\ 2 & 2 \end{bmatrix}$$

Alors,

$$A + B = \begin{bmatrix} -2 & 4 & 5 & 4 \\ 1 & 2 & 2 & 3 \\ 7 & 0 & 3 & 5 \end{bmatrix} \quad \text{et} \quad A - B = \begin{bmatrix} 6 & -2 & -5 & 2 \\ -3 & -2 & 2 & 5 \\ 1 & -4 & 11 & -5 \end{bmatrix}$$

Les expressions $A + C$, $B + C$, $A - C$ et $B - C$ ne sont pas définies. ◆

---

**DÉFINITION**

Soit $A$ une matrice quelconque et $c$, un scalaire quelconque. Alors le ***produit par un scalaire*** $cA$ représente la matrice obtenue en multipliant chaque élément de $A$ par le scalaire $c$.

---

En notation matricielle, on écrit : si $A = [a_{ij}]$, alors

$$(cA)_{ij} = c(A)_{ij} = ca_{ij}$$

---

### EXEMPLE 4   Multiplication par un scalaire

Soit les matrices

$$A = \begin{bmatrix} 2 & 3 & 4 \\ 1 & 3 & 1 \end{bmatrix}, \qquad B = \begin{bmatrix} 0 & 2 & 7 \\ -1 & 3 & -5 \end{bmatrix}, \qquad C = \begin{bmatrix} 9 & -6 & 3 \\ 3 & 0 & 12 \end{bmatrix}$$

On a

$$2A = \begin{bmatrix} 4 & 6 & 8 \\ 2 & 6 & 2 \end{bmatrix}, \qquad (-1)B = \begin{bmatrix} 0 & -2 & -7 \\ 1 & -3 & 5 \end{bmatrix}, \qquad \tfrac{1}{3}C = \begin{bmatrix} 3 & -2 & 1 \\ 1 & 0 & 4 \end{bmatrix}$$

On écrit habituellement $-B$ au lieu de $(-1)B$. ◆

Si les matrices $A_1, A_2, \ldots, A_n$ ont les mêmes dimensions et si $c_1, c_2, \ldots, c_n$ sont des scalaires, alors l'expression

$$c_1 A_1 + c_2 A_2 + \cdots + c_n A_n$$

suivante représente une ***combinaison linéaire*** de $A_1, A_2, \ldots, A_n$ dont les ***coefficients*** sont $c_1, c_2, \ldots, c_n$. Ainsi, les matrices $A$, $B$ et $C$ données à l'exemple 4, jumelées aux coefficients scalaires 2, $-1$ et $\tfrac{1}{3}$, donnent la combinaison linéaire suivante :

$$2A - B + \tfrac{1}{3}C = 2A + (-1)B + \tfrac{1}{3}C$$
$$= \begin{bmatrix} 4 & 6 & 8 \\ 2 & 6 & 2 \end{bmatrix} + \begin{bmatrix} 0 & -2 & -7 \\ 1 & -3 & 5 \end{bmatrix} + \begin{bmatrix} 3 & -2 & 1 \\ 1 & 0 & 4 \end{bmatrix} = \begin{bmatrix} 7 & 2 & 2 \\ 4 & 3 & 11 \end{bmatrix}$$

Jusqu'ici, nous avons défini le produit d'une matrice par un scalaire, mais nous n'avons pas encore le produit de deux matrices. Sachant que les matrices s'additionnent ou se soustraient en additionnant ou en soustrayant leurs éléments correspondants, il paraîtrait naturel de définir la multiplication des matrices par la multiplication de leurs éléments correspondants. Cependant, cette opération trouve peu d'applications. Pour des raisons pratiques, les mathématiciens ont donc choisi de définir comme suit le produit matriciel :

---

**DÉFINITION**

Soit $A$ une matrice $m \times r$ et $B$, une matrice $r \times n$. Alors le ***produit*** matriciel $AB$ est une matrice $m \times n$ dont les éléments s'obtiennent comme suit. On calcule l'élément de la ligne $i$ et de la colonne $j$ de $AB$ à partir de la ligne $i$ de $A$ et de la colonne $j$ de $B$. On multiplie deux à deux les éléments de cette ligne et de cette colonne et on additionne ensuite ces produits.

---

## EXEMPLE 5   Multiplication de matrices

Soit les matrices

$$A = \begin{bmatrix} 1 & 2 & 4 \\ 2 & 6 & 0 \end{bmatrix}, \qquad B = \begin{bmatrix} 4 & 1 & 4 & 3 \\ 0 & -1 & 3 & 1 \\ 2 & 7 & 5 & 2 \end{bmatrix}$$

Étant donné que $A$ est une matrice $2 \times 3$ et $B$, une matrice $3 \times 4$, le produit $AB$ est une matrice $2 \times 4$. Pour déterminer, par exemple, l'élément de la ligne 2 et de la colonne 3 de $AB$, on sélectionne la ligne 2 de $A$ et la colonne 3 de $B$. On multiplie ensuite les éléments deux à deux et on additionne les produits obtenus, tel qu'illustré ci-dessous.

$$\begin{bmatrix} 1 & 2 & 4 \\ 2 & 6 & 0 \end{bmatrix} \begin{bmatrix} 4 & 1 & 4 & 3 \\ 0 & -1 & 3 & 1 \\ 2 & 7 & 5 & 2 \end{bmatrix} = \begin{bmatrix} \square & \square & \square & \square \\ \square & \square & 26 & \square \end{bmatrix}$$

$$(2 \cdot 4) + (6 \cdot 3) + (0 \cdot 5) = 26$$

On obtient l'élément de la ligne 1 et de la colonne 4 de $AB$ comme suit :

$$\begin{bmatrix} 1 & 2 & 4 \\ 2 & 6 & 0 \end{bmatrix} \begin{bmatrix} 4 & 1 & 4 & 3 \\ 0 & -1 & 3 & 1 \\ 2 & 7 & 5 & 2 \end{bmatrix} = \begin{bmatrix} \square & \square & \square & 13 \\ \square & \square & \square & \square \end{bmatrix}$$

$$(1 \cdot 3) + (2 \cdot 1) + (4 \cdot 2) = 13$$

Calculons maintenant les autres éléments. On a :

$$(1 \cdot 4) + (2 \cdot 0) + (4 \cdot 2) = 12$$
$$(1 \cdot 1) - (2 \cdot 1) + (4 \cdot 7) = 27$$
$$(1 \cdot 4) + (2 \cdot 3) + (4 \cdot 5) = 30$$
$$(2 \cdot 4) + (6 \cdot 0) + (0 \cdot 2) = 8$$
$$(2 \cdot 1) - (6 \cdot 1) + (0 \cdot 7) = -4$$
$$(2 \cdot 3) + (6 \cdot 1) + (0 \cdot 2) = 12$$

$$AB = \begin{bmatrix} 12 & 27 & 30 & 13 \\ 8 & -4 & 26 & 12 \end{bmatrix} \blacklozenge$$

La définition du produit $AB$ exige que le nombre de colonnes du premier facteur, $A$, soit égal au nombre de lignes du second facteur, $B$. Si cette condition n'est pas remplie, le produit est indéfini. Il existe un moyen simple de déterminer facilement si le produit de deux matrices est défini : on écrit d'abord la dimension du premier facteur et, à sa droite, on inscrit la dimension du second facteur (3). Si les nombres qui figurent à l'intérieur sont les mêmes, le produit est défini. Les nombres à l'extérieur donnent la dimension du produit.

$$\begin{array}{ccccccc} A & & B & & AB \\ m \times r & & r \times n & = & m \times n \end{array}$$

Intérieur

Extérieur

(3)

---

**EXEMPLE 6**  Déterminer si un produit est défini

---

Supposons que les matrices $A$, $B$ et $C$ ont les dimensions suivantes :

$$
\begin{array}{ccc}
A & B & C \\
3 \times 4 & 4 \times 7 & 7 \times 3
\end{array}
$$

En référant à (3), on déduit que $AB$ est défini et donne une matrice $3 \times 7$; $BC$ est également défini et donne une matrice $4 \times 3$. Finalement $CA$ définit une matrice $7 \times 4$. Les produits $AC$, $CB$ et $BA$ ne sont pas définis. ◆

En général, si $A = [a_{ij}]$ est une matrice $m \times r$ et $B = [b_{ij}]$, une matrice $r \times n$, tel que montré ci-dessous en (4),

$$
AB = \begin{bmatrix}
a_{11} & a_{12} & \cdots & a_{1r} \\
a_{21} & a_{22} & \cdots & a_{2r} \\
\vdots & \vdots & & \vdots \\
a_{i1} & a_{i2} & \cdots & a_{ir} \\
\vdots & \vdots & & \vdots \\
a_{m1} & a_{m2} & \cdots & a_{mr}
\end{bmatrix}
\begin{bmatrix}
b_{11} & b_{12} & \cdots & b_{1j} & \cdots & b_{1n} \\
b_{21} & b_{22} & \cdots & b_{2j} & \cdots & b_{2n} \\
\vdots & \vdots & & \vdots & & \vdots \\
b_{r1} & b_{r2} & \cdots & b_{rj} & \cdots & b_{rn}
\end{bmatrix}
\tag{4}
$$

on calcule comme suit l'élément $(AB)_{ij}$ de la ligne $i$ et de la colonne $j$ de $AB$ (ombrées ci-dessus) :

$$
(AB)_{ij} = a_{i1}b_{1j} + a_{i2}b_{2j} + a_{i3}b_{3j} + \ldots + a_{ir}b_{rj}
\tag{5}
$$

## Partition d'une matrice

On peut subdiviser une matrice, c'est-à-dire la **partitionner** en plus petites matrices en insérant des séparateurs horizontaux ou verticaux qui délimitent un certain nombre de lignes et de colonnes. Par exemple, on voit ci-dessous trois partitions différentes d'une matrice $A$ de dimension $3 \times 4$ : la première partition divise $A$ en quatre **sous-matrices**, $A_{11}$, $A_{12}$, $A_{21}$, $A_{22}$; la deuxième partition donne les trois matrices lignes $\mathbf{r}_1$, $\mathbf{r}_2$ et $\mathbf{r}_3$; la troisième sépare $A$ en ses matrices colonnes, $\mathbf{c}_1$, $\mathbf{c}_2$, $\mathbf{c}_3$ et $\mathbf{c}_4$.

$$
A = \left[\begin{array}{ccc|c}
a_{11} & a_{12} & a_{13} & a_{14} \\
a_{21} & a_{22} & a_{23} & a_{24} \\
\hline
a_{31} & a_{32} & a_{33} & a_{34}
\end{array}\right] = \begin{bmatrix}
A_{11} & A_{12} \\
A_{21} & A_{22}
\end{bmatrix}
$$

$$
A = \left[\begin{array}{cccc}
a_{11} & a_{12} & a_{13} & a_{14} \\
\hline
a_{21} & a_{22} & a_{23} & a_{24} \\
\hline
a_{31} & a_{32} & a_{33} & a_{34}
\end{array}\right] = \begin{bmatrix}
\mathbf{r}_1 \\
\mathbf{r}_2 \\
\mathbf{r}_3
\end{bmatrix}
$$

$$
A = \left[\begin{array}{c|c|c|c}
a_{11} & a_{12} & a_{13} & a_{14} \\
a_{21} & a_{22} & a_{23} & a_{24} \\
a_{31} & a_{32} & a_{33} & a_{34}
\end{array}\right] = \begin{bmatrix} \mathbf{c}_1 & \mathbf{c}_2 & \mathbf{c}_3 & \mathbf{c}_4 \end{bmatrix}
$$

## Produit d'une matrice par une matrice ligne ou une matrice colonne

En pratique, on s'intéresse parfois à une ligne ou à une colonne particulière d'un produit $AB$, sans avoir besoin de la matrice complète. Les résultats ci-dessous s'avèrent alors utiles. Leur démonstration est laissée en exercice.

$$
\text{Matrice colonne } j \text{ de } AB = A[\text{matrice colonne } j \text{ de } B]
\tag{6}
$$

$$\text{Matrice ligne } i \text{ de } AB = [\text{matrice ligne } i \text{ de } A]B \tag{7}$$

---

## EXEMPLE 7  Retour sur l'exemple 5

Considérons les matrices $A$ et $B$ de l'exemple 5. En référant à l'équation (6), on calcule la deuxième matrice colonne de $AB$ comme suit :

$$\begin{bmatrix} 1 & 2 & 4 \\ 2 & 6 & 0 \end{bmatrix} \begin{bmatrix} 1 \\ -1 \\ 7 \end{bmatrix} = \begin{bmatrix} 27 \\ -4 \end{bmatrix}$$

Deuxième colonne    Deuxième colonne<br>de $B$           de $AB$

L'équation (7) permet de déterminer la première matrice ligne de $AB$ :

$$\begin{bmatrix} 1 & 2 & 4 \end{bmatrix} \begin{bmatrix} 4 & 1 & 4 & 3 \\ 0 & -1 & 3 & 1 \\ 2 & 7 & 5 & 2 \end{bmatrix} = \begin{bmatrix} 12 & 27 & 30 & 13 \end{bmatrix} \quad \blacklozenge$$

—— Première ligne de $A$           Première ligne de $AB$ ——

Si $\mathbf{a}_1, \mathbf{a}_2, ..., \mathbf{a}_m$ représentent les matrices lignes de $A$ et $\mathbf{b}_1, \mathbf{b}_2, ..., \mathbf{b}_n$, les matrices colonnes de $B$, les équations (6) et (7) permettent de déduire que

$$AB - A[\mathbf{b}_1 \ \ \mathbf{b}_2 \ \ ... \ \ \mathbf{b}_n] - [A\mathbf{b}_1 \ \ A\mathbf{b}_2 \ \ ... \ \ A\mathbf{b}_n] \tag{8}$$

**(calcul de $AB$ colonne par colonne)**

$$AB = \begin{bmatrix} \mathbf{a}_1 \\ \mathbf{a}_2 \\ \vdots \\ \mathbf{a}_m \end{bmatrix} B = \begin{bmatrix} \mathbf{a}_1 B \\ \mathbf{a}_2 B \\ \vdots \\ \mathbf{a}_m B \end{bmatrix} \tag{9}$$

**(calcul de $AB$ ligne par ligne)**

*REMARQUE*  Les équations (8) et (9) expriment des cas particuliers d'une méthode plus générale de multiplication matricielle (voir les exercices 15 à 17).

## Produits matriciels et combinaisons linéaires

Les matrices lignes et les matrices colonnes donnent un autre point de vue sur la multiplication matricielle. Par exemple, supposons que

$$A = \begin{bmatrix} a_{11} & a_{12} & \cdots & a_{1n} \\ a_{21} & a_{22} & \cdots & a_{2n} \\ \vdots & \vdots & & \vdots \\ a_{m1} & a_{m2} & \cdots & a_{mn} \end{bmatrix} \quad \text{et} \quad \mathbf{x} = \begin{bmatrix} x_1 \\ x_2 \\ \vdots \\ x_n \end{bmatrix}$$

Alors,

$$
A\mathbf{x} = \begin{bmatrix} a_{11}x_1 + a_{12}x_2 + \cdots + a_{1n}x_n \\ a_{21}x_1 + a_{22}x_2 + \cdots + a_{2n}x_n \\ \vdots \qquad \vdots \qquad \qquad \vdots \\ a_{m1}x_1 + a_{m2}x_2 + \cdots + a_{mn}x_n \end{bmatrix} = x_1 \begin{bmatrix} a_{11} \\ a_{21} \\ \vdots \\ a_{m1} \end{bmatrix} + x_2 \begin{bmatrix} a_{12} \\ a_{22} \\ \vdots \\ a_{m2} \end{bmatrix} + \cdots + x_n \begin{bmatrix} a_{1n} \\ a_{2n} \\ \vdots \\ a_{mn} \end{bmatrix}
$$

$$(10)$$

Exprimée en mots, l'équation (10) devient : *le produit A**x** entre une matrice A et une matrice colonne **x** est une combinaison linéaire des matrices colonnes de A dont les coefficients proviennent de la matrice **x**.* En exercice, il est demandé au lecteur de prouver que *le produit **y**A d'une matrice **y**, 1 × m, et d'une matrice A, de dimension m × n, est une combinaison linéaire des matrices lignes de A dont les coefficients proviennent de **y**.*

---

### EXEMPLE 8 Combinaisons linéaires

---

Soit le produit matriciel

$$
\begin{bmatrix} -1 & 3 & 2 \\ 1 & 2 & -3 \\ 2 & 1 & -2 \end{bmatrix} \begin{bmatrix} 2 \\ -1 \\ 3 \end{bmatrix} = \begin{bmatrix} 1 \\ -9 \\ -3 \end{bmatrix}
$$

Il peut s'écrire comme combinaison linéaire de matrices colonnes :

$$
2 \begin{bmatrix} -1 \\ 1 \\ 2 \end{bmatrix} - 1 \begin{bmatrix} 3 \\ 2 \\ 1 \end{bmatrix} + 3 \begin{bmatrix} 2 \\ -3 \\ -2 \end{bmatrix} = \begin{bmatrix} 1 \\ -9 \\ -3 \end{bmatrix}
$$

Considérons un autre produit matriciel :

$$
\begin{bmatrix} 1 & -9 & -3 \end{bmatrix} \begin{bmatrix} -1 & 3 & 2 \\ 1 & 2 & -3 \\ 2 & 1 & -2 \end{bmatrix} = \begin{bmatrix} -16 & -18 & 35 \end{bmatrix}
$$

Exprimons-le comme une combinaison linéaire de matrices lignes :

$$
1 \begin{bmatrix} -1 & 3 & 2 \end{bmatrix} - 9 \begin{bmatrix} 1 & 2 & -3 \end{bmatrix} - 3 \begin{bmatrix} 2 & 1 & -2 \end{bmatrix} = \begin{bmatrix} -16 & -18 & 35 \end{bmatrix} \ \blacklozenge
$$

On peut déduire des relations (8) et (10) que *la matrice colonne j d'un produit AB est une combinaison linéaire des matrices colonnes de A dont les coefficients proviennent de la colonne j de B.*

---

### EXEMPLE 9 Colonnes d'un produit *AB* et combinaisons linéaires

---

Nous avons vu à l'exemple 5 que

$$
AB = \begin{bmatrix} 1 & 2 & 4 \\ 2 & 6 & 0 \end{bmatrix} \begin{bmatrix} 4 & 1 & 4 & 3 \\ 0 & -1 & 3 & 1 \\ 2 & 7 & 5 & 2 \end{bmatrix} = \begin{bmatrix} 12 & 27 & 30 & 13 \\ 8 & -4 & 26 & 12 \end{bmatrix}
$$

Exprimons les matrices colonnes de $AB$ sous forme de combinaisons linéaires des matrices colonnes de $A$. On a

$$\begin{bmatrix} 12 \\ 8 \end{bmatrix} = 4 \begin{bmatrix} 1 \\ 2 \end{bmatrix} + 0 \begin{bmatrix} 2 \\ 6 \end{bmatrix} + 2 \begin{bmatrix} 4 \\ 0 \end{bmatrix}$$

$$\begin{bmatrix} 27 \\ -4 \end{bmatrix} = \begin{bmatrix} 1 \\ 2 \end{bmatrix} - \begin{bmatrix} 2 \\ 6 \end{bmatrix} + 7 \begin{bmatrix} 4 \\ 0 \end{bmatrix}$$

$$\begin{bmatrix} 30 \\ 26 \end{bmatrix} = 4 \begin{bmatrix} 1 \\ 2 \end{bmatrix} + 3 \begin{bmatrix} 2 \\ 6 \end{bmatrix} + 5 \begin{bmatrix} 4 \\ 0 \end{bmatrix}$$

$$\begin{bmatrix} 13 \\ 12 \end{bmatrix} = 3 \begin{bmatrix} 1 \\ 2 \end{bmatrix} + \begin{bmatrix} 2 \\ 6 \end{bmatrix} + 2 \begin{bmatrix} 4 \\ 0 \end{bmatrix} \quad \blacklozenge$$

## Expression matricielle d'un système linéaire

La multiplication matricielle trouve une application importante dans les systèmes d'équations linéaires. Considérons un système de $m$ équations à $n$ inconnues.

$$\begin{aligned} a_{11}x_1 + a_{12}x_2 + \cdots + a_{1n}x_n &= b_1 \\ a_{21}x_1 + a_{22}x_2 + \cdots + a_{2n}x_n &= b_2 \\ \vdots \qquad \vdots \qquad \qquad \vdots \qquad \vdots \\ a_{m1}x_1 + a_{m2}x_2 + \cdots + a_{mn}x_n &= b_m \end{aligned}$$

Sachant que deux matrices sont égales si et seulement si leurs éléments correspondants sont égaux, on peut remplacer les $m$ équations de ce système par la simple égalité matricielle suivante :

$$\begin{bmatrix} a_{11}x_1 + a_{12}x_2 + \cdots + a_{1n}x_n \\ a_{21}x_1 + a_{22}x_2 + \cdots + a_{2n}x_n \\ \vdots \qquad \vdots \qquad \qquad \vdots \\ a_{m1}x_1 + a_{m2}x_2 + \cdots + a_{mn}x_n \end{bmatrix} = \begin{bmatrix} b_1 \\ b_2 \\ \vdots \\ b_m \end{bmatrix}$$

On peut récrire sous forme d'un produit la matrice $m \times 1$ du membre gauche de l'équation; on a alors

$$\begin{bmatrix} a_{11} & a_{12} & \cdots & a_{1n} \\ a_{21} & a_{22} & \cdots & a_{2n} \\ \vdots & \vdots & & \vdots \\ a_{m1} & a_{m2} & \cdots & a_{mn} \end{bmatrix} \begin{bmatrix} x_1 \\ x_2 \\ \vdots \\ x_n \end{bmatrix} = \begin{bmatrix} b_1 \\ b_2 \\ \vdots \\ b_m \end{bmatrix}$$

Si on désigne ces matrices par $A$, $\mathbf{x}$ et $\mathbf{b}$ respectivement, alors le système original de $m$ équations à $n$ inconnues devient la simple équation matricielle :

$$A\mathbf{x} = \mathbf{b}$$

Dans cette équation, $A$ est la ***matrice des coefficients*** du système. On obtient la matrice augmentée du système en regroupant $\mathbf{b}$ et $A$ de sorte que $\mathbf{b}$ devienne la dernière colonne de la matrice :

$$[A \mid \mathbf{b}] = \begin{bmatrix} a_{11} & a_{12} & \cdots & a_{1n} & \bigm| & b_1 \\ a_{21} & a_{22} & \cdots & a_{2n} & \bigm| & b_2 \\ \vdots & \vdots & & \vdots & \bigm| & \vdots \\ a_{m1} & a_{m2} & \cdots & a_{mn} & \bigm| & b_m \end{bmatrix}$$

## Matrices qui définissent des fonctions

Considérons l'équation $Ax = b$, où $A$ et $b$ définissent un système linéaire ayant $x$ pour inconnue. On pourrait aussi écrire cette équation sous la forme $y = Ax$, où $A$ et $x$ sont donnés et où l'on cherche $y$. Si $A$ représente une matrice $m \times n$, alors cette fonction associe à chaque vecteur colonne $x$, de dimension $n \times 1$, un vecteur colonne $y$ de dimension $m \times 1$; dans ce cas, $A$ définit une règle qui permet de convertir un $x$ donné en un $y$ correspondant. Nous développerons cette idée en détail à partir de la section 4.2.

---

### EXEMPLE 10   Une fonction de matrices

Considérons les matrices suivantes :

$$A = \begin{bmatrix} 1 & 0 \\ 0 & -1 \end{bmatrix}, \qquad \mathbf{x} = \begin{bmatrix} a \\ b \end{bmatrix}$$

Le produit $\mathbf{y} = A\mathbf{x}$ s'écrit

$$\mathbf{y} = \begin{bmatrix} 1 & 0 \\ 0 & -1 \end{bmatrix} \begin{bmatrix} a \\ b \end{bmatrix} = \begin{bmatrix} a \\ -b \end{bmatrix}$$

On constate qu'en multipliant $A$ par un vecteur colonne, on change le signe du second élément du vecteur colonne. Considérons maintenant la matrice $B$ :

$$B = \begin{bmatrix} 0 & 1 \\ -1 & 0 \end{bmatrix}$$

Le produit $\mathbf{y} = B\mathbf{x}$ donne

$$\mathbf{y} = \begin{bmatrix} 0 & 1 \\ -1 & 0 \end{bmatrix} \begin{bmatrix} a \\ b \end{bmatrix} = \begin{bmatrix} b \\ -a \end{bmatrix}$$

Ainsi, multiplier $B$ par un vecteur colonne a pour effet de permuter les deux premiers éléments du vecteur colonne tout en inversant le signe du premier élément.

Supposons que l'on fait correspondre au vecteur colonne $\mathbf{x}$ un point $(a, b)$ dans un plan, alors la matrice $A$ a comme effet de donner le symétrique de ce point par rapport à l'axe des $\mathbf{x}$ (figure 1.3.1$a$) alors que $B$ entraîne une rotation de 90° du segment de droite qui relie l'origine et le point considéré (figure 1.3.1$b$). ◆

**Matrice transposée**

Nous concluons cette section en définissant deux opérations matricielles qui n'ont pas d'équivalent dans le domaine des nombres réels.

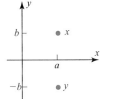

*(a)*

*(b)*

**Figure 1.3.1**

---

### DÉFINITION

Soit $A$, une matrice quelconque $m \times n$. On appelle **_matrice transposée de $A$_**, notée $A^T$, la matrice $n \times m$ obtenue en disposant les lignes de $A$ en colonnes; ainsi, la première colonne de $A^T$ correspond à la première ligne de $A$, la deuxième colonne de $A^T$ correspond à la deuxième ligne de $A$ et ainsi de suite.

---

### EXEMPLE 11   Quelques matrices transposées

Voici quelques exemples de matrices et de leurs matrices transposées.

$$A = \begin{bmatrix} a_{11} & a_{12} & a_{13} & a_{14} \\ a_{21} & a_{22} & a_{23} & a_{24} \\ a_{31} & a_{32} & a_{33} & a_{34} \end{bmatrix}, \qquad B = \begin{bmatrix} 2 & 3 \\ 1 & 4 \\ 5 & 6 \end{bmatrix}, \qquad C = \begin{bmatrix} 1 & 3 & 5 \end{bmatrix}, \qquad D = \begin{bmatrix} 4 \end{bmatrix}$$

$$A^T = \begin{bmatrix} a_{11} & a_{21} & a_{31} \\ a_{12} & a_{22} & a_{32} \\ a_{13} & a_{23} & a_{33} \\ a_{14} & a_{24} & a_{34} \end{bmatrix}, \qquad B^T = \begin{bmatrix} 2 & 1 & 5 \\ 3 & 4 & 6 \end{bmatrix}, \qquad C^T = \begin{bmatrix} 1 \\ 3 \\ 5 \end{bmatrix}, \qquad D^T = [4] \quad \blacklozenge$$

Remarquez que non seulement les colonnes de $A^T$ correspondent aux lignes de $A$, mais les lignes de $A^T$ correspondent également aux colonnes de $A$. Ainsi, l'élément de la ligne $i$ et de la colonne $j$ de $A^T$ est l'élément de la ligne $j$ et de la colonne $i$ de $A$. On a donc

$$(A^T)_{ij} = (A)_{ji} \tag{11}$$

Observez l'inversion des indices.

Dans le cas particulier où $A$ représente une matrice carrée, on obtient la matrice transposée de $A$ en permutant les éléments qui occupent des positions symétriques relativement à la diagonale principale. Les étapes ci-dessous (12) montrent que l'on peut obtenir $A^T$ par la « réflexion » de $A$ selon sa diagonale principale.

$$A = \begin{bmatrix} 1 & -2 & 4 \\ 3 & 7 & 0 \\ -5 & 8 & 6 \end{bmatrix} \rightarrow \begin{bmatrix} 1 & -2 & 4 \\ 3 & 7 & 0 \\ -5 & 8 & 6 \end{bmatrix} \rightarrow A^T = \begin{bmatrix} 1 & 3 & -5 \\ -2 & 7 & 8 \\ 4 & 0 & 6 \end{bmatrix} \tag{12}$$

On permute les éléments qui occupent des positions symétriques par rapport à la diagonale principale.

---

**DÉFINITION**

Soit $A$ une matrice carrée. Alors la ***trace de A***, notée tr($A$), est la somme des éléments de la diagonale principale de $A$. La trace de $A$ n'est pas définie pour une matrice $A$ qui n'est pas carrée.

---

EXEMPLE 12  Trace d'une matrice

Voici quelques exemples de matrices et de leurs traces.

$$A = \begin{bmatrix} a_{11} & a_{12} & a_{13} \\ a_{21} & a_{22} & a_{23} \\ a_{31} & a_{32} & a_{33} \end{bmatrix}, \qquad B = \begin{bmatrix} -1 & 2 & 7 & 0 \\ 3 & 5 & -8 & 4 \\ 1 & 2 & 7 & -3 \\ 4 & -2 & 1 & 0 \end{bmatrix}$$

$$\text{tr}(A) = a_{11} + a_{22} + a_{33} \qquad \text{tr}(B) = -1 + 5 + 7 + 0 = 11 \quad \blacklozenge$$

---

SÉRIE D'EXERCICES **1.3**

**1.** Soit les matrices $A$, $B$, $C$, $D$ et $E$ dont les dimensions sont les suivantes :

| $A$ | $B$ | $C$ | $D$ | $E$ |
|---|---|---|---|---|
| $(4 \times 5)$ | $(4 \times 5)$ | $(5 \times 2)$ | $(4 \times 2)$ | $(5 \times 4)$ |

Parmi les expressions matricielles de la liste ci-dessous indiquez celles qui sont définies. Donnez la dimension de la matrice résultant dans les cas où l'expression est définie.

(a)  $BA$        (b)  $AC + D$      (c)  $AE + B$       (d)  $AB + B$

(e)  $E(A + B)$     (f)  $E(AC)$       (g)  $E^TA$        (h)  $(A^T + E)D$

2. Résolvez l'équation matricielle suivante en déterminant $a$, $b$, $c$ et $d$ :

$$\begin{bmatrix} a - b & b + c \\ 3d + c & 2a - 4d \end{bmatrix} = \begin{bmatrix} 8 & 1 \\ 7 & 6 \end{bmatrix}$$

3. Considérez les matrices suivantes :

$$A = \begin{bmatrix} 3 & 0 \\ -1 & 2 \\ 1 & 1 \end{bmatrix}, \qquad B = \begin{bmatrix} 4 & -1 \\ 0 & 2 \end{bmatrix}, \qquad C = \begin{bmatrix} 1 & 4 & 2 \\ 3 & 1 & 5 \end{bmatrix},$$

$$D = \begin{bmatrix} 1 & 5 & 2 \\ -1 & 0 & 1 \\ 3 & 2 & 4 \end{bmatrix}, \qquad E = \begin{bmatrix} 6 & 1 & 3 \\ -1 & 1 & 2 \\ 4 & 1 & 3 \end{bmatrix}$$

Effectuez les opérations suivantes (lorsque possible) :

(a)  $D + E$      (b)  $D - E$        (c)  $5A$          (d)  $-7C$

(e)  $2B - C$      (f)  $4E - 2D$      (g)  $-3(D + 2E)$     (h)  $A - A$

(i)  $\operatorname{tr}(D)$      (j)  $\operatorname{tr}(D - 3E)$     (k)  $4\operatorname{tr}(7B)$        (l)  $\operatorname{tr}(A)$

4. Effectuez les opérations suivantes, lorsque c'est possible, en utilisant les matrices données à l'exercice 3 :

(a)  $2A^T + C$      (b)  $D^T - E^T$      (c)  $(D - E)^T$      (d)  $B^T + 5C^T$

(e)  $\frac{1}{2}C^T - \frac{1}{4}A$     (f)  $B - B^T$       (g)  $2E^T - 3D^T$      (h)  $(2E^T - 3D^T)^T$

5. Effectuez les opérations suivantes, lorsque c'est possible, en utilisant les matrices données à l'exercice 3 :

(a)  $AB$         (b)  $BA$          (c)  $(3E)D$          (d)  $(AB)C$

(e)  $A(BC)$       (f)  $CC^T$         (g)  $(DA)^T$         (h)  $(C^TB)A^T$

(i)  $\operatorname{tr}(DD^T)$     (j)  $\operatorname{tr}(4E^T - D)$     (k)  $\operatorname{tr}(C^TA^T + 2E^T)$

6. Effectuez les opérations suivantes, lorsque c'est possible, en utilisant les matrices données à l'exercice 3 :

(a)  $(2D^T - E)A$      (b)  $(4B)C + 2B$      (c)  $(-AC)^T + 5D^T$

(d)  $(BA^T - 2C)^T$     (e)  $B^T(CC^T - A^TA)$     (f)  $D^TE^T - (ED)^T$

7. Soit

$$A = \begin{bmatrix} 3 & -2 & 7 \\ 6 & 5 & 4 \\ 0 & 4 & 9 \end{bmatrix} \quad \text{et} \quad B = \begin{bmatrix} 6 & -2 & 4 \\ 0 & 1 & 3 \\ 7 & 7 & 5 \end{bmatrix}$$

Procédez comme à l'exemple 7 pour déterminer

(a)  la première ligne de $AB$;        (b)  la troisième ligne de $AB$;

(c)  la deuxième colonne de $AB$;      (d)  la première colonne de $BA$;

(e)  la troisième ligne de $AA$;        (f)  la troisième colonne de $AA$.

8. Considérez les matrices $A$ et $B$ de l'exercice 7. Utilisez la méthode donnée à l'exemple 9

(a)  pour exprimer chacune des matrices colonnes de $AB$ par une combinaison linéaire des matrices colonnes de $A$;

(b) pour exprimer chacune des matrices colonnes de $BA$ par une combinaison linéaire des matrices colonnes de $B$.

**9.** Soit

$$\mathbf{y} = [y_1 \quad y_2 \quad \cdots \quad y_m] \quad \text{et} \quad A = \begin{bmatrix} a_{11} & a_{12} & \cdots & a_{1n} \\ a_{21} & a_{22} & \cdots & a_{2n} \\ \vdots & \vdots & & \vdots \\ a_{m1} & a_{m2} & \cdots & a_{mn} \end{bmatrix}$$

(a) Montrez que l'on peut exprimer le produit $\mathbf{y}A$ par une combinaison linéaire des matrices lignes de $A$ dont les coefficients scalaires proviennent de $\mathbf{y}$.

(b) Établissez un lien avec la méthode utilisée à l'exemple 8.

***Indice*** Utilisez l'opération de transposition.

**10.** Considérez les matrices $A$ et $B$ de l'exercice 7.

(a) Utilisez le résultat de l'exercice 9 pour exprimer chacune des matrices lignes de $AB$ par une combinaison linéaire des matrices lignes de $B$.

(b) Utilisez le résultat de l'exercice 9 pour exprimer chacune des matrices lignes de $BA$ par une combinaison linéaire des matrices lignes de $A$.

**11.** Considérez les matrices $C$, $D$ et $E$ de l'exercice 3. Déterminez l'élément de la ligne 2 et de la colonne 3 de $C(DE)$ en effectuant un minimum d'opérations.

**12.** (a) Montrez que, si les opérations $AB$ et $BA$ sont toutes deux définies, alors $AB$ et $BA$ sont des matrices carrées.

(b) Montrez que, si $A$ est une matrice $m \times n$ et le produit $A(BA)$ est défini, alors $B$ représente une matrice $n \times m$.

**13.** Dans chacun des cas ci-dessous, trouvez les matrices $A$, $\mathbf{x}$ et $\mathbf{b}$ telles que le système d'équations linéaires donné s'exprime par $A\mathbf{x} = \mathbf{b}$.

(a)
$$\begin{aligned} 2x_1 - 3x_2 + 5x_3 &= 7 \\ 9x_1 - x_2 + x_3 &= -1 \\ x_1 + 5x_2 + 4x_3 &= 0 \end{aligned}$$

(b)
$$\begin{aligned} 4x_1 \quad\;\; - 3x_3 + x_4 &= 1 \\ 5x_1 + x_2 \quad\;\; - 8x_4 &= 3 \\ 2x_1 - 5x_2 + 9x_3 - x_4 &= 0 \\ 3x_2 - x_3 + 7x_4 &= 2 \end{aligned}$$

**14.** Dans chacun des cas ci-dessous, traduisez l'équation matricielle en un système d'équations linéaires.

(a)
$$\begin{bmatrix} 3 & -1 & 2 \\ 4 & 3 & 7 \\ -2 & 1 & 5 \end{bmatrix} \begin{bmatrix} x_1 \\ x_2 \\ x_3 \end{bmatrix} = \begin{bmatrix} 2 \\ -1 \\ 4 \end{bmatrix}$$

(b)
$$\begin{bmatrix} 3 & -2 & 0 & 1 \\ 5 & 0 & 2 & -2 \\ 3 & 1 & 4 & 7 \\ -2 & 5 & 1 & 6 \end{bmatrix} \begin{bmatrix} w \\ x \\ y \\ z \end{bmatrix} = \begin{bmatrix} 0 \\ 0 \\ 0 \\ 0 \end{bmatrix}$$

**15.** Considérons deux matrices, $A$ et $B$, partitionnées en sous-matrices. Par exemple,

$$A = \left[ \begin{array}{c|c} A_{11} & A_{12} \\ \hline A_{21} & A_{22} \end{array} \right] \quad \text{et} \quad B = \left[ \begin{array}{c|c} B_{11} & B_{12} \\ \hline B_{21} & B_{22} \end{array} \right]$$

Le produit $AB$ peut s'écrire comme suit, à condition que les dimensions des sous-matrices permettent les opérations indiquées :

$$AB = \left[ \begin{array}{c|c} A_{11}B_{11} + A_{12}B_{21} & A_{11}B_{12} + A_{12}B_{22} \\ \hline A_{21}B_{11} + A_{22}B_{21} & A_{21}B_{12} + A_{22}B_{22} \end{array} \right]$$

On nomme ***multiplication par bloc*** cette méthode de multiplication de matrices partitionnées. Dans chacun des cas ci-dessous, déterminez le produit matriciel en utilisant la technique de multiplication par bloc. Vérifiez ensuite vos résultats en multipliant directement les matrices.

(a) $\quad A = \begin{bmatrix} -1 & 2 & 1 & 5 \\ 0 & -3 & 4 & 2 \\ 1 & 5 & 6 & 1 \end{bmatrix}, \qquad B = \begin{bmatrix} 2 & 1 & 4 \\ -3 & 5 & 2 \\ 7 & -1 & 5 \\ 0 & 3 & -3 \end{bmatrix}$

(b) $\quad A = \begin{bmatrix} -1 & 2 & 1 & 5 \\ 0 & -3 & 4 & 2 \\ 1 & 5 & 6 & 1 \end{bmatrix}, \qquad B = \begin{bmatrix} 2 & 1 & 4 \\ -3 & 5 & 2 \\ 7 & -1 & 5 \\ 0 & 3 & -3 \end{bmatrix}$

**16.** Adaptez la méthode décrite à l'exercice 15 pour effectuer la multiplication par bloc des matrices suivantes :

(a) $\begin{bmatrix} 3 & -1 & 0 & -3 \\ 2 & 1 & 4 & 5 \end{bmatrix} \begin{bmatrix} 2 & -4 & 1 \\ 3 & 0 & 2 \\ 1 & -3 & 5 \\ 2 & 1 & 4 \end{bmatrix}$
$\qquad$ (b) $\begin{bmatrix} 2 & -5 \\ 1 & 3 \\ 0 & 5 \\ 1 & 4 \end{bmatrix} \begin{bmatrix} 2 & -1 & 3 & -4 \\ 0 & 1 & 5 & 7 \end{bmatrix}$

(c) $\begin{bmatrix} 1 & 0 & 0 & 0 & 0 \\ 0 & 1 & 0 & 0 & 0 \\ 0 & 0 & 1 & 0 & 0 \\ 0 & 0 & 0 & 2 & 0 \\ 0 & 0 & 0 & -1 & 2 \end{bmatrix} \begin{bmatrix} 3 & 3 \\ -1 & 4 \\ 1 & 5 \\ 2 & -2 \\ 1 & 6 \end{bmatrix}$

**17.** En considérant les partitions données ci-dessous, indiquez s'il est possible de déterminer $AB$ en appliquant la multiplication par bloc. Si oui, trouvez le produit en utilisant cette technique.

*Note* $\quad$ Voir l'exercice 15.

(a) $\quad A = \begin{bmatrix} -1 & 2 & 1 & 5 \\ 0 & -3 & 4 & 2 \\ 1 & 5 & 6 & 1 \end{bmatrix}, \qquad B = \begin{bmatrix} 2 & 1 & 4 \\ -3 & 5 & 2 \\ 7 & -1 & 5 \\ 0 & 3 & -3 \end{bmatrix}$

(b) $\quad A = \begin{bmatrix} -1 & 2 & 1 & 5 \\ 0 & -3 & 4 & 2 \\ 1 & 5 & 6 & 1 \end{bmatrix}, \qquad B = \begin{bmatrix} 2 & 1 & 4 \\ -3 & 5 & 2 \\ 7 & -1 & 5 \\ 0 & 3 & -3 \end{bmatrix}$

**18.** (a) Démontrez que, si $A$ contient une ligne de zéros et $B$ est une matrice quelconque telle que le produit $AB$ est défini, alors $AB$ contient également une ligne de zéros.

$\qquad$ (b) Trouvez un résultat analogue à celui de (a), mais qui fait intervenir une colonne de zéros de $B$.

**19.** Soit $A$, une matrice $m \times n$ et $0$, une matrice de même dimension dont tous les éléments sont nuls. Montrez que, si $kA = 0$, alors $k = 0$ ou $A = 0$.

**20.** Soit $I$, une matrice $n \times n$ dont les éléments sont définis comme suit pour la ligne $i$ et la colonne $j$ :

$$\begin{cases} 1 & \text{si} \quad i = j \\ 0 & \text{si} \quad i \neq j \end{cases}$$

Prouvez que $AI = IA = A$ pour toute matrice $A$ de dimension $n \times n$.

**21.** Dans chacun des cas ci-dessous, trouvez une matrice $[a_{ij}]$ de dimension $6 \times 6$ qui satisfait à la condition indiquée. Donnez des réponses générales en utilisant des lettres plutôt que des valeurs numériques pour les éléments non nuls.

(a)  $a_{ij} = 0$  si  $i \neq j$      (b)  $a_{ij} = 0$  si  $i > j$

(c)  $a_{ij} = 0$  si  $i < j$      (d)  $a_{ij} = 0$  si  $|i - j| > 1$

**22.** Trouvez la matrice $A = [a_{ij}]$ de dimension $4 \times 4$ définie ci-dessous.

(a)  $a_{ij} = i + j$      (b)  $a_{ij} = i^{j-1}$      (c)  $a_{ij} = \begin{cases} 1 & \text{si} \ |i - j| > 1 \\ -1 & \text{si} \ |i - j| \leq 1 \end{cases}$

**23.** Considérez la fonction $y = f(x)$ définie par $y = Ax$ où $x$ est une matrice de dimension $2 \times 1$, et

$$A = \begin{bmatrix} 1 & 1 \\ 0 & 1 \end{bmatrix}$$

Dans chacun des cas ci-dessous, représenter $x$ et $f(x)$ dans un même repère. Comment décririez-vous l'action de $f$ sur $x$?

(a)  $x = \begin{pmatrix} 1 \\ 1 \end{pmatrix}$    (b)  $x = \begin{pmatrix} 2 \\ 0 \end{pmatrix}$    (c)  $x = \begin{pmatrix} 4 \\ 3 \end{pmatrix}$    (d)  $x = \begin{pmatrix} 2 \\ -2 \end{pmatrix}$

**24.** Soit $A$, une matrice $n \times m$. Montrez que si la fonction $y = f(x)$, définie par $y = Ax$ pour les matrices $x$ de dimension $m \times 1$, satisfait aux conditions de linéarité, alors $f(\alpha w + \beta z) = \alpha f(w) + \beta f(z)$ pour tout nombre réel $\alpha$ et $\beta$, et toutes matrices $w$ et $z$ de dimension $m \times 1$.

**25.** Démontrez que, si $A$ et $B$ sont des matrices carrées $n \times n$, alors $\text{tr}(A + B) = \text{tr}(a) + \text{tr}(B)$.

## Exploration & discussion

**26.** Décrivez trois méthodes pour calculer un produit matriciel. Illustrez-les en calculant un produit $AB$ quelconque de trois façons différentes.

**27.** Combien de matrices $A$ de dimension $3 \times 3$ peuvent satisfaire à la condition suivante :

$$A \begin{bmatrix} x \\ y \\ z \end{bmatrix} = \begin{bmatrix} x + y \\ x - y \\ 0 \end{bmatrix}$$

quelles que soient les valeurs de $x$, $y$ et $z$?

**28.** Combien de matrices $A$ de dimension $3 \times 3$ peuvent satisfaire à la condition suivante :

$$A \begin{bmatrix} x \\ y \\ z \end{bmatrix} = \begin{bmatrix} xy \\ 0 \\ 0 \end{bmatrix}$$

quelles que soient les valeurs de $x$, $y$ et $z$?

**29.** On dit d'une matrice $B$ qu'elle est une ***racine carrée*** d'une matrice $A$ si $BB = A$.

(a)  Trouvez deux racines carrées de $A = \begin{bmatrix} 2 & 2 \\ 2 & 2 \end{bmatrix}$.

(b)  Combien de racines carrées différentes pouvez-vous trouver à la matrice

$$A = \begin{bmatrix} 5 & 0 \\ 0 & 9 \end{bmatrix}?$$

(c)  Pensez-vous que toute matrice $2 \times 2$ possède au moins une racine carrée? Expliquez votre raisonnement.

**30.** Soit $0$, une matrice $2 \times 2$ dont tous les éléments sont nuls.

(a) Peut-on trouver une matrice $A$ de dimension $2 \times 2$ telle que $A \neq 0$ et $AA = 0$? Justifiez votre réponse.

(b) Peut-on trouver une matrice $A$ de dimension $2 \times 2$ telle que $A \neq 0$ et $AA = A$? Justifiez votre réponse.

**31.** Dans chacun des énoncés suivants où $A$ et $B$ sont des matrices, indiquez si l'énoncé est toujours vrai ou s'il peut être faux dans certains cas. Justifiez votre réponse à l'aide d'une explication ou en donnant un contre-exemple.

(a) Les expressions $\operatorname{tr}(AA^T)$ et $\operatorname{tr}(A^TA)$ sont définies.

(b) $\operatorname{tr}(AA^T) = \operatorname{tr}(A^TA)$.

(c) Si la première colonne de $A$ ne contient que des zéros, alors la première colonne de tout produit $AB$ ne contient que des zéros.

(d) Si la première ligne de $A$ ne contient que des zéros, alors la première ligne de tout produit $AB$ ne contient que des zéros.

**32.** Dans chacun des énoncés ci-dessous, indiquez si l'énoncé est toujours vrai ou s'il peut être faux dans certains cas. Justifiez votre réponse à l'aide d'une explication ou en donnant un contre-exemple.

(a) Si la matrice carrée $A$ contient deux lignes identiques, alors $AA$ présente également deux lignes identiques.

(b) Si $A$ est une matrice carrée et $AA$ contient une colonne de zéros, alors $A$ doit comporter une colonne de zéros.

(c) Si $B$ est une matrice $n \times n$ dont les éléments sont des entiers positifs pairs et $A$, une matrice $n \times n$ dont les éléments sont des entiers positifs, alors les éléments de $AB$ et $BA$ sont des entiers positifs pairs.

(d) Si la somme $AB + BA$ est définie, alors les matrices $A$ et $B$ sont carrées.

**33.** Supposons que le tableau ci-dessous représente les commandes de trois individus dans un restaurant rapide. La première personne a commandé 4 hamburgers, 3 boissons et 3 frites; la deuxième veut 2 hamburgers et une boisson; et la troisième personne a demandé 4 hamburgers, 4 boissons et 2 frites. Les hamburgers coûtent 1,50 $ chacun, les boissons sont à 1 $ et les portions de frites à 1,50 $.

$$\begin{bmatrix} 4 & 3 & 3 \\ 2 & 1 & 0 \\ 4 & 4 & 2 \end{bmatrix}$$

(a) Discutez la question suivante. On peut représenter les montants dus par ces personnes à l'aide d'une fonction $y = f(x)$, où $f(x)$ est le produit du tableau ci-dessus par un certain vecteur.

(b) Calculez les montants dus par les clients en effectuant la multiplication appropriée.

(c) Supposons que la deuxième personne ajoute à sa commande une autre boisson et deux portions de frites. Modifiez la matrice en conséquence et refaites les calculs.

# 1.4
## MATRICES INVERSES; PROPRIÉTÉS DES OPÉRATIONS

*Dans cette section, nous allons présenter quelques propriétés des opérations sur les matrices. Nous verrons que plusieurs propriétés des nombres réels sont également valables pour les matrices alors que certaines autres ne le sont pas.*

**Propriétés
des opérations
matricielles**

Pour les nombres réels $a$ et $b$, l'égalité $ab = ba$ est toujours vraie; elle exprime la *loi de la commutativité de la multiplication*. Dans le cas des matrices, cependant, les produits $AB$ et $BA$ ne sont pas nécessairement égaux. Cela s'explique par l'une ou l'autre des trois raisons qui suivent. Dans certains cas, le produit $AB$ peut être défini sans que $BA$ le soit. Par exemple, ce sera le cas si $A$ est de dimension $2 \times 3$ et $B$, de dimension $3 \times 4$. Dans d'autres situations, les deux produits sont définis mais leurs dimensions diffèrent; par exemple, $A$ est une matrice $2 \times 3$ et $B$, une matrice $3 \times 2$. Finalement, tel qu'illustré à l'exemple 1, il est possible que $AB \neq BA$, même si $AB$ et $BA$ sont définis et de mêmes dimensions.

---

### EXEMPLE 1   *AB* et *BA* ne sont pas nécessairement égaux

Considérons les matrices

$$A = \begin{bmatrix} -1 & 0 \\ 2 & 3 \end{bmatrix}, \qquad B = \begin{bmatrix} 1 & 2 \\ 3 & 0 \end{bmatrix}$$

Leur multiplication donne

$$AB = \begin{bmatrix} -1 & -2 \\ 11 & 4 \end{bmatrix}, \qquad BA = \begin{bmatrix} 3 & 6 \\ -3 & 0 \end{bmatrix}$$

On trouve $AB \neq BA$. ◆

La loi de la commutativité de la multiplication ne vaut donc pas pour les matrices. Cependant, plusieurs autres lois courantes des nombres réels restent valides. Le théorème ci-dessous résume les plus importantes.

**THÉORÈME 1.4.1**

**Propriétés des opérations matricielles**

*Les lois de l'algèbre matricielle données ci-dessous sont valides à condition que les dimensions des matrices permettent les opérations indiquées.*

($a$)  $A + B = B + A$ **(Commutativité de l'addition)**

($b$)  $A + (B + C) = (A + B) + C$ **(Associativité de l'addition)**

($c$)  $A(BC) + (AB)C$ **(Associativité de la multiplication)**

($d$)  $A(B + C) = AB + AC$ **(Distributivité à gauche)**

($e$)  $(B + C)A = BA + CA$ **(Distributivité à droite)**

($f$)  $A(B - C) = AB - AC$ ($j$)  $(a + b)C = aC + bC$

($g$)  $(B - C)A = BA - CA$ ($k$)  $(a - b)C = aC - bC$

($h$)  $a(B + C) = aB + aC$ ($l$)  $a(bC) = (ab)C$

($i$)  $a(B - C) = aB - aC$ ($m$)  $a(BC) = (aB)C = B(aC)$

Pour démontrer les identités de ce théorème, il faut montrer que la matrice résultant du membre de gauche est de même dimension que celle du membre de droite, et que leurs éléments correspondants sont égaux. Toutes les preuves s'obtiennent suivant une démarche similaire, sauf celle de la loi de l'associativité ($c$). Nous allons faire la démonstration de la loi ($d$) à titre d'exemple. La démonstration de l'associativité, plus complexe, est ébauchée dans les exercices.

***Démonstration de (d)*** Nous devons démontrer que $A(B + C)$ et $AB + AC$ sont de mêmes dimensions et que leurs éléments correspondants sont égaux. Pour obtenir $A(B + C)$, les matrices $B$ et $C$ doivent être de même dimension, disons $m \times n$, et la matrice $A$ doit contenir $m$ colonnes, donc sa dimension doit être de la forme $r \times m$. Dans ces conditions, $A(B + C)$ donnera une matrice $r \times n$. Or, $AB$ et $AC$ sont également de dimension $r \times n$ et, en conséquence, les matrices $A(B + C)$ et $AB + AC$ sont de mêmes dimensions.

Supposons maintenant que $A = [a_{ij}]$, $B = [b_{ij}]$ et $C = [c_{ij}]$. Nous voulons démontrer que les éléments correspondants de $A(B + C)$ et de $AB + AC$ sont égaux, soit

$$[A(B + C)]_{ij} = [AB + AC]_{ij}$$

pour toute valeur de $i$ et $j$. Or, en appliquant les définitions de l'addition et de la multiplication matricielles, on trouve

$$
\begin{aligned}
[A(B + C)]_{ij} &= a_{i1}(b_{1j} + c_{1j}) + a_{i2}(b_{2j} + c_{2j}) + \cdots + a_{im}(b_{mj} + c_{mj}) \\
&= (a_{i1}b_{1j} + a_{i2}b_{2j} + \cdots + a_{im}b_{mj}) + (a_{i1}c_{1j} + a_{i2}c_{2j} + \cdots + a_{im}c_{mj}) \\
&= [AB]_{ij} + [AC]_{ij} = [AB + AC]_{ij} \quad\blacksquare
\end{aligned}
$$

REMARQUE Bien que les opérations d'addition et de multiplication aient été définies pour des paires de matrices, les lois de l'associativité $(b)$ et $(c)$ permettent d'écrire la somme et le produit de trois matrices, soit $A + B + C$ et $ABC$, sans utiliser de parenthèses. Dans les faits, où que l'on place les parenthèses, les lois de l'associativité garantissent que le résultat final sera le même. En général, *dans toute somme ou tout produit de matrices, l'utilisation des parenthèses à l'intérieur des expressions est facultative, car le résultat final reste le même dans tous les cas.*

## EXEMPLE 2 Associativité de la multiplication matricielle

Considérons les matrices suivantes pour illustrer la loi de l'associativité de la multiplication des matrices :

$$
A = \begin{bmatrix} 1 & 2 \\ 3 & 4 \\ 0 & 1 \end{bmatrix}, \qquad B = \begin{bmatrix} 4 & 3 \\ 2 & 1 \end{bmatrix}, \qquad C = \begin{bmatrix} 1 & 0 \\ 2 & 3 \end{bmatrix}
$$

On a

$$
AB = \begin{bmatrix} 1 & 2 \\ 3 & 4 \\ 0 & 1 \end{bmatrix}\begin{bmatrix} 4 & 3 \\ 2 & 1 \end{bmatrix} = \begin{bmatrix} 8 & 5 \\ 20 & 13 \\ 2 & 1 \end{bmatrix} \quad \text{et} \quad BC = \begin{bmatrix} 4 & 3 \\ 2 & 1 \end{bmatrix}\begin{bmatrix} 1 & 0 \\ 2 & 3 \end{bmatrix} = \begin{bmatrix} 10 & 9 \\ 4 & 3 \end{bmatrix}
$$

On en déduit

$$
(AB)C = \begin{bmatrix} 8 & 5 \\ 20 & 13 \\ 2 & 1 \end{bmatrix}\begin{bmatrix} 1 & 0 \\ 2 & 3 \end{bmatrix} = \begin{bmatrix} 18 & 15 \\ 46 & 39 \\ 4 & 3 \end{bmatrix}
$$

et

$$
A(BC) = \begin{bmatrix} 1 & 2 \\ 3 & 4 \\ 0 & 1 \end{bmatrix}\begin{bmatrix} 10 & 9 \\ 4 & 3 \end{bmatrix} = \begin{bmatrix} 18 & 15 \\ 46 & 39 \\ 4 & 3 \end{bmatrix}
$$

On a donc $(AB)C = A(BC)$, conformément au théorème 1.4.1. $\blacklozenge$

**Matrices nulles**

On appelle ***matrice nulle***, notée *0*, une matrice dont tous les éléments sont des zéros. En voici quelques exemples :

$$\begin{bmatrix} 0 & 0 \\ 0 & 0 \end{bmatrix}, \quad \begin{bmatrix} 0 & 0 & 0 \\ 0 & 0 & 0 \\ 0 & 0 & 0 \end{bmatrix}, \quad \begin{bmatrix} 0 & 0 & 0 & 0 \\ 0 & 0 & 0 & 0 \end{bmatrix}, \quad \begin{bmatrix} 0 \\ 0 \\ 0 \\ 0 \end{bmatrix}, \quad [0]$$

Lorsque la dimension importe dans le propos, on écrira $0_{mxn}$ pour une matrice nulle de dimension $m \times n$. On utilisera par ailleurs **0** pour une matrice nulle à une seule colonne, reprenant la convention d'utilisation des caractères gras pour les matrices colonnes.

Considérant une matrice quelconque *A*, et *0*, une matrice nulle de même dimension, on déduit facilement que *A + 0 = 0 + A = A*. Dans les équations matricielles, la matrice *0* joue un rôle similaire à celui du nombre 0 dans les expressions numériques $a + 0 = 0 + a = a$.

Sachant déjà que certaines lois des nombres réels ne sont pas valides pour les matrices, il serait imprudent de transférer systématiquement les propriétés du nombre zéro aux matrices nulles. Considérons par exemple deux résultats connus des nombres réels :

- Si *ab = ac* et $a \neq 0$, alors *b = c*. (C'est *la loi de la simplification*.)
- Si *ad = 0*, alors au moins un des deux facteurs de gauche est égal à 0.

L'exemple qui suit illustre que ces résultats ne sont pas valables dans le cas des matrices.

---

**EXEMPLE 3**   La loi de la simplification ne s'applique pas

Considérons les matrices

$$A = \begin{bmatrix} 0 & 1 \\ 0 & 2 \end{bmatrix}, \quad B = \begin{bmatrix} 1 & 1 \\ 3 & 4 \end{bmatrix}, \quad C = \begin{bmatrix} 2 & 5 \\ 3 & 4 \end{bmatrix}, \quad D = \begin{bmatrix} 3 & 7 \\ 0 & 0 \end{bmatrix}$$

Vérifiez les égalités suivantes :

$$AB = AC = \begin{bmatrix} 3 & 4 \\ 6 & 8 \end{bmatrix} \quad \text{et} \quad AD = \begin{bmatrix} 0 & 0 \\ 0 & 0 \end{bmatrix}$$

Ainsi, bien que $A \neq 0$, on *ne peut* simplifier par *A* de chaque côté de l'égalité *AB = AC* et écrire simplement *B = C*. De plus, *AD = 0* même si $A \neq 0$ et $D \neq 0$. On en conclut que la loi de la simplification ne s'applique pas à la multiplication de matrice et que le produit de deux matrices peut être nul alors qu'aucun des deux facteurs n'est nul. ◆

Malgré les deux exemples ci-dessus, plusieurs propriétés du nombre réel 0 ont leur équivalent dans le cas des matrices nulles. Le théorème qui suit regroupe les plus importantes. Les démonstrations sont laissées à titre d'exercices.

**THÉORÈME 1.4.2**

**Propriétés des matrices nulles**

*Si les matrices impliquées permettent les opérations indiquées, alors on a*

(*a*)  *A + 0 = 0 + A = A*

(*b*)  *A − A = 0*

(*c*)  *0 − A = −A*

(*d*)  *A0 = 0;   0A = 0*

Matrices identité

On appelle ***matrices identité***, notées $I$, les matrices carrées dont les éléments de la diagonale principale sont égaux à 1 et dont tous les autres éléments sont des zéros. En voici quelques exemples :

$$\begin{bmatrix} 1 & 0 \\ 0 & 1 \end{bmatrix}, \qquad \begin{bmatrix} 1 & 0 & 0 \\ 0 & 1 & 0 \\ 0 & 0 & 1 \end{bmatrix}, \qquad \begin{bmatrix} 1 & 0 & 0 & 0 \\ 0 & 1 & 0 & 0 \\ 0 & 0 & 1 & 0 \\ 0 & 0 & 0 & 1 \end{bmatrix}, \qquad \text{et ainsi de suite.}$$

Lorsque la dimension importe, on représente par $I_n$ une matrice identité de dimension $n \times n$.

Si $A$ est une matrice $m \times n$, alors, tel qu'illustré dans le prochain exemple,

$$AI_n = A \text{ et } I_m A = A$$

On voit que la matrice identité joue, dans l'algèbre matricielle, un rôle semblable à celui du nombre 1 dans la relation impliquant des nombres réels $a \cdot 1 = 1 \cdot a = a$.

---

### EXEMPLE 4   Multiplication par une matrice identité

Considérons la matrice

$$A = \begin{bmatrix} a_{11} & a_{12} & a_{13} \\ a_{21} & a_{22} & a_{23} \end{bmatrix}$$

On a

$$I_2 A = \begin{bmatrix} 1 & 0 \\ 0 & 1 \end{bmatrix} \begin{bmatrix} a_{11} & a_{12} & a_{13} \\ a_{21} & a_{22} & a_{23} \end{bmatrix} = \begin{bmatrix} a_{11} & a_{12} & a_{13} \\ a_{21} & a_{22} & a_{23} \end{bmatrix} = A$$

et

$$AI_3 = \begin{bmatrix} a_{11} & a_{12} & a_{13} \\ a_{21} & a_{22} & a_{23} \end{bmatrix} \begin{bmatrix} 1 & 0 & 0 \\ 0 & 1 & 0 \\ 0 & 0 & 1 \end{bmatrix} = \begin{bmatrix} a_{11} & a_{12} & a_{13} \\ a_{21} & a_{22} & a_{23} \end{bmatrix} = A \quad \blacklozenge$$

Comme le montre le prochain théorème, les matrices identité apparaissent naturellement lorsqu'on s'intéresse à la forme échelonnée réduite des matrices *carrées*.

**THÉORÈME 1.4.3**

*Si $R$ est la matrice échelonnée réduite d'une matrice $A$ de dimension $n \times n$, alors soit $R$ contient une ligne de zéros, soit $R$ est la matrice identité $I_n$.*

***Démonstration***   Considérons la matrice échelonnée réduite de $A$ :

$$R = \begin{bmatrix} r_{11} & r_{12} & \cdots & r_{1n} \\ r_{21} & r_{22} & \cdots & r_{2n} \\ \vdots & \vdots & & \vdots \\ r_{n1} & r_{n2} & \cdots & r_{nn} \end{bmatrix}$$

Soit la dernière ligne contient uniquement des zéros, soit elle contient d'autres nombres. Si la dernière ligne n'est pas nulle, la matrice ne contient pas de ligne de zéros et, en conséquence, chaque ligne possède un pivot (unitaire). Considérant que ces pivots se déplacent vers la droite à mesure que l'on descend dans la matrice, ces éléments doivent forcément se trouver sur la diagonale principale. Sachant par ailleurs qu'une colonne qui contient un pivot n'a que des zéros ailleurs, $R$ doit correspondre à $I_n$. Ainsi, soit $R$ contient une ligne de zéros, soit $R = I_n$. ∎

---

**DÉFINITION**

Soit $A$ une matrice carrée. S'il existe une matrice $B$ de même dimension telle que $AB = BA = I$, alors $A$ est dite ***inversible*** (ou ***régulière***) et $B$ est appelée ***matrice inverse*** de $A$. Si aucune matrice $B$ ne satisfait à cette condition, alors $A$ est dite ***non inversible (ou singulière)***.

---

**EXEMPLE 5**    Vérifier qu'une matrice est l'inverse d'une autre

La matrice

$$B = \begin{bmatrix} 3 & 5 \\ 1 & 2 \end{bmatrix} \quad \text{est une matrice inverse de la matrice} \quad A = \begin{bmatrix} 2 & -5 \\ -1 & 3 \end{bmatrix}$$

Vérifions en effectuant les produits $AB$ et $BA$.

$$AB = \begin{bmatrix} 2 & -5 \\ -1 & 3 \end{bmatrix} \begin{bmatrix} 3 & 5 \\ 1 & 2 \end{bmatrix} = \begin{bmatrix} 1 & 0 \\ 0 & 1 \end{bmatrix} = I$$

$$BA = \begin{bmatrix} 3 & 5 \\ 1 & 2 \end{bmatrix} \begin{bmatrix} 2 & -5 \\ -1 & 3 \end{bmatrix} = \begin{bmatrix} 1 & 0 \\ 0 & 1 \end{bmatrix} = I \quad ◆$$

---

**EXEMPLE 6**    Une matrice non inversible

La matrice $A$ ci-dessous est singulière.

$$A = \begin{bmatrix} 1 & 4 & 0 \\ 2 & 5 & 0 \\ 3 & 6 & 0 \end{bmatrix}$$

Pour vérifier, considérons une matrice $B$ quelconque, de dimension $3 \times 3$.

$$B = \begin{bmatrix} b_{11} & b_{12} & b_{13} \\ b_{21} & b_{22} & b_{23} \\ b_{31} & b_{32} & b_{33} \end{bmatrix}$$

La troisième colonne de $BA$ est

$$\begin{bmatrix} b_{11} & b_{12} & b_{13} \\ b_{21} & b_{22} & b_{23} \\ b_{31} & b_{32} & b_{33} \end{bmatrix} \begin{bmatrix} 0 \\ 0 \\ 0 \end{bmatrix} = \begin{bmatrix} 0 \\ 0 \\ 0 \end{bmatrix}$$

On en déduit

$$BA \neq I = \begin{bmatrix} 1 & 0 & 0 \\ 0 & 1 & 0 \\ 0 & 0 & 1 \end{bmatrix} \quad ◆$$

## Propriétés des matrices inverses

On peut se demander si une matrice inversible peut admettre plus d'une matrice inverse. Le théorème qui suit répond par la négative à cette question. Autrement dit, *à une matrice inversible correspond exactement une matrice inverse.*

**THÉORÈME 1.4.4**

*Soit B et C deux matrices inverses de la matrice A. Alors B = C.*

***Démonstration*** Si $B$ est une matrice inverse de $A$, alors $BA = I$. En multipliant à droite par $C$, de chaque côté de l'égalité, on obtient $(BA)C = IC = C$. Or, $(BA)C = B(AC) = BI = B$; on en déduit $C = B$. ∎

Cet important résultat permet de parler de « la » matrice inverse d'une matrice inversible. Si $A$ est inversible, sa matrice inverse est notée $A^{-1}$. Ainsi,

$$AA^{-1} = I \text{ et } A^{-1}A = I$$

La matrice inverse de $A$ joue, en algèbre matricielle, un rôle semblable à celui du nombre $a^{-1}$ dans les égalités $aa^{-1} = 1$ et $a^{-1}a = 1$.

Dans la prochaine section, nous élaborerons une méthode pour déterminer les inverses des matrices inversibles de toutes dimensions. D'ici là, le théorème qui suit précise les conditions nécessaires à l'existence d'une matrice inverse, dans le cas $2 \times 2$ et donne une formule simple pour déterminer celle-ci :

**THÉORÈME 1.4.5**

*Considérons la matrice A ci-dessous :*

$$A = \begin{bmatrix} a & b \\ c & d \end{bmatrix}$$

*Alors A est inversible si $ad - bc \neq 0$. Dans le cas, on obtient la matrice inverse grâce à la formule qui suit :*

$$A^{-1} = \frac{1}{ad - bc} \begin{bmatrix} d & -b \\ -c & a \end{bmatrix} = \begin{bmatrix} \dfrac{d}{ad-bc} & -\dfrac{b}{ad-bc} \\ -\dfrac{c}{ad-bc} & \dfrac{a}{ad-bc} \end{bmatrix}$$

***Démonstration*** Nous laissons au lecteur le soin de vérifier que $AA^{-1} = I_2$ et $A^{-1}A = I_2$. ∎

**THÉORÈME 1.4.6**

*Soit A et B des matrices inversibles de mêmes dimensions. Alors AB est inversible et*
$$(AB)^{-1} = B^{-1}A^{-1}$$

***Démonstration*** Si on peut prouver que $(AB)(B^{-1}A^{-1}) = (B^{-1}A^{-1})(AB) = I$, alors nous aurons simultanément démontré que la matrice $AB$ est inversible et que $(AB)^{-1} = B^{-1}A^{-1}$. Cependant, $(AB)(B^{-1}A^{-1}) = A(BB^{-1})A^{-1} = AIA^{-1} = AA^{-1} = I$. Un raisonnement semblable montre que $(B^{-1}A^{-1})(AB) = I$. ∎

Sachez que ce résultat peut être généralisé à trois facteurs ou plus, même si nous n'en donnons pas la preuve ici. Ainsi,

*Le produit d'un nombre quelconque de matrices inversibles est également inversible, et la matrice inverse du produit est donné par le produit des matrices inverses, placées dans l'ordre opposé à l'ordre de départ.*

---

### EXEMPLE 7   Inverse d'un produit

---

Considérons les matrices suivantes :

$$A = \begin{bmatrix} 1 & 2 \\ 1 & 3 \end{bmatrix}, \qquad B = \begin{bmatrix} 3 & 2 \\ 2 & 2 \end{bmatrix}, \qquad AB = \begin{bmatrix} 7 & 6 \\ 9 & 8 \end{bmatrix}$$

En appliquant la formule du théorème 1.4.5, on obtient

$$A^{-1} = \begin{bmatrix} 3 & -2 \\ -1 & 1 \end{bmatrix}, \qquad B^{-1} = \begin{bmatrix} 1 & -1 \\ -1 & \frac{3}{2} \end{bmatrix}, \qquad (AB)^{-1} = \begin{bmatrix} 4 & -3 \\ -\frac{9}{2} & \frac{7}{2} \end{bmatrix}$$

De plus,

$$B^{-1}A^{-1} = \begin{bmatrix} 1 & -1 \\ -1 & \frac{3}{2} \end{bmatrix} \begin{bmatrix} 3 & -2 \\ -1 & 1 \end{bmatrix} = \begin{bmatrix} 4 & -3 \\ -\frac{9}{2} & \frac{7}{2} \end{bmatrix}$$

On en déduit que $(AB)^{-1} = B^{-1}A^{-1}$, conformément au théorème 1.4.6.  ◆

**Puissance d'une matrice**

Nous allons maintenant définir les puissances d'une matrice carrée et en discuter les propriétés.

---

### DÉFINITION

Soit $A$ une matrice carrée. Alors on définit comme suit les puissances entières non négatives de $A$ :

$$A^0 = I \qquad A^n = \underbrace{AA \cdots A}_{n \text{ facteurs}} \qquad (n > 0)$$

De plus, si $A$ est inversible, alors on définit comme suit les puissances entières négatives :

$$A^{-n} = (A^{-1})^n = \underbrace{A^{-1}A^{-1} \cdots A^{-1}}_{n \text{ facteurs}}$$

---

Cette définition étant semblable à celle des puissances des nombres réels, les lois usuelles des exposants sont valides. (Nous omettons les détails.)

**THÉORÈME 1.4.7**

### Loi des exposants

*Soit $A$ une matrice carrée et $r$ et $s$ des entiers. Alors*

$$A^r A^s = A^{r+s}, \qquad (A^r)^s = A^{rs}$$

Le théorème qui suit présente quelques propriétés utiles des exposants négatifs.

THÉORÈME 1.4.8

**Lois des exposants**

*Soit $A$ une matrice inversible. Alors*

(a) $A^{-1}$ *est également inversible et* $(A^{-1})^{-1} = A$.

(b) $A^n$ *est inversible et* $(A^n)^{-1} = (A^{-1})^n$ *où* $n = 0, 1, 2,\ldots$.

(c) *Pour tout scalaire $k$ différent de zéro, la matrice $kA$ est inversible et* $(kA)^{-1} = \frac{1}{k}A^{-1}$.

*Démonstration*

(a) Sachant que $AA^{-1} = A^{-1}A = I$, on déduit que la matrice $A^{-1}$ est inversible et que $(A^{-1})^{-1} = A$.

(b) La preuve est laissée en exercice.

(c) Si $k$ représente un scalaire différent de zéro, les lignes ($l$) et ($m$) du théorème 1.4.1 nous permettent d'écrire

$$(kA)\left(\frac{1}{k}A^{-1}\right) = \frac{1}{k}(kA)A^{-1} = \left(\frac{1}{k}k\right)AA^{-1} = (1)I = I$$

De même, $\left(\frac{1}{k}A^{-1}\right)(kA) = I$ de sorte que $kA$ est inversible et $(kA)^{-1} = \frac{1}{k}A^{-1}$. ∎

---

### EXEMPLE 8  Puissance d'une matrice

Considérons les matrices $A$ et $A^{-1}$ vues à l'exemple 7. On a

$$A = \begin{bmatrix} 1 & 2 \\ 1 & 3 \end{bmatrix} \quad \text{et} \quad A^{-1} = \begin{bmatrix} 3 & -2 \\ -1 & 1 \end{bmatrix}$$

Alors,

$$A^3 = \begin{bmatrix} 1 & 2 \\ 1 & 3 \end{bmatrix}\begin{bmatrix} 1 & 2 \\ 1 & 3 \end{bmatrix}\begin{bmatrix} 1 & 2 \\ 1 & 3 \end{bmatrix} = \begin{bmatrix} 11 & 30 \\ 15 & 41 \end{bmatrix}$$

$$A^{-3} = (A^{-1})^3 = \begin{bmatrix} 3 & -2 \\ -1 & 1 \end{bmatrix}\begin{bmatrix} 3 & -2 \\ -1 & 1 \end{bmatrix}\begin{bmatrix} 3 & -2 \\ -1 & 1 \end{bmatrix} = \begin{bmatrix} 41 & -30 \\ -15 & 11 \end{bmatrix} \blacklozenge$$

**Expressions polynomiales contenant des matrices**

Soit $A$ une matrice carrée de dimension $m \times m$ et

$$p(x) = a_0 + a_1 x + \cdots + a_n x^n \tag{1}$$

un polynôme, alors on définit

$$p(A) = a_0 I + a_1 A + \cdots + a_n A^n$$

où $I$ est la matrice identité $m \times m$. Autrement dit, $p(A)$ est la matrice $m \times m$ obtenue en substituant $A$ à $x$ dans l'équation (1) et en y remplaçant $a_0$ par $a_0 I$.

---

### EXEMPLE 9  Polynôme matriciel

Si

$$p(x) = 2x^2 - 3x + 4 \quad \text{et} \quad A = \begin{bmatrix} -1 & 2 \\ 0 & 3 \end{bmatrix}$$

alors

$$p(A) = 2A^2 - 3A + 4I = 2\begin{bmatrix} -1 & 2 \\ 0 & 3 \end{bmatrix}^2 - 3\begin{bmatrix} -1 & 2 \\ 0 & 3 \end{bmatrix} + 4\begin{bmatrix} 1 & 0 \\ 0 & 1 \end{bmatrix}$$

$$= \begin{bmatrix} 2 & 8 \\ 0 & 18 \end{bmatrix} - \begin{bmatrix} -3 & 6 \\ 0 & 9 \end{bmatrix} + \begin{bmatrix} 4 & 0 \\ 0 & 4 \end{bmatrix} = \begin{bmatrix} 9 & 2 \\ 0 & 13 \end{bmatrix} \blacklozenge$$

**Propriétés de la transposition**

Le théorème qui suit énumère les principales propriétés de l'opération de transposition :

**THÉORÈME 1.4.9**

> **Propriétés de la transposition**
>
> *Si les dimensions des matrices permettent les opérations indiquées, alors on a*
> (a) $((A)^T)^T = A$
> (b) $(A + B)^T = A^T + B^T$ et $(A - B)^T = A^T - B^T$
> (c) $(kA)^T = kA^T$, où $k$ est un scalaire
> (d) $(AB)^T = B^T A^T$

Sachant que la transposition d'une matrice s'opère en interchangeant les lignes et les colonnes, on admet facilement les parties (*a*), (*b*) et (*c*) du théorème. La partie (*a*) affirme qu'en interchangeant les lignes et les colonnes à deux reprises, on retrouve la matrice de départ; la partie (*b*) affirme qu'en additionnant deux matrices et en interchangeant ensuite les lignes et les colonnes de la somme, on obtient le même résultat qu'en interchangeant les lignes et les colonnes des matrices de départ avant de les additionner. La partie (*c*) indique qu'en multipliant une matrice par un scalaire avant d'en interchanger les lignes et les colonnes, on trouve le même résultat qu'en interchangeant les lignes et les colonnes avant de multiplier la matrice par un scalaire. La partie (*d*) n'étant pas aussi simple, nous en donnons une démonstration formelle.

***Démonstration de (d)*** Soit les matrices $A = [a_{ij}]_{m \times r}$ et $B = [b_{ij}]_{r \times n}$ telles que les produits $AB$ et $B^T A^T$ sont définis. Nous laissons au lecteur le soin de vérifier que les produits $AB$ et $B^T A^T$ sont de mêmes dimensions $n \times m$. Reste à démontrer que les éléments correspondants de $AB$ et $B^T A^T$ sont les mêmes, c'est-à-dire

$$\left((AB)^T\right)_{ij} = (B^T A^T)_{ij} \tag{2}$$

En appliquant la formule (11) de la section 1.3 au membre gauche de l'équation et en utilisant la définition de la multiplication matricielle, on obtient

$$\left((AB)^T\right)_{ij} = (AB)_{ji} = a_{j1}b_{1i} + a_{j2}b_{2i} + \cdots + a_{jr}b_{ri} \tag{3}$$

Pour évaluer le membre de droite de l'expression (2), représentons les éléments $ij$ de $A^T$ et $B^T$ par $a_{ij}'$ et $b_{ij}'$ respectivement, de sorte que

$$a_{ij}' = a_{ji} \quad \text{et} \quad b_{ij}' = b_{ji}$$

Ces relations, combinées à la définition de la multiplication des matrices, donnent

$$\begin{aligned} (B^T A^T)_{ij} &= b_{i1}' a_{1j}' + b_{i2}' a_{2j}' + \cdots + b_{ir}' a_{rj}' \\ &= b_{1i}a_{j1} + b_{2i}a_{j2} + \cdots + b_{ri}a_{jr} \\ &= a_{j1}b_{1i} + a_{j2}b_{2i} + \cdots + a_{jr}b_{ri} \end{aligned}$$

En comparant cette dernière expression à (3), on obtient la démonstration de (2). ■

Bien que nous n'en ferons pas la démonstration ici, remarquons que la partie (*d*) de ce théorème peut être généralisée à trois facteurs ou plus. Ainsi,

*La matrice transposée du produit d'un nombre quelconque de matrices est égal au produit des matrices transposées, placées dans l'ordre inverse.*

*REMARQUE* Notons que cet énoncé est similaire à celui qui concerne l'inverse d'un produit matriciel et qui a été présenté à la suite du théorème 1.4.6.

## Inversion d'une matrice transposée

Le théorème qui suit établit une relation entre l'inverse d'une matrice inversible et l'inverse de sa matrice transposée :

**THÉORÈME 1.4.10**

> *Soit A une matrice inversible. Alors $A^T$ est également inversible et*
> $$(A^T)^{-1} = (A^{-1})^T \tag{4}$$

*Démonstration* Pour montrer que $A$ est inversible et que l'égalité (4) est vérifiée, il suffit de montrer que

$$A^T(A^{-1})^T = (A^{-1})^T A^T = I$$

La partie (*d*) du théorème 1.4.9 et le fait que $I^T = I$ permettent d'écrire

$$A^T(A^{-1})^T = (A^{-1}A)^T = I^T = I$$
$$(A^{-1})^T A^T = (AA^{-1})^T = I^T = I$$

ce qui complète la preuve. ■

---

## EXEMPLE 10   Vérification du théorème 1.4.10

Considérons les matrices suivantes :

$$A = \begin{bmatrix} -5 & -3 \\ 2 & 1 \end{bmatrix}, \qquad A^T = \begin{bmatrix} -5 & 2 \\ -3 & 1 \end{bmatrix}$$

En appliquant le théorème 1.4.5, on trouve

$$A^{-1} = \begin{bmatrix} 1 & 3 \\ -2 & -5 \end{bmatrix}, \qquad (A^{-1})^T = \begin{bmatrix} 1 & -2 \\ 3 & -5 \end{bmatrix}, \qquad (A^T)^{-1} = \begin{bmatrix} 1 & -2 \\ 3 & -5 \end{bmatrix}$$

Conformément au théorème 1.4.10, ces matrices vérifient l'égalité (4). ◆

---

## SÉRIE D'EXERCICES 1.4

**1.** Soit

$$A = \begin{bmatrix} 2 & -1 & 3 \\ 0 & 4 & 5 \\ -2 & 1 & 4 \end{bmatrix}, \qquad B = \begin{bmatrix} 8 & -3 & -5 \\ 0 & 1 & 2 \\ 4 & -7 & 6 \end{bmatrix},$$

$$C = \begin{bmatrix} 0 & -2 & 3 \\ 1 & 7 & 4 \\ 3 & 5 & 9 \end{bmatrix}, \qquad a = 4, \qquad b = -7$$

Montrez que

(a)  $A + (B + C) = (A + B) + C$    (b)  $(AB)C = A(BC)$

(c)  $(a + b)C = aC + bC$    (d)  $a(B - C) = aB - aC$

2. Vérifiez les identités suivantes en utilisant les matrices et les scalaires donnés à l'exercice 1 :

(a)  $a(BC) = (aB)C = B(aC)$    (b)  $A(B - C) = AB - AC$

(c)  $(B + C)A = BA + CA$    (d)  $a(bC) = (ab)C$

3. Vérifiez les identités suivantes en utilisant les matrices et les scalaires donnés à l'exercice 1 :

(a)  $(A^T)^T = A$    (b)  $(A + B)^T = A^T + B^T$

(c)  $(aC)^T = aC^T$    (d)  $(AB)^T = B^T A^T$

4. Utilisez le théorème 1.4.5 pour trouver les inverses des matrices suivantes :

(a)  $A = \begin{bmatrix} 3 & 1 \\ 5 & 2 \end{bmatrix}$    (b)  $B = \begin{bmatrix} 2 & -3 \\ 4 & 4 \end{bmatrix}$

(c)  $C = \begin{bmatrix} 6 & 4 \\ -2 & -1 \end{bmatrix}$    (d)  $D = \begin{bmatrix} 2 & 0 \\ 0 & 3 \end{bmatrix}$

5. Vérifiez les identités suivantes en utilisant les matrices $A$ et $B$ données à l'exercice 4 :

(a)  $(A^{-1})^{-1} = A$    (b)  $(B^T)^{-1} = (B^{-1})^T$

6. Vérifiez les identités suivantes en utilisant les matrices $A$, $B$ et $C$ données à l'exercice 4 :

(a)  $(AB)^{-1} = B^{-1}A^{-1}$    (b)  $(ABC)^{-1} = C^{-1}B^{-1}A^{-1}$

7. Déterminez la matrice $A$ dans chacun des cas ci-dessous.

(a)  $A^{-1} = \begin{bmatrix} 2 & -1 \\ 3 & 5 \end{bmatrix}$    (b)  $(7A)^{-1} = \begin{bmatrix} -3 & 7 \\ 1 & -2 \end{bmatrix}$

(c)  $(5A^T)^{-1} = \begin{bmatrix} -3 & -1 \\ 5 & 2 \end{bmatrix}$    (d)  $(I + 2A)^{-1} = \begin{bmatrix} -1 & 2 \\ 4 & 5 \end{bmatrix}$

8. Soit la matrice $A$ :

$$\begin{bmatrix} 2 & 0 \\ 4 & 1 \end{bmatrix}$$

Calculez les matrices $A^3$, $A^{-3}$, $A^2 - 2A + I$.

9. Soit la matrice $A$ :

$$\begin{bmatrix} 3 & 1 \\ 2 & 1 \end{bmatrix}$$

Dans chacun des cas suivants, déterminez $p(A)$ :

(a)  $p(x) = x - 2$    (b)  $p(x) = 2x^2 - x + 1$    (c)  $p(x) = x^3 - 2x + 4$

10. Soit $p_1(x) = x^2 - 9$, $p_2(x) = x + 3$, et $p_3(x) = x - 3$.

(a)  Montrez que $p_1(A) = p_2(A)\,p_3(A)$ pour la matrice $A$ de l'exercice 9.

(b)  Montrez que $p_1(A) = p_2(A)\,p_3(A)$ pour toute matrice carrée $A$.

11. Trouvez l'inverse de la matrice suivante :

$$\begin{bmatrix} \cos\theta & \sin\theta \\ -\sin\theta & \cos\theta \end{bmatrix}$$

**12.** Trouvez l'inverse de la matrice suivante :

$$\begin{bmatrix} \frac{1}{2}(e^x + e^{-x}) & \frac{1}{2}(e^x - e^{-x}) \\ \frac{1}{2}(e^x - e^{-x}) & \frac{1}{2}(e^x + e^{-x}) \end{bmatrix}$$

**13.** Considérez la matrice $A$ ci-dessous,

$$A = \begin{bmatrix} a_{11} & 0 & \cdots & 0 \\ 0 & a_{22} & \cdots & 0 \\ \vdots & \vdots & & \vdots \\ 0 & 0 & \cdots & a_{nn} \end{bmatrix}$$

où $a_{11}, a_{22}, \ldots, a_{nn} \neq 0$. Montrez que $A$ est inversible et trouvez son inverse.

**14.** Montrez que si une matrice $A$ satisfait à la relation $A^2 - 3A + I = 0$, alors $A^{-1} = 3I - A$.

**15.** (a) Montrez qu'une matrice qui contient une ligne de zéros ne peut avoir d'inverse.

(b) Montrez qu'une matrice qui contient une colonne de zéros n'est pas inversible.

**16.** La somme de deux matrices inversibles est-elle toujours inversible?

**17.** Considérez deux matrices carrées $A$ et $B$ telles que $AB = 0$. Montrez que si $A$ est inversible, alors $B = 0$.

**18.** Soit les matrices $A$, $B$ et $0$, de dimension $2 \times 2$. En supposant que $A$ est inversible, trouvez une matrice $C$ telle que

$$\left[\begin{array}{c|c} A^{-1} & 0 \\ \hline C & A^{-1} \end{array}\right]$$

corresponde à l'inverse de la matrice partitionnée suivante :

$$\left[\begin{array}{c|c} A & 0 \\ \hline B & A \end{array}\right]$$

(Voir l'exercice 15 de la section précédente.)

**19.** Utilisez le résultat de l'exercice 18 pour trouver les inverses des matrices suivantes :

(a) $\begin{bmatrix} 1 & 1 & 0 & 0 \\ -1 & 1 & 0 & 0 \\ 1 & 1 & 1 & 1 \\ 1 & 1 & -1 & 1 \end{bmatrix}$ (b) $\begin{bmatrix} 1 & 1 & 0 & 0 \\ 0 & 1 & 0 & 0 \\ 0 & 0 & 1 & 1 \\ 0 & 0 & 0 & 1 \end{bmatrix}$

**20.** (a) Trouvez une matrice $A$ non nulle, de dimension $3 \times 3$, telle que $A^T = A$.

(b) Trouvez une matrice $A$ non nulle, de dimension $3 \times 3$, telle que $A^T = -A$.

**21.** Une matrice $A$ est dite **symétrique** si $A^T = A$ et **antisymétrique** si $A^T = -A$. Montrez que, si $B$ est une matrice carrée, alors

(a) $BB^T$ et $B + B^T$ sont symétriques;

(b) $B - B^T$ est anti-symétrique.

**22.** Si $A$ est une matrice carrée et $n$ un entier positif, est-il vrai que $(A^n)^T = (A^T)^n$? Justifiez votre réponse.

**23.** Soit la matrice $A$

$$\begin{bmatrix} 1 & 0 & 1 \\ 1 & 1 & 0 \\ 0 & 1 & 1 \end{bmatrix}$$

Déterminez si $A$ est inversible; si oui, trouvez sa matrice inverse.

***Indice*** Solutionnez $AX = I$ en établissant l'égalité entre les élements correspondants de $AX$ et $I$.

**24.** Démontrez

(a) la partie (*b*) du théorème 1.4.1;      (b) la partie (*i*) du théorème 1.4.1;

(c) la partie (*m*) du théorème 1.4.1.

**25.** Appliquez les parties (*d*) et (*m*) du théorème 1.4.1 aux matrices $A$, $B$ et $(-1)C$ de manière à obtenir l'identité (*f*) de ce même théorème.

**26.** Démontrez le théorème 1.4.2.

**27.** Considérez les lois des exposants $A^r A^s = A^{r+s}$ et $(A^r)^s = A^{rs}$.

(a) Montrez que, pour une matrice carrée $A$ quelconque, ces lois sont valides pour toute valeur entière non négative de $r$ et $s$.

(b) Montrez que, si $A$ est inversible, ces lois sont valides pour toute valeur entière négative de $r$ et $s$.

**28.** Montrez que, si $A$ est inversible et $k$ est un scalaire différent de zéro, alors $(kA)^n = k^n A^n$ pour toute valeur entière de $n$.

**29.** (a) Démontrez que, si $A$ est inversible et $AB = AC$, alors $B = C$.

(b) Expliquez pourquoi la démonstration obtenue en (a) ne contredit pas le résultat obtenu à l'exemple 3.

**30.** Démontrez la partie (*c*) du théorème 1.4.1.

***Indice*** Supposez que $A$ est de dimension $m \times n$, $B$, est de dimension $n \times p$ et $C$, de dimension $p \times q$. L'élément $ij$ du côté gauche de l'égalité correspond à $l_{ij} = a_{i1}[BC]_{1j} + a_{i2}[BC]_{2j} + \cdots + a_{in}[BC]_{nj}$ et l'élément $ij$ du membre de droite s'écrit $r_{ij} = [AB]_{i1}c_{1j} + [AB]_{i2}c_{2j} + \cdots + [AB]_{ip}c_{pj}$. Vérifiez que $l_{ij} = r_{ij}$.

---

## *Exploration & discussion*

**31.** Soit des matrices carrées $A$ et $B$ de mêmes dimensions.

(a) Donnez un exemple tel que $(A + B)^2 \neq A^2 + 2AB + B^2$.

(b) Complétez l'expression ci-dessous de façon à créer une identité matricielle valide quelles que soient $A$ et $B$ :

$(A + B)^2 = A^2 + B^2 +$ _____.

**32.** Soit des matrices carrées $A$ et $B$ de mêmes dimensions.

(a) Donnez un exemple tel que $(A + B)(A - B) \neq A^2 - B^2$.

(b) Complétez l'expression ci-dessous de façon à créer une identité matricielle valide quelles que soient $A$ et $B$ :

$(A + B)(A - B) =$ _____.

**33.** L'équation $a^2 = 1$ a exactement deux solutions réelles. Trouvez au moins huit matrices $3 \times 3$ différentes qui satisfont à l'équation $A^2 = I_3$.

***Indice*** Cherchez des matrices dont les éléments situés hors de la diagonale principale sont des zéros.

**34.** Du point de vue de la logique, un énoncé de la forme « si *p*, alors *q* » équivaut à « si *q* n'est pas vrai, alors *p* n'est pas vrai ». (Le second énoncé est la ***proposition contraposée*** du premier.) Par exemple, la contraposée de l'énoncé « S'il pleut, alors le sol est mouillé » s'écrit « Si le sol n'est pas mouillé, alors il ne pleut pas ».

(a) Écrivez la contraposée de l'énoncé suivant : « Pour toute matrice carrée $A$ si $A^T$ est singulière, $A$ est singulière. »

(b)   Cet énoncé est-il vrai ou faux? Expliquez.

**35.** Soit $A$ et $B$ des matrices de dimension $n \times n$. Indiquez si les affirmations ci-dessous sont toujours vraies ou si elles peuvent être fausses dans certains cas. Justifiez toutes vos réponses.

(a)   $(AB)^2 = A^2B^2$                   (b)   $(A - B)^2 = (B - A)^2$

(c)   $(AB^{-1})(BA^{-1}) = I_n$           (d)   $AB \neq BA$.

**36.** Considérant que toutes les matrices impliquées ci-dessous sont carrées, inversibles et de dimension $n \times n$, déterminez $D$.

$$ABC^T DBA^T C = AB^T$$

## 1.5
## LES MATRICES ÉLÉMENTAIRES ET UNE MÉTHODE POUR DÉTERMINER $A^{-1}$

*Dans cette section, nous allons développer un algorithme permettant de déterminer l'inverse d'une matrice inversible. Nous discuterons également des principales propriétés des matrices inversibles.*

Définissons d'abord un type particulier de matrice qui permet d'effectuer une opération élémentaire sur les lignes en multipliant par cette matrice.

> **DÉFINITION**
>
> On appelle *matrice élémentaire* une matrice $n \times n$ qui peut être obtenue en effectuant une seule opération élémentaire sur les lignes de la matrice identité $I_n$.

---

**EXEMPLE 1**   Matrices élémentaires et opérations sur les lignes

Nous présentons ci-dessous quatre matrices élémentaires, en précisant les opérations qui les ont générées.

$$\begin{bmatrix} 1 & 0 \\ 0 & -3 \end{bmatrix} \qquad \begin{bmatrix} 1 & 0 & 0 & 0 \\ 0 & 0 & 0 & 1 \\ 0 & 0 & 1 & 0 \\ 0 & 1 & 0 & 0 \end{bmatrix} \qquad \begin{bmatrix} 1 & 0 & 3 \\ 0 & 1 & 0 \\ 0 & 0 & 1 \end{bmatrix} \qquad \begin{bmatrix} 1 & 0 & 0 \\ 0 & 1 & 0 \\ 0 & 0 & 1 \end{bmatrix} \; \blacklozenge$$

Multiplier la seconde ligne de $I_2$ par $-3$.　　Permuter les deuxième et quatrième lignes de $I_4$.　　Additionner à la première ligne de $I_3$ la troisième ligne multipliée par 3.　　Multiplier la première ligne de $I_3$ par 1.

Lorsqu'une matrice élémentaire $E$ multiplie une matrice $A$ par la *gauche*, l'effet produit est équivalent à une opération élémentaire sur une ligne de $A$. Le théorème ci-dessous, dont la preuve est laissée en exercice, précise cette affirmation.

**THÉORÈME 1.5.1**

> **Opérations sur les lignes par multiplication de matrices**
>
> *Soit E une matrice élémentaire d'ordre m résultant d'une certaine opération sur une ligne de $I_m$ et A, une matrice $m \times n$. Alors le produit EA donne la matrice qui aurait été obtenue en effectuant la même opération sur une ligne de A.*

## EXEMPLE 2   Utilisation des matrices élémentaires

Considérons la matrice $A$ et la matrice élémentaire $E$, obtenue en ajoutant à la troisième ligne de $I_3$ la première ligne préalablement multipliée par 3.

$$A = \begin{bmatrix} 1 & 0 & 2 & 3 \\ 2 & -1 & 3 & 6 \\ 1 & 4 & 4 & 0 \end{bmatrix}$$

$$E = \begin{bmatrix} 1 & 0 & 0 \\ 0 & 1 & 0 \\ 3 & 0 & 1 \end{bmatrix}$$

Le produit $EA$ est le suivant :

$$EA = \begin{bmatrix} 1 & 0 & 2 & 3 \\ 2 & -1 & 3 & 6 \\ 4 & 4 & 10 & 9 \end{bmatrix}$$

On aurait obtenu exactement la même matrice en ajoutant à la troisième ligne de $A$ la première ligne préalablement multipliée par 3. ◆

REMARQUE   L'intérêt du théorème 1.5.1 est d'abord et avant tout théorique. Nous l'utiliserons pour obtenir d'autres résultats concernant les matrices et les systèmes d'équations linéaires. Pour les calculs, il est plus simple d'effectuer les opérations directement sur les lignes de la matrice plutôt que de la multiplier par une matrice élémentaire.

Si on crée une matrice élémentaire $E$ en effectuant une opération sur une ligne d'une matrice identité $I$, alors il existe une autre opération, applicable à une ligne de $E$, qui permet de revenir à $I$. Par exemple, si on produit la matrice $E$ en multipliant la ligne $i$ de $I$ par une constante $c$ différente de zéro, alors on retrouvera $I$ en multipliant la ligne $i$ de $E$ par $1/c$. Le tableau 1 présente l'éventail des situations rencontrées. Les opérations inscrites dans la colonne de droite sont les ***opérations inverses*** des opérations correspondantes de la colonne de gauche.

## EXEMPLE 3   Opérations sur les lignes et opérations inverses

Dans chacun des cas suivants, nous avons effectué une opération sur une ligne de la matrice identité $2 \times 2$ pour créer une matrice élémentaire $E$. Nous avons ensuite retrouvé la matrice identité en appliquant l'opération inverse.

Tableau 1

| Opération sur une ligne de *I* qui engendre *E* | Opération sur une ligne de *E* qui redonne *I* |
|---|---|
| Multiplier la ligne $i$ par $c \neq 0$ | Multiplier la ligne $i$ par $1/c$ |
| Permuter les lignes $i$ et $j$ | Permuter les lignes $i$ et $j$ |
| Ajouter à la ligne $j$ la ligne $i$ multipliée par $c$ | Ajouter à la ligne $j$ la ligne $i$ multipliée par $-c$ |

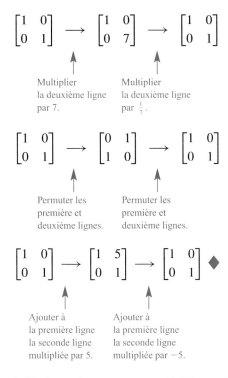

Le théorème qui suit décrit une importante propriété des matrices élémentaires :

**THÉORÈME 1.5.2**

> *Toute matrice élémentaire est inversible, et son inverse est également une matrice élémentaire.*

*Démonstration*  Si $E$ est une matrice élémentaire, alors $E$ est issue de l'application d'une opération élémentaire à une ligne de $I$. Définissons $E_0$, la matrice obtenue en appliquant l'opération inverse à $I$. Considérant le théorème 1.5.1 et sachant que les effets des opérations inverses sur les lignes s'annulent mutuellement, on trouve

$$E_0 E = I \text{ et } E E_0 = I$$

Ainsi, la matrice élémentaire $E_0$ est l'inverse de $E$.  ■

Le prochain théorème établit des relations fondamentales entre l'existence d'une matrice inverse, les systèmes linéaires homogènes, les matrices échelonnées réduites et les matrices élémentaires. Ces résultats sont très importants, car nous y reviendrons souvent dans les sections à venir.

**THÉORÈME 1.5.3**

> ### Énoncés équivalents
>
> *Soit $A$ une matrice $n \times n$. Alors les énoncés suivants sont équivalents, c'est-à-dire qu'ils sont tous vrais ou tous faux :*
>
> *(a)  A est inversible.*
>
> *(b)  $A\mathbf{x} = \mathbf{0}$ a pour unique solution la solution triviale.*
>
> *(c)  La matrice échelonnée réduite de A est $I_n$.*
>
> *(d)  A peut s'exprimer comme un produit de matrices élémentaires.*

*Démonstration*   Nous allons prouver l'équivalence en établissant la chaîne d'implications suivante : $(a) \Rightarrow (b) \Rightarrow (c) \Rightarrow (d) \Rightarrow (a)$

**(a)** $\Rightarrow$ **(b)**   Supposons que $A$ est inversible et nommons $\mathbf{x}_0$ une solution quelconque de $A\mathbf{x} = \mathbf{0}$. On a donc $A\mathbf{x}_0 = \mathbf{0}$. En multipliant les deux côtés de cette équation par la matrice $A^{-1}$, on obtient $A^{-1}(A\mathbf{x}_0) = A^{-1}\mathbf{0}$, ou $(A^{-1}A)\mathbf{x}_0 = \mathbf{0}$, ou $I\mathbf{x}_0 = \mathbf{0}$, ou $\mathbf{x}_0 = \mathbf{0}$. On en déduit que $A\mathbf{x} = \mathbf{0}$ a pour unique solution la solution triviale.

**(b)** $\Rightarrow$ **(c)**   Considerons $A\mathbf{x} = \mathbf{0}$, l'équation matricielle correspondant au système suivant :

$$
\begin{array}{rcl}
a_{11}x_1 + a_{12}x_2 + \cdots + a_{1n}x_n &=& 0 \\
a_{21}x_1 + a_{22}x_2 + \cdots + a_{2n}x_n &=& 0 \\
\vdots \qquad \vdots \qquad\qquad \vdots \qquad & & \vdots \\
a_{n1}x_1 + a_{n2}x_2 + \cdots + a_{nn}x_n &=& 0
\end{array}
\tag{1}
$$

Supposons que le système a pour seule solution la solution triviale. En résolvant celui-ci à l'aide de la méthode de Gauss-Jordan, le système correspondant à la matrice échelonnée réduite obtenue s'écrit donc :

$$
\begin{array}{ccc}
x_1 & & = 0 \\
& x_2 & = 0 \\
& \ddots & \\
& & x_n = 0
\end{array}
\tag{2}
$$

Ainsi la matrice augmentée de (1) :

$$
\begin{bmatrix}
a_{11} & a_{12} & \cdots & a_{1n} & 0 \\
a_{21} & a_{22} & \cdots & a_{2n} & 0 \\
\vdots & \vdots & & \vdots & \vdots \\
a_{n1} & a_{n2} & \cdots & a_{nn} & 0
\end{bmatrix}
$$

a comme forme échelonnée réduite la matrice augmentée suivante :

$$
\begin{bmatrix}
1 & 0 & 0 & \cdots & 0 & 0 \\
0 & 1 & 0 & \cdots & 0 & 0 \\
0 & 0 & 1 & \cdots & 0 & 0 \\
\vdots & \vdots & \vdots & & \vdots & \vdots \\
0 & 0 & 0 & \cdots & 1 & 0
\end{bmatrix}
$$

obtenue d'opérations élémentaires sur les lignes. Si on ne tient pas compte de la dernière colonne (formée de zéros) de chacune de ces matrices, on peut conclure que la matrice échelonnée réduite de $A$ est $I_n$.

**(c)** $\Rightarrow$ **(d)**   En supposant que $I_n$ soit la matrice échelonnée réduite de $A$, on sait qu'une séquence finie d'opérations élémentaires sur les lignes permet de réduire $A$ à $I_n$. Or, le théorème 1.5.1 stipule que l'on peut effectuer chacune de ces opérations en multipliant à gauche par une matrice élémentaire appropriée. On peut donc trouver des matrices élémentaires $E_1, E_2, \ldots, E_k$ telles que

$$
E_k \cdots E_2 E_1 A = I_n
\tag{3}
$$

Or, le théorème 1.5.2 stipule que $E_1, E_2, \ldots, E_k$ sont inversibles. En multipliant à gauche les deux côtés de l'équation (3) successivement par $E_k^{-1}, \ldots, E_2^{-1}, E_1^{-1}$, on trouve

$$
A = E_1^{-1} E_2^{-1} \cdots E_k^{-1} I_n = E_1^{-1} E_2^{-1} \cdots E_k^{-1}
\tag{4}
$$

Considérant le théorème 1.5.2, cette expression décrit $A$ comme un produit de matrices élémentaires.

**(d)** $\Rightarrow$ **(a)**  Si $A$ correspond à un produit de matrices élémentaires, alors les théorèmes 1.4.6 et 1.5.2 nous assurent que $A$ est un produit de matrices inversibles et, en conséquence, $A$ est inversible. ∎

## Ligne équivalence

Si on obtient une matrice $B$ en exécutant une séquence finie d'opérations élémentaires sur les lignes d'une matrice $A$, on peut évidemment retrouver $A$ à partir de $B$ en effectuant, dans l'ordre opposé, les opérations inverse. On dit alors que ces deux matrices sont ***ligne-équivalentes***, c'est-à-dire qu'on peut obtenir l'une de l'autre en appliquant une séquence finie d'opérations élémentaires sur les lignes. À l'aide de cette nouvelle définitions, les parties (*a*) et (*c*) du théorème 1.5.3 deviennent : une matrice $A$ de dimension $n \times n$ est inversible si et seulement si elle est ligne-équivalente à la matrice identité $n \times n$.

## Une méthode pour inverser les matrices

Cette première application du théorème 1.5.3 va nous donner une méthode pour déterminer l'inverse d'une matrice inversible. En multipliant les deux membres de l'égalité (3) à droite par $A^{-1}$, on trouve

$$A^{-1} = E_k \cdots E_2 E_1 I_n \tag{5}$$

On peut donc obtenir $A^{-1}$ en multipliant $I_n$ successivement à gauche par les matrices élémentaires $E_1, E_2, \ldots, E_k$. Or, chaque multiplication à gauche par une matrice élémentaire équivaut à une opération sur une ligne. On en déduit, en comparant les expressions (3) et (5), que *la séquence d'opérations sur les lignes qui réduit $A$ à $I_n$ réduira également $I_n$ à $A^{-1}$*. Nous avons donc le résultat suivant :

*Pour déterminer l'inverse d'une matrice inversible $A$, nous devons trouver une séquence d'opérations élémentaires sur les lignes qui réduit $A$ à la matrice identité, et appliquer cette même séquence d'opérations à $I_n$ pour obtenir $A^{-1}$.*

L'exemple ci-dessous illustre la marche à suivre.

### EXEMPLE 4  Déterminer $A^{-1}$ à l'aide des opérations sur les lignes

Déterminons l'inverse de la matrice suivante :

$$A = \begin{bmatrix} 1 & 2 & 3 \\ 2 & 5 & 3 \\ 1 & 0 & 8 \end{bmatrix}$$

*Solution*

Nous voulons réduire $A$ à la matrice identité à l'aide d'opérations sur les lignes et appliquer simultanément ces mêmes opérations à $I$ pour trouver $A^{-1}$. Pour ce faire, joignons les deux matrices en plaçant la matrice identité du côté droit, de manière à former une nouvelle matrice de la forme :

$$[A \mid I]$$

Effectuons maintenant des opérations sur les lignes de cette matrice jusqu'à ce que le côté gauche devienne *I*. Ces opérations vont par la même occasion transformer la partie de droite en $A^{-1}$, de sorte que la matrice résultante s'écrit :

$$[I \mid A^{-1}]$$

Voici les détails des opérations :

$$\begin{bmatrix} 1 & 2 & 3 & 1 & 0 & 0 \\ 2 & 5 & 3 & 0 & 1 & 0 \\ 1 & 0 & 8 & 0 & 0 & 1 \end{bmatrix}$$

$$\begin{bmatrix} 1 & 2 & 3 & 1 & 0 & 0 \\ 0 & 1 & -3 & -2 & 1 & 0 \\ 0 & -2 & 5 & -1 & 0 & 1 \end{bmatrix}$$

Nous avons additionné à la deuxième ligne la première ligne multipliée par $-2$ et ajouté à la troisième ligne la première ligne multipliée par $-1$.

$$\begin{bmatrix} 1 & 2 & 3 & 1 & 0 & 0 \\ 0 & 1 & -3 & -2 & 1 & 0 \\ 0 & 0 & -1 & -5 & 2 & 1 \end{bmatrix}$$

Nous avons ajouté à la troisième ligne la deuxième ligne multipliée par 2.

$$\begin{bmatrix} 1 & 2 & 3 & 1 & 0 & 0 \\ 0 & 1 & -3 & -2 & 1 & 0 \\ 0 & 0 & 1 & 5 & -2 & -1 \end{bmatrix}$$

Nous avons multiplié la troisième ligne par $-1$.

$$\begin{bmatrix} 1 & 2 & 0 & -14 & 6 & 3 \\ 0 & 1 & 0 & 13 & -5 & -3 \\ 0 & 0 & 1 & 5 & -2 & -1 \end{bmatrix}$$

Nous avons additionné à la deuxième ligne la troisième ligne multipliée par 3 et ajouté à la première ligne la troisième ligne multipliée par $-3$.

$$\begin{bmatrix} 1 & 0 & 0 & -40 & 16 & 9 \\ 0 & 1 & 0 & 13 & -5 & -3 \\ 0 & 0 & 1 & 5 & -2 & -1 \end{bmatrix}$$

Nous avons additionné à la première ligne la deuxième ligne multipliée par $-2$.

Ainsi,

$$A^{-1} = \begin{bmatrix} -40 & 16 & 9 \\ 13 & -5 & -3 \\ 5 & -2 & -1 \end{bmatrix} \blacklozenge$$

Dans bien des cas, on ne sait pas à l'avance si une matrice donnée est inversible ou non. Si une matrice *A*, de dimension $n \times n$, n'est pas inversible, alors elle ne peut être réduite à $I_n$ par des opérations élémentaires sur les lignes [partie (*c*) du théorème 1.5.3]. Autrement dit, la forme échelonnée réduite de *A* contient au moins une ligne de zéros. Ainsi, si on applique la méthode utilisée à l'exemple précédent à une matrice non inversible, une ligne de zéros apparaîtra en cours de route dans la partie *gauche* de la matrice. On pourra alors conclure que la matrice donnée n'est pas inversible et interrompre les calculs.

---

### EXEMPLE 5   Montrer qu'une matrice n'est pas inversible

---

Considérons la matrice $A$ telle que

$$A = \begin{bmatrix} 1 & 6 & 4 \\ 2 & 4 & -1 \\ -1 & 2 & 5 \end{bmatrix}$$

Appliquons la méthode présentée à l'exemple 4. On trouve

$$\begin{bmatrix} 1 & 6 & 4 & | & 1 & 0 & 0 \\ 2 & 4 & -1 & | & 0 & 1 & 0 \\ -1 & 2 & 5 & | & 0 & 0 & 1 \end{bmatrix}$$

$$\begin{bmatrix} 1 & 6 & 4 & | & 1 & 0 & 0 \\ 0 & -8 & -9 & | & -2 & 1 & 0 \\ 0 & 8 & 9 & | & 1 & 0 & 1 \end{bmatrix}$$

Nous avons additionné à la deuxième ligne la première ligne multipliée par $-2$ et ajouté la première ligne à la troisième.

$$\begin{bmatrix} 1 & 6 & 4 & | & 1 & 0 & 0 \\ 0 & -8 & -9 & | & -2 & 1 & 0 \\ 0 & 0 & 0 & | & -1 & 1 & 1 \end{bmatrix}$$

Nous avons additionné la deuxième ligne à la troisième.

En constatant qu'une ligne de zéros est apparue dans la partie gauche de la matrice, on peut conclure que $A$ n'est pas inversible. ◆

---

### EXEMPLE 6   Une conséquence de l'inversibilité

---

À l'exemple 4, nous avons montré que la matrice $A$ ci-dessous est inversible.

$$A = \begin{bmatrix} 1 & 2 & 3 \\ 2 & 5 & 3 \\ 1 & 0 & 8 \end{bmatrix}$$

Considérant le théorème 1.5.3, on déduit que le système homogène suivant

$$x_1 + 2x_2 + 3x_3 = 0$$
$$2x_1 + 5x_2 + 3x_3 = 0$$
$$x_1 \quad\quad + 8x_3 = 0$$

a pour unique solution la solution triviale. ◆

---

**SÉRIE D'EXERCICES 1.5**

**1.** Parmi les matrices suivantes, lesquelles sont des matrices élémentaires?

(a) $\begin{bmatrix} 1 & 0 \\ -5 & 1 \end{bmatrix}$ 
(b) $\begin{bmatrix} -5 & 1 \\ 1 & 0 \end{bmatrix}$ 
(c) $\begin{bmatrix} 1 & 0 \\ 0 & \sqrt{3} \end{bmatrix}$ 
(d) $\begin{bmatrix} 0 & 0 & 1 \\ 0 & 1 & 0 \\ 1 & 0 & 0 \end{bmatrix}$

(e) $\begin{bmatrix} 1 & 1 & 0 \\ 0 & 0 & 1 \\ 0 & 0 & 0 \end{bmatrix}$ 
(f) $\begin{bmatrix} 1 & 0 & 0 \\ 0 & 1 & 9 \\ 0 & 0 & 1 \end{bmatrix}$ 
(g) $\begin{bmatrix} 2 & 0 & 0 & 2 \\ 0 & 1 & 0 & 0 \\ 0 & 0 & 1 & 0 \\ 0 & 0 & 0 & 1 \end{bmatrix}$

**2.** Dans chacun des cas ci-dessous, déterminez une opération sur une ligne qui permette de retrouver une matrice identité à partir de la matrice élémentaire donnée.

(a) $\begin{bmatrix} 1 & 0 \\ -3 & 1 \end{bmatrix}$
(b) $\begin{bmatrix} 1 & 0 & 0 \\ 0 & 1 & 0 \\ 0 & 0 & 3 \end{bmatrix}$
(c) $\begin{bmatrix} 0 & 0 & 0 & 1 \\ 0 & 1 & 0 & 0 \\ 0 & 0 & 1 & 0 \\ 1 & 0 & 0 & 0 \end{bmatrix}$
(d) $\begin{bmatrix} 1 & 0 & -\frac{1}{7} & 0 \\ 0 & 1 & 0 & 0 \\ 0 & 0 & 1 & 0 \\ 0 & 0 & 0 & 1 \end{bmatrix}$

**3.** Considérez les matrices suivantes :

$$A = \begin{bmatrix} 3 & 4 & 1 \\ 2 & -7 & -1 \\ 8 & 1 & 5 \end{bmatrix}, \qquad B = \begin{bmatrix} 8 & 1 & 5 \\ 2 & -7 & -1 \\ 3 & 4 & 1 \end{bmatrix}, \qquad C = \begin{bmatrix} 3 & 4 & 1 \\ 2 & -7 & -1 \\ 2 & -7 & 3 \end{bmatrix}$$

Trouvez des matrices élémentaires $E_1$, $E_2$, $E_3$ et $E_4$ telles que

(a) $E_1 A = B$     (b) $E_2 B = A$     (c) $E_3 A = C$     (d) $E_4 C = A$

**4.** Considérant les matrices données à l'exercice 3, est-il possible de trouver une matrice élémentaire $E$ telle que $EB = C$? Justifiez votre réponse.

**5.** On multiplie à gauche une matrice $2 \times 2$ par la matrice indiquée. Dans chaque cas, à quelle opération élémentaire sur les lignes la multiplication équivaut-elle?

(a) $\begin{bmatrix} 0 & 1 \\ 1 & 0 \end{bmatrix}$
(b) $\begin{bmatrix} 2 & 0 \\ 0 & -3 \end{bmatrix}$
(c) $\begin{bmatrix} 1 & 0 \\ -2 & 1 \end{bmatrix}$

Dans les exercices 6 à 8, utilisez la méthode présentée aux exemples 4 et 5 pour déterminer l'inverse de chacune des matrices données, lorsqu'elles sont inversibles. Vérifiez ensuite vos réponses en procédant par multiplication matricielle.

**6.** (a) $\begin{bmatrix} 1 & 4 \\ 2 & 7 \end{bmatrix}$
(b) $\begin{bmatrix} -3 & 6 \\ 4 & 5 \end{bmatrix}$
(c) $\begin{bmatrix} 6 & -4 \\ -3 & 2 \end{bmatrix}$

**7.** (a) $\begin{bmatrix} 3 & 4 & -1 \\ 1 & 0 & 3 \\ 2 & 5 & -4 \end{bmatrix}$
(b) $\begin{bmatrix} -1 & 3 & -4 \\ 2 & 4 & 1 \\ -4 & 2 & -9 \end{bmatrix}$
(c) $\begin{bmatrix} 1 & 0 & 1 \\ 0 & 1 & 1 \\ 1 & 1 & 0 \end{bmatrix}$

(d) $\begin{bmatrix} 2 & 6 & 6 \\ 2 & 7 & 6 \\ 2 & 7 & 7 \end{bmatrix}$
(e) $\begin{bmatrix} 1 & 0 & 1 \\ -1 & 1 & 1 \\ 0 & 1 & 0 \end{bmatrix}$

**8.** (a) $\begin{bmatrix} \frac{1}{5} & \frac{1}{5} & -\frac{2}{5} \\ \frac{1}{5} & \frac{1}{5} & \frac{1}{10} \\ \frac{1}{5} & -\frac{4}{5} & \frac{1}{10} \end{bmatrix}$
(b) $\begin{bmatrix} \sqrt{2} & 3\sqrt{2} & 0 \\ -4\sqrt{2} & \sqrt{2} & 0 \\ 0 & 0 & 1 \end{bmatrix}$
(c) $\begin{bmatrix} 1 & 0 & 0 & 0 \\ 1 & 3 & 0 & 0 \\ 1 & 3 & 5 & 0 \\ 1 & 3 & 5 & 7 \end{bmatrix}$

(d) $\begin{bmatrix} -8 & 17 & 2 & \frac{1}{3} \\ 4 & 0 & \frac{2}{5} & -9 \\ 0 & 0 & 0 & 0 \\ -1 & 13 & 4 & 2 \end{bmatrix}$
(e) $\begin{bmatrix} 0 & 0 & 2 & 0 \\ 1 & 0 & 0 & 1 \\ 0 & -1 & 3 & 0 \\ 2 & 1 & 5 & -3 \end{bmatrix}$

**9.** Trouvez l'inverse de chacune des matrices ci-dessous, sachant que $k_1$, $k_2$, $k_3$, $k_4$ et $k$ sont différents de zéro.

(a) $\begin{bmatrix} k_1 & 0 & 0 & 0 \\ 0 & k_2 & 0 & 0 \\ 0 & 0 & k_3 & 0 \\ 0 & 0 & 0 & k_4 \end{bmatrix}$
(b) $\begin{bmatrix} 0 & 0 & 0 & k_1 \\ 0 & 0 & k_2 & 0 \\ 0 & k_3 & 0 & 0 \\ k_4 & 0 & 0 & 0 \end{bmatrix}$
(c) $\begin{bmatrix} k & 0 & 0 & 0 \\ 1 & k & 0 & 0 \\ 0 & 1 & k & 0 \\ 0 & 0 & 1 & k \end{bmatrix}$

**10.** Considérez la matrice suivante :

$$A = \begin{bmatrix} 1 & 0 \\ -5 & 2 \end{bmatrix}$$

(a) Déterminez des matrices $E_1$ et $E_2$ telles que $E_2 E_1 A = I$.

(b) Exprimez $A^{-1}$ en termes d'un produit de deux matrices élémentaires.

(c) Exprimez $A$ en termes d'un produit de deux matrices élémentaires.

**11.** Effectuez chaque opération indiquée sur les lignes de la matrice suivante en la multipliant à gauche par la matrice élémentaire appropriée. Vérifiez ensuite votre réponse en appliquant les opérations directement sur les lignes de la matrice.

$$\begin{bmatrix} 2 & -1 & 0 \\ 4 & 5 & -3 \\ 1 & -4 & 7 \end{bmatrix}$$

(a) Permutez la première et la troisième ligne.

(b) Multipliez la deuxième ligne par $\frac{1}{3}$.

(c) Additionnez à la première ligne la deuxième ligne multipliée par 2.

**12.** Exprimez la matrice ci-dessous en termes d'un produit de matrices élémentaires.

$$\begin{bmatrix} 3 & -2 \\ 3 & -1 \end{bmatrix}$$

***Note*** Il y a plus d'une réponse possible.

**13.** Soit la matrice

$$\begin{bmatrix} 1 & 0 & -2 \\ 0 & 4 & 3 \\ 0 & 0 & 1 \end{bmatrix}$$

(a) Trouvez des matrices élémentaires $E_1$, $E_2$ et $E_3$ telles que $E_3 E_2 E_1 A = I_3$.

(b) Exprimez $A$ sous la forme d'un produit de matrices élémentaires.

**14.** Exprimez la matrice ci-dessous sous la forme $A = EFGR$, où $E$, $F$ et $G$ représentent des matrices élémentaires et $R$, une matrice échelonnée.

$$A = \begin{bmatrix} 0 & 1 & 7 & 8 \\ 1 & 3 & 3 & 8 \\ -2 & -5 & 1 & -8 \end{bmatrix}$$

**15.** Montrez que si $A$ est une matrice élémentaire, alors au moins un élément de la troisième ligne doit être nul.

$$A = \begin{bmatrix} 1 & 0 & 0 \\ 0 & 1 & 0 \\ a & b & c \end{bmatrix}$$

**16.** Montrez que $A$ n'est pas inversible, quelle que soit la valeur des éléments symbolisés par des lettres.

$$A = \begin{bmatrix} 0 & a & 0 & 0 & 0 \\ b & 0 & c & 0 & 0 \\ 0 & d & 0 & e & 0 \\ 0 & 0 & f & 0 & g \\ 0 & 0 & 0 & h & 0 \end{bmatrix}$$

**17.** Montrez que si $A$ est une matrice $m \times n$, il existe une matrice inversible $C$ telle que $CA$ donne une matrice échelonnée réduite.

**18.** Montrez que si $A$ est inversible et $B$, ligne-équivalente à $A$, alors $B$ est également inversible.

**19.** (a) Montrez que, si $A$ et $B$ sont des matrices $m \times n$, alors $A$ et $B$ sont ligne-équivalentes si et seulement si $A$ et $B$ ont la même matrice échelonnée réduite.

(b) Montrez que $A$ et $B$ sont ligne-équivalentes, et établissez une séquence d'opérations élémentaires sur les lignes qui permettent d'obtenir $B$ à partir de $A$.

$$A = \begin{bmatrix} 1 & 2 & 3 \\ 1 & 4 & 1 \\ 2 & 1 & 9 \end{bmatrix}, \qquad B = \begin{bmatrix} 1 & 0 & 5 \\ 0 & 2 & -2 \\ 1 & 1 & 4 \end{bmatrix}$$

**20.** Démontrez le théorème 1.5.1.

---

*Exploration & discussion*

**21.** Supposez que $A$ soit une matrice inversible inconnue pour laquelle vous connaissez une séquence d'opérations sur les lignes qui, appliquée à $A$, donne la matrice identité. Expliquez comment vous pouvez utiliser cette information pour déterminer $A$.

**22.** Dans chacun des cas suivants, indiquez si l'énoncé est toujours vrai ou s'il peut être faux dans certains cas. Justifiez votre réponse par une explication ou un contre-exemple.

(a) Toute matrice carrée peut être représentée par un produit de matrices élémentaires.

(b) Le produit de deux matrices élémentaires est également une matrice élémentaire.

(c) Si $A$ est inversible et si on ajoute un multiple de la première ligne à la deuxième ligne, alors la matrice résultante est également inversible.

(d) Si $A$ est inversible et $AB = 0$, alors $B = 0$.

**23.** Dans chacun des cas suivants, indiquez si l'énoncé est toujours vrai ou s'il peut être faux dans certains cas. Justifiez votre réponse par une explication ou un contre-exemple.

(a) Si $A$ est une matrice singulière $n \times n$, alors $A\mathbf{x} = \mathbf{0}$ admet une infinité de solutions.

(b) Si $A$ est une matrice singulière $n \times n$, alors la forme échelonnée réduite de $A$ contient au moins une ligne de zéros.

(c) Si on peut représenter $A^{-1}$ par un produit de matrices élémentaires, alors le système linéaire homogène $A\mathbf{x} = \mathbf{0}$ n'admet que la solution triviale.

(d) Si $A$ est une matrice singulière $n \times n$ et $B$ résulte de la permutation de deux lignes de $A$, alors $B$ peut être singulière ou non.

**24.** Selon vous, existe-t-il une matrice $A$ de dimension $2 \times 2$ telle que l'égalité ci-dessous

$$A \begin{bmatrix} a & b \\ c & d \end{bmatrix} = \begin{bmatrix} b & d \\ a & c \end{bmatrix}$$

soit vérifiée pour toute valeur de $a$, $b$, $c$ et $d$? Expliquez votre réponse.

## 1.6
### AUTRES RÉSULTATS CONCERNANT LES SYSTÈMES D'ÉQUATIONS LINÉAIRES ET L'INVERSION DE MATRICES

Un théorème fondamental

*Dans cette section, nous présentons d'autres résultats qui concernent les systèmes d'équations linéaires et l'inversion de matrices, ce qui nous permettra d'obtenir une autre méthode de résolution des systèmes de n équations à n inconnues.*

À la section 1.1, nous avons affirmé (en référant à la figure 1.1.1) que soit un système linéaire n'a aucune solution, soit il a une solution unique ou encore une infinité de solutions. Nous sommes maintenant en mesure de démontrer cet énoncé fondamental.

**THÉORÈME 1.6.1**

*Un système d'équations linéaires quelconque n'a aucune solution, ou il a une solution unique ou encore une infinité de solutions.*

***Démonstration*** Si $A\mathbf{x} = \mathbf{b}$ correspond à un système d'équations linéaires, une seule des affirmations suivantes est vraie : (a) le système n'a aucune solution, (b) le système a une solution unique ou (c) le système a plus d'une solution. La preuve sera complète lorsqu'on aura démontré que le système donne lieu à une infinité de solutions dans le cas (c).

Supposons que $A\mathbf{x} = \mathbf{b}$ a plus d'une solution et posons $\mathbf{x}_0 = \mathbf{x}_1 - \mathbf{x}_2$, où $\mathbf{x}_1$ et $\mathbf{x}_2$ représentent deux solutions distinctes. Puisque $\mathbf{x}_1$ et $\mathbf{x}_2$ sont distinctes, la matrice $\mathbf{x}_0$ n'est pas nulle. De plus,

$$A\mathbf{x}_0 = A(\mathbf{x}_1 - \mathbf{x}_2) = A\mathbf{x}_1 - A\mathbf{x}_2 = \mathbf{b} - \mathbf{b} = \mathbf{0}$$

Considérons maintenant $k$, un scalaire quelconque; on a

$$A(\mathbf{x}_1 + k\mathbf{x}_0) = A\mathbf{x}_1 + A(k\mathbf{x}_0) = A\mathbf{x}_1 + k(A\mathbf{x}_0)$$
$$= \mathbf{b} + k\mathbf{0} = \mathbf{b} + \mathbf{0} = \mathbf{b}$$

On en déduit que $\mathbf{x}_1 + k\mathbf{x}_0$ est une solution de $A\mathbf{x} = \mathbf{b}$. Étant donné que $\mathbf{x}_0$ n'est pas nulle et que $k$ peut prendre un nombre infini de valeurs, il s'ensuit que le système $A\mathbf{x} = \mathbf{b}$ admet une infinité de solutions. ∎

Résolution de systèmes linéaires par inversion de matrice

Nous avons vu jusqu'ici deux méthodes de résolution d'un système d'équations linéaires : la méthode de Gauss et la méthode de Gauss-Jordan. Le théorème ci-dessous suggère une autre approche pour résoudre certains systèmes.

**THÉORÈME 1.6.2**

*Soit $A$ une matrice inversible $n \times n$. Alors pour toute matrice $\mathbf{b}$ de dimension $n \times 1$, le système d'équations $A\mathbf{x} = \mathbf{b}$ a une solution unique de la forme $\mathbf{x} = A^{-1}\mathbf{b}$.*

***Démonstration*** Sachant que $A(A^{-1}\mathbf{b}) = \mathbf{b}$, on déduit que $\mathbf{x} = A^{-1}\mathbf{b}$ est une solution de $A\mathbf{x} = \mathbf{b}$. Afin de démontrer que cette solution est unique, supposons que $\mathbf{x}_0$ représente une solution arbitraire et démontrons que $\mathbf{x}_0$ doit correspondre à $A^{-1}\mathbf{b}$.

Si $\mathbf{x}_0$ est une solution arbitraire, alors $A\mathbf{x}_0 = \mathbf{b}$. En multipliant les deux côtés de l'équation par $A^{-1}$, on obtient $\mathbf{x}_0 = A^{-1}\mathbf{b}$. ∎

---

### EXEMPLE 1    Résolution d'un système linéaire à l'aide de $A^{-1}$

---

Considérons le système d'équations linéaires suivant :

$$\begin{aligned} x_1 + 2x_2 + 3x_3 &= 5 \\ 2x_1 + 5x_2 + 3x_3 &= 3 \\ x_1 \qquad\quad + 8x_3 &= 17 \end{aligned}$$

On peut représenter ce système sous la forme matricielle $A\mathbf{x} = \mathbf{b}$ où

$$A = \begin{bmatrix} 1 & 2 & 3 \\ 2 & 5 & 3 \\ 1 & 0 & 8 \end{bmatrix}, \qquad \mathbf{x} = \begin{bmatrix} x_1 \\ x_2 \\ x_3 \end{bmatrix}, \qquad \mathbf{b} = \begin{bmatrix} 5 \\ 3 \\ 17 \end{bmatrix}$$

À l'exemple 4 de la section précédente, nous avons vu que $A$ est inversible et que son inverse s'écrit :

$$A^{-1} = \begin{bmatrix} -40 & 16 & 9 \\ 13 & -5 & -3 \\ 5 & -2 & -1 \end{bmatrix}$$

Le théorème 1.6.2 donne la solution du système :

$$\mathbf{x} = A^{-1}\mathbf{b} = \begin{bmatrix} -40 & 16 & 9 \\ 13 & -5 & -3 \\ 5 & -2 & -1 \end{bmatrix} \begin{bmatrix} 5 \\ 3 \\ 17 \end{bmatrix} = \begin{bmatrix} 1 \\ -1 \\ 2 \end{bmatrix}$$

soit $x_1 = 1$, $x_2 = -1$ et $x_3 = 2$. ◆

*REMARQUE*  Notez que la méthode utilisée à l'exemple 1 s'applique uniquement aux systèmes qui contiennent le même nombre d'équations et d'inconnues, et dont la matrice des coefficients est inversible. Bien qu'elle s'avère moins efficace que la méthode de Gauss du point de vue du nombre d'opérations à effectuer pour résoudre des systèmes, cette méthode a son importance dans l'analyse des équations matricielles.

**Systèmes linéaires ayant la même matrice des coefficients**

En pratique, on doit souvent résoudre une séquence de systèmes qui ont la même matrice des coefficients $A$

$$A\mathbf{x} = \mathbf{b}_1, \quad A\mathbf{x} = \mathbf{b}_2, \quad A\mathbf{x} = \mathbf{b}_3, \dots, \quad A\mathbf{x} = \mathbf{b}_k$$

Si $A$ est inversible, on obtient les solutions qui, en termes de calculs, exigent l'inversion d'une matrice et $k$ produits matriciels.

$$\mathbf{x}_1 = A^{-1}\mathbf{b}_1, \quad \mathbf{x}_2 = A^{-1}\mathbf{b}_2, \quad \mathbf{x}_3 = A^{-1}\mathbf{b}_3, \dots, \quad \mathbf{x}_k = A^{-1}\mathbf{b}_k$$

Cependant, cette fois encore, il sera plus efficace de constituer la matrice ci-dessous, en « augmentant » la matrice des coefficients $A$ des $k$ matrices $\mathbf{b}_1, \mathbf{b}_2, \dots, \mathbf{b}_k$.

$$[A \mid \mathbf{b}_1 \mid \mathbf{b}_2 \mid \cdots \mid \mathbf{b}_k] \tag{1}$$

On trouve ensuite la matrice échelonnée réduite en appliquant la méthode de Gauss-Jordan. En procédant ainsi, on résout simultanément les $k$ systèmes. Cette méthode offre aussi l'avantage de s'appliquer même si $A$ n'est pas inversible.

---

**EXEMPLE 2** Résolution simultanée de deux systèmes linéaires

Résoudre les systèmes suivants :

(a)
$$x_1 + 2x_2 + 3x_3 = 4$$
$$2x_1 + 5x_2 + 3x_3 = 5$$
$$x_1 \qquad + 8x_3 = 9$$

(b)
$$x_1 + 2x_2 + 3x_3 = 1$$
$$2x_1 + 5x_2 + 3x_3 = 6$$
$$x_1 \qquad + 8x_3 = -6$$

*Solution*

La matrice des coefficients est la même pour les deux systèmes. Si l'on augmente cette matrice des colonnes des constantes figurant du côté droit des équations de ces systèmes, on obtient

$$\begin{bmatrix} 1 & 2 & 3 & 4 & 1 \\ 2 & 5 & 3 & 5 & 6 \\ 1 & 0 & 8 & 9 & -6 \end{bmatrix}$$

La matrice échelonnée réduite devient alors (faites-en la vérification) :

$$\begin{bmatrix} 1 & 0 & 0 & 1 & 2 \\ 0 & 1 & 0 & 0 & 1 \\ 0 & 0 & 1 & 1 & -1 \end{bmatrix}$$

Les deux dernières colonnes indiquent que la solution du système (a) est $x_1 = 1$, $x_2 = 0$ et $x_3 = 1$, et que la solution du système (b) est $x_1 = 2$, $x_2 = 1$ et $x_3 = -1$. ◆

**Propriétés des matrices inversibles**

Jusqu'ici, pour prouver qu'une matrice $A$ de dimension $n \times n$ était inversible, nous devions trouver une matrice $B$ telle que

$$AB = I \quad \text{et} \quad BA = I$$

Le prochain théorème démontre que si une matrice $B$ de dimension $n \times n$ satisfait à *l'une ou l'autre* condition, alors la seconde condition est automatiquement satisfaite.

**THÉORÈME 1.6.3**

*Soit A une matrice carrée*
*(a) Si B est une matrice carrée telle que BA = I, alors $B = A^{-1}$.*
*(b) Si B est une matrice carrée telle que AB = I, alors $B = A^{-1}$.*

Nous allons faire la preuve de la partie (*a*). La preuve de la partie (*b*) est laissée en exercice.

*Démonstration de (a)* Supposons que $BA = I$. Si nous démontrons que $A$ est inversible, la preuve pourra être complétée en multipliant par $A^{-1}$ chaque côté de l'égalité $BA = I$. On aura alors

$$BAA^{-1} = IA^{-1} \quad \text{ou} \quad BI = IA^{-1} \quad \text{ou} \quad B = A^{-1}$$

Or, le théorème 1.5.3 stipule que $A$ est inversible si $A\mathbf{x} = \mathbf{0}$ a pour seule solution la solution triviale. Supposons donc que $\mathbf{x}_0$ soit une solution de ce système. En multipliant par $B$, à gauche, chaque côté de l'égalité $A\mathbf{x}_0 = \mathbf{0}$, on obtient $BA\mathbf{x}_0 = B\mathbf{0}$, ou $I\mathbf{x}_0 = \mathbf{0}$, soit $\mathbf{x}_0 = \mathbf{0}$. On conclut donc que le système $A\mathbf{x} = \mathbf{0}$ a pour unique solution la solution triviale. ∎

Nous sommes maintenant en mesure d'ajouter deux énoncés à la liste des quatre énoncés équivalents du théorème 1.5.3.

**THÉORÈME 1.6.4**

> ### Énoncés équivalents
>
> *Soit A une matrice n × n. Alors les énoncés suivants sont équivalents :*
>
> (*a*) *A est inversible.*
>
> (*b*) *A**x** = **0** a pour unique solution la solution triviale.*
>
> (*c*) *La matrice échelonnée réduite de A est $I_n$.*
>
> (*d*) *A peut s'écrire comme un produit de matrices élémentaires.*
>
> (*e*) *A**x** = **b** est compatible pour toute matrice **b** de dimension n × 1.*
>
> (*f*) *A**x** = **b** a une solution unique pour toute matrice **b** de dimension n × 1.*

*Démonstration*   Nous avons déjà démontré que (*a*), (*b*), (*c*) et (*d*) sont équivalents lorsque nous avons présenté le théorème 1.5.3. Il suffira donc ici de démontrer les implications (*a*) $\Rightarrow$ (*f*) $\Rightarrow$ (*e*) $\Rightarrow$ (*a*).

**(*a*) $\Rightarrow$ (*f*)**   Nous avons démontré cette implication en présentant le théorème 1.6.2.

**(*f*) $\Rightarrow$ (*e*)**   Il est évident que si $A\mathbf{x} = \mathbf{b}$ a une solution unique pour toute matrice $\mathbf{b}$ de dimension $n \times 1$, alors $A\mathbf{x} = \mathbf{b}$ est compatible pour toute matrice $\mathbf{b}$ de dimension $n \times 1$.

**(*e*) $\Rightarrow$ (*a*)**   Si le système $A\mathbf{x} = \mathbf{b}$ est compatible pour toute matrice $\mathbf{b}$ de dimension $n \times 1$, alors les systèmes particuliers suivants sont compatibles :

$$A\mathbf{x} = \begin{bmatrix} 1 \\ 0 \\ 0 \\ \vdots \\ 0 \end{bmatrix}, \quad A\mathbf{x} = \begin{bmatrix} 0 \\ 1 \\ 0 \\ \vdots \\ 0 \end{bmatrix}, \dots, \quad A\mathbf{x} = \begin{bmatrix} 0 \\ 0 \\ 0 \\ \vdots \\ 1 \end{bmatrix}$$

Soit $\mathbf{x}_1, \mathbf{x}_2, \dots, \mathbf{x}_n$, les solutions respectives de ces systèmes; constituons une matrice $C$ de dimension $n \times n$ dont les colonnes correspondent à ces solutions. $C$ prend alors la forme suivante :

$$C = [\mathbf{x}_1 \mid \mathbf{x}_2 \mid \cdots \mid \mathbf{x}_n]$$

Or, nous avons vu à la section 1.3 que les colonnes du produit $AC$ s'écrivent, successivement :

$$A\mathbf{x}_1, A\mathbf{x}_2, \dots, A\mathbf{x}_n$$

On en déduit

$$AC = [A\mathbf{x}_1 \mid A\mathbf{x}_2 \mid \cdots \mid A\mathbf{x}_n] = \begin{bmatrix} 1 & 0 & \cdots & 0 \\ 0 & 1 & \cdots & 0 \\ 0 & 0 & \cdots & 0 \\ \vdots & \vdots & & \vdots \\ 0 & 0 & \cdots & 1 \end{bmatrix} = I$$

La partie (*b*) du théorème 1.6.3 permet de conclure que $C = A^{-1}$. La matrice $A$ est donc inversible.   ∎

Nous avons vu précédemment que le produit de matrices inversibles est également inversible. Le théorème suivant énonce la proposition réciproque, c'est-à-dire que si le produit de matrices carrées est inversible, alors les facteurs de ce produit doivent également être des matrices inversibles. La preuve de ce théorème sera présentée plus loin.

**THÉORÈME 1.6.5**

> *Soit A et B, des matrices carrées de mêmes dimensions. Si AB est inversible, alors A et B doivent également être inversibles.*

Dans la suite de notre étude, nous rencontrerons souvent le problème fondamental suivant, dans des contextes variés :

*Un problème fondamental*   Soit $A$, une matrice spécifique de dimension $m \times n$. Trouvez toutes les matrices **b** de dimensions $m \times 1$ telles que le système d'équations $A\mathbf{x} = \mathbf{b}$ soit compatible.

Si $A$ est une matrice inversible, le théorème 1.6.2 résout la question en affirmant que pour *toute* matrice **b** de dimension $m \times 1$, le système linéaire $A\mathbf{x} = \mathbf{b}$ a pour unique solution $\mathbf{x} = A^{-1}\mathbf{b}$. Si $A$ n'est pas carrée, ou si $A$ est carrée sans être inversible, alors le théorème 1.6.2 ne s'applique pas. Dans ces cas, la matrice **b** doit habituellement satisfaire à certaines conditions pour que $A\mathbf{x} = \mathbf{b}$ soit compatible. L'exemple qui suit illustre comment on peut déterminer ces conditions en appliquant les méthodes d'élimination que nous avons vues à la section 1.2.

---

## EXEMPLE 3   Déterminer la compatibilité par élimination

À quelles conditions $b_1$, $b_2$ et $b_3$ doivent-ils satisfaire pour que le système d'équations ci-dessous soit compatible?

$$
\begin{aligned}
x_1 + x_2 + 2x_3 &= b_1 \\
x_1 \phantom{+ x_2} + x_3 &= b_2 \\
2x_1 + x_2 + 3x_3 &= b_3
\end{aligned}
$$

*Solution*

La matrice augmentée s'écrit :

$$
\begin{bmatrix}
1 & 1 & 2 & b_1 \\
1 & 0 & 1 & b_2 \\
2 & 1 & 3 & b_3
\end{bmatrix}
$$

En la réduisant, on obtient la matrice échelonnée réduite

$$
\begin{bmatrix}
1 & 1 & 2 & b_1 \\
0 & -1 & -1 & b_2 - b_1 \\
0 & -1 & -1 & b_3 - 2b_1
\end{bmatrix}
$$

◀ Nous avons additionné à la deuxième ligne la première ligne multipliée par $-1$ et ajouté à la troisième ligne la première ligne multipliée par $-2$.

$$
\begin{bmatrix}
1 & 1 & 2 & b_1 \\
0 & 1 & 1 & b_1 - b_2 \\
0 & -1 & -1 & b_3 - 2b_1
\end{bmatrix}
$$

◀ Nous avons multiplié par $-1$ la deuxième ligne.

$$\begin{bmatrix} 1 & 1 & 2 & b_1 \\ 0 & 1 & 1 & b_1 - b_2 \\ 0 & 0 & 0 & b_3 - b_2 - b_1 \end{bmatrix} \longleftarrow \text{Nous avons additionné la deuxième ligne à la troisième.}$$

La troisième ligne de la matrice révèle que le système a une solution si et seulement si $b_1$, $b_2$ et $b_3$ satisfont à la condition suivante :

$$b_3 - b_2 - b_1 = 0 \quad \text{ou} \quad b_3 = b_1 + b_2$$

Autrement dit, $A\mathbf{x} = \mathbf{b}$ est compatible si et seulement si $\mathbf{b}$ est une matrice de la forme

$$\mathbf{b} = \begin{bmatrix} b_1 \\ b_2 \\ b_1 + b_2 \end{bmatrix}$$

où $b_1$ et $b_2$ sont des valeurs arbitraires. ◆

---

### EXEMPLE 4    Déterminer la compatibilité par élimination

---

À quelles conditions $b_1$, $b_2$ et $b_3$ doivent-ils satisfaire pour que le système d'équations ci-dessous soit compatible?

$$\begin{aligned} x_1 + 2x_2 + 3x_3 &= b_1 \\ 2x_1 + 5x_2 + 3x_3 &= b_2 \\ x_1 \qquad\quad + 8x_3 &= b_3 \end{aligned}$$

*Solution*

La matrice augmentée s'écrit :

$$\begin{bmatrix} 1 & 2 & 3 & b_1 \\ 2 & 5 & 3 & b_2 \\ 1 & 0 & 8 & b_3 \end{bmatrix}$$

En la réduisant, on obtient la matrice échelonnée réduite (vérifiez les calculs) :

$$\begin{bmatrix} 1 & 0 & 0 & -40b_1 + 16b_2 + 9b_3 \\ 0 & 1 & 0 & 13b_1 - 5b_2 - 3b_3 \\ 0 & 0 & 1 & 5b_1 - 2b_2 - b_3 \end{bmatrix} \qquad (2)$$

Il n'y a pas de restriction pour $b_1$, $b_2$ et $b_3$ dans ce cas. Ainsi, le système donné $A\mathbf{x} = \mathbf{b}$ a pour unique solution

$$x_1 = -40b_1 + 16b_2 + 9b_3, \quad x_2 = 13b_1 - 5b_2 - 3b_3, \quad x_3 = 5b_1 - 2b_2 - b_3 \quad (3)$$

pour toute matrice $\mathbf{b}$. ◆

*Remarque*   Le système $A\mathbf{x} = \mathbf{b}$ de l'exemple précédent étant compatible pour toute matrice $\mathbf{b}$, le théorème **1.6.4** permet de conclure que $A$ est inversible. Nous laissons au lecteur le soin de vérifier que l'on peut également obtenir les équations (3) en calculant $\mathbf{x} = A^{-1}\mathbf{b}$.

Résolvez les systèmes des exercices 1 à 8 en inversant la matrice des coefficients et en utilisant le théorème 1.6.2.

**1.** $\begin{aligned} x_1 + x_2 &= 2 \\ 5x_1 + 6x_2 &= 9 \end{aligned}$  **2.** $\begin{aligned} 4x_1 - 3x_2 &= -3 \\ 2x_1 - 5x_2 &= 9 \end{aligned}$  **3.** $\begin{aligned} x_1 + 3x_2 + x_3 &= 4 \\ 2x_1 + 2x_2 + x_3 &= -1 \\ 2x_1 + 3x_2 + x_3 &= 3 \end{aligned}$

**4.** $\begin{aligned} 5x_1 + 3x_2 + 2x_3 &= 4 \\ 3x_1 + 3x_2 + 2x_3 &= 2 \\ x_2 + x_3 &= 5 \end{aligned}$  **5.** $\begin{aligned} x + y + z &= 5 \\ x + y - 4z &= 10 \\ -4x + y + z &= 0 \end{aligned}$  **6.** $\begin{aligned} -x - 2y - 3z &= 0 \\ w + x + 4y + 4z &= 7 \\ w + 3x + 7y + 9z &= 4 \\ -w - 2x - 4y - 6z &= 6 \end{aligned}$

**7.** $\begin{aligned} 3x_1 + 5x_2 &= b_1 \\ x_1 + 2x_2 &= b_2 \end{aligned}$  **8.** $\begin{aligned} x_1 + 2x_2 + 3x_3 &= b_1 \\ 2x_1 + 5x_2 + 5x_3 &= b_2 \\ 3x_1 + 5x_2 + 8x_3 &= b_3 \end{aligned}$

**9.** Résolvez le système général suivant en inversant la matrice des coefficients et en faisant appel au théorème 1.6.2 :

$$\begin{aligned} x_1 + 2x_2 + x_3 &= b_1 \\ x_1 - x_2 + x_3 &= b_2 \\ x_1 + x_2 &= b_3 \end{aligned}$$

À l'aide des expressions trouvées, donnez la solution dans les conditions suivantes :

(a) $b_1 = -1$, $b_2 = 3$, $b_3 = 4$   (b) $b_1 = 5$, $b_2 = 0$, $b_3 = 0$

(c) $b_1 = -1$, $b_2 = -1$, $b_3 = 3$

**10.** Résolvez les trois systèmes donnés à l'exercice 9 et utilisant la méthode présentée à l'exemple 2.

Pour résoudre les exercices 11 à 14, utilisez la méthode présentée à l'exemple 2 pour trouver simultanément les solutions des systèmes donnés.

**11.** $\begin{aligned} x_1 - 5x_2 &= b_1 \\ 3x_1 + 2x_2 &= b_2 \end{aligned}$

(a) $b_1 = 1$, $b_2 = 4$
(b) $b_1 = -2$, $b_2 = 5$

**12.** $\begin{aligned} -x_1 + 4x_2 + x_3 &= b_1 \\ x_1 + 9x_2 - 2x_3 &= b_2 \\ 6x_1 + 4x_2 - 8x_3 &= b_3 \end{aligned}$

(a) $b_1 = 0$, $b_2 = 1$, $b_3 = 0$
(b) $b_1 = -3$, $b_2 = 4$, $b_3 = -5$

**13.** $\begin{aligned} 4x_1 - 7x_2 &= b_1 \\ x_1 + 2x_2 &= b_2 \end{aligned}$

(a) $b_1 = 0$, $b_2 = 1$
(b) $b_1 = -4$, $b_2 = 6$
(c) $b_1 = -1$, $b_2 = 3$
(d) $b_1 = -5$, $b_2 = 1$

**14.** $\begin{aligned} x_1 + 3x_2 + 5x_3 &= b_1 \\ -x_1 - 2x_2 &= b_2 \\ 2x_1 + 5x_2 + 4x_3 &= b_3 \end{aligned}$

(a) $b_1 = 1$, $b_2 = 0$, $b_3 = -1$
(b) $b_1 = 0$, $b_2 = 1$, $b_3 = 1$
(c) $b_1 = -1$, $b_2 = -1$, $b_3 = 0$

**15.** La méthode vue à l'exemple 2 permet de résoudre des systèmes linéaires ayant une infinité de solutions. Utilisez cette méthode pour résoudre simultanément les deux systèmes.

(a) $\begin{aligned} x_1 - 2x_2 + x_3 &= -2 \\ 2x_1 - 5x_2 + x_3 &= 1 \\ 3x_1 - 7x_2 + 2x_3 &= -1 \end{aligned}$   (b) $\begin{aligned} x_1 - 2x_2 + x_3 &= 1 \\ 2x_1 - 5x_2 + x_3 &= -1 \\ 3x_1 - 7x_2 + 2x_3 &= 0 \end{aligned}$

Pour résoudre les exercices 16 à 19, déterminez les conditions auxquelles doivent satisfaire les $b_i$ pour que le système donné soit compatible.

**16.** $6x_1 - 4x_2 = b_1$
$3x_1 - 2x_2 = b_2$

**17.** $x_1 - 2x_2 + 5x_3 = b_1$
$4x_1 - 5x_2 + 8x_3 = b_2$
$-3x_1 + 3x_2 - 3x_3 = b_3$

**18.** $x_1 - 2x_2 - x_3 = b_1$
$-4x_1 + 5x_2 + 2x_3 = b_2$
$-4x_1 + 7x_2 + 4x_3 = b_3$

**19.** $x_1 - x_2 + 3x_3 + 2x_4 = b_1$
$-2x_1 + x_2 + 5x_3 + x_4 = b_2$
$-3x_1 + 2x_2 + 2x_3 - x_4 = b_3$
$4x_1 - 3x_2 + x_3 + 3x_4 = b_4$

**20.** Considérez les matrices suivantes :

$$A = \begin{bmatrix} 2 & 1 & 2 \\ 2 & 2 & -2 \\ 3 & 1 & 1 \end{bmatrix} \quad \text{et} \quad \mathbf{x} = \begin{bmatrix} x_1 \\ x_2 \\ x_3 \end{bmatrix}$$

(a) Montrez que l'équation $A\mathbf{x} = \mathbf{x}$ peut également s'écrire $(A - I)\mathbf{x} = \mathbf{0}$ et utilisez ce résultat pour déterminer $\mathbf{x}$ dans l'équation $A\mathbf{x} = \mathbf{x}$.

(b) Trouvez la solution de $A\mathbf{x} = 4\mathbf{x}$.

**21.** Déterminez $X$ dans l'équation matricielle suivante.

$$\begin{bmatrix} 1 & -1 & 1 \\ 2 & 3 & 0 \\ 0 & 2 & -1 \end{bmatrix} X = \begin{bmatrix} 2 & -1 & 5 & 7 & 8 \\ 4 & 0 & -3 & 0 & 1 \\ 3 & 5 & -7 & 2 & 1 \end{bmatrix}$$

**22.** Dans chacun des cas ci-dessous, déterminez si le système homogène a une solution non triviale (sans utiliser ni papier ni crayon); par la suite, déduire si la matrice est inversible ou non.

(a) $2x_1 + x_2 - 3x_3 + x_4 = 0$
$5x_2 + 4x_3 + 3x_4 = 0$
$x_3 + 2x_4 = 0$
$3x_4 = 0$

$$\begin{bmatrix} 2 & 1 & -3 & 1 \\ 0 & 5 & 4 & 3 \\ 0 & 0 & 1 & 2 \\ 0 & 0 & 0 & 3 \end{bmatrix}$$

(b) $5x_1 + x_2 + 4x_3 + x_4 = 0$
$2x_3 - x_4 = 0$
$x_3 + x_4 = 0$
$7x_4 = 0$

$$\begin{bmatrix} 5 & 1 & 4 & 1 \\ 0 & 0 & 2 & -1 \\ 0 & 0 & 1 & 1 \\ 0 & 0 & 0 & 7 \end{bmatrix}$$

**23.** Soit $A\mathbf{x} = \mathbf{0}$ un système homogène de $n$ équations linéaires à $n$ inconnues qui a pour unique solution la solution triviale. Montrez que si $k$ est un entier positif quelconque, alors le système $A^k\mathbf{x} = \mathbf{0}$ a également pour seule solution la solution triviale.

**24.** Soit $A\mathbf{x} = \mathbf{0}$ un système homogène de $n$ équations linéaires à $n$ inconnues, et $Q$, une matrice inversible $n \times n$. Montrez que $A\mathbf{x} = \mathbf{0}$ a pour unique solution la solution triviale si et seulement si $(QA)\mathbf{x} = \mathbf{0}$ a pour seule solution la solution triviale.

**25.** Soit $A\mathbf{x} = \mathbf{0}$, un système compatible d'équations linéaires et $\mathbf{x}_1$, une solution donnée. Montrez que toute solution du système peut s'écrire sous la forme $\mathbf{x} = \mathbf{x}_1 + \mathbf{x}_0$, où $\mathbf{x}_0$ est une solution de $A\mathbf{x} = \mathbf{0}$. Montrez que toute matrice qui a cette forme est une solution.

**26.** Utilisez la partie (*a*) du théorème 1.6.3 pour faire la preuve de (*b*).

**27.** À quelles restrictions doit-on soumettre $x$ et $y$ pour que les matrices ci-dessous soient inversibles?

(a) $\begin{bmatrix} x & y \\ x & x \end{bmatrix}$ (b) $\begin{bmatrix} x & 0 \\ y & y \end{bmatrix}$ (c) $\begin{bmatrix} x & y \\ y & x \end{bmatrix}$

**28.** (a) Soit $A$ une matrice $n \times n$ et $\mathbf{b}$, une matrice $n \times 1$. Sous quelles conditions l'équation $\mathbf{x} = A\mathbf{x} + \mathbf{b}$ admet-elle une solution unique pour $\mathbf{x}$?

(b) En supposant que vos conditions soient satisfaites, exprimez la solution en terme d'une matrice inverse appropriée.

**29.** Soit $A$ une matrice $n \times n$ inversible. Le système d'équations $A\mathbf{x} = \mathbf{x}$ a-t-il nécessairement une solution unique? Expliquez votre réponse.

**30.** Si $AB = I$, $B$ pourrait-elle être une matrice autre que la matrice inverse de $A$? Expliquez votre réponse.

**31.** Créez un nouveau théorème en écrivant la contraposée du théorème 1.6.5 (voir l'exercice 34 de la section 1.4 pour une définition de la contraposée.)

# 1.7
## MATRICES PARTICULIÈRES

*Dans cette section, nous allons considérer certaines classes de matrices qui ont des formes particulières. Ces matrices occupent une place importante en algèbre linéaire et nous allons les retrouver dans différents contextes au fil de notre étude.*

**Matrices diagonales**

On appelle ***matrice diagonale*** une matrice carrée dont tous les éléments situés hors de la diagonale principale sont nuls. En voici quelques exemples :

$$\begin{bmatrix} 2 & 0 \\ 0 & -5 \end{bmatrix}, \qquad \begin{bmatrix} 1 & 0 & 0 \\ 0 & 1 & 0 \\ 0 & 0 & 1 \end{bmatrix}, \qquad \begin{bmatrix} 6 & 0 & 0 & 0 \\ 0 & -4 & 0 & 0 \\ 0 & 0 & 0 & 0 \\ 0 & 0 & 0 & 8 \end{bmatrix}$$

On représente une matrice diagonale $D$ quelconque de dimension $n \times n$ comme suit :

$$D = \begin{bmatrix} d_1 & 0 & \cdots & 0 \\ 0 & d_2 & \cdots & 0 \\ \vdots & \vdots & & \vdots \\ 0 & 0 & \cdots & d_n \end{bmatrix} \tag{1}$$

Une matrice diagonale est inversible si et seulement si tous les éléments de sa diagonale principale sont différents de zéro; dans ce cas, la matrice inverse de (1) s'écrit :

$$D^{-1} = \begin{bmatrix} 1/d_1 & 0 & \cdots & 0 \\ 0 & 1/d_2 & \cdots & 0 \\ \vdots & \vdots & & \vdots \\ 0 & 0 & \cdots & 1/d_n \end{bmatrix}$$

Nous suggérons au lecteur de vérifier que $DD^{-1} = D^{-1}D = I$.

Il est facile de calculer les puissances des matrices diagonales; nous laissons au lecteur le soin de vérifier que, si $D$ est la matrice diagonale (1) et $k$, un entier positif, alors

$$D^k = \begin{bmatrix} d_1^k & 0 & \cdots & 0 \\ 0 & d_2^k & \cdots & 0 \\ \vdots & \vdots & & \vdots \\ 0 & 0 & \cdots & d_n^k \end{bmatrix}$$

## EXEMPLE 1   Matrice inverse d'une matrice diagonale et élévation à diverses puissances

Soit la matrice

$$A = \begin{bmatrix} 1 & 0 & 0 \\ 0 & -3 & 0 \\ 0 & 0 & 2 \end{bmatrix}$$

alors

$$A^{-1} = \begin{bmatrix} 1 & 0 & 0 \\ 0 & -\frac{1}{3} & 0 \\ 0 & 0 & \frac{1}{2} \end{bmatrix}, \quad A^5 = \begin{bmatrix} 1 & 0 & 0 \\ 0 & -243 & 0 \\ 0 & 0 & 32 \end{bmatrix}, \quad A^{-5} = \begin{bmatrix} 1 & 0 & 0 \\ 0 & -\frac{1}{243} & 0 \\ 0 & 0 & \frac{1}{32} \end{bmatrix} \blacklozenge$$

Le calcul des produits de matrices diagonales est assez simple. Par exemple,

$$\begin{bmatrix} d_1 & 0 & 0 \\ 0 & d_2 & 0 \\ 0 & 0 & d_3 \end{bmatrix} \begin{bmatrix} a_{11} & a_{12} & a_{13} & a_{14} \\ a_{21} & a_{22} & a_{23} & a_{24} \\ a_{31} & a_{32} & a_{33} & a_{34} \end{bmatrix} = \begin{bmatrix} d_1a_{11} & d_1a_{12} & d_1a_{13} & d_1a_{14} \\ d_2a_{21} & d_2a_{22} & d_2a_{23} & d_2a_{24} \\ d_3a_{31} & d_3a_{32} & d_3a_{33} & d_3a_{34} \end{bmatrix}$$

$$\begin{bmatrix} a_{11} & a_{12} & a_{13} \\ a_{21} & a_{22} & a_{23} \\ a_{31} & a_{32} & a_{33} \\ a_{41} & a_{42} & a_{43} \end{bmatrix} \begin{bmatrix} d_1 & 0 & 0 \\ 0 & d_2 & 0 \\ 0 & 0 & d_3 \end{bmatrix} = \begin{bmatrix} d_1a_{11} & d_2a_{12} & d_3a_{13} \\ d_1a_{21} & d_2a_{22} & d_3a_{23} \\ d_1a_{31} & d_2a_{32} & d_3a_{33} \\ d_1a_{41} & d_2a_{42} & d_3a_{43} \end{bmatrix}$$

Autrement dit, *pour multiplier à gauche une matrice A par la matrice diagonale D, il suffit de multiplier les lignes successives de A par les éléments successifs de la diagonale de D, et pour multiplier A par D à droite, on multiplie successivement les colonnes de A par les éléments successifs de la diagonale de D.*

**Matrices triangulaires**   On appelle ***matrice triangulaire inférieure*** une matrice carrée dont tous les éléments situés au-dessus de la diagonale principale sont nuls et ***matrice triangulaire supérieure*** une matrice carrée dont tous les éléments sous la diagonale principale sont des zéros. On dira simplement ***matrice triangulaire*** pour évoquer l'une ou l'autre.

## EXEMPLE 2   Matrices triangulaires

$$\begin{bmatrix} a_{11} & a_{12} & a_{13} & a_{14} \\ 0 & a_{22} & a_{23} & a_{24} \\ 0 & 0 & a_{33} & a_{34} \\ 0 & 0 & 0 & a_{44} \end{bmatrix} \qquad \begin{bmatrix} a_{11} & 0 & 0 & 0 \\ a_{21} & a_{22} & 0 & 0 \\ a_{31} & a_{32} & a_{33} & 0 \\ a_{41} & a_{42} & a_{43} & a_{44} \end{bmatrix} \blacklozenge$$

Matrice triangulaire supérieure $4 \times 4$     Matrice triangulaire inférieure $4 \times 4$

*REMARQUE*   Les matrices diagonales sont à la fois triangulaires inférieures et triangulaires supérieures, puisqu'elles ont des zéros de part et d'autre de la diagonale. De même, une matrice *carrée* échelonnée est triangulaire supérieure étant donné que ses éléments sous la diagonale sont des zéros.

Voyons maintenant quatre caractérisations utiles des matrices triangulaires. Nous suggérons au lecteur de vérifier que les matrices présentées à l'exemple 2 possèdent bien les propriétés énoncées :

- Une matrice carrée $A = [a_{ij}]$ est triangulaire supérieure si et seulement si la ligne $i$ débute par au moins $i - 1$ zéros.
- Une matrice carrée $A = [a_{ij}]$ est triangulaire inférieure si et seulement si la colonne $j$ débute par au moins $j - 1$ zéros.
- Une matrice carrée $A = [a_{ij}]$ est triangulaire supérieure si et seulement si $a_{ij} = 0$ pour tout $i > j$.
- Une matrice carrée $A = [a_{ij}]$ est triangulaire inférieure si et seulement si $a_{ij} = 0$ pour tout $i < j$.

Le théorème suivant présente certaines propriétés de bases des matrices triangulaires.

**THÉORÈME 1.7.1**

(a) *La matrice transposée d'une matrice triangulaire inférieure est triangulaire supérieure et la matrice transposée d'une matrice triangulaire supérieure est triangulaire inférieure.*

(b) *Le produit de matrices triangulaires inférieures est une matrice triangulaire inférieure et le produit de matrices triangulaires supérieures est une matrice triangulaire supérieure.*

(c) *Une matrice triangulaire est inversible si et seulement si les éléments de sa diagonale sont différents de zéro.*

(d) *L'inverse d'une matrice triangulaire inférieure inversible est une matrice triangulaire inférieure et l'inverse d'une matrice triangulaire supérieure inversible est une matrice triangulaire supérieure.*

On admet facilement la partie (a) étant donné que la transposition d'une matrice carrée consiste à permuter les éléments symétriques, de part et d'autre de la diagonale principale; nous n'en ferons donc pas la démonstration formelle. Nous allons cependant démontrer (b); toutefois, les preuves de (c) et (d) sont reportées au prochain chapitre, alors que nous disposerons d'outils plus efficaces.

*Démonstration de (b)*  Nous allons faire la démonstration dans le cas des matrices triangulaires inférieures; le même procédé s'applique aux matrices triangulaires supérieures. Soit $A = [a_{ij}]$ et $B = [b_{ij}]$ des matrices triangulaires inférieures $n \times n$; et soit $C = [c_{ij}]$ le produit $C = AB$ de ces matrices. En référant à la remarque précédant de théorème 1.7.1, on peut démontrer que $C$ est une matrice triangulaire inférieure en prouvant que $c_{ij} = 0$ pour tout $i < j$. Or, la définition de la multiplication matricielle permet d'écrire

$$c_{ij} = a_{i1}b_{1j} + a_{i2}b_{2j} + \cdots + a_{in}b_{nj}$$

En considérant que $i < j$, on peut regrouper les termes de cette expression comme suit :

$$c_{ij} = \underbrace{a_{i1}b_{1j} + a_{i2}b_{2j} + \cdots + a_{i(j-1)}b_{(j-1)j}}_{\substack{\text{Termes dont l'indice}\\\text{de ligne de } b \text{ est plus}\\\text{petit que son indice}\\\text{de colonne}}} + \underbrace{a_{ij}b_{jj} + \cdots + a_{in}b_{nj}}_{\substack{\text{Termes dont l'indice}\\\text{de ligne de } a \text{ est plus}\\\text{petit que son indice}\\\text{de colonne}}}$$

Dans le premier groupe de termes, tous les $b_{ij}$ sont nuls étant donné que $B$ est une matrice triangulaire inférieure. Dans le second groupe, tous les $a_{ij}$ sont nuls puisqu'ils sont issus de la matrice triangulaire inférieure $A$. On a donc $c_{ij} = 0$, ce qu'il fallait démontrer. ■

---

**EXEMPLE 3** Matrices triangulaires supérieures

---

Considérons les matrices triangulaires supérieures suivantes :

$$A = \begin{bmatrix} 1 & 3 & -1 \\ 0 & 2 & 4 \\ 0 & 0 & 5 \end{bmatrix}, \qquad B = \begin{bmatrix} 3 & -2 & 2 \\ 0 & 0 & -1 \\ 0 & 0 & 1 \end{bmatrix}$$

La matrice $A$ est inversible étant donné que les éléments de sa diagonale sont différents de zéro, mais la matrice $B$ n'est pas inversible. Nous laissons au lecteur le soin de calculer la matrice inverse de $A$ en utilisant la méthode vue à la section 1.5. Le résultat est le suivant :

$$A^{-1} = \begin{bmatrix} 1 & -\frac{3}{2} & \frac{7}{5} \\ 0 & \frac{1}{2} & -\frac{2}{5} \\ 0 & 0 & \frac{1}{5} \end{bmatrix}$$

La matrice inverse est une matrice triangulaire supérieure, conformément à l'énoncé (*d*) du théorème 1.7.1. Nous laissons également au soin du lecteur le calcul détaillé du produit $AB$, dont le résultat s'écrit :

$$AB = \begin{bmatrix} 3 & -2 & -2 \\ 0 & 0 & 2 \\ 0 & 0 & 5 \end{bmatrix}$$

Ainsi, le produit donne une matrice triangulaire supérieure, conformément à l'énoncé (*b*) du théorème 1.7.1. ◆

**Matrices symétriques**     Une matrice carrée est dite ***symétrique*** si $A = A^T$.

---

**EXEMPLE 4** Matrices symétriques

---

Les matrices ci-dessous sont symétriques, car chacune d'elle est égale à sa matrice transposée (vérifiez-le).

$$\begin{bmatrix} 7 & -3 \\ -3 & 5 \end{bmatrix}, \qquad \begin{bmatrix} 1 & 4 & 5 \\ 4 & -3 & 0 \\ 5 & 0 & 7 \end{bmatrix}, \qquad \begin{bmatrix} d_1 & 0 & 0 & 0 \\ 0 & d_2 & 0 & 0 \\ 0 & 0 & d_3 & 0 \\ 0 & 0 & 0 & d_4 \end{bmatrix} \blacklozenge$$

On reconnaît facilement les matrices symétriques : les éléments de la diagonales peuvent être quelconques mais tel qu'illustré ci-dessous (2), les autres éléments forment une « image miroir » les uns des autres, de part et d'autre de la diagonale principale.

$$\begin{bmatrix} 1 & 4 & 5 \\ 4 & -3 & 0 \\ 5 & 0 & 7 \end{bmatrix} \tag{2}$$

En effet, on obtient la matrice transposée d'une matrice carrée en permutant les éléments qui occupent des positions symétriques par rapport à la diagonale principale. En termes d'éléments, une matrice $A = [a_{ij}]$ est symétrique si et seulement si $a_{ij} = a_{ji}$ pour toute valeur de $i$ et $j$. Tel qu'illustré à l'exemple 4, toutes les matrices diagonales sont symétriques.

Le théorème ci-dessous énumère les propriétés algébriques des matrices symétriques. Les démonstrations découlent directement du théorème 1.4.9 et elles sont laissées au soin du lecteur.

**THÉORÈME 1.7.2**

*Soit $A$ et $B$ des matrices symétriques de mêmes dimensions, et $k$ un scalaire quelconque. Alors :*

(a) *$A^T$ est symétrique.*

(b) *$A + B$ et $A - B$ sont symétriques.*

(c) *$kA$ est symétrique.*

REMARQUE    Le produit de deux matrices symétriques ne donne généralement pas une matrice symétrique. En effet, considérons $A$ et $B$, deux matrices symétriques de mêmes dimensions. L'énoncé (d) du théorème 1.4.9 et la symétrie des matrices permettent d'écrire

$$(AB)^T = B^T A^T = BA$$

Sachant que $AB$ et $BA$ ne sont pas souvent égaux, il s'ensuit que $AB$ n'est généralement pas symétrique. Cependant, dans le cas particulier où $AB = BA$, le produit $AB$ est une matrice symétrique. Si $A$ et $B$ sont des matrices telles que $AB = BA$, alors on dit que $A$ et $B$ **commutent**. En résumé : *le produit de deux matrices symétriques est symétrique si et seulement si les deux matrices commutent.*

---

## EXEMPLE 5    Produits de matrices symétriques

---

La première équation ci-dessous illustre un cas où le produit de matrices symétriques *n'est pas* une matrice symétrique et la seconde, un cas où le produit de matrices symétriques *est* symétrique. On en déduit que les facteurs de la première équation ne commutent pas, alors que ceux de la seconde équation commutent. Nous laissons au lecteur le soin de faire la vérification.

$$\begin{bmatrix} 1 & 2 \\ 2 & 3 \end{bmatrix} \begin{bmatrix} -4 & 1 \\ 1 & 0 \end{bmatrix} = \begin{bmatrix} -2 & 1 \\ -5 & 2 \end{bmatrix}$$

$$\begin{bmatrix} 1 & 2 \\ 2 & 3 \end{bmatrix} \begin{bmatrix} -4 & 3 \\ 3 & -1 \end{bmatrix} = \begin{bmatrix} 2 & 1 \\ 1 & 3 \end{bmatrix} \blacklozenge$$

Une matrice symétrique n'est généralement pas inversible; par exemple, une matrice carrée nulle est symétrique mais non inversible. Cependant, lorsqu'une matrice symétrique est inversible, son inverse est également symétrique.

**THÉORÈME 1.7.3**

*Soit $A$ une matrice symétrique inversible. Alors $A^{-1}$ est symétrique.*

**Démonstration**    Soit $A$, une matrice à la fois symétrique et inversible. Considérant le théorème 1.4.10 et le fait que $A = A^T$, on a

$$(A^{-1})^T = (A^T)^{-1} = A^{-1}$$

ce qui démontre que $A^{-1}$ est symétrique. ∎

**Produits $AA^T$ et $A^TA$**

On rencontre souvent des produits de la forme $AA^T$ et $A^TA$ dans les applications. Si $A$ est une matrice $m \times n$, alors $A^T$ est une matrice $n \times m$ et les produits $AA^T$ et $A^TA$ sont deux matrices carrées, $AA^T$, de dimension $m \times m$, et $A^TA$, de dimension $n \times n$. Ces produits sont toujours symétriques étant donné que

$$(AA^T)^T = (A^T)^TA^T = AA^T \quad \text{et} \quad (A^TA)^T = A^T(A^T)^T = A^TA$$

---

**EXEMPLE 6   Le produit d'une matrice et de sa matrice transposée est symétrique**

---

Soit $A$, la matrice $2 \times 3$ suivante :

$$A = \begin{bmatrix} 1 & -2 & 4 \\ 3 & 0 & -5 \end{bmatrix}$$

Alors

$$A^TA = \begin{bmatrix} 1 & 3 \\ -2 & 0 \\ 4 & -5 \end{bmatrix}\begin{bmatrix} 1 & -2 & 4 \\ 3 & 0 & -5 \end{bmatrix} = \begin{bmatrix} 10 & -2 & -11 \\ -2 & 4 & -8 \\ -11 & -8 & 41 \end{bmatrix}$$

$$AA^T = \begin{bmatrix} 1 & -2 & 4 \\ 3 & 0 & -5 \end{bmatrix}\begin{bmatrix} 1 & 3 \\ -2 & 0 \\ 4 & -5 \end{bmatrix} = \begin{bmatrix} 21 & -17 \\ -17 & 34 \end{bmatrix}$$

Remarquez que $A^TA$ et $AA^T$ sont symétriques, tel que prévu. ◆

Nous étudierons plus loin sous quelles conditions générales les matrices $AA^T$ et $A^TA$ sont inversibles. Voyons cependant un théorème valable dans le cas particulier où $A$ est une matrice *carrée*.

**THÉORÈME 1.7.4**

> *Soit $A$ une matrice inversible. Alors $AA^T$ et $A^TA$ sont également inversibles.*

**Démonstration** Si $A$ est inversible, $A^T$ l'est également, conformément au théorème 1.4.10. On en déduit que $AA^T$ et $A^TA$ sont inversibles puisqu'ils sont les produits de matrices inversibles. ∎

**SÉRIE D'EXERCICES 1.7**

1. Dans chacun des cas ci-dessous, indiquez si la matrice est inversible. Si oui, déterminez la matrice inverse, sans faire de calculs.

(a) $\begin{bmatrix} 2 & 0 \\ 0 & -5 \end{bmatrix}$   (b) $\begin{bmatrix} 4 & 0 & 0 \\ 0 & 0 & 0 \\ 0 & 0 & 5 \end{bmatrix}$   (c) $\begin{bmatrix} -1 & 0 & 0 \\ 0 & 2 & 0 \\ 0 & 0 & \frac{1}{3} \end{bmatrix}$

2. Déterminez les produits matriciels ci-dessous mentalement.

(a) $\begin{bmatrix} 3 & 0 & 0 \\ 0 & -1 & 0 \\ 0 & 0 & 2 \end{bmatrix} \begin{bmatrix} 2 & 1 \\ -4 & 1 \\ 2 & 5 \end{bmatrix}$   (b) $\begin{bmatrix} 2 & 0 & 0 \\ 0 & -1 & 0 \\ 0 & 0 & 4 \end{bmatrix} \begin{bmatrix} 4 & -1 & 3 \\ 1 & 2 & 0 \\ -5 & 1 & -2 \end{bmatrix} \begin{bmatrix} -3 & 0 & 0 \\ 0 & 5 & 0 \\ 0 & 0 & 2 \end{bmatrix}$

3. Trouvez $A^2$, $A^{-2}$ et $A^{-k}$ mentalement.

(a) $A = \begin{bmatrix} 1 & 0 \\ 0 & -2 \end{bmatrix}$   (b) $A = \begin{bmatrix} \frac{1}{2} & 0 & 0 \\ 0 & \frac{1}{3} & 0 \\ 0 & 0 & \frac{1}{4} \end{bmatrix}$

4. Parmi les matrices suivantes, lesquelles sont symétriques?

(a) $\begin{bmatrix} 2 & -1 \\ 1 & 2 \end{bmatrix}$   (b) $\begin{bmatrix} 3 & 4 \\ 4 & 0 \end{bmatrix}$   (c) $\begin{bmatrix} 2 & -1 & 3 \\ -1 & 5 & 1 \\ 3 & 1 & 7 \end{bmatrix}$   (d) $\begin{bmatrix} 0 & 0 & 1 \\ 0 & 2 & 0 \\ 3 & 0 & 0 \end{bmatrix}$

5. Examinez les matrices triangulaires suivantes et indiquez si elles sont inversible ou non.

(a) $\begin{bmatrix} -1 & 2 & 4 \\ 0 & 3 & 0 \\ 0 & 0 & 5 \end{bmatrix}$   (b) $\begin{bmatrix} 0 & 1 & -2 & 5 \\ 0 & 1 & 5 & 6 \\ 0 & 0 & -3 & 1 \\ 0 & 0 & 0 & 5 \end{bmatrix}$

6. Déterminez toutes les valeurs de $a$, $b$ et $c$ pour lesquelles la matrice $A$ est symétrique.

$$A = \begin{bmatrix} 2 & a - 2b + 2c & 2a + b + c \\ 3 & 5 & a + c \\ 0 & -2 & 7 \end{bmatrix}$$

7. Déterminez toutes les valeurs de $a$, $b$ et $c$ pour lesquelles ni $A$ ni $B$ ne sont inversibles.

$$A = \begin{bmatrix} a + b - 1 & 0 \\ 0 & 3 \end{bmatrix}, \qquad B = \begin{bmatrix} 5 & 0 \\ 0 & 2a - 3b - 7 \end{bmatrix}$$

8. Dans chacun des cas ci-dessous, examinez l'égalité et, sans faire de calculs, déterminez si les matrices multipliées commutent ou non.

(a) $\begin{bmatrix} 1 & -3 \\ -3 & 2 \end{bmatrix} \begin{bmatrix} 4 & 1 \\ 1 & 2 \end{bmatrix} = \begin{bmatrix} 1 & -5 \\ -10 & 1 \end{bmatrix}$   (b) $\begin{bmatrix} 2 & -1 \\ -1 & 3 \end{bmatrix} \begin{bmatrix} 3 & 2 \\ 2 & 1 \end{bmatrix} = \begin{bmatrix} 4 & 3 \\ 3 & 1 \end{bmatrix}$

9. Montrez que $A$ et $B$ commutent si $a - d = 7b$.

$$A = \begin{bmatrix} 2 & 1 \\ 1 & -5 \end{bmatrix}, \qquad B = \begin{bmatrix} a & b \\ b & d \end{bmatrix}$$

10. Dans chaque cas, trouvez une matrice diagonale $A$ qui satisfait à l'équation donnée.

(a) $A^5 = \begin{bmatrix} 1 & 0 & 0 \\ 0 & -1 & 0 \\ 0 & 0 & -1 \end{bmatrix}$   (b) $A^{-2} = \begin{bmatrix} 9 & 0 & 0 \\ 0 & 4 & 0 \\ 0 & 0 & 1 \end{bmatrix}$

11. (a) Décomposez $A$ sous la forme $A = BD$, où $D$ est une matrice diagonale.

$$A = \begin{bmatrix} 3a_{11} & 5a_{12} & 7a_{13} \\ 3a_{21} & 5a_{22} & 7a_{23} \\ 3a_{31} & 5a_{32} & 7a_{33} \end{bmatrix}$$

(b) Est-ce la seule réponse possible? Expliquez.

**12.** Vérifiez le théorème 1.7.1*b* en calculant le produit *AB*.

$$A = \begin{bmatrix} -1 & 2 & 5 \\ 0 & 1 & 3 \\ 0 & 0 & -4 \end{bmatrix}, \qquad B = \begin{bmatrix} 2 & -8 & 0 \\ 0 & 2 & 1 \\ 0 & 0 & 3 \end{bmatrix}$$

**13.** Vérifiez le théorème 1.7.1*d* en l'appliquant aux matrices *A* et *B* données à l'exercice 12.

**14.** Vérifiez le théorème 1.7.3 en l'appliquant à la matrice *A* donnée.

(a) $A = \begin{bmatrix} 2 & -1 \\ -1 & 3 \end{bmatrix}$    (b) $A = \begin{bmatrix} 1 & -2 & 3 \\ -2 & 1 & -7 \\ 3 & -7 & 4 \end{bmatrix}$

**15.** Soit *A* une matrice symétrique de dimension $n \times n$.

(a) Montrez que $A^2$ est symétrique.

(b) Montrez que $2A^2 - 3A + I$ est symétrique.

**16.** Soit *A* une matrice symétrique de dimension $n \times n$.

(a) Montrez que $A^k$ est symétrique si *k* est un entier non négatif.

(b) Si *p*(*x*) représente un polynôme, *p*(*A*) est-il nécessairement une matrice symétrique? Expliquez.

**17.** Soit *A,* une matrice triangulaire supérieure et *p*(*x*), un polynôme. *p*(*A*) est-il nécessairement une matrice triangulaire supérieure? Expliquez.

**18.** Montrez que si $A^T A = A$, alors *A* est symétrique et $A = A^2$.

**19.** Trouvez toutes les matrices diagonales *A* de dimension $3 \times 3$ qui satisfont à l'équation suivante : $A^2 - 3A - 4I = 0$.

**20.** Soit $A = [a_{ij}]$, une matrice $n \times n$. Déterminez si *A* est symétrique dans chacun des cas donnés.

(a) $a_{ij} = i^2 + j^2$    (b) $a_{ij} = i^2 - j^2$

(c) $a_{ij} = 2i + 2j$    (d) $a_{ij} = 2i^2 + 2j^3$

**21.** En vous inspirant de l'exercice 20, imaginez un test applicable à l'expression qui définit $a_{ij}$ et qui permet de déterminer si $A = [a_{ij}]$ est symétrique ou non.

**22.** Une matrice carrée *A* est dite ***antisymétrique*** si $A^T = -A$. Démontrez les énoncés suivants :

(a) Si *A* est une matrice antisymétrique inversible, alors $A^{-1}$ est une matrice antisymétrique.

(b) Si *A* et *B* sont antisymétriques, alors les matrices $A^T$, $A + B$, $A - B$ et $kA$ sont également antisymétriques, où *k* est un scalaire.

(c) On peut exprimer toute matrice carrée *A* comme la somme d'une matrice symétrique et d'une matrice antisymétrique.

*Indice*   Considérez l'identité $A = \frac{1}{2}(A + A^T) + \frac{1}{2}(A - A^T)$.

**23.** Nous avons démontré dans cette section que le produit de matrices symétriques est symétrique si et seulement si les matrices commutent. Le produit de matrices antisymétriques qui commutent est-il une matrice antisymétrique? Justifiez votre réponse.

*Note*   Le terme « antisymétrique » est défini à l'exercice 22.

**24.** Si une matrice carrée *A* de dimension $n \times n$ a pour expression $A = LU$, où *L* est une matrice triangulaire inférieure et *U* une matrice triangulaire supérieure, alors le système linéaire $A\mathbf{x} = \mathbf{b}$ a pour expression $LU\mathbf{x} = \mathbf{b}$ et on peut le résoudre en deux étapes :

***Étape 1.***   Posons $U\mathbf{x} = \mathbf{y}$, de sorte que $LU\mathbf{x} = \mathbf{b}$ s'écrive $L\mathbf{y} = \mathbf{b}$. Résoudre ce dernier système.

*Étape 2.* Résoudre le système $U\mathbf{x} = \mathbf{y}$ en déterminant $\mathbf{x}$.

Dans chacun des cas suivants, résolvez le système en appliquant les deux étapes décrites ci-dessus :

(a) $\begin{bmatrix} 1 & 0 & 0 \\ -2 & 3 & 0 \\ 2 & 4 & 1 \end{bmatrix} \begin{bmatrix} 2 & -1 & 3 \\ 0 & 1 & 2 \\ 0 & 0 & 4 \end{bmatrix} \begin{bmatrix} x_1 \\ x_2 \\ x_3 \end{bmatrix} = \begin{bmatrix} 1 \\ -2 \\ 0 \end{bmatrix}$

(b) $\begin{bmatrix} 2 & 0 & 0 \\ 4 & 1 & 0 \\ -3 & -2 & 3 \end{bmatrix} \begin{bmatrix} 3 & -5 & 2 \\ 0 & 4 & 1 \\ 0 & 0 & 2 \end{bmatrix} \begin{bmatrix} x_1 \\ x_2 \\ x_3 \end{bmatrix} = \begin{bmatrix} 4 \\ -5 \\ 2 \end{bmatrix}$

25. Trouvez une matrice triangulaire supérieure qui satisfait à l'équation suivante :

$$A^3 = \begin{bmatrix} 1 & 30 \\ 0 & -8 \end{bmatrix}$$

## *Exploration* & *discussion*

26. Quel est le nombre maximal d'éléments distincts dans une matrice $n \times n$? Justifiez votre réponse.

27. Formulez un théorème qui décrive une méthode de multiplication des matrices diagonales. Prouvez ce théorème.

28. Si $A$ est une matrice carrée et $D$, une matrice diagonale, telles que $AD = I$, que peut-on dire de la matrice $A$? Expliquez votre raisonnement.

29. (a) Construisez un système linéaire compatible de cinq équations à cinq inconnues dont la matrice des coefficients est une matrice triangulaire inférieure qui ne contient aucun zéro sur ou sous la diagonale principale.

    (b) Imaginez une méthode efficace pour résoudre manuellement votre système.

    (c) Donnez un nom approprié à votre méthode.

30. Dans chacun des cas ci-dessous, indiquez si l'énoncé est toujours vrai ou s'il peut être faux dans certains cas. Justifiez toutes vos réponses.

    (a) Si $AA^T$ est une matrice singulière, alors $A$ l'est également.

    (b) Si $A + B$ est une matrice symétrique, alors $A$ et $B$ sont également symétriques.

    (c) Soit $A$ une matrice. Si $A\mathbf{x} = \mathbf{0}$ n'admet que la solution triviale, alors il en va de même pour $A^T\mathbf{x} = \mathbf{0}$.

    (d) Si $A^2$ est une matrice symétrique, alors $A$ est également symétrique.

## CHAPITRE 1
### Exercices supplémentaires

1. Utilisez la méthode de Gauss-Jordan pour exprimer $x'$ et $y'$ en termes de $x$ et $y$.

$$x = \tfrac{3}{5}x' - \tfrac{4}{5}y'$$
$$y = \tfrac{4}{5}x' + \tfrac{3}{5}y'$$

2. Utilisez la méthode de Gauss-Jordan pour exprimer $x'$ et $y'$ en termes de $x$ et $y$.

$$x = x' \cos\theta - y' \sin\theta$$
$$y = x' \sin\theta + y' \cos\theta$$

3. Trouvez un système linéaire homogène de deux équations, qui ne sont pas des multiples l'une de l'autre, et telles que les valeurs

$$x_1 = 1, \quad x_2 = -1, \quad x_3 = 1, \quad x_4 = 2$$

et

$$x_1 = 2, \quad x_2 = 0, \quad x_3 = 3, \quad x_4 = -1$$

soient des solutions du système.

4. Une boîte contient 13 pièces de monnaie. Soit des pièces de 1 ¢, de 5 ¢ et de 10 ¢, pour une valeur totale de 83 ¢. Combien de pièces de chaque sorte la boîte contient-elle?

5. Trouvez des entiers positifs qui satisfont aux équations suivantes :

$$x + y + z = 9$$
$$x + 5y + 10z = 44$$

6. Pour quelles valeurs de $a$ le système ci-dessous n'a-t-il aucune solution? Pour quelles valeurs a-t-il une solution unique? une infinité de solutions?

$$x_1 + x_2 + x_3 = 4$$
$$x_3 = 2$$
$$(a^2 - 4)x_3 = a - 2$$

7. Soit la matrice augmentée d'un système linéaire

$$\begin{bmatrix} a & 0 & b & 2 \\ a & a & 4 & 4 \\ 0 & a & 2 & b \end{bmatrix}$$

Pour quelles valeurs de $a$ et $b$ le système

(a) a-t-il une solution unique?　(b) a-t-il une solution à un paramètre?

(c) a-t-il une solution à deux paramètres?　(d) n'admet-il aucune solution?

8. Déterminez $x$, $y$ et $z$ dans le système suivant :

$$xy - 2\sqrt{y} + 3zy = 8$$
$$2xy - 3\sqrt{y} + 2zy = 7$$
$$-xy + \sqrt{y} + 2zy = 4$$

9. Trouvez une matrice $K$ telle que $AKB = C$, sachant que

$$A = \begin{bmatrix} 1 & 4 \\ -2 & 3 \\ 1 & -2 \end{bmatrix}, \qquad B = \begin{bmatrix} 2 & 0 & 0 \\ 0 & 1 & -1 \end{bmatrix}, \qquad C = \begin{bmatrix} 8 & 6 & -6 \\ 6 & -1 & 1 \\ -4 & 0 & 0 \end{bmatrix}$$

10. Déterminez les coefficients $a$, $b$ et $c$, de sorte que le système ci-dessous ait pour solution $x = 1$, $y = -1$ et $z = 2$.

$$ax + by - 3z = -3$$
$$-2x - by + cz = -1$$
$$ax + 3y - cz = -3$$

11. Déterminez $X$ dans chacune des équations matricielles suivantes :

(a) $X \begin{bmatrix} -1 & 0 & 1 \\ 1 & 1 & 0 \\ 3 & 1 & -1 \end{bmatrix} = \begin{bmatrix} 1 & 2 & 0 \\ -3 & 1 & 5 \end{bmatrix}$

(b) $X \begin{bmatrix} 1 & -1 & 2 \\ 3 & 0 & 1 \end{bmatrix} = \begin{bmatrix} -5 & -1 & 0 \\ 6 & -3 & 7 \end{bmatrix}$

(c) $\begin{bmatrix} 3 & 1 \\ -1 & 2 \end{bmatrix} X - X \begin{bmatrix} 1 & 4 \\ 2 & 0 \end{bmatrix} = \begin{bmatrix} 2 & -2 \\ 5 & 4 \end{bmatrix}$

**12. (a)** Exprimez les équations suivantes sous les formes matricielles $Y = AX$ et $Z = BY$ :

$$y_1 = x_1 - x_2 + x_3$$
$$y_2 = 3x_1 + x_2 - 4x_3 \qquad \text{et} \qquad \begin{array}{l} z_1 = 4y_1 - y_2 + y_3 \\ z_2 = -3y_1 + 5y_2 - y_3 \end{array}$$
$$y_3 = -2x_1 - 2x_2 + 3x_3$$

Utilisez ensuite ces matrices pour obtenir une relation directe entre $Z$ et $X$ de la forme $Z = CX$.

**(b)** À l'aide de la relation $Z = CX$ obtenue en (a), exprimez $z_1$ et $z_2$ en termes de $x_1$, $x_2$ et $x_3$.

**(c)** Vérifiez le résultat obtenu en (b) en substituant directement les expressions de $y_1$, $y_2$ et $y_3$ dans celles de $z_1$ et $z_2$, et en simplifiant ensuite.

**13.** Considérons $A$, une matrice $m \times n$ et $B$, une matrice de dimension $n \times p$. Combien de multiplications et combien d'additions doit-on faire pour calculer le produit $AB$?

**14.** Prenons une matrice carrée $A$.

**(a)** Démontrez que $(I - A)^{-1} = I + A + A^2 + A^3$ si $A^4 = 0$

**(b)** Démontrez que $(I - A)^{-1} = I + A + A^2 + \cdots + A^n$ si $A^{n+1} = 0$

**15.** Déterminez les valeurs de $a$, $b$ et $c$ telles que le graphe de la fonction polynomiale $p(x) = ax^2 + bx + c$ passe par les points $(1, 2)$, $(-1, 6)$ et $(2, 3)$.

**16. (Si vous avez des notions de calcul)** Trouvez les valeurs de $a$, $b$, et $c$ telles que le graphe de la fonction polynomiale $p(x) = ax^2 + bx + c$ passe par le point $(-1, 0)$ et admet une tangente horizontale au point $(2, -9)$.

**17.** Soit $J_n$ une matrice de dimension $n \times n$ dont tous les éléments sont égaux à 1. Montrez que si $n > 1$, alors

$$(I - J_n)^{-1} = I - \frac{1}{n-1} J_n$$

**18.** Montrez que si une matrice carrée $A$ satisfait à l'équation $A^3 + 4A^2 - 2A + 7I = 0$, la matrice $A^T$ satisfait également à cette équation.

**19.** Montrez que si $B$ est une matrice inversible, alors $AB^{-1} = B^{-1}A$ si et seulement si $AB = BA$.

**20.** Montrez que si $A$ est une matrice inversible, alors $A + B$ et $I + BA^{-1}$ sont toutes deux inversibles ou toutes deux non inversibles.

**21.** Démontrez que si $A$ et $B$ sont des matrices $n \times n$, alors

**(a)** $\text{tr}(A + B) = \text{tr}(A) + \text{tr}(B)$      **(b)** $\text{tr}(kA) = k\,\text{tr}(A)$

**(c)** $\text{tr}(A^T) = \text{tr}(A)$      **(d)** $\text{tr}(AB) = \text{tr}(BA)$

**22.** Utilisez les résultats de l'exercice 21 pour montrer qu'il n'existe pas de matrice carrée $A$ et $B$ telles que

$$AB - BA = I$$

**23.** Démontrez que si $A$ est une matrice $m \times n$ et $B$, une matrice $n \times 1$ dont tous les éléments sont égaux à $1/n$, alors

$$AB = \begin{bmatrix} \bar{r}_1 \\ \bar{r}_2 \\ \vdots \\ \bar{r}_m \end{bmatrix}$$

où $\bar{r}_i$ correspond à la moyenne des éléments de la ligne $i$ de la matrice $A$.

**24.** **(Si vous avez des notions de calcul)** Si les éléments d'une matrice $C$ sont des fonctions dérivables par rapport à $x$, où

$$C = \begin{bmatrix} c_{11}(x) & c_{12}(x) & \cdots & c_{1n}(x) \\ c_{21}(x) & c_{22}(x) & \cdots & c_{2n}(x) \\ \vdots & \vdots & & \vdots \\ c_{m1}(x) & c_{m2}(x) & \cdots & c_{mn}(x) \end{bmatrix}$$

alors on peut définir $dC/dx$ comme suit:

$$\frac{dC}{dx} = \begin{bmatrix} c'_{11}(x) & c'_{12}(x) & \cdots & c'_{1n}(x) \\ c'_{21}(x) & c'_{22}(x) & \cdots & c'_{2n}(x) \\ \vdots & \vdots & & \vdots \\ c'_{m1}(x) & c'_{m2}(x) & \cdots & c'_{mn}(x) \end{bmatrix}$$

Soit donc $A$ et $B$, deux matrices satisfaisant la condition énoncée ci-haut. Démontrer les énoncés ci-dessous en supposant que les matrices sont compatibles pour les opérations demandées.

(a) $\dfrac{d}{dx}(kA) = k\dfrac{dA}{dx}$        (b) $\dfrac{d}{dx}(A + B) = \dfrac{dA}{dx} + \dfrac{dB}{dx}$

(c) $\dfrac{d}{dx}(AB) = \dfrac{dA}{dx}B + A\dfrac{dB}{dx}$

**25.** **(Si vous avez des notions de calcul)** Utilisez la question (c) de l'exercice 24 pour démontrer que

$$\frac{dA^{-1}}{dx} = -A^{-1}\frac{dA}{dx}A^{-1}$$

Notez toutes les suppositions que vous faites pour obtenir cette égalité.

**26.** Déterminez les valeurs de $a$, $b$ et $c$ pour lesquelles l'équation ci-dessous est une identité.

$$\frac{x^2 + x - 2}{(3x - 1)(x^2 + 1)} = \frac{a}{3x - 1} + \frac{bx + c}{x^2 + 1}$$

***Indice*** Multipliez le tout par $(3x - 1)(x^2 + 1)$ et faites l'égalité entre les coefficients équivalents des polynômes de chaque côté de l'équation obtenue.

**27.** Si $P$ est une matrice $n \times 1$ telle que $P^TP = 1$, alors $H = 1 - 2\,PP^T$ est appelée la **matrice de Householder** correspondante (du nom du mathématicien américain A. S. Householder).

(a) Vérifiez que $P^TP = 1$ si $P^T = \begin{bmatrix} \frac{3}{4} & \frac{1}{6} & \frac{1}{4} & \frac{5}{12} & \frac{5}{12} \end{bmatrix}$ et calculez la matrice de Householder correspondante.

(b) Démontrez que, si $H$ est une matrice de Householder quelconque, alors $H = H^T$ et $H^TH = I$.

(c) Vérifiez que la matrice de Householder obtenue en (a) satisfait aux conditions démontrées en (b).

**28.** Démontrez les égalités suivantes, en supposant que les matrices inverses existent :

(a) $(C^{-1} + D^{-1})^{-1} = C(C + D)^{-1}D$

(b) $(I + CD)^{-1}C = C(I + DC)^{-1}$

(c) $(C + DD^T)^{-1} D = C^{-1} D(I + D^TC^{-1}D)^{-1}$

**29.** (a) Démontrez que si $a \neq b$, alors

$$a^n + a^{n-1}b + a^{n-2}b^2 + \cdots + ab^{n-1} + b^n = \frac{a^{n+1} - b^{n+1}}{a - b}$$

(b) Utilisez le résultat obtenu en (a) pour déterminer $A^n$, si

$$A = \begin{bmatrix} a & 0 & 0 \\ 0 & b & 0 \\ 1 & 0 & c \end{bmatrix}$$

*Note* Cet exercice est une variante d'un problème tiré de John M. Johnson, *The Mathematics Teacher,* Vol. 85, No. 9, 1992.

---

CHAPITRE 1

Exercices informatiques

Les exercices qui suivent peuvent être résolus à l'aide de logiciels tels que MATLAB, Mathematica, Maple, Derive ou Mathcab. On pourra aussi employer d'autres logiciels équivalents ou une calculatrice scientifique dotée de fonctions d'algèbre linéaire. À chacun des exercices, vous devrez lire une partie de la documentation propre au matériel que vous utilisez. Ces exercices visent à vous familiariser avec l'utilisation de votre logiciel. Lorsque vous maîtriserez les techniques présentées dans ces exercices, vous serez en mesure d'utiliser votre logiciel pour résoudre bon nombre des problèmes donnés dans les séries d'exercices réguliers.

**Section 1.1**

**T1. Nombres et opérations numériques** Dans la documentation fournie, lisez l'information portant sur l'entrée des nombres et leur affichage, et sur les opérations mathématiques telles que l'addition, la soustraction, la multiplication, la division, l'élévation à une puissance et l'extraction de racines. Sachez définir le nombre de décimales que vous souhaitez voir affichées. Si vous utilisez un logiciel de calcul symbolique, en quel cas vous pouvez calculer les nombres exacts sans approximer les décimales, alors apprenez à entrer la valeur exacte des nombres $\pi$, $\sqrt{2}$ et $\frac{1}{3}$, et convertissez-les en forme décimale. Explorez en manipulant différents nombres de votre choix, jusqu'à ce que vous maîtrisiez les procédures et l'ensemble des opérations.

**Section 1.2**

**T1. Matrices et matrices échelonnées réduites** Dans la documentation fournie, lisez l'information qui concerne l'entrée de matrice et la réduction de matrice à la forme échelonnée réduite. Utilisez ensuite le logiciel pour obtenir la matrice échelonnée réduite de la matrice augmentée de l'exemple 4 de la section 1.2.

**T2. Systèmes linéaires ayant une solution unique** Dans la documentation fournie, lisez l'information qui concerne la résolution des systèmes linéaires. Utilisez ensuite le logiciel pour résoudre le système linéaire de l'exemple 3 de la section 1.1. Trouvez également la solution du système en transformant la matrice augmentée en matrice échelonnée réduite.

**T3. Systèmes linéaires ayant une infinité de solutions** La façon de procéder pour résoudre un système linéaire ayant une infinité de solutions varie d'un logiciel à l'autre. Voyez comment votre logiciel traite le système donné à l'exemple 4 de la section 1.2.

**T4. Systèmes linéaires incompatibles** Les logiciels peuvent généralement identifier les systèmes linéaires incompatibles, mais commettent parfois des erreurs et tiennent pour compatibles des systèmes incompatibles, ou l'inverse. Ce genre de cas se produit surtout lorsque de très petits nombres apparaissent au cours des calculs, de sorte que les erreurs introduites en arrondissant les nombres ne permettent plus au logiciel de déterminer s'il s'agit ou non d'un zéro. Créez quelques systèmes incompatibles et voyez comment votre logiciel s'en tirera.

**T5.** On appelle *polynôme d'interpolation* d'un ensemble de points un polynôme dont le graphe passe par cet ensemble de points. Certains logiciels contiennent des commandes précises pour trouver ce type de polynômes. Si votre logiciel offre cette possibilité, lisez l'information pertinente dans la documentation fournie et solutionnez l'exercice 25 de la section 1.2.

**Section 1.3**

**T1.** **Opérations sur les matrices** Dans la documentation fournie, lisez l'information qui concerne les opérations sur les matrices – addition, soustraction, multiplication par un scalaire et multiplication de matrices. Faites ensuite les opérations présentées aux exemples 3, 4 et 5. Observez ce qui se produit lorsque vous tentez d'exécuter des opérations sur des matrices dont les dimensions sont incompatibles.

**T2.** Considérant la matrice $A$ ci-dessous, évaluez l'expression $A^5 - 3A^3 + 7A - 4I$.

$$A = \begin{bmatrix} 1 & -2 & 3 \\ -4 & 5 & -6 \\ 7 & -8 & 9 \end{bmatrix}$$

**T3.** **Extraction de lignes et de colonnes** Dans la documentation fournie, lisez l'information qui concerne l'extraction des lignes et des colonnes d'une matrice. Exercez-vous ensuite à extraire des lignes et des colonnes d'une matrice de votre choix.

**T4.** **Matrice transposée et trace** Dans la documentation fournie, lisez l'information qui concerne la transposition d'une matrice et sa trace. Exercez-vous ensuite en transposant la matrice $A$ de l'équation (12) et en déterminant la trace de la matrice $B$ donnée à l'exemple 12.

**T5.** **Construire une matrice augmentée** Dans la documentation fournie, lisez l'information qui concerne la création d'une matrice augmentée $[A \mid \mathbf{b}]$ à partir de matrices $A$ et $\mathbf{b}$ déjà entrées. Utilisez ensuite votre logiciel pour construire la matrice augmentée du système $A\mathbf{x} = \mathbf{b}$, de l'exemple 4 de la section 1.1 à partir des matrices $A$ et $\mathbf{b}$ données.

**Section 1.4**

**T1.** **Matrice nulle et matrice identité** Il peut être long et fastidieux de saisir les données d'une matrice. Pour cette raison, plusieurs logiciels fournissent des raccourcis pour entrer les matrices nulles et les matrices identités. Dans la documentation fournie, lisez l'information qui se rapporte à ce sujet. Entrez ensuite quelques matrices nulles et des matrices identités de différentes dimensions.

**T2.** **Matrice inverse** Dans la documentation fournie, lisez l'information qui concerne l'inversion d'une matrice. Utilisez ensuite votre logiciel pour faire les calculs de l'exemple 7.

**T3.** **Équation de la matrice inverse** Si vous travaillez avec un logiciel de calcul symbolique, utilisez-le pour confirmer le théorème 1.4.5.

**T4.** **Puissances d'une matrice** Dans la documentation fournie, lisez l'information qui concerne l'élévation d'une matrice à une puissance donnée. Utilisez ensuite votre logiciel pour élever la matrice $A$ de l'exemple 8 à différentes puissances positives et négatives.

**T5.** Soit la matrice

$$A = \begin{bmatrix} 1 & \frac{1}{2} & \frac{1}{3} \\ \frac{1}{4} & 1 & \frac{1}{5} \\ \frac{1}{6} & \frac{1}{7} & 1 \end{bmatrix}$$

Que devient la matrice $A^k$ lorsque $k$ peut croître indéfiniment (c'est-à-dire $k \to \infty$)?

**T6.** Trouvez une expression pour l'inverse de la matrice $n \times n$ ci-dessous. Expérimentez différentes valeurs de $n$.

$$A = \begin{bmatrix} 1 & 2 & 3 & 4 & \cdots & n-1 & n \\ 0 & 1 & 2 & 3 & \cdots & n-2 & n-1 \\ 0 & 0 & 1 & 2 & \cdots & n-3 & n-2 \\ \vdots & \vdots & \vdots & \vdots & & \vdots & \vdots \\ 0 & 0 & 0 & 0 & \cdots & 1 & 2 \\ 0 & 0 & 0 & 0 & \cdots & 0 & 1 \end{bmatrix}$$

**Section 1.5**

**T1.** À l'aide de votre logiciel, vérifiez la validité du théorème 1.5.1 en l'appliquant à plusieurs cas particuliers.

**T2. Matrices singulières** Trouvez l'inverse de la matrice donnée à l'exemple 4. Voyez ensuite comment réagit votre logiciel si vous tentez d'inverser la matrice de l'exemple 5.

**Section 1.6**

**T1. Résolution de $A\mathbf{x} = \mathbf{b}$ par inversion** Utilisez la méthode présentée à l'exemple 4 pour résoudre le système de l'exemple 3 de la section 1.1.

**T2.** Comparez la solution de $A\mathbf{x} = \mathbf{b}$ obtenue par la méthode de Gauss à celle trouvée avec la méthode de la matrice inverse. Faites l'exercice avec plusieurs matrices de grandes dimensions. Constatez-vous la supériorité de la méthode de Gauss?

**T3.** Solutionnez le système linéaire $A\mathbf{x} = 2\mathbf{x}$, en considérant

$$A = \begin{bmatrix} 0 & 0 & -2 \\ 1 & 2 & 1 \\ 1 & 0 & 3 \end{bmatrix}$$

**Section 1.7**

**T1. Matrices diagonales, matrices symétriques et matrices triangulaires** Plusieurs logiciels offrent des raccourcis pour entrer les éléments de ces matrices particulières. Dans la documentation fournie, lisez l'information qui concerne ces raccourcis. Exercez-vous ensuite à entrer des matrices diagonales, des matrices symétriques et des matrices triangulaires.

**T2. Propriétés des matrices triangulaires** Confirmez les énoncés du théorème 1.7.1 en les appliquant à quelques matrices triangulaires de votre choix.

**T3.** Confirmez les énoncés du théorème 1.7.4. Que se produit-il si la matrice $A$ n'est pas carrée?

# Déterminants

## CONTENU DU CHAPITRE

**INTRODUCTION :** Nous connaissons bien les fonctions de la forme $f(x) = \sin x$ et $f(x) = x^2$, qui associent un nombre réel $f(x)$ à une valeur réelle de $x$. Ce sont des fonctions réelles puisque à la fois $x$ et $f(x)$ correspondent à des valeurs réelles. Dans cette section, nous allons étudier la « fonction déterminant », une fonction qui associe un nombre réel $f(X)$ à une matrice carrée $X$. Notre étude des déterminants servira bien la théorie des systèmes d'équations linéaires et elle mènera à une formulation explicite de la matrice inverse d'une matrice inversible.

# 2.1
## DÉVELOPPEMENT D'UN DÉTERMINANT

*Tel que mentionné dans l'introduction de ce chapitre, un « déterminant » est une fonction qui associe un nombre réel à une matrice carrée. Dans cette première section, nous définissons cette fonction. Notre travail nous conduira à une expression de l'inverse d'une matrice inversible et à une solution explicite de certains systèmes d'équations linéaires.*

Soit la matrice $2 \times 2$

$$A = \begin{bmatrix} a & b \\ c & d \end{bmatrix}$$

Rappelons d'abord que, selon le théorème 1.4.5, cette matrice $2 \times 2$ est inversible si $ad - bc \neq 0$. On rencontre si souvent l'expression $ad - bc$ en mathématiques qu'on lui a donné le nom particulier de ***déterminant*** de la matrice $A$, noté $\det(A)$, ou encore $|A|$. Utilisant cette notation, l'expression de $A^{-1}$ vue au théorème 1.4.5 devient

$$A^{-1} = \frac{1}{\det(A)} \begin{bmatrix} d & -b \\ -c & a \end{bmatrix}$$

Ce chapitre vise entre autres à trouver une expression analogue à cette dernière, qui s'applique aux matrices carrées d'ordre supérieur. Nous allons donc devoir généraliser la notion de déterminant aux matrices carrées de tous ordres.

Mineurs et cofacteurs

Plusieurs avenues s'offrent à nous pour aborder les déterminants. Dans cette section, notre approche est récursive, c'est-à-dire que nous définissons le déterminant d'une matrice carrée $n \times n$ en termes de déterminants de matrices de dimensions $(n - 1) \times (n - 1)$, qui sont des sous-matrices de la matrice originale. Ces sous-matrices portent un nom particulier.

> **DÉFINITION**
>
> Soit $A$ une matrice carrée. Alors le ***mineur de l'élément $a_{ij}$***, noté $M_{ij}$, est défini par le déterminant de la sous-matrice obtenue en éliminant la ligne $i$ et la colonne $j$ de $A$. On appelle ***cofacteur de l'élément $a_{ij}$*** le nombre $(-1)^{i+j} M_{ij}$, que l'on note $C_{ij}$.

## EXEMPLE 1   Déterminer les mineurs et les cofacteurs

Soit la matrice

$$A = \begin{bmatrix} 3 & 1 & -4 \\ 2 & 5 & 6 \\ 1 & 4 & 8 \end{bmatrix}$$

Le mineur de l'élément $a_{11}$ est

$$M_{11} = \begin{vmatrix} 3 & 1 & -4 \\ 2 & 5 & 6 \\ 1 & 4 & 8 \end{vmatrix} = \begin{vmatrix} 5 & 6 \\ 4 & 8 \end{vmatrix} = 16$$

Le cofacteur de $a_{11}$ est

$$C_{11} = (-1)^{1+1}M_{11} = M_{11} = 16$$

De même, le mineur de $a_{32}$ est

$$M_{32} = \begin{vmatrix} 3 & 1 & -4 \\ 2 & 5 & 6 \\ 1 & 4 & 8 \end{vmatrix} = \begin{vmatrix} 3 & -4 \\ 2 & 6 \end{vmatrix} = 26$$

Et le cofacteur de $a_{32}$ est

$$C_{32} = (-1)^{3+2}M_{32} = -M_{32} = -26 \quad \blacklozenge$$

Observez que le cofacteur et le mineur d'un élément ne diffèrent que par le signe[1], c'est-à-dire $C_{ij} = \pm M_{ij}$. Pour déterminer rapidement si l'on doit inscrire $+$ ou $-$ dans un cas donné, on peut utiliser « l'échiquier » ci-dessous et y repérer le signe inscrit à la ligne $i$ et à la colonne $j$ :

$$\begin{bmatrix} + & - & + & - & + & \cdots \\ - & + & - & + & - & \cdots \\ + & - & + & - & + & \cdots \\ - & + & - & + & - & \cdots \\ \vdots & \vdots & \vdots & \vdots & \vdots & \end{bmatrix}$$

Par exemple, $C_{11} = M_{11}$, $C_{21} = -M_{21}$, $C_{12} = -M_{12}$, $C_{22} = M_{22}$ et ainsi de suite.

À strictement parler, le déterminant d'une matrice est un nombre. Cependant, en abusant quelque peu de la notation, on désignera également par le terme déterminant une expression de la forme |A|, transitoire dans le calcul du déterminant d'une matrice. Ainsi, par exemple, prenons

$$\begin{vmatrix} 3 & 1 \\ 4 & -2 \end{vmatrix}$$

On y réfère généralement en parlant d'un déterminant $2 \times 2$ et on dira que l'élément de la première ligne et de la première colonne du déterminant est égal à 3.

## Développement de Laplace

On définit un déterminant $3 \times 3$ en termes de mineurs et de cofacteurs comme suit :

$$\det(A) = a_{11}M_{11} + a_{12}(-M_{12}) + a_{13}M_{13}$$
$$= a_{11}C_{11} + a_{12}C_{12} + a_{13}C_{13} \tag{1}$$

Ainsi, on obtient le déterminant de $A$ en multipliant les éléments de la première ligne de $A$ par leurs cofacteurs et en additionnant ensuite ces produits. On généralise en définissant comme suit le déterminant d'une matrice $n \times n$ :

$$\det(A) = a_{11}C_{11} + a_{12}C_{12} + \cdots + a_{1n}C_{1n}$$

Cette méthode de calcul du déterminant de $A$ est appelée ***développement d'un déterminant*** ou ***développement de Laplace***[2] selon la première ligne de $A$.

---

1 Pour évoquer le signe, on parle également de la *signature* d'un élément $a_{ij}$, donnée par $(-1)^{i+j}$. *Ndt*

2 Certains auteurs utilisent également l'expression *développement par les cofacteurs*. *Ndt*

---

**EXEMPLE 2**  Développement d'un déterminant selon la première ligne

---

Soit la matrice

$$A = \begin{bmatrix} 3 & 1 & 0 \\ -2 & -4 & 3 \\ 5 & 4 & -2 \end{bmatrix}$$

Évaluer det ($A$) en développant le déterminant selon la première ligne de $A$.

*Solution*

En appliquant la définition en (1), on trouve

$$\det(A) = \begin{vmatrix} 3 & 1 & 0 \\ -2 & -4 & 3 \\ 5 & 4 & -2 \end{vmatrix} = 3\begin{vmatrix} -4 & 3 \\ 4 & -2 \end{vmatrix} - 1\begin{vmatrix} -2 & 3 \\ 5 & -2 \end{vmatrix} + 0\begin{vmatrix} -2 & -4 \\ 5 & 4 \end{vmatrix}$$

$$= 3(-4) - (1)(-11) + 0 = -1 \blacklozenge$$

Si $A$ est une matrice $3 \times 3$, alors son déterminant a pour expression

$$\det(A) = \begin{vmatrix} a_{11} & a_{12} & a_{13} \\ a_{21} & a_{22} & a_{23} \\ a_{31} & a_{32} & a_{33} \end{vmatrix}$$

$$= a_{11}\begin{vmatrix} a_{22} & a_{23} \\ a_{32} & a_{33} \end{vmatrix} - a_{12}\begin{vmatrix} a_{21} & a_{23} \\ a_{31} & a_{33} \end{vmatrix} + a_{13}\begin{vmatrix} a_{21} & a_{22} \\ a_{31} & a_{32} \end{vmatrix}$$

$$= a_{11}(a_{22}a_{33} - a_{23}a_{32}) - a_{12}(a_{21}a_{33} - a_{23}a_{31}) + a_{13}(a_{21}a_{32} - a_{22}a_{31}) \quad (2)$$

$$= a_{11}a_{22}a_{33} + a_{12}a_{23}a_{31} + a_{13}a_{21}a_{32} - a_{13}a_{22}a_{31} - a_{12}a_{21}a_{33} - a_{11}a_{23}a_{32} \quad (3)$$

En réarrangeant les termes de (3) de différentes manières, on obtient d'autres expressions de la même forme que (2). On vérifiera assez facilement la validité des égalités ci-dessous (exercice 28) :

$$\begin{aligned} \det(A) &= a_{11}C_{11} + a_{12}C_{12} + a_{13}C_{13} \\ &= a_{11}C_{11} + a_{21}C_{21} + a_{31}C_{31} \\ &= a_{21}C_{21} + a_{22}C_{22} + a_{23}C_{23} \\ &= a_{12}C_{12} + a_{22}C_{22} + a_{32}C_{32} \\ &= a_{31}C_{31} + a_{32}C_{32} + a_{33}C_{33} \\ &= a_{13}C_{13} + a_{23}C_{23} + a_{33}C_{33} \end{aligned} \quad (4)$$

Observez que dans chacune de ces expressions, les éléments et les cofacteurs proviennent tous de la même ligne ou de la même colonne. Ces expressions correspondent au ***développement du déterminant***.

Les résultats que nous venons de voir pour les matrices $3 \times 3$ représentent un cas particulier du théorème général qui suit, que nous énonçons sans en donner la preuve formelle.

**THÉORÈME 2.1.1**

### Développement d'un déterminant (développement de Laplace)

*Soit A une matrice carrée n × n. Alors on peut calculer le déterminant de A en multipliant les éléments de l'une ou l'autre de ses lignes (ou de ses colonnes) par leurs cofacteurs et en additionnant ensuite les produits obtenus. Ainsi, pour toutes les valeurs de i et j telles que $1 \leq i \leq n$ et $1 \leq j \leq n$,*

$$\det(A) = a_{1j}\,C_{1j} + a_{2j}\,C_{2j} + \cdots + a_{nj}\,C_{nj}$$

**(développement du déterminant selon la colonne *j*)**

*et*

$$\det(A) = a_{i1}\,C_{i1} + a_{i2}\,C_{i2} + \cdots + a_{in}\,C_{in}$$

**(développement du déterminant selon la ligne *i*)**

Notez que l'on développe le déterminant selon la ligne ou la colonne *de son choix*.

---

**EXEMPLE 3** Développement d'un déterminant selon la première colonne

---

Soit la matrice $A$ donnée à l'exemple 2. Évaluez det $(A)$ en développant le déterminant selon la première colonne de $A$.

*Solution*

Considérant (4), on a

$$\det(A) = \begin{vmatrix} 3 & 1 & 0 \\ -2 & -4 & 3 \\ 5 & 4 & -2 \end{vmatrix} = 3\begin{vmatrix} -4 & 3 \\ 4 & -2 \end{vmatrix} - (-2)\begin{vmatrix} 1 & 0 \\ 4 & -2 \end{vmatrix} + 5\begin{vmatrix} 1 & 0 \\ -4 & 3 \end{vmatrix}$$

$$= 3(-4) - (-2)(-2) + 5(3) = -1$$

Ce résultat confirme la réponse obtenue à l'exemple 2. ◆

*REMARQUE* Dans cet exemple, nous avons dû calculer trois cofacteurs, alors que nous en avions évalué seulement deux à l'exemple 2 parce que le troisième était multiplié par zéro. Aussi, pour se simplifier la tâche, la meilleure stratégie consiste à choisir la ligne ou la colonne qui contient le plus grand nombre de zéros.

---

**EXEMPLE 4** Choix judicieux de ligne ou de colonne

---

Soit la matrice $A$ de dimension $4 \times 4$ :

$$A = \begin{bmatrix} 1 & 0 & 0 & -1 \\ 3 & 1 & 2 & 2 \\ 1 & 0 & -2 & 1 \\ 2 & 0 & 0 & 1 \end{bmatrix}$$

Pour trouver det $(A)$, on développe le déterminant selon la deuxième colonne, car elle contient le plus grand nombre de zéros. On a

$$\det(A) = 1 \cdot \begin{vmatrix} 1 & 0 & -1 \\ 1 & -2 & 1 \\ 2 & 0 & 1 \end{vmatrix}$$

On développe également le déterminant $3 \times 3$ selon la deuxième colonne car elle contient le plus grand nombre de zéros. On trouve

$$\det(A) = 1 \cdot -2 \cdot \begin{vmatrix} 1 & -1 \\ 2 & 1 \end{vmatrix}$$
$$= -2(1+2)$$
$$= -6$$

Nous aurions obtenu la même réponse en utilisant une autre colonne ou une ligne. ◆

**Matrice adjointe**

Lorsqu'on développe un déterminant, on obtient la valeur de det $(A)$ en multipliant les éléments d'une ligne ou d'une colonne par leurs cofacteurs et en additionnant ensuite les produits résultants. Par contre, si l'on multiplie les éléments d'une ligne par les cofacteurs associés à une *autre* ligne, la somme des produits est toujours nulle. (Cette affirmation vaut également pour les colonnes.) Nous n'en ferons pas ici la démonstration, mais l'exemple qui suit illustre l'idée de la preuve en traitant un cas particulier.

---

**EXEMPLE 5**   Éléments et cofacteurs de différentes lignes

Soit la matrice

$$A = \begin{bmatrix} a_{11} & a_{12} & a_{13} \\ a_{21} & a_{22} & a_{23} \\ a_{31} & a_{32} & a_{33} \end{bmatrix}$$

Considérons l'expression suivante, qui correspond à la somme des produits des éléments de la première ligne par les cofacteurs des éléments correspondants de la troisième ligne :

$$a_{11}C_{31} + a_{12}C_{32} + a_{13}C_{33}$$

Nous allons utiliser une astuce pour démontrer que cette expression est égale à zéro. Construisons une matrice $A'$ en remplaçant la troisième ligne de $A$ par une copie de sa première ligne. On a

$$A' = \begin{bmatrix} a_{11} & a_{12} & a_{13} \\ a_{21} & a_{22} & a_{23} \\ a_{11} & a_{12} & a_{13} \end{bmatrix}$$

Soit, $C'_{31}$, $C'_{32}$, $C'_{33}$, les cofacteurs des éléments de la troisième ligne de $A'$. Puisque les deux premières lignes de $A$ et de $A'$ sont identiques et que le calcul de $C_{31}$, $C_{32}$, $C_{33}$, $C'_{31}$, $C'_{32}$, $C'_{33}$ implique seulement les éléments de ces mêmes lignes, il s'ensuit que

$$C_{31} = C'_{31}, \qquad C_{32} = C'_{32}, \qquad C_{33} = C'_{33}$$

Étant donné que $A'$ contient deux lignes identiques, l'égalité (3) permet d'écrire

$$\det(A') = 0 \tag{5}$$

Par ailleurs, le développement de det $(A')$ selon la troisième ligne donne

$$\det(A') = a_{11}C'_{31} + a_{12}C'_{32} + a_{13}C'_{33} = a_{11}C_{31} + a_{12}C_{32} + a_{13}C_{33} \qquad (6)$$

En considérant les égalités (5) et (6), on obtient

$$a_{11}C_{31} + a_{12}C_{32} + a_{13}C_{33} = 0 \quad \blacklozenge$$

Nous allons maintenant utiliser ce résultat pour obtenir une expression de $A^{-1}$.

### DÉFINITION

Soit $A$ une matrice $n \times n$ quelconque et $C_{ij}$ le cofacteur de $a_{ij}$. Alors la matrice

$$\begin{bmatrix} C_{11} & C_{12} & \cdots & C_{1n} \\ C_{21} & C_{22} & \cdots & C_{2n} \\ \vdots & \vdots & & \vdots \\ C_{n1} & C_{n2} & \cdots & C_{nn} \end{bmatrix}$$

est appelée ***matrice des cofacteurs de A***. La transposée de cette matrice est appelée ***matrice adjointe de A***, et elle est notée adj$(A)$.

---

### EXEMPLE 6　Matrice adjointe d'une matrice 3 × 3

Soit la matrice

$$A = \begin{bmatrix} 3 & 2 & -1 \\ 1 & 6 & 3 \\ 2 & -4 & 0 \end{bmatrix}$$

Les cofacteurs de $A$ sont

$$\begin{aligned} C_{11} &= 12 & C_{12} &= 6 & C_{13} &= -16 \\ C_{21} &= 4 & C_{22} &= 2 & C_{23} &= 16 \\ C_{31} &= 12 & C_{32} &= -10 & C_{33} &= 16 \end{aligned}$$

La matrice des cofacteurs a donc pour expression

$$\begin{bmatrix} 12 & 6 & -16 \\ 4 & 2 & 16 \\ 12 & -10 & 16 \end{bmatrix}$$

Et la matrice adjointe est

$$\text{adj}(A) = \begin{bmatrix} 12 & 4 & 12 \\ 6 & 2 & -10 \\ -16 & 16 & 16 \end{bmatrix} \quad \blacklozenge$$

Nous allons maintenant déduire une expression pour l'inverse d'une matrice inversible. Nous devrons toutefois faire appel à un théorème important qui sera démontré seulement à la section 2.3 : une matrice carrée $(A)$ est inversible si et seulement si det $(A)$ est différent de zéro.

**THÉORÈME 2.1.2**

> **Expression de l'inverse d'une matrice en termes de sa matrice adjointe**
>
> *Soit A une matrice inversible. Alors*
>
> $$A^{-1} = \frac{1}{\det(A)} \, \mathrm{adj}(A) \tag{7}$$

*Démonstration*   Démontrons d'abord que

$$A \, \mathrm{adj}(A) = \det(A)I$$

Considérons le produit

$$A \, \mathrm{adj}\,(A) = \begin{bmatrix} a_{11} & a_{12} & \cdots & a_{1n} \\ a_{21} & a_{22} & \cdots & a_{2n} \\ \vdots & \vdots & & \vdots \\ a_{i1} & a_{i2} & \cdots & a_{in} \\ \vdots & \vdots & & \vdots \\ a_{n1} & a_{n2} & \cdots & a_{nn} \end{bmatrix} \begin{bmatrix} C_{11} & C_{21} & \cdots & C_{j1} & \cdots & C_{n1} \\ C_{12} & C_{22} & \cdots & C_{j2} & \cdots & C_{n2} \\ \vdots & \vdots & & \vdots & & \vdots \\ C_{1n} & C_{2n} & \cdots & C_{jn} & \cdots & C_{nn} \end{bmatrix}$$

Tel que mis en évidence par les zones ombrées l'élément de la ligne $i$ et de la colonne $j$ du produit $A$ adj $(A)$ s'écrit

$$a_{i1}C_{j1} + a_{i2}C_{j2} + \cdots + a_{in}C_{jn} \tag{8}$$

Si $i = j$, alors l'expression (8) correspond au développement de det $(A)$ selon la ligne $i$ (théorème 2.1.1), et si $i \neq j$, alors les $a_{ij}$ et les cofacteurs proviennent de lignes différentes et (8) vaut zéro. On en déduit

$$A \, \mathrm{adj}(A) = \begin{bmatrix} \det(A) & 0 & \cdots & 0 \\ 0 & \det(A) & \cdots & 0 \\ \vdots & \vdots & & \vdots \\ 0 & 0 & \cdots & \det(A) \end{bmatrix} = \det(A)I \tag{9}$$

Sachant que $A$ est inversible, det $(A) \neq 0$. En récrivant l'expression (9), on trouve

$$\frac{1}{\det(A)}[A \, \mathrm{adj}(A)] = I \quad \text{ou} \quad A\left[\frac{1}{\det(A)} \mathrm{adj}(A)\right] = I$$

Multiplions maintenant les deux côtés de l'égalité à gauche par $A^{-1}$; on obtient

$$A^{-1} = \frac{1}{\det(A)} \mathrm{adj}(A) \qquad \blacksquare$$

---

## EXEMPLE 7   Déterminer l'inverse par la matrice adjointe

---

Trouver l'inverse de la matrice $A$ donnée à l'exemple 6 en utilisant l'expression (7).

*Solution*

Le lecteur peut vérifier que det $(A) = 64$. On a donc

$$A^{-1} = \frac{1}{\det(A)} \mathrm{adj}(A) = \frac{1}{64}\begin{bmatrix} 12 & 4 & 12 \\ 6 & 2 & -10 \\ -16 & 16 & 16 \end{bmatrix} = \begin{bmatrix} \frac{12}{64} & \frac{4}{64} & \frac{12}{64} \\ \frac{6}{64} & \frac{2}{64} & -\frac{10}{64} \\ -\frac{16}{64} & \frac{16}{64} & \frac{16}{64} \end{bmatrix} \quad \blacklozenge$$

**Applications de l'expression (7)**

Bien que la méthode de l'exemple précédent soit facile d'application pour inverser manuellement les matrices $3 \times 3$, l'algorithme d'inversion abordé à la section 1.5 s'avère plus efficace avec les matrices de grandes dimensions. On devrait cependant garder à l'esprit que, pour trouver l'inverse, la méthode de la section 1.5 est un algorithme de calcul, alors que l'expression (7) donne une formulation générale de la matrice inverse. Nous allons maintenant voir que cette expression est utile pour dériver les propriétés de l'inverse.

Au chapitre 1, nous avons omis la démonstration de deux énoncés du théorème 1.7.1 :

*   **Théorème 1.7.1*c* :** Une matrice triangulaire est inversible si et seulement si tous les éléments de sa diagonale sont différents de zéro.

*   **Théorème 1.7.1*d* :** L'inverse d'une matrice triangulaire inférieure inversible est une matrice triangulaire inférieure et l'inverse d'une matrice triangulaire supérieure inversible est une matrice triangulaire supérieure.

Nous allons maintenant démontrer ces énoncés en appliquant l'expression définie par la matrice adjointe (7). Mais il nous faut d'abord un résultat préliminaire.

**THÉORÈME 2.1.3**

> *Soit A une matrice triangulaire $n \times n$ (matrice triangulaire supérieure, triangulaire inférieure ou diagonale). Alors det (A) correspond au produit des éléments de la diagonale principale de la matrice, c'est-à-dire det (A) = $a_{11}a_{22}\cdots a_{nn}$.*

Pour simplifier la notation, faisons la démonstration pour une matrice triangulaire inférieure $4 \times 4$.

$$A = \begin{bmatrix} a_{11} & 0 & 0 & 0 \\ a_{21} & a_{22} & 0 & 0 \\ a_{31} & a_{32} & a_{33} & 0 \\ a_{41} & a_{42} & a_{43} & a_{44} \end{bmatrix}$$

Le raisonnement est le même pour une matrice $n \times n$ ou pour une matrice triangulaire supérieure.

*Démonstration (cas d'une matrice triangulaire inférieure $4 \times 4$)* Par le théorème 2.1.1, développons det (A) selon la première ligne :

$$\det(A) = \begin{vmatrix} a_{11} & 0 & 0 & 0 \\ a_{21} & a_{22} & 0 & 0 \\ a_{31} & a_{32} & a_{33} & 0 \\ a_{41} & a_{42} & a_{43} & a_{44} \end{vmatrix}$$

$$= a_{11} \begin{vmatrix} a_{22} & 0 & 0 \\ a_{32} & a_{33} & 0 \\ a_{42} & a_{43} & a_{44} \end{vmatrix}$$

Une fois de plus, le développement selon la première ligne est très simple; on obtient

$$\det(A) = a_{11}a_{22} \begin{vmatrix} a_{33} & 0 \\ a_{43} & a_{44} \end{vmatrix}$$
$$= a_{11}a_{22}a_{33}|a_{44}|$$
$$a_{11}a_{22}a_{33}a_{44}$$

Nous avons ici utilisé la convention selon laquelle le déterminant d'une matrice [a] de dimension $1 \times 1$ est égal à $a$. ∎

---

**EXEMPLE 8**  Déterminant d'une matrice triangulaire supérieure

$$\begin{vmatrix} 2 & 7 & -3 & 8 & 3 \\ 0 & -3 & 7 & 5 & 1 \\ 0 & 0 & 6 & 7 & 6 \\ 0 & 0 & 0 & 9 & 8 \\ 0 & 0 & 0 & 0 & 4 \end{vmatrix} = (2)(-3)(6)(9)(4) = -1296 \quad \blacklozenge$$

---

***Démonstration du théorème 1.7.1c***  Soit une matrice triangulaire $A = [a_{ij}]$; les éléments de sa diagonale principale sont :

$$a_{11}, a_{22}, \ldots, a_{nn}$$

Selon le théorème 2.1.3, la matrice $A$ est inversible si et seulement si le produit

$$\det(A) = a_{11}a_{22} \cdots a_{nn}$$

n'est pas nul, ce qui est vérifié si et seulement si tous les éléments de la diagonale sont différents de zéro.  ∎

Nous laissons au lecteur le soin de démontrer, en appliquant l'expression (7), que si $A = [a_{ij}]$ est une matrice triangulaire inversible, alors les éléments de la diagonale de $A^{-1}$ correspondent successivement à

$$\frac{1}{a_{11}}, \frac{1}{a_{22}}, \ldots, \frac{1}{a_{nn}}$$

(Voir l'exemple 3 de la section 1.7.)

***Démonstration du théorème 1.7.1d***  Nous allons faire la démonstration pour les matrices triangulaires supérieures et laisser en exercice le cas de la matrice triangulaire inférieure. Supposons que $A$ soit une matrice triangulaire supérieure inversible. Sachant que

$$A^{-1} = \frac{1}{\det(A)} \text{adj}(A)$$

on peut montrer que $A^{-1}$ est une matrice triangulaire supérieure en démontrant que adj $(A)$ est triangulaire supérieure ou encore en démontrant que la matrice des cofacteurs est triangulaire inférieure. Dans ce dernier cas, tous les cofacteurs $C_{ij}$ tels que $i < j$ (c.-à-d., au-dessus de la diagonale principale) sont nuls. On a

$$C_{ij} = (-1)^{i+j} M_{ij}$$

Il suffit alors de prouver que tous les mineurs $M_{ij}$ sont nuls lorsque $i < j$. Considérons une matrice $B_{ij}$ obtenue en éliminant la ligne $i$ et la colonne $j$ de $A$ :

$$M_{ij} = \det(B_{ij}) \tag{10}$$

Partant du fait que $i < j$, on déduit que $B_{ij}$ est triangulaire supérieure (exercice 32). Et puisque $A$ est triangulaire supérieure, sa ligne $(i + 1)$ commence par au moins $i$ zéros. Or, la ligne $i$ de $B_{ij}$ correspond à la ligne $(i + 1)$ de $A$, avec l'élément de la colonne $j$ en moins. Puisque $i < j$, aucun des $i$ zéros de la ligne ne disparaît en éliminant la colonne $j$; la ligne $i$ de $B_{ij}$ commence donc avec au moins $i$ zéros, ce qui signifie que cette ligne affiche un zéro sur la diagonale principale. Dans ce cas, par le théorème 2.1.3, on a det $(B_{ij}) = 0$ et l'égalité (10) permet de conclure que $M_{ij} = 0$.  ∎

**Règle de Cramer**

Le prochain théorème décrit la solution de certains systèmes linéaires de *n* équations à *n* inconnues. La formule présentée, connue sous le nom de ***règle de Cramer***, offre un intérêt plutôt limité en ce qui a trait aux calculs mais elle s'avère utile pour étudier les propriétés mathématiques d'une solution sans avoir à résoudre le système.

**THÉORÈME 2.1.4**

**Règle de Cramer**

*Soit $A\mathbf{x} = \mathbf{b}$ un système de n équations linéaires à n inconnues tel que $\det(A) \neq 0$. Alors le système a pour solution unique*

$$x_1 = \frac{\det(A_1)}{\det(A)}, \quad x_2 = \frac{\det(A_2)}{\det(A)}, \ldots, \quad x_n = \frac{\det(A_n)}{\det(A)}$$

*où $A_j$ est la matrice obtenue en remplaçant les éléments de la colonne j de A par les éléments de la matrice*

$$\mathbf{b} = \begin{bmatrix} b_1 \\ b_2 \\ \vdots \\ b_n \end{bmatrix}$$

***Démonstration*** Si $\det(A) \neq 0$, alors $A$ est inversible. Et le théorème 1.6.2 affirme que $\mathbf{x} = A^{-1}\mathbf{b}$ est l'unique solution de $A\mathbf{x} = \mathbf{b}$. Par le théorème 2.1.2, on a donc

$$\mathbf{x} = A^{-1}\mathbf{b} = \frac{1}{\det(A)}\mathrm{adj}(A)\mathbf{b} = \frac{1}{\det(A)}\begin{bmatrix} C_{11} & C_{21} & \cdots & C_{n1} \\ C_{12} & C_{22} & \cdots & C_{n2} \\ \vdots & \vdots & & \vdots \\ C_{1n} & C_{2n} & \cdots & C_{nn} \end{bmatrix}\begin{bmatrix} b_1 \\ b_2 \\ \vdots \\ b_n \end{bmatrix}$$

**Gabriel Cramer**

**Gabriel Cramer** *(1704–1752)* était un mathématicien suisse. Bien qu'il ne figure pas parmi les grands mathématiciens de son époque, il a grandement contribué à diffuser les connaissances mathématiques ce qui lui a valu une place bien méritée dans l'histoire des mathématiques. Cramer a beaucoup voyagé et il a rencontré les principaux mathématiciens de son époque.

Le plus célèbre de ses ouvrages, *Introduction à l'analyse des lignes courbes algébriques,* publié en 1750, présente une analyse des courbes algébriques et en donne une classification; la règle de Cramer se trouve dans l'appendice. La règle porte le nom de Cramer malgré le fait que d'autres mathématiciens en aient formulé des variantes auparavant. Mais la notation adoptée par Cramer, plus efficace, simplifie la méthode et en popularisera l'usage.

Surmené, il meurt à 48 ans des suites d'une chute; il était tombé de voiture. Cramer était apparemment une bonne personne, de tempérament agréable, et il s'intéressait à des sujets très variés. Il a laissé des écrits sur la philosophie de la loi et du gouvernement, de même que sur l'histoire des mathématiques. Il a servi dans la fonction publique, a participé aux activités de l'artillerie et à des travaux de fortification pour le gouvernement, a enseigné aux ouvriers les techniques de réfection des cathédrales et a pris en charge les excavations des archives de ces bâtiments. Ses activités lui méritèrent plusieurs récompenses.

La multiplication des matrices donne

$$\mathbf{x} = \frac{1}{\det(A)} \begin{bmatrix} b_1 C_{11} + b_2 C_{21} + \cdots + b_n C_{n1} \\ b_1 C_{12} + b_2 C_{22} + \cdots + b_n C_{n2} \\ \vdots \quad \vdots \quad \quad \vdots \\ b_1 C_{1n} + b_2 C_{2n} + \cdots + b_n C_{nn} \end{bmatrix}$$

L'élément de la ligne $j$ de $\mathbf{x}$ devient alors

$$x_j = \frac{b_1 C_{1j} + b_2 C_{2j} + \cdots + b_n C_{nj}}{\det(A)} \tag{11}$$

Posons maintenant

$$A_j = \begin{bmatrix} a_{11} & a_{12} & \cdots & a_{1j-1} & b_1 & a_{1j+1} & \cdots & a_{1n} \\ a_{21} & a_{22} & \cdots & a_{2j-1} & b_2 & a_{2j+1} & \cdots & a_{2n} \\ \vdots & \vdots & & \vdots & \vdots & \vdots & & \vdots \\ a_{n1} & a_{n2} & \cdots & a_{nj-1} & b_n & a_{nj+1} & \cdots & a_{nn} \end{bmatrix}$$

Puisque seule la colonne $j$ distingue $A_j$ de $A$, les cofacteurs des éléments $b_1, b_2,\ldots, b_n$ de $A_j$ sont les mêmes que les cofacteurs des éléments de la colonne $j$ de $A$. Le développement du déterminant de $A_j$ selon la colonne $j$ s'écrit alors

$$\det(A_j) = b_1 C_{1j} + b_2 C_{2j} + \cdots + b_n C_{nj}$$

En substituant cette expression dans l'égalité (11), on obtient

$$x_j = \frac{\det(A_j)}{\det(A)} \qquad \blacksquare$$

---

### EXEMPLE 9    Utiliser la règle de Cramer pour résoudre un système linéaire

---

Résoudre le système suivant à l'aide de la règle de Cramer :

$$\begin{aligned} x_1 + \quad\quad + 2x_3 &= 6 \\ -3x_1 + 4x_2 + 6x_3 &= 30 \\ -x_1 - 2x_2 + 3x_3 &= 8 \end{aligned}$$

*Solution*

$$A = \begin{bmatrix} 1 & 0 & 2 \\ -3 & 4 & 6 \\ -1 & -2 & 3 \end{bmatrix}, \qquad A_1 = \begin{bmatrix} 6 & 0 & 2 \\ 30 & 4 & 6 \\ 8 & -2 & 3 \end{bmatrix},$$

$$A_2 = \begin{bmatrix} 1 & 6 & 2 \\ -3 & 30 & 6 \\ -1 & 8 & 3 \end{bmatrix}, \qquad A_3 = \begin{bmatrix} 1 & 0 & 6 \\ -3 & 4 & 30 \\ -1 & -2 & 8 \end{bmatrix}$$

On en déduit

$$x_1 = \frac{\det(A_1)}{\det(A)} = \frac{-40}{44} = \frac{-10}{11}, \qquad x_2 = \frac{\det(A_2)}{\det(A)} = \frac{72}{44} = \frac{18}{11},$$

$$x_3 = \frac{\det(A_3)}{\det(A)} = \frac{152}{44} = \frac{38}{11} \quad \blacklozenge$$

REMARQUE  Pour résoudre un système de $n$ équations à $n$ inconnues par la règle de Cramer, il faut évaluer $n + 1$ déterminants de matrices $n \times n$. Pour les systèmes de plus de trois équations, la méthode de Gauss s'avère bien plus efficace. La règle de Cramer offre toutefois une expression générale de la solution lorsque le déterminant de la matrice des coefficients n'est pas nul.

## SÉRIE D'EXERCICES 2.1

1. Soit la matrice

$$A = \begin{bmatrix} 1 & -2 & 3 \\ 6 & 7 & -1 \\ -3 & 1 & 4 \end{bmatrix}$$

   (a) Calculez tous les mineurs de $A$.   (b) Calculez tous les cofacteurs de $A$.

2. Soit la matrice

$$A = \begin{bmatrix} 4 & -1 & 1 & 6 \\ 0 & 0 & -3 & 3 \\ 4 & 1 & 0 & 14 \\ 4 & 1 & 3 & 2 \end{bmatrix}$$

   Trouvez

   (a) $M_{13}$ et $C_{13}$   (b) $M_{23}$ et $C_{23}$   (c) $M_{22}$ et $C_{22}$   (d) $M_{21}$ et $C_{21}$

3. Développez le déterminant de la matrice donnée à l'exercice 1 :
   (a) selon la première ligne;   (b) selon la première colonne;
   (c) selon la deuxième ligne;   (d) selon la deuxième colonne;
   (e) selon la troisième ligne;   (f) selon la troisième colonne.

4. Considérez la matrice donnée à l'exercice 1. Déterminez
   (a) adj $(A)$.   (b) $A^{-1}$ en appliquant le théorème 2.1.2.

Dans les exercices 5 à 10, développez det $(A)$ selon la ligne ou la colonne de votre choix.

5. $A = \begin{bmatrix} -3 & 0 & 7 \\ 2 & 5 & 1 \\ -1 & 0 & 5 \end{bmatrix}$   6. $A = \begin{bmatrix} 3 & 3 & 1 \\ 1 & 0 & -4 \\ 1 & -3 & 5 \end{bmatrix}$   7. $A = \begin{bmatrix} 1 & k & k^2 \\ 1 & k & k^2 \\ 1 & k & k^2 \end{bmatrix}$

8. $A = \begin{bmatrix} k+1 & k-1 & 7 \\ 2 & k-3 & 4 \\ 5 & k+1 & k \end{bmatrix}$   9. $A = \begin{bmatrix} 3 & 3 & 0 & 5 \\ 2 & 2 & 0 & -2 \\ 4 & 1 & -3 & 0 \\ 2 & 10 & 3 & 2 \end{bmatrix}$

10. $A = \begin{bmatrix} 4 & 0 & 0 & 1 & 0 \\ 3 & 3 & 3 & -1 & 0 \\ 1 & 2 & 4 & 2 & 3 \\ 9 & 4 & 6 & 2 & 3 \\ 2 & 2 & 4 & 2 & 3 \end{bmatrix}$

Dans les exercices 11 à 14, trouvez $A^{-1}$ en appliquant le théorème 2.1.2.

11. $A = \begin{bmatrix} 2 & 5 & 5 \\ -1 & -1 & 0 \\ 2 & 4 & 3 \end{bmatrix}$   12. $A = \begin{bmatrix} 2 & 0 & 3 \\ 0 & 3 & 2 \\ -2 & 0 & -4 \end{bmatrix}$

**13.** $A = \begin{bmatrix} 2 & -3 & 5 \\ 0 & 1 & -3 \\ 0 & 0 & 2 \end{bmatrix}$  **14.** $A = \begin{bmatrix} 2 & 0 & 0 \\ 8 & 1 & 0 \\ -5 & 3 & 6 \end{bmatrix}$

**15.** Soit la matrice

$$A = \begin{bmatrix} 1 & 3 & 1 & 1 \\ 2 & 5 & 2 & 2 \\ 1 & 3 & 8 & 9 \\ 1 & 3 & 2 & 2 \end{bmatrix}$$

(a) Évaluez $A^{-1}$ en appliquant le théorème 2.1.2.

(b) Évaluez $A^{-1}$ par la méthode donnée à l'exemple 4 de la section 1.5.

(c) Quelle méthode exige le moins de calculs?

Dans les exercices 16 à 21, résolvez les systèmes par la règle de Cramer lorsqu'elle s'y prête.

**16.** $7x_1 - 2x_2 = 3$
$3x_1 + x_2 = 5$

**17.** $4x + 5y = 2$
$11x + y + 2z = 3$
$x + 5y + 2z = 1$

**18.** $x - 4y + z = 6$
$4x - y + 2z = -1$
$2x + 2y - 3z = -20$

**19.** $x_1 - 3x_2 + x_3 = 4$
$2x_1 - x_2 = -2$
$4x_1 - 3x_3 = 0$

**20.** $-x_1 - 4x_2 + 2x_3 + x_4 = -32$
$2x_1 - x_2 + 7x_3 + 9x_4 = 14$
$-x_1 + x_2 + 3x_3 + x_4 = 11$
$x_1 - 2x_2 + x_3 - 4x_4 = -4$

**21.** $3x_1 - x_2 + x_3 = 4$
$-x_1 + 7x_2 - 2x_3 = 1$
$2x_1 + 6x_2 - x_3 = 5$

**22.** Montrez que la matrice ci-dessous est inversible pour toute valeur de θ. Trouvez ensuite $A^{-1}$ en appliquant le théorème 2.1.2.

$$A = \begin{bmatrix} \cos\theta & \sin\theta & 0 \\ -\sin\theta & \cos\theta & 0 \\ 0 & 0 & 1 \end{bmatrix}$$

**23.** Utilisez la règle de Cramer pour trouver $y$ sans déterminer $x$, $z$ et $w$.

$$4x + y + z + w = 6$$
$$3x + 7y - z + w = 1$$
$$7x + 3y - 5z + 8w = -3$$
$$x + y + z + 2w = 3$$

**24.** Supposez que $A\mathbf{x} = \mathbf{b}$ représente le système donné à l'exercice 23.

(a) Résolvez le système par la règle de Cramer.

(b) Résolvez le système par la méthode de Gauss-Jordan.

(c) Quelle méthode exige le moins de calculs?

**25.** Démontrez que, si det $(A) = 1$ et si tous les éléments de $A$ sont des entiers, alors tous les éléments de $A^{-1}$ sont des entiers.

**26.** Soit $A\mathbf{x} = \mathbf{b}$, un système de $n$ équations linéaires à $n$ inconnues, dont les coefficients et les constantes sont des entiers. Démontrez que si det $(A) = 1$, alors les éléments de la solution $\mathbf{x}$ sont des entiers.

**27.** Démontrez que si $A$ est une matrice triangulaire inférieure inversible, alors $A^{-1}$ est une matrice triangulaire inférieure.

**28.** Montrez la dernière des égalités qui appairaissent en (4).

**29.** Montrez que l'équation de la droite passant par les points distincts $(a_1, b_1)$ et $(a_2, b_2)$ correspond à

$$\begin{vmatrix} x & y & 1 \\ a_1 & b_1 & 1 \\ a_2 & b_2 & 1 \end{vmatrix} = 0$$

**30.** Montrez que les points $(x_1, y_1)$, $(x_2, y_2)$ et $(x_3, y_3)$ sont colinéaires si et seulement si

$$\begin{vmatrix} x_1 & y_1 & 1 \\ x_2 & y_2 & 1 \\ x_3 & y_3 & 1 \end{vmatrix} = 0$$

**31. (a)** Si $A = \left[\begin{array}{c|c} A_{11} & A_{12} \\ \hline 0 & A_{22} \end{array}\right]$ est une matrice partitionnée ‹ triangulaire supérieure › où $A_{11}$ et $A_{22}$ sont des matrices carrées, alors det $(A) = $ det $(A_{11})$ det $(A_{22})$. Utilisez ce résultat pour évaluer le déterminant de la matrice

$$\left[\begin{array}{cc|ccc} 2 & -1 & 2 & 5 & 6 \\ 4 & 3 & -1 & 3 & 4 \\ \hline 0 & 0 & 1 & 3 & 5 \\ 0 & 0 & -2 & 6 & 2 \\ 0 & 0 & 3 & 5 & 2 \end{array}\right]$$

**(b)** Vérifiez la réponse de (a) en développant det $(A)$.

**32.** Montrez que si $A$ est une matrice triangulaire supérieure et $B_{ij}$, la matrice obtenue en éliminant la ligne $i$ et la colonne $j$ de $A$, alors $B_{ij}$ est triangulaire supérieure lorsque $i < j$.

*Exploration & discussion*

**33.** Quel est le maximum de zéros que peut contenir une matrice $4 \times 4$ sans que son déterminant soit nul? Justifiez votre réponse.

**34.** Soit la matrice $A$

$$A = \begin{bmatrix} * & * & 0 & 0 & 0 \\ * & * & 0 & 0 & 0 \\ * & * & 0 & 0 & 0 \\ * & * & * & * & * \\ * & * & * & * & * \end{bmatrix}$$

Combien de valeurs différentes peut prendre det $(A)$ si l'on remplace les $*$ par des valeurs numériques (pas nécessairement égales)? Expliquez votre raisonnement.

**35.** Dans chacun des cas ci-dessous où $A$ est une matrice carrée, indiquez si l'énoncé est toujours vrai ou s'il peut être faux dans certain(s) cas. Justifiez votre réponse par une explication ou par un contre-exemple.

**(a)** $A$ adj $(A)$ est une matrice diagonale.

**(b)** En théorie, la règle de Cramer peut résoudre tout système d'équations linéaires, mais les calculs peuvent être longs et fastidieux. (Dans ce cas dire si l'énoncé est vrai ou faux.)

**(c)** Si $A$ est inversible, alors adj $(A)$ est également inversible.

**(d)** Si $A$ contient une ligne de zéros, alors adj $(A)$ contient également une ligne de zéros.

# 2.2
## ÉVALUATION D'UN DÉTERMINANT PAR RÉDUCTION DE MATRICES

*Dans cette section, nous allons évaluer le déterminant d'une matrice carrée en la réduisant d'abord à une matrice échelonnée réduite. Cette méthode s'avère la plus efficace du point de vue du nombre d'opérations à effectuer pour calculer le déterminant d'une matrice générale.*

## Un théorème fondamental

Voyons d'abord un théorème fondamental qui facilite l'évaluation du déterminant d'une matrice, quel qu'en soit l'ordre $n$.

**THÉORÈME 2.2.1**

> *Soit $A$ une matrice carrée. Si $A$ contient une ligne de zéros ou une colonne de zéros, alors* $\det(A) = 0$.

**Démonstration**  Par le théorème 2.1.1, le développement de $\det(A)$ selon une ligne ou une colonne de zéros a pour expression

$$\det(A) = 0 \cdot C_1 + 0 \cdot C_2 + \cdots + 0 \cdot C_n$$

où $C_1,\ldots, C_n$ représentent les cofacteurs associés à la ligne ou à la colonne choisie. On a donc $\det(A) = 0$. ∎

Voyons un autre théorème utile :

**THÉORÈME 2.2.2**

> *Soit $A$ une matrice carrée. Alors,* $\det(A) = \det(A^T)$.

**Démonstration**  Par le théorème 2.1.1, le développement du déterminant de $A$ selon sa première ligne est identique au déterminant de $A^T$ selon sa première colonne. ∎

*REMARQUE*  En conséquence du théorème 2.2.2, les théorèmes applicables aux déterminants dont l'énoncé contient le mot *ligne* restent généralement valables si l'on substitue le mot *colonne* au mot *ligne*. Pour faire la preuve d'un énoncé relatif à une colonne d'un matrice, il suffit de transposer la matrice en question, de convertir l'énoncé en terme de lignes et d'appliquer ensuite le résultat déjà admis pour les lignes.

## Opérations élémentaires sur les lignes

Le prochain théorème décrit l'influence des opérations élémentaires sur les lignes sur la valeur du déterminant d'une matrice.

**THÉORÈME 2.2.3**

> *Soit $A$, une matrice $n \times n$.*
>
> (a) *Si $B$ est la matrice obtenue en multipliant une seule ligne ou une seule colonne de $A$ par un scalaire $k$, alors* $\det(B) = k \det(A)$.
>
> (b) *Si $B$ est la matrice obtenue en permutant deux lignes ou deux colonnes de $A$, alors* $\det(B) = -\det(A)$.
>
> (c) *Si $B$ est la matrice obtenue en ajoutant le multiple d'une ligne de $A$ à une autre de ses lignes ou en ajoutant le multiple d'une colonne de $A$ à une autre de ses colonnes, alors* $\det(B) = \det(A)$.

Nous ne démontrerons pas ce théorème mais l'exemple qui suit en illustre les énoncés avec des déterminants $3 \times 3$.

---

**EXEMPLE 1**   Théorème 2.2.3 appliqué à des déterminants 3 × 3

---

Nous allons vérifier l'égalité de la première ligne du tableau 1 et laisser le soin au lecteur de vérifier les deux autres égalités. Par le théorème 2.1.1, on peut obtenir le déterminant de $B$ en développant selon la première ligne; sachant que $C_{11}$, $C_{12}$ et $C_{13}$ ne dépendent pas de la première ligne de la matrice et que seule la première ligne distingue les matrices $A$ et $B$, on trouve

$$\det(B) = \begin{vmatrix} ka_{11} & ka_{12} & ka_{13} \\ a_{21} & a_{22} & a_{23} \\ a_{31} & a_{32} & a_{33} \end{vmatrix}$$

$$= ka_{11}C_{11} + ka_{12}C_{12} + ka_{33}C_{13}$$
$$= k(a_{11}C_{11} + a_{12}C_{12} + a_{33}C_{13})$$
$$= k\det(A)$$

**Tableau 1**

| Relation | Opération |
|---|---|
| $\begin{vmatrix} ka_{11} & ka_{12} & ka_{13} \\ a_{21} & a_{22} & a_{23} \\ a_{31} & a_{32} & a_{33} \end{vmatrix} = k \begin{vmatrix} a_{11} & a_{12} & a_{13} \\ a_{21} & a_{22} & a_{23} \\ a_{31} & a_{32} & a_{33} \end{vmatrix}$ <br><br> $\mathbf{det}(B) = k\mathbf{det}(A)$ | Multiplication de la première ligne de $A$ par $k$. |
| $\begin{vmatrix} a_{21} & a_{22} & a_{23} \\ a_{11} & a_{12} & a_{13} \\ a_{31} & a_{32} & a_{33} \end{vmatrix} = - \begin{vmatrix} a_{11} & a_{12} & a_{13} \\ a_{21} & a_{22} & a_{23} \\ a_{31} & a_{32} & a_{33} \end{vmatrix}$ <br><br> $\mathbf{det}(B) = -\mathbf{det}(A)$ | Permutation des première et deuxième lignes de $A$. |
| $\begin{vmatrix} a_{11}+ka_{21} & a_{12}+ka_{22} & a_{13}+ka_{23} \\ a_{21} & a_{22} & a_{23} \\ a_{31} & a_{32} & a_{33} \end{vmatrix} = \begin{vmatrix} a_{11} & a_{12} & a_{13} \\ a_{21} & a_{22} & a_{23} \\ a_{31} & a_{32} & a_{33} \end{vmatrix}$ <br><br> $\mathbf{det}(B) = \mathbf{det}(A)$ | Addition d'un multiple de la deuxième ligne à la première ligne de $A$. |

*REMARQUE*   La première expression du tableau 1 montre que l'énoncé (*a*) du théorème 2.2.3 permet de sortir du symbole du déterminant un « facteur commun » aux éléments d'une ligne (ou d'une colonne).

**Matrices élémentaires**

Rappelons qu'une matrice élémentaire résulte d'une seule opération élémentaire sur les lignes d'une matrice identité. Ainsi, en remplaçant $A$ par $I_n$ dans le théorème 2.2.3, d'où l'on a $\det(A) = \det(I_n) = 1$, la matrice $B$ devient une matrice élémentaire. Le théorème conduit alors aux conclusions suivantes pour les déterminants des matrices élémentaires :

**THÉORÈME 2.2.4**

*Soit E, une matrice élémentaire $n \times n$.*

(*a*)  *Si E résulte de la multiplication par k d'une ligne de $I_n$, alors* $\det(E) = k$.

(*b*)  *Si E résulte de la permutation de deux lignes de $I_n$, alors* $\det(E) = -1$.

(*c*)  *Si E résulte de l'addition d'un multiple d'une ligne à une autre ligne de $I_n$, alors* $\det(E) = 1$.

---

### EXEMPLE 2   Déterminants des matrices élémentaires

Les déterminants ci-dessous illustrent le théorème 2.2.4. Un simple examen visuel suffit pour les évaluer.

$$
\begin{vmatrix} 1 & 0 & 0 & 0 \\ 0 & 3 & 0 & 0 \\ 0 & 0 & 1 & 0 \\ 0 & 0 & 0 & 1 \end{vmatrix} = 3, \qquad
\begin{vmatrix} 0 & 0 & 0 & 1 \\ 0 & 1 & 0 & 0 \\ 0 & 0 & 1 & 0 \\ 1 & 0 & 0 & 0 \end{vmatrix} = -1, \qquad
\begin{vmatrix} 1 & 0 & 0 & 7 \\ 0 & 1 & 0 & 0 \\ 0 & 0 & 1 & 0 \\ 0 & 0 & 0 & 1 \end{vmatrix} = 1 \; \blacklozenge
$$

**La deuxième ligne de $I_4$ a été multipliée par 3.**   **On a permuté les première et dernière lignes de $I_4$.**   **On a ajouté à la première ligne de $I_4$ 7 fois la dernière ligne.**

**Matrices contenant des lignes ou des colonnes proportionnelles**

Si une matrice carrée $A$ contient deux lignes proportionnelles, alors on peut introduire une ligne de zéros en ajoutant à l'une de ces lignes le multiple approprié de l'autre ligne. La même règle s'applique aux colonnes. Or, puisque l'ajout d'un multiple d'une ligne (d'une colonne) à une autre ligne (colonne) ne change pas la valeur du déterminant, le théorème 2.2.1 mène à la conclusion que det $(A) = 0$. Ce qui prouve le théorème qui suit :

**THÉORÈME 2.2.5**

> *Soit $A$ une matrice carrée contenant deux lignes proportionnelles ou deux colonnes proportionnelles. Alors* det $(A) = 0$.

---

### EXEMPLE 3   Introduire des lignes de zéros

Les étapes suivantes illustrent la marche à suivre pour introduire une ligne de zéros dans une matrice qui contient deux lignes proportionnelles :

$$
\begin{vmatrix} 1 & 3 & -2 & 4 \\ 2 & 6 & -4 & 8 \\ 3 & 9 & 1 & 5 \\ 1 & 1 & 4 & 8 \end{vmatrix} =
\begin{vmatrix} 1 & 3 & -2 & 4 \\ 0 & 0 & 0 & 0 \\ 3 & 9 & 1 & 5 \\ 1 & 1 & 4 & 8 \end{vmatrix} = 0 \longleftarrow
$$

La deuxième ligne correspond à la première ligne multipliée par 2; pour introduire une ligne de zéros, nous avons donc ajouté à la deuxième ligne la première ligne multipliée par $-2$.

Chacune des matrices ci-dessous contient soit deux lignes proportionnelles, soit deux colonnes proportionnelles, de sorte que leurs déterminants sont nuls.

$$
\begin{bmatrix} -1 & 4 \\ -2 & 8 \end{bmatrix}, \qquad
\begin{bmatrix} 1 & -2 & 7 \\ -4 & 8 & 5 \\ 2 & -4 & 3 \end{bmatrix}, \qquad
\begin{bmatrix} 3 & -1 & 4 & -5 \\ 6 & -2 & 5 & 2 \\ 5 & 8 & 1 & 4 \\ -9 & 3 & -12 & 15 \end{bmatrix} \; \blacklozenge
$$

**Évaluer des déterminants par réduction de matrices**

Nous allons maintenant voir une méthode pour calculer un déterminant qui exige moins de calculs que le développement par les cofacteurs. L'idée consiste à réduire la matrice donnée à une matrice triangulaire supérieure à l'aide d'opérations sur les lignes; on calcule ensuite le déterminant de la matrice triangulaire supérieure (calcul simple); finalement, on relie ce déterminant à celui de la matrice de départ. Voyons un exemple :

**EXEMPLE 4** Évaluer un déterminant par réduction de la matrice

Évaluer det $(A)$ si

$$A = \begin{bmatrix} 0 & 1 & 5 \\ 3 & -6 & 9 \\ 2 & 6 & 1 \end{bmatrix}$$

*Solution*

Réduisons $A$ en matrice échelonnée réduite (une matrice triangulaire supérieure) et appliquons ensuite le théorème 2.2.3. On a

$$\det(A) = \begin{vmatrix} 0 & 1 & 5 \\ 3 & -6 & 9 \\ 2 & 6 & 1 \end{vmatrix} = - \begin{vmatrix} 3 & -6 & 9 \\ 0 & 1 & 5 \\ 2 & 6 & 1 \end{vmatrix}$$ ⟵ On a permuté la première et la deuxième ligne.

$$= -3 \begin{vmatrix} 1 & -2 & 3 \\ 0 & 1 & 5 \\ 2 & 6 & 1 \end{vmatrix}$$ ⟵ Le facteur 3, commun aux éléments de la première ligne, a été extrait du déterminant.

$$= -3 \begin{vmatrix} 1 & -2 & 3 \\ 0 & 1 & 5 \\ 0 & 10 & -5 \end{vmatrix}$$ ⟵ On a ajouté à la dernière ligne $-2$ fois la première.

$$= -3 \begin{vmatrix} 1 & -2 & 3 \\ 0 & 1 & 5 \\ 0 & 0 & -55 \end{vmatrix}$$ ⟵ On a ajouté à la dernière ligne $-10$ fois la deuxième.

$$= (-3)(-55) \begin{vmatrix} 1 & -2 & 3 \\ 0 & 1 & 5 \\ 0 & 0 & 1 \end{vmatrix}$$ ⟵ Le facteur $-55$, commun aux éléments de la dernière ligne, a été extrait du déterminant.

$$= (-3)(-55)(1) = 165 \quad \blacklozenge$$

*REMARQUE* La réduction des matrices est tout à fait appropriée au calcul automatisé des déterminants parce qu'elle est à la fois efficace et facile à programmer. Cependant, dans les calculs manuels, le développement de Laplace demeure souvent plus simple d'utilisation.

**EXEMPLE 5** Évaluer un déterminant à l'aide d'opérations sur les colonnes

Calculer le déterminant de la matrice

$$A = \begin{bmatrix} 1 & 0 & 0 & 3 \\ 2 & 7 & 0 & 6 \\ 0 & 6 & 3 & 0 \\ 7 & 3 & 1 & -5 \end{bmatrix}$$

*Solution*

On peut calculer le déterminant en réduisant la matrice par des opérations sur les lignes comme nous l'avons fait ci-dessus. Cependant, une seule opération sur les colonnes peut transformer $A$ en une matrice triangulaire inférieure; il suffit en effet d'ajouter à la quatrième colonne la première colonne multipliée par $-3$. On obtient alors

$$\det(A) = \det \begin{bmatrix} 1 & 0 & 0 & 0 \\ 2 & 7 & 0 & 0 \\ 0 & 6 & 3 & 0 \\ 7 & 3 & 1 & -26 \end{bmatrix} = (1)(7)(3)(-26) = -546$$

Cet exemple montre que les opérations sur les colonnes peuvent parfois simplifier les calculs. Ne les négligez pas. ◆

Il est parfois efficace de combiner le développement d'un déterminant et les opérations sur les lignes ou sur les colonnes, comme le montre l'exemple qui suit :

---

**EXEMPLE 6** Développement d'un déterminant et opérations sur les lignes

---

Évaluer det ($A$) si

$$A = \begin{bmatrix} 3 & 5 & -2 & 6 \\ 1 & 2 & -1 & 1 \\ 2 & 4 & 1 & 5 \\ 3 & 7 & 5 & 3 \end{bmatrix}$$

*Solution*

En additionnant les multiples appropriés de la deuxième ligne aux autres lignes, on obtient

$$\det(A) = \begin{vmatrix} 0 & -1 & 1 & 3 \\ 1 & 2 & -1 & 1 \\ 0 & 0 & 3 & 3 \\ 0 & 1 & 8 & 0 \end{vmatrix}$$

$$= - \begin{vmatrix} -1 & 1 & 3 \\ 0 & 3 & 3 \\ 1 & 8 & 0 \end{vmatrix} \quad \longleftarrow \quad \text{Développement de Laplace selon la première colonne}$$

$$= - \begin{vmatrix} -1 & 1 & 3 \\ 0 & 3 & 3 \\ 0 & 9 & 3 \end{vmatrix} \quad \longleftarrow \quad \text{Addition de la première ligne à la troisième}$$

$$= -(-1) \begin{vmatrix} 3 & 3 \\ 9 & 3 \end{vmatrix} \quad \longleftarrow \quad \text{Développement de Laplace selon la première colonne}$$

$$= -18 \quad ◆$$

**1.** Dans chaque cas, vérifiez que det $(A)$ = det $(A^T)$.

(a) $A = \begin{bmatrix} -2 & 3 \\ 1 & 4 \end{bmatrix}$

(b) $A = \begin{bmatrix} 2 & -1 & 3 \\ 1 & 2 & 4 \\ 5 & -3 & 6 \end{bmatrix}$

**2.** Évaluez les déterminants donnés par simple examen visuel.

(a) $\begin{vmatrix} 3 & -17 & 4 \\ 0 & 5 & 1 \\ 0 & 0 & -2 \end{vmatrix}$

(b) $\begin{vmatrix} \sqrt{2} & 0 & 0 & 0 \\ -8 & \sqrt{2} & 0 & 0 \\ 7 & 0 & -1 & 0 \\ 9 & 5 & 6 & 1 \end{vmatrix}$

(c) $\begin{vmatrix} -2 & 1 & 3 \\ 1 & -7 & 4 \\ -2 & 1 & 3 \end{vmatrix}$

(d) $\begin{vmatrix} 1 & -2 & 3 \\ 2 & -4 & 6 \\ 5 & -8 & 1 \end{vmatrix}$

**3.** Évaluez les déterminants des matrices élémentaires ci-dessous par simple examen visuel.

(a) $\begin{bmatrix} 1 & 0 & 0 & 0 \\ 0 & 1 & 0 & 0 \\ 0 & 0 & -5 & 0 \\ 0 & 0 & 0 & 1 \end{bmatrix}$

(b) $\begin{bmatrix} 1 & 0 & 0 & 0 \\ 0 & 0 & 1 & 0 \\ 0 & 1 & 0 & 0 \\ 0 & 0 & 0 & 1 \end{bmatrix}$

(c) $\begin{bmatrix} 1 & 0 & 0 & 0 \\ 0 & 1 & 0 & -9 \\ 0 & 0 & 1 & 0 \\ 0 & 0 & 0 & 1 \end{bmatrix}$

Dans les exercices 4 à 11, évaluez le déterminant des matrices données en les réduisant d'abord à la forme échelonnée réduite.

**4.** $\begin{bmatrix} 3 & 6 & -9 \\ 0 & 0 & -2 \\ -2 & 1 & 5 \end{bmatrix}$

**5.** $\begin{bmatrix} 0 & 3 & 1 \\ 1 & 1 & 2 \\ 3 & 2 & 4 \end{bmatrix}$

**6.** $\begin{bmatrix} 1 & -3 & 0 \\ -2 & 4 & 1 \\ 5 & -2 & 2 \end{bmatrix}$

**7.** $\begin{bmatrix} 3 & -6 & 9 \\ -2 & 7 & -2 \\ 0 & 1 & 5 \end{bmatrix}$

**8.** $\begin{bmatrix} 1 & -2 & 3 & 1 \\ 5 & -9 & 6 & 3 \\ -1 & 2 & -6 & -2 \\ 2 & 8 & 6 & 1 \end{bmatrix}$

**9.** $\begin{bmatrix} 2 & 1 & 3 & 1 \\ 1 & 0 & 1 & 1 \\ 0 & 2 & 1 & 0 \\ 0 & 1 & 2 & 3 \end{bmatrix}$

**10.** $\begin{bmatrix} 0 & 1 & 1 & 1 \\ \frac{1}{2} & \frac{1}{2} & 1 & \frac{1}{2} \\ \frac{2}{3} & \frac{1}{3} & \frac{1}{3} & 0 \\ -\frac{1}{3} & \frac{2}{3} & 0 & 0 \end{bmatrix}$

**11.** $\begin{bmatrix} 1 & 3 & 1 & 5 & 3 \\ -2 & -7 & 0 & -4 & 2 \\ 0 & 0 & 1 & 0 & 1 \\ 0 & 0 & 2 & 1 & 1 \\ 0 & 0 & 0 & 1 & 1 \end{bmatrix}$

**12.** Évaluez les déterminants donnés, sachant que $\begin{vmatrix} a & b & c \\ d & e & f \\ g & h & i \end{vmatrix} = -6$

(a) $\begin{vmatrix} d & e & f \\ g & h & i \\ a & b & c \end{vmatrix}$

(b) $\begin{vmatrix} 3a & 3b & 3c \\ -d & -e & -f \\ 4g & 4h & 4i \end{vmatrix}$

(c) $\begin{vmatrix} a+g & b+h & c+i \\ d & e & f \\ g & h & i \end{vmatrix}$

(d) $\begin{vmatrix} -3a & -3b & -3c \\ d & e & f \\ g-4d & h-4e & i-4f \end{vmatrix}$

**13.** Réduisez la matrice à l'aide d'opérations sur les lignes pour montrer que

$$\begin{vmatrix} 1 & 1 & 1 \\ a & b & c \\ a^2 & b^2 & c^2 \end{vmatrix} = (b-a)(c-a)(c-b)$$

**14.** Inspirez-vous de la preuve du théorème 2.1.3 pour démontrer que

(a)   $\det \begin{bmatrix} 0 & 0 & a_{13} \\ 0 & a_{22} & a_{23} \\ a_{31} & a_{32} & a_{33} \end{bmatrix} = -a_{13}a_{22}a_{31}$

(b)   $\det \begin{bmatrix} 0 & 0 & 0 & a_{14} \\ 0 & 0 & a_{23} & a_{24} \\ 0 & a_{32} & a_{33} & a_{34} \\ a_{41} & a_{42} & a_{43} & a_{44} \end{bmatrix} = a_{14}a_{23}a_{32}a_{41}$

**15.** Démontrez les cas particuliers suivants du théorème 2.2.3 :

(a)   $\begin{vmatrix} a_{21} & a_{22} & a_{23} \\ a_{11} & a_{12} & a_{13} \\ a_{31} & a_{32} & a_{33} \end{vmatrix} = - \begin{vmatrix} a_{11} & a_{12} & a_{13} \\ a_{21} & a_{22} & a_{23} \\ a_{31} & a_{32} & a_{33} \end{vmatrix}$

(b)   $\begin{vmatrix} a_{11}+ka_{21} & a_{12}+ka_{22} & a_{13}+ka_{23} \\ a_{21} & a_{22} & a_{23} \\ a_{31} & a_{32} & a_{33} \end{vmatrix} = \begin{vmatrix} a_{11} & a_{12} & a_{13} \\ a_{21} & a_{22} & a_{23} \\ a_{31} & a_{32} & a_{33} \end{vmatrix}$

**16.** Refaites les exercices 4 à 7 en combinant la méthode par réduction et le développement de Laplace, tel qu'illustré à l'exemple 6.

**17.** Refaites les exercices 8 à 11 en combinant la méthode par réduction et le développement de Laplace, tel qu'illustré à l'exemple 6.

---

*Exploration & discussion*

**18.** Dans chaque cas, trouvez det $(A)$ par simple examen visuel; expliquez ensuite votre raisonnement.

(a)   $A = \begin{bmatrix} 0 & 0 & 1 \\ 0 & 1 & 0 \\ 1 & 0 & 0 \end{bmatrix}$   (b)   $A = \begin{bmatrix} 0 & 0 & 0 & 1 \\ 0 & 0 & 1 & 0 \\ 0 & 1 & 0 & 0 \\ 1 & 0 & 0 & 0 \end{bmatrix}$

**19.** Résolvez l'équation ci-dessous par simple examen visuel. Expliquez ensuite votre raisonnement.

$$\begin{vmatrix} x & 5 & 7 \\ 0 & x+1 & 6 \\ 0 & 0 & 2x-1 \end{vmatrix} = 0$$

**20.** (a)   Par simple examen visuel, trouvez deux solutions à l'équation

$$\begin{vmatrix} 1 & x & x^2 \\ 1 & 1 & 1 \\ 1 & -3 & 9 \end{vmatrix} = 0$$

(b)   Pensez-vous qu'il y ait d'autres solutions? Justifiez votre réponse.

**21.** En général, combien d'opérations arithmétiques sont nécessaires pour trouver det $(A)$ par réduction de la matrice? par le développement de Laplace?

## 2.3
### PROPRIÉTÉS DE LA FONCTION DÉTERMINANT

*Dans cette section, nous présentons quelques propriétés fondamentales de la fonction déterminant. Ces propriétés permettront une meilleure compréhension de la relation qui unit une matrice carrée à son déterminant. Nous déduirons entre autres le test du déterminant pour vérifier si une matrice est inversible.*

### Propriétés fondamentales des déterminants

Considérons les matrices $A$ et $B$, de dimensions $n \times n$, et $k$, un scalaire quelconque. Examinons d'abord les relations possibles entre det $(A)$, det $(B)$ et

$$\det(kA), \quad \det(A+B) \quad \text{et} \quad \det(AB)$$

Sachant que l'on peut extraire du déterminant un facteur commun aux éléments d'une seule ligne, et que les éléments de chacune des $n$ lignes de $kA$ ont le facteur $k$ en commun, on peut écrire

$$\det(kA) = k^n \det(A) \tag{1}$$

Par exemple,

$$\begin{vmatrix} ka_{11} & ka_{12} & ka_{13} \\ ka_{21} & ka_{22} & ka_{23} \\ ka_{31} & ka_{32} & ka_{33} \end{vmatrix} = k^3 \begin{vmatrix} a_{11} & a_{12} & a_{13} \\ a_{21} & a_{22} & a_{23} \\ a_{31} & a_{32} & a_{33} \end{vmatrix}$$

Malheureusement, il n'existe pas de relation simple entre det $(A)$, det $(B)$ et det $(A+B)$. Précisons en passant que det $(A+B)$ *n'est* généralement *pas* égal à det $(A)$ + det $(B)$, tel qu'illustré à l'exemple qui suit :

---

### EXEMPLE 1   det $(A+B) \neq$ det $(A)$ + det $(B)$

---

Considérons les matrices

$$A = \begin{bmatrix} 1 & 2 \\ 2 & 5 \end{bmatrix}, \qquad B = \begin{bmatrix} 3 & 1 \\ 1 & 3 \end{bmatrix}, \qquad A+B = \begin{bmatrix} 4 & 3 \\ 3 & 8 \end{bmatrix}$$

On a det $(A) = 1$, det $(B) = 8$ et det $(A+B) = 23$; on en déduit

$$\det(A+B) \neq \det(A) + \det(B) \quad \blacklozenge$$

L'inégalité obtenue à l'exemple 1 peut paraître décevante; mais il existe bel et bien une relation importante et souvent utile concernant la somme des déterminants. Pour l'obtenir, considérons deux matrices $2 \times 2$ qui se distinguent uniquement par leur seconde ligne :

$$A = \begin{bmatrix} a_{11} & a_{12} \\ a_{21} & a_{22} \end{bmatrix} \quad \text{et} \quad B = \begin{bmatrix} a_{11} & a_{12} \\ b_{21} & b_{22} \end{bmatrix}$$

On a

$$\det(A) + \det(B) = (a_{11}a_{22} - a_{12}a_{21}) + (a_{11}b_{22} - a_{12}b_{21})$$
$$= a_{11}(a_{22} + b_{22}) - a_{12}(a_{21} + b_{21})$$
$$= \det \begin{bmatrix} a_{11} & a_{12} \\ a_{21} + b_{21} & a_{22} + b_{22} \end{bmatrix}$$

On en déduit

$$\det \begin{bmatrix} a_{11} & a_{12} \\ a_{21} & a_{22} \end{bmatrix} + \det \begin{bmatrix} a_{11} & a_{12} \\ b_{21} & b_{22} \end{bmatrix} = \det \begin{bmatrix} a_{11} & a_{12} \\ a_{21} + b_{21} & a_{22} + b_{22} \end{bmatrix}$$

Ce cas particulier illustre le théorème général suivant.

**THÉORÈME 2.3.1**

> *Soit A, B et C des matrices de dimensions n × n, qui se distinguent par une seule ligne, soit la ligne r; considérons également que la ligne r de C puisse être obtenue en additionnant les éléments correspondants des lignes r de A et de B. On a alors*
>
> $$\det (C) = \det (A) + \det (B)$$
>
> *Le même énoncé s'applique aux colonnes.*

---

### EXEMPLE 2   Utiliser le théorème 2.3.1

En évaluant les déterminants, le lecteur peut vérifier que

$$\det \begin{bmatrix} 1 & 7 & 5 \\ 2 & 0 & 3 \\ 1+0 & 4+1 & 7+(-1) \end{bmatrix} = \det \begin{bmatrix} 1 & 7 & 5 \\ 2 & 0 & 3 \\ 1 & 4 & 7 \end{bmatrix} + \det \begin{bmatrix} 1 & 7 & 5 \\ 2 & 0 & 3 \\ 0 & 1 & -1 \end{bmatrix} \qquad \blacklozenge$$

**Déterminant d'un produit matriciel**

Sachant à quel point la multiplication matricielle et la définition du déterminant sont complexes, il semble à priori peu probable de lier ces deux notions dans une expression simple. C'est ce qui fait toute la beauté de la relation qui suit : nous allons démontrer que si $A$ et $B$ sont des matrices carrées de mêmes dimensions, alors

$$\det (AB) = \det (A) \det (B) \qquad (2)$$

La preuve de ce théorème étant assez compliquée, nous devrons procéder par étapes et présenter d'abord quelques résultats préliminaires. Commençons par le cas particulier de (2), où $A$ est une matrice élémentaire. Ce cas particulier n'étant qu'un prélude à (2), nous parlerons d'un *lemme*.

**LEMME 2.3.2**

> *Soit B une matrice n × n et E, une matrice élémentaire n × n. Alors*
>
> $$\det (EB) = \det (E) \det (B)$$

***Démonstration***   Nous allons examiner trois cas, selon l'opération sur les lignes qui a engendré la matrice $E$.

*Cas 1.*   Si $E$ résulte de la multiplication par $k$ d'une ligne de $I_n$, alors, conformément au théorème 1.5.1, on obtient $EB$ en multipliant une ligne de $B$ par $k$. Par le théorème 2.2.3a, on a

$$\det (EB) = k \det (B)$$

Or, par le théorème 2.2.4a, on sait que $\det (E) = k$, de sorte que

$$\det (EB) = \det (E) \det (B)$$

*Cas 2 et 3.*   Les preuves des cas 2 et 3, dont le déroulement suit le même schéma, sont laissées en exercices. Dans l'un des cas, la matrice $E$ résulte de la permutation de deux lignes de $I_n$ et dans l'autre, $E$ résulte de l'addition d'un multiple d'une ligne à une autre ligne. ∎

REMARQUE   Des applications répétées du lemme 2.3.2 permettent de conclure que si $B$ est une matrice $n \times n$ et $E_1, E_2, \ldots, E_r$ sont des matrices élémentaires $n \times n$, alors

$$\det(E_1 E_2 \cdots E_r B) = \det(E_1) \det(E_2) \cdots \det(E_r) \det(B) \tag{3}$$

Par exemple,

$$\det(E_1 E_2 B) = \det(E_1) \det(E_2 B) = \det(E_1) \det(E_2) \det(B)$$

**Inversion d'une matrice : test du déterminant**

Le prochain théorème établit un important critère pour déterminer si une matrice est inversible à l'aide du calcul de son déterminant. Nous utiliserons ce critère pour démontrer l'identité (2).

**THÉORÈME 2.3.3**

> *Soit A une matrice carrée. Alors A est inversible si et seulement si* $\det(A) \neq 0$.

***Démonstration***   Soit $R$, la matrice échelonnée réduite de $A$. Nous allons d'abord démontrer que $\det(A)$ et $\det(R)$ sont tous les deux nuls ou tous les deux différents de zéro. Nommons $E_1, E_2, \ldots, E_r$, les matrices élémentaires issues des opérations élémentaires sur les lignes qui ont réduit $A$ à $R$. On a

$$R = E_r \cdots E_2 E_1 A$$

L'égalité (3) donne alors

$$\det(R) = \det(E_r) \cdots \det(E_2) \det(E_1) \det(A) \tag{4}$$

Or, le théorème 2.2.4 nous assure que les déterminants des matrices élémentaires sont tous différents de zéro. (Rappelons que les opérations sur les lignes ne permettent *pas* de multiplier une ligne par zéro et en conséquence, $k \neq 0$ dans cette application du théorème 2.2.4.) On déduit alors de (4) que $\det(A)$ et $\det(E)$ sont tous les deux nuls ou tous les deux non nuls. Passons maintenant à la preuve principale.

Si $A$ est inversible, alors $R = I$ (théorème 1.6.4), et on déduit $\det(R) = 1 \neq 0$ et $\det(A) \neq 0$. Réciproquement, si $\det(A) \neq 0$, alors $\det(R) \neq 0$ et $R$ ne peut contenir de lignes de zéros. Puisque $R = I$ (théorème 1.4.3), alors $A$ est inversible (théorème 1.6.4). ∎

Par les théorèmes 2.3.3. et 2.2.5, on sait qu'une matrice carrée qui contient deux lignes proportionnelles ou deux colonnes proportionnelles n'est pas inversible.

---

## EXEMPLE 3   Test du déterminant

---

La première et la troisième ligne de $A$ ci-dessous étant proportionnelles, alors $\det(A) = 0$. On en déduit que $A$ n'est pas inversible.

$$A = \begin{bmatrix} 1 & 2 & 3 \\ 1 & 0 & 1 \\ 2 & 4 & 6 \end{bmatrix} \blacklozenge$$

Nous sommes maintenant prêt, à examiner le résultat concernant le déterminant d'un produit.

**THÉORÈME 2.3.4**

> *Soit A et B deux matrices carrées de mêmes dimensions. Alors*
> $$\det(AB) = \det(A)\det(B)$$

***Démonstration*** Séparons d'abord la preuve en deux parties, selon que $A$ est inversible ou non. Si la matrice $A$ n'est pas inversible, alors le produit $AB$ n'est pas inversible (théorème 1.6.5). Et par le théorème 2.3.3, $\det(AB) = 0$ et $\det(A) = 0$; en conséquence, $\det(AB) = \det(A)\det(B)$.

Considérons maintenant le cas où $A$ est inversible et exprimons la matrice $A$ sous la forme d'un produit de matrices élémentaires (théorème 1.6.4); on a

$$A = E_1 E_2 \cdots E_r \tag{5}$$

On a alors

$$AB = E_1 E_2 \cdots E_r B$$

Appliquons la relation (3) à cette équation; on obtient

$$\det(AB) = \det(E_1)\det(E_2)\cdots\det(E_r)\det(B)$$

Appliquons de nouveau la relation (3); on trouve

$$\det(AB) = \det(E_1 E_2 \cdots E_r)\det(B)$$

En comparant cette dernière égalité à (5), on peut conclure $\det(AB) = \det(A)\det(B)$. ∎

---

## EXEMPLE 4  Vérifier que det (AB) = det (A) det (B)

Considérons les matrices

$$A = \begin{bmatrix} 3 & 1 \\ 2 & 1 \end{bmatrix}, \qquad B = \begin{bmatrix} -1 & 3 \\ 5 & 8 \end{bmatrix}, \qquad AB = \begin{bmatrix} 2 & 17 \\ 3 & 14 \end{bmatrix}$$

Nous laissons le soin au lecteur de vérifier que

$$\det(A) = 1, \quad \det(B) = -23 \quad \text{et} \quad \det(AB) = -23$$

Ainsi, $\det(AB) = \det(A)\det(B)$, tel que prévu par le théorème 2.3.4. ◆

Le théorème qui suit propose une relation utile entre le déterminant d'une matrice inversible et le déterminant de sa matrice inverse :

**THÉORÈME 2.3.5**

> *Soit A une matrice inversible. Alors*
> $$\det(A^{-1}) = \frac{1}{\det(A)}$$

***Démonstration*** Sachant que $A^{-1}A = I$, on déduit que $\det(A^{-1}A) = \det(I)$ et, en conséquence, $\det(A^{-1})\det(A) = 1$. Et puisque $\det(A) \neq 0$, on complète la preuve en divisant les deux côtés de l'équation par $\det(A)$. ∎

## Systèmes linéaires de la forme $A\mathbf{x} = \lambda\mathbf{x}$

En algèbre linéaire, les systèmes de $n$ équations à $n$ inconnues prennent souvent la forme

$$A\mathbf{x} = \lambda\mathbf{x} \tag{6}$$

où $\lambda$ représente un scalaire. De tels systèmes sont en réalité des systèmes linéaires homogènes déguisés; en effet, on peut récrire l'égalité (6) sous la forme $\lambda\mathbf{x} - A\mathbf{x} = \mathbf{0}$ ou, en insérant une matrice identité et en mettant **x** en évidence,

$$(\lambda I - A)\mathbf{x} = \mathbf{0} \tag{7}$$

Voyons un exemple :

---

### EXEMPLE 5   Trouver $\lambda I - A$

---

Soit le système linéaire

$$x_1 + 3x_2 = \lambda x_1$$
$$4x_1 + 2x_2 = \lambda x_2$$

Exprimons-le sous forme matricielle :

$$\begin{bmatrix} 1 & 3 \\ 4 & 2 \end{bmatrix} \begin{bmatrix} x_1 \\ x_2 \end{bmatrix} = \lambda \begin{bmatrix} x_1 \\ x_2 \end{bmatrix}$$

Ce qui correspond à l'égalité (6), où

$$A = \begin{bmatrix} 1 & 3 \\ 4 & 2 \end{bmatrix} \quad \text{et} \quad \mathbf{x} = \begin{bmatrix} x_1 \\ x_2 \end{bmatrix}$$

En réaménageant le système, on obtient

$$\lambda \begin{bmatrix} x_1 \\ x_2 \end{bmatrix} - \begin{bmatrix} 1 & 3 \\ 4 & 2 \end{bmatrix} \begin{bmatrix} x_1 \\ x_2 \end{bmatrix} = \begin{bmatrix} 0 \\ 0 \end{bmatrix}$$

ou

$$\lambda \begin{bmatrix} 1 & 0 \\ 0 & 1 \end{bmatrix} \begin{bmatrix} x_1 \\ x_2 \end{bmatrix} - \begin{bmatrix} 1 & 3 \\ 4 & 2 \end{bmatrix} \begin{bmatrix} x_1 \\ x_2 \end{bmatrix} = \begin{bmatrix} 0 \\ 0 \end{bmatrix}$$

ou

$$\begin{bmatrix} \lambda - 1 & -3 \\ -4 & \lambda - 2 \end{bmatrix} \begin{bmatrix} x_1 \\ x_2 \end{bmatrix} = \begin{bmatrix} 0 \\ 0 \end{bmatrix}$$

Ce qui correspond à l'égalité (7), où

$$\lambda I - A = \begin{bmatrix} \lambda - 1 & -3 \\ -4 & \lambda - 2 \end{bmatrix} \blacklozenge$$

Dans les systèmes linéaires exprimés par (7), on cherche d'abord et avant tout à déterminer les valeurs de $\lambda$ qui donnent une solution non triviale; une telle valeur de $\lambda$ se nomme ***valeur propre***[3] de $A$. Si $\lambda$ est une valeur propre de $A$, alors les solutions non triviales de (7) sont les ***vecteurs propres*** de $A$, correspondant à $\lambda$.

Conformément au théorème 2.3.3, le système $(\lambda I - A)\mathbf{x} = \mathbf{0}$ admet une solution non triviale si et seulement si

$$\det (\lambda I - A) = 0 \tag{8}$$

C'est l'***équation caractéristique*** de $A$; pour obtenir les valeurs propres de $A$, on résout cette équation en $\lambda$.

Nous reviendrons sur les valeurs propres et sur les vecteurs propres dans des chapitres subséquents; nous discuterons entre autres de leur interprétation géométrique.

---

3 En anglais, on emploie le terme *eigenvalue*, issu d'un mélange d'anglais et d'allemand. Le mot allemand *eigen*, qui signifie « propre », provient de la littérature ancienne où les *eigenvalues* étaient appelées *proper values* (valeurs propres) ou *latent roots* (racines latentes). (Outre le terme *eigenvalue*, l'anglais retient aujourd'hui l'expression *characteristic value*. Ndt)

---

**EXEMPLE 6**   Valeurs propres et vecteurs propres

---

Trouver les valeurs propres de la matrice $A$ de l'exemple 5 et les vecteurs propres correspondants.

*Solution*

Écrivons d'abord l'équation caractéristique de $A$; on a

$$\det(\lambda I - A) = \begin{vmatrix} \lambda - 1 & -3 \\ -4 & \lambda - 2 \end{vmatrix} = 0 \quad \text{soit} \quad \lambda^2 - 3\lambda - 10 = 0$$

En factorisant le membre de gauche de cette équation, on obtient $(\lambda + 2)(\lambda - 5) = 0$ et les valeurs propres de $A$ sont $\lambda = -2$ et $\lambda = 5$.

Par définition,

$$\mathbf{x} = \begin{bmatrix} x_1 \\ x_2 \end{bmatrix}$$

est un vecteur propre de $A$ si et seulement si $\mathbf{x}$ est une solution non triviale de $(\lambda I - A)$ $\mathbf{x} = \mathbf{0}$; c'est-à-dire

$$\begin{bmatrix} \lambda - 1 & -3 \\ -4 & \lambda - 2 \end{bmatrix} \begin{bmatrix} x_1 \\ x_2 \end{bmatrix} = \begin{bmatrix} 0 \\ 0 \end{bmatrix} \tag{9}$$

Si $\lambda = -2$, alors l'équation (9) devient

$$\begin{bmatrix} -3 & -3 \\ -4 & -4 \end{bmatrix} \begin{bmatrix} x_1 \\ x_2 \end{bmatrix} = \begin{bmatrix} 0 \\ 0 \end{bmatrix}$$

En résolvant ce système, on trouve $x_1 = -t$, $x_2 = t$ (vérifiez-le); les vecteurs propres correspondant à $\lambda = -2$ sont alors les solutions non nulles de la forme

$$\mathbf{x} = \begin{bmatrix} x_1 \\ x_2 \end{bmatrix} = \begin{bmatrix} -t \\ t \end{bmatrix}$$

Référant une fois de plus à (9), les vecteurs propres de $A$ associées à $\lambda = 5$ sont les solutions non triviales du système

$$\begin{bmatrix} 4 & -3 \\ -4 & 3 \end{bmatrix} \begin{bmatrix} x_1 \\ x_2 \end{bmatrix} = \begin{bmatrix} 0 \\ 0 \end{bmatrix}$$

Nous laissons au lecteur le soin de résoudre ce système et de montrer que les vecteurs propres de $A$ associés à $\lambda = 5$ sont les solutions non nulles ayant pour expression

$$\mathbf{x} = \begin{bmatrix} \frac{3}{4}t \\ t \end{bmatrix} \blacklozenge$$

**Résumé**

Le théorème 1.6.4 regroupait six énoncés équivalents dont l'un concernant l'existence d'une matrice inverse. Nous concluons cette section en intégrant le théorème 2.3.3 à cette liste. Le théorème qui suit résume ainsi les principaux sujets que nous avons étudiés jusqu'ici :

**THÉORÈME 2.3.6**

**Énoncés équivalents**

*Soit A une matrice n × n. Alors les énoncés suivants sont équivalents :*

(*a*) *A est inversible.*

(*b*) $A\mathbf{x} = \mathbf{0}$ *a pour unique solution la solution triviale.*

(*c*) *La matrice échelonnée réduite de A est* $I_n$.

(*d*) *A peut s'écrire comme un produit de matrices élémentaires.*

(*e*) $A\mathbf{x} = \mathbf{b}$ *est compatible pour toute matrice* $\mathbf{b}$ *de dimensions n × 1.*

(*f*) $A\mathbf{x} = \mathbf{b}$ *a une solution unique pour toute matrice* $\mathbf{b}$ *de dimensions n × 1.*

(*g*) $\det(A) \neq 0$.

**SÉRIE D'EXERCICES 2.3**

**1.** Dans chaque cas, vérifiez que $\det(kA) = k^n \det(A)$.

(a) $A = \begin{bmatrix} -1 & 2 \\ 3 & 4 \end{bmatrix}$; $k = 2$ (b) $A = \begin{vmatrix} 2 & -1 & 3 \\ 3 & 2 & 1 \\ 1 & 4 & 5 \end{vmatrix}$; $k = -2$

**2.** Vérifiez que $\det(AB) = \det(A)\det(B)$ pour les matrices

$$A = \begin{bmatrix} 2 & 1 & 0 \\ 3 & 4 & 0 \\ 0 & 0 & 2 \end{bmatrix} \quad \text{et} \quad B = \begin{bmatrix} 1 & -1 & 3 \\ 7 & 1 & 2 \\ 5 & 0 & 1 \end{bmatrix}$$

L'égalité $\det(A + B) = \det(A) + \det(B)$ est-elle vérifiée?

**3.** Par simple examen visuel de la matrice $A$ ci-dessous, expliquez pourquoi $\det(A) = 0$.

$$A = \begin{bmatrix} -2 & 8 & 1 & 4 \\ 3 & 2 & 5 & 1 \\ 1 & 10 & 6 & 5 \\ 4 & -6 & 4 & -3 \end{bmatrix}$$

**4.** Appliquez le théorème 2.3.3 pour déterminer si les matrices suivantes sont inversibles :

(a) $\begin{bmatrix} 1 & 0 & -1 \\ 9 & -1 & 4 \\ 8 & 9 & -1 \end{bmatrix}$ (b) $\begin{bmatrix} 4 & 2 & 8 \\ -2 & 1 & -4 \\ 3 & 1 & 6 \end{bmatrix}$

(c) $\begin{bmatrix} \sqrt{2} & -\sqrt{7} & 0 \\ 3\sqrt{2} & -3\sqrt{7} & 0 \\ 5 & -9 & 0 \end{bmatrix}$ (d) $\begin{bmatrix} -3 & 0 & 1 \\ 5 & 0 & 6 \\ 8 & 0 & 3 \end{bmatrix}$

**5.** Soit la matrice

$$A = \begin{bmatrix} a & b & c \\ d & e & f \\ g & h & i \end{bmatrix}$$

Sachant que $\det(A) = -7$, trouvez

(a) $\det(3A)$ (b) $\det(A^{-1})$ (c) $\det(2A^{-1})$

(d) $\det((2A)^{-1})$ (e) $\det\begin{bmatrix} a & g & d \\ b & h & e \\ c & i & f \end{bmatrix}$

**6.** Sans calculer directement le déterminant, montrez que $x = 0$ et $x = 2$ vérifient l'équation

$$\begin{vmatrix} x^2 & x & 2 \\ 2 & 1 & 1 \\ 0 & 0 & -5 \end{vmatrix} = 0$$

**7.** Sans calculer directement le déterminant, montrez que

$$\det \begin{bmatrix} b+c & c+a & b+a \\ a & b & c \\ 1 & 1 & 1 \end{bmatrix} = 0$$

Dans les exercices 8 à 11, démontrez les identités données sans évaluer les déterminants.

**8.** $\begin{vmatrix} a_1 & b_1 & a_1 + b_1 + c_1 \\ a_2 & b_2 & a_2 + b_2 + c_2 \\ a_3 & b_3 & a_3 + b_3 + c_3 \end{vmatrix} = \begin{vmatrix} a_1 & b_1 & c_1 \\ a_2 & b_2 & c_2 \\ a_3 & b_3 & c_3 \end{vmatrix}$

**9.** $\begin{vmatrix} a_1 + b_1 & a_1 - b_1 & c_1 \\ a_2 + b_2 & a_2 - b_2 & c_2 \\ a_3 + b_3 & a_3 - b_3 & c_3 \end{vmatrix} = -2 \begin{vmatrix} a_1 & b_1 & c_1 \\ a_2 & b_2 & c_2 \\ a_3 & b_3 & c_3 \end{vmatrix}$

**10.** $\begin{vmatrix} a_1 + b_1 t & a_2 + b_2 t & a_3 + b_3 t \\ a_1 t + b_1 & a_2 t + b_2 & a_3 t + b_3 \\ c_1 & c_2 & c_3 \end{vmatrix} = (1 - t^2) \begin{vmatrix} a_1 & a_2 & a_3 \\ b_1 & b_2 & b_3 \\ c_1 & c_2 & c_3 \end{vmatrix}$

**11.** $\begin{vmatrix} a_1 & b_1 + ta_1 & c_1 + rb_1 + sa_1 \\ a_2 & b_2 + ta_2 & c_2 + rb_2 + sa_2 \\ a_3 & b_3 + ta_3 & c_3 + rb_3 + sa_3 \end{vmatrix} = \begin{vmatrix} a_1 & a_2 & a_3 \\ b_1 & b_2 & b_3 \\ c_1 & c_2 & c_3 \end{vmatrix}$

**12.** Dans chaque cas, pour quelle(s) valeur(s) de $k$ la matrice $A$ n'est-elle pas inversible?

(a) $A = \begin{bmatrix} k-3 & -2 \\ -2 & k-2 \end{bmatrix}$  (b) $A = \begin{bmatrix} 1 & 2 & 4 \\ 3 & 1 & 6 \\ k & 3 & 2 \end{bmatrix}$

**13.** Utilisez le théorème 2.3.3 pour vérifier que la matrice ci-dessous n'est pas inversible, quelles que soient les valeurs de $\alpha$, $\beta$ et $\gamma$.

$$\begin{bmatrix} \sin^2 \alpha & \sin^2 \beta & \sin^2 \gamma \\ \cos^2 \alpha & \cos^2 \beta & \cos^2 \gamma \\ 1 & 1 & 1 \end{bmatrix}$$

**14.** Exprimez chacun des systèmes linéaires sous la forme $(\lambda I - A)\mathbf{x} = \mathbf{0}$.

(a) $\begin{aligned} x_1 + 2x_2 &= \lambda x_1 \\ 2x_1 + x_2 &= \lambda x_2 \end{aligned}$  (b) $\begin{aligned} 2x_1 + 3x_2 &= \lambda x_1 \\ 4x_1 + 3x_2 &= \lambda x_2 \end{aligned}$  (c) $\begin{aligned} 3x_1 + x_2 &= \lambda x_1 \\ -5x_1 - 3x_2 &= \lambda x_2 \end{aligned}$

**15.** Pour chacun des systèmes donnés à l'exercice 14, trouvez

(a) l'équation caractéristique;

(b) les valeurs propres;

(c) les vecteurs propres correspondant à chacune des valeurs propres.

**16.** Soit $A$ et $B$ des matrices de dimension $n \times n$. Montrez que si $A$ est inversible, alors $\det (B) = \det (A^{-1}BA)$.

**17.** (a) Exprimez le déterminant suivant par une somme de quatre déterminants dont aucun élément n'est une somme :

$$\begin{vmatrix} a_1 + b_1 & c_1 + d_1 \\ a_2 + b_2 & c_2 + d_2 \end{vmatrix}$$

(b) Exprimez le déterminant ci-dessous par une somme de huit déterminants dont aucun élément n'est une somme.

$$\begin{vmatrix} a_1 + b_1 & c_1 + d_1 & e_1 + f_1 \\ a_2 + b_2 & c_2 + d_2 & e_2 + f_2 \\ a_3 + b_3 & c_3 + d_3 & e_3 + f_3 \end{vmatrix}$$

**18.** Montrez qu'une matrice carrée $A$ est inversible si et seulement si $A^T A$ est inversible.

**19.** Démontrez les cas 2 et 3 du lemme 2.3.2.

*Exploration & discussion*

**20.** Soit $A$ et $B$ deux matrices de dimension $n \times n$. Vous savez déjà que $AB$ n'est pas nécessairement égal à $BA$. Qu'en est-il de la relation entre det $(AB)$ et det $(BA)$? Expliquez votre raisonnement.

**21.** Soit $A$ et $B$ deux matrices de dimension $n \times n$. Vous savez déjà que $AB$ est inversible si $A$ et $B$ sont inversibles. Que pouvez-vous dire de l'existence d'une matrice inverse pour $AB$ dans le cas ou l'une des deux ou les deux matrices $A$ et $B$ sont singulières? Justifiez votre réponse.

**22.** Dans chaque cas, indiquez si l'énoncé est toujours vrai ou s'il peut être faux dans certain(s) cas. Justifiez votre réponse par une explication ou un contre-exemple.

   (a) det $(2A) = 2$ det $(A)$

   (b) $|A^2| = |A|^2$

   (c) det $(I + A) = 1 + $ det $(A)$

   (d) Si det $(A) = 0$, alors le système homogène $A\mathbf{x} = \mathbf{0}$ admet une infinité de solutions.

**23.** Dans chaque cas, indiquez si l'énoncé est toujours vrai ou s'il peut être faux dans certain(s) cas. Justifiez votre réponse par une explication ou par un contre-exemple.

   (a) Si det $(A) = 0$, alors la matrice $A$ ne peut prendre la forme d'un produit de matrices élémentaires.

   (b) Si la matrice échelonnée réduite de $A$ contient une ligne de zéros, alors det $(A) = 0$.

   (c) Le déterminant d'une matrice reste le même si l'on inverse l'ordre des colonnes de la matrice.

   (d) Il n'existe pas de matrice carrée $A$ telle que det $(AA^T) = 1$. (Dans ce cas dire si l'énoncé est vrai ou faux.)

# 2.4
## APPROCHE COMBINATOIRE DES DÉTERMINANTS

*Dans cette section, nous explorons une approche combinatoire des déterminants. Dans les faits, cette approche a précédé la notion de matrice.*

Nous abordons ici les déterminants selon une approche différente, complémentaire au développement de Laplace. Cette approche est fondée sur les permutations.

> **DÉFINITION**
>
> Une ***permutation*** de l'ensemble d'entiers $\{1, 2, \dots, n\}$ est un arrangement de ces entiers dans une ordre quelconque, qui contient tous ces entiers, sans toutefois les répéter.

## EXEMPLE 1  Permutation de trois nombres entiers

Il existe six permutations différentes de l'ensemble $\{1, 2, 3\}$. Ce sont :

$$(1, 2, 3) \quad (2, 1, 3) \quad (3, 1, 2)$$
$$(1, 3, 2) \quad (2, 3, 1) \quad (3, 2, 1) \; \blacklozenge$$

Pour représenter systématiquement toutes les permutations d'un ensemble, on utilise souvent un *arbre des permutations*, tel qu'illustré à l'exemple qui suit.

## EXEMPLE 2  Permutations de quatre entiers

Énumérer toutes les permutations de l'ensemble $\{1, 2, 3, 4\}$.

*Solution*

Examinez la figure 2.4.1. Les quatre points du haut, identifiés 1, 2, 3 et 4, représentent les choix possibles pour le premier nombre de la permutation. Les branches de l'arbre issues de ces points donnent les choix possibles pour la deuxième position de la permutation. Ainsi, si la permutation commence par $(2, -, -, -)$, il reste trois possibilités pour le deuxième nombre, soit 1, 3 et 4. Les deux branches émanant des points de la deuxième position indiquent les choix possibles pour la troisième position. Ainsi, si la permutation débute par $(2, 3, -, -)$, il reste deux possibilités pour la troisième position, soit 1 et 4. Finalement, la branche issue de chaque point marquant la troisième position représente la seule possibilité pour la quatrième position. Ainsi, en dernière position de la permutation $(2, 3, 4, -)$ on a forcément le nombre 1. On obtient la liste complète des permutations en traçant tous les chemins qui constituent l'« arbre », de la première position à la dernière. Dans le cas présent, on trouve :

$$(1, 2, 3, 4) \quad (2, 1, 3, 4) \quad (6 \; 1, 2, 4) \quad (4, 1, 2, 3)$$
$$(1, 2, 4, 3) \quad (2, 1, 4, 3) \quad (3, 1, 4, 2) \quad (4, 1, 3, 2)$$
$$(1, 3, 2, 4) \quad (2, 3, 1, 4) \quad (3, 2, 1, 4) \quad (4, 2, 1, 3)$$
$$(1, 3, 4, 2) \quad (2, 3, 4, 1) \quad (3, 2, 4, 1) \quad (4, 2, 3, 1)$$
$$(1, 4, 2, 3) \quad (2, 4, 1, 3) \quad (3, 4, 1, 2) \quad (4, 3, 1, 2)$$
$$(1, 4, 3, 2) \quad (2, 4, 3, 1) \quad (3, 4, 2, 1) \quad (4, 3, 2, 1) \; \blacklozenge$$

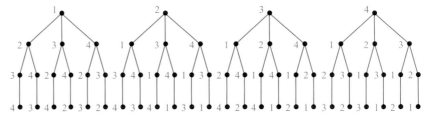

Figure 2.4.1

Cet exemple montre que l'ensemble $\{1, 2, 3, 4\}$ donne lieu à 24 permutations. Nous aurions pu anticiper ce résultat, sans faire la liste complète des permutations. En effet, étant donné qu'il y a quatre possibilités pour la première position et trois possibilités pour la deuxième position, il existe $4 \cdot 3$ possibilités pour remplir les deux premières places.

Et puisqu'il reste deux choix pour combler la troisième position, il y a $4 \cdot 3 \cdot 2$ possibilités pour les trois premières positions. Finalement, il reste une seule valeur pour la quatrième position, de sorte qu'il y a $4 \cdot 3 \cdot 2 \cdot 1 = 24$ façons différentes de combler les quatre positions. Si l'on généralise ce résultat à l'ensemble $\{1, 2, \ldots, n\}$, on obtient $n(n-1)(n-2) \cdots 2 \cdot 1 = n!$ permutations différentes.

On représente par $(j_1, j_2, \ldots, j_n)$ une permutation générale de l'ensemble $\{1, 2, \ldots, n\}$, où $j_1$ correspond au premier entier de la permutation, $j_2$ est le deuxième et ainsi de suite. On parle d'une **inversion** dans une permutation $(j_1, j_2, \ldots, j_n)$ chaque fois qu'un nombre est suivi d'un nombre plus petit à l'intérieur de la permutation. Pour déterminer le nombre d'inversions à l'intérieur d'une permutation, on trouve d'abord le nombre d'entiers inférieurs à $j_1$ qui suivent $j_1$ dans la permutation puis le nombre d'entiers inférieurs à $j_2$ qui suivent $j_2$ dans la permutation; on poursuit le compte de la même manière en considérant $j_3, \ldots, j_{n-1}$. La somme de ces nombres donne le nombre total d' inversions dans la permutation.

---

### EXEMPLE 3  Compter les inversions

Déterminer le nombre d'inversions dans les permutations suivantes :

$$\text{(a)} \ (6, 1, 3, 4, 5, 2) \qquad \text{(b)} \ (2, 4, 1, 3) \qquad \text{(c)} \ (1, 2, 3, 4)$$

*Solution*

(a) Le nombre d'inversions est égal à $5 + 0 + 1 + 1 + 1 = 8$.

(b) Le nombre d'inversions est égal à $1 + 2 + 0 = 3$.

(c) Il n'y a aucune inversion dans cette permutation. ◆

---

**DÉFINITION**

On dit d'une permutation qu'elle est **paire** lorsqu'elle contient un nombre pair d'inversions et qu'elle est **impaire** lorsqu'elle contient un nombre impair d'inversions.

---

### EXEMPLE 4  Classifier les permutations

Dans le tableau ci-dessous les permutations de l'ensemble $\{1, 2, 3\}$ sont classées selon qu'elles sont paires ou impaires.

| Permutations | Nombre d'inversions | Classification |
|---|---|---|
| $(1, 2, 3)$ | 0 | paire |
| $(1, 3, 2)$ | 1 | impaire |
| $(2, 1, 3)$ | 1 | impaire |
| $(2, 3, 1)$ | 2 | paire |
| $(3, 1, 2)$ | 2 | paire |
| $(3, 2, 1)$ | 3 | impaire |

◆

Définition
combinatoire du
déterminant

Un ***produit élémentaire*** provenant d'une matrice $A$ de dimensions $n \times n$ est un produit de $n$ éléments de $A$ qui ne comporte pas deux nombres de la même ligne ou de la même colonne.

---

### EXEMPLE 5   Produits élémentaires

Énumérer tous les produits élémentaires des matrices suivantes :

$$(a) \begin{bmatrix} a_{11} & a_{12} \\ a_{21} & a_{22} \end{bmatrix} \qquad (b) \begin{bmatrix} a_{11} & a_{12} & a_{13} \\ a_{21} & a_{22} & a_{23} \\ a_{31} & a_{32} & a_{33} \end{bmatrix}$$

*Solution de (a)*

Chaque produit élémentaire comportant deux facteurs issus de lignes différentes, l'expression d'un produit élémentaire prend la forme

$$a_{1\_}a_{2\_}$$

où les espaces vides correspondent aux numéros des colonnes. Puisque les deux facteurs du produit proviennent de colonnes différentes, les numéros des colonnes suivent l'ordre $\underline{1}\ \underline{2}$ ou $\underline{2}\ \underline{1}$. Il y a donc deux produits élémentaires possibles, soit $a_{11}a_{22}$ et $a_{12}a_{21}$.

*Solution de (b)*

Chaque produit élémentaire étant formé de trois facteurs issus de trois lignes différentes, l'expression d'un produit élémentaire prend la forme

$$a_{1\_}a_{2\_}a_{3\_}$$

Puisque les trois facteurs proviennent de colonnes différentes, les numéros des colonnes ne se répètent pas dans les indices; ils forment plutôt une permutation de l'ensemble $\{1, 2, 3\}$. Les $3! = 6$ permutations possibles donnent les produits élémentaires suivants :

$$a_{11}a_{22}a_{33} \qquad a_{12}a_{21}a_{33} \qquad a_{13}a_{21}a_{32}$$
$$a_{11}a_{23}a_{32} \qquad a_{12}a_{23}a_{31} \qquad a_{13}a_{22}a_{31} \quad \blacklozenge$$

Cet exemple montre qu'une matrice $A$ de dimensions $n \times n$ donne lieu à $n!$ produits élémentaires de la forme $a_{1j_1} a_{2j_2} \cdots a_{nj_n}$, où $(j_1, j_2, \ldots, j_n)$ représente une permutation de l'ensemble $\{1, 2, \ldots, n\}$. Un ***produit élémentaire signé*** est un produit élémentaire $a_{1j_1} a_{2j_2} \cdots a_{nj_n}$ multiplié par $+1$ ou $-1$. Le signe $+$ est réservé aux permutations paires et le signe $-$, aux permutations impaires.

---

### EXEMPLE 6   Produits élémentaires signés

Dans chaque cas, énumérer tous les produits élémentaires signés de la matrice.

$$(a) \begin{bmatrix} a_{11} & a_{12} \\ a_{21} & a_{22} \end{bmatrix} \qquad (b) \begin{bmatrix} a_{11} & a_{12} & a_{13} \\ a_{21} & a_{22} & a_{23} \\ a_{31} & a_{32} & a_{33} \end{bmatrix}$$

*Solution*

(a)

| Produit élémentaire | Permutation correspondante | Paire ou impaire | Produit élémentaire signé |
|---|---|---|---|
| $a_{11}a_{22}$ | $(1, 2)$ | paire | $a_{11}a_{22}$ |
| $a_{12}a_{21}$ | $(2, 1)$ | impaire | $-a_{12}a_{21}$ |

(b)

| Produit élémentaire | Permutation correspondante | Paire ou impaire | Produit élémentaire signé |
|---|---|---|---|
| $a_{11}a_{22}a_{33}$ | $(1, 2, 3)$ | paire | $a_{11}a_{22}a_{33}$ |
| $a_{11}a_{23}a_{32}$ | $(1, 3, 2)$ | impaire | $-a_{11}a_{23}a_{32}$ |
| $a_{12}a_{21}a_{33}$ | $(2, 1, 3)$ | impaire | $-a_{12}a_{21}a_{33}$ |
| $a_{12}a_{23}a_{31}$ | $(2, 3, 1)$ | paire | $a_{12}a_{23}a_{31}$ |
| $a_{13}a_{21}a_{32}$ | $(3, 1, 2)$ | paire | $a_{13}a_{21}a_{32}$ |
| $a_{13}a_{22}a_{31}$ | $(3, 2, 1)$ | impaire | $-a_{13}a_{22}a_{31}$ |

Nous sommes maintenant en mesure de définir un déterminant en termes combinatoires.

> **DÉFINITION**
>
> Soit $A$ une matrice carrée. On définit det $(A)$ par la somme de tous les produits élémentaires signés de $A$.

---

**EXEMPLE 7**  Déterminants des matrices de dimensions $2 \times 2$ et $3 \times 3$

---

En référant à l'exemple 6, on obtient

(a)  $\det \begin{bmatrix} a_{11} & a_{12} \\ a_{21} & a_{22} \end{bmatrix} = a_{11}a_{22} - a_{12}a_{21}$

(b)  $\det \begin{bmatrix} a_{11} & a_{12} & a_{13} \\ a_{21} & a_{22} & a_{23} \\ a_{31} & a_{32} & a_{33} \end{bmatrix} = a_{11}a_{22}a_{33} + a_{12}a_{23}a_{31} + a_{13}a_{21}a_{32}$
$$- a_{13}a_{22}a_{31} - a_{12}a_{21}a_{33} - a_{11}a_{23}a_{32}$$

Cette définition de det $(A)$ est équivalente à celle de la section 2.1. Nous n'en ferons toutefois pas la démonstration.

Les expressions ci-dessus suggèrent un moyen mnémotechnique. La figure 2.4.2*a* montre qu'on obtient le déterminant de la partie (a) de l'exemple 7 en multipliant les éléments traversés de la flèche qui va vers la droite et en soustrayant au résultat le produit des éléments traversés de la flèche orientée vers la gauche. Par ailleurs, on retrouve le déterminant de la partie (b) de l'exemple 7 en recopiant d'abord la première et la deuxième colonne à droite de la matrice (figure 2.4.2*b*). On calcule ensuite le

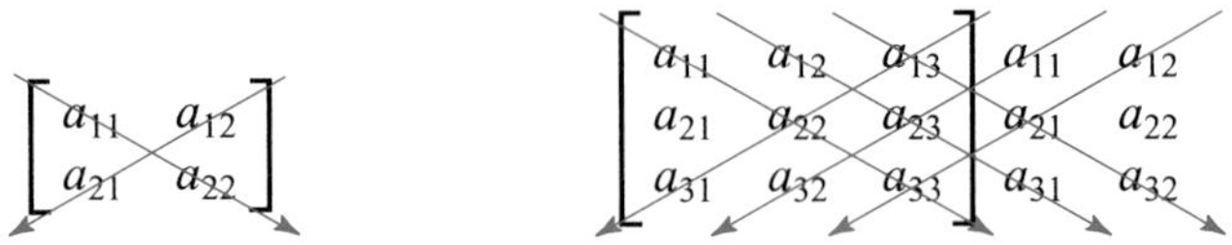

$$\begin{bmatrix} a_{11} & a_{12} \\ a_{21} & a_{22} \end{bmatrix}$$

$$\begin{bmatrix} a_{11} & a_{12} & a_{13} \\ a_{21} & a_{22} & a_{23} \\ a_{31} & a_{32} & a_{33} \end{bmatrix}\begin{matrix} a_{11} & a_{12} \\ a_{21} & a_{22} \\ a_{31} & a_{32} \end{matrix}$$

(*a*) Déterminant d'une matrice 2 × 2    (*b*) Déterminant d'une matrice 3 × 3

**Figure 2.4.2**

déterminant en additionnant les produits des éléments traversés des flèches qui pointent vers la droite et en leur soustrayant les produits des éléments indiqués par les flèches qui vont vers la gauche.

ATTENTION!    Soulignons que la méthode illustrée à la figure 2.4.2 ne s'applique pas aux déterminants des matrices d'ordre 4 ou d'ordre supérieur.

## EXEMPLE 8    Évaluer les déterminants

Évaluons les déterminants des matrices

$$A = \begin{bmatrix} 3 & 1 \\ 4 & -2 \end{bmatrix} \quad \text{et} \quad B = \begin{bmatrix} 1 & 2 & 3 \\ -4 & 5 & 6 \\ 7 & -8 & 9 \end{bmatrix}$$

*Solution*

En s'inspirant de la figure 2.4.2*a*, on trouve

$$\det(A) = (3)(-2) - (1)(4) = -10$$

En référant à la figure 2.4.2*b*, on obtient

$$\det(B) = (45) + (84) + (96) - (105) - (-48) - (-72) = 240$$

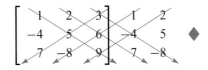

On peut également exprimer le déterminant de *A* par

$$\det(A) = \Sigma \pm a_{1j_1} a_{2j_2} \cdots a_{nj_n} \tag{1}$$

où $\Sigma$ signifie que l'on additionne les termes correspondant à toutes les permutations $(j_1, j_2, \ldots, j_n)$ et le signe $+$ ou $-$ varie selon que le terme représente une permutation paire ou impaire. Cette notation met en évidence l'approche combinatoire d'un déterminant.

*REMARQUE*    L'évaluation d'un déterminant selon cette définition peut entraîner certains problèmes d'ordre calculatoire. En effet, le déterminant d'une matrice 4 × 4 exige le calcul de 4! = 24 produits élémentaires signés, et celui d'une matrice 10 × 10 implique 10! = 3 628 800 produits élémentaires signés. Dans ces conditions, l'ordinateur le plus rapide ne peut calculer le déterminant d'une matrice 25 × 25 dans un délai raisonnable.

1. Déterminez le nombre d'inversions dans chacune des permutations données de $\{1, 2, 3, 4, 5\}$.

   (a)  (4 1 3 5 2)        (b)  (5 3 4 2 1)        (c)  (3 2 5 4 1)

   (d)  (5 4 3 2 1)        (e)  (1 2 3 4 5)        (f)  (1 4 2 3 5)

2. Classez les permutations de l'exercice 1 selon qu'elles sont paires ou impaires.

Dans les exercices 3 à 12, évaluez les déterminants par la méthode décrite dans cette section.

3. $\begin{vmatrix} 3 & 5 \\ -2 & 4 \end{vmatrix}$     4. $\begin{vmatrix} 4 & 1 \\ 8 & 2 \end{vmatrix}$     5. $\begin{vmatrix} -5 & 6 \\ -7 & -2 \end{vmatrix}$

6. $\begin{vmatrix} \sqrt{2} & \sqrt{6} \\ 4 & \sqrt{3} \end{vmatrix}$     7. $\begin{vmatrix} a-3 & 5 \\ -3 & a-2 \end{vmatrix}$     8. $\begin{vmatrix} -2 & 7 & 6 \\ 5 & 1 & -2 \\ 3 & 8 & 4 \end{vmatrix}$

9. $\begin{vmatrix} -2 & 1 & 4 \\ 3 & 5 & -7 \\ 1 & 6 & 2 \end{vmatrix}$     10. $\begin{vmatrix} -1 & 1 & 2 \\ 3 & 0 & -5 \\ 1 & 7 & 2 \end{vmatrix}$

11. $\begin{vmatrix} 3 & 0 & 0 \\ 2 & -1 & 5 \\ 1 & 9 & -4 \end{vmatrix}$     12. $\begin{vmatrix} c & -4 & 3 \\ 2 & 1 & c^2 \\ 4 & c-1 & 2 \end{vmatrix}$

13. Trouvez toutes les valeurs de $\lambda$ telles que det $(A) = 0$. Procédez selon la méthode décrite dans cette section.

   (a) $\begin{bmatrix} \lambda-2 & 1 \\ -5 & \lambda+4 \end{bmatrix}$        (b) $\begin{bmatrix} \lambda-4 & 0 & 0 \\ 0 & \lambda & 2 \\ 0 & 3 & \lambda-1 \end{bmatrix}$

14. Classez les permutations de l'ensemble $\{1, 2, 3, 4\}$ selon qu'elles sont paires ou impaires.

15. (a) Utilisez les résultats de l'exercice 14 pour écrire une expression générale du déterminant d'une matrice $4 \times 4$.

   (b) Pourquoi le moyen mnémotechnique illustré à la figure 2.4.2 ne permet-il pas d'évaluer le déterminant d'une matrice $4 \times 4$?

16. Utilisez la formule obtenue à l'exercice 15 pour évaluer le déterminant

$$\begin{vmatrix} 4 & -9 & 9 & 2 \\ -2 & 5 & 6 & 4 \\ 1 & 2 & -5 & -3 \\ 1 & -2 & 0 & -2 \end{vmatrix}$$

17. Utilisez la définition combinatoire pour évaluer les déterminants donnés.

   (a) $\begin{vmatrix} 0 & 0 & 0 & 0 & -3 \\ 0 & 0 & 0 & -4 & 0 \\ 0 & 0 & -1 & 0 & 0 \\ 0 & 2 & 0 & 0 & 0 \\ 5 & 0 & 0 & 0 & 0 \end{vmatrix}$     (b) $\begin{vmatrix} 5 & 0 & 0 & 0 & 0 \\ 0 & 0 & 0 & 0 & -4 \\ 0 & 0 & 3 & 0 & 0 \\ 0 & 0 & 0 & 1 & 0 \\ 0 & -2 & 0 & 0 & 0 \end{vmatrix}$

18. Trouvez $x$, sachant que

$$\begin{vmatrix} x & -1 \\ 3 & 1-x \end{vmatrix} = \begin{vmatrix} 1 & 0 & -3 \\ 2 & x & -6 \\ 1 & 3 & x-5 \end{vmatrix}$$

**19.** Utilisez la méthode décrite dans cette section pour montrer que le déterminant ci-dessous ne dépend pas de θ.

$$\begin{vmatrix} \sin\theta & \cos\theta & 0 \\ -\cos\theta & \sin\theta & 0 \\ \sin\theta - \cos\theta & \sin\theta + \cos\theta & 1 \end{vmatrix}$$

**20.** Soit les matrices

$$A = \begin{bmatrix} a & b \\ 0 & c \end{bmatrix} \quad \text{et} \quad B = \begin{bmatrix} d & e \\ 0 & f \end{bmatrix}$$

Montrez que ces matrices commutent si et seulement si

$$\begin{vmatrix} b & a-c \\ e & d-f \end{vmatrix} = 0$$

---

## Exploration & discussion

**21.** Pourquoi le déterminant d'une matrice $n \times n$ constituée d'éléments entiers doit-il être un nombre entier? Basez votre raisonnement sur la méthode décrite dans cette section.

**22.** Que peut-on dire du déterminant d'une matrice $n \times n$ dont tous les éléments sont des 1? Expliquez votre réponse en faisant référence à la méthode décrite dans cette section.

**23.** (a) Expliquez pourquoi le déterminant d'une matrice $n \times n$ qui contient une ligne de zéros est toujours nul. Basez votre raisonnement sur la méthode décrite dans cette section.

   (b) Expliquez pourquoi le déterminant d'une matrice $n \times n$ qui contient une colonne de zéros est toujours nul.

**24.** À partir de la notation (1), déduire une expression pour le déterminant d'une matrice diagonale $n \times n$. Traduisez-la ensuite en mots.

**25.** À partir de la notation (1), déduire une expression pour le déterminant d'une matrice triangulaire supérieure $n \times n$. Traduisez-la ensuite en mots. Refaites l'exercice en considérant une matrice triangulaire inférieure.

---

## CHAPITRE 2

### Exercices supplémentaires

**1.** Utilisez la règle de Cramer pour exprimer $x'$ et $y'$ en termes de $x$ et $y$.

$$x = \tfrac{3}{5}x' - \tfrac{4}{5}y'$$
$$y = \tfrac{4}{5}x' + \tfrac{3}{5}y'$$

**2.** Utilisez la règle de Cramer pour exprimer $x'$ et $y'$ en termes de $x$ et $y$.

$$x = x' \cos\theta - y' \sin\theta$$
$$y = x' \sin\theta + y' \cos\theta$$

**3.** Examinez le déterminant de la matrice des coefficients et montrez que le système donné admet une solution non triviale si et seulement si $\alpha = \beta$.

$$x + \quad y + \alpha z = 0$$
$$x + \quad y + \beta z = 0$$
$$\alpha x + \beta y + \quad z = 0$$

**4.** Soit $A$, un matrice $3 \times 3$ dont tous les éléments valent 0 ou 1. Quelle valeur maximale peut prendre det $(A)$?

**Figure Ex-5**

5. (a) Considérant le triangle de la figure ci-contre, faites appel à la trigonométrie pour montrer que

$$b \cos \gamma + c \cos \beta = a$$
$$c \cos \alpha + a \cos \gamma = b$$
$$a \cos \beta + b \cos \alpha = c$$

Appliquez ensuite la règle de Cramer pour montrer que

$$\cos \alpha = \frac{b^2 + c^2 - a^2}{2bc}$$

(b) Utilisez la règle de Cramer pour obtenir des expressions similaires pour $\cos \beta$ et $\cos \gamma$.

6. Faites appel aux déterminants pour montrer que, pour toute valeur réelle de $\lambda$, l'unique solution du système

$$x - 2y = \lambda x$$
$$x - \ \ y = \lambda y$$

est $x = 0$, $y = 0$.

7. Démontrez que si $A$ est inversible, alors adj $(A)$ est également inversible et

$$[\text{adj}(A)]^{-1} = \frac{1}{\det(A)} A = \text{adj}(A^{-1})$$

8. Démontrez que si $A$ est une matrice $n \times n$, alors $\det [\text{adj}(A)] = [\det(A)]^{n-1}$.

9. **(Si vous avez des notions de calcul)** Montrez que si $f_1(x), f_2(x), g_1(x)$ et $g_2(x)$ sont des fonctions dérivables, et si

$$W = \begin{vmatrix} f_1(x) & f_2(x) \\ g_1(x) & g_2(x) \end{vmatrix}, \quad \text{alors} \quad \frac{dW}{dx} = \begin{vmatrix} f_1'(x) & f_2'(x) \\ g_1(x) & g_2(x) \end{vmatrix} + \begin{vmatrix} f_1(x) & f_2(x) \\ g_1'(x) & g_2'(x) \end{vmatrix}$$

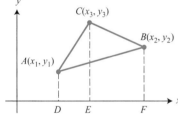

**Figure Ex-10**

10. (a) L'expression qui suit donne l'aire du triangle $ABC$ de la figure ci-contre :

aire de $ABC$ = aire de $ADEC$ + aire de $CEFB$ − aire de $ADFB$

Sachant que l'aire d'un trapézoïde est la demi de produit de sa hauteur par la somme de ses côtés parallèles, utilisez l'égalité ci-dessus pour montrer que

$$\text{aire de } ABC = \frac{1}{2} \begin{vmatrix} x_1 & y_1 & 1 \\ x_2 & y_2 & 1 \\ x_3 & y_3 & 1 \end{vmatrix}$$

*Note* Pour obtenir cette formule, nous avons nommé les sommets en parcourant le triangle dans le sens antihoraire, partant de $(x_1, y_1)$ vers $(x_2, y_2)$ et ensuite vers $(x_3, y_3)$. Si le parcours avait été dans le sens horaire, le déterminant aurait donné une valeur négative.

(b) Appliquer le résultat trouvé en (a), pour évaluer l'aire du triangle ayant pour sommets $(3, 3)$, $(4, 0)$ et $(-2, -1)$.

11. Montrez que si la somme des éléments de chaque ligne d'une matrice $A$ de dimensions $n \times n$ est égale à zéro, alors le déterminant de $A$ vaut zéro.

*Indice* Considérez le produit $AX$, où $X$ est la matrice $n \times 1$ dont tous les éléments sont des 1.

12. Soit $A$, une matrice $n \times n$, et $B$, la matrice obtenue en inversant l'ordre des lignes de la matrice $A$ (la dernière ligne devient la première et ainsi de suite). Quelle relation unit $\det(A)$ et $\det(B)$?

13. Que devient $A^{-1}$ si

    (a) l'on permute les lignes $i$ et $j$ de $A$?

    (b) la ligne $i$ de $A$ est multipliée par un scalaire $c$ différent de zéro?

    (c) l'on ajoute à la ligne $j$ $c$ fois la ligne $i$?

14. Soit $A$, une matrice $n \times n$. Considerons $B_1$, la matrice obtenue en ajoutant le même nombre $t$ à chacun des éléments de la ligne $i$ de $A$, et $B_2$, la matrice obtenue en soustrayant $t$ à chacun des éléments de la ligne $i$ de $A$. Montrez que $\det(A) = \frac{1}{2}[\det(B_1) + \det(B_2)]$.

15. Soit la matrice

$$A = \begin{bmatrix} a_{11} & a_{12} & a_{13} \\ a_{21} & a_{22} & a_{23} \\ a_{31} & a_{32} & a_{33} \end{bmatrix}$$

    (a) Exprimez $\det(\lambda I - A)$ sous la forme d'un polynôme $p(\lambda) = \lambda^3 + b\lambda^2 + c\lambda + d$.

    (b) Exprimez les coefficients $b$ et $d$ en termes de déterminants et de traces.

16. Sans évaluer directement le déterminant, montrez que

$$\begin{vmatrix} \sin\alpha & \cos\alpha & \sin(\alpha + \delta) \\ \sin\beta & \cos\beta & \sin(\beta + \delta) \\ \sin\gamma & \cos\gamma & \sin(\gamma + \delta) \end{vmatrix} = 0$$

17. Sachant que les nombres 21 375, 38 798, 34 162, 40 223 et 79 154 sont divisibles par 19, montrez que le déterminant donné est également divisible par 19, sans l'évaluer directement.

$$\begin{vmatrix} 2 & 1 & 3 & 7 & 5 \\ 3 & 8 & 7 & 9 & 8 \\ 3 & 4 & 1 & 6 & 2 \\ 4 & 0 & 2 & 2 & 3 \\ 7 & 9 & 1 & 5 & 4 \end{vmatrix}$$

18. Trouvez les valeurs propres des systèmes suivants et déterminez les vecteurs propres correspondants :

    (a)
    $$\begin{aligned} x_2 + 9x_3 &= \lambda x_1 \\ x_1 + 4x_2 - 7x_3 &= \lambda x_2 \\ x_1 \quad\quad - 3x_3 &= \lambda x_3 \end{aligned}$$

    (b)
    $$\begin{aligned} x_2 + x_3 &= \lambda x_1 \\ x_1 \quad\quad - x_3 &= \lambda x_2 \\ x_1 + 5x_2 + 3x_3 &= \lambda x_3 \end{aligned}$$

# CHAPITRE 2
## Exercices informatiques

Les exercices qui suivent peuvent être résolus à l'aide de logiciels tels que MATLAB, Mathematica, Maple, Derive ou Mathcab. On pourra aussi employer des logiciels équivalents ou une calculatrice scientifique dotée de fonctions d'algèbre linéaire. À chacun des exercices, vous devrez lire une partie de la documentation propre au matériel que vous utilisez. Ces exercices visent à vous familiariser avec l'utilisation de votre logiciel. Lorsque vous maîtriserez les techniques explorées dans ces exercices, vous serez en mesure de résoudre par ordinateur bon nombre des problèmes donnés dans les séries d'exercices réguliers.

Section 2.1
**T1. (Déterminants)** Dans la documentation fournie, lisez l'information portant sur le calcul des déterminants. Exercez-vous ensuite en calculant plusieurs déterminants.

**T2. (Mineurs, cofacteurs et matrices adjointes)** Les fonctions disponibles pour le calcul des mineurs, des cofacteurs et des matrices adjointes varient beaucoup selon la technologie utilisée. Par exemple, certains logiciels ont une commande permettant de calculer directement les mineurs, mais ils n'en ont pas pour les cofacteurs; quelques logiciels ont une commande pour trouver la matrice adjointe, d'autres n'en ont pas. Il s'ensuit que, selon le logiciel dont vous disposez, vous aurez peut-être à combiner des commandes ou à ajuster les signes manuellement lorsque vous déterminerez des cofacteurs ou des matrices adjointes. Dans la documentation fournie, lisez l'information pertinente et trouvez ensuite la matrice adjointe de la matrice $A$ donnée à l'exemple 6.

**T3.** Par la règle de Cramer, trouvez un polynôme de degré 3 qui passe par les points $(0, 1)$, $(1, -1)$, $(2, -1)$ et $(3, 7)$. Validez vos résultats en traçant les points donnés et la courbe sur un même graphique.

**Section 2.2**    **T1.** **(Déterminant d'une matrice transposée)** Vérifiez la partie ($b$) du théorème 2.2.1 en l'appliquant à quelques matrices de votre choix.

**Section 2.3**    **T1.** **(Déterminant d'un produit)** Vérifiez le théorème 2.3.4 en l'appliquant à quelques matrices de votre choix.

**T2.** **(Déterminant d'une matrice inverse)** Vérifiez le théorème 2.3.5 en l'appliquant à quelques matrices de votre choix.

**T3.** **(Équation caractéristique)** Si vous travaillez avec un CAS, utilisez-le pour trouver l'équation caractéristique de la matrice $A$ de l'exemple 6. Lisez également l'information portant sur la résolution des équations et déterminez les valeurs propres de $A$ en solutionnant l'équation $\det(\lambda I - A) = 0$.

**Section 2.4**    **T1.** **(Expressions des déterminants)** Si vous travaillez avec un CAS, utilisez-le pour confirmer les expressions données à l'exemple 7. Utilisez-le également pour trouver l'expression cherchée à l'exercice 15 de la section 2.4.

**T2.** **(Simplification)** Si vous travaillez avec un CAS, lisez l'information qui porte sur la simplification des expressions algébriques. Combinez ensuite les fonctions associées aux déterminants et à la simplification pour montrer que

$$\begin{vmatrix} a & b & c & d \\ -b & a & d & -c \\ -c & -d & a & b \\ -d & c & -b & a \end{vmatrix} = (a^2 + b^2 + c^2 + d^2)^2$$

**T3.** Par la méthode décrite à l'exercice T2, trouvez une expression simple pour le déterminant

$$\begin{vmatrix} (a + b)^2 & c^2 & c^2 \\ a^2 & (b + c)^2 & a^2 \\ b^2 & b^2 & (c + a)^2 \end{vmatrix}$$

# Vecteurs dans le plan ($R^2$) et vecteurs dans l'espace ($R^3$)

## CONTENU DU CHAPITRE

**INTRODUCTION :** Pour décrire des quantités physiques telles que l'aire, lalongueur, la masse et la température, il suffit de préciser leur grandeur. Ce sont des quantités *scalaires*. Dans d'autres cas, la description d'une quantité n'est complète que si l'on indique à la fois sa grandeur et son orientation; ces quantités sont des *vecteurs*. Par exemple, on parlera d'un vent de 32 km/h nord-est, précisant ainsi sa vitesse et son orientation; ces deux indications forment le *vecteur vitesse* du vent. La *force* et le *déplacement* sont d'autres exemples de vecteurs. Ce chapitre reprend les bases de la théorie des vecteurs situés dans le plan ($R^2$) ou dans l'espace tridimensionnel ($R^3$).

*Note*   *Les lecteurs déjà familiers avec le contenu de ce chapitre peuvent passer directement au chapitre 4 sans craindre de perdre le fil.*

# 3.1
## INTRODUCTION AUX VECTEURS (APPROCHE GÉOMÉTRIQUE)

*Dans cette section, nous introduisons les vecteurs dans le plan ($R^2$) et dans l'espace ($R^3$) géométrique. Nous présentons également l'algèbre vectorielle et ses plus importantes propriétés.*

## Vecteurs géométriques

(*a*) Le vecteur $\overrightarrow{AB}$

(*b*) Vecteurs équipollents

**Figure 3.1.1**

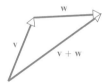

(*a*) La somme $\mathbf{v} + \mathbf{w}$

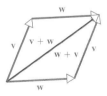

(*b*) $\mathbf{v} + \mathbf{w} = \mathbf{w} + \mathbf{v}$

**Figure 3.1.2**

**Figure 3.1.3** Le vecteur opposé à **v** est de même longueur que **v** mais de sens contraire.

On représente géométriquement un vecteur par un segment de droite orienté ou par une flèche, dans le plan ($R^2$) ou dans l'espace ($R^3$). La direction et le sens de la flèche (qui ensemble forment son orientation) déterminent la direction et le sens du vecteur (donc son orientation) et sa longueur correspond à la grandeur du vecteur. Le point de départ de la flèche est l'*origine* du vecteur et la pointe indique son *extrémité*. Nous symbolisons les vecteurs par des lettres minuscules en caractères gras (par exemple, **a, k, v, w** et **x**) et, discutant de vecteurs, nous disons *scalaires* pour désigner les nombres. Pour l'instant, tous les scalaires sont des nombres réels, représentés par des lettres minuscules italiques (par exemple, *a, k, v, w* et *x*).

Si, comme à la figure 3.1.1*a*, le point *A* marque l'origine d'un vecteur **v** et *B*, son extrémité, on écrira

$$\mathbf{v} = \overrightarrow{AB}$$

On appelle *vecteurs équipollents* des vecteurs de même longueur, de même direction, et de même sens (figure 3.1.1*b*). Les vecteurs étant complètement déterminés par leur longueur et leur orientation, considère des vecteurs équipollents comme étant *égaux* même s'ils ne se trouvent pas au même endroit. Ainsi, si **v** et **w** sont équipollents, on écrit

$$\mathbf{v} = \mathbf{w}$$

> **DÉFINITION**
>
> Soit **v** et **w** deux vecteurs quelconques. Alors on définit leur *somme* **v** + **w** comme le vecteur dont l'origine coïncide avec l'origine du vecteur **w** et l'extrémité avec celle de **v**. Le vecteur **v** + **w** correspond donc à la flèche qui va de l'origine de **v** à l'extrémité de **w** (figure 3.1.2*a*).

La figure 3.1.2*b* illustre à la fois la somme **v** + **w** (flèches de couleur) et la somme **w** + **v** (flèches grises). On constate que

$$\mathbf{v} + \mathbf{w} = \mathbf{w} + \mathbf{v}$$

La somme correspond à la diagonale du parallélogramme déterminé par **v** et **w** lorsque leurs origines coïncident.

Le vecteur de longueur zéro est appelé *vecteur nul* et on le représente par **0**. Pour tout vecteur **v**, on définit

$$\mathbf{0} + \mathbf{v} = \mathbf{v} + \mathbf{0} = \mathbf{v}$$

Puisque le vecteur nul n'a pas d'orientation précise, on pourra lui attribuer arbitrairement l'orientation qui sied le mieux à une situation considérée. Par ailleurs, si **v** est un vecteur non nul, alors −**v** décrit le *vecteur opposé* à **v**, de même grandeur que **v** mais de sens contraire (figure 3.1.3). Ce vecteur satisfait

$$\mathbf{v} + (-\mathbf{v}) = \mathbf{0}$$

(Pourquoi?) Nous définissons également −**0** = **0**. Considérons maintenant la soustraction de vecteurs.

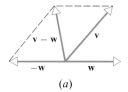

*(a)*

*(b)*

**Figure 3.1.4**

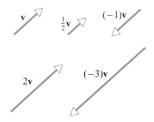

**Figure 3.1.5**

## Vecteurs et systèmes de coordonnées

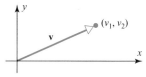

**Figure 3.1.6** $v_1$ et $v_2$ sont les composantes de **v**.

> **DÉFINITION**
>
> Soit **v** et **w** deux vecteurs quelconques. Alors la ***différence*** **v** $-$ **w** est définie par
> $$\mathbf{v} - \mathbf{w} = \mathbf{v} + (-\mathbf{w})$$
> (figure 3.1.4a)

Pour obtenir la différence **v** $-$ **w** directement sans tracer le vecteur $-$**w**, placer les vecteurs **v** et **w** en une même origine; le vecteur issu de l'extrémité de **w** et se terminant en l'extrémité de **v** est le vecteur recherché (Figure 3.1.4b).

> **DÉFINITION**
>
> Soit **v** un vecteur non nul et $k$, un nombre réel (un scalaire) différent de zéro. Alors le ***produit*** par un scalaire $k\mathbf{v}$ est le vecteur dont la direction est la même que celle de **v**, dont la longueur est $|k|$ fois celle de **v**, et qui a le même sens que **v** si $k > 0$ ou le sens contraire si $k < 0$. On définit $k\mathbf{v} = \mathbf{0}$ si $k = 0$ ou **v** $= \mathbf{0}$.

La figure 3.1.5 illustre les relations établies entre un vecteur **v** et les vecteurs $\frac{1}{2}$ **v**, $(-1)\mathbf{v}$, $2\mathbf{v}$ et $(-3)\mathbf{v}$. Observez que $(-1)\mathbf{v}$ correspond au vecteur opposé puisqu'il est de même longueur que **v**, de même direction mais de sens opposé. On peut donc écrire

$$(-1)\mathbf{v} = -\mathbf{v}$$

Un vecteur ayant pour expression $k\mathbf{v}$ est appelé ***produit par un scalaire*** de **v**. Sur la figure 3.1.5, on observe que les produits par un scalaire d'un vecteur sont parallèles entre eux. Réciproquement, il peut être démontré que des vecteurs parallèles non nuls peuvent s'exprimer comme le produit par un scalaire l'un de l'autre. Nous omettons la démonstration.

On simplifie souvent les problèmes sur les vecteurs en introduisant un repère de coordonnées cartésiennes. Tenons-nous-en, pour l'instant, aux vecteurs dans le plan ($R^2$). Soit **v**, un vecteur dans le plan, et supposons que l'origine de **v** corresponde à l'origine d'un système de coordonnées cartésiennes (figure 3.1.6). Les coordonnées $(v_1, v_2)$ de l'extrémité de **v** sont les ***composantes de*** **v** et l'on écrit

$$\mathbf{v} = (v_1, v_2)$$

Si l'origine de vecteurs équipollents **v** et **w** coïncide avec l'origine du repère, alors il va se soi que leurs extrémités coïncident (les vecteurs ont la même longueur et la même orientation) et que leurs composantes sont identiques. Réciproquement, des vecteurs de mêmes composantes sont équipollents puisqu'ils ont forcément la même longueur et la même orientation. En résumé, les deux vecteurs

$$\mathbf{v} = (v_1, v_2) \quad \text{et} \quad \mathbf{w} = (w_1, w_2)$$

sont équipollents si et seulement si

$$v_1 = w_1 \quad \text{et} \quad v_2 = w_2$$

L'expression des vecteurs en termes de composantes simplifie beaucoup les opérations d'addition vectorielle et de multiplication par un scalaire. Tel qu'illustré à la figure 3.1.7 en page suivante, si

$$\mathbf{v} = (v_1, v_2) \quad \text{et} \quad \mathbf{w} = (w_1, w_2)$$

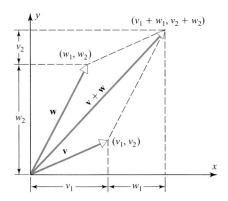

Figure 3.1.7

alors

$$\mathbf{v} + \mathbf{w} = (v_1 + w_1, v_2 + w_2) \tag{1}$$

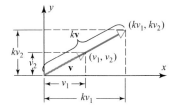

Figure 3.1.8

Si l'on a $\mathbf{v} = (v_1, v_2)$ et $k$, un scalaire quelconque, alors la géométrie des triangles semblables (figure 3.1.8) permet de démontrer (exercice 16) que

$$k\mathbf{v} = (kv_1, kv_2) \tag{2}$$

Ainsi, par exemple, si $\mathbf{v} = (1, -2)$ et $\mathbf{w} = (7, 6)$, alors

$$\mathbf{v} + \mathbf{w} = (1, -2) + (7, 6) = (1 + 7, -2 + 6) = (8, 4)$$

et

$$4\mathbf{v} = 4(1, -2) = (4(1), 4(-2)) = (4, -8)$$

Puisque $\mathbf{v} - \mathbf{w} = \mathbf{v} + (-1)\mathbf{w}$, les expressions (1) et (2) donnent

$$\mathbf{v} - \mathbf{w} = (v_1 - w_1, v_2 - w_2)$$

(Vérifiez cette expression.)

## Vecteurs dans l'espace (R³)

Tout comme on représente les vecteurs dans le plan ($R^2$) par des paires de nombres réels, on décrit les vecteurs dans l'espace ($R^3$) par des triplés de nombres réels en introduisant un ***repère de coordonnées cartésiennes***, également appelé ***repère cartésien***. Pour construire ce système, on choisit un point $O$, appelé ***origine***, et trois axes mutuellement perpendiculaires, appelés ***axes de coordonnées***, qui passent par l'origine. On nomme ces axes $x$, $y$ et $z$, on choisit pour chacun un sens positif et on leur attribue une unité de longueur pour mesurer les distances (figure 3.1.9$a$, page suivante). Chaque paire d'axes de coordonnées définit un plan appelé ***plan de coordonnées***. On les nomme ***plan xy***, ***plan xz*** et ***plan yz***. À chaque point $P$ de l'espace, on associe un triplet de trois nombres $(x, y, z)$ qui définissent les ***coordonnées de P*** comme suit : on fait passer par le point $P$ trois plans parallèles aux plans de coordonnées et on note $X$, $Y$ et $Z$, les points d'intersection de ces plans avec les axes de coordonnées (figure 3.1.9$b$, page suivante). Les coordonnées de $P$ sont les longueurs algébriques des segments qui vont de l'origine à $X$, $Y$ et $Z$, soit

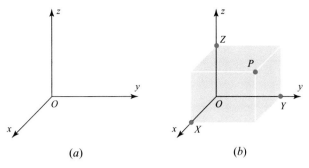

**Figure 3.1.9**

$$x = OX, \quad y = OY, \quad z = OZ$$

À la figure 3.10*a*, nous avons construit le point de coordonnées (4, 5, 6) et à la figure 3.1.10*b*, le point $(-3, 2\ -4)$.

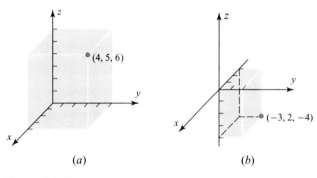

**Figure 3.1.10**

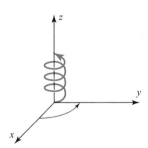

(*a*) Repère main-droite

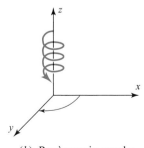

(*b*) Repère main-gauche

**Figure 3.1.11**

Il existe deux catégories de systèmes de coordonnées cartésiennes dans l'espace : les repères ***main-droite*** et les repères ***main-gauche***. Pour les distinguer, supposons qu'une vis ordinaire pointe dans le sens positif de l'axe *z*; dans un repère main-droite, une rotation de 90° qui va de l'axe des *x* positif vers l'axe des *y* positif fait avancer la vis (figure 3.1.11*a*); à l'inverse, dans un repère main-gauche, le mouvement de l'axe des *x* vers l'axe des *y* retire la vis (figure 3.1.11*b*).

*REMARQUE* Dans ce manuel, nous utiliserons uniquement des repères de coordonnées main-droite.

Si, comme le montre la figure 3.1.12, l'origine d'un vecteur **v** dans l'espace ($R^3$) coïncide avec l'origine du repère cartésien, alors les coordonnées de l'extrémité du vecteur sont les ***composantes*** de **v** et l'on écrit

$$\mathbf{v} = (v_1, v_2, v_3)$$

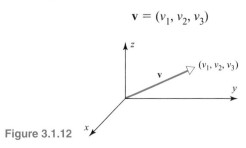

**Figure 3.1.12**

Si $\mathbf{v} = (v_1, v_2, v_3)$ et $\mathbf{w} = (w_1, w_2, w_3)$ représentent deux vecteurs dans l'espace ($R^3$), alors on obtient les relations suivantes en appliquant le raisonnement évoqué plus tôt pour les vecteurs dans le plan ($R^2$) :

> $\mathbf{v}$ et $\mathbf{w}$ sont équipollents si et seulement si $v_1 = w_1$, $v_2 = w_2$ et $v_3 = w_3$.
> $\mathbf{v} + \mathbf{w} = (v_1 + w_1, v_2 + w_2, v_3 + w_3)$
> $k\mathbf{v} = (kv_1, kv_2, kv_3)$ , où $k$ est un scalaire quelconque

---

### EXEMPLE 1 Calculs vectoriels par la méthode des composantes

---

Si $\mathbf{v} = (1, -3, 2)$ et $\mathbf{w} = (4, 2, 1)$, alors

$$\mathbf{v} + \mathbf{w} = (5, -1, 3), \qquad 2\mathbf{v} = (2, -6, 4), \qquad -\mathbf{w} = (-4, -2, -1),$$
$$\mathbf{v} - \mathbf{w} = \mathbf{v} + (-\mathbf{w}) = (-3, -5, 1) \quad \blacklozenge$$

L'origine d'un vecteur ne coïncide pas toujours avec l'origine du repère de coordonnées. Si le vecteur $\overrightarrow{P_1 P_2}$ a pour origine le point $P_1(x_1, y_1, z_1)$ et pour extrémité le point $P_2(x_2, y_2, z_2)$, alors

$$\overrightarrow{P_1 P_2} = (x_2 - x_1, y_2 - y_1, z_2 - z_1)$$

---

## Application aux modèles informatiques de la couleur

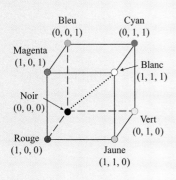

Bleu (0, 0, 1)
Cyan (0, 1, 1)
Magenta (1, 0, 1)
Blanc (1, 1, 1)
Noir (0, 0, 0)
Vert (0, 1, 0)
Rouge (1, 0, 0)
Jaune (1, 1, 0)

Les couleurs affichées sur les écrans d'ordinateur dérivent généralement d'un système appelé *modèle de couleur RVB*[*]. Les couleurs générées par ce système résultent de la superposition de divers pourcentages des couleurs primaires rouge (R), vert (V) et bleu (B). En pratique, on peut identifier les couleurs primaires par les vecteurs suivants dans $R^3$ :

$$\mathbf{r} = (1, 0, 0) \quad \text{(rouge pur)},$$
$$\mathbf{v} = (0, 1, 0) \quad \text{(vert pur)},$$
$$\mathbf{b} = (0, 0, 1) \quad \text{(bleu pur)}.$$

Toutes les autres couleurs découlent de combinaisons linéaires de $\mathbf{r}$, $\mathbf{v}$ et $\mathbf{b}$ dont les coefficients, compris entre 0 et 1 inclusivement, représentent les pourcentages des couleurs pures dans le mélange. L'ensemble de tous les vecteurs-couleurs est appelé *espace RVB* ou *cube de couleur RVB*. Chaque vecteur-couleur $\mathbf{c}$ de ce cube a pour expression une combinaison linéaire de la forme

$$\begin{aligned} \mathbf{c} &= c_1 \mathbf{r} + c_2 \mathbf{v} + c_3 \mathbf{b} \\ &= c_1(1, 0, 0) + c_2(0, 1, 0) + c_3(0, 0, 1) \\ &= (c_1, c_2, c_3) \end{aligned}$$

où $0 \leq c_i \leq 1$.

Tel qu'illustré sur la figure, les coins du cube correspondent aux couleurs primaires pures et aux couleurs suivantes : noir, blanc, magenta, cyan et jaune. Les vecteurs situés sur la diagonale qui relie le blanc et le noir donnent les différents tons de gris.

---

[*] En anglais, on écrit *RGB*, pour *Red*, *Green* et *Blue*. *Ndt*

Cela signifie que l'on obtient les composantes de $\overrightarrow{P_1P_2}$ en soustrayant les coordonnées de l'origine du vecteur de celles de son extrémité. Sur la figure 3.1.13, on voit que le vecteur $\overrightarrow{P_1P_2}$ correspond à la différence des vecteurs $\overrightarrow{OP_2}$ et $\overrightarrow{OP_1}$; on a

$$\overrightarrow{P_1P_2} = \overrightarrow{OP_2} - \overrightarrow{OP_1} = (x_2, y_2, z_2) - (x_1, y_1, z_1) = (x_2 - x_1, y_2 - y_1, z_2 - z_1)$$

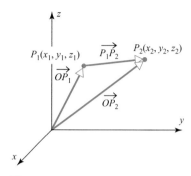

**Figure 3.1.13**

---

## EXEMPLE 2 Déterminer les composantes d'un vecteur

Les composantes du vecteur $\mathbf{v} = \overrightarrow{P_1P_2}$ qui va du point $P_1(2, -1, 4)$ au point $P_2(7, 5, -8)$ sont :

$$\mathbf{v} = (7 - 2, 5 - (-1), (-8) - 4) = (5, 6, -12) \quad \blacklozenge$$

Dans le plan ($R^2$), le vecteur qui relie $P_1(x_1, x_2)$ et $P_2(y_1, y_2)$ est donné par

$$\overrightarrow{P_1P_2} = (x_2 - x_1, y_2 - y_1)$$

**Translation des axes**

On peut simplifier la résolution de plusieurs problèmes en déplaçant les axes de coordonnées pour en définir de nouveaux, parallèles aux originaux.

À la figure 3.1.14*a*, nous avons déplacé les axes d'un repère de coordonnées *xy* pour définir un nouveau repère, *x'y'*, dont l'origine $O'$ se trouve au point $(x, y) = (k, l)$. À chaque point $P$ du plan correspondent alors deux ensembles de coordonnées, soit $(x, y)$ et $(x', y')$. Pour établir la relation entre les deux repères, considérons le vecteur $\overrightarrow{O'P}$ (figure 3.1.14*b*) : dans le repère *xy*, son origine se trouve au point $(k, l)$ et son

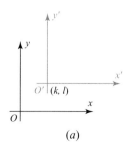

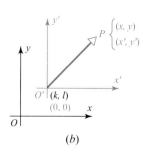

**Figure 3.1.14**         (*a*)                                (*b*)

extrémité à $(x, y)$, de sorte que $\overrightarrow{O'P} = (x - k, y - l)$; par contre, dans le repère $x'y'$, l'origine du vecteur est au point $(0, 0)$ et l'extrémité à $(x', y')$, de sorte que $\overrightarrow{O'P} = (x', y')$. On en déduit

$$x' = x - k, \qquad y' = y - l$$

Ces expressions sont les *équations de translation*.

---

### EXEMPLE 3    Utiliser les équations de translation

Considérons la translation d'un repère $xy$ vers un repère $x'y'$ dont l'origine a pour coordonnées $(k, l) = (4, 1)$ dans le repère $xy$.

(a) Trouver les coordonnées $x'y'$ du point qui a pour coordonnées $P(2, 0)$ dans le repère $xy$.

(b) Trouver les coordonnées $xy$ du point qui a pour coordonnées $Q(-1, 5)$ dans le repère $x'y'$.

*Solution de (a)*

Écrivons les équations de translation : on a
$$x' = x - 4, \qquad y' = y - 1$$
Les coordonnées $x'y'$ de $P(2, 0)$ sont $x' = 2 - 4 = -2$ et $y' = 0 - 1 = -1$.

*Solution de (b)*

On peut récrire les équations de translation comme suit :
$$x = x' + 4, \qquad y = y' + 1$$
Les coordonnées $xy$ de $Q$ sont $x = -1 + 4 = 3$ et $y = 5 + 1 = 6$. ◆

Dans l'espace ($R^3$), les équations de translation s'écrivent :

$$x' = x - k, \qquad y' = y - l, \qquad z' = z - m$$

où $(k, l, m)$ sont les coordonnées $xyz$ de l'origine du repère $x'y'z'$.

---

## SÉRIE D'EXERCICES 3.1

1. Tracez un repère cartésien main-droite et situez les points ayant pour coordonnées :

   (a) $(3, 4, 5)$      (b) $(-3, 4, 5)$      (c) $(3, -4, 5)$      (d) $(3, 4, -5)$

   (e) $(-3, -4, 5)$      (f) $(-3, 4, -5)$      (g) $(3, -4, -5)$      (h) $(-3, -4, -5)$

   (i) $(-3, 0, 0)$      (j) $(3, 0, 3)$      (k) $(0, 0, -3)$      (l) $(0, 3, 0)$

2. Dessinez les vecteurs suivants en faisant coïncider leur origine avec l'origine du repère de coordonnées :

   (a) $\mathbf{v}_1 = (3, 6)$      (b) $\mathbf{v}_2 = (-4, -8)$      (c) $\mathbf{v}_3 = (-4, -3)$

   (d) $\mathbf{v}_4 = (5, -4)$      (e) $\mathbf{v}_5 = (3, 0)$      (f) $\mathbf{v}_6 = (0, -7)$

   (g) $\mathbf{v}_7 = (3, 4, 5)$      (h) $\mathbf{v}_8 = (3, 3, 0)$      (i) $\mathbf{v}_9 = (0, 0, -3)$

3. Déterminez les composantes des vecteurs ayant pour origine $P_1$ et pour extrémité $P_2$.

   (a) $P_1(4, 8)$, $P_2(3, 7)$          (b) $P_1(3, -5)$, $P_2(-4, -7)$

   (c) $P_1(-5, 0)$, $P_2(-3, 1)$        (d) $P_1(0, 0)$, $P_2(a, b)$

   (e) $P_1(3, -7, 2)$, $P_2(-2, 5, -4)$    (f) $P_1(-1, 0, 2)$, $P_2(0, -1, 0)$

   (g) $P_1(a, b, c)$, $P_2(0, 0, 0)$       (h) $P_1(0, 0, 0)$, $P_2(a, b, c)$

4. Trouvez un vecteur **u** non nul dont l'origine est $P(-1, 3, -5)$, tel que

   (a) **u** est de même direction et de même sens que **v** = $(6, 7, -3)$.

   (b) **u** est de même direction mais de sens contraire à **v** = $(6, 7, -3)$.

5. Trouvez un vecteur **u** non nul dont l'extrémité est $Q(3, 0, -5)$, tel que

   (a) **u** est de même direction et de même sens que **v** = $(4, -2, -1)$.

   (b) **u** est de même direction mais de sens contraire à **v** = $(4, -2, -1)$.

6. Soit **u** = $(-3, 1, 2)$, **v** = $(4, 0, -8)$ et **w** = $(6, -1, -4)$. Donnez les composantes des vecteurs suivants :

   (a) **v** − **w**       (b) $6\mathbf{u} + 2\mathbf{v}$       (c) $-\mathbf{v} + \mathbf{u}$

   (d) $5(\mathbf{v} - 4\mathbf{u})$    (e) $-3(\mathbf{v} - 8\mathbf{w})$    (f) $(2\mathbf{u} - 7\mathbf{w}) - (8\mathbf{v} + \mathbf{u})$

7. Soit **u**, **v** et **w**, les vecteurs décrits à l'exercice 6. Trouvez les composantes du vecteur **x** qui vérifie l'équation $2\mathbf{u} - \mathbf{v} + \mathbf{x} = 7\mathbf{x} + \mathbf{w}$.

8. Soit **u**, **v** et **w**, les vecteurs décrits à l'exercice 6. Trouvez des scalaires $c_1$, $c_2$ et $c_3$ tels que
$$c_1\mathbf{u} + c_2\mathbf{v} + c_3\mathbf{w} = (2, 0, 4)$$

9. Montrez qu'il n'existe pas de scalaires $c_1$, $c_2$ et $c_3$ tels que
$$c_1(-2, 9, 6) + c_2(-3, 2, 1) + c_3(1, 7, 5) = (0, 5, 4)$$

10. Trouvez tous les scalaires $c_1$, $c_2$ et $c_3$ tels que
$$c_1(1, 2, 0) + c_2(2, 1, 1) + c_3(0, 3, 1) = (0, 0, 0)$$

11. Soit les points $P(2, 3, -2)$ et $Q(7, -4, 1)$.

    (a) Trouvez le point milieu du segment de droite qui relie $P$ et $Q$.

    (b) Trouvez le point du segment de droite qui relie $P$ et $Q$, situé aux $\frac{3}{4}$ de la longueur du segment en partant de $P$.

12. On déplace un repère de coordonnées $xy$ vers un repère $x'y'$ dont l'origine est le point $(2, -3)$ du repère $xy$.

    (a) Trouvez les coordonnées $x'y'$ du point $P$ qui a pour coordonnées $(7, 5)$ dans le repère $xy$.

    (b) Trouvez les coordonnées $xy$ du point $Q$ qui a pour coordonnées $(-3, 6)$ dans le repère $x'y'$.

    (c) Tracez les axes de coordonnées des repères $xy$ et $x'y'$ et situez les points $P$ et $Q$.

    (d) Si **v** = $(3, 7)$ est un vecteur du repère $xy$, que deviennent ses composantes dans le repère $x'y'$?

    (e) Si **v** = $(v_1, v_2)$ est un vecteur du repère $xy$, quelles sont ses composantes dans le repère $x'y'$?

13. Soit le point $P(1, 3, 7)$. Si le point $(4, 0, -6)$ est situé au milieu du segment de droite qui relie $P$ et $Q$, quelles sont les coordonnées de $Q$?

14. Un repère $xyz$ est déplacé par translation vers un repère $x'y'z'$. Soit **v**, un vecteur qui a pour composantes **v** = $(v_1, v_2, v_3)$ dans le système $xyz$. Montrez que les composantes de **v** restent les mêmes dans le repère $x'y'z'$.

15. Trouvez les composantes de **u**, **v**, **u** + **v** et **u** − **v** en considérant les vecteurs illustrés ci-contre.

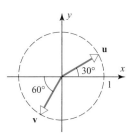

**Figure Ex-15**

16. Démontrez géométriquement que si $\mathbf{v} = (v_1, v_2)$, alors $k\mathbf{v} = (kv_1, kv_2)$. (Limitez la démonstration au cas illustré à la figure 3.1.8, où $k > 0$. La démonstration complète exigerait l'analyse de plusieurs cas, selon le signe de $k$ et selon le quadrant où se trouve le vecteur.)

## Exploration & discussion

17. Considérez les vecteurs de la figure 3.1.13. Discutez de l'interprétation géométrique du vecteur suivant :

$$\mathbf{u} = \overrightarrow{OP_1} + \tfrac{1}{2}(\overrightarrow{OP_2} - \overrightarrow{OP_1})$$

18. Dessinez un schéma qui illustre quatre vecteurs non nuls dont la somme est nulle.

19. Supposez que l'on vous indique quatre vecteurs non nuls. Proposez une méthode pour construire géométriquement un cinquième vecteur correspondant à la somme de ces quatre vecteurs. Illustrez votre méthode par un diagramme.

20. Considérez une horloge sur laquelle sont tracés des vecteurs allant du centre à chacune des heures (figure ci-contre).

   (a) Déterminez la somme des 12 vecteurs, si on double la longueur du vecteur qui pointe vers le 12 sans changer les autres.

   (b) Déterminez la somme des 12 vecteurs si on triple la longueur des vecteurs qui pointent vers le 3 et vers le 9, sans changer les autres.

   (c) Quelle est la somme des 9 vecteurs qui restent si on élimine ceux qui pointent vers le 5, le 11 et le 8?

21. Dans chaque cas, indiquez si l'énoncé est toujours vrai ou s'il peut être faux dans certain(s) cas. Justifiez vos réponses.

   (a) Si $\mathbf{x} + \mathbf{y} = \mathbf{y} + \mathbf{z}$, alors $\mathbf{y} = \mathbf{x}$.

   (b) Si $\mathbf{u} + \mathbf{v} = \mathbf{0}$, alors $a\mathbf{u} + b\mathbf{v} = \mathbf{0}$ pour toutes valeurs de $a$ et $b$.

   (c) Des vecteurs parallèles de même longueur sont égaux.

   (d) Si $a\mathbf{x} = \mathbf{0}$, alors $a = 0$ ou $\mathbf{x} = \mathbf{0}$.

   (e) Si $a\mathbf{u} + b\mathbf{v} = 0$, alors les vecteurs $\mathbf{u}$ et $\mathbf{v}$ sont parallèles.

   (f) Les vecteurs $\mathbf{u} = (\sqrt{2}, \sqrt{3})$ et $\mathbf{v} = (\frac{1}{\sqrt{2}}, \frac{1}{2}\sqrt{3})$ sont équipollents. (Dans ce cas, dire si l'énoncé est vrai ou faux.)

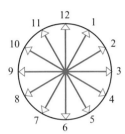

**Figure Ex-20**

---

# 3.2
## NORME D'UN VECTEUR; ALGÈBRE VECTORIELLE

*Dans cette section, nous allons établir les lois fondamentales de l'algèbre vectorielle.*

### Propriétés des opérations vectorielles

Le théorème qui suit regroupe les principales propriétés des vecteurs dans le plan ($R^2$) et dans l'espace ($R^3$).

**THÉORÈME 3.2.1**

### Propriétés de l'algèbre vectorielle

*Soit $\mathbf{u}$, $\mathbf{v}$ et $\mathbf{w}$ des vecteurs dans le plan ($R^2$) ou dans l'espace ($R^3$) et $k$ et $l$ des scalaires. Alors les relations suivantes sont vérifiées :*

*(a)* $\mathbf{u} + \mathbf{v} = \mathbf{v} + \mathbf{u}$         *(b)* $(\mathbf{u} + \mathbf{v}) + \mathbf{w} = \mathbf{u} + (\mathbf{v} + \mathbf{w})$

$$(c) \quad \mathbf{u} + \mathbf{0} = \mathbf{0} + \mathbf{u} = \mathbf{u} \qquad\qquad (d) \quad \mathbf{u} + (-\mathbf{u}) = \mathbf{0}$$

$$(e) \quad k(l\mathbf{u}) = (kl)\mathbf{u} \qquad\qquad (f) \quad k(\mathbf{u} + \mathbf{v}) = k\mathbf{u} + k\mathbf{v}$$

$$(g) \quad (k + l)\mathbf{u} = k\mathbf{u} + l\mathbf{u} \qquad\qquad (h) \quad l\mathbf{u} = \mathbf{u}$$

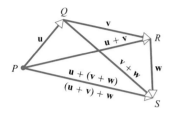

**Figure 3.2.1** Les vecteurs
$\mathbf{u} + (\mathbf{v} + \mathbf{w})$ et $(\mathbf{u} + \mathbf{v}) + \mathbf{w}$
sont égaux.

Avant d'amorcer la démonstration de ce théorème, rappelons que nous avons abordé les vecteurs selon deux approches : l'approche *géométrique*, où les vecteurs sont des flèches, c'est-à-dire des segments de droite orientés, et l'approche *algébrique*, où les vecteurs correspondent à des paires ou des triplés de nombres appelés composantes. On peut démontrer le théorème 3.2.1 en utilisant l'une ou l'autre approche. Pour illustrer, nous présentons à la fois la preuve algébrique et la preuve géométrique de la partie (*b*). Les autres sont laissées en exercices.

***Démonstration algébrique de (b)*** Faisons la preuve pour les vecteurs dans l'espace ($R^3$); la preuve suit le même déroulement pour les vecteurs dans le plan ($R^2$). Si $\mathbf{u} = (u_1, u_2, u_3)$, $\mathbf{v} = (v_1, v_2, v_3)$ et $\mathbf{w} = (w_1, w_2, w_3)$, alors

$$\begin{aligned}
(\mathbf{u} + \mathbf{v}) + \mathbf{w} &= [(u_1, u_2, u_3) + (v_1, v_2, v_3)] + (w_1, w_2, w_3) \\
&= (u_1 + v_1, u_2 + v_2, u_3 + v_3) + (w_1, w_2, w_3) \\
&= ([u_1 + v_1] + w_1, [u_2 + v_2] + w_2, [u_3 + v_3] + w_3) \\
&= (u_1 + [v_1 + w_1], u_2 + [v_2 + w_2], u_3 + [v_3 + w_3]) \\
&= (u_1, u_2, u_3) + (v_1 + w_1, v_2 + w_2, v_3 + w_3) \\
&= \mathbf{u} + (\mathbf{v} + \mathbf{w})
\end{aligned}$$

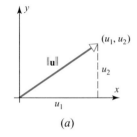

*(a)*

***Démonstration géométrique de (b)*** Représentons les vecteurs $\mathbf{u}$, $\mathbf{v}$ et $\mathbf{w}$ par $\overrightarrow{PQ}$, $\overrightarrow{QR}$ et $\overrightarrow{RS}$ (figure 3.2.1). On a

$$\mathbf{v} + \mathbf{w} = \overrightarrow{QS} \qquad \text{et} \qquad \mathbf{u} + (\mathbf{v} + \mathbf{w}) = \overrightarrow{PS}$$

De même,

$$\mathbf{u} + \mathbf{v} = \overrightarrow{PR} \qquad \text{et} \qquad (\mathbf{u} + \mathbf{v}) + \mathbf{w} = \overrightarrow{PS}$$

On en déduit

$$\mathbf{u} + (\mathbf{v} + \mathbf{w}) = (\mathbf{u} + \mathbf{v}) + \mathbf{w} \qquad\qquad ■$$

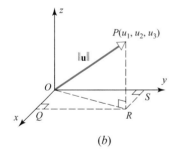

*(b)*

**Figure 3.2.2**

*REMARQUE* À la lumière de l'identité (*b*) de ce théorème, l'expression de la somme $\mathbf{u} + \mathbf{v} + \mathbf{w}$ est sans ambiguïté puisque le résultat ne dépend pas de la position des parenthèses. Par ailleurs, si l'on place les vecteurs $\mathbf{u}$, $\mathbf{v}$ et $\mathbf{w}$ bout à bout, la somme $\mathbf{u} + \mathbf{v} + \mathbf{w}$ est le vecteur qui va de l'origine de $\mathbf{u}$ à l'extrémité de $\mathbf{w}$ (figure 3.2.1).

## Norme d'un vecteur

La ***longueur*** d'un vecteur est généralement appelée ***norme*** du vecteur, que l'on note $\|\mathbf{u}\|$. Par le théorème de Pythagore (figure 3.2.2*a*), on exprime comme suit la norme d'un vecteur $\mathbf{u} = (u_1, u_2)$ dans le plan :

$$\|\mathbf{u}\| = \sqrt{u_1^2 + u_2^2} \qquad\qquad (1)$$

Soit $\mathbf{u} = (u_1, u_2, u_3)$, un vecteur dans l'espace (figure 3.2.2*b*); par une double application du théorème de Pythagore, on peut écrire

$$\|\mathbf{u}\|^2 = (OR)^2 + (RP)^2 = (OQ)^2 + (OS)^2 + (RP)^2 = u_1^2 + u_2^2 + u_3^2$$

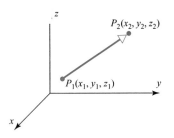

**Figure 3.2.3** La distance qui sépare $P_1$ et $P_2$ est la norme du vecteur $\overrightarrow{P_1 P_2}$.

On en déduit

$$\|\mathbf{u}\| = \sqrt{u_1^2 + u_2^2 + u_3^2} \qquad (2)$$

On appelle ***vecteur unitaire*** un vecteur de norme 1.

Si $P_1(x_1, y_1, z_1)$ et $P_2(x_2, y_2, z_2)$ sont deux points dans l'espace ($R^3$), alors la ***distance*** $d$ qui les sépare correspond à la norme du vecteur $\overrightarrow{P_1 P_2}$ (figure 3.2.3). Sachant que

$$\overrightarrow{P_1 P_2} = (x_2 - x_1, y_2 - y_1, z_2 - z_1)$$

## Système mondial de positionnement

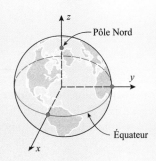

Pôle Nord

Équateur

Le **GPS** *(Système mondial de positionnement[*])* est le système utilisé par les militaires, les capitaines de navires et les pilotes d'avion, les géomètres, les entreprises de services publics, les automobilistes et les randonneurs, pour déterminer leur position par l'intermédiaire d'une constellation de satellites. Ce système, opéré par le Département de la défense des États-Unis, comprend 24 satellites qui orbitent autour de la Terre toutes les 12 heures, à l'altitude de 11 000 milles (17 500 km *Ndt*). Ces satellites sont répartis sur six plans orbitaux qui ont été sélectionnés de sorte que cinq à huit satellites soient visibles en tout point de la surface du globe.

Pour expliquer le fonctionnement du système, considérons que la Terre est sphérique, que l'origine d'un repère $xyz$ se trouve au centre de la planète et que l'axe des $z$ passe par le pôle Nord. Supposons maintenant que, dans ce système de coordonnées, un navire occupe une position inconnue $(x, y, z)$ à un instant $t$. Pour simplifier, prenons le rayon terrestre comme unité de mesure des distances; les coordonnées du navire vérifient alors l'équation

$$x^2 + y^2 + z^2 = 1$$

Le GPS établit les coordonnées du navire à l'instant $t$ par triangulation, à partir des distances de quatre satellites. Ces distances sont calculées en multipliant la vitesse de la lumière (environ 0,469 rayon terrestre par centième de seconde) et le temps que met le signal à parcourir la distance du satellite au navire. Par exemple, si le navire reçoit à l'instant $t$ un signal émis par le satellite à l'instant $t_0$, la distance $d$ parcourue par le signal est

$$d = 0,469(t - t_0)$$

En théorie, il suffit de la distance à trois satellites pour obtenir les trois coordonnées du navire. Cependant, les horloges du navire (ou celles des autres utilisateurs du GPS) n'ont généralement pas la précision nécessaire pour établir le positionnement. La variable $t$ devient alors la quatrième inconnue, d'où l'utilisation d'un quatrième satellite. Si chacun des satellites transmet simultanément $t_0$ et ses propres coordonnées $(x_0, y_0, z_0)$ à cet instant, la distance $d$ est donnée par

$$d = \sqrt{(x - x_0)^2 + (y - y_0)^2 + (z - z_0)^2}$$

En égalant ensuite le carré de la valeur de $d$ trouvée avec les deux équations précédentes et en arrondissant à trois décimales près, on obtient une équation du second degré :

$$(x - x_0)^2 + (y - y_0)^2 + (z - z_0)^2 = 0,22(t - t_0)^2$$

En écrivant une équation semblable pour chaque satellite, on a quatre équations pour les quatre inconnues $x$, $y$, $z$, et $t_0$. Par des manipulations algébriques, on transforme ces équations du second degré en un système d'équations linéaires dont la résolution détermine les quatre inconnues.

---

[*] GPS est l'acronyme de *Global Positioning System. Ndt*

l'égalité (2) permet d'écrire

$$d = \sqrt{(x_2 - x_1)^2 + (y_2 - y_1)^2 + (z_2 - z_1)^2} \tag{3}$$

De même, si $P_1(x_1, y_1)$ et $P_2(x_2, y_2)$ sont deux points dans le plan ($R^2$), la distance qui les sépare est donnée par

$$d = \sqrt{(x_2 - x_1)^2 + (y_2 - y_1)^2} \tag{4}$$

### EXEMPLE 1   Trouver la norme et la distance

Calculons la norme du vecteur $\mathbf{u} = (-3, 2, 1)$ :
$$\|\mathbf{u}\| = \sqrt{(-3)^2 + (2)^2 + (1)^2} = \sqrt{14}$$

Déterminons ensuite la distance $d$ de $P_1(2, -1, -5)$ à $P_2(4, -3, 1)$ :
$$d = \sqrt{(4 - 2)^2 + (-3 + 1)^2 + (1 + 5)^2} = \sqrt{44} = 2\sqrt{11} \blacklozenge$$

Par la définition du vecteur $k\mathbf{u}$, on sait que la longueur de $k\mathbf{u}$ correspond à la longueur du vecteur $\mathbf{u}$ multipliée par $|k|$. En utilisant le symbole de la norme, cette définition devient

$$\|k\mathbf{u}\| = |k|\,\|\mathbf{u}\| \tag{5}$$

Cette expression utile est valable à la fois dans le plan et dans l'espace.

**SÉRIE D'EXERCICES 3.2**

1. Trouvez la norme de chacun des vecteurs $\mathbf{v}$ ci-dessous.
   (a) $\mathbf{v} = (4, -3)$    (b) $\mathbf{v} = (2, 3)$    (c) $\mathbf{v} = (-5, 0)$
   (d) $\mathbf{v} = (2, 2, 2)$    (e) $\mathbf{v} = (-7, 2, -1)$    (f) $\mathbf{v} = (0, 6, 0)$

2. Dans chaque cas, déterminez la distance de $P_1$ à $P_2$.
   (a) $P_1(3, 4)$, $P_2(5, 7)$    (b) $P_1(-3, 6)$, $P_2(-1, -4)$
   (c) $P_1(7, -5, 1)$, $P_2(-7, -2, -1)$    (d) $P_1(3, 3, 3)$, $P_2(6, 0, 3)$

3. Sachant que $\mathbf{u} = (2, -2, 3)$, $\mathbf{v} = (1, -3, 4)$ et $\mathbf{w} = (3, 6, -4)$, évaluez les expressions ci-dessous.
   (a) $\|\mathbf{u} + \mathbf{v}\|$    (b) $\|\mathbf{u}\| + \|\mathbf{v}\|$    (c) $\|-2\mathbf{u}\| + 2\|\mathbf{u}\|$
   (d) $\|3\mathbf{u} - 5\mathbf{v} + \mathbf{w}\|$    (e) $\dfrac{1}{\|\mathbf{w}\|}\mathbf{w}$    (f) $\left\|\dfrac{1}{\|\mathbf{w}\|}\mathbf{w}\right\|$

4. Si $\|\mathbf{v}\| = 2$ et $\|\mathbf{w}\| = 3$, quelles sont les valeurs minimale et maximale de $\|\mathbf{v} - \mathbf{w}\|$? Justifiez votre réponse en faisant appel à la géométrie.

5. Soit $\mathbf{u} = (2, 0, 4)$ et $\mathbf{v} = (1, 3, -6)$. Dans chaque cas, trouvez, si possible, des scalaires $k$ et $l$ tels que
   (a) $k\mathbf{u} + l\mathbf{v} = (5, 9, -14)$    (b) $k\mathbf{u} + l\mathbf{v} = (9, 15, -21)$

6.  Soit $\mathbf{u} = (2, 6, -7)$, $\mathbf{v} = (-1, -1, 8)$ et $k = 3$. Si $(2, 14, 11) = k\mathbf{u} + l\mathbf{v}$, quelle est la valeur de $l$?

7.  Soit $\mathbf{v} = (-1, 2, 5)$. Trouvez un scalaire $k$ tel que $\|k\mathbf{v}\| = 4$.

8.  Soit $\mathbf{u} = (7, -3, 1)$, $\mathbf{v} = (9, 6, 6)$, $\mathbf{w} = (2, 1, -8)$, $k = -2$ et $l = 5$. Vérifiez que ces vecteurs et ces scalaires satisfont les identités suivantes du théorème 3.2.1 :

    (a) partie (*b*)      (b) partie (*e*)      (c) partie (*f*)      (d) partie (*g*)

9.  (a) Montrez que si $\mathbf{v}$ est un vecteur quelconque non nul, alors $\dfrac{1}{\|\mathbf{v}\|}\mathbf{v}$ est un vecteur unitaire.

    (b) Utilisez l'énoncé de la partie (a) pour trouver un vecteur unitaire de même direction et de même sens que $\mathbf{v} = (3, 4)$.

    (c) Utilisez l'énoncé de la partie (a) pour trouver un vecteur unitaire de même direction mais de sens opposé à $\mathbf{v} = (-2, 3, -6)$.

10. (a) Montrez que les composantes du vecteur $\mathbf{v} = (v_1, v_2)$, représenté à la figure Ex-10*a*, ont pour expression $v_1 = \|\mathbf{v}\| \cos \theta$ et $v_2 = \|\mathbf{v}\| \sin \theta$.

    (b) Soit $\mathbf{u}$ et $\mathbf{v}$, les vecteurs de la figure Ex-10*b*. Utilisez (a) pour déterminer les composantes de $4\mathbf{u} - 5\mathbf{v}$.

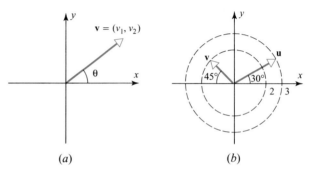

(a)                          (b)

**Figure Ex-10**

11. Soit $\mathbf{p}_0 = (x_0, y_0, z_0)$. Décrivez l'ensemble de tous les vecteurs $\mathbf{p} = (x, y, z)$ tels que $\|\mathbf{p} - \mathbf{p}_0\| = 1$.

12. Par l'approche géométrique, montrez que si $\mathbf{u}$ et $\mathbf{v}$ sont des vecteurs dans $R^2$ ou dans $R^3$, alors $\|\mathbf{u} + \mathbf{v}\| \leq \|\mathbf{u}\| + \|\mathbf{v}\|$.

13. Donnez une démonstration algébrique des parties (*a*), (*c*) et (*e*) du théorème 3.2.1.

14. Donnez une démonstration algébrique des parties (*d*), (*g*) et (*h*) du théorème 3.2.1.

---

*Exploration & discussion*

15. Considérez l'inéquation donnée à l'exercice 9. Est-il possible que $\|\mathbf{u} + \mathbf{v}\| = \|\mathbf{u}\| + \|\mathbf{v}\|$? Expliquez votre raisonnement.

16. (a) Établissez une relation qui décrive un point $\mathbf{p} = (a, b, c)$ équidistant de l'origine et du plan $xy$. Assurez-vous que la relation trouvée est également valable pour les valeurs positives et les valeurs négatives de $a$, $b$ et $c$.

    (b) Établissez une relation qui décrive un point $\mathbf{p} = (a, b, c)$ situé plus loin de l'origine que du plan $xy$. Assurez-vous que la relation trouvée est également valable pour les valeurs positives et les valeurs négatives de $a$, $b$ et $c$.

17. Si $\mathbf{x}$ est un vecteur du plan, qu'est-ce que l'inéquation $\|\mathbf{x}\| < 1$ indique du point d'arrivée de $\mathbf{x}$ si son origine coïncide avec celle du repère?

**18.** Les triangles de la figure Ex-18 suggèrent l'idée d'une démonstration géométrique du théorème 3.2.1*f* pour le cas où $k > 0$. Développez cette démonstration.

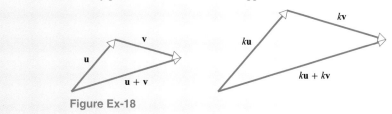

**Figure Ex-18**

# 3.3
## PRODUIT SCALAIRE; PROJECTIONS

*Dans cette section, nous étudions une importante opération de multiplication des vecteurs dans le plan ($R^2$) ou dans l'espace ($R^3$). Nous en présentons également quelques applications géométriques.*

## Produit scalaire de vecteurs

Considérons deux vecteurs non nuls **u** et **v** dans le plan ($R^2$) ou dans l'espace ($R^3$), et supposons que ces vecteurs aient la même origine. On appelle ***angle entre*** **u** *et* **v** l'angle $\theta$ formé par **u** et **v**, tel que $0 \leq \theta \leq \pi$ (figure 3.3.1).

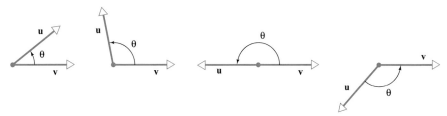

**Figure 3.3.1** L'angle $\theta$ formé par **u** et **v** est tel que $0 \leq \theta \leq \pi$.

> **DÉFINITION**
>
> Soit **u** et **v** des vecteurs dans le plan ($R^2$) ou dans l'espace ($R^3$) et $\theta$ est l'angle entre **u** et **v**. Alors le ***produit scalaire*** **u** $\cdot$ **v** est défini par
>
> $$\mathbf{u} \cdot \mathbf{v} = \begin{cases} \|\mathbf{u}\| \, \|\mathbf{v}\| \cos \theta & \text{si } \mathbf{u} \neq \mathbf{0} \text{ et } \mathbf{v} \neq \mathbf{0} \\ 0 & \text{si } \mathbf{u} = \mathbf{0} \text{ ou } \mathbf{v} = \mathbf{0} \end{cases} \quad (1)$$

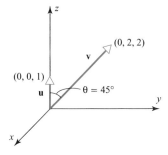

**Figure 3.3.2**

## EXEMPLE 1 Produit scalaire

Tel qu'illustré à la figure 3.3.2, l'angle entre les vecteurs **u** $= (0, 0, 1)$ et **v** $= (0, 2, 2)$ mesure 45°. On a donc

$$\mathbf{u} \cdot \mathbf{v} = \|\mathbf{u}\| \, \|\mathbf{v}\| \cos \theta = (\sqrt{0^2 + 0^2 + 1^2})(\sqrt{0^2 + 2^2 + 2^2}) \left( \frac{1}{\sqrt{2}} \right) = 2 \quad \blacklozenge$$

## Produit scalaire et composantes

En calcul, il est utile d'exprimer le produit scalaire de deux vecteurs en termes des composantes. Nous allons obtenir une telle expression en considérant des vecteurs dans l'espace ($R^3$); on procède de la même façon pour les vecteurs dans le plan ($R^2$).

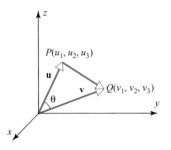

**Figure 3.3.3**

Soit deux vecteurs non nuls $\mathbf{u} = (u_1, u_2, u_3)$ et $\mathbf{v} = (v_1, v_2, v_3)$. Si $\theta$ est l'angle entre $\mathbf{u}$ et $\mathbf{v}$ (figure 3.3.3), alors on obtient, par la loi des cosinus,

$$\|\overrightarrow{PQ}\|^2 = \|\mathbf{u}\|^2 + \|\mathbf{v}\|^2 - 2\|\mathbf{u}\|\|\mathbf{v}\|\cos\theta \tag{2}$$

Sachant que $\overrightarrow{PQ} = \mathbf{v} - \mathbf{u}$, l'expression (2) devient

$$\|\mathbf{u}\|\|\mathbf{v}\|\cos\theta = \tfrac{1}{2}(\|\mathbf{u}\|^2 + \|\mathbf{v}\|^2 - \|\mathbf{v} - \mathbf{u}\|^2)$$

ou

$$\mathbf{u} \cdot \mathbf{v} = \tfrac{1}{2}(\|\mathbf{u}\|^2 + \|\mathbf{v}\|^2 - \|\mathbf{v} - \mathbf{u}\|^2)$$

En substituant

$$\|\mathbf{u}\|^2 = u_1^2 + u_2^2 + u_3^2, \qquad \|\mathbf{v}\|^2 = v_1^2 + v_2^2 + v_3^2,$$

et

$$\|\mathbf{v} - \mathbf{u}\|^2 = (v_1 - u_1)^2 + (v_2 - u_2)^2 + (v_3 - u_3)^2$$

On obtient, après simplification,

$$\mathbf{u} \cdot \mathbf{v} = u_1 v_1 + u_2 v_2 + u_3 v_3 \tag{3}$$

Bien que nous ayons déduit cette expression en supposant que $\mathbf{u}$ et $\mathbf{v}$ ne sont pas nuls, l'expression s'applique également lorsque $\mathbf{u} = \mathbf{0}$ ou $\mathbf{v} = \mathbf{0}$ (vérifiez-le).

Pour les vecteurs $\mathbf{u} = (u_1, u_2)$ et $\mathbf{v} = (v_1, v_2)$ dans ($R^2$), l'expression (3) devient

$$\mathbf{u} \cdot \mathbf{v} = u_1 v_1 + u_2 v_2 \tag{4}$$

**Déterminer l'angle entre deux vecteurs**

Si $\mathbf{u}$ et $\mathbf{v}$ sont des vecteurs non nuls, on peut récrire l'expression (1) comme suit :

$$\cos\theta = \frac{\mathbf{u} \cdot \mathbf{v}}{\|\mathbf{u}\|\|\mathbf{v}\|} \tag{5}$$

---

### EXEMPLE 2  Produit scalaire et équation (3)

---

Considérant les vecteurs $\mathbf{u} = (2, -1, 1)$ et $\mathbf{v} = (1, 1, 2)$, calculer $\mathbf{u} \cdot \mathbf{v}$ et déterminer $\theta$, l'angle entre $\mathbf{u}$ et $\mathbf{v}$.

*Solution*

$$\mathbf{u} \cdot \mathbf{v} = u_1 v_1 + u_2 v_2 + u_3 v_3 = (2)(1) + (-1)(1) + (1)(2) = 3$$

Pour les vecteurs donnés, on a $\|\mathbf{u}\| = \|\mathbf{v}\| = \sqrt{6}$; en substituant dans l'équation (5), on trouve

$$\cos\theta = \frac{\mathbf{u} \cdot \mathbf{v}}{\|\mathbf{u}\|\|\mathbf{v}\|} = \frac{3}{\sqrt{6}\sqrt{6}} = \frac{1}{2}$$

Ainsi, $\theta = 60°$. ◆

## EXEMPLE 3   Un problème géométrique

Déterminer l'angle entre la diagonale d'un cube et l'une de ses arêtes.

*Solution*

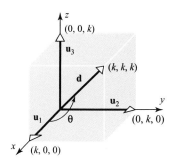

**Figure 3.3.4**

Posons $k$, la longueur d'une arête, et introduisons un système de coordonnées (figure 3.3.4). Considérons $\mathbf{u}_1 = (k, 0, 0)$, $\mathbf{u}_2 = (0, k, 0)$ et $\mathbf{u}_3 = (0, 0, k)$; la diagonale du cube est alors

$$\mathbf{d} = (k, k, k) = \mathbf{u}_1 + \mathbf{u}_2 + \mathbf{u}_3$$

L'angle $\theta$ entre $\mathbf{d}$ et l'arête $\mathbf{u}_1$ vérifie l'équation suivante :

$$\cos\theta = \frac{\mathbf{u}_1 \cdot \mathbf{d}}{\|\mathbf{u}_1\| \|\mathbf{d}\|} = \frac{k^2}{(k)(\sqrt{3k^2})} = \frac{1}{\sqrt{3}}$$

On en déduit

$$\theta = \cos^{-1}\left(\frac{1}{\sqrt{3}}\right) \approx 54{,}74°$$

Remarquez que ce résultat est indépendant de la valeur de $k$, tel qu'on pouvait s'y attendre. ◆

Dans le théorème qui ci-dessous, on découvre comment le signe du produit scalaire nous informe sur l'angle entre deux vecteurs. Le théorème établit aussi une relation importante entre la norme et le produit scalaire.

**THÉORÈME 3.3.1**

*Soit $\mathbf{u}$ et $\mathbf{v}$ des vecteurs dans le plan ($R^2$) ou dans l'espace ($R^3$).*

*(a)* $\mathbf{v} \cdot \mathbf{v} = \|\mathbf{v}\|^2$ *qui s'écrit également* $\|\mathbf{v}\| = (\mathbf{v} \cdot \mathbf{v})^{1/2}$

*(b)* *Soit $\theta$ l'angle entre les deux vecteurs $\mathbf{u}$ et $\mathbf{v}$, non nuls. Alors*

| | | |
|---|---|---|
| $\theta$ *est aigu* | *si et seulement si* | $\mathbf{u} \cdot \mathbf{v} > 0$ |
| $\theta$ *est obtus* | *si et seulement si* | $\mathbf{u} \cdot \mathbf{v} < 0$ |
| $\theta = \pi/2$ | *si et seulement si* | $\mathbf{u} \cdot \mathbf{v} = 0$ |

*Démonstration de (a)*   Puisque l'angle $\theta$ entre $\mathbf{v}$ et $\mathbf{v}$ est 0, on a

$$\mathbf{v} \cdot \mathbf{v} = \|\mathbf{v}\| \|\mathbf{v}\| \cos\theta = \|\mathbf{v}\|^2 \cos 0 = \|\mathbf{v}\|^2$$

*Démonstration de (b)*   Étant donné que $0 \le \theta \le \pi$, on sait que $\theta$ est aigu si et seulement si $\cos\theta > 0$; de même, $\theta$ est obtus si et seulement si $\cos\theta < 0$, et $\theta = \pi/2$ si et seulement si $\cos\theta = 0$. Or, $\cos\theta$ est du même signe que $\mathbf{u} \cdot \mathbf{v}$ puisque $\mathbf{u} \cdot \mathbf{v} = \|\mathbf{u}\| \|\mathbf{v}\| \cos\theta$, $\|\mathbf{u}\| > 0$ et $\|\mathbf{v}\| > 0$. Ce qui complète la preuve. ■

## EXEMPLE 4   Déterminer le produit scalaire par les composantes

Si $\mathbf{u} = (1, -2, 3)$, $\mathbf{v} = (-3, 4, 2)$ et $\mathbf{w} = (3, 6, 3)$, alors

$$\mathbf{u} \cdot \mathbf{v} = (1)(-3) + (-2)(4) + (3)(2) = -5$$
$$\mathbf{v} \cdot \mathbf{w} = (-3)(3) + (4)(6) + (2)(3) = 21$$
$$\mathbf{u} \cdot \mathbf{w} = (1)(3) + (-2)(6) + (3)(3) = 0$$

Ainsi, **u** et **v** forment un angle obtus, **v** et **w**, un angle aigu, et **u** et **w** sont perpendiculaires. ◆

**Vecteurs orthogonaux**

Des vecteurs perpendiculaires sont également appelés vecteurs ***orthogonaux***. À la lumière du théorème 3.3.1*b*, deux vecteurs *non nuls* sont orthogonaux si et seulement si leur produit scalaire est nul. Si l'on pose que **u** et **v** sont perpendiculaires dans le cas où au moins l'un des deux vecteurs est **0**, alors on peut affirmer sans exception que *deux vecteurs **u** et **v** sont orthogonaux (perpendiculaires) si et seulement si* $\mathbf{u} \cdot \mathbf{v} = 0$. On utilise la notation $\mathbf{u} \perp \mathbf{v}$ pour indiquer que **u** et **v** sont orthogonaux.

---

### EXEMPLE 5    Un vecteur perpendiculaire à une droite

Montrer que, dans le plan ($R^2$), le vecteur non nul $\mathbf{n} = (a, b)$ est perpendiculaire à la droite $ax + by + c = 0$.

*Solution*

Soit $P_1(x_1, y_1)$ et $P_2(x_2, y_2)$, deux points distincts de la droite; on a

$$ax_1 + by_1 + c = 0$$
$$ax_2 + by_2 + c = 0 \tag{6}$$

Puisque le vecteur $\overrightarrow{P_1 P_2} = (x_2 - x_1, y_2 - y_1)$ suit la droite (figure 3.3.5), il suffit de montrer que **n** et $\overrightarrow{P_1 P_2}$ sont perpendiculaires. Or, en soustrayant les équations (6), on obtient

$$a(x_2 - x_1) + b(y_2 - y_1) = 0$$

En récrivant l'expression, on trouve

$$(a, b) \cdot (x_2 - x_1, y_2 - y_1) = 0 \text{ ou } \mathbf{n} \cdot \overrightarrow{P_1 P_2} = 0$$

Ainsi, **n** et $\overrightarrow{P_1 P_2}$ sont perpendiculaires. ◆

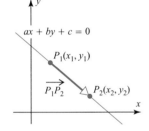

**Figure 3.3.5**

Le théorème qui suit regroupe les principales propriétés du produit scalaire, particulièrement utiles lorsqu'on effectue des calculs impliquant des vecteurs.

**THÉORÈME 3.3.2**

> **Propriétés du produit scalaire**
>
> *Soit **u**, **v**, et **w** des vecteurs dans le plan ($R^2$) ou dans l'espace ($R^3$) et k, un scalaire. Alors*
>
> (*a*) $\mathbf{u} \cdot \mathbf{v} = \mathbf{v} \cdot \mathbf{u}$
>
> (*b*) $\mathbf{u} \cdot (\mathbf{v} + \mathbf{w}) = \mathbf{u} \cdot \mathbf{v} + \mathbf{u} \cdot \mathbf{w}$
>
> (*c*) $k(\mathbf{u} \cdot \mathbf{v}) = (k\mathbf{u}) \cdot \mathbf{v} = \mathbf{u} \cdot (k\mathbf{v})$
>
> (*d*) $\mathbf{v} \cdot \mathbf{v} > 0$ *si* $\mathbf{v} \neq \mathbf{0}$ *et* $\mathbf{v} \cdot \mathbf{v} = 0$ *si* $\mathbf{v} = \mathbf{0}$

***Démonstration***    Nous allons démontrer (*c*) pour des vecteurs dans ($R^3$) et laisser les autres preuves en exercices. Soit $\mathbf{u} = (u_1, u_2, u_3)$ et $\mathbf{v} = (v_1, v_2, v_3)$; alors

$$\begin{aligned} k(\mathbf{u} \cdot \mathbf{v}) &= k(u_1v_1 + u_2v_2 + u_3v_3) \\ &= (ku_1)v_1 + (ku_2)v_2 + (ku_3)v_3 \\ &= (k\mathbf{u}) \cdot \mathbf{v} \end{aligned}$$

De même,

$$k(\mathbf{u} \cdot \mathbf{v}) = \mathbf{u} \cdot (k\mathbf{v}) \qquad \blacksquare$$

**Une projection orthogonale**

En pratique, il est souvent utile de « décomposer » un vecteur $\mathbf{u}$ en une somme de deux vecteurs dont l'un est parallèle à un vecteur particulier $\mathbf{a}$ (non nul) et l'autre, perpendiculaire à $\mathbf{a}$. Si l'on fait coïncider l'origine des vecteurs $\mathbf{u}$ et $\mathbf{a}$ au point $Q$, on peut décomposer $\mathbf{u}$ comme suit (figure 3.3.6) : on abaisse une perpendiculaire de l'extrémité de $\mathbf{u}$ jusqu'à la droite passant par $\mathbf{a}$; on construit ensuite un vecteur $\mathbf{w}_1$ allant de $Q$ jusqu'au point de rencontre entre la perpendiculaire abaissée et la droite. Puis, on établit la différence

$$\mathbf{w}_2 = \mathbf{u} - \mathbf{w}_1$$

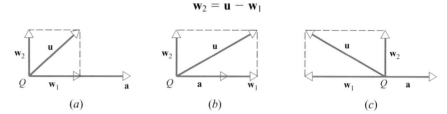

*(a)*        *(b)*        *(c)*

**Figure 3.3.6**   Le vecteur $\mathbf{u}$ correspond à la somme de $\mathbf{w}_1$ et $\mathbf{w}_2$, où $\mathbf{w}_1$ est parallèle à $\mathbf{a}$ et $\mathbf{w}_2$ est perpendiculaire à $\mathbf{a}$.

Tel qu'indiqué à la figure 3.3.6, le vecteur $\mathbf{w}_1$ est parallèle à $\mathbf{a}$, le vecteur $\mathbf{w}_2$ est perpendiculaire à $\mathbf{a}$ et

$$\mathbf{w}_1 + \mathbf{w}_2 = \mathbf{w}_1 + (\mathbf{u} - \mathbf{w}_1) = \mathbf{u}$$

Le vecteur $\mathbf{w}_1$ est la ***projection orthogonale de*** $\mathbf{u}$ ***sur*** $\mathbf{a}$, parfois appelée la ***composante du vecteur*** $\mathbf{u}$ ***parallèle à*** $\mathbf{a}$; elle est notée

$$\text{proj}_{\mathbf{a}}\mathbf{u} \tag{7}$$

Le vecteur $\mathbf{w}_2$ est la ***composante du vecteur*** $\mathbf{u}$ ***orthogonale à*** $\mathbf{a}$. Sachant que $\mathbf{w}_2 = \mathbf{u} - \mathbf{w}_1$, la notation (7) permet d'écrire

$$\mathbf{w} = \mathbf{u} - \text{proj}_{\mathbf{a}}\mathbf{u}$$

Le théorème qui suit présente les expressions qui servent à calculer $\text{proj}_{\mathbf{a}}\mathbf{u}$ et $\mathbf{u} - \text{proj}_{\mathbf{a}}\mathbf{u}$ :

**THÉORÈME 3.3.3**

*Soit $\mathbf{u}$ et $\mathbf{a}$ des vecteurs dans le plan ($R^2$) ou dans l'espace ($R^3$) où $\mathbf{a} \neq \mathbf{0}$.* Alors

$$\text{proj}_{\mathbf{a}}\mathbf{u} = \frac{\mathbf{u} \cdot \mathbf{a}}{\|\mathbf{a}\|^2}\mathbf{a} \quad \textit{(composante du vecteur $\mathbf{u}$ parallèle à $\mathbf{a}$)}$$

$$\mathbf{u} - \text{proj}_{\mathbf{a}}\mathbf{u} = \mathbf{u} - \frac{\mathbf{u} \cdot \mathbf{a}}{\|\mathbf{a}\|^2}\mathbf{a} \quad \textit{(composante du vecteur $\mathbf{u}$ orthogonale à $\mathbf{a}$)}$$

***Démonstration***   Posons $\mathbf{w}_1 = \text{proj}_{\mathbf{a}}\mathbf{u}$ et $\mathbf{w}_2 = \mathbf{u} - \text{proj}_{\mathbf{a}}\mathbf{u}$. Puisque $\mathbf{w}_1$ est parallèle à $\mathbf{a}$, il est forcément un produit par un scalaire de $\mathbf{a}$ et l'on peut écrire $\mathbf{w}_1 = k\mathbf{a}$. On a

$$\mathbf{u} = \mathbf{w}_1 + \mathbf{w}_2 = k\mathbf{a} + \mathbf{w}_2 \tag{8}$$

Considérons le produit scalaire de chaque membre de l'égalité (8) et du vecteur $\mathbf{a}$; appliquons ensuite les théorèmes 3.3.1$a$ et 3.3.2; on obtient

$$\mathbf{u} \cdot \mathbf{a} = (k\mathbf{a} + \mathbf{w}_2) \cdot \mathbf{a} = k\|\mathbf{a}\|^2 + \mathbf{w}_2 \cdot \mathbf{a} \tag{9}$$

Or, $\mathbf{w}_2 \cdot \mathbf{a} = 0$ étant donné que $\mathbf{w}_2$ est perpendiculaire à $\mathbf{a}$; de (9) on obtient alors

$$k = \frac{\mathbf{u} \cdot \mathbf{a}}{\|\mathbf{a}\|^2}$$

Puisque $\text{proj}_{\mathbf{a}}\mathbf{u} = \mathbf{w}_1 = k\mathbf{a}$, on trouve

$$\text{proj}_{\mathbf{a}}\mathbf{u} = \frac{\mathbf{u} \cdot \mathbf{a}}{\|\mathbf{a}\|^2}\mathbf{a}$$

■

---

### EXEMPLE 6  Composante du vecteur **u** parallèle à **a**

---

Soit $\mathbf{u} = (2, -1, 3)$ et $\mathbf{a} = (4, -1, 2)$. Trouver la composante du vecteur **u** parallèle à **a** et la composante de **u** orthogonale à **a**.

*Solution*

$$\mathbf{u} \cdot \mathbf{a} = (2)(4) + (-1)(-1) + (3)(2) = 15$$
$$\|\mathbf{a}\|^2 = 4^2 + (-1)^2 + 2^2 = 21$$

Or, la composante de **u** parallèle à **a** a pour expression

$$\text{proj}_{\mathbf{a}}\mathbf{u} = \frac{\mathbf{u} \cdot \mathbf{a}}{\|\mathbf{a}\|^2}\mathbf{a} = \tfrac{15}{21}(4, -1, 2) = \left(\tfrac{20}{7}, -\tfrac{5}{7}, \tfrac{10}{7}\right)$$

Et la composante de **u** orthogonale à **a** est

$$\mathbf{u} - \text{proj}_{\mathbf{a}}\mathbf{u} = (2, -1, 3) - \left(\tfrac{20}{7}, -\tfrac{5}{7}, \tfrac{10}{7}\right) = \left(-\tfrac{6}{7}, -\tfrac{2}{7}, \tfrac{11}{7}\right)$$

Pour s'assurer que $\mathbf{u} - \text{proj}_{\mathbf{a}}\mathbf{u}$ est perpendiculaire à **a**, le lecteur peut vérifier que le produit scalaire de ces deux vecteurs vaut bien zéro. ◆

Trouvons maintenant une expression pour la longueur de la composante de **u** parallèle à **a** :

$$\|\text{proj}_{\mathbf{a}}\mathbf{u}\| = \left\|\frac{\mathbf{u} \cdot \mathbf{a}}{\|\mathbf{a}\|^2}\mathbf{a}\right\|$$

$$= \left|\frac{\mathbf{u} \cdot \mathbf{a}}{\|\mathbf{a}\|^2}\right| \|\mathbf{a}\| \quad \longleftarrow \text{Formule (5) de la section 3.2}$$

$$= \frac{|\mathbf{u} \cdot \mathbf{a}|}{\|\mathbf{a}\|^2}\|\mathbf{a}\| \quad \longleftarrow \text{Puisque } \|\mathbf{a}\|^2 > 0$$

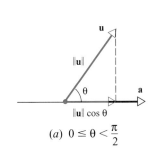

$(a)\ 0 \leq \theta < \dfrac{\pi}{2}$

On en déduit

$$\|\text{proj}_{\mathbf{a}}\mathbf{u}\| = \frac{|\mathbf{u} \cdot \mathbf{a}|}{\|\mathbf{a}\|} \tag{10}$$

Si $\theta$ correspond à l'angle entre **u** et **a**, alors $\mathbf{u} \cdot \mathbf{a} = \|\mathbf{u}\|\,\|\mathbf{a}\|\cos\theta$; l'expression (10) devient alors

$$\|\text{proj}_{\mathbf{a}}\mathbf{u}\| = \|\mathbf{u}\||\cos\theta| \tag{11}$$

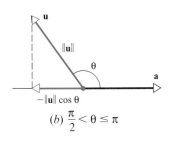

$(b)\ \dfrac{\pi}{2} < \theta \leq \pi$

**figure 3.3.7**

(Vérifiez-le.) La figure 3.3.7 donne une interprétation géométrique de ce résultat.

À titre d'application, nous allons construire une formule de la distance qui sépare un point dans le plan et une droite, en faisant appel aux méthodes vectorielles.

## EXEMPLE 7   Distance d'un point à une droite

Trouver une expression de la distance $D$ qui sépare le point $P_0(x_0, y_0)$ de la droite $ax + by + c = 0$.

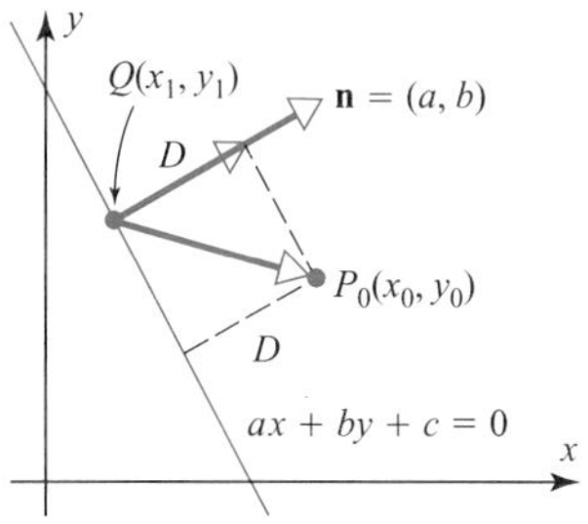

### Solution

Posons $Q(x_1, y_1)$, un point quelconque de la droite et plaçons l'origine du vecteur $\mathbf{n} = (a, b)$ en ce point.

Nous savons que le vecteur $\mathbf{n}$ est perpendiculaire à la droite (exemple 5). Tel qu'illustré à la figure 3.3.8, la distance $D$ est égale à la longueur de la projection orthogonale de $\overrightarrow{QP_0}$ sur $\mathbf{n}$; l'équation (10) donne alors

Figure 3.3.8

$$D = \|\text{proj}_{\mathbf{n}} \overrightarrow{QP_0}\| = \frac{|\overrightarrow{QP_0} \cdot \mathbf{n}|}{\|\mathbf{n}\|}$$

Or,

$$\overrightarrow{QP_0} = (x_0 - x_1, y_0 - y_1)$$
$$\overrightarrow{QP_0} \cdot \mathbf{n} = a(x_0 - x_1) + b(y_0 - y_1)$$
$$\|\mathbf{n}\| = \sqrt{a^2 + b^2}$$

On a donc

$$D = \frac{|a(x_0 - x_1) + b(y_0 - y_1)|}{\sqrt{a^2 + b^2}} \tag{12}$$

Étant donné que le point $Q(x_1, y_1)$ se trouve sur la droite, ses coordonnées vérifient l'équation de la droite, de sorte que

$$ax_1 + by_1 + c = 0 \quad \text{ou} \quad c = -ax_1 - by_1$$

Substituons cette expression dans (12); on trouve

$$D = \frac{|ax_0 + by_0 + c|}{\sqrt{a^2 + b^2}} \quad \blacklozenge \tag{13}$$

## EXEMPLE 8   Utiliser la formule de la distance

Utilisons la formule (13) pour trouver la distance $D$ du point $(1, -2)$ à la droite $3x + 4y - 6 = 0$; on trouve

$$D = \frac{|(3)(1) + 4(-2) - 6|}{\sqrt{3^2 + 4^2}} = \frac{|-11|}{\sqrt{25}} = \frac{11}{5} \quad \blacklozenge$$

## SÉRIE D'EXERCICES 3.3

1. Dans chaque cas, calculez $\mathbf{u} \cdot \mathbf{v}$.

   (a)   $\mathbf{u} = (2, 3)$, $\mathbf{v} = (5, -7)$         (b)   $\mathbf{u} = (-6, -2)$, $\mathbf{v} = (4, 0)$
   
   (c)   $\mathbf{u} = (1, -5, 4)$, $\mathbf{v} = (3, 3, 3)$         (d)   $\mathbf{u} = (-2, 2, 3)$, $\mathbf{v} = (1, 7, -4)$

2. Reprenez les données de l'exercice 1 et déterminez le cosinus de l'angle $\theta$ entre $\mathbf{u}$ et $\mathbf{v}$.

3. Dans chaque cas, déterminez si $\mathbf{u}$ et $\mathbf{v}$ forment un angle aigu, un angle obtus ou s'ils sont orthogonaux.

   (a)  $\mathbf{u} = (6, 1, 4)$, $\mathbf{v} = (2, 0, -3)$      (b)  $\mathbf{u} = (0, 0, -1)$, $\mathbf{v} = (1, 1, 1)$

   (c)  $\mathbf{u} = (-6, 0, 4)$, $\mathbf{v} = (3, 1, 6)$      (d)  $\mathbf{u} = (2, 4, -8)$, $\mathbf{v} = (5, 3, 7)$

4. Dans chaque cas, trouvez la projection orthogonale de $\mathbf{u}$ sur $\mathbf{a}$.

   (a)  $\mathbf{u} = (6, 2)$, $\mathbf{a} = (3, -9)$      (b)  $\mathbf{u} = (-1, -2)$, $\mathbf{a} = (-2, 3)$

   (c)  $\mathbf{u} = (3, 1, -7)$, $\mathbf{a} = (1, 0, 5)$      (d)  $\mathbf{u} = (1, 0, 0)$, $\mathbf{a} = (4, 3, 8)$

5. Reprenez les données de l'exercice 4 et déterminez la composante du vecteur $\mathbf{u}$ orthogonale à $\mathbf{a}$.

6. Dans chaque cas, trouvez $\| \text{proj}_{\mathbf{a}}\mathbf{u}\|$.

   (a)  $\mathbf{u} = (1, -2)$, $\mathbf{a} = (-4, -3)$      (b)  $\mathbf{u} = (5, 6)$, $\mathbf{a} = (2, -1)$

   (c)  $\mathbf{u} = (3, 0, 4)$, $\mathbf{a} = (2, 3, 3)$      (d)  $\mathbf{u} = (3, -2, 6)$, $\mathbf{a} = (1, 2, -7)$

7. Soit $\mathbf{u} = (5, -2, 1)$, $\mathbf{v} = (1, 6, 3)$ et $k = -4$. Vérifiez le théorème 3.3.2 en l'appliquant à ces données.

8. (a)  Montrez que les vecteurs $\mathbf{v} = (a, b)$ et $\mathbf{w} = (-b, a)$ sont orthogonaux.

   (b)  Utilisez (a) pour trouver deux vecteurs orthogonaux à $\mathbf{v} = (2, -3)$.

   (c)  Trouvez deux vecteurs unitaires orthogonaux à $(-3, 4)$.

9. Soit $\mathbf{u} = (3, 4)$, $\mathbf{v} = (5, -1)$ et $\mathbf{w} = (7, 1)$. Évaluez les expressions suivantes :

   (a)  $\mathbf{u} \cdot (7\mathbf{v} + \mathbf{w})$      (b)  $\|(\mathbf{u} \cdot \mathbf{w})\mathbf{w}\|$      (c)  $\|\mathbf{u}\|(\mathbf{v} \cdot \mathbf{w})$      (d)  $(\|\mathbf{u}\|\mathbf{v}) \cdot \mathbf{w}$

10. Trouvez cinq vecteurs différents non nuls et orthogonaux à $\mathbf{u} = (5, -2, 3)$.

11. Utilisez des vecteurs pour déterminer les cosinus des angles intérieurs du triangle ayant pour sommets $(0, -1)$, $(1, -2)$ et $(4, 1)$.

12. Montrez que $A(3, 0, 2)$, $B(4, 3, 0)$ et $C(8, 1, -1)$ sont les sommets d'un triangle rectangle. À quel sommet se trouve l'angle droit?

13. Trouvez un vecteur unitaire qui est à la fois orthogonal à $\mathbf{u} = (1, 0, 1)$ et à $\mathbf{v} = (0, 1, 1)$.

14. Un vecteur $\mathbf{a}$ dans le plan $xy$ mesure 9 unités de longueur et il fait un angle de 120° avec l'axe des $x$ positif, mesuré dans le sens antihoraire. Un vecteur $\mathbf{b}$ dans le même plan mesure 5 unités et il pointe dans le sens positif de l'axe $y$. Calculez $\mathbf{a} \cdot \mathbf{b}$.

15. Un vecteur $\mathbf{a}$ dans le plan $xy$ fait un angle de 47° (sens antihoraire) avec l'axe des $x$ positif et un vecteur $\mathbf{b}$ dans le même plan fait un angle de 43° (sens horaire) avec l'axe des $x$ positif. Que peut-on dire de la valeur de $\mathbf{a} \cdot \mathbf{b}$?

16. Soit $\mathbf{p} = (2, k)$ et $\mathbf{q} = (3, 5)$. Trouvez la valeur de $k$ telle que

   (a)  $\mathbf{p}$ et $\mathbf{q}$ soient parallèles;      (b)  $\mathbf{p}$ et $\mathbf{q}$ soient orthogonaux;

   (c)  l'angle entre $\mathbf{p}$ et $\mathbf{q}$ soit $\pi/3$;      (d)  l'angle entre $\mathbf{p}$ et $\mathbf{q}$ soit $\pi/4$.

17. Dans chaque cas, utilisez la formule (13) pour calculer la distance du point à la droite.

   (a)  $4x + 3y + 4 = 0$; $(-3, 1)$      (b)  $y = -4x + 2$; $(2, -5)$      (c)  $3x + y = 5$; $(1, 8)$

18. Montrez l'identité suivante : $\|\mathbf{u} + \mathbf{v}\|^2 + \|\mathbf{u} - \mathbf{v}\|^2 = 2\|\mathbf{u}\|^2 + 2\|\mathbf{v}\|^2$.

19. Montrez l'identité suivante : $\mathbf{u} \cdot \mathbf{v} = \frac{1}{4}\|\mathbf{u} + \mathbf{v}\|^2 - \frac{1}{4}\|\mathbf{u} - \mathbf{v}\|^2$.

20. Déterminez l'angle entre une diagonale d'un cube et l'une de ses faces.

21. Soit $\mathbf{i}$, $\mathbf{j}$ et $\mathbf{k}$, les vecteurs unitaires orientés respectivement selon le sens positif de l'axe des $x$, des $y$, et des $z$ d'un repère cartésien. Si $\mathbf{v} = (a, b, c)$ est un vecteur non nul, alors les angles $\alpha$, $\beta$ et $\gamma$ entre $\mathbf{v}$ et les vecteurs respectifs $\mathbf{i}$, $\mathbf{j}$ et $\mathbf{k}$, sont appelés **angles directeurs** de $\mathbf{v}$ (figure ci-contre) et les nombres $\cos\alpha$, $\cos\beta$ et $\cos\gamma$ sont les **cosinus directeurs** de $\mathbf{v}$.

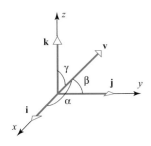

**Figure Ex-21**

   (a)  Montrez que $\cos\alpha = a/\|\mathbf{v}\|$.      (b)  Déterminez $\cos\beta$ et $\cos\gamma$.

(c) Montrez que $\mathbf{v}/\|\mathbf{v}\| = (\cos \alpha, \cos \beta, \cos \gamma)$

(d) Montrez que $\cos^2 \alpha + \cos^2 \beta + \cos^2 \gamma = 1$

**22.** Utilisez les résultats de l'exercice 21 pour évaluer, au degré près, les angles formés entre l'une des diagonales d'une boîte de 10 cm × 15 cm × 25 cm et les arêtes de la boîte.

   ***Note*** Une calculatrice est requise.

**23.** En référant à l'exercice 21, montrez que deux vecteurs non nuls $\mathbf{v}_1$ et $\mathbf{v}_2$, dans $R^3$, sont perpendiculaires si et seulement si leurs cosinus directeurs vérifient l'équation suivante :

$$\cos \alpha_1 \cos \alpha_2 + \cos \beta_1 \cos \beta_2 + \cos \gamma_1 \cos \gamma_2 = 0$$

**24.** (a) Calculez l'aire du triangle dont les sommets sont $A(2, 3)$, $C(4, 7)$ et $D(-5, 8)$.

   (b) Déterminez les coordonnées du point $B$ telles que le quadrilatère $ABCD$ forme un parallélogramme. Quelle est l'aire de ce parallélogramme?

**25.** Montrez que si $\mathbf{v}$ est orthogonal à $\mathbf{w}_1$ et à $\mathbf{w}_2$, alors $\mathbf{v}$ est orthogonal à $k_1\mathbf{w}_1 + k_2\mathbf{w}_2$ pour toute valeur réelle de $k_1$ et $k_2$.

**26.** Considérons $\mathbf{u}$ et $\mathbf{v}$, des vecteurs non nuls dans le plan ($R^2$) ou dans l'espace ($R^3$), et posons $k = \|\mathbf{u}\|$ et $l = \|\mathbf{v}\|$. Montrez que le vecteur $\mathbf{w} = l\mathbf{u} + k\mathbf{v}$ bissecte l'angle entre $\mathbf{u}$ et $\mathbf{v}$.

---

## *Exploration & discussion*

**27.** Aucune des expressions ci-dessous n'est définie. Dans chacun des cas, expliquez pourquoi.

   (a) $\mathbf{u} \cdot (\mathbf{v} \cdot \mathbf{w})$　　　(b) $(\mathbf{u} \cdot \mathbf{v}) + \mathbf{w}$　　　(c) $\|\mathbf{u} \cdot \mathbf{v}\|$　　　(d) $k \cdot (\mathbf{u} + \mathbf{v})$

**28.** Est-il possible que $\text{proj}_{\mathbf{a}}\mathbf{u} = \text{proj}_{\mathbf{u}}\mathbf{a}$? Justifiez votre réponse.

**29.** Si $\mathbf{u} \neq \mathbf{0}$, peut-on simplifier $\mathbf{u}$ des deux côtés de l'égalité $\mathbf{u} \cdot \mathbf{v} = \mathbf{u} \cdot \mathbf{w}$ et conclure que $\mathbf{v} = \mathbf{w}$? Expliquez votre raisonnement.

**30.** Considérez trois vecteurs $\mathbf{u}$, $\mathbf{v}$ et $\mathbf{w}$, dans $R^3$, non nuls et orthogonaux entre eux. Supposez que vous connaissez les produits scalaires de ces vecteurs avec un vecteur $\mathbf{r}$ dans l'espace. Trouvez une expression de $\mathbf{r}$, en termes de $\mathbf{u}$, $\mathbf{v}$, $\mathbf{w}$ et de ces produits scalaires.

   ***Indice*** Cherchez une expression de la forme $\mathbf{r} = c_1\mathbf{u} + c_2\mathbf{v} + c_3\mathbf{w}$.

**31.** Soit $\mathbf{u}$ et $\mathbf{v}$, des vecteurs orthogonaux dans le plan ($R^2$) ou dans l'espace ($R^3$). À quel théorème connu la relation $\|\mathbf{u} + \mathbf{v}\|^2 = \|\mathbf{u}\|^2 + \|\mathbf{v}\|^2$ correspond-elle? Accompagnez votre réponse d'un schéma.

---

## 3.4
## PRODUIT VECTORIEL

*En géométrie, en physique et en génie, il est souvent utile de construire un vecteur dans l'espace ($R^3$), perpendiculaire à deux autres vecteurs donnés. Dans cette section, nous allons apprendre à faire de telles constructions.*

### Produit vectoriel

Rappelons d'abord que, tel que vu à la section 3.3, le produit scalaire de deux vecteurs dans le plan ($R^2$) ou dans l'espace ($R^3$) donne un scalaire. Nous allons maintenant définir un produit de deux vecteurs dont le résultat est un vecteur, et qui s'applique uniquement à des vecteurs de l'espace tridimensionnel.

> **DÉFINITION**
>
> Soit $\mathbf{u} = (u_1, u_2, u_3)$ et $\mathbf{v} = (v_1, v_2, v_3)$ des vecteurs dans l'espace. Alors le ***produit vectoriel*** $\mathbf{u} \times \mathbf{v}$ est le vecteur défini par
>
> $$\mathbf{u} \times \mathbf{v} = (u_2v_3 - u_3v_2, u_3v_1 - u_1v_3, u_1v_2 - u_2v_1)$$

Exprimée sous forme de déterminants, cette expression devient

$$\mathbf{u} \times \mathbf{v} = \left( \begin{vmatrix} u_2 & u_3 \\ v_2 & v_3 \end{vmatrix}, -\begin{vmatrix} u_1 & u_3 \\ v_1 & v_3 \end{vmatrix}, \begin{vmatrix} u_1 & u_2 \\ v_1 & v_2 \end{vmatrix} \right) \tag{1}$$

*REMARQUE* Il n'est pas nécessaire de mémoriser la formule (1); on peut facilement retrouver les composantes de $\mathbf{u} \times \mathbf{v}$ comme suit :

- On construit la matrice $2 \times 3$ $\begin{bmatrix} u_1 & u_2 & u_3 \\ v_1 & v_2 & v_3 \end{bmatrix}$ dont la première ligne contient les composantes de $\mathbf{u}$ et la seconde ligne, les composantes de $\mathbf{v}$.

- Pour déterminer la première composante de $\mathbf{u} \times \mathbf{v}$, on élimine la première colonne et on calcule ensuite le déterminant résiduel; on obtient la deuxième composante en éliminant la deuxième colonne avant de calculer le déterminant multiplié par moins un; finalement, on trouve la troisième composante en éliminant la troisième colonne avant de calculer le déterminant.

---

## EXEMPLE 1   Calculer un produit vectoriel

---

Trouver $\mathbf{u} \times \mathbf{v}$, où $\mathbf{u} = (1, 2, -2)$ et $\mathbf{v} = (3, 0, 1)$.

*Solution*

On peut utiliser la formule (1) ou le moyen mnémotechnique présenté à la remarque précédente; on a

$$\mathbf{u} \times \mathbf{v} = \left( \begin{vmatrix} 2 & -2 \\ 0 & 1 \end{vmatrix}, -\begin{vmatrix} 1 & -2 \\ 3 & 1 \end{vmatrix}, \begin{vmatrix} 1 & 2 \\ 3 & 0 \end{vmatrix} \right)$$
$$= (2, -7, -6) \; \blacklozenge$$

Il existe une différence fondamentale entre le produit scalaire et le produit vectoriel de deux vecteurs : le produit scalaire est un scalaire alors que le produit vectoriel est un vecteur. Le théorème qui suit regroupe les principales relations qui existent entre le produit scalaire et le produit vectoriel. Il montre également que $\mathbf{u} \times \mathbf{v}$ est orthogonal à $\mathbf{u}$ et à $\mathbf{v}$.

**THÉORÈME 3.4.1**

> ## Relations entre le produit scalaire et le produit vectoriel
>
> *Soit $\mathbf{u}$, $\mathbf{v}$ et $\mathbf{w}$ des vecteurs dans l'espace. Alors*
>
> (a) $\mathbf{u} \cdot (\mathbf{u} \times \mathbf{v}) = 0$       (*$\mathbf{u} \times \mathbf{v}$ est orthogonal à $\mathbf{u}$*)
>
> (b) $\mathbf{v} \cdot (\mathbf{u} \times \mathbf{v}) = 0$       (*$\mathbf{u} \times \mathbf{v}$ est orthogonal à $\mathbf{v}$*)
>
> (c) $\|\mathbf{u} \times \mathbf{v}\|^2 = \|\mathbf{u}\|^2 \|\mathbf{v}\|^2 - (\mathbf{u} \cdot \mathbf{v})^2$       (*identité de Lagrange*)
>
> (d) $\mathbf{v} \times (\mathbf{v} \times \mathbf{w}) = (\mathbf{u} \cdot \mathbf{w}) - (\mathbf{u} \cdot \mathbf{w})\mathbf{w}$       (*relation entre produit vectoriel et produit scalaire*)
>
> (e) $(\mathbf{u} \times \mathbf{v}) \times \mathbf{w} = (\mathbf{u} \cdot \mathbf{w})\mathbf{v} - (\mathbf{v} \cdot \mathbf{w})\mathbf{u}$       (*relation entre produit vectoriel et produit scalaire*)

*Démonstration de (a)*    Soit $\mathbf{u} = (u_1, u_2, u_3)$ et $\mathbf{v} = (v_1, v_2, v_3)$. On a

$$\mathbf{u} \cdot (\mathbf{u} \times \mathbf{v}) = (u_1, u_2, u_3) \cdot (u_2 v_3 - u_3 v_2, u_3 v_1 - u_1 v_3, u_1 v_2 - u_2 v_1)$$
$$= u_1(u_2 v_3 - u_3 v_2) + u_2(u_3 v_1 - u_1 v_3) + u_3(u_1 v_2 - u_2 v_1) = 0$$

*Démonstration de (b)*   Similaire à (*a*).

*Démonstration de (c)*   Sachant que

$$\|\mathbf{u} \times \mathbf{v}\|^2 = (u_2v_3 - u_3v_2)^2 + (u_3v_1 - u_1v_3)^2 + (u_1v_2 - u_2v_1)^2 \tag{2}$$

et

$$\|\mathbf{u}\|^2\|\mathbf{v}\|^2 - (\mathbf{u} \cdot \mathbf{v})^2 = (u_1^2 + u_2^2 + u_3^2)(v_1^2 + v_2^2 + v_3^2) - (u_1v_1 + u_2v_2 + u_3v_3)^2 \tag{3}$$

on complète la preuve en développant les produits des membres de droite des égalités (2) et (3) et en vérifiant l'égalité entre eux.

*Démonstrations de (d) et (e)*   Voir les exercices 26 et 27.   ∎

---

## EXEMPLE 2   $\mathbf{u} \times \mathbf{v}$ est perpendiculaire à $\mathbf{u}$ et à $\mathbf{v}$

---

Considérons les vecteurs

$$\mathbf{u} = (1, 2, -2) \text{ et } \mathbf{v} = (3, 0, 1)$$

À l'exemple 1, nous avons montré que

$$\mathbf{u} \times \mathbf{v} = (2, -7, -6,)$$

On a

$$\mathbf{u} \cdot (\mathbf{u} \times \mathbf{v}) = (1)(2) + (2)(-7) + (-2)(-6) = 0$$

et

$$\mathbf{v} \cdot (\mathbf{u} \times \mathbf{v}) = (3)(2) + (0)(-7) + (1)(-6) = 0$$

$\mathbf{u} \times \mathbf{v}$ est orthogonal à $\mathbf{u}$ et à $\mathbf{v}$, conformément au théorème 3.4.1.   ◆

Le théorème qui suit regroupe les principales propriétés du produit vectoriel

**THÉORÈME 3.4.2**

> **Propriétés du produit vectoriel**
> *Soit* $\mathbf{u}$, $\mathbf{v}$ *et* $\mathbf{w}$ *des vecteurs dans l'espace* ($R^3$) *et k, un scalaire. Alors*
> (*a*)  $\mathbf{u} \times \mathbf{v} = -(\mathbf{v} \times \mathbf{u})$       (*b*)  $\mathbf{u} \times (\mathbf{v} + \mathbf{w}) = (\mathbf{u} \times \mathbf{v}) + (\mathbf{u} \times \mathbf{w})$
> (*c*)  $(\mathbf{u} + \mathbf{v}) \times \mathbf{w} = (\mathbf{u} \times \mathbf{w}) + (\mathbf{v} \times \mathbf{w})$   (*d*)  $k(\mathbf{u} \times \mathbf{v}) = (k\mathbf{u}) \times \mathbf{v} = \mathbf{u} \times (k\mathbf{v})$
> (*e*)  $\mathbf{u} \times \mathbf{0} = \mathbf{0} \times \mathbf{u} = \mathbf{0}$       (*f*)  $\mathbf{u} \times \mathbf{u} = \mathbf{0}$

Les preuves découlent directement de l'expression (1) et des propriétés des déterminants; à titre d'exemple, la preuve de (*a*) est donnée ci-dessous.

*Démonstration de (a)*   La permutation de $\mathbf{u}$ et $\mathbf{v}$ dans la formule (1) a pour effet de permuter les lignes des trois déterminants du membre de droite de (1) et, en conséquence, de changer le signe de chacune des composantes du produit vectoriel. On a donc $\mathbf{u} \times \mathbf{v} = -(\mathbf{v} \times \mathbf{u})$.   ∎

Les autres preuves sont laissées en exercices.

**Joseph-Louis Lagrange**

**Joseph-Louis Lagrange** *(1736–1813)*, de nationalités française et italienne, était mathématicien et astronome. Son père souhaitait qu'il embrasse la carrière d'avocat mais, à la suite de la lecture d'un mémoire de l'astronome Halley, Lagrange s'intéressa davantage aux mathématiques et à l'astronomie. Il étudie les mathématiques en autodidacte dès l'âge de 16 ans et à 19 ans, il accepte une chaire de professeur à l'École royale d'artillerie de Turin. L'année suivante, il résout quelques problèmes bien connus par des méthodes nouvelles qui donneront éventuellement naissance à une branche des mathématiques appelée *calcul des variations*. Lagrange obtient des résultats si spectaculaires en appliquant ces méthodes à la mécanique céleste, qu'à 25 ans, plusieurs de ses pairs le voient comme le plus grand mathématicien contemporain. Dans un mémoire intitulé *Mécanique analytique*, l'un de ses plus célèbres ouvrages, Lagrange réduit les théories de la mécanique à quelques formules générales dont on peut déduire toutes les autres.

Grand admirateur de Lagrange, Napoléon le couvrit de récompenses. La célébrité n'altéra cependant jamais son caractère timide et modeste. Après sa mort, ses restes furent déposés au Panthéon.

---

## EXEMPLE 3   Vecteurs unitaires de base

Considérons les vecteurs suivants :

$$\mathbf{i} = (1, 0, 0), \qquad \mathbf{j} = (0, 1, 0), \qquad \mathbf{k} = (0, 0, 1)$$

Ces trois vecteurs sont de longueur 1 et ils sont orientés selon les axes de coordonnées (figure 3.4.1). On peut exprimer tout vecteur $\mathbf{v} = (v_1, v_2, v_3)$ dans l'espace ($R^3$) en termes de $\mathbf{i}$, $\mathbf{j}$ et $\mathbf{k}$ en écrivant :

$$\mathbf{v} = (v_1, v_2, v_3) = v_1(1, 0, 0) + v_2(0, 1, 0) + v_3(0, 0, 1) = v_1\mathbf{i} + v_2\mathbf{j} + v_3\mathbf{k}$$

Par exemple,

$$(2, -3, 4) = 2\mathbf{i} - 3\mathbf{j} + 4\mathbf{k}$$

D'après la formule (1), on obtient

$$\mathbf{i} \times \mathbf{j} = \left( \begin{vmatrix} 0 & 0 \\ 1 & 0 \end{vmatrix}, -\begin{vmatrix} 1 & 0 \\ 0 & 0 \end{vmatrix}, \begin{vmatrix} 1 & 0 \\ 0 & 1 \end{vmatrix} \right) = (0, 0, 1) = \mathbf{k} \quad \blacklozenge$$

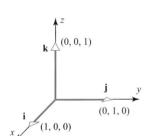

**Figure 3.4.1**   Vecteurs unitaires de base

Le lecteur devrait normalement être en mesure de vérifier les résultats suivants :

$$\mathbf{i} \times \mathbf{i} = \mathbf{0} \qquad \mathbf{j} \times \mathbf{j} = \mathbf{0} \qquad \mathbf{k} \times \mathbf{k} = \mathbf{0}$$
$$\mathbf{i} \times \mathbf{j} = \mathbf{k} \qquad \mathbf{j} \times \mathbf{k} = \mathbf{i} \qquad \mathbf{k} \times \mathbf{i} = \mathbf{j}$$
$$\mathbf{j} \times \mathbf{i} = -\mathbf{k} \qquad \mathbf{k} \times \mathbf{j} = -\mathbf{i} \qquad \mathbf{i} \times \mathbf{k} = -\mathbf{j}$$

**Figure 3.4.2**

La figure 3.4.2 illustre un moyen de retrouver facilement ces égalités. Si l'on parcourt le cercle du schéma dans le sens horaire, le produit vectoriel de deux vecteurs consécutifs donne le vecteur suivant; et si l'on parcourt le cercle dans le sens antihoraire, le produit vectoriel de deux vecteurs consécutifs donne le vecteur opposé du vecteur suivant.

**Produit vectoriel sous forme d'un déterminant**

Il vaut la peine de noter que le produit vectoriel peut être représenté symboliquement sous la forme d'un déterminant $3 \times 3$ :

$$\mathbf{u} \times \mathbf{v} = \begin{vmatrix} \mathbf{i} & \mathbf{j} & \mathbf{k} \\ u_1 & u_2 & u_3 \\ v_1 & v_2 & v_3 \end{vmatrix} = \begin{vmatrix} u_2 & u_3 \\ v_2 & v_3 \end{vmatrix} \mathbf{i} - \begin{vmatrix} u_1 & u_3 \\ v_1 & v_3 \end{vmatrix} \mathbf{j} + \begin{vmatrix} u_1 & u_2 \\ v_1 & v_2 \end{vmatrix} \mathbf{k} \qquad (4)$$

Par exemple, si $\mathbf{u} = (1, 2, -2)$ et $\mathbf{v} = (3, 0, 1)$, alors

$$\mathbf{u} \times \mathbf{v} = \begin{vmatrix} \mathbf{i} & \mathbf{j} & \mathbf{k} \\ 1 & 2 & -2 \\ 3 & 0 & 1 \end{vmatrix} = 2\mathbf{i} - 7\mathbf{j} - 6\mathbf{k}$$

tel que nous l'avions obtenu à l'exemple 1.

ATTENTION! Il n'est généralement pas vrai que $\mathbf{u} \times (\mathbf{v} \times \mathbf{w}) = (\mathbf{u} \times \mathbf{v}) \times \mathbf{w}$. Par exemple, on a

$$\mathbf{i} \times (\mathbf{j} \times \mathbf{j}) = \mathbf{i} \times \mathbf{0} = \mathbf{0}$$

et

$$(\mathbf{i} \times \mathbf{j}) \times \mathbf{j} = \mathbf{k} \times \mathbf{j} = -\mathbf{i}$$

On en déduit

$$\mathbf{i} \times (\mathbf{j} \times \mathbf{j}) \neq (\mathbf{i} \times \mathbf{j}) \times \mathbf{j}$$

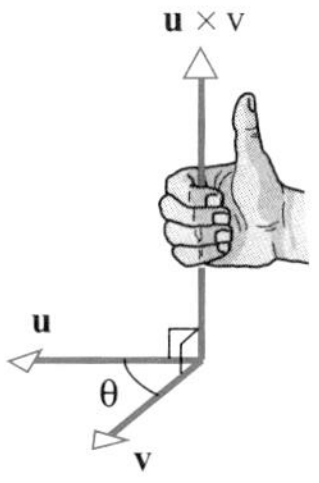

Nous savons, par le théorème 3.4.1, que le vecteur $\mathbf{u} \times \mathbf{v}$ est orthogonal à $\mathbf{u}$ et à $\mathbf{v}$. Si $\mathbf{u}$ et $\mathbf{v}$ sont des vecteurs non nuls, le sens de $\mathbf{u} \times \mathbf{v}$ peut être déterminée par la « règle de la main droite »[1] (figure 3.4.3) : soit $\theta$, l'angle entre $\mathbf{u}$ et $\mathbf{v}$, et supposons que $\mathbf{u}$ balaie l'angle $\theta$ en direction de $\mathbf{v}$. Si les doigts de la main droite s'enroulent en suivant le même sens de rotation que $\mathbf{u}$, alors le pouce donne le sens (et à peu près la direction) du produit $\mathbf{u} \times \mathbf{v}$.

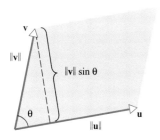

**Figure 3.4.3**

Le lecteur trouvera utile de s'exercer avec les produits suivants :

$$\mathbf{i} \times \mathbf{j} = \mathbf{k}, \qquad \mathbf{j} \times \mathbf{k} = \mathbf{i}, \qquad \mathbf{k} \times \mathbf{i} = \mathbf{j}$$

**Interprétation géométrique du produit vectoriel**

Si $\mathbf{u}$ et $\mathbf{v}$ sont des vecteurs dans l'espace, alors la norme de $\mathbf{u} \times \mathbf{v}$ offre une interprétation géométrique utile. L'identité de Lagrange, présentée au théorème 3.4.1, affirme que

$$\|\mathbf{u} \times \mathbf{v}\|^2 = \|\mathbf{u}\|^2 \|\mathbf{v}\|^2 - (\mathbf{u} \cdot \mathbf{v})^2 \tag{5}$$

Si $\theta$ représente l'angle entre $\mathbf{u}$ et $\mathbf{v}$, alors $\mathbf{u} \cdot \mathbf{v} = \|\mathbf{u}\| \|\mathbf{v}\| \cos \theta$, et l'équation (5) devient

$$\begin{aligned} \|\mathbf{u} \times \mathbf{v}\|^2 &= \|\mathbf{u}\|^2 \|\mathbf{v}\|^2 - \|\mathbf{u}\|^2 \|\mathbf{v}\|^2 \cos^2\theta \\ &= \|\mathbf{u}\|^2 \|\mathbf{v}\|^2 (1 - \cos^2\theta) \\ &= \|\mathbf{u}\|^2 \|\mathbf{v}\|^2 \sin^2\theta \end{aligned}$$

Sachant que $0 \leq \theta \leq \pi$, il s'ensuit que $\sin \theta \geq 0$ et l'on a

$$\|\mathbf{u} \times \mathbf{v}\| = \|\mathbf{u}\| \|\mathbf{v}\| \sin \theta \tag{6}$$

**Figure 3.4.4**

Or, $\|\mathbf{v}\| \sin \theta$ correspond à la hauteur du parallélogramme défini par $\mathbf{u}$ et $\mathbf{v}$ (figure 3.4.4). Ainsi, de l'égalité (6), l'aire $A$ de ce parallélogramme est donnée par

$$A = (\text{base})(\text{hauteur}) = \|\mathbf{u}\| \|\mathbf{v}\| \sin \theta = \|\mathbf{u} \times \mathbf{v}\|$$

Ce résultat s'applique également si $\mathbf{u}$ et $\mathbf{v}$ sont colinéaires. (Des vecteurs parallèles sont également appelés *colinéaires*.) L'aire du parallélogramme est alors nulle et, selon (6), $\mathbf{u} \times \mathbf{v} = \mathbf{0}$ puisque $\theta = 0$. On en déduit le théorème suivant :

---

1 Rappelons que nous limitons notre étude aux systèmes de coordonnées main-droite. Si nous avions plutôt utilisé un système main-gauche, il faudrait appliquer la « règle de la main gauche ».

**THÉORÈME 3.4.3**

> **Aire d'un parallélogramme**
>
> *Soit* **u** *et* **v** *des vecteurs quelconques dans l'espace. Alors* $\|\mathbf{u} \times \mathbf{v}\|$ *est égal à l'aire du parallélogramme déterminé par* **u** *et* **v**.

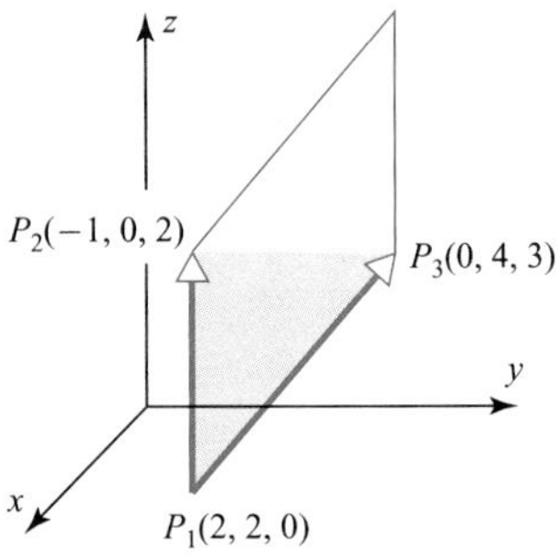

**Figure 3.4.5**

## EXEMPLE 4   Aire d'un triangle

Trouver l'aire du triangle défini par les points $P_1(2, 2, 0)$, $P_2(-1, 0, 2)$ et $P_3(0, 4, 3)$.

*Solution*

L'aire $A$ du triangle correspond à la moitié de l'aire du parallélogramme défini par les vecteurs $\overrightarrow{P_1 P_2}$ et $\overrightarrow{P_1 P_3}$ (figure 3.4.5). Si l'on réfère à la méthode utilisée à l'exemple 2 de la section 3.1, on a $\overrightarrow{P_1 P_2} = (-3, -2, 2)$ et $\overrightarrow{P_1 P_3} = (-2, 2, 3)$, et

$$\overrightarrow{P_1 P_2} \times \overrightarrow{P_1 P_3} = (-10, 5, -10)$$

En conséquence,

$$A = \tfrac{1}{2}\|\overrightarrow{P_1 P_2} \times \overrightarrow{P_1 P_3}\| = \tfrac{1}{2}(15) = \tfrac{15}{2} \quad \blacklozenge$$

> **DÉFINITION**
>
> Soit **u**, **v** et **w** des vecteurs dans l'espace. Alors on appelle ***produit mixte*** le produit suivant de **u**, **v** et **w** :
> $$\mathbf{u} \cdot (\mathbf{v} \times \mathbf{w})$$

On peut calculer le produit mixte de $\mathbf{u} = (u_1, u_2, u_3)$, $\mathbf{v} = (v_1, v_2, v_3)$ et $\mathbf{w} = (w_1, w_2, w_3)$ à l'aide de la formule

$$\mathbf{u} \cdot (\mathbf{v} \times \mathbf{w}) = \begin{vmatrix} u_1 & u_2 & u_3 \\ v_1 & v_2 & v_3 \\ w_1 & w_2 & w_3 \end{vmatrix} \tag{7}$$

Cette expression découle de l'égalité (4); on a

$$\mathbf{u} \cdot (\mathbf{v} \times \mathbf{w}) = \mathbf{u} \cdot \left( \begin{vmatrix} v_2 & v_3 \\ w_2 & w_3 \end{vmatrix}\mathbf{i} - \begin{vmatrix} v_1 & v_3 \\ w_1 & w_3 \end{vmatrix}\mathbf{j} + \begin{vmatrix} v_1 & v_2 \\ w_1 & w_2 \end{vmatrix}\mathbf{k} \right)$$

$$= \begin{vmatrix} v_2 & v_3 \\ w_2 & w_3 \end{vmatrix}u_1 - \begin{vmatrix} v_1 & v_3 \\ w_1 & w_3 \end{vmatrix}u_2 + \begin{vmatrix} v_1 & v_2 \\ w_1 & w_2 \end{vmatrix}u_3$$

$$= \begin{vmatrix} u_1 & u_2 & u_3 \\ v_1 & v_2 & v_3 \\ w_1 & w_2 & w_3 \end{vmatrix}$$

## EXEMPLE 5   Calculer un produit mixte

Calculer le produit mixte $\mathbf{u} \cdot (\mathbf{v} \times \mathbf{w})$ des vecteurs ci-dessous.

$$\mathbf{u} = 3\mathbf{i} - 2\mathbf{j} - 5\mathbf{k}, \qquad \mathbf{v} = \mathbf{i} + 4\mathbf{j} - 4\mathbf{k}, \qquad \mathbf{w} = 3\mathbf{j} + 2\mathbf{k}$$

*Solution*

En insérant les données dans (7), on trouve

$$\mathbf{u} \cdot (\mathbf{v} \times \mathbf{w}) = \begin{vmatrix} 3 & -2 & -5 \\ 1 & 4 & -4 \\ 0 & 3 & 2 \end{vmatrix}$$

$$= 3 \begin{vmatrix} 4 & -4 \\ 3 & 2 \end{vmatrix} - (-2) \begin{vmatrix} 1 & -4 \\ 0 & 2 \end{vmatrix} + (-5) \begin{vmatrix} 1 & 4 \\ 0 & 3 \end{vmatrix}$$

$$= 60 + 4 - 15 = 49 \quad \blacklozenge$$

*Remarque*   Le produit $(\mathbf{u} \cdot \mathbf{v}) \times \mathbf{w}$ n'est pas défini étant donné que le produit vectoriel s'applique à deux vecteurs et non pas à un scalaire et un vecteur. En conséquence, la notation $\mathbf{u} \cdot \mathbf{v} \times \mathbf{w}$ ne donne lieu à aucune ambiguïté et pourrait être utilisée à la place de $\mathbf{u} \cdot (\mathbf{v} \times \mathbf{w})$. Nous conservons généralement tout de même les parenthèses par souci de clarté.

La formule (7) permet d'écrire

$$\mathbf{u} \cdot (\mathbf{v} \times \mathbf{w}) = \mathbf{w} \cdot (\mathbf{u} \times \mathbf{v}) = \mathbf{v} \cdot (\mathbf{w} \times \mathbf{u})$$

En effet, on peut obtenir les uns des autres les déterminants $3 \times 3$ qui correspondent à ces produits en appliquant pour chacun deux permutations de deux lignes. (Vérifiez-le.) On retrouve facilement ces relations en déplaçant les vecteurs $\mathbf{u}$, $\mathbf{v}$ et $\mathbf{w}$ dans le sens horaire autour des sommets du triangle de la figure 3.4.6.

**Figure 3.4.6**

Le prochain théorème donne une interprétation géométrique utile des déterminants $2 \times 2$ et $3 \times 3$.

## Interprétation géométrique des déterminants

### THÉORÈME 3.4.4

(a)  *La valeur absolue du déterminant ci-dessous est égale à l'aire du parallélogramme déterminé par les vecteurs $\mathbf{u} = (u_1, u_2)$ et $\mathbf{v} = (v_1, v_2)$ dans le plan ($R^2$). (Voir la figure 3.4.7a en page suivante.)*

$$\det \begin{bmatrix} u_1 & u_2 \\ v_1 & v_2 \end{bmatrix}$$

(b)  *La valeur absolue du déterminant ci-dessous est égale au volume du parallélépipède déterminé par les vecteurs $\mathbf{u} = (u_1, u_2, u_3)$, $\mathbf{v} = (v_1, v_2, v_3)$ et $\mathbf{w} = (w_1, w_2, w_3)$ dans l'espace ($R^3$). (Voir la figure 3.4.7b en page suivante.)*

$$\det \begin{bmatrix} u_1 & u_2 & u_3 \\ v_1 & v_2 & v_3 \\ w_1 & w_2 & w_3 \end{bmatrix}$$

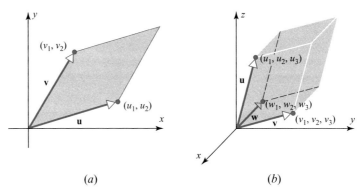

Figure 3.4.7

**Démonstration de (a)** Le théorème 3.4.3 est à la base de cette démonstration. Cependant, ce théorème s'applique aux vecteurs dans l'espace ($R^3$) alors que $\mathbf{u} = (u_1, u_2)$ et $\mathbf{v} = (v_1, v_2)$ sont des vecteurs dans le plan ($R^2$). Afin de contourner ce « problème de dimensions », on considère que les vecteurs $\mathbf{u}$ et $\mathbf{v}$ sont dans le plan $xy$ d'un repère de coordonnées $xyz$ (figure 3.4.8a), et on les note $\mathbf{u} = (u_1, u_2, 0)$ et $\mathbf{v} = (v_1, v_2, 0)$. On a alors

$$\mathbf{u} \times \mathbf{v} = \begin{vmatrix} \mathbf{i} & \mathbf{j} & \mathbf{k} \\ u_1 & u_2 & 0 \\ v_1 & v_2 & 0 \end{vmatrix} = \begin{vmatrix} u_1 & u_2 \\ v_1 & v_2 \end{vmatrix} \mathbf{k} = \det \begin{bmatrix} u_1 & u_2 \\ v_1 & v_2 \end{bmatrix} \mathbf{k}$$

En utilisant le théorème 3.4.3, et sachant que $\|\mathbf{k}\| = 1$, on obtient l'aire $A$ du parallélogramme délimité par $\mathbf{u}$ et $\mathbf{v}$

$$A = \|\mathbf{u} \times \mathbf{v}\| = \left\| \det \begin{bmatrix} u_1 & u_2 \\ v_1 & v_2 \end{bmatrix} \mathbf{k} \right\| = \left| \det \begin{bmatrix} u_1 & u_2 \\ v_1 & v_2 \end{bmatrix} \right| \|\mathbf{k}\| = \left| \det \begin{bmatrix} u_1 & u_2 \\ v_1 & v_2 \end{bmatrix} \right|$$

Ce qui complète la démonstration.

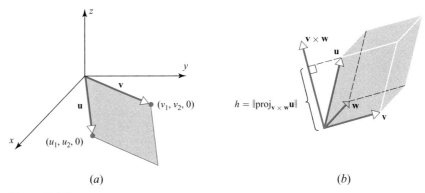

Figure 3.4.8

**Démonstration de (b)** Tel qu'illustré à la figure 3.4.8b, la base du parallélépipède déterminé par $\mathbf{u}$, $\mathbf{v}$ et $\mathbf{w}$ est le parallélogramme défini par $\mathbf{v}$ et $\mathbf{w}$. Le théorème 3.4.3 nous indique que l'aire de la base est $\|\mathbf{v} \times \mathbf{w}\|$ et, tel que montré à la figure 3.4.8b, la hauteur $h$ du parallélépipède correspond à la projection orthogonale de $\mathbf{u}$ sur $\mathbf{v} \times \mathbf{w}$. À l'aide de la formule (10) de la section 3.3, on obtient

$$h = \|\text{proj}_{\mathbf{v} \times \mathbf{w}} \mathbf{u}\| = \frac{|\mathbf{u} \cdot (\mathbf{v} \times \mathbf{w})|}{\|\mathbf{v} \times \mathbf{w}\|}$$

On en déduit l'expression suivante du volume $V$ du parallélépipède :

$$V = \text{(aire de la base)} \cdot \text{hauteur} = \|\mathbf{v} \times \mathbf{w}\| \frac{|\mathbf{u} \cdot (\mathbf{v} \times \mathbf{w})|}{\|\mathbf{v} \times \mathbf{w}\|} = |\mathbf{u} \cdot (\mathbf{v} \times \mathbf{w})|$$

En appliquant la formule (7), on trouve

$$V = \left| \det \begin{bmatrix} u_1 & u_2 & u_3 \\ v_1 & v_2 & v_3 \\ w_1 & w_2 & w_3 \end{bmatrix} \right|$$

Ce qui complète la preuve. ∎

*REMARQUE* Si $V$ représente le volume du parallélépipède déterminé par les vecteurs $\mathbf{u}$, $\mathbf{v}$ et $\mathbf{w}$, le théorème 3.3.1 *b* et l'expression (7) permettent d'écrire

$$V = [\text{volume du parallélépipède déterminé par } \mathbf{u}, \mathbf{v} \text{ et } \mathbf{w}] = |\mathbf{u} \cdot (\mathbf{v} \times \mathbf{w})| \qquad (8)$$

En éliminant la valeur absolue, ce résultat devient

$$\mathbf{u} \cdot (\mathbf{v} \times \mathbf{w}) = \pm V$$

où le signe $+$ ou $-$ varie selon que l'angle entre $\mathbf{u}$ et $\mathbf{v} \times \mathbf{w}$ est aigu ou obtus.

L'égalité (8) permet de construire un test indiquant si trois vecteurs sont dans le même plan ou non. En effet, trois vecteurs qui ne sont pas dans le même plan définissent un parallélépipède de volume non nul. Par conséquent, on peut déduire de (8) que $|\mathbf{u} \cdot (\mathbf{v} \times \mathbf{w})| = 0$ si et seulement si les vecteurs $\mathbf{u}$, $\mathbf{v}$ et $\mathbf{w}$ sont dans le même plan. Ce résultat mène directement au théorème suivant :

**THÉORÈME 3.4.5**

> *Soit* $\mathbf{u} = (u_1, u_2, u_3)$, $\mathbf{v} = (v_1, v_2, v_3)$ *et* $\mathbf{w} = (w_1, w_2, w_3)$, *des vecteurs ayant la même origine. Alors ils sont dans un même plan si et seulement si*
>
> $$\mathbf{u} \cdot (\mathbf{v} \times \mathbf{w}) = \begin{vmatrix} u_1 & u_2 & u_3 \\ v_1 & v_2 & v_3 \\ w_1 & w_2 & w_3 \end{vmatrix} = 0$$

**Le produit vectoriel est indépendant des coordonnées**

Nous avons initialement défini un vecteur comme un segment de droite orienté, schématisé par une flèche dans le plan ($R^2$) ou dans l'espace ($R^3$); nous avons ensuite introduit les repères de coordonnées et les composantes pour simplifier les calculs vectoriels. Or, un vecteur a une « existence mathématique » propre, indépendamment d'un repère de coordonnées. Par ailleurs, les composantes d'un vecteur dépendent non seulement du vecteur mais aussi du repère de coordonnées choisi. Par exemple, à la figure 3.4.9, nous avons représenté un vecteur fixe, $\mathbf{v}$, dans le plan, et deux repères de coordonnées : dans le repère $xy$, les coordonnées de $\mathbf{v}$ sont $(1, 1)$ alors que dans le repère $x'y'$, elles deviennent $(\sqrt{2}, 0)$.

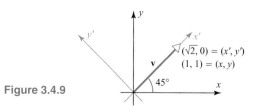

**Figure 3.4.9**

On peut alors questionner la validité de notre définition du produit vectoriel. Étant donné que nous avons exprimé $\mathbf{u} \times \mathbf{v}$ en termes des composantes de $\mathbf{u}$ et $\mathbf{v}$, et puisque ces composantes dépendent du repère de coordonnées retenu, on peut à priori se demander si la valeur du produit vectoriel de deux vecteurs *fixes* $\mathbf{u}$ et $\mathbf{v}$ changera d'un repère à l'autre. Heureusement, ça n'est pas le cas. Voyons voir; rappelons que

- $\mathbf{u} \times \mathbf{v}$ est perpendiculaire à $\mathbf{u}$ et à $\mathbf{v}$.
- Le sens de $\mathbf{u} \times \mathbf{v}$ est obtenue par la règle de la main droite.
- $\|\mathbf{u} \times \mathbf{v}\| = \|\mathbf{u}\| \, \|\mathbf{v}\| \sin \theta$.

Ces trois propriétés déterminent complètement le vecteur $\mathbf{u} \times \mathbf{v}$ : les deux premières précisent la direction et le sens et la troisième définit la longueur. Or, ces propriétés dépendent uniquement de la longueur et de la position relatives de $\mathbf{u}$ et $\mathbf{v}$, sans égard au système de coordonnées main-droite utilisé. Le vecteur $\mathbf{u} \times \mathbf{v}$ restera donc inchangé même si l'on introduit un autre repère main-droite. Nous disons alors que la définition de $\mathbf{u} \times \mathbf{v}$ est ***indépendante des coordonnées***. Cette propriété revêt une importance particulière pour les physiciens et les ingénieurs, qui utilisent souvent plusieurs systèmes de coordonnées différents dans un même problème.

---

### EXEMPLE 6   $\mathbf{u} \times \mathbf{v}$ est indépendant du système de coordonnées

---

Considérons deux vecteurs unitaires perpendiculaires $\mathbf{u}$ et $\mathbf{v}$ (figure 3.4.10$a$). Si l'on introduit un repère de coordonnées $xyz$ (figure 3.4.10$b$) tel que

$$\mathbf{u} = (1, 0, 0) = \mathbf{i} \quad \text{et} \quad \mathbf{v} = (0, 1, 0) = \mathbf{j}$$

on obtient

$$\mathbf{u} \times \mathbf{v} = \mathbf{i} \times \mathbf{j} = \mathbf{k} = (0, 0, 1)$$

Cependant, si l'on utilise un repère de coordonnées $x'y'z'$, tel qu'illustré à la figure 3.4.10$c$, alors

$$\mathbf{u} = (0, 0, 1) = \mathbf{k} \quad \text{et} \quad \mathbf{v} = (1, 0, 0) = \mathbf{i}$$

et

$$\mathbf{u} \times \mathbf{v} = \mathbf{k} \times \mathbf{i} = \mathbf{j} = (0, 1, 0)$$

Or, les figures 3.4.10$b$ et 3.4.10$c$ montrent clairement que le vecteur $(0, 0, 1)$ du repère $xyz$ est le même que le vecteur $(0, 1, 0)$ du repère $x'y'z'$. Ainsi, on obtient le même vecteur $\mathbf{u} \times \mathbf{v}$ quel que soit le repère de coordonnées utilisé pour le calculer. ◆

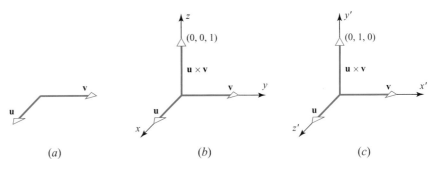

(a)                           (b)                           (c)

**Figure 3.4.10**

1. Soit les vecteurs $\mathbf{u} = (3, 2, -1)$, $\mathbf{v} = (0, 2, -3)$ et $\mathbf{w} = (2, 6, 7)$. Calculez

    (a)  $\mathbf{v} \times \mathbf{w}$ (b)  $\mathbf{u} \times (\mathbf{v} \times \mathbf{w})$ (c)  $(\mathbf{u} \times \mathbf{v}) \times \mathbf{w}$

    (d)  $(\mathbf{u} \times \mathbf{v}) \times (\mathbf{v} \times \mathbf{w})$ (e)  $\mathbf{u} \times (\mathbf{v} - 2\mathbf{w})$ (f)  $(\mathbf{u} \times \mathbf{v}) - 2\mathbf{w}$

2. Dans chaque cas, trouvez un vecteur orthogonal à $\mathbf{u}$ et à $\mathbf{v}$.

    (a)  $\mathbf{u} = (-6, 4, 2)$, $\mathbf{v} = (3, 1, 5)$ (b)  $\mathbf{u} = (-2, 1, 5)$, $\mathbf{v} = (3, 0, -3)$

3. Dans chaque cas, déterminez l'aire du parallélogramme déterminé par $\mathbf{u}$ et $\mathbf{v}$.

    (a)  $\mathbf{u} = (1, -1, 2)$, $\mathbf{v} = (0, 3, 1)$ (b)  $\mathbf{u} = (2, 3, 0)$, $\mathbf{v} = (-1, 2, -2)$

    (c)  $\mathbf{u} = (3, -1, 4)$, $\mathbf{v} = (6, -2, 8)$

4. Calculez l'aire du triangle dont les sommets sont $P$, $Q$ et $R$.

    (a)  $P(2, 6, -1)$, $Q(1, 1, 1)$, $R(4, 6, 2)$ (b)  $P(1, -1, 2)$, $Q(0, 3, 4)$, $R(6, 1, 8)$

5. Vérifiez que les identités (*a*), (*b*) et (*c*) du théorème 3.4.1 s'appliquent aux vecteurs $\mathbf{u} = (4, 2, 1)$ et $\mathbf{v} = (-3, 2, 7)$.

6. Vérifiez que les vecteurs $\mathbf{u} = (5, -1, 2)$, $\mathbf{v} = (6, 0, -2)$ et $\mathbf{w} = (1, 2, -1)$ satisfont les identités (*a*), (*b*) et (*c*) du théorème 3.4.2.

7. Trouvez un vecteur $\mathbf{v}$ qui soit orthogonal à $\mathbf{u} = (2, -3, 5)$.

8. Dans chaque cas, calculez le produit mixte $\mathbf{u} \cdot (\mathbf{v} \times \mathbf{w})$.

    (a)  $\mathbf{u} = (-1, 2, 4)$, $\mathbf{v} = (3, 4, -2)$, $\mathbf{w} = (-1, 2, 5)$

    (b)  $\mathbf{u} = (3, -1, 6)$, $\mathbf{v} = (2, 4, 3)$, $\mathbf{w} = (5, -1, 2)$

9. Supposons que $\mathbf{u} \cdot (\mathbf{v} \times \mathbf{w}) = 3$. Déterminez

    (a)  $\mathbf{u} \cdot (\mathbf{w} \times \mathbf{v})$ (b)  $(\mathbf{v} \times \mathbf{w}) \cdot \mathbf{u}$ (c)  $\mathbf{w} \cdot (\mathbf{u} \times \mathbf{v})$

    (d)  $\mathbf{v} \cdot (\mathbf{u} \times \mathbf{w})$ (e)  $(\mathbf{u} \times \mathbf{w}) \cdot \mathbf{v}$ (f)  $\mathbf{v} \cdot (\mathbf{w} \times \mathbf{w})$

10. Dans chaque cas, calculez le volume du parallélépipède défini par $\mathbf{u}$, $\mathbf{v}$ et $\mathbf{w}$.

    (a)  $\mathbf{u} = (2, -6, 2)$, $\mathbf{v} = (0, 4, -2)$, $\mathbf{w} = (2, 2, -4)$

    (b)  $\mathbf{u} = (3, 1, 2)$, $\mathbf{v} = (4, 5, 1)$, $\mathbf{w} = (1, 2, 4)$

11. Dans chaque cas, déterminez si les vecteurs $\mathbf{u}$, $\mathbf{v}$ et $\mathbf{w}$ sont dans le même plan lorsque leurs origines coïncident.

    (a)  $\mathbf{u} = (-1, -2, 1)$, $\mathbf{v} = (3, 0, -2)$, $\mathbf{w} = (5, -4, 0)$

    (b)  $\mathbf{u} = (5, -2, 1)$, $\mathbf{v} = (4, -1, 1)$, $\mathbf{w} = (1, -1, 0)$

    (c)  $\mathbf{u} = (4, -8, 1)$, $\mathbf{v} = (2, 1, -2)$, $\mathbf{w} = (3, -4, 12)$

12. Trouvez tous les vecteurs unitaires qui sont à la fois parallèles au plan $yz$ et perpendiculaires au vecteur $(3, -1, 2)$.

13. Trouvez tous les vecteurs unitaires qui appartiennent au plan défini par $\mathbf{u} = (3, 0, 1)$ et $\mathbf{v} = (1, -1, 1)$ et qui sont perpendiculaires à $\mathbf{w} = (1, 2, 0)$.

14. Soit les vecteurs $\mathbf{a} = (a_1, a_2, a_3)$, $\mathbf{b} = (b_1, b_2, b_3)$, $\mathbf{c} = (c_1, c_2, c_3)$ et $\mathbf{d} = (d_1, d_2, d_3)$. Montrez que

    $$(\mathbf{a} + \mathbf{d}) \cdot (\mathbf{b} \times \mathbf{c}) = \mathbf{a} \cdot (\mathbf{b} \times \mathbf{c}) + \mathbf{d} \cdot (\mathbf{b} \times \mathbf{c})$$

15. Simplifiez $(\mathbf{u} + \mathbf{v}) \times (\mathbf{u} - \mathbf{v})$.

16. Utilisez le produit vectoriel pour trouver le sinus de l'angle entre les vecteurs $\mathbf{u} = (2, 3, -6)$ et $\mathbf{v} = (2, 3, 6)$.

17. (a)  Trouvez l'aire du triangle qui a pour sommets $A(1, 0, 1)$, $B(0, 2, 3)$ et $C(2, 1, 0)$.

    (b)  Utilisez (a) pour déterminer la hauteur du sommet $C$ par rapport au côté $AB$.

**18.** Montrez que, si **u** est un vecteur issu d'un point quelconque d'une droite et ayant pour extrémité un point $P$ hors de la droite et **v**, un vecteur parallèle à la droite, alors la distance du point $P$ à la droite a pour expression $\|\mathbf{u} \times \mathbf{v}\| / \|\mathbf{v}\|$.

**19.** Dans chaque des cas, utilisez l'énoncé de l'exercice 18 pour trouver la distance du point $P$ à la droite qui passe par $A$ et $B$.

(a) $P(-3, 1, 2)$, $A(1, 1, 0)$, $B(-2, 3, -4)$      (b) $P(4, 3, 0)$, $A(2, 1, -3)$, $B(0, 2, -1)$

**20.** Montrez que si $\theta$ est l'angle entre **u** et **v**, et $\mathbf{u} \cdot \mathbf{v} \neq 0$, alors $t_g\,\theta = \|\mathbf{u} \times \mathbf{v}\|/(\mathbf{u} \cdot \mathbf{v})$.

**21.** Considérez le parallélépipède déterminé par les vecteurs $\mathbf{u} = (3, 2, 1)$, $\mathbf{v} = (1, 1, 2)$ et $\mathbf{w} = (1, 3, 3)$.

(a) Calculez l'aire de la face formée par **u** et **w**.

(b) Déterminez l'angle entre **u** et le plan qui contient la face définie par **v** et **w**.

***Note*** L'***angle entre un vecteur et un plan*** est défini par le complément de l'angle $\theta$ ($0 \leq \theta \leq \pi/2$) entre le vecteur et un vecteur normal au plan (voir définition à la section 3.5).

**22.** Trouvez un vecteur **n** perpendiculaire au plan déterminé par les points $A(0, -2, 1)$, $B(1, -1, -2)$ et $C(-1, 1, 0)$. (Voir la note présentée à l'exercice 21.)

**23.** Soit les vecteurs **m** et **n** qui ont pour composantes $\mathbf{m} = (0, 0, 1)$ et $\mathbf{n} = (0, 1, 0)$ dans le repère $xyz$ de la figure 3.4.10.

(a) Trouvez les composantes de **m** et **n** dans le repère $x'y'z'$ de la figure 3.4.10.

(b) Calculez $\mathbf{m} \times \mathbf{n}$ à l'aide des composantes dans le repère $xyz$.

(c) Calculez $\mathbf{m} \times \mathbf{n}$ à l'aide des composantes dans le repère $x'y'z'$.

(d) Montez que les vecteurs obtenus en (b) et (c) sont identiques.

**24.** Démontrez les identités suivantes :

(a) $(\mathbf{u} + k\mathbf{v}) \times \mathbf{v} = \mathbf{u} \times \mathbf{v}$      (b) $\mathbf{u} \cdot (\mathbf{v} \times \mathbf{z}) = -(\mathbf{u} \times \mathbf{z}) \cdot \mathbf{v}$

**25.** Soit les vecteurs non nuls **u**, **v** et **w,** de l'espace ($R^3$), de même origine mais tels qu'il n'y a pas deux vecteurs colinéaires. Montrez que

(a) $\mathbf{u} \times (\mathbf{v} \times \mathbf{w})$ se situe dans le plan déterminé par **v** et **w**.

(b) $(\mathbf{u} \times \mathbf{v}) \times \mathbf{w}$ se situe dans le plan déterminé par **u** et **v**.

**26.** Démontrez l'identité (*d*) du théorème 3.4.1.

***Indice*** Prouvez d'abord l'identité dans le cas où $\mathbf{w} = \mathbf{i} = (1, 0, 0)$, puis, dans le cas $\mathbf{w} = \mathbf{j} = (0, 1, 0)$ et ensuite $\mathbf{w} = \mathbf{k} = (0, 0, 1)$. Finalement, faites la démonstration pour un vecteur arbitraire $\mathbf{w} = (w_1, w_2, w_3)$ en écrivant $\mathbf{w} = w_1\mathbf{i} + w_2\mathbf{j} + w_3\mathbf{k}.$

**27.** Démontrez l'identité (*e*) du théorème 3.4.1.

***Indice*** Appliquez l'identité (*a*) du théorème 3.4.2 à la partie (*d*) du théorème 3.4.1.

**28.** Soit les vecteurs $\mathbf{u} = (1, 3, -1)$, $\mathbf{v} = (1, 1, 2)$ et $\mathbf{w} = (3, -1, 2)$. Calculez $\mathbf{u} \times (\mathbf{v} \times \mathbf{w})$ en exprimant les vecteurs en termes de **i**, **j**, et **k**, tel que suggéré à l'exercice 26. Vérifiez ensuite le résultat en calculant directement le produit.

**29.** Montrez que si **a, b, c** et **d** sont dans un même plan, alors $(\mathbf{a} \times \mathbf{b}) \times (\mathbf{c} \times \mathbf{d}) = \mathbf{0}$.

**30.** Un théorème de géométrie des solides énonce que le volume d'un tétraèdre est égal à $\frac{1}{3}$ (aire de la base) $\cdot$ (hauteur). Utilisez ce théorème pour démontrer que le volume d'un tétraèdre déterminé par **a**, **b** et **c** est $(\frac{1}{6})|\mathbf{a} \cdot (\mathbf{b} \times \mathbf{c})|$ (voir la figure ci-contre).

**31.** Dans chaque cas, utilisez l'énoncé de l'exercice 30 pour déterminer le volume du tétraèdre qui a pour sommets $P$, $Q$, $R$ et $S$.

(a) $P(-1, 2, 0)$, $Q(2, 1, -3)$, $R(1, 0, 1)$, $S(3, -2, 3)$

(b) $P(0, 0, 0)$, $Q(1, 2, -1)$, $R(3, 4, 0)$, $S(-1, -3, 4)$

**32.** Démontrez la partie (*b*) du théorème 3.4.2.

**Figure Ex-30**

**33.** Démontrez les parties (*c*) et (*d*) du théorème 3.4.2.

**34.** Démontrez les parties (*e*) et (*f*) du théorème 3.4.2.

## Exploration & discussion

**35.** (a) Supposons que **u** et **v** soient des vecteurs non colinéaires dont l'origine coïncide avec l'origine d'un repère tridimensionnel. Dessinez un diagramme pour illustrer la direction et le sens de **w** par rapport à **u** et à **v**, sachant que **w** = **v** × (**u** × **v**).

(b) Considérant le vecteur **w** donné en (a), que peut-on dire des valeurs de **u** · **w** et **v** · **w**? Expliquez votre raisonnement.

**36.** Si **u** ≠ **0**, peut-on simplifier l'équation **u** × **v** = **u** × **v** en éliminant **u** de part et d'autre, et conclure que **v** = **w**? Justifiez votre réponse.

**37.** L'une des expressions ci-dessous n'est pas définie. Laquelle est-ce? Quel est le problème?

$$\mathbf{u} \cdot (\mathbf{v} \times \mathbf{w}), \quad \mathbf{u} \times \mathbf{v} \times \mathbf{w}, \quad (\mathbf{u} \cdot \mathbf{v}) \times \mathbf{w}$$

**38.** Que peut-on dire des vecteurs **u** et **v** si **u** × **v** = **0**?

**39.** Donnez quelques exemples de propriétés valides pour la multiplication des nombres réels qui n'ont pas d'équivalent pour le produit vectoriel.

# 3.5
## DROITES ET PLANS DANS L'ESPACE (R³)

*Dans cette section, nous allons faire appel aux vecteurs pour obtenir les équations des droites et des plans dans l'espace (R³). Nous utiliserons ensuite ces équations pour résoudre des problèmes de base en géométrie.*

### Plans dans l'espace

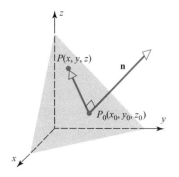

**Figure 3.5.1** Plan et vecteur normal

En géométrie analytique, on décrit une droite dans le plan (R²) en donnant la pente de la droite et l'un de ses points. De même, on peut décrire un plan dans l'espace en donnant l'inclinaison du plan et l'un de ses points. Pour représenter l'inclinaison d'un plan, on utilise souvent un vecteur non nul, appelé ***vecteur normal***, qui est perpendiculaire au plan.

Supposons que l'on s'intéresse à l'équation du plan passant par le point $P_0(x_0, y_0, z_0)$ et caractérisé par le vecteur normal **n** = (*a, b, c*). La figure 3.5.1 montre clairement que le plan est formé des points $P(x, y, z)$ tels que $\overrightarrow{P_0 P}$ soit toujours orthogonal à **n**. On a donc

$$\mathbf{n} \cdot \overrightarrow{P_0 P} = 0 \tag{1}$$

En substituant $\overrightarrow{P_0 P} = (x - x_0, y - y_0, z - z_0)$, l'équation (1) devient,

$$a(x - x_0) + b(y - y_0) + c(z - z_0) = 0 \tag{2}$$

C'est l'équation cartésienne du plan qui passe par $p(x_0, y_0, z_0)$ et de vecteur normal (*a, b, c*).

---

### EXEMPLE 1　Trouver l'équation cartésienne d'un plan

---

Trouver l'équation cartésienne du plan perpendiculaire au vecteur **n** = (4, 2, −5) et passant par le point (3, −1, 7).

*Solution*

Substituons les valeurs dans l'équation (2); on trouve

$$4(x - 3) + 2(y + 1) - 5(z - 7) = 0 \quad \blacklozenge$$

En distribuant et en regroupant les termes constants, l'équation (2) devient

$$ax + by + cz + d = 0$$

où $a$, $b$, $c$ et $d$ sont des constantes et $a$, $b$ et $c$ ne sont pas toutes nulles. On peut maintenant récrire l'équation trouvée à l'exemple 1 :

$$4x + 2y - 5z + 25 = 0$$

Plus généralement le prochain théorème affirme qu'une équation de la forme $ax + by + cz + d = 0$ répresente un plan dans l'espace.

**THÉORÈME 3.5.1**

> *Soit a, b, c et d des constantes telles que a, b, et c ne valent pas toutes zéro. Alors le graphe de l'équation*
>
> $$ax + by + cz + d = 0 \qquad (3)$$
>
> *représente un plan de vecteur normal* $\mathbf{n} = (a, b, c)$.

L'équation (3) est une équation linéaire des variables $x$, $y$ et $z$; c'est la ***forme générale de l'équation cartésienne*** d'un plan dans l'espace.

*Démonstration* Posons comme hypothèse que les coefficients $a$, $b$ et $c$ ne sont pas tous nuls. Supposons pour le moment que $a \neq 0$. On peut alors récrire l'équation $ax + by + cz + d = 0$ sous la forme $a(x + (d/a)) + by + cz = 0$, qui correspond à l'équation cartésienne d'un plan passant par le point $(-d/a, 0, 0)$ et ayant pour vecteur normal $\mathbf{n} = (a, b, c)$.

Considérons maintenant que $a = 0$, alors $b \neq 0$ ou $c \neq 0$. On analyse ces cas en appliquant le même raisonnement que ci-dessus. ■

Nous savons que les solutions d'un système d'équations linéaires

$$ax + by = k_1$$
$$cx + dy = k_2$$

correspondent aux points d'intersection entre les droites $ax + by = k_1$ et $cx + dy = k_2$ du plan $xy$. De même, les solutions du système

$$ax + by + cz = k_1$$
$$dx + ey + fz = k_2 \qquad (4)$$
$$gx + bhy + iz = k_3$$

correspondent aux points d'intersection des trois plans $ax + by + cz = k_1$, $dx + ey + fz = k_2$ et $gx + bhy + iz = k_3$.

La figure 3.5.2 (page suivante) illustre les diverses configurations géométriques des plans correspondent au système (4) lorsque celui-ci n'a aucune solution ou lorsqu'il admet une solution unique ou encore une infinité de solutions.

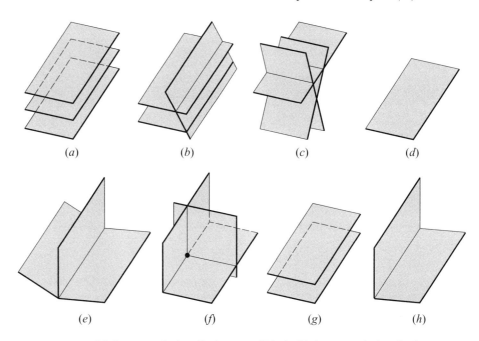

**Figure 3.5.2** (*a*) Aucune solution (3 plans parallèles). (*b*) Aucune solution (2 plans parallèles). (*c*) Aucune solution (3 plans sans intersection commune). (*d*) Infinité de solutions (3 plans confondus). (*e*) Infinité de solutions (3 plans ayant une droite pour intersection). (*f*) Solution unique (3 plans ayant un seul point commun). (*g*) Aucune solution (2 plans confondus parallèles à un troisième). (*h*) Infinité de solutions (2 plans confondus ayant une droite en commun avec le troisième).

---

## EXEMPLE 2 Équation d'un plan passant par trois points

---

Trouver l'équation du plan passant par les points $P_1(1, 2, -1)$, $P_2(2, 3, 1)$ et $P_3(3, -1, 2)$.

*Solution*

Ces trois points du plan cherché doivent vérifier l'équation générale de ce plan, soit $ax + by + cz + d = 0$. On a donc

$$a + 2b - c + d = 0$$
$$2a + 3b + c + d = 0$$
$$3a - b + 2c + d = 0$$

La résolution du système donne $a = -\frac{9}{16}t$, $b = -\frac{1}{16}t$, $c = \frac{5}{16}t$, $d = t$. En posant $t = -16$, par exemple, on obtient l'équation du plan désirée, soit

$$9x + y - 5z - 16 = 0$$

Une autre valeur de $t$ aurait donné un multiple de cette équation, de sorte que toute valeur de $t \neq 0$ fournirait une équation valable.

*Solution alternative*

Puisque les points $P_1(1, 2, -1)$, $P_2(2, 3, 1)$ et $P_3(3, -1, 2)$ sont dans le plan, les vecteurs $\overrightarrow{P_1 P_2} = (1, 1, 2)$ et $P_1 P_3 = (2, -3, 3)$ sont parallèles au plan. Or, le produit $\overrightarrow{P_1 P_2} \times \overrightarrow{P_1 P_3} = (9, 1, -5)$ forme un vecteur normal au plan, puisqu'il est perpendiculaire à $\overrightarrow{P_1 P_2}$ et à $\overrightarrow{P_1 P_3}$. Sachant que $P_1$ est dans le plan, l'équation cartésienne du plan devient

$$9(x - 1) + (y - 2) - 5(z + 1) = 0 \quad \text{soit} \quad 9x + y - 5z - 16 = 0 \;\blacklozenge$$

### Forme vectorielle de l'équation d'un plan

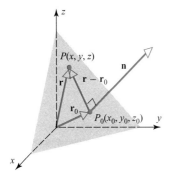

**Figure 3.5.3**

La notation vectorielle offre une alternative utile à l'écriture de l'équation cartésienne d'un plan. Considérant la figure 3.5.3, posons $\mathbf{r} = (x, y, z)$, le vecteur qui va de l'origine au point $P(x, y, z)$, $\mathbf{r}_0 = (x_0, y_0, z_0)$, le vecteur qui relie l'origine au point $P_0(x_0, y_0, z_0)$ et $\mathbf{n} = (a, b, c)$, un vecteur normal au plan. Alors $\overrightarrow{P_0 P} = \mathbf{r} - \mathbf{r}_0$, et l'équation (1) devient

$$\mathbf{n} \cdot (\mathbf{r} - \mathbf{r}_0) = 0 \tag{5}$$

C'est la *forme vectorielle de l'équation d'un plan*.

---

### EXEMPLE 3  Forme vectorielle de l'équation d'un plan

---

L'équation vectorielle du plan passant par le point $(6, 3, -4)$ et perpendiculaire à $\mathbf{n} = (-1, 2, 5)$ est

$$(-1, 2, 5) \cdot (x - 6, y - 3, z + 4) = 0 \;\blacklozenge$$

### Droites dans l'espace

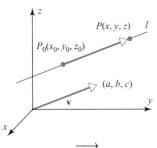

**Figure 3.5.4** $\overrightarrow{P_0 P}$ est parallèle à $\mathbf{v}$.

Nous allons maintenant obtenir les équations d'une droite dans l'espace ($R^3$). Supposons que $l$ est la droite passant par le point $P_0 = (x_0, y_0, z_0)$ et parallèle au vecteur non nul $\mathbf{v} = (a, b, c)$, tel qu'illustré à la figure 3.5.4. La droite $l$ est constituée précisément des points $P(x, y, z)$ pour lesquels le vecteur $\overrightarrow{P_0 P}$ est parallèle à $\mathbf{v}$, c'est-à-dire qu'il existe un scalaire $t$ tel que

$$\overrightarrow{P_0 P} = t\mathbf{v} \tag{6}$$

En termes de composantes, l'équation (6) devient :

$$(x - x_0, y - y_0, z - z_0) = (ta, tb, tc)$$

On en déduit que $x - x_0 = ta$, $y - y_0 = tb$ et $z - z_0 = tc$. On a donc

$$x = x_0 + ta, \qquad y = y_0 + tb, \qquad z = z_0 + tc$$

En faisant varier la valeur du paramètre $t$ de $-\infty$ à $+\infty$, le point $P(x, y, z)$ trace la droite $l$. Les équations qui suivent sont les *équations paramétriques* de $l$ :

$$x = x_0 + ta, \quad y = y_0 + tb, \quad z = z_0 + tc \quad (-\infty < t < +\infty) \tag{7}$$

---

### EXEMPLE 4  Équations paramétriques d'une droite

---

La droite passant par le point $(1, 2, -3)$ et parallèle au vecteur $\mathbf{v} = (4, 5, -7)$ a pour équations paramétriques

$$x = 1 + 4t, \quad y = 2 + 5t, \quad z = -3 - 7t \quad (-\infty < t < +\infty) \;\blacklozenge$$

## EXEMPLE 5   Intersection d'une droite et du plan *xy*

(a) Trouver les équations paramétriques de la droite *l* passant par les points $P_1(2, 4, -1)$ et $P_2(5, 0, 7)$.

(b) En quel point la droite rencontre-t-elle le plan *xy*?

### Solution de (a)

Sachant que le vecteur $\overrightarrow{P_1 P_2} = (3, -4, 8)$ est parallèle à *l* et que $P_1(2, 4, -1)$ appartient à la droite *l*, les équations paramétriques de *l* sont

$$x = 2 + 3t, \quad y = 4 - 4t, \quad z = -1 + 8t \qquad (-\infty < t < +\infty)$$

### Solution de (b)

La droite coupe le plan *xy* au point où $z = -1 + 8t = 0$, c'est-à-dire là où $t = \frac{1}{8}$. On trouve l'intersection en substituant cette valeur de *t* dans les équations paramétriques de *l* :

$$(x, y, z) = (\tfrac{19}{8}, \tfrac{7}{2}, 0) \; \blacklozenge$$

## EXEMPLE 6   Droite d'intersection de deux plans

Trouver les équations paramétriques de la droite d'intersection des plans

$$3x + 2y - 4z = 0 \quad \text{et} \quad x - 3y - 2z - 4 = 0$$

### Solution

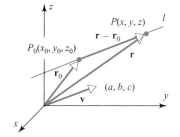

**Figure 3.5.5**  Interprétation vectorielle d'une droite dans l'espace

La droite d'intersection est constituée des points $(x, y, z)$ qui vérifient les deux équations du système, soit

$$3x + 2y - 4z = 6$$
$$x - 3y - 2z = 4$$

En résolvant ce système par la méthode de Gauss-Jordan, on obtient $x = \frac{26}{11} + \frac{16}{11}t$, $y = -\frac{6}{11} - \frac{2}{11}t$, $z = t$. La droite d'intersection a donc pour équations paramétriques

$$x = \tfrac{26}{11} + \tfrac{16}{11}t, \quad y = -\tfrac{6}{11} - \tfrac{2}{11}t, \quad z = t \qquad (-\infty < t < +\infty) \; \blacklozenge$$

## Forme vectorielle de l'équation d'une droite

La notation vectorielle offre une alternative utile à l'écriture des équations paramétriques d'une droite. Considérant la figure 3.5.5, posons $\mathbf{r} = (x, y, z)$ le vecteur qui va de l'origine au point $P(x, y, z)$, $\mathbf{r}_0 = (x_0, y_0, z_0)$ le vecteur qui relie l'origine à $P_0(x_0, y_0, z_0)$ et $\mathbf{v} = (a, b, c)$, parallèle à la droite. On a $\overrightarrow{P_0 P} = \mathbf{r} - \mathbf{r}_0$ et l'équation (6) prend la forme

$$\mathbf{r} - \mathbf{r}_0 = t\mathbf{v}$$

En considérant l'ensemble de toutes les valeurs de *t*, cette équation devient

$$\mathbf{r} = \mathbf{r}_0 + t\mathbf{v} \quad (-\infty < t < +\infty) \tag{8}$$

C'est la ***forme vectorielle de l'équation d'une droite*** dans l'espace ($R^3$).

---

### EXEMPLE 7  Une droite parallèle à un vecteur donné

---

L'équation vectorielle de la droite parallèle au vecteur $\mathbf{v} = (4, -7, 1)$ et passant par le point $(-2, 0, 3)$ est

$$(x, y, z) = (-2, 0, 3) + t(4, -7, 1) \qquad (-\infty < t < +\infty) \quad \blacklozenge$$

**Problèmes portant sur la distance**

Nous concluons cette section en abordant deux « problèmes de distance » dans l'espace ($R^3$).

---

**Problèmes**

(a)  Déterminer la distance d'un point à un plan.

(b)  Déterminer la distance entre deux plans parallèles.

---

Ces deux problèmes sont liés. Si l'on sait trouver la distance d'un point à un plan, on détermine la distance entre deux plans parallèles en calculant la distance de l'un à un point quelconque $P_0$ de l'autre plan (figure 3.5.6).

**THÉORÈME 3.5.2**

> **Distance d'un point à un plan**
>
> *La distance D d'un point $P_0(x_0, y_0, z_0)$ à un plan $ax + by + cz + d = 0$ est donnée par*
>
> $$D = \frac{|ax_0 + by_0 + cz_0 + d|}{\sqrt{a^2 + b^2 + c^2}} \qquad (9)$$

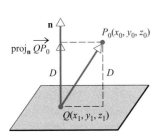

**Figure 3.5.6**  La distance entre les plans parallèles $V$ et $W$ est égale à la distance de $P_0$ à $W$.

*Démonstration*  Soit $Q(x_1, y_1, z_1)$ un point quelconque du plan. On peut faire en sorte que l'origine du vecteur normal $\mathbf{n} = (a, b, c)$ coïncide avec $Q$. La figure 3.5.7 montre que la distance $D$ est alors égale à la longueur de la projection orthogonale de $\overrightarrow{QP_0}$ sur $\mathbf{n}$. Dans ce cas, la formule (10) de la section 3.3 donne

$$D = \|\text{proj}_{\mathbf{n}} \overrightarrow{QP_0}\| = \frac{|\overrightarrow{QP_0} \cdot \mathbf{n}|}{\|\mathbf{n}\|}$$

Or,

$$\overrightarrow{QP_0} = (x_0 - x_1, y_0 - y_1, z_0 - z_1)$$
$$\overrightarrow{QP_0} \cdot \mathbf{n} = a(x_0 - x_1) + b(y_0 - y_1) + c(z_0 - z_1)$$
$$\|\mathbf{n}\| = \sqrt{a^2 + b^2 + c^2}$$

Ainsi,

$$D = \frac{|a(x_0 - x_1) + b(y_0 - y_1) + c(z_0 - z_1)|}{\sqrt{a^2 + b^2 + c^2}} \qquad (10)$$

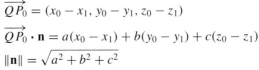

**Figure 3.5.7**  Distance du point $P_0$ au plan indiqué

Le point $Q(x_1, y_1, z_1)$ appartenant au plan, ses coordonnées doivent vérifier l'équation du plan; on a donc

$$ax_1 + by_1 + cz_1 + d = 0$$

ou

$$d = -ax_1 - by_1 - cz_1$$

En substituant cette expression dans (10), on retrouve (9).  ∎

*REMARQUE* Observez la similitude entre la formule (9) et la formule de la distance d'un point à une droite dans $R^2$ [équation (13) de la section 3.3].

---

### EXEMPLE 8   Distance d'un point à un plan

Trouver la distance $D$ du point $(1, -4, -3)$ au plan $2x - 3y + 6z = -1$.

*Solution*

Récrivons d'abord l'équation du plan sous la forme

$$2x - 3y + 6z + 1 = 0$$

Appliquons maintenant (9); on trouve

$$D = \frac{|2(1) + (-3)(-4) + 6(-3) + 1|}{\sqrt{2^2 + (-3)^2 + 6^2}} = \frac{|-3|}{7} = \frac{3}{7} \quad \blacklozenge$$

Étant donné deux plans, soit ils recontrent soit ils sont parallèles. Dans le premier cas, on s'intéresse à la droite d'intersection (exemple 6); dans le second, on cherche la distance qui les sépare, tel que montré à l'exemple qui suit.

---

### EXEMPLE 9   Distance entre deux plans

Soit les deux plans

$$x + 2y - 2z = 3 \quad \text{et} \quad 2x + 4y - 4z = 7$$

Ils sont parallèles puisque leurs vecteurs normaux, $(1, 2, -2)$ et $(2, 4, -4)$, sont parallèles. Trouver la distance qui sépare ces deux plans.

*Solution*

Pour trouver la distance $D$ qui sépare ces deux plans, on choisit arbitrairement un point dans l'un des plans et on calcule la distance de ce point à l'autre plan. En posant $y = z = 0$ dans l'équation $x + 2y - 2z = 3$, on détermine le point $P_0(3, 0, 0)$ de ce plan. La formule (9) donne alors la distance de $P_0$ au plan $2x + 4y - 4z = 7$; on obtient

$$D = \frac{|2(3) + 4(0) + (-4)(0) - 7|}{\sqrt{2^2 + 4^2 + (-4)^2}} = \frac{1}{6} \quad \blacklozenge$$

---

## SÉRIE D'EXERCICES
## 3.5

1. Dans chaque cas, trouvez l'équation cartésienne du plan de vecteur normal **n** passant par le point $P$.

   (a)  $P(-1, 3, -2)$; $\mathbf{n} = (-2, 1, -1)$     (b)  $P(1, 1, 4)$; $\mathbf{n} = (1, 9, 8)$

   (c)  $P(2, 0, 0)$; $\mathbf{n} = (0, 0, 2)$     (d)  $P(0, 0, 0)$; $\mathbf{n} = (1, 2, 3)$

2. Écrivez la forme générale des équations cartésiennes des plans donnés à l'exercice 1.

3. Écrivez les équations cartésiennes des plans donnés.

   (a)  $-3x + 7y + 2z = 10$     (b)  $x - 4z = 0$

**4.** Dans chaque cas, écrivez une équation du plan passant par les points donnés.

(a)   $P(-4, -1, -1)$,  $Q(-2, 0, 1)$,  $R(-1, -2, -3)$

(b)   $P(5, 4, 3)$,  $Q(4, 3, 1)$,  $R(1, 5, 4)$

**5.** Dans chaque cas, déterminez si les plans donnés sont parallèles.

(a)   $4x - y + 2z = 5$  et  $7x - 3y + 4z = 8$

(b)   $x - 4y - 3z - 2 = 0$  et  $3x - 12y - 9z - 7 = 0$

(c)   $2y = 8x - 4z + 5$  et  $x = \frac{1}{2}z + \frac{1}{4}y$

**6.** Dans chaque cas, déterminez si la droite est parallèle au plan.

(a)   $x = -5 - 4t$, $y = 1 - t$, $z = 3 + 2t$;   $x + 2y + 3z - 9 = 0$

(b)   $x = 3t$, $y = 1 + 2t$, $z = 2 - t$;   $4x - y + 2z = 1$

**7.** Dans chaque cas, déterminez si les plans donnés sont perpendiculaires.

(a)   $3x - y + z - 4 = 0$, $x + 2z = -1$

(b)   $x - 2y + 3z = 4$, $-2x + 5y + 4z = -1$

**8.** Dans chaque cas, déterminez si la droite est perpendiculaire au plan.

(a)   $x = -2 - 4t$, $y = 3 - 2t$, $z = 1 + 2t$;   $2x + y - z = 5$

(b)   $x = 2 + t$, $y = 1 - t$, $z = 5 + 3t$;   $6x + 6y - 7 = 0$

**9.** Dans chaque cas, trouvez les équations paramétriques de la droite passant par $P$ et parallèle à **n**.

(a)   $P(3, -1, 2)$; $\mathbf{n} = (2, 1, 3)$   (b)   $P(-2, 3, -3)$; $\mathbf{n} = (6, -6, -2)$

(c)   $P(2, 2, 6)$; $\mathbf{n} = (0, 1, 0)$   (d)   $P(0, 0, 0)$; $\mathbf{n} = (1, -2, 3)$

**10.** Dans chaque cas, trouvez les équations paramétriques de la droite passant par les points donnés.

(a)   $(5, -2, 4)$, $(7, 2, -4)$   (b)   $(0, 0, 0)$, $(2, -1, -3)$

**11.** Dans chaque cas, trouvez les équations paramétriques de la droite d'intersection des plans donnés.

(a)   $7x - 2y + 3z = -2$  et  $-3x + y + 2z + 5 = 0$

(b)   $2x + 3y - 5z = 0$  et  $y = 0$

**12.** Dans chaque cas, donnez la forme vectorielle de l'équation du plan de vecteur normal **n** passant par $P_0$.

(a)   $P_0(-1, 2, 4)$; $\mathbf{n} = (-2, 4, 1)$   (b)   $P_0(2, 0, -5)$; $\mathbf{n} = (-1, 4, 3)$

(c)   $P_0(5, -2, 1)$; $\mathbf{n} = (-1, 0, 0)$   (d)   $P_0(0, 0, 0)$; $\mathbf{n} = (a, b, c)$

**13.** Dans chaque cas, déterminez si les plans donnés sont parallèles.

(a)   $(-1, 2, 4) \cdot (x - 5, y + 3, z - 7) = 0$; $(2, -4, -8) \cdot (x + 3, y + 5, z - 9) = 0$

(b)   $(3, 0, -1) \cdot (x + 1, y - 2, z - 3) = 0$; $(-1, 0, 3) \cdot (x + 1, y - z, z - 3) = 0$

**14.** Dans chaque cas, déterminez si les plans donnés sont perpendiculaires.

(a)   $(-2, 1, 4) \cdot (x - 1, y, z + 3) = 0$; $(1, -2, 1) \cdot (x + 3, y - 5, z) = 0$

(b)   $(3, 0, -2) \cdot (x + 4, y - 7, z + 1) = 0$; $(1, 1, 1) \cdot (x, y, z) = 0$

**15.** Dans chaque cas, trouvez la forme vectorielle de l'équation de la droite passant par $P_0$ et parallèle à **v**.

(a)   $P_0(-1, 2, 3)$; $\mathbf{v} = (7, -1, 5)$   (b)   $P_0(2, 0, -1)$; $\mathbf{v} = (1, 1, 1)$

(c)   $P_0(2, -4, 1)$; $\mathbf{v} = (0, 0, -2)$   (d)   $P_0(0, 0, 0)$; $\mathbf{v} = (a, b, c)$

**16.** Montrez que la droite

$$x = 0, \quad y = t, \quad z = t \qquad (-\infty < t < +\infty)$$

(a) se trouve dans le plan $6x + 4y - 4z = 0$;

(b) est parallèle au plan $5x - 3y + 3z = 1$ et située dans la portion de l'espace comprise sous ce plan;

(c) est parallèle au plan $6x + 2y - 2z = 3$ et située dans la portion de l'espace comprise au-dessus de ce plan.

**17.** Trouvez une équation du plan perpendiculaire à la droite $x - 4 = 2t$, $y + 2 = 3t$ et $z = -5t$, et passant par $(-2, 1\ 7)$.

**18.** Écrivez une équation

   (a) du plan $xy$;     (b) du plan $xz$;     (c) du plan $yz$.

**19.** Trouvez une équation du plan qui contient le point $(x_0, y_0, z_0)$

   (a) et est parallèle au plan $xy$;

   (b) et est parallèle au plan $yz$;

   (c) et est parallèle au plan $xz$.

**20.** Trouvez une équation du plan parallèle au plan $7x + 4y - 2z + 3 = 0$ et passant par l'origine.

**21.** Trouvez une équation du plan parallèle au plan $5x - 2y + z - 5 = 0$ et passant par le point $(3, -6, 7)$.

**22.** Trouvez le point de rencontre de la droite

$$x - 9 = -5t, \quad y + 1 = -t, \quad z - 3 = t \quad (-\infty < t < +\infty)$$

et du plan $2x - 3y + 4z + 7 = 0$.

**23.** Écrivez une équation du plan perpendiculaire au plan $2x - 4y + 2z = 9$ et qui contient la droite $x = -1 + 3t$, $y = 5 + 2t$, $z = 2 - t$.

**24.** Écrivez une équation du plan passant par $(2, 4, -1)$ et qui contient la droite d'intersection des plans $x - y - 4z = 2$ et $-2x + y + 2z = 3$.

**25.** Montrez que les points $(-1, -2, -3)$, $(-2, 0, 1)$, $(-4, -1, -1)$ et $(2, 0, 1)$ sont dans un même plan.

**26.** Donnez les équations paramétriques de la droite parallèle aux plans $2x + y - 4z = 0$ et $-x + 2y + 3z + 1 = 0$, et passant par $(-2, 5, 0)$.

**27.** Écrivez une équation du plan perpendiculaire aux plans $4x - 2y + 2z = -1$ et $3x + 3y - 6z = 5$, et passant par $(-2, 1, 5)$.

**28.** Trouvez une équation du plan perpendiculaire à la droite d'intersection des plans $4x + 2y + 2z = -1$ et $3x + 6y + 3z = 7$, et passant par $(2, -1, 4)$.

**29.** Écrivez une équation du plan perpendiculaire au plan $8x - 2y + 6z = 1$ et passant par les points $P_1(-1, 2, 5)$ et $P_2(2, 1, 4)$.

**30.** Montrez que les droites

$$x = 3 - 2t, \quad y = 4 + t, \quad z = 1 - t \quad (-\infty < t < +\infty)$$

et

$$x = 5 + 2t, \quad y = 1 - t, \quad z = 7 + t \quad (-\infty < t < +\infty)$$

sont parallèles et écrivez une équation du plan déterminé par ces droites.

**31.** Trouvez une équation du plan qui contient le point $(1, -1, 2)$ et la droite $x = t$, $y = t + 1$, $z = -3 + 2t$.

**32.** Trouvez une équation du plan parallèle à la droite d'intersection des plans $-x + 2y + z = 0$ et $x + z + 1 = 0$ et qui contient la droite $x = 1 + t$, $y = 3t$, $z = 2t$.

**33.** Trouvez une équation du plan dont tous les points sont équidistants de $(-1, -4, -2)$ et $(0, -2, 2)$.

**34.** Montrez que la droite

$$x - 5 = -t, \quad y + 3 = 2t, \quad z + 1 = -5t \qquad (-\infty < t < +\infty)$$

est parallèle au plan $-3x + y + z - 9 = 0$.

**35.** Montrez que les droites ci-dessous se rencontrent et déterminez leur point d'intersection.

$$x - 3 = 4t, \quad y - 4 = t, \quad z - 1 = 0 \qquad (-\infty < t < +\infty)$$

et

$$x + 1 = 12t, \quad y - 7 = 6t, \quad z - 5 = 3t \qquad (-\infty < t < +\infty)$$

**36.** Écrivez une équation du plan qui contient les droites de l'exercice 35.

**37.** Dans chaque cas, trouvez les équations paramétriques de la droite d'intersection des plans donnés.

(a) $-3x + 2y + z = -5$ et $7x + 3y - 2z = -2$

(b) $5x - 7y + 2z = 0$ et $y = 0$

**38.** Montrez que le plan qui rencontre les axes de coordonnées en $x = a$, $y = b$, et $z = c$ a pour équation

$$\frac{x}{a} + \frac{y}{b} + \frac{z}{c} = 1$$

en supposant que $a$, $b$ et $c$ soient différents de zéro.

**39.** Dans chaque cas, trouvez la distance du point au plan.

(a) $(3, 1, -2)$; $x + 2y - 2z = 4$

(b) $(-1, 2, 1)$; $2x + 3y - 4z = 1$

(c) $(0, 3, -2)$; $x - y - z = 3$

**40.** Dans chaque cas, trouvez la distance entre les plans parallèles.

(a) $3x - 4y + z = 1$ et $6x - 8y + 2z = 3$

(b) $-4x + y - 3z = 0$ et $8x - 2y + 6z = 0$

(c) $2x - y + z = 1$ et $2x - y + z = -1$

**41.** Trouvez la distance de la droite $x = 3t - 1, y = 2 - t, z = t$ à chacun des points suivants :

(a) $(0, 0, 0)$          (b) $(2, 0, -5)$          (c) $(2, 1, 1)$

**42.** Montrez que si $a$, $b$ et $c$ sont différents de zéro, alors la droite

$$x = x_0 + at, \quad y = y_0 + bt, \quad z = z_0 + ct \qquad (-\infty < t < +\infty)$$

est constituée des points $(x, y, z)$ qui vérifient

$$\frac{x - x_0}{a} = \frac{y - y_0}{b} = \frac{z - z_0}{c}$$

Ces équations sont appelées *équations symétriques* de la droite.

**43.** Trouvez les équations symétriques des droites données aux parties (a) et (b) de l'exercice 9.

*Note*    Voir la définition donnée à l'exercice 42.

**44.** Dans chaque cas, écrivez les équations de deux plans qui ont pour intersection la droite donnée.

(a) $x = 7 - 4t, \quad y = -5 - 2t, \quad z = 5 + t \qquad (-\infty < t < +\infty)$

(b) $x = 4t, \quad y = 2t, \quad z = 7t \qquad (-\infty < t < +\infty)$

*Indice*    Chacune des égalités dans les équations symétriques d'une droite correspond à l'équation d'un plan qui contient cette droite. Voir aussi la définition donnée à l'exercice 42.

**45.** Deux plans sécants dans l'espace déterminent deux angles d'intersection : un angle aigu $(0 \leq \theta \leq 90°)$ et l'angle supplémentaire $180° - \theta$ (figure ci-contre). Si $\mathbf{n}_1$ et $\mathbf{n}_2$ sont des vecteurs normaux (non nuls) à ces plans, alors l'angle entre $\mathbf{n}_1$ et $\mathbf{n}_2$ est $\theta$ ou $180°$

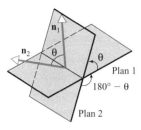

**Figure Ex-45**

− θ, selon le sens des vecteurs (voir figure). Dans chacun des cas ci-dessous, trouvez, au degré près, l'angle aigu formé par les plans.

(a)   $x = 0$  et  $2x - y + z - 4 = 0$

(b)   $x + 2y - 2z = 5$  et  $6x - 3y + 2z = 8$

*Note*   La calculatrice est requise.

**46.** Déterminez, au degré près, l'angle aigu entre le plan $x - y - 3z = 5$ et la droite $x = 2 - t, y = 2t, z = 3t - 1$.

*Indice*   Voir l'exercice 45.

---

**Exploration & discussion**

**47.** Qu'est-ce que les droites $\mathbf{r} = \mathbf{r}_0 + t\mathbf{v}$ et $\mathbf{r} = \mathbf{r}_0 - t\mathbf{v}$ ont en commun?

**48.** Quelle relation existe-t-il entre la droite $x = x_0 + at, y = y_0 + bt, z = z_0 + ct$ et le plan $ax + by + cz = 0$? Expliquez votre raisonnement.

**49.** Soit les vecteurs $\mathbf{r}_1$ et $\mathbf{r}_2$ issus de l'origine et ayant comme extrémité respective-ment les points $P_1(x_1, y_1, z_1)$ et $P_2(x_2, y_2, z_2)$. Que représente l'équation ci-dessous en termes géométriques? Justifiez votre réponse.

$$\mathbf{r} = (1 + t)\mathbf{r}_1 + t\mathbf{r}_2 \quad (0 \le t \le 1)$$

**50.** Écrivez les équations paramétriques de deux droites perpendiculaires passant par le point $(x_0, y_0, z_0)$.

**51.** Comment peut-on déterminer si la droite $\mathbf{x} = \mathbf{x}_0 + t\mathbf{v}$ dans l'espace est parallèle au plan $\mathbf{x} = \mathbf{x}_0 + t_1\mathbf{v}_1 + t_2\mathbf{v}_2$?

**52.** Dans chaque cas, indiquez si l'énoncé est toujours vrai ou s'il peut être faux dans certain(s) cas. Justifiez vos réponses.

(a)   Si *a, b* et *c* sont différents de zéro, alors la droite $x = at, y = bt, z = ct$ est per-pendiculaire au plan $ax + by + cz = 0$.

(b)   Si deux droites de l'espace ($R^3$) ne sont pas parallèles, alors elles ont au moins un point d'intersection.

(c)   Si $\mathbf{u}$, $\mathbf{v}$ et $\mathbf{w}$ sont des vecteurs dans l'espace ($R^3$) tels que $\mathbf{u} + \mathbf{v} + \mathbf{w} = 0$, alors les trois vecteurs sont dans un même plan.

(d)   Si $\mathbf{v}$ est un vecteur de $R^2$, alors l'équation $\mathbf{x} = t\mathbf{v}$ représente une droite dans le plan ($R^2$).

---

# CHAPITRE 3

**Exercices informatiques**

Les exercices qui suivent peuvent être résolus à l'aide de logiciels tels que MATLAB, Mathematica, Maple, Derive ou Mathcab. On pourra aussi employer des logiciels équiv-alents ou une calculatrice scientifique dotée de fonctions d'algèbre linéaire. À chacun des exercices, vous devrez lire une partie de la documentation propre au matériel que vous utilisez. Ces exercices visent à vous familiariser avec l'utilisation de votre logiciel. Lorsque vous maîtriserez les techniques explorées dans ces exercices, vous serez en mesure de résoudre par ordinateur bon nombre des problèmes donnés dans les séries d'exercices réguliers.

Section 3.1   **T1.** **(Vecteurs)** Dans la documentation fournie, lisez l'information portant sur la saisie des vecteurs et sur les opérations vectorielles d'addition, de soustraction et de multipli-cation par un scalaire. Faites ensuite les calculs de l'exemple 1.

**T2.** **(Tracer des vecteurs)** Si votre logiciel permet de dessiner des segments de droite dans le plan ($R^2$) ou dans l'espace ($R^3$), exercez-vous à tracer des segments en déterminant les coordonnées de leurs extrémités. S'il est possible de créer des pointes de flèche, alors placez-en aux extrémités des segments de manière à ce qu'ils soient conformes à la représentation des vecteurs géométriques.

Section 3.3    **T1.** **(Produit scalaire et norme d'un vecteur)** Certains logiciels ont des fonctions permettant de calculer directement un produit scalaire et de déterminer la norme d'un vecteur, alors que d'autres logiciels n'ont que la fonction pour le produit scalaire. Dans ce dernier cas, on calcule la norme à l'aide de la formule $\|\mathbf{v}\| = \sqrt{\mathbf{v} \cdot \mathbf{v}}$. Lisez l'information portant sur le calcul des produits scalaires (et sur le calcul de la norme, s'il y a lieu) et faites ensuite les calculs de l'exemple 2.

**T2.** **(Projections)** Vérifiez s'il est possible de programmer votre logiciel pour calculer $\text{proj}_{\mathbf{a}}\mathbf{u}$ à partir de vecteurs $\mathbf{a}$ et $\mathbf{u}$ donnés par l'utilisateur. Vérifiez ensuite votre programme en faisant les calculs de l'exemple 6.

Section 3.4    **T1.** **(Produit vectoriel)** Lisez l'information portant sur le calcul des produits vectoriels et exercez-vous ensuite en faisant les calculs de l'exemple 1.

**T2.** **(Équation du produit vectoriel)** Si vous travaillez avec un CAS, utilisez-le pour vérifiez l'équation (1).

**T3.** **(Propriétés du produit vectoriel)** Si vous travaillez avec un CAS, utilisez-le pour démontrer les identités du théorème 3.4.1.

**T4.** **(Aire d'un triangle)** Vérifiez s'il est possible de programmer votre logiciel pour trouver l'aire de triangles déterminés par trois points de $R^3$ donnés par l'utilisateur. Vérifiez ensuite votre programme en calculant l'aire du triangle décrit à l'exemple 4.

**T5.** **(Équation du produit mixte)** Si vous travaillez avec un CAS, utilisez-le pour démontrer la formule (7) en montrant que la différence entre les deux membres de l'égalité est nulle.

**T6.** **(Volume d'un parallélépipède)** Vérifiez s'il est possible de programmer votre logiciel pour calculer le volume d'un parallélépipède dans $R^3$ déterminé par les vecteurs $\mathbf{u}$, $\mathbf{v}$ et $\mathbf{w}$ donnés par l'utilisateur. Vérifiez ensuite votre programme en solutionnant l'exercice 10 de la série d'exercices 3.4.

# Espaces euclidiens

## CONTENU DU CHAPITRE

**INTRODUCTION :** La représentation des points du plan ($R^2$) par un couple de nombres et des points de l'espace ($R^3$) par un triplet de nombres remonte au milieu du dix-septième siècle. Mais ce n'est qu'à la fin du dix-huitième siècle que les mathématiciens et les physiciens eurent l'idée de développer le concept au-delà de l'espace tridimensionnel. Ainsi, les quadruplets de nombres ($a_1$, $a_2$, $a_3$, $a_4$) devinrent des points dans l'« espace à quatre dimensions », les quintuplets ($a_1$, $a_2$, $a_3$, $a_4$, $a_5$), des points dans l'« espace à cinq dimensions » et ainsi de suite, les $n$-tuplets étant des points dans l'« espace à $n$ dimensions ». Ce chapitre est consacré à l'étude des propriétés des opérations vectorielles dans de tels espaces.

# 4.1
## ESPACE EUCLIDIEN À $n$ DIMENSIONS ($R^n$)

*Même si nous ne pouvons visualiser les espaces à plus de trois dimensions, rien n'empêche d'étendre à des espaces multidimensionnels certaines notions familières en considérant les propriétés algébrique ou analytiques des points et des vecteurs, plutôt que de les aborder par la géométrie. Dans cette section, nous allons examiner de plus près ces idées.*

## Vecteurs de $R^n$

Commençons par une définition.

> ### DÉFINITION
>
> Un ***n-tuplet ordonné*** est une suite de $n$ nombres réels $(a_1, a_2,\dots, a_n)$ où n'est un entier positif. L'ensemble de tous les $n$-tuplets est appelé ***espace à n dimensions*** et est noté $R^n$.

Lorsque $n = 2$ ou $n = 3$, on préfère généralement parler respectivement de ***couple ordonné*** et de ***triplet ordonné*** plutôt que de *2-tuplet ordonné* et de *3-tuplet ordonné*. Lorsque $n = 1$, chaque $n$-tuplet ordonné représente un nombre réel, et $R^1$ correspond à l'ensemble des nombres réels, que l'on préfère généralement noter $R$ au lieu de $R^1$.

Vous avez sans doute remarqué au chapitre précédent que le symbole $(a_1, a_2, a_3)$ offre deux interprétations géométriques dans $R^3$ : soit il représente un point de coordonnées $a_1$, $a_2$ et $a_3$ (figure 4.1.1$a$), soit il correspond à un vecteur de composantes $a_1$, $a_2$ et $a_3$ (figure 4.1.1$b$). De même, un $n$-tuplet ordonné $(a_1, a_2,\dots, a_n)$ peut symboliser un « point généralisé » ou un « vecteur généralisé » − la distinction est sans importance d'un point de vue mathématique. Ainsi, le 5-tuplet $(-2, 4, 0, 1, 6)$ correspond à la fois à un point de $R^5$ et à un vecteur de $R^5$.

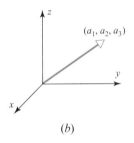

*(a)*

*(b)*

**Figure 4.1.1** Du point de vue de la géométrie, le triplet ordonné $(a_1, a_2, a_3)$ symbolise à la fois un point et un vecteur.

> ### DÉFINITION
>
> Deux vecteurs de $R^n$, $\mathbf{u} = (u_1, u_2,\dots, u_n)$ et $\mathbf{v} = (v_1, v_2,\dots, v_n)$, sont ***égaux*** si
> $$u_1 = v_1, \qquad u_2 = v_2,\dots, \qquad u_n = v_n$$
> On définit la **somme u + v** par
>
> $$\mathbf{u} + \mathbf{v} = (u_1 + v_1, u_2 + v_2,\dots, u_n + v_n)$$
>
> Et si $k$ est un scalaire quelconque, le ***produit par un scalaire*** $k\mathbf{u}$ est défini par
>
> $$k\mathbf{u} = (ku_1, ku_2,\dots, ku_n)$$

L'addition et la multiplication par un scalaire sont les ***opérations de base*** dans $R^n$.

Le ***vecteur nul*** de $R^n$, noté $\mathbf{0}$, est le vecteur

$$\mathbf{0} = (0, 0,\dots, 0)$$

Si $\mathbf{u} = (u_1, u_2,\dots, u_n)$ est un vecteur quelconque de $R^n$, alors le ***vecteur opposé*** (ou ***inverse additif***) de $\mathbf{u}$, noté $-\mathbf{u}$, est défini par

$$-\mathbf{u} = (-u_1, -u_2,\dots, -u_n)$$

La soustraction de deux vecteurs de $R^n$ a pour expression

$$\mathbf{v} - \mathbf{u} = \mathbf{v} + (-\mathbf{u})$$

ou, en termes de composantes,

$$\mathbf{v} - \mathbf{u} = (v_1 - u_1, v_2 - u_2, \ldots, v_n - u_n)$$

**Propriétés des opérations vectorielles dans $R^n$**

Le théorème 4.1.1 (page suivante) regroupe les principales propriétés de l'addition et de la multiplication par un scalaire dans $R^n$. Les preuves sont faciles à établir et elles sont laissées en exercices.

**Quelques exemples de vecteurs dans des espaces multidimensionnels ($R^n$)**

- **Données expérimentales** – Un scientifique prend $n$ mesures au cours d'une expérience. Chaque fois qu'il répète l'expérience, il regroupe ses résultats dans un vecteur $\mathbf{y} = (y_1, y_2, \ldots, y_n)$ de l'espace $R^n$, où $y_1, y_2, \ldots, y_n$ correspondent aux valeurs mesurées.

- **Entreposage** – Une compagnie nationale de camionnage dispose de 15 dépôts pour l'approvisionnement et l'entretien de ses camions. À un instant donné, la distribution des camions dans les dépôts correspond à un 15-tuplet $\mathbf{x} = (x_1, x_2, \ldots, x_{15})$, où $x_1$ représente le nombre de camions dans le premier dépôt, $x_2$, le nombre de camions dans le deuxième dépôt, et ainsi de suite.

- **Circuits électriques** – Une certaine puce électronique peut recevoir quatre tensions d'entrée et fournir en réponse trois tensions de sortie. Si l'on représente les tensions d'entrée par des vecteurs de $R^4$ et les tensions de sortie par des vecteurs de $R^3$, la puce devient un dispositif qui transforme chaque vecteur d'entrée $\mathbf{v} = (v_1, v_2, v_3, v_4)$ de $R^4$ en un vecteur de sortie $\mathbf{w} = (w_1, w_2, w_3)$ de $R^3$.

- **Images graphiques** – Pour créer des images couleur sur un écran d'ordinateur, on attribue à chaque pixel (plus petite surface adressable de l'écran) trois nombres qui décrivent la *tonalité*, la *saturation* et la *luminosité* du pixel. On peut donc représenter la totalité d'une image couleur par un ensemble de 5-tuplets de

la forme $\mathbf{v} = (x, y, h, s, b)$ où $x$ et $y$ sont les coordonnées d'un pixel sur l'écran, et $h$, $s$ et $b$ correspondent à la tonalité, à la saturation et à la luminosité de ce pixel.

- **Économie** – Dans une analyse économique, on divise l'économie en secteurs (manufacturier, services, utilités, et ainsi de suite) et on exprime le rendement de chaque secteur en dollars. Ainsi, on peut représenter le portrait d'ensemble d'une économie à 10 secteurs par un 10-tuplet $\mathbf{s} = (s_1, s_2, \ldots, s_{10})$ où les nombres $s_1$, $s_2, \ldots, s_{10}$ correspondent aux rendements individuels des secteurs.

- **Systèmes mécaniques** – Imaginons que six particules se déplacent suivant un même axe de coordonnées ; à l'instant $t$, leurs coordonnées sont $x_1, x_2, \ldots, x_6$, et leurs vitesses respectives, $v_1, v_2, \ldots, v_6$. Ces données peuvent être rassemblées dans le vecteur

$$\mathbf{v} = (x_1, x_2, x_3, x_4, x_5, x_6, \\ v_1, v_2, v_3, v_4, v_5, v_6, t)$$

de l'espace $R^{13}$. Ce vecteur décrit l'**état** du système de particules à l'instant $t$.

- **Physique** – Dans la théorie des cordes, les plus petits composants de l'Univers ne sont pas des particules mais plutôt des boucles qui se comportent comme des cordes vibrantes. Alors que l'espace-temps d'Einstein comporte quatre dimensions, la théorie des cordes décrit un univers à onze dimensions.

THÉORÈME 4.1.1

**Propriétés des vecteurs dans $R^n$**

*Soit $\mathbf{u} = (u_1, u_2,\ldots, u_n)$, $\mathbf{v} = (v_1, v_2,\ldots, v_n)$ et $\mathbf{w} = (w_1, w_2,\ldots, w_n)$ des vecteurs de $R^n$ et $k$ et $m$ des scalaires. Alors*

(a) $\mathbf{u} + \mathbf{v} = \mathbf{v} + \mathbf{u}$                 (b) $\mathbf{u} + (\mathbf{v} + \mathbf{w}) = (\mathbf{u} + \mathbf{v}) + \mathbf{w}$

(c) $\mathbf{u} + \mathbf{0} = \mathbf{0} + \mathbf{u} = \mathbf{u}$         (d) $\mathbf{u} + (-\mathbf{u}) = \mathbf{0}$; *c'est-à-dire*, $\mathbf{u} - \mathbf{u} = 0$

(e) $k(m\mathbf{u}) = (km)\mathbf{u}$               (f) $k(\mathbf{u} + \mathbf{v}) = k\mathbf{u} + k\mathbf{v}$

(g) $(k + m)\mathbf{u} = k\mathbf{u} + m\mathbf{u}$        (h) $1\mathbf{u} = \mathbf{u}$

Grâce à ce théorème, on peut manipuler les vecteurs de $R^n$ sans les exprimer par leurs composantes. Par exemple, si l'on cherche à déterminer $\mathbf{x}$ dans l'équation $\mathbf{x} + \mathbf{u} = \mathbf{v}$, on ajoute $-\mathbf{u}$ de chaque côté et l'on obtient :

$$(\mathbf{x} + \mathbf{u}) + (-\mathbf{u}) = \mathbf{v} + (-\mathbf{u})$$

$$\mathbf{x} + (\mathbf{u} - \mathbf{u}) = \mathbf{v} - \mathbf{u}$$

$$\mathbf{x} + \mathbf{0} = \mathbf{v} - \mathbf{u}$$

$$\mathbf{x} = \mathbf{v} - \mathbf{u}$$

Nous suggérons au lecteur d'identifier les propriétés du théorème 4.1.1 qui justifient chacune des trois dernières étapes ci-dessus.

## Espace euclidien $R^n$

Afin d'étendre à $R^n$ les notions de distance, de norme et d'angle, il nous faut d'abord généraliser le produit scalaire, défini auparavant dans $R^2$ et $R^3$ [expressions (3) et (4) de la section 3.3].

**DÉFINITION**

Soit $\mathbf{u} = (u_1, u_2,\ldots, u_n)$ et $\mathbf{v} = (v_1, v_2,\ldots, v_n)$ des vecteurs quelconques de $R^n$. Alors le produit scalaire ou produit scalaire euclidien $\mathbf{u} \cdot \mathbf{v}$ est défini par

$$\mathbf{u} \cdot \mathbf{v} = u_1, v_1 + u_2, v_2 + \cdots + u_n v_n$$

Observez que si $n = 2$ ou $n = 3$, cette définition correspond au produit scalaire dans les espaces $R^2$ et $R^3$.

---

### EXEMPLE 1   Produit scalaire de vecteurs dans $R^4$

---

Soit les vecteurs de $R^4$

$$\mathbf{u} = (-1, 3, 5, 7) \quad \text{et} \quad \mathbf{v} = (5, -4, 7, 0)$$

Leur produit scalaire est

$$\mathbf{u} \cdot \mathbf{v} = (-1)(5) + (3)(-4) + (5)(7) + (7)(0) = 18 \quad \blacklozenge$$

Puisque bon nombre de notions applicables à $R^2$ et à $R^3$ ont leur équivalent dans $R^n$, on utilise couramment l'expression *espace euclidien à n dimensions* pour désigner l'espace $R^n$ muni des opérations d'addition, de multiplication par un scalaire et de produit scalaire.

Le théorème qui suit présente les quatre principales propriétés du produit scalaire dans $R^n$ :

---

**Propriétés du produit scalaire**

Soit **u**, **v**, et **w** des vecteurs de $R^n$ et $k$, un scalaire. Alors,

(*a*) $\mathbf{u} \cdot \mathbf{v} = \mathbf{v} \cdot \mathbf{u}$

(*b*) $(\mathbf{u} + \mathbf{v}) \cdot \mathbf{w} = \mathbf{u} \cdot \mathbf{w} + \mathbf{v} \cdot \mathbf{w}$

(*c*) $(k\mathbf{u}) \cdot \mathbf{v} = k(\mathbf{u} \cdot \mathbf{v})$

(*d*) $\mathbf{v} \cdot \mathbf{v} \geq 0$. *De plus,* $\mathbf{v} \cdot \mathbf{v} = 0$ *si et seulement si* $\mathbf{v} = 0$.

---

Nous présentons les démonstrations des parties (*b*) et (*d*); les autres démonstrations sont laissées en exercices.

***Démonstration de (b)*** Soit $\mathbf{u} = (u_1, u_2,\ldots, u_n)$, $\mathbf{v} = (v_1, v_2,\ldots, v_n)$ et $\mathbf{w} = (w_1, w_2,\ldots, w_n)$. Alors,

$$(\mathbf{u} + \mathbf{v}) \cdot \mathbf{w} = (u_1 + v_1, u_2 + v_2, \ldots, u_n + v_n) \cdot (w_1, w_2, \ldots, w_n)$$
$$= (u_1 + v_1)w_1 + (u_2 + v_2)w_2 + \cdots + (u_n + v_n)w_n$$
$$= (u_1 w_1 + u_2 w_2 + \cdots + u_n w_n) + (v_1 w_1 + v_2 w_2 + \cdots + v_n w_n)$$
$$= \mathbf{u} \cdot \mathbf{w} + \mathbf{v} \cdot \mathbf{w}$$

***Démonstration de (d)*** On a $\mathbf{v} \cdot \mathbf{v} = v_1^2 + v_2^2 + \cdots + v_n^2 \geq 0$. De plus, l'égalité est vérifiée si et seulement si $v_1 = v_2 = \cdots = v_n = 0$, c'est-à-dire si et seulement si $\mathbf{v} = \mathbf{0}$. ■

---

**Application des produits scalaires aux numéros ISBN**

La plupart des livres publiés ces 25 dernières années portent un code unique de dix chiffres, appelé ***numéro international normalisé du livre*** ou ISBN*. Les neuf premiers chiffres de ce code sont répartis en trois groupes : le premier groupe représente le pays ou le groupe de pays d'origine du livre, le deuxième identifie l'éditeur et le troisième réfère au titre de l'ouvrage. Le dixième et dernier chiffre est une ***clé de contrôle***, obtenue par un calcul appliqué aux neuf chiffres précédents, qui permet d'éviter les erreurs lors de la transmission électronique de l'ISBN, par exemple lors d'une commande par Internet.

Pour expliquer comment on procède, représentons les neuf premiers chiffres de l'ISBN par un vecteur **b** de $R^9$, et considérons le vecteur **a** suivant :

$$\mathbf{a} = (1, 2, 3, 4, 5, 6, 7, 8, 9)$$

On obtient la clé de contrôle $c$ en procédant comme suit :

1. On calcule le produit scalaire $\mathbf{a} \cdot \mathbf{b}$.
2. On divise $\mathbf{a} \cdot \mathbf{b}$ par 11 et le reste donne un entier $c$ compris entre 0 et 10 inclusivement. La clé de contrôle prend la valeur de $c$, sauf si $c = 10$. Dans ce cas, elle devient X pour utiliser un seul caractère.

Par exemple, l'ISBN de la sixième édition de l'abrégé de *Calculus* de Howard Anton est

0-471-15307-9.

La clé de contrôle, le nombre 9, a été dérivée des neuf premiers chiffres de l'ISBN en calculant

$$\mathbf{a} \cdot \mathbf{b} = (1, 2, 3, 4, 5, 6, 7, 8, 9) \cdot (0, 4, 7, 1, 1, 5, 3, 0, 7) = 152$$

La division de 152 par 11 donne 13 et il reste 9; la clé de contrôle devient donc $c = 9$. Ainsi, si une personne passe une commande électronique d'un livre avec un certain ISBN, la cohérence entre la clé de contrôle et les neuf premiers chiffres de l'ISBN peut être vérifiée à l'entrepôt de façon à minimiser les erreurs d'expédition coûteuses.

---

\* En anglais, ISBN est l'acronyme de *International Standard Book Number. Ndt*

---

EXEMPLE 2   Longueur et distance dans $R^4$

---

Conformément au théorème 4.1.2, les calculs impliquant des produits scalaires dans un espace euclidien s'effectuent de manière similaires aux calculs impliquant le produit de nombres réels. Par exemple,

$$(3\mathbf{u} + 2\mathbf{v}) \cdot (4\mathbf{u} + \mathbf{v}) = (3\mathbf{u}) \cdot (4\mathbf{u} + \mathbf{v}) + (2\mathbf{v}) \cdot (4\mathbf{u} + \mathbf{v})$$
$$= (3\mathbf{u}) \cdot (4\mathbf{u}) + (3\mathbf{u}) \cdot \mathbf{v} + (2\mathbf{v}) \cdot (4\mathbf{u}) + (2\mathbf{v}) \cdot \mathbf{v}$$
$$= 12(\mathbf{u} \cdot \mathbf{u}) + 3(\mathbf{u} \cdot \mathbf{v}) + 8(\mathbf{v} \cdot \mathbf{u}) + 2(\mathbf{v} \cdot \mathbf{v})$$
$$= 12(\mathbf{u} \cdot \mathbf{u}) + 11(\mathbf{u} \cdot \mathbf{v}) + 2(\mathbf{v} \cdot \mathbf{v})$$

Il est suggéré au lecteur de justifier chacune des étapes ci-dessus à l'aide d'une propriété du théorème 4.1.2. ◆

**Module et distance dans l'espace euclidien $R^n$**

On définit la **_norme euclidienne_** d'un vecteur $\mathbf{u} = (u_1, u_2,..., u_n)$ par analogie avec les expressions obtenues dans $R^2$ et $R^3$. On a

$$\|\mathbf{u}\| = (\mathbf{u} \cdot \mathbf{u})^{1/2} = \sqrt{u_1^2 + u_2^2 + \cdots + u_n^2} \tag{1}$$

[Comparez avec les expressions (1) et (2) de la section 3.2.]

De même, la **_distance euclidienne_** qui sépare les points $\mathbf{u} = (u_1, u_2,..., u_n)$ et $\mathbf{v} = (v_1, v_2,..., v_n)$ de $R^n$ est définie par

$$d(\mathbf{u}, \mathbf{v}) = \|\mathbf{u} - \mathbf{v}\| = \sqrt{(u_1 - v_1)^2 + (u_2 - v_2)^2 + \cdots + (u_n - v_n)^2} \tag{2}$$

[Comparez avec les expressions (3) et (4) de la section 3.2.]

---

EXEMPLE 3   Trouver la norme et la distance

---

Soit $\mathbf{u} = (1, 3, -2, 7)$ et $\mathbf{v} = (1, 7, 2, 2)$. Alors dans l'espace euclidien $R^4$,

$$\|\mathbf{u}\| = \sqrt{(1)^2 + (3)^2 + (-2)^2 + (7)^2} = \sqrt{63} = 3\sqrt{7}$$

et

$$d(\mathbf{u}, \mathbf{v}) = \sqrt{(1 - 0)^2 + (3 - 7)^2 + (-2 - 2)^2 + (7 - 2)^2} = \sqrt{58} \ ◆$$

Le théorème qui suit présente l'inégalité de **_Cauchy-Schwarz_**, l'une des plus importantes inégalités de l'algèbre linéaire :

**THÉORÈME 4.1.3**

> **Inégalité de Cauchy-Schwarz dans $R^n$**
> Si $\mathbf{u} = (u_1, u_2,..., u_n)$ et $\mathbf{v} = (v_1, v_2,..., v_n)$ sont des vecteurs de $R^n$, alors
> $$|\mathbf{u} \cdot \mathbf{v}| \le \|\mathbf{u}\| \, \|\mathbf{v}\| \tag{3}$$

En termes de composantes, l'expression (3) devient

$$|u_1v_1 + u_2v_2 + \cdots + u_nv_n| \le (u_1^2 + u_2^2 + \cdots + u_n^2)^{1/2}(v_1^2 + v_2^2 + \cdots + v_n^2)^{1/2} \tag{4}$$

**Augustin Louis (Baron de) Cauchy**

**Herman Amandus Schwarz**

**Augustin Louis (Baron de) Cauchy** *(1789–1857)*, mathématicien français, a d'abord été instruit par son père, avocat et maître des classiques. En 1805, Cauchy entra à l'École polytechnique pour y étudier l'ingénierie mais, vu sa santé fragile, on lui conseilla de se tourner vers les mathématiques. Il amorça ses plus importants travaux en 1811 avec une série de solutions brillantes à des problèmes mathématiques extrêmement difficiles.

Dans les 35 années qui suivirent, les contributions de Cauchy furent brillantes et leur somme est renversante : plus de 700 articles, l'équivalent de 26 livres d'aujourd'hui. Les travaux de Cauchy initièrent l'ère de l'analyse moderne; il imposa aux mathématiques des normes de précision et de rigueur jusqu'alors inespérées par les mathématiciens.

La vie de Cauchy est inextricablement liée aux bouleversements politiques de son époque. Farouche partisan des Bourbons, il laisse derrière lui femme et enfants en 1830 pour suivre le roi Bourbon Charles X dans son exil. Sa fidélité à l'ancien roi lui vaudra le titre de baron. Cauchy retourne éventuellement en France, mais il refuse d'accepter un poste universitaire tant que le serment de loyauté est exigé par l'employeur.

Il est difficile de se faire une idée juste de l'homme. Catholique convaincu, il a financé des œuvres charitables dédiées aux mères célibataires et aux criminels, ainsi que des secours à l'Irlande. Par ailleurs, d'autres aspects de sa vie le montrent sous un jour moins favorable. Le mathématicien norvégien Abel le décrit comme « un enragé, infiniment catholique et bigot ». Certains auteurs font l'éloge de ses qualités d'enseignant alors que d'autres le disent plutôt incohérent; un compte rendu quotidien rapporte qu'il aurait consacré une leçon complète à extraire la racine carrée de dix-sept à une précision de dix décimales, en utilisant une technique bien connue de ses étudiants. Quoi qu'il en soit, Cauchy demeure indéniablement l'un des plus grands esprits de l'histoire des sciences.

**Herman Amandus Schwarz** *(1843–1921)* était un mathématicien allemand, chef de file à Berlin au début du vingtième siècle. Très dévoué à ses tâches d'enseignant à l'Université de Berlin, il traitait avec la même minutie les sujets importants et les questions triviales, ce qui explique le petit nombre de publications à son actif. Il avait tendance à s'intéresser à des problèmes concrets très pointus, mais il procédait avec beaucoup d'intelligence et les autres mathématiciens s'inspiraient de ses méthodes. On trouve une version de l'inégalité qui porte son nom dans une publication de 1885 consacrée aux surfaces d'aire minimale.

Nous omettons la démonstration pour l'instant puisqu'une version plus générale de ce théorème sera démontrée plus loin dans le texte. Cependant, pour les vecteurs de $R^2$ et $R^3$, ce théorème découle directement de la définition (1) de la section 3.3 : si les vecteurs **u** et **v** sont des vecteurs non nuls de $R^2$ ou $R^3$, alors

$$|\mathbf{u} \cdot \mathbf{v}| = |\|\mathbf{u}\|\|\mathbf{v}\|\cos\theta| = \|\mathbf{u}\|\|\mathbf{v}\| |\cos\theta| \leq \|\mathbf{u}\|\|\mathbf{v}\| \qquad (5)$$

Et si **u** = **0** ou **v** = **0**, alors les deux membres de l'inégalité (3) sont nuls et l'inégalité est de nouveau vérifiée.

Les deux prochains théorèmes regroupent les principales propriétés de la norme et de la distance dans l'espace euclidien $R^n$.

**THÉORÈME 4.1.4**

**Propriétés de la norme dans $R^n$**

*Si **u** et **v** sont des vecteurs de $R^n$ et si k est un scalaire quelconque, alors*

*(a)* $\|\mathbf{u}\| \geq 0$

*(b)* $\|\mathbf{u}\| = 0$ *si et seulement si* **u** = **0**

*(c)* $\|k\mathbf{u}\| = |k|\,\|\mathbf{u}\|$

*(d)* $\|\mathbf{u} + \mathbf{v}\| \leq \|\mathbf{u}\| + \|\mathbf{v}\|$ *(Inégalité du triangle)*

Nous allons démontrer (*c*) et (*d*) et laisser les preuves de (*a*) et (*b*) en exercices.

**Démonstration de (c)**    Si $\mathbf{u} = (u_1, u_2, \ldots, u_n)$, alors $k\mathbf{u} = (ku_1, ku_2, \ldots, ku_n)$ et

$$\|k\mathbf{u}\| = \sqrt{(ku_1)^2 + (ku_2)^2 + \cdots + (ku_n)^2}$$
$$= |k|\sqrt{u_1^2 + u_2^2 + \cdots + u_n^2}$$
$$= |k|\,\|\mathbf{u}\|$$

(*a*)  $\|k\mathbf{u}\| = |k|\,\|\mathbf{u}\|$

**Démonstration de (d)**

$$\|\mathbf{u} + \mathbf{v}\|^2 = (\mathbf{u} + \mathbf{v}) \cdot (\mathbf{u} + \mathbf{v}) = (\mathbf{u} \cdot \mathbf{u}) + 2(\mathbf{u} \cdot \mathbf{v}) + (\mathbf{v} \cdot \mathbf{v})$$
$$= \|\mathbf{u}\|^2 + 2(\mathbf{u} \cdot \mathbf{v}) + \|\mathbf{v}\|^2$$
$$\leq \|\mathbf{u}\|^2 + 2|\mathbf{u} \cdot \mathbf{v}| + \|\mathbf{v}\|^2 \qquad \longleftarrow \text{Propriété de la valeur absolue}$$
$$\leq \|\mathbf{u}\|^2 + 2\|\mathbf{u}\|\,\|\mathbf{v}\| + \|\mathbf{v}\|^2 \qquad \longleftarrow \text{Inégalité de Cauchy-Schwarz}$$
$$= (\|\mathbf{u}\| + \|\mathbf{v}\|)^2$$

On obtient le résultat en extrayant la racine carrée de chaque côté de l'expression. ■

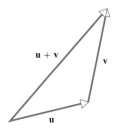

(*b*)  $\|\mathbf{u} + \mathbf{v}\| \leq \|\mathbf{u}\| + \|\mathbf{v}\|$

**Figure 4.1.2**

L'identité (*c*) de ce théorème signifie que, si l'on multiplie un vecteur par un scalaire *k*, la longueur de ce vecteur est multipliée par un facteur |*k*| (figure 4.1.2*a*). La partie (*d*) de ce théorème, connue sous le nom d'***inégalité du triangle***, généralise l'énoncé bien connu de la géométrie euclidienne selon lequel la somme des longueurs de deux des côtés d'un triangle est toujours supérieure ou égale à la longueur du troisième côté (figure 4.1.2*b*).

Les énoncés du prochain théorème découlent directement de l'application du théorème 4.1.4 à la fonction distance $d(\mathbf{u}, \mathbf{v})$ dans $R^n$. Ils généralisent des résultats connus dans $R^2$ et $R^3$.

**THÉORÈME 4.1.5**

> **Propriétés de la distance dans $R^n$**
>
> *Si **u**, **v** et **w** sont des vecteurs de $R^n$ et si k est un scalaire quelconque, alors*
>
> (*a*)  $d(\mathbf{u}, \mathbf{v}) \geq 0$          (*b*)  $d(\mathbf{u}, \mathbf{v}) = 0$ *si et seulement si* $\mathbf{u} = \mathbf{v}$
>
> (*c*)  $d(\mathbf{u}, \mathbf{v}) = d(\mathbf{v}, \mathbf{u})$      (*d*)  $d(\mathbf{u}, \mathbf{v}) \leq d(\mathbf{u}, \mathbf{w}) + d(\mathbf{w}, \mathbf{v})$ *(Inégalité du triangle)*

Nous allons démontrer la partie (*d*) et laisser les autres preuves en exercices.

**Démonstration de (d)**    Considérant l'expression (2) et la partie (*d*) du théorème 4.1.4, on a

$$d(\mathbf{u}, \mathbf{v}) = \|\mathbf{u} - \mathbf{v}\| = \|(\mathbf{u} - \mathbf{w}) + (\mathbf{w} - \mathbf{v})\|$$
$$\leq \|\mathbf{u} - \mathbf{w}\| + \|\mathbf{w} - \mathbf{v}\| = d(\mathbf{u}, \mathbf{w}) + d(\mathbf{w}, \mathbf{v}) \qquad ■$$

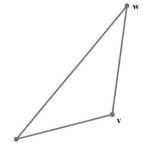

$d(\mathbf{u}, \mathbf{w}) \leq d(\mathbf{u}, \mathbf{v}) + d(\mathbf{v}, \mathbf{w})$

**Figure 4.1.3**

La partie (*d*) de ce théorème, également appelée *inégalité du triangle*, généralise le resultat familier de la géométrie euclidienne selon lequel le plus court chemin entre deux points est la ligne droite (figure 4.1.3).

La définition (1) présente la norme d'un vecteur en termes de produit scalaire. Il est également utile d'exprimer le produit scalaire en termes de norme; c'est ce que fait le théorème qui suit :

**THÉORÈME 4.1.6**

> *Soit $\boldsymbol{u}$ et $\boldsymbol{v}$ des vecteurs de $R^n$ muni du produit scalaire. Alors*
> $$\mathbf{u} \cdot \mathbf{v} = \tfrac{1}{4}\|\mathbf{u} + \mathbf{v}\|^2 - \tfrac{1}{4}\|\mathbf{u} - \mathbf{v}\|^2 \qquad (6)$$

*Démonstration*

$$\|\mathbf{u} + \mathbf{v}\|^2 = (\mathbf{u} + \mathbf{v}) \cdot (\mathbf{u} + \mathbf{v}) = \|\mathbf{u}\|^2 + 2(\mathbf{u} \cdot \mathbf{v}) + \|\mathbf{v}\|^2$$
$$\|\mathbf{u} - \mathbf{v}\|^2 = (\mathbf{u} - \mathbf{v}) \cdot (\mathbf{u} - \mathbf{v}) = \|\mathbf{u}\|^2 - 2(\mathbf{u} \cdot \mathbf{v}) + \|\mathbf{v}\|^2$$

On obtient ensuite l'égalité (6) par quelques manipulations algébriques simples. ■

Quelques problèmes faisant appel à ce théorème sont donnés en exercices.

**Orthogonalité**

Rappelons que dans les espaces euclidiens $R^2$ et $R^3$, deux vecteurs $\mathbf{u}$ et $\mathbf{v}$ sont *orthogonaux* (perpendiculaires) si $\mathbf{u} \cdot \mathbf{v} = 0$ (section 3.3). En s'appuyant sur ce fait, on introduit la définition suivante.

> **DÉFINITION**
>
> Deux vecteurs $\mathbf{u}$ et $\mathbf{v}$ de $R^n$ sont dits *orthogonaux* si $\mathbf{u} \cdot \mathbf{v} = 0$.

---

### EXEMPLE 4  Vecteurs orthogonaux de $R^4$

---

Soit les vecteurs de l'espace euclidien $R^4$

$$\mathbf{u} = (-2, 3, 1, 4) \quad \text{et} \quad \mathbf{v} = (1, 2, 0, -1)$$

Ces vecteurs sont orthogonaux puisque

$$\mathbf{u} \cdot \mathbf{v} = (-2)(1) + (3)(2) + (1)(0) + (4)(-1) = 0 \quad \blacklozenge$$

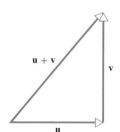

Figure 4.1.4

Nous reviendrons sur les propriétés des vecteurs orthogonaux un peu plus loin dans le texte. Pour l'instant, retenons que plusieurs propriétés vérifiées par les vecteurs orthogonaux des espaces euclidiens $R^2$ et $R^3$ sont également applicables dans l'espace euclidien $R^n$. Par exemple, si $\mathbf{u}$ et $\mathbf{v}$ sont des vecteurs orthogonaux de $R^2$ ou de $R^3$, alors $\mathbf{u}$, $\mathbf{v}$ et $\mathbf{u} + \mathbf{v}$ forment les côtés d'un triangle rectangle (figure 4.1.4); ainsi, par le théorème de Pythagore, on a

$$\|\mathbf{u} + \mathbf{v}\|^2 = \|\mathbf{u}\|^2 + \|\mathbf{v}\|^2$$

Le théorème qui suit étend ce résultat à $R^n$ :

**THÉORÈME 4.1.7**

> **Théorème de Pythagore dans $R^n$**
>
> *Si $\boldsymbol{u}$ et $\boldsymbol{v}$ sont des vecteurs orthogonaux de l'espace $R^n$ muni du produit scalaire, alors*
> $$\|\mathbf{u} + \mathbf{v}\|^2 = \|\mathbf{u}\|^2 + \|\mathbf{v}\|^2$$

*Démonstration*

$$\|\mathbf{u} + \mathbf{v}\|^2 = (\mathbf{u} + \mathbf{v}) \cdot (\mathbf{u} + \mathbf{v}) = \|\mathbf{u}\|^2 + 2(\mathbf{u} \cdot \mathbf{v}) + \|\mathbf{v}\|^2 = \|\mathbf{u}\|^2 + \|\mathbf{v}\|^2 \qquad \blacksquare$$

**Autres notations des vecteurs de $R^n$**

Il est souvent utile d'exprimer un vecteur $\mathbf{u} = (u_1, u_2,\ldots, u_n)$ en notation matricielle, sous la forme d'un vecteur ligne ou d'un vecteur colonne. On a alors

$$\mathbf{u} = \begin{bmatrix} u_1 \\ u_2 \\ \vdots \\ u_n \end{bmatrix} \quad \text{ou} \quad \mathbf{u} = [u_1 \quad u_2 \quad \cdots \quad u_n]$$

Cette notation est justifiée parce que les opérations matricielles

$$\mathbf{u} + \mathbf{v} = \begin{bmatrix} u_1 \\ u_2 \\ \vdots \\ u_n \end{bmatrix} + \begin{bmatrix} v_1 \\ v_2 \\ \vdots \\ v_n \end{bmatrix} = \begin{bmatrix} u_1 + v_1 \\ u_2 + v_2 \\ \vdots \\ u_n + v_n \end{bmatrix}, \qquad k\mathbf{u} = k\begin{bmatrix} u_1 \\ u_2 \\ \vdots \\ u_n \end{bmatrix} = \begin{bmatrix} ku_1 \\ ku_2 \\ \vdots \\ ku_n \end{bmatrix}$$

ou

$$\mathbf{u} + \mathbf{v} = [u_1 \quad u_2 \quad \cdots \quad u_n] + [v_1 \quad v_2 \quad \cdots \quad v_n]$$
$$= [u_1 + v_1 \quad u_2 + v_2 \quad \cdots \quad u_n + v_n]$$
$$k\mathbf{u} = k[u_1 \quad u_2 \quad \cdots \quad u_n] = [ku_1 \quad ku_2 \quad \cdots \quad ku_n]$$

sont conformes aux opérations vectorielles suivantes :

$$\mathbf{u} + \mathbf{v} = (u_1, u_2, \ldots, u_n) + (v_1, v_2, \ldots, v_n) = (u_1 + v_1, u_2 + v_2, \ldots, u_n + v_n)$$
$$k\mathbf{u} = k(u_1, u_2, \ldots, u_n) = (ku_1, ku_2, \ldots, ku_n)$$

La seule différence réside dans la forme utilisée pour présenter les vecteurs.

**Expression matricielle du produit scalaire**

Considérons deux vecteurs présentés sous la forme de matrices colonnes :

$$\mathbf{u} = \begin{bmatrix} u_1 \\ u_2 \\ \vdots \\ u_n \end{bmatrix} \quad \text{et} \quad \mathbf{v} = \begin{bmatrix} v_1 \\ v_2 \\ \vdots \\ v_n \end{bmatrix}$$

Si l'on omet les crochets dans la notation des matrices $1 \times 1$, alors on peut écrire

$$\mathbf{v}^T\mathbf{u} = [v_1 \quad v_2 \quad \cdots \quad v_n]\begin{bmatrix} u_1 \\ u_2 \\ \vdots \\ u_n \end{bmatrix} = [u_1v_1 + u_2v_2 + \cdots + u_nv_n] = [\mathbf{u} \cdot \mathbf{v}] = \mathbf{u} \cdot \mathbf{v}$$

Ainsi, si les vecteurs sont présentés sous formes de matrices colonnes, l'expression du produit scalaire devient :

$$\mathbf{u} \cdot \mathbf{v} = \mathbf{v}^T\mathbf{u} \tag{7}$$

Par exemple, si

$$\mathbf{u} = \begin{bmatrix} -1 \\ 3 \\ 5 \\ 7 \end{bmatrix} \quad \text{et} \quad \mathbf{v} = \begin{bmatrix} 5 \\ -4 \\ 7 \\ 0 \end{bmatrix}$$

alors

$$\mathbf{u} \cdot \mathbf{v} = \mathbf{v}^T\mathbf{u} = \begin{bmatrix} 5 & -4 & 7 & 0 \end{bmatrix} \begin{bmatrix} -1 \\ 3 \\ 5 \\ 7 \end{bmatrix} = [18] = 18$$

Si $A$ est une matrice $n \times n$, l'égalité (7) et les propriétés de la matrice transposée permettent d'écrire

$$A\mathbf{u} \cdot \mathbf{v} = \mathbf{v}^T(A\mathbf{u}) = (\mathbf{v}^TA)\mathbf{u} = (A^T\mathbf{v})^T\mathbf{u} = \mathbf{u} \cdot A^T\mathbf{v}$$
$$\mathbf{u} \cdot A\mathbf{v} = (A\mathbf{v})^T\mathbf{u} = (\mathbf{v}^TA^T)\mathbf{u} = \mathbf{v}^T(A^T\mathbf{u}) = A^T\mathbf{u} \cdot \mathbf{v}$$

Ci-dessous, les égalités résultantes établissent un lien important entre la multiplication par une matrice $A$ $n \times n$ et la multiplication par $A^T$.

$$A\mathbf{u} \cdot \mathbf{v} = \mathbf{u} \cdot A^T\mathbf{v} \tag{8}$$

$$\mathbf{u} \cdot A\mathbf{v} = A^T\mathbf{u} \cdot \mathbf{v} \tag{9}$$

---

EXEMPLE 5 Vérifier que $A\mathbf{u} \cdot \mathbf{v} = \mathbf{u} \cdot A^T\mathbf{v}$

---

Soit les matrices

$$A = \begin{bmatrix} 1 & -2 & 3 \\ 2 & 4 & 1 \\ -1 & 0 & 1 \end{bmatrix}, \quad \mathbf{u} = \begin{bmatrix} -1 \\ 2 \\ 4 \end{bmatrix}, \quad \mathbf{v} = \begin{bmatrix} -2 \\ 0 \\ 5 \end{bmatrix}$$

Alors,

$$A\mathbf{u} = \begin{bmatrix} 1 & -2 & 3 \\ 2 & 4 & 1 \\ -1 & 0 & 1 \end{bmatrix} \begin{bmatrix} -1 \\ 2 \\ 4 \end{bmatrix} = \begin{bmatrix} 7 \\ 10 \\ 5 \end{bmatrix}$$

$$A^T\mathbf{v} = \begin{bmatrix} 1 & 2 & -1 \\ -2 & 4 & 0 \\ 3 & 1 & 1 \end{bmatrix} \begin{bmatrix} -2 \\ 0 \\ 5 \end{bmatrix} = \begin{bmatrix} -7 \\ 4 \\ -1 \end{bmatrix}$$

on obtient

$$A\mathbf{u} \cdot \mathbf{v} = 7(-2) + 10(0) + 5(5) = 11$$
$$\mathbf{u} \cdot A^T\mathbf{v} = (-1)(-7) + 2(4) + 4(-1) = 11$$

Ainsi, $A\mathbf{u} \cdot \mathbf{v} = \mathbf{u} \cdot A^T$, ce qui confirme l'égalité (8). Nous laissons au lecteur le soin de vérifier (9). ◆

**Produit matriciel et produit scalaire**

Le produit scalaire permet une approche différente du produit matriciel. Rappelons que si $A = [a_{ij}]$ est une matrice $m \times r$ et $B = [b_{ij}]$, une matrice $r \times n$, alors l'élément $ij$ de $AB$ s'écrit

$$a_{i1}b_{1j} + a_{i2}b_{2j} + \cdots + a_{ir}b_{rj}$$

Cette expression correspond au produit scalaire du vecteur ligne $i$ de $A$

$$\begin{bmatrix} a_{i1} & a_{i2} & \cdots & a_{ir} \end{bmatrix}$$

avec le vecteur colonne $j$ de $B$

$$\begin{bmatrix} b_{1j} \\ b_{2j} \\ \vdots \\ b_{rj} \end{bmatrix}$$

On en déduit que si l'on nomme $\mathbf{r}_1, \mathbf{r}_2, \ldots, \mathbf{r}_m$ les vecteurs lignes de $A$ et $\mathbf{c}_1, \mathbf{c}_2, \ldots, \mathbf{c}_n$, les vecteurs colonnes de $b$, alors la matrice $AB$ s'écrit

$$AB = \begin{bmatrix} \mathbf{r}_1 \cdot \mathbf{c}_1 & \mathbf{r}_1 \cdot \mathbf{c}_2 & \cdots & \mathbf{r}_1 \cdot \mathbf{c}_n \\ \mathbf{r}_2 \cdot \mathbf{c}_1 & \mathbf{r}_2 \cdot \mathbf{c}_2 & \cdots & \mathbf{r}_2 \cdot \mathbf{c}_n \\ \vdots & \vdots & & \vdots \\ \mathbf{r}_m \cdot \mathbf{c}_1 & \mathbf{r}_m \cdot \mathbf{c}_2 & \cdots & \mathbf{r}_m \cdot \mathbf{c}_n \end{bmatrix} \tag{10}$$

En particulier, on peut exprimer un système linéaire $A\mathbf{x} = \mathbf{b}$ sous la forme de produits scalaires : on a

$$\begin{bmatrix} \mathbf{r}_1 \cdot \mathbf{x} \\ \mathbf{r}_2 \cdot \mathbf{x} \\ \vdots \\ \mathbf{r}_m \cdot \mathbf{x} \end{bmatrix} = \begin{bmatrix} b_1 \\ b_2 \\ \vdots \\ b_m \end{bmatrix} \tag{11}$$

où $\mathbf{r}_1, \mathbf{r}_2, \ldots, \mathbf{r}_m$ correspondent aux vecteurs lignes de $A$ et $b_1, b_2, \ldots, b_m$ sont les éléments de $\mathbf{b}$.

---

### EXEMPLE 6   Système linéaire et produits scalaires

Exemple d'un système linéaire exprimé en termes de produits scalaires (équation 11) :

| Système | En termes de produits scalaires |
|---|---|
| $\begin{aligned} 3x_1 - 4x_2 + x_3 &= 1 \\ 2x_1 - 7x_2 - 4x_3 &= 5 \\ x_1 + 5x_2 - 8x_3 &= 0 \end{aligned}$ | $\begin{bmatrix} (3, -4, 1) \cdot (x_1, x_2, x_3) \\ (2, -7, -4) \cdot (x_1, x_2, x_3) \\ (1, 5, -8) \cdot (x_1, x_2, x_3) \end{bmatrix} = \begin{bmatrix} 1 \\ 5 \\ 0 \end{bmatrix}$ ◆ |

---

## SÉRIE D'EXERCICES 4.1

1. Soit $\mathbf{u} = (-3, 2, 1, 0)$, $\mathbf{v} = (4, 7, -3, 2)$ et $\mathbf{w} = (5, -2, 8, 1)$. Trouvez

   (a)  $\mathbf{v} - \mathbf{w}$       (b)  $2\mathbf{u} + 7\mathbf{v}$      (c)  $-\mathbf{u} + (\mathbf{v} - 4\mathbf{w})$

   (d)  $6(\mathbf{u} - 3\mathbf{v})$       (e)  $-\mathbf{v} - \mathbf{w}$      (f)  $(6\mathbf{v} - \mathbf{w}) - (4\mathbf{u} + \mathbf{v})$

2. Considérant les vecteurs $\mathbf{u}$, $\mathbf{v}$ et $\mathbf{w}$ donnés à l'exercice 1, trouvez le vecteur $\mathbf{x}$ qui vérifie $5\mathbf{x} - 2\mathbf{v} = 2(\mathbf{w} - 5\mathbf{x})$.

3. Soit $\mathbf{u}_1 = (-1, 3, 2, 0)$, $\mathbf{u}_2 = (2, 0, 4, -1)$, $\mathbf{u}_3 = (7, 1, 1, 4)$ et $\mathbf{u}_4 = (6, 3, 1, 2)$. Trouvez les scalaires $c_1, c_2, c_3$ et $c_4$ tels que $c_1\mathbf{u}_1 + c_2\mathbf{u}_2 + c_3\mathbf{u}_3 + c_4\mathbf{u}_4 = (0, 5, 6, -3)$.

4. Montrez qu'il n'existe pas de scalaires $c_1, c_2$ et $c_3$ tels que

   $$c_1(1, 0, 1, 0) + c_2(1, 0, -2, 1) + c_3(2, 0, 1, 2) = (1, -2, 2, 3)$$

5. Calculez la norme euclidienne de chacun des vecteurs ci-dessous :

   (a)  $(-2, 5)$      (b)  $(1, 2, -2)$      (c)  $(3, 4, 0, -12)$      (d)  $(-2, 1, 1, -3, 4)$

6. Considérant $\mathbf{u} = (4, 1, 2, 3)$, $\mathbf{v} = (0, 3, 8, -2)$ et $\mathbf{w} = (3, 1, 2, 2)$, évaluez les expressions suivantes :

   (a)   $\|\mathbf{u} + \mathbf{v}\|$         (b)   $\|\mathbf{u}\| + \|\mathbf{v}\|$     (c)   $\|-2\mathbf{u}\| + 2\|\mathbf{u}\|$

   (d)   $\|3\mathbf{u} - 5\mathbf{v} + \mathbf{w}\|$     (e)   $\dfrac{1}{\|\mathbf{w}\|}\mathbf{w}$     (f)   $\left\|\dfrac{1}{\|\mathbf{w}\|}\mathbf{w}\right\|$

7. Montrez que si $\mathbf{v}$ est un vecteur non nul de $R^n$, alors la norme euclidienne de $(1/\|\mathbf{v}\|)\mathbf{v}$ est égale à l'un.

8. Soit $\mathbf{v} = (-2, 3, 0, 6)$. Trouvez tous les scalaires $k$ qui vérifient $\|k\mathbf{v}\| = 5$.

9. Dans chaque cas, calculez le produit scalaire $\mathbf{u} \cdot \mathbf{v}$.

   (a)   $\mathbf{u} = (2, 5)$, $\mathbf{v} = (-4, 3)$

   (b)   $\mathbf{u} = (4, 8, 2)$, $\mathbf{v} = (0, 1, 3)$

   (c)   $\mathbf{u} = (3, 1, 4, -5)$, $\mathbf{v} = (2, 2, -4, -3)$

   (d)   $\mathbf{u} = (-1, 1, 0, 4, -3)$, $\mathbf{v} = (-2, -2, 0, 2, -1)$

10. (a)   Trouvez deux vecteurs de $R^2$ de norme 1 dont le produit scalaire avec $(3, -1)$ vaut zéro.

   (b)   Montrez qu'il existe une infinité de vecteurs de $R^3$ dont la norme est 1 et dont le produit scalaire avec $(1, -3, 5)$ vaut zéro.

11. Dans chaque cas, trouvez la distance euclidienne qui sépare $\mathbf{u}$ et $\mathbf{v}$.

   (a)   $\mathbf{u} = (1, -2)$, $\mathbf{v} = (2, 1)$

   (b)   $\mathbf{u} = (2, -2, 2)$, $\mathbf{v} = (0, 4, -2)$

   (c)   $\mathbf{u} = (0, -2, -1, 1)$, $\mathbf{v} = (-3, 2, 4, 4)$

   (d)   $\mathbf{u} = (3, -3, -2, 0, -3)$, $\mathbf{v} = (-4, 1, -1, 5, 0)$

12. Montrez que $\mathbf{u} = (2, 0, -3, 1)$, $\mathbf{v} = (4, 0, 3, 5)$, $\mathbf{w} = (1, 6, 2, -1)$, $k = 5$ et $l = -3$ vérifient les propriétés $(b)$, $(e)$, $(f)$ et $(g)$ du théorème 4.1.1.

13. Montrez que les valeurs de $\mathbf{u}$, $\mathbf{v}$, $\mathbf{w}$, $k$ et $l$ données à l'exercice 12 vérifient les propriétés $(b)$ et $(c)$ du théorème 4.1.2.

14. Dans chaque cas, déterminez si les vecteurs donnés sont orthogonaux.

   (a)   $\mathbf{u} = (-1, 3, 2)$, $\mathbf{v} = (4, 2, -1)$     (b)   $\mathbf{u} = (-2, -2, -2)$, $\mathbf{v} = (1, 1, 1)$

   (c)   $\mathbf{u} = (u_1, u_2, u_3)$, $\mathbf{v} = (0, 0, 0)$     (d)   $\mathbf{u} = (-4, 6, -10, 1)$, $\mathbf{v} = (2, 1, -2, 9)$

   (e)   $\mathbf{u} = (0, 3, -2, 1)$, $\mathbf{v} = (5, 2, -1, 0)$     (f)   $\mathbf{u} = (a, b)$, $\mathbf{v} = (-b, a)$

15. Pour quelles valeurs de $k$ les vecteurs $\mathbf{u}$ et $\mathbf{v}$ sont-ils orthogonaux?

   (a)   $\mathbf{u} = (2, 1, 3)$, $\mathbf{v} = (1, 7, k)$     (b)   $\mathbf{u} = (k, k, 1)$, $\mathbf{v} = (k, 5, 6)$

16. Trouvez deux vecteurs de norme 1 qui sont orthogonaux aux vecteurs $\mathbf{u} = (2, 1, -4, 0)$, $\mathbf{v} = (-1, -1, 2, 2)$ et $\mathbf{w} = (3, 2, 5, 4)$.

17. Dans chaque cas, vérifiez l'inégalité de Cauchy-Schwarz.

   (a)   $\mathbf{u} = (3, 2)$, $\mathbf{v} = (4, -1)$     (b)   $\mathbf{u} = (-3, 1, 0)$, $\mathbf{v} = (2, -1, 3)$

   (c)   $\mathbf{u} = (-4, 2, 1)$, $\mathbf{v} = (8, -4, -2)$     (d)   $\mathbf{u} = (0, -2, 2, 1)$, $\mathbf{v} = (-1, -1, 1, 1)$

18. Dans chaque cas, vérifiez les égalités (8) et (9).

   (a)   $A = \begin{bmatrix} 2 & -1 \\ 3 & 4 \end{bmatrix}$,   $\mathbf{u} = \begin{bmatrix} 3 \\ 1 \end{bmatrix}$,   $\mathbf{v} = \begin{bmatrix} -2 \\ 6 \end{bmatrix}$

   (b)   $A = \begin{bmatrix} -1 & 2 & 4 \\ 3 & 1 & 0 \\ 5 & -2 & 3 \end{bmatrix}$,   $\mathbf{u} = \begin{bmatrix} -1 \\ 2 \\ 5 \end{bmatrix}$,   $\mathbf{v} = \begin{bmatrix} 0 \\ 2 \\ -4 \end{bmatrix}$

**19.** Résolvez le système linéaire suivant en déterminant les valeurs de $x_1$, $x_2$ et $x_3$ :

$$(1, -1, 4) \cdot (x_1, x_2, x_3) = 10$$
$$(3, 2, 0) \cdot (x_1, x_2, x_3) = 1$$
$$(4, -5, -1) \cdot (x_1, x_2, x_3) = 7$$

**20.** Déterminez $\mathbf{u} \cdot \mathbf{v}$ sachant que $\|\mathbf{u} + \mathbf{v}\| = 1$ et $\|\mathbf{u} - \mathbf{v}\| = 5$.

**21.** En vous appuyant sur le théorème 4.1.6, montrez que $\mathbf{u}$ et $\mathbf{v}$ sont des vecteurs orthogonaux de $R^n$ si $\|\mathbf{u} + \mathbf{v}\| = \|\mathbf{u} - \mathbf{v}\|$. Donnez une interprétation géométrique de ce resultat dans $R^2$.

**22.** Les expressions des composantes vectorielles présentées au théorème 3.3.3 valent également pour $R^n$. Considérant $\mathbf{a} = (-1, 1, 2, 3)$ et $\mathbf{u} = (2, 1, 4, -1)$, trouvez la composante de $\mathbf{u}$ parallèle à $\mathbf{a}$ et la composante de $\mathbf{u}$ orthogonale à $\mathbf{a}$.

**23.** Déterminez si les deux droites ci-dessous se rencontrent dans $R^4$.

$\mathbf{r} = (3, 2, 3, -1) + t(4, 6, 4, -2)$     et     $\mathbf{r} = (0, 3, 5, 4) + s(1, -3, -4, -2)$

**24.** Démontrez le resultat suivant, généralisation du théorème 4.1.7. Si les vecteurs $\mathbf{v}_1, \mathbf{v}_2, \ldots, \mathbf{v}_n$ de $R^n$ sont orthogonaux deux à deux, alors

$$\|\mathbf{v}_1 + \mathbf{v}_2 + \cdots + \mathbf{v}_r\|^2 = \|\mathbf{v}_1\|^2 + \|\mathbf{v}_2\|^2 + \cdots + \|\mathbf{v}_r\|^2$$

**25.** Montrez que si $\mathbf{u}$ et $\mathbf{v}$ sont des matrices $n \times 1$ et $A$, une matrice $n \times n$, alors

$$(\mathbf{v}^T A^T A \mathbf{u})^2 \le (\mathbf{u}^T A^T A \mathbf{u})(\mathbf{v}^T A^T A \mathbf{v})$$

**26.** Montrez, par l'inégalité de Cauchy-Schwarz, que pour toutes valeurs réelles de $a$, $b$ et $\theta$,

$$(a \cos \theta + b \sin \theta)^2 \le a^2 + b^2$$

**27.** Montrez que si $\mathbf{u}$, $\mathbf{v}$ et $\mathbf{w}$ sont des vecteurs de $R^n$ et si $k$ est un scalaire quelconque, alors

(a) $\mathbf{u} \cdot (k\mathbf{v}) = k(\mathbf{u} \cdot \mathbf{v})$     (b) $\mathbf{u} \cdot (\mathbf{v} + \mathbf{w}) = \mathbf{u} \cdot \mathbf{v} + \mathbf{u} \cdot \mathbf{w}$

**28.** Démontrez les propriétés (a), (b), (c) et (d) du théorème 4.1.1.

**29.** Démontrez les propriété (e), (f), (g) et (h) du théorème 4.1.1.

**30.** Démontrez les propriétés (a) et (c) du théorème 4.1.2.

**31.** Démontrez les propriétés (a) et (b) du théorème 4.1.4.

**32.** Démontrez les propriétés (a) (b) et (c) du théorème 4.1.5.

**33.** Soit les nombres réels positifs $a_1, a_2, \ldots, a_n$. Dans $R^2$, les vecteurs $\mathbf{v}_1 = (a_1, 0)$ et $\mathbf{v}_2 = (0, a_2)$ déterminent un rectangle d'aire $A = a_1 a_2$ (voir figure) et dans $R^3$, les vecteurs $\mathbf{v}_1 = (a_1, 0, 0)$, $\mathbf{v}_2 = (0, a_2, 0)$ et $\mathbf{v}_3 = (0, 0, a_3)$ déterminent une boîte de volume $V = a_1 a_2 a_3$ (voir figure). L'aire A est parfois appelée ***mesure euclidienne*** du rectangle et de même le volume V est appelé ***mesure euclidienne*** de la boîte.

(a) Comment définiriez-vous la mesure euclidienne de la « boîte » déterminée par les vecteurs suivants dans $R^n$ :

$\mathbf{v}_1 = (a_1, 0, 0, \ldots, 0)$,     $\mathbf{v}_2 = (0, a_2, 0, \ldots, 0)$, ...,     $\mathbf{v}_n = (0, 0, 0, \ldots, a_n)$

(b) Comment définiriez-vous la longueur euclidienne de la « diagonale » de la boîte décrite en (a)?

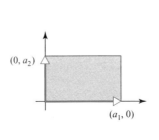
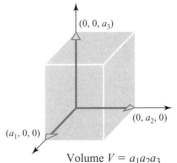

**Figure Ex-33**     Aire $A = a_1 a_2$     Volume $V = a_1 a_2 a_3$

*Exploration
&discussion*

**34.** (a) Soit les vecteurs **u** et **v** de $R^n$. Montrez que
$$\|\mathbf{u} + \mathbf{v}\|^2 + \|\mathbf{u} - \mathbf{v}\|^2 = 2(\|\mathbf{u}\|^2 + \|\mathbf{v}\|^2)$$

(b) L'égalité donnée en (a) correspond à un théorème applicable aux parallélogrammes dans $R^2$. Énoncez ce théorème.

**35.** (a) Si **u** et **v** sont des vecteurs orthogonaux de $R^n$ tels que $\|\mathbf{u}\| = 1$ et $\|\mathbf{v}\| = 1$, alors $d(\mathbf{u}, \mathbf{v}) = $ _____.

(b) Dessinez un schéma pour illustrer cet énoncé.

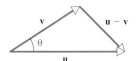

**Figure Ex-36**

**36.** Les vecteurs **u**, **v** et $(\mathbf{u} - \mathbf{v})$ de la figure ci-contre forment un triangle dans $R^2$ et $\theta$ représente l'angle entre **u** et **v**. La loi des cosinus permet d'écrire
$$\|\mathbf{u} - \mathbf{v}\|^2 = \|\mathbf{u}\|^2 + \|\mathbf{v}\|^2 - 2\|\mathbf{u}\|\,\|\mathbf{v}\|\cos\theta$$

D'après vous, cette loi est-elle encore valable pour des vecteurs **u** et **v** de $R^n$? Justifiez votre réponse.

**37.** Dans chaque cas, indiquez si l'énoncé est toujours vrai ou s'il peut être faux dans certains cas. Justifiez votre réponse par une explication logique ou en donnant un contre-exemple.

(a) Si $\|\mathbf{u} + \mathbf{v}\|^2 = \|\mathbf{u}\|^2 + \|\mathbf{v}\|^2$, alors **u** et **v** sont orthogonaux.

(b) Si **u** est orthogonal à **v** et à **w**, alors **u** est orthogonal à $\mathbf{v} + \mathbf{w}$.

(c) Si **u** est orthogonal à $\mathbf{v} + \mathbf{w}$, alors **u** est orthogonal à **v** et à **w**.

(d) Si $\|\mathbf{u} - \mathbf{v}\| = 0$, alors $\mathbf{u} = \mathbf{v}$.

(e) Si $\|k\mathbf{u}\| = k\|\mathbf{u}\|$, alors $k \geq 0$.

# 4.2
## TRANS-FORMATIONS LINÉAIRES DE $R^n$ DANS $R^m$

*Dans cette section, nous amorçons l'étude des fonctions de la forme $\mathbf{w} = F(\mathbf{x})$, où la variable indépendante $\mathbf{x}$ est un vecteur de $R^n$ et la variable dépendante $\mathbf{w}$ est un vecteur de $R^m$. Nous allons concentrer nos efforts sur une classe particulière de ces fonctions appelées « transformations linéaires ». Les transformations linéaires, fondamentales en algèbre linéaire, trouvent des applications importantes en physique, en génie, dans les sciences sociales et dans diverses branches des mathématiques.*

### Fonctions de $R^n$ dans $R$

Rappelons qu'une ***fonction*** $f$ est une règle qui associe à chaque élément d'un ensemble $A$ un et un seul élément d'un ensemble $B$. Si $f$ associe l'élément $b$ à l'élément $a$, alors on écrit $b = f(a)$ et l'on dit que $b$ est l'***image*** de $a$ par $f$ ou que $f(a)$ est la ***valeur*** de $f$ à $a$. L'ensemble $A$ est appelé ***domaine*** de $f$ et l'ensemble $B$ est ***l'ensemble d'arrivée*** de $f$. Le sous-ensemble de $B$ formé de toutes les valeurs possibles de $f$ lorsque $a$ varie sur tout l'ensemble $A$ est appelé l'***image*** ou le ***codomaine*** de $f$. Pour la plupart des fonctions couramment utilisées, $A$ et $B$ sont des ensembles de nombres réels et alors $f$ est dite ***fonction réelle d'une variable réelle***. Pour d'autres fonctions, $B$ est un ensemble de nombres réels et $A$, un ensemble de vecteurs de $R^2$, de $R^3$ ou, plus généralement, de $R^n$. Le tableau 1 donne quelques exemples de fonctions. Deux fonctions $f_1$ et $f_2$ sont considérées ***égales***, c'est-à-dire $f_1 = f_2$, si elles ont le même domaine et si $f_1(a) = f_2(a)$ pour toute valeur $a$ du domaine.

Tableau 1

| Expression | Exemple | Classification | Description |
|---|---|---|---|
| $f(x)$ | $f(x) = x^2$ | Fonction réelle d'une variable réelle | Fonction de $R$ dans $R$ |
| $f(x, y)$ | $f(x, y) = x^2 + y^2$ | Fonction réelle de deux variables réelles | Fonction de $R^2$ dans $R$ |
| $f(x, y, z)$ | $f(x, y, z) = x^2 + y^2 + z^2$ | Fonction réelle de trois variables réelles | Fonction de $R^3$ dans $R$ |
| $f(x_1, x_2, \ldots, x_n)$ | $f(x_1, x_2, \ldots, x_n) = x_1^2 + x_2^2 + \cdots + x_n^2$ | Fonction réelle de $n$ variables réelles | Fonction de $R^n$ dans $R$ |

## Fonctions de $R^n$ dans $R^m$

Si $R^n$ est le domaine d'une fonction et $R^m$, l'ensemble d'arrivée ($m$ et $n$ peuvent être identiques), alors $f$ est appelée ***transformation*** de $R^n$ dans $R^m$; on dit alors que la fonction ***transforme*** $R^n$ dans $R^m$, et l'on note $f : R^n \to R^m$. Les fonctions du tableau 1 sont des transformations pour lesquelles $m = 1$. Lorsque $m = n$, la transformation $f : R^n \to R^n$ est appelée ***opérateur*** de $R^n$. La première fonction du tableau 1 est un opérateur de $R$. Voyons un contexte important dans lequel les transformations apparaissent naturellement. Supposons que $f_1, f_2, \ldots, f_n$ sont des fonctions réelles de $n$ variables réelles; par exemple,

$$
\begin{aligned}
w_1 &= f_1(x_1, x_2, \ldots, x_n) \\
w_2 &= f_2(x_1, x_2, \ldots, x_n) \\
&\vdots \qquad\qquad \vdots \\
w_m &= f_m(x_1, x_2, \ldots, x_n)
\end{aligned}
\tag{1}
$$

Ces $m$ équations associent un seul point $(w_1, w_2, \ldots, w_m)$ de $R^m$ à chaque point $(x_1, x_2, \ldots, x_n)$, et définissent ainsi une transformation de $R^n$ dans $R^m$. Si cette transformation est notée $T$, alors $T : R^n \to R^m$ et

$$
T(x_1, x_2, \ldots, x_n) = (w_1, w_2, \ldots, w_m)
$$

---

### EXEMPLE 1   Une transformation de $R^2$ dans $R^3$

Les équations ci-dessous définissent une transformation $T : R^2 \to R^3$.

$$
\begin{aligned}
w_1 &= x_1 + x_2 \\
w_2 &= 3x_1 x_2 \\
w_3 &= x_1^2 - x_2^2
\end{aligned}
$$

Par cette transformation, le point $(x_1, x_2)$ a pour image

$$
T(x_1, x_2) = (x_1 + x_2, 3x_1 x_2, x_1^2 - x_2^2)
$$

Ainsi, par exemple, $T(1, 2) = (-1, -6, -3)$. ◆

## Transformations linéaires de $R^n$ dans $R^m$

Dans le cas particulier où les équations (1) sont linéaires, la transformation $T : R^n \to R^m$ définie par ces équations est appelée ***transformation linéaire*** (ou ***opérateur linéaire*** si $m = n$). Ainsi, une transformation linéaire $T : R^n \to R^m$ est définie par des équations de la forme suivante :

$$w_1 = a_{11}x_1 + a_{12}x_2 + \cdots + a_{1n}x_n$$
$$w_2 = a_{21}x_1 + a_{22}x_2 + \cdots + a_{2n}x_n$$
$$\vdots \qquad \vdots \qquad \vdots \qquad \qquad \vdots$$
$$w_m = a_{m1}x_1 + a_{m2}x_2 + \cdots + a_{mn}x_n$$

(2)

ou plus simplement

$$\begin{bmatrix} w_1 \\ w_2 \\ \vdots \\ w_m \end{bmatrix} = \begin{bmatrix} a_{11} & a_{12} & \cdots & a_{1n} \\ a_{21} & a_{22} & \cdots & a_{2n} \\ \vdots & \vdots & & \vdots \\ a_{m1} & a_{m2} & \cdots & a_{mn} \end{bmatrix} \begin{bmatrix} x_1 \\ x_2 \\ \vdots \\ x_n \end{bmatrix}$$

(3)

Et sous une forme condensée,

$$\mathbf{w} = A\mathbf{x}$$

(4)

La matrice $A = [a_{ij}]$ est la ***matrice standard*** de la transformation linéaire $T$ et $T$ est appelée ***multiplication par $A$***.

---

### EXEMPLE 2   Une transformation linéaire de $R^4$ dans $R^3$

---

Soit une transformation linéaire $T : R^4 \to R^3$ définie par les équations

$$w_1 = 2x_1 - 3x_2 + x_3 - 5x_4$$
$$w_2 = 4x_1 + x_2 - 2x_3 + x_4$$
$$w_3 = 5x_1 - x_2 + 4x_3$$

(5)

Sous forme matricielle, ces équations s'écrivent

$$\begin{bmatrix} w_1 \\ w_2 \\ w_3 \end{bmatrix} = \begin{bmatrix} 2 & -3 & 1 & -5 \\ 4 & 1 & -2 & 1 \\ 5 & -1 & 4 & 0 \end{bmatrix} \begin{bmatrix} x_1 \\ x_2 \\ x_3 \\ x_4 \end{bmatrix}$$

(6)

La matrice standard de $T$ est donc

$$A = \begin{bmatrix} 2 & -3 & 1 & -5 \\ 4 & 1 & -2 & 1 \\ 5 & -1 & 4 & 0 \end{bmatrix}$$

On peut déterminer l'image d'un point $(x_1, x_2, x_3, x_4)$ en passant directement par les équations définissant $T$ (5) ou en utilisant la multiplication matricielle (6). Par exemple, si $(x_1, x_2, x_3, x_4) = (1, -3, 0, 2)$, on trouve par substitution dans (5)

$$w_1 = 1, \qquad w_2 = 3, \qquad w_3 = 8$$

(Vérifiez-le.) Ou encore, en utilisant (6),

$$\begin{bmatrix} w_1 \\ w_2 \\ w_3 \end{bmatrix} = \begin{bmatrix} 2 & -3 & 1 & -5 \\ 4 & 1 & -2 & 1 \\ 5 & -1 & 4 & 0 \end{bmatrix} \begin{bmatrix} 1 \\ -3 \\ 0 \\ 2 \end{bmatrix} = \begin{bmatrix} 1 \\ 3 \\ 8 \end{bmatrix} \quad \blacklozenge$$

Questions de notation

Si $T : R^n \to R^m$ est la multiplication par $A$ et s'il est important de faire ressortir que $A$ est la matrice standard de $T$, la transformation linéaire $T : R^n \to R^m$ sera notée $T_A : R^n \to R^m$. Ainsi

$$T_A(\mathbf{x}) = A\mathbf{x} \tag{7}$$

Il est entendu que dans cette expression, le vecteur $\mathbf{x}$ de $R^n$ est présenté sous forme de matrice colonne.

Il est parfois embêtant d'introduire une autre lettre pour symboliser la matrice standard d'une transformation linéaire $T : R^n \to R^m$; dans ce cas, on représente par $[T]$ la matrice standard de $T$. Avec cette notation, l'expression (7) prend la forme

$$T_A(\mathbf{x}) = [T_A]\mathbf{x} \tag{8}$$

À l'occasion, on utilise les deux notations auquel cas on a

$$[T_A] = A \tag{9}$$

REMARQUE  Dans les dédales de la notation, ne perdons pas de vue que nous avons établi une correspondance entre les matrices $m \times n$ et les transformations linéaires de $R^n$ dans $R^m$. En effet, à chaque matrice $A$ correspond une transformation linéaire $T_A$ (la multiplication par $A$), et à chaque transformation linéaire $T : R^n \to R^m$ correspond une matrice $[T]$ de dimension $m \times n$ (la matrice standard de $T$).

Géométrie des transformations linéaires

D'un point de vue géométrique, selon que l'on associe les $n$-tuplets à des points ou à des vecteurs, un opérateur $T : R^n \to R^n$ transformera chaque point (vecteur) de $R^n$ en un nouveau point (vecteur) (figure 4.2.1).

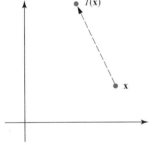

*(a)* $T$ transforme des points en d'autres points.

## EXEMPLE 3  Transformation nulle de $R^n$ dans $R^m$

Si $0$ est la matrice nulle $m \times n$ et $\mathbf{0}$ est le vecteur nul de $R^n$, alors pour tout vecteur $\mathbf{x}$ de $R^n$

$$T_0(\mathbf{x}) = 0\mathbf{x} = \mathbf{0}$$

La multiplication par zéro transforme ainsi tous les vecteurs de $R^n$ en vecteur nul dans $R^m$. On note $T_0$ la **transformation nulle** de $R^n$ dans $R^m$. Elle est aussi parfois notée $0$; le symbole est déjà utilisé pour la matrice nulle, mais le contexte ne laisse habituellement aucun doute quant à l'interprétation. ◆

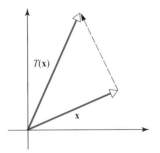

*(b)* $T$ transforme des vecteurs en d'autres vecteurs.

**Figure 4.2.1**

## EXEMPLE 4  Opérateur identité de $R^n$

Si $I$ représente la matrice identité $n \times n$, alors pour tout vecteur $\mathbf{x}$ de $R^n$,

$$T_I(\mathbf{x}) = I\mathbf{x} = \mathbf{x}$$

On voit que la multiplication par $I$ transforme tout vecteur de $R^n$ en lui-même. $T_I$ est l'**opérateur identité** dans $R^n$. L'opérateur identité est parfois noté $I$; le symbole est déjà utilisé pour la matrice identité, mais le contexte ne laisse généralement aucun doute quant à l'interprétation. ◆

Parmi les principaux opérateurs linéaires de $R^2$ et $R^3$ se trouvent les opérateurs de réflexion, de projection et de rotation. Voyons ce qu'il en est.

## Opérateurs de réflexion

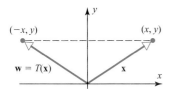

**Figure 4.2.2**

Considérons l'opérateur $T : R^2 \to R^3$ qui associe à un vecteur son symétrique par rapport à l'axe des $y$ (figure 4.2.2, page suivante).

Posons $\mathbf{w} = T(\mathbf{x})$; les relations entre les composantes de $\mathbf{x}$ et $\mathbf{w}$ s'écrivent

$$\begin{aligned} w_1 &= -x = -x + 0y \\ w_2 &= \phantom{-}y = 0x + \phantom{-}y \end{aligned} \tag{10}$$

Sous forme matricielle, on a

$$\begin{bmatrix} w_1 \\ w_2 \end{bmatrix} = \begin{bmatrix} -1 & 0 \\ 0 & 1 \end{bmatrix} \begin{bmatrix} x \\ y \end{bmatrix} \tag{11}$$

Puisque les équations données en (10) sont linéaires, $T$ est un opérateur linéaire et l'équation (11) donne la matrice standard de $T$, soit

$$[T] = \begin{bmatrix} -1 & 0 \\ 0 & 1 \end{bmatrix}$$

Les opérateurs de $R^2$ ou $R^3$ qui transforment un vecteur en son symétrique par rapport à un droite ou à un plan sont généralement appelés ***opérateurs de réflexion***. De tels opérateurs sont linéaires. Les tableaux 2 et 3 regroupent les principaux opérateurs de réflexion.

## Opérateurs de projection

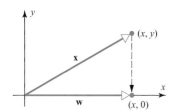

**Figure 4.2.3**

Considérons l'opérateur $T : R^2 \to R^2$ qui transforme un vecteur en sa projection orthogonale sur l'axe des $x$ (figure 4.2.3). Les relations entre les composantes de $\mathbf{x}$ et $\mathbf{w} = T(\mathbf{x})$ s'écrivent

$$\begin{aligned} w_1 &= x = \phantom{0}x + 0y \\ w_2 &= 0 = 0x + 0y \end{aligned} \tag{12}$$

sous forme matricielle, on obtient

$$\begin{bmatrix} w_1 \\ w_2 \end{bmatrix} = \begin{bmatrix} 1 & 0 \\ 0 & 0 \end{bmatrix} \begin{bmatrix} x \\ y \end{bmatrix} \tag{13}$$

**Tableau 2**

| Opérateur | Illustration | Équations | Matrice standard |
|---|---|---|---|
| Réflexion par rapport à l'axe des $y$ | | $w_1 = -x$ <br> $w_2 = y$ | $\begin{bmatrix} -1 & 0 \\ 0 & 1 \end{bmatrix}$ |
| Réflexion par rapport à l'axe des $x$ | | $w_1 = x$ <br> $w_2 = -y$ | $\begin{bmatrix} 1 & 0 \\ 0 & -1 \end{bmatrix}$ |
| Réflexion par rapport à la droite $y = x$ | | $w_1 = y$ <br> $w_2 = x$ | $\begin{bmatrix} 0 & 1 \\ 1 & 0 \end{bmatrix}$ |

**Tableau 3**

| Opérateur | Illustration | Équations | Matrice standard |
|---|---|---|---|
| Réflexion par rapport au plan $xy$ | 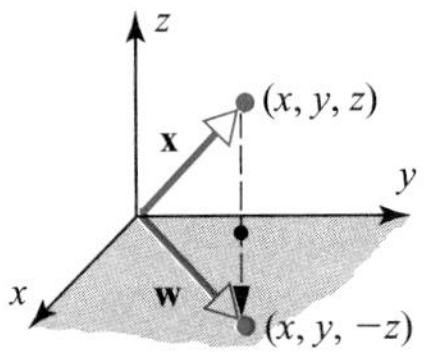 | $w_1 = x$<br>$w_2 = y$<br>$w_3 = -z$ | $\begin{bmatrix} 1 & 0 & 0 \\ 0 & 1 & 0 \\ 0 & 0 & -1 \end{bmatrix}$ |
| Réflexion par rapport au plan $xz$ | 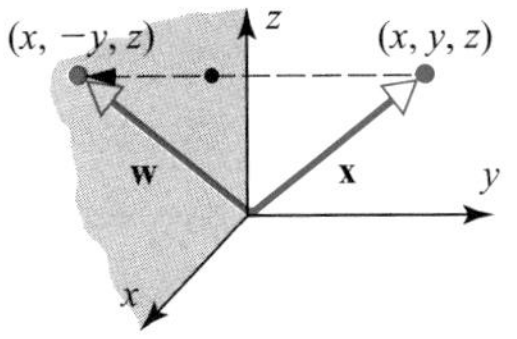 | $w_1 = x$<br>$w_2 = -y$<br>$w_3 = z$ | $\begin{bmatrix} 1 & 0 & 0 \\ 0 & -1 & 0 \\ 0 & 0 & 1 \end{bmatrix}$ |
| Réflexion par rapport au plan $yz$ | 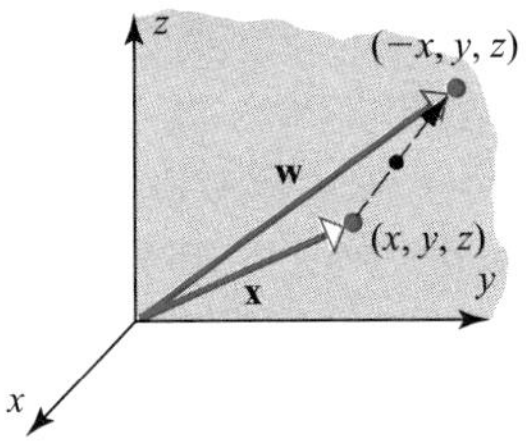 | $w_1 = -x$<br>$w_2 = y$<br>$w_3 = z$ | $\begin{bmatrix} -1 & 0 & 0 \\ 0 & 1 & 0 \\ 0 & 0 & 1 \end{bmatrix}$ |

Les équations en (12) étant linéaires, $T$ est un opérateur linéaire et, par l'équation (13), la matrice standard de $T$ s'écrit

$$[T] = \begin{bmatrix} 1 & 0 \\ 0 & 0 \end{bmatrix}$$

En général, un **_opérateur de projection_** (plus exactement un **_opérateur de projection orthogonale_**) de $R^2$ ou $R^3$ est un opérateur qui transforme un vecteur en sa projection orthogonale sur une droite ou sur un plan passant par l'origine. Les tableaux 4 et 5 regroupent les principaux opérateurs de projection de $R^2$ et $R^3$.

**Tableau 4**

| Opérateur | Illustration | Équations | Matrice standard |
|---|---|---|---|
| Projection orthogonale sur l'axe des $x$ | 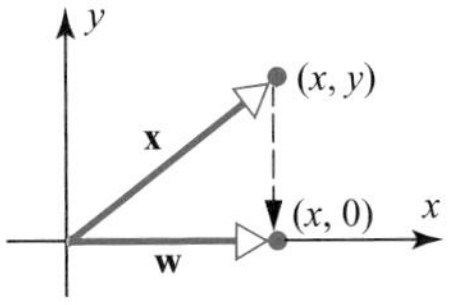 | $w_1 = x$<br>$w_2 = 0$ | $\begin{bmatrix} 1 & 0 \\ 0 & 0 \end{bmatrix}$ |
| Projection orthogonale sur l'axe des $y$ | 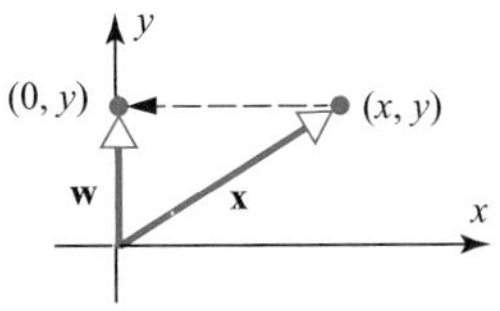 | $w_1 = 0$<br>$w_2 = y$ | $\begin{bmatrix} 0 & 0 \\ 0 & 1 \end{bmatrix}$ |

**Tableau 5**

| Opérateur | Illustration | Équations | Matrice standard |
|---|---|---|---|
| Projection orthogonale sur le plan $xy$ | | $w_1 = x$ <br> $w_2 = y$ <br> $w_3 = 0$ | $\begin{bmatrix} 1 & 0 & 0 \\ 0 & 1 & 0 \\ 0 & 0 & 0 \end{bmatrix}$ |
| Projection orthogonale sur le plan $xz$ | | $w_1 = x$ <br> $w_2 = 0$ <br> $w_3 = z$ | $\begin{bmatrix} 1 & 0 & 0 \\ 0 & 0 & 0 \\ 0 & 0 & 1 \end{bmatrix}$ |
| Projection orthogonale sur le plan $yz$ | | $w_1 = 0$ <br> $w_2 = y$ <br> $w_3 = z$ | $\begin{bmatrix} 0 & 0 & 0 \\ 0 & 1 & 0 \\ 0 & 0 & 1 \end{bmatrix}$ |

## Opérateurs de rotation

Un opérateur qui fait tourner tous les vecteurs de $R^2$ d'un angle $\theta$ est un ***opérateur de rotation***. Le tableau 6 présente les équations des opérateurs de rotation de $R^2$. Pour comprendre d'où celles-ci proviennent, considérons l'opérateur de rotation qui engendre une rotation antihoraire d'un angle positif fixe $\theta$. Pour trouver les équations reliant $\mathbf{x}$ et $\mathbf{w} = T(\mathbf{x})$, posons $\phi$, l'angle entre l'axe des $x$ positif et $\mathbf{x}$, et $r$, la longueur commune à $\mathbf{x}$ et à $\mathbf{w}$ (figure 4.2.4).

**Tableau 6**

| Opérateur | Illustration | Équations | Matrice standard |
|---|---|---|---|
| Rotation d'un angle $\theta$ | | $w_1 = x \cos \theta - y \sin \theta$ <br> $w_2 = x \sin \theta + y \cos \theta$ | $\begin{bmatrix} \cos \theta & -\sin \theta \\ \sin \theta & \cos \theta \end{bmatrix}$ |

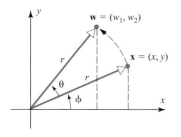

**Figure 4.2.4**

À l'aide de la trigonométrie, on a

$$x = r \cos \phi, \quad y = r \sin \phi \tag{14}$$

et

$$w_1 = r \cos (\theta + \phi), \quad w_2 = r \sin(\theta + \phi) \tag{15}$$

En utilisant les identités trigonométriques adéquates, (15) devient

$$w_1 = r \cos \theta \cos \phi - r \sin \theta \sin \phi$$
$$w_2 = r \sin \theta \cos \phi + r \cos \theta \sin \phi$$

Finalement, en substituant les équations (14), on trouve

$$w_1 = x \cos \theta - y \sin \theta$$
$$w_2 = x \sin \theta + y \cos \theta \tag{16}$$

Les équations (16) étant linéaires, $T$ est un opérateur linéaire; de plus, on peut déduire de ces équations la matrice standard de $T$, soit

$$[T] = \begin{bmatrix} \cos \theta & -\sin \theta \\ \sin \theta & \cos \theta \end{bmatrix}$$

---

## EXEMPLE 5  Rotation

Si un opérateur fait tourner tous les vecteurs de $R^2$ d'un angle $\pi/6$ ($=30°$), alors l'image $\mathbf{w}$ d'un vecteur

$$\mathbf{x} = \begin{bmatrix} x \\ y \end{bmatrix}$$

est donnée par

$$\mathbf{w} = \begin{bmatrix} \cos \pi/6 & -\sin \pi/6 \\ \sin \pi/6 & \cos \pi/6 \end{bmatrix} \begin{bmatrix} x \\ y \end{bmatrix} = \begin{bmatrix} \sqrt{3}/2 & -1/2 \\ 1/2 & \sqrt{3}/2 \end{bmatrix} \begin{bmatrix} x \\ y \end{bmatrix} = \begin{bmatrix} \dfrac{\sqrt{3}}{2}x - \dfrac{1}{2}y \\ \dfrac{1}{2}x + \dfrac{\sqrt{3}}{2}y \end{bmatrix}$$

Par exemple, l'image du vecteur

$$\mathbf{x} = \begin{bmatrix} 1 \\ 1 \end{bmatrix} \quad \text{est} \quad \mathbf{w} = \begin{bmatrix} \dfrac{\sqrt{3}-1}{2} \\ \dfrac{1+\sqrt{3}}{2} \end{bmatrix} \quad \blacklozenge$$

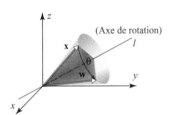

(a)  Angle de rotation

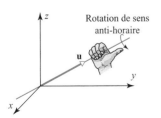

(b)  Règle de la main droite

Figure 4.2.5

On décrit généralement la rotation de vecteurs dans $R^3$ par rapport à un rayon issu de l'origine que l'on appelle ***axe de rotation***. Un vecteur qui tourne autour d'un axe de rotation balaie une certaine portion d'un cône (figure 4.2.5a). L'***angle de rotation***, mesuré sur la base du cône, est dans le « sens horaire » ou dans le « sens anti-horaire » tel que vu par un observateur placé sur l'axe de rotation et *regardant vers l'origine*. Par exemple, à la figure 4.2.5a, le vecteur $\mathbf{w}$ résulte de la rotation antihoraire du vecteur $\mathbf{x}$ d'un angle $\theta$ autour de l'axe $l$. Comme dans $R^2$, les angles prennent des valeurs *positives* pour les rotations antihoraires et des valeurs *négatives* pour les rotations dans le sens horaire.

Pour décrire un axe de rotation général, on utilise le plus souvent un vecteur non nul $\mathbf{u}$ situé sur l'axe de rotation et ayant pour origine l'origine du système. On détermine le sens de rotation antihoraire autour de l'axe en appliquant comme suit une « règle de la main droite » (figure 4.2.5b) : si le pouce de la main droite pointe dans le sens de $\mathbf{u}$, alors les autres doigts s'enroulent dans le sens antihoraire.

Un ***opérateur de rotation*** de $R^3$ est un opérateur linéaire qui engendre la rotation de tous les vecteurs de $R^3$ d'un angle fixe $\theta$ autour d'un axe de rotation donné. Dans le tableau 7, nous décrivons les opérateurs de rotation de $R^3$ en prenant pour axes de rotation les axes des coordonnées positives. Dans chacune de ces rotations, l'une des composantes reste inchangée et l'on peut obtenir les relations entre les autres composantes en procédant comme nous l'avons fait pour les équations (16). Par exemple, si l'on considère la rotation autour de l'axe des $z$, les composantes en $z$ de **x** et **w** $= T(\mathbf{x})$ sont identiques, alors que les composantes en $x$ et en $y$ sont reliées par des équations semblables aux équations (16). Ces équations figurent à la dernière ligne du tableau 7.

**Tableau 7**

| Opérateur | Illustration | Équations | Matrice standard |
|---|---|---|---|
| Rotation antihoraire d'un angle θ autour de l'axe des $x$ positif | | $w_1 = x$ <br> $w_2 = y \cos\theta - z \sin\theta$ <br> $w_3 = y \sin\theta + z \cos\theta$ | $\begin{bmatrix} 1 & 0 & 0 \\ 0 & \cos\theta & -\sin\theta \\ 0 & \sin\theta & \cos\theta \end{bmatrix}$ |
| Rotation antihoraire d'un angle θ autour de l'axe des $y$ positif | | $w_1 = x \cos\theta + z \sin\theta$ <br> $w_2 = y$ <br> $w_3 = -x \sin\theta + z \cos\theta$ | $\begin{bmatrix} \cos\theta & 0 & \sin\theta \\ 0 & 1 & 0 \\ -\sin\theta & 0 & \cos\theta \end{bmatrix}$ |
| Rotation antihoraire d'un angle θ autour de l'axe des $z$ positif | | $w_1 = x \cos\theta - y \sin\theta$ <br> $w_2 = x \sin\theta + y \cos\theta$ <br> $w_3 = z$ | $\begin{bmatrix} \cos\theta & -\sin\theta & 0 \\ \sin\theta & \cos\theta & 0 \\ 0 & 0 & 1 \end{bmatrix}$ |

## Lacet, tangage et tonneau

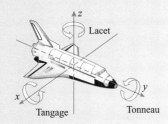

En aéronautique et en astronautique, l'orientation d'un appareil ou d'une navette relativement à un repère de coordonnées $xyz$ est souvent donnée en termes d'angles appelés **lacet**, **tangage** et **tonneau**. Si, par exemple, un avion vole suivant l'axe des $y$ et que le plan $xy$ définit l'horizontale, le **lacet** correspond à l'angle de rotation de l'appareil autour de l'axe des $z$, le **tangage** représente l'angle de rotation autour de l'axe des $x$ et le **tonneau**, la rotation autour de l'axe des $y$. Une simple rotation autour d'un axe passant par l'origine

peut donner lieu à une combinaison de lacet, tangage et tonneau. C'est de cette manière, en fait, que la navette spatiale corrige son attitude – l'appareil ne fait pas les rotations séparément; il détermine un axe de rotation et tourne autour de cet axe pour obtenir l'orientation désirée. De telles manœuvres permettent d'aligner une antenne, de pointer le nez de l'appareil en direction d'un objet céleste ou de positionner la soute en vue d'un amarrage.

Pour compléter, nous donnons ci-dessous la matrice standard d'une rotation anti-horaire d'un angle $\theta$ autour d'un axe dans $R^3$, axe déterminé par un *vecteur unitaire* arbitraire $\mathbf{u} = (a, b, c)$ dont l'origine coïncide avec celle du repère :

$$\begin{bmatrix} a^2(1 - \cos \theta) + \cos \theta & ab(1 - \cos \theta) - c \sin \theta & ac(1 - \cos \theta) + b \sin \theta \\ ab(1 - \cos \theta) + c \sin \theta & b^2(1 - \cos \theta) + \cos \theta & bc(1 - \cos \theta) - a \sin \theta \\ ac(1 - \cos \theta) - b \sin \theta & bc(1 - \cos \theta) + a \sin \theta & c^2(1 - \cos \theta) + \cos \theta \end{bmatrix} \quad (17)$$

Les détails de la construction de cette matrice sont présentés dans *Principles of Interactive Computer Graphics*, W. M. Newman et R. F. Sproull (New York, McGraw-Hill, 1979). Le lecteur trouvera sans doute utile de retrouver, à partir de cette matrice générale, les expressions des cas particuliers du tableau 7.

## Opérateurs d'étirement-compression

Si $k$ est un scalaire non négatif, alors l'opérateur $T(\mathbf{x}) = k\mathbf{x}$ de $R^2$ ou $R^3$ est une **compression de rapport $k$** si $0 \le k \le 1$ et un **étirement de rapport $k$** si $k \ge 1$. Géométriquement, une compression raccourcit les vecteurs par un facteur $k$ (figure 4.2.6*a*) et un étirement allonge les vecteurs par un facteur $k$ (figure 4.2.6*b*). Une compression écrase $R^2$ ou $R^3$ vers l'origine, agissant uniformément dans toutes directions, alors qu'un étirement dilate $R^2$ ou $R^3$ à partir de l'origine, uniformément dans toutes les directions[1].

La compression extrême correspond à $k = 0$ et dans ce cas, $T(\mathbf{x}) = k\mathbf{x}$ devient l'opérateur nul $T(\mathbf{x}) = \mathbf{0}$ qui comprime tous les vecteurs en un seul point (l'origine). Si $k = 1$, alors $T(\mathbf{x}) = k\mathbf{x}$ devient l'opérateur identité $T(\mathbf{x}) = \mathbf{x}$ et les vecteurs sont inchangés par la transformation; ce cas peut être vu comme une compression ou comme un étirement. Les tableaux 8 (ci-dessous) et 9 (page suivante) donnent la liste des opérateurs d'étirement-compression de $R^2$ et $R^3$.

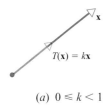

$T(\mathbf{x}) = k\mathbf{x}$

(*a*) $0 \le k < 1$

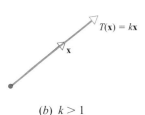

$T(\mathbf{x}) = k\mathbf{x}$

(*b*) $k > 1$

**Figure 4.2.6**

**Tableau 8**

| Opérateur | Illustration | Équations | Matrice standard |
|---|---|---|---|
| Compression de rapport $k$ de $R^2$ ($0 \le k \le 1$) | | $w_1 = kx$ <br> $w_2 = ky$ | $\begin{bmatrix} k & 0 \\ 0 & k \end{bmatrix}$ |
| Étirement de rapport $k$ de $R^2$ ($k \ge 1$) | | $w_1 = kx$ <br> $w_2 = ky$ | |

## Compositions de transformations linéaires

Soit les transformations linéaires définies par $T_A : R^n \to R^k$ et $T_B : R^k \to R^m$; pour tout $\mathbf{x}$ de $R^n$, on peut d'abord calculer $T_A(\mathbf{x})$, un vecteur de $R^k$ et déterminer ensuite $T_B[T_A(\mathbf{x})]$, un vecteur de $R^m$. Or, l'application de $T_A$ suivie de celle de $T_B$ engendre une transformation de $R^n$ dans $R^m$ appelée **composition de $T_B$ et $T_A$** et notée $T_B \circ T_A$ (lire « $T_B$ rond $T_A$ »). Ainsi,

$$(T_B \circ T_A)(\mathbf{x}) = T_B[T_A(\mathbf{x})] \quad (18)$$

---

1 Certains auteurs utilisent les expressions *compression homothétique* et *étirement homothétique* pour indiquer que l'opérateur agit uniformément dans toutes les directions. *Ndt*

## Rotations dans $R^3$

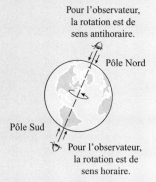

Pour l'observateur, la rotation est de sens antihoraire.

Pôle Nord

Pôle Sud

Pour l'observateur, la rotation est de sens horaire.

La rotation de la Terre autour de l'axe qui relie les pôles Nord et Sud illustre bien la rotation dans $R^3$. Pour simplifier, considérons la Terre comme une sphère parfaite. Puisque le Soleil se lève à l'est et se couche à l'ouest, on déduit que la Terre tourne de l'ouest vers l'est. Cependant, un observateur placé au-dessus du pôle Nord verra une rotation anti-horaire, alors qu'un observateur placé sous le pôle Sud verra une rotation de sens horaire. Ainsi, lorsqu'on indique le sens (horaire ou antihoraire) d'une rotation dans $R^3$, il est indispensable de préciser la position de l'observateur sur l'axe de rotation.

Certains détails à propos de la rotation terrestre peuvent aider à bien comprendre les rotations dans $R^3$. Par exemple, pendant que la Terre tourne autour de son axe, les pôles Nord et Sud demeurent fixes, de même que tous les autres points de l'axe de rotation. On peut donc considérer l'axe de rotation comme la droite des points fixes dans le mouvement de rotation de la Terre. Par ailleurs, tous les autres points de la Terre suivent des tra-jectoires circulaires centrées sur l'axe de rotation, dans des plans perpendiculaires à cet axe. Par exemple, les points du plan équatorial se déplacent dans ce plan selon des cercles centrés au centre de la Terre.

**Tableau 9**

| Opérateur | Illustration | Équations | Matrice standard |
|---|---|---|---|
| Compression de rapport $k$ de $R^3$ $(0 \leq k \leq 1)$ | $z$, $\mathbf{x}$ $(x, y, z)$, $\mathbf{w}$ $(kx, ky, kz)$, $y$, $x$ | $w_1 = kx$ $w_2 = ky$ $w_3 = kz$ | $\begin{bmatrix} k & 0 & 0 \\ 0 & k & 0 \\ 0 & 0 & k \end{bmatrix}$ |
| Étirement de rapport $k$ de $R^3$ $(k > 1)$ | $z$, $(kx, ky, kz)$, $\mathbf{w}$, $\mathbf{x}$ $(x, y, z)$, $y$, $x$ | $w_1 = kx$ $w_2 = ky$ $w_3 = kz$ | |

La composition $T_B \circ T_A$ est linéaire puisque

$$(T_B \circ T_A)(\mathbf{x}) = T_B(T_A(\mathbf{x})) = B(A\mathbf{x}) = (BA)\mathbf{x} \tag{19}$$

On voit que $T_B \circ T_A$ correspond à multiplier par $BA$ et, par le fait même, qu'il s'agit bel et bien d'une transformation linéaire. Les égalités (19) révèlent également que $BA$ est la matrice standard de $T_B \circ T_A$ et l'on peut écrire

$$T_B \circ T_A = T_{BA} \tag{20}$$

REMARQUE  La relation (20) révèle un fait intéressant : *Multiplier des matrices équivaut à composer les transformations linéaires correspondantes selon l'ordre des matrices de la droite vers la gauche.*

La relation (20) peut prendre une autre forme : si $T_1 : R^n \to R^k$ et $T_2 : R^k \to R^m$ sont des transformations linéaires, alors, parce que la matrice standard de la composition $T_2 \circ T_1$ est donnée par le produit des matrices standard de $T_2$ et $T_1$, on a

$$[T_2 \circ T_1] = [T_2][T_1] \tag{21}$$

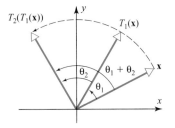

Figure 4.2.7

## EXEMPLE 6   Composition de deux rotations

Soit $T_1 : R^2 \to R^2$ et $T_2 : R^2 \to R^2$, les opérateurs linéaires de rotation d'un angle $\theta_1$ et d'un angle $\theta_2$ respectivement. La transformation ci-dessous applique d'abord à $\mathbf{x}$ une rotation d'un angle $\theta_1$ et entraîne ensuite la rotation de $T_1(\mathbf{x})$ d'un angle $\theta_2$.

$$(T_2 \circ T_1)(\mathbf{x}) = T_2[T_1(\mathbf{x})]$$

Ainsi, $T_2 \circ T_1$ entraîne la rotation des vecteurs de $R^2$ d'un angle $\theta_1 + \theta_2$ (figure 4.2.7). Les matrices standard de ces opérateurs linéaires sont

$$[T_1] = \begin{bmatrix} \cos\theta_1 & -\sin\theta_1 \\ \sin\theta_1 & \cos\theta_1 \end{bmatrix}, \qquad [T_2] = \begin{bmatrix} \cos\theta_2 & -\sin\theta_2 \\ \sin\theta_2 & \cos\theta_2 \end{bmatrix},$$

$$[T_2 \circ T_1] = \begin{bmatrix} \cos(\theta_1 + \theta_2) & -\sin(\theta_1 + \theta_2) \\ \sin(\theta_1 + \theta_2) & \cos(\theta_1 + \theta_2) \end{bmatrix}$$

Ces matrices devraient vérifier la relation (21). On peut démontrer que c'est en fait le cas en faisant appel à quelques identités trigonométriques; on a

$$
\begin{aligned}
[T_2][T_1] &= \begin{bmatrix} \cos\theta_2 & -\sin\theta_2 \\ \sin\theta_2 & \cos\theta_2 \end{bmatrix} \begin{bmatrix} \cos\theta_1 & -\sin\theta_1 \\ \sin\theta_1 & \cos\theta_1 \end{bmatrix} \\
&= \begin{bmatrix} \cos\theta_2\cos\theta_1 - \sin\theta_2\sin\theta_1 & -(\cos\theta_2\sin\theta_1 + \sin\theta_2\cos\theta_1) \\ \sin\theta_2\cos\theta_1 + \cos\theta_2\sin\theta_1 & -\sin\theta_2\sin\theta_1 + \cos\theta_2\cos\theta_1 \end{bmatrix} \\
&= \begin{bmatrix} \cos(\theta_1 + \theta_2) & -\sin(\theta_1 + \theta_2) \\ \sin(\theta_1 + \theta_2) & \cos(\theta_1 + \theta_2) \end{bmatrix} \\
&= [T_2 \circ T_1] \quad \blacklozenge
\end{aligned}
$$

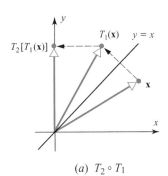

(a)  $T_2 \circ T_1$

*REMARQUE*   L'ordre d'application des transformations linéaires est généralement important. On devait s'y attendre, puisque la composition de deux transformations linéaires correspond à la multiplication de leurs matrices standard et que l'on doit tenir compte de l'ordre des matrices dans un produit matriciel.

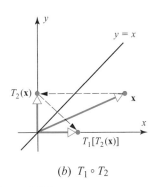

(b)  $T_1 \circ T_2$

Figure 4.2.8

## EXEMPLE 7   La composition n'est pas commutative

Soit $T_1 : R^2 \to R^2$, l'opérateur de réflexion par rapport à la droite $y = x$ et $T_2 : R^2 \to R^2$, la projection orthogonale sur l'axe des $y$. Le graphique de la figure 4.2.8 montre que les compositions $T_1 \circ T_2$ et $T_2 \circ T_1$ associent des images différentes au vecteur $\mathbf{x}$. On arrive à la même conclusion en montrant que les matrices standard $T_1$ et $T_2$ ne commutent pas :

$$[T_1 \circ T_2] = [T_1][T_2] = \begin{bmatrix} 0 & 1 \\ 1 & 0 \end{bmatrix} \begin{bmatrix} 0 & 0 \\ 0 & 1 \end{bmatrix} = \begin{bmatrix} 0 & 1 \\ 0 & 0 \end{bmatrix}$$

$$[T_2 \circ T_1] = [T_2][T_1] = \begin{bmatrix} 0 & 0 \\ 0 & 1 \end{bmatrix} \begin{bmatrix} 0 & 1 \\ 1 & 0 \end{bmatrix} = \begin{bmatrix} 0 & 0 \\ 1 & 0 \end{bmatrix}$$

ainsi $[T_2 \circ T_1] \neq [T_1 \circ T_2]$. ◆

---

### EXEMPLE 8   Composition de deux réflexions

---

Soit $T_1 : R^2 \to R^2$, la réflexion par rapport à l'axe des $y$ et $T_2 : R^2 \to R^2$, la réflexion par rapport à l'axe des $x$. Dans ce cas, les transformations $T_1 \circ T_2$ et $T_2 \circ T_1$ sont les mêmes : elles transforment un vecteur $\mathbf{x} = (x, y)$ en son vecteur opposé $-\mathbf{x} = (-x, -y)$, tel qu'illustré à la figure 4.2.9. On a en effet

$$(T_1 \circ T_2)(x, y) = T_1(x, -y) = (-x, -y)$$
$$(T_2 \circ T_1)(x, y) = T_2(-x, y) = (-x, -y)$$

On peut également déduire cette égalité entre $T_1 \circ T_2$ et $T_2 \circ T_1$ en montrant que les matrices standard $T_1$ et $T_2$ commutent :

$$[T_1 \circ T_2] = [T_1][T_2] = \begin{bmatrix} -1 & 0 \\ 0 & 1 \end{bmatrix} \begin{bmatrix} 1 & 0 \\ 0 & -1 \end{bmatrix} = \begin{bmatrix} -1 & 0 \\ 0 & -1 \end{bmatrix}$$

$$[T_2 \circ T_1] = [T_2][T_1] = \begin{bmatrix} 1 & 0 \\ 0 & -1 \end{bmatrix} \begin{bmatrix} -1 & 0 \\ 0 & 1 \end{bmatrix} = \begin{bmatrix} -1 & 0 \\ 0 & -1 \end{bmatrix}$$

L'opérateur $T(\mathbf{x}) = -\mathbf{x}$ de $R^2$ ou $R^3$ est appelé ***réflexion par rapport à l'origine***. Les expressions ci-dessus montrent que la matrice standard de cet opérateur de $R^2$ s'écrit

$$[T] = \begin{bmatrix} -1 & 0 \\ 0 & -1 \end{bmatrix} ◆$$

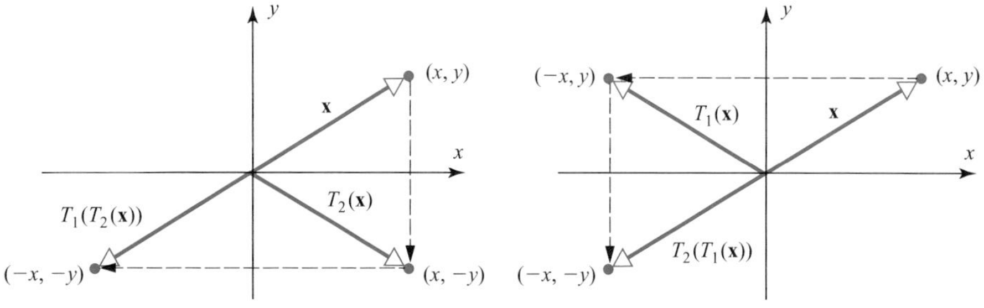

(a)  $T_1 \circ T_2$ · · · (b)  $T_2 \circ T_1$

**Figure 4.2.9**

**Composition de plusieurs transformations linéaires**

On peut effectuer la composition de trois transformations linéaires ou plus. Par exemple, considérons les transformations linéaires

$$T_1 : R^n \to R^k, \qquad T_2 : R^k \to R^l, \qquad T_3 : R^l \to R^m$$

La composition $(T_3 \circ T_2 \circ T_1) : R^n \to R^m$ est définie par

$$(T_3 \circ T_3 \circ T_1)(\mathbf{x}) = T_3(T_2[T_1(\mathbf{x})])$$

On peut démontrer que cette composition est une transformation linéaire et que la matrice standard de $T_3 \circ T_2 \circ T_1$ s'exprime selon les matrices standard de $T_1$, $T_2$ et $T_3$ par

$$[T_3 \circ T_2 \circ T_1] = [T_3][T_2][T_1] \tag{22}$$

On a ici une généralisation de la relation (21). De plus, si l'on note $A$, $B$ et $C$ les matrices standard respectives de $T_1$, $T_2$ et $T_3$, on obtient également la généralisation suivante de (20) :

$$T_C \circ T_B \circ T_A = T_{CBA} \tag{23}$$

---

### EXEMPLE 9   Composition de trois transformations

---

Trouver la matrice standard de l'opérateur linéaire $T : R^3 \to R^3$ qui applique à un vecteur une rotation antihoraire d'angle $\theta$ autour de l'axe des $z$, effectue ensuite une réflection du vecteur résultant par rapport au plan $yz$ et projette finalement le vecteur obtenu perpendiculairement au plan $xy$.

*Solution*

La transformation linéaire $T$ s'exprime par la composition

$$T = T_3 \circ T_2 \circ T_1$$

où $T_1$ représente la rotation autour de l'axe $z$, $T_2$, la réflexion par rapport au plan $yz$ et $T_3$, la projection orthogonale sur le plan $xy$. Les tableaux 3, 5 et 7 donnent les matrices standard de ces transformations linéaires; on a donc

$$[T_1] = \begin{bmatrix} \cos\theta & -\sin\theta & 0 \\ \sin\theta & \cos\theta & 0 \\ 0 & 0 & 1 \end{bmatrix}, \qquad [T_2] = \begin{bmatrix} -1 & 0 & 0 \\ 0 & 1 & 0 \\ 0 & 0 & 1 \end{bmatrix}, \qquad [T_3] = \begin{bmatrix} 1 & 0 & 0 \\ 0 & 1 & 0 \\ 0 & 0 & 0 \end{bmatrix}$$

Et, d'après la relation (22), la matrice standard de $T$ est $[T] = [T_3][T_2][T_1]$, c'est-à-dire

$$[T] = \begin{bmatrix} 1 & 0 & 0 \\ 0 & 1 & 0 \\ 0 & 0 & 0 \end{bmatrix} \begin{bmatrix} -1 & 0 & 0 \\ 0 & 1 & 0 \\ 0 & 0 & 1 \end{bmatrix} \begin{bmatrix} \cos\theta & -\sin\theta & 0 \\ \sin\theta & \cos\theta & 0 \\ 0 & 0 & 1 \end{bmatrix}$$

$$= \begin{bmatrix} -\cos\theta & \sin\theta & 0 \\ \sin\theta & \cos\theta & 0 \\ 0 & 0 & 0 \end{bmatrix} \ \blacklozenge$$

---

## SÉRIE D'EXERCICES 4.2

1. Dans chaque cas, trouvez le domaine et l'ensemble d'arrivée des transformations définies par les équations données; déterminez également si les transformations sont linéaires.

(a)  $\begin{aligned} w_1 &= 3x_1 - 2x_2 + 4x_3 \\ w_2 &= 5x_1 - 8x_2 + x_3 \end{aligned}$
   (b)  $\begin{aligned} w_1 &= 2x_1 x_2 - x_2 \\ w_2 &= x_1 + 3x_1 x_2 \\ w_3 &= x_1 + x_2 \end{aligned}$

(c)  $\begin{aligned} w_1 &= 5x_1 - x_2 + x_3 \\ w_2 &= -x_1 + x_2 + 7x_3 \\ w_3 &= 2x_1 - 4x_2 - x_3 \end{aligned}$
   (d)  $\begin{aligned} w_1 &= x_1^2 - 3x_2 + x_3 - 2x_4 \\ w_2 &= 3x_1 - 4x_2 - x_3^2 + x_4 \end{aligned}$

**2.** Trouvez la matrice standard de la transformation linéaire définie par les équations données.

(a) $w_1 = 2x_1 - 3x_2 + x_4$
$\quad w_2 = 3x_1 + 5x_2 - x_4$

(b) $w_1 = 7x_1 + 2x_2 - 8x_3$
$\quad w_2 = \qquad - x_2 + 5x_3$
$\quad w_3 = 4x_1 + 7x_2 - x_3$

(c) $w_1 = -x_1 + x_2$
$\quad w_2 = 3x_1 - 2x_2$
$\quad w_3 = 5x_1 - 7x_2$

(d) $w_1 = x_1$
$\quad w_2 = x_1 + x_2$
$\quad w_3 = x_1 + x_2 + x_3$
$\quad w_4 = x_1 + x_2 + x_3 + x_4$

**3.** Trouvez la matrice standard de l'opérateur linéaire $T : R^3 \to R^3$ défini par

$$w_1 = 3x_1 + 5x_2 - x_3$$
$$w_2 = 4x_1 - x_2 + x_3$$
$$w_3 = 3x_1 + 2x_2 - x_3$$

Calculez ensuite $T(-1, 2, 4)$ en substituant directement les valeurs dans les équations; puis refaites les calculs en procédant par multiplication matricielle.

**4.** Dans chaque cas, trouvez la matrice standard de l'opérateur linéaire $T$ défini par la règle indiquée.

(a) $T(x_1, x_2) = (2x_1 - x_2, x_1 + x_2)$

(b) $T(x_1, x_2) = (x_1, x_2)$

(c) $T(x_1, x_2, x_3) = (x_1 + 2x_2 + x_3, x_1 + 5x_2, x_3)$

(d) $T(x_1, x_2, x_3) = (4x_1, 7x_2, -8x_3)$

**5.** Dans chaque cas, trouvez la matrice standard de la transformation linéaire $T$ définie par la règle indiquée.

(a) $T(x_1, x_2) = (x_2, -x_1, x_1 + 3x_2, x_1 - x_2)$

(b) $T(x_1, x_2, x_3, x_4) = (7x_1 + 2x_2 - x_3 + x_4, x_2 + x_3, -x_1)$

(c) $T(x_1, x_2, x_3) = (0, 0, 0, 0, 0)$

(d) $T(x_1, x_2, x_3, x_4) = (x_4, x_1, x_3, x_2, x_1 - x_3)$

**6.** Soit les matrices standard $[T]$ des transformations linéaires $T$ correspondantes. Dans chaque cas, trouvez $T(x)$. Exprimez vos réponses sous forme matricielle.

(a) $[T] = \begin{bmatrix} 1 & 2 \\ 3 & 4 \end{bmatrix}$; $\mathbf{x} = \begin{bmatrix} 3 \\ -2 \end{bmatrix}$

(b) $[T] = \begin{bmatrix} -1 & 2 & 0 \\ 3 & 1 & 5 \end{bmatrix}$; $\mathbf{x} = \begin{bmatrix} -1 \\ 1 \\ 3 \end{bmatrix}$

(c) $[T] = \begin{bmatrix} -2 & 1 & 4 \\ 3 & 5 & 7 \\ 6 & 0 & -1 \end{bmatrix}$; $\mathbf{x} = \begin{bmatrix} x_1 \\ x_2 \\ x_3 \end{bmatrix}$

(d) $[T] = \begin{bmatrix} -1 & 1 \\ 2 & 4 \\ 7 & 8 \end{bmatrix}$; $\mathbf{x} = \begin{bmatrix} x_1 \\ x_2 \end{bmatrix}$

**7.** Dans chaque cas, déterminez $T(\mathbf{x})$ à partir de la matrice standard de $T$. Vérifiez ensuite vos résultats en calculant directement $T(\mathbf{x})$.

(a) $T(x_1, x_2) = (-x_1 + x_2, x_2)$; $\mathbf{x} = (-1, 4)$

(b) $T(x_1, x_2, x_3) = (2x_1 - x_2 + x_3, x_2 + x_3, 0)$; $\mathbf{x} = (2, 1, -3)$

**8.** Déterminez, en procédant par multiplication matricielle, la réflexion de $(-1, 2)$

(a) par rapport à l'axe des $x$;

(b) par rapport à l'axe des $y$;

(c) par rapport à la droite $y = x$.

**9.** Déterminez, en procédant par multiplication matricielle, la réflexion de $(2, -5, 3)$

(a) par rapport au plan $xy$;

(b) par rapport au plan $xz$;

(c) par rapport au plan $yz$.

10. Déterminez, en procédant par multiplication matricielle, la projection orthogonale de $(2, -5)$

    (a) sur l'axe des $x$;         (b) sur l'axe des $y$.

11. Déterminez, en procédant par multiplication matricielle, la projection orthogonale de $(-2, 1, 3)$

    (a) sur le plan $xy$;     (b) sur le plan $xz$;     (c) sur le plan $yz$.

12. Déterminez, en procédant par multiplication matricielle, l'image du vecteur $(3, -4)$ par une rotation d'angle

    (a) $\theta = 30°$;     (b) $\theta = -60°$;     (c) $\theta = 45°$;     (d) $\theta = 90°$.

13. Déterminez, en procédant par multiplication matricielle, l'image du vecteur $(-2, 1, 2)$ s'il effectue une rotation d'un angle

    (a) de $30°$ autour de l'axe des $x$;     (b) de $45°$ autour de l'axe des $y$;

    (c) de $90°$ autour de l'axe des $z$.

14. Trouvez la matrice standard de l'opérateur linéaire qui engendre la rotation des vecteurs de $R^3$ d'un angle de $-60°$

    (a) autour de l'axe des $x$;   (b) autour de l'axe des $y$;   (c) autour de l'axe des $z$.

15. Déterminez, en procédant par multiplication matricielle, l'image du vecteur $(-2, 1, 2)$ après une rotation

    (a) de $-30°$ autour de l'axe des $x$;     (b) de $-45°$ autour de l'axe des $y$;

    (c) de $-90°$ autour de l'axe des $z$.

16. Dans chaque cas, trouvez la matrice standard de la composition des opérateurs linéaires de $R^2$ donnés.

    (a) Une rotation de $90°$ suivie d'une réflexion par rapport à la droite $y = x$.

    (b) Une projection orthogonale sur l'axe des $y$ suivie d'une compression de rapport $k = \frac{1}{2}$.

    (c) Une réflexion par rapport à l'axe des $x$ suivie d'un étirement de rapport $k = 3$.

17. Dans chaque cas, trouvez la matrice standard de la composition des opérateurs linéaires de $R^2$ donnés.

    (a) Une rotation de $60°$ suivie d'une projection orthogonale sur l'axe des $x$ et d'une réflexion par rapport à la droite $y = x$.

    (b) Un étirement de rapport $k = 2$ suivi d'une rotation de $45°$ et d'une réflexion par rapport à l'axe des $y$.

    (c) Une rotation de $15°$ suivie d'une rotation de $105°$ et d'une autre rotation de $60°$.

18. Dans chaque cas, trouvez la matrice standard de la composition des opérateurs linéaires de $R^3$ donnés.

    (a) Une réflexion par rapport au plan $xy$ suivie d'une projection orthogonale sur le plan $xz$.

    (b) Une rotation de $45°$ par rapport à l'axe des $y$ suivie d'un étirement de rapport $k = \sqrt{2}$.

    (c) Une projection orthogonale sur le plan $xy$ suivie d'une réflexion par rapport au plan $yz$.

19. Dans chaque cas, trouvez la matrice standard de la composition des opérateurs linéaires de $R^3$ donnés.

    (a) Une rotation de $30°$ autour de l'axe des $x$ suivie d'une rotation de $30°$ autour de l'axe des $z$ et d'une compression de rapport $k = \frac{1}{4}$.

    (b) Une réflexion par rapport au plan $xy$ suivie d'une réflexion par rapport au plan $xz$ et d'une projection orthogonale sur le plan $yz$.

(c) Une rotation de 270° autour de l'axe des $x$ suivie d'une rotation de 90° autour de l'axe des $y$ et d'une rotation de 180° autour de l'axe des $z$.

**20.** Dans chaque cas, déterminez si $T_1 \circ T_2 = T_2 \circ T_1$.

(a) $T_1 : R^2 \to R^2$ est la projection orthogonale sur l'axe des $x$ et $T_2 : R^2 \to R^2$ est la projection orthogonale sur l'axe des $y$.

(b) $T_1 : R^2 \to R^2$ est la rotation d'un angle $\theta_1$ et $T_2 : R^2 \to R^2$ est la rotation d'un angle $\theta_2$.

(c) $T_1 : R^2 \to R^2$ est la projection orthogonale sur l'axe des $x$ et $T_2 : R^2 \to R^2$ est la rotation d'un angle $\theta$.

**21.** Dans chaque cas, déterminez si $T_1 \circ T_2 = T_2 \circ T_1$.

(a) $T_1 : R^3 \to R^3$ est un étirement de rapport $k$ et $T_2 : R^3 \to R^3$ est une rotation d'un angle $\theta$ autour de l'axe des $z$.

(b) $T_1 : R^3 \to R^3$ est une rotation d'un angle $\theta_1$ autour de l'axe des $x$ et $T_2 : R^3 \to R^3$ est une rotation d'un angle $\theta_2$ autour de l'axe des $z$.

**22.** On définit respectivement les ***projections orthogonales*** sur les axes des $x$, des $y$, et des $z$ par

$$T_1(x, y, z) = (x, 0, 0), \quad T_2(x, y, z) = (0, y, 0), \quad T_3(x, y, z) = (0, 0, z)$$

(a) Montrez que les projections orthogonales sur les axes de coordonnées sont des opérateurs linéaires et trouvez leurs matrices standard.

(b) Soit $T : R^3 \to R^3$ une projection orthogonale sur l'un des axes de coordonnées. Alors montrez que pour tout vecteur $\mathbf{x}$ de $R^3$, les vecteurs $T(\mathbf{x})$ et $\mathbf{x} - T(\mathbf{x})$ sont orthogonaux.

(c) Construisez un diagramme pour illustrer les vecteurs $\mathbf{x}$ et $\mathbf{x} - T(\mathbf{x})$ dans le cas où $T$ est une projection orthogonale sur l'axe des $x$.

**23.** Partant de la matrice (17), trouvez les matrices standard des rotations autour des axes des $x$, des $y$ et des $z$ de $R^3$.

**24.** Utilisez la matrice (17) pour trouvez la matrice standard d'une rotation de $\pi/2$ radians autour de l'axe défini par le vecteur $\mathbf{v} = (1, 1, 1)$.

*Note* L'expression de la matrice (17) exige que l'axe de rotation soit défini par un vecteur unitaire (de module 1).

**25.** Dans chaque cas, vérifiez la relation (21) en l'appliquant aux transformations linéaires données.

(a) $T_1(x_1, x_2) = (x_1 + x_2, x_1 - x_2)$ et $T_2(x_1, x_2) = (3x_1, 2x_1 + 4x_2)$

(b) $T_1(x_1, x_2) = (4x_1, -2x_1 + x_2, -x_1 - 3x_2)$ et
$T_2(x_1, x_2, x_3) = (x_1 + 2x_2 - x_3, 4x_1 - x_3)$

(c) $T_1(x_1, x_2, x_3) = (-x_1 + x_2, -x_2 + x_3, -x_3 + x_1)$ et
$T_2(x_1, x_2, x_3) = (-2x_1, 3x_3, -4x_2)$

**26.** On peut démontrer que si $A$ est une matrice $2 \times 2$ telle que det $(A) = 1$, dont les vecteurs colonnes sont orthogonaux et de norme 1, alors la multiplication par $A$ représente une rotation d'un angle $\theta$. Vérifiez que la matrice ci-dessous satisfait aux conditions énoncées et déterminez l'angle de rotation.

$$A = \begin{bmatrix} -1/\sqrt{2} & -1/\sqrt{2} \\ 1/\sqrt{2} & -1/\sqrt{2} \end{bmatrix}$$

**27.** L'énoncé de l'exercice 26 s'applique également dans $R^3$. Il peut être démontré que si $A$ est une matrice $3 \times 3$ telle que det $(A) = 1$ et si les vecteurs colonnes sont unitaires et orthogonaux deux à deux, alors la multiplication par $A$ représente une rotation d'un angle $\theta$ autour d'un certain axe de rotation. À partir de la matrice (17), démontrez que si $A$ satisfait aux conditions énoncées, alors l'angle de rotation vérifie

$$\cos \theta = \frac{\text{tr}(A) - 1}{2}$$

**28.** Considérez une matrice $A$ de dimension $3 \times 3$ (différente de la matrice identité) qui satisfait aux conditions énoncées à l'exercice 27. On peut démontrer que si $\mathbf{x}$ est un vecteur non nul de $R^3$, alors le vecteur $\mathbf{u} = A\mathbf{x} + A^T\mathbf{x} + [1 - \text{tr}\,(A)]\mathbf{x}$ détermine un axe de rotation lorsque l'origine de $\mathbf{u}$ coïncide avec l'origine du repère. [Voir « The Axis of rotation: Analysis, Algebra, Geometry[2] », par Dan Kalman, *Mathematics Magazine*, vol. 62, n° 4 (octobre 1989).]

(a) Montrez que la multiplication par la matrice $A$ suivante a comme effet une rotation :

$$A = \begin{bmatrix} \frac{1}{9} & -\frac{4}{9} & \frac{8}{9} \\ \frac{8}{9} & \frac{4}{9} & \frac{1}{9} \\ -\frac{4}{9} & \frac{7}{9} & \frac{4}{9} \end{bmatrix}$$

(b) Trouvez un vecteur de norme 1 qui détermine un axe pour la rotation.

(c) Utilisez l'énoncé de l'exercice 27 pour trouver l'angle de rotation autour de l'axe obtenu en (b).

*Exploration & discussion*

**29.** Dans chaque cas, décrivez en mots l'effet géométrique de la multiplication d'un vecteur $\mathbf{x}$ par la matrice $A$.

(a) $A = \begin{bmatrix} 2 & 0 \\ 0 & 0 \end{bmatrix}$   (b) $A = \begin{bmatrix} 2 & 0 \\ 0 & -2 \end{bmatrix}$

**30.** Dans chaque cas, décrivez en mots l'effet géométrique de la multiplication d'un vecteur $\mathbf{x}$ par la matrice $A$.

(a) $A = \begin{bmatrix} 2 & 0 \\ 0 & 3 \end{bmatrix}$   (b) $A = \begin{bmatrix} \sqrt{3}/2 & -1/2 \\ 1/2 & \sqrt{3}/2 \end{bmatrix}$

**31.** Décrivez en mots l'effet géométrique de la multiplication d'un vecteur $\mathbf{x}$ par la matrice $A$.

$$A = \begin{bmatrix} \cos^2\theta - \sin^2\theta & -2\sin\theta\cos\theta \\ 2\sin\theta\cos\theta & \cos^2\theta - \sin^2\theta \end{bmatrix}$$

**32.** Si la multiplication d'un vecteur $\mathbf{x}$ par $A$ a comme effet de lui appliquer une rotation d'un angle $\theta$ dans le plan $xy$, que donnera la multiplication de $\mathbf{x}$ par $A^T$? Expliquez votre raisonnement.

**33.** Soit $\mathbf{x}_0$, un vecteur colonne non nul de $R^2$; supposez que la transformation $T : R^2 \to R^2$ est définie par $T(\mathbf{x}) = \mathbf{x}_0 + R_\theta\mathbf{x}$ où $R_\theta$ est la matrice standard de la rotation de $R^2$ d'un angle $\theta$ autour de l'origine. Décrivez cette transformation en termes géométriques. S'agit-il d'une transformation linéaire? Expliquez.

**34.** On appelle communément « fonction linéaire » une fonction de la forme $f(x) = mx + b$ parce qu'elle est représentée graphiquement par une droite. La fonction $f$ est-elle une transformation linéaire dans $R$?

**35.** Soit $\mathbf{x} = \mathbf{x}_0 + t\mathbf{v}$, une droite dans $R$ et $T : R^n \to R^n$ est un opérateur linéaire de $R^n$. À quel objet géométrique correspond l'image de cette droite par $T$? Justifiez votre réponse.

---

2 « L'axe de rotation : analyse, algèbre et géométrie » *Ndt*

# 4.3
## PROPRIÉTÉS DES TRANSFORMA-TIONS LINÉAIRES DE $R^n$ DANS $R^m$

*Dans cette section, nous explorons la relation qui existe entre l'existence d'une matrice inverse et les propriétés de la transformation correspondante. Nous caractériserons également les transformations linéaires de $R^n$ dans $R^m$, et les propriétés obtenues serviront à l'étude de transformations linéaires plus générales dans les sections subséquentes. Finalement, nous aborderons certaines propriétés géométriques des vecteurs propres.*

## Transformations linéaires injectives

Les transformations linéaires qui associent des vecteurs (ou des points) distincts à des vecteurs (points) distincts ont une importance particulière. À titre d'exemple, l'opérateur $T: R^2 \to R^2$ a comme effet une rotation d'angle θ. En termes géométriques, il est clair que si **u** et **v** sont des vecteurs distincts de $R^2$, il en va de même pour les vecteurs $T(\mathbf{u})$ et $T(\mathbf{v})$, tel qu'illustré à la figure 4.3.1.

Par contre, si $T: R^3 \to R^3$ est la projection orthogonale de $R^3$ sur le plan $xy$, des points distincts de la même droite verticale sont projetés sur le même point du plan $xy$ (figure 4.3.2).

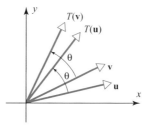

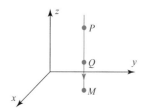

**Figure 4.3.1** La rotation des vecteurs distincts **u** et **v** produit les vecteurs distincts $T(\mathbf{u})$ et $T(\mathbf{v})$.

**Figure 4.3.2** Les points distincts $P$ et $Q$ sont projetés sur le même point $M$.

> **DÉFINITION**
>
> Une transformation linéaire $T: R^n \to R^m$ est dite ***injective*** si des vecteurs (points) distincts de $R^n$ ont pour image par $T$ des vecteurs (ou des points) distincts de $R^m$.

*REMARQUE* Cette définition signifie que pour tout vecteur **w** de l'image d'une transformation injective $T$, il existe exactement un vecteur **x** tel que $T(\mathbf{x}) = \mathbf{w}$.

---

### EXEMPLE 1 Transformations linéaires injectives

---

Selon la définition donnée plus haut, l'opérateur de rotation de la figure 4.3.1 est injectif, mais l'opérateur de projection orthogonale de la figure 4.3.2 ne l'est pas. ◆

Considérons $A$, une matrice $n \times n$ et $T_A: R^n \to R^n$ l'operateur qui définit la multiplication par $A$. Nous allons explorer les relations possibles entre l'existence d'une matrice inverse pour $A$ et les propriétés de $T_A$.

Rappelons d'abord quelques énoncés équivalents du théorème 2.3.6 (où **w** remplace **b**) :

- *A* est inversible.
- $A\mathbf{x} = \mathbf{w}$ est compatible pour toute matrice **w** de dimension $n \times 1$.
- $A\mathbf{x} = \mathbf{w}$ a une solution unique pour toute matrice **w** de dimension $n \times 1$.

Le dernier énoncé est cependant plus restrictif que nécessaire. On peut démontrer que les énoncés suivants sont équivalents (exercice 24) :

- *A* est inversible.
- $A\mathbf{x} = \mathbf{w}$ est compatible pour toute matrice **w** de dimension $n \times 1$.
- $A\mathbf{x} = \mathbf{w}$ a une solution unique lorsque le système est compatible.

Adaptons maintenant ces énoncés à un opérateur linéaire $T_A$; on obtient les énoncés équivalents suivants :

- *A* est inversible.
- Pour tout vecteur **w** de $R^n$, il existe un vecteur **x** de $R^n$ tel que $T_A(\mathbf{x}) = \mathbf{w}$. Autrement dit, l'image de $T_A$ correspond à la totalité de $R^n$.
- Pour tout vecteur **w** de l'image de $T_A$, il existe exactement un vecteur **x** de $R^n$ tel que $T_A(\mathbf{x}) = \mathbf{w}$. Autrement dit, $T_A$ est injective.

**THÉORÈME 4.3.1**

**Énoncés équivalents**

*Soit A une matrice $n \times n$ et $T_A : R^n \to R^n$ l'opérateur de multiplication par A. Alors les énoncés suivants sont équivalents :*

*(a) A est inversible.   (b) L'image de $T_A$ est $R^n$.   (c) $T_A$ est injective.*

### EXEMPLE 2   Appliquer le théorème 4.3.1

À l'exemple 1, nous avons vu que l'opérateur de rotation $T : R^2 \to R^2$ illustré à la figure 4.3.1 est injectif. Selon le théorème 4.3.1, l'image de *T* correspond alors à $R^2$ et la matrice standard de *T* est inversible. Pour montrer que l'image de *T* couvre bel et bien la totalité de $R^2$, nous devons prouver que tout vecteur **w** de $R^2$ est, par *T*, l'image d'un vecteur quelconque **x**. C'est effectivement le cas puisqu'il s'agit de considérer le vecteur **x** obtenu par la rotation de **w** d'un angle $-\theta$. Celui-ci a bien pour image **w** par la rotation d'un angle $\theta$. De plus, si l'on réfère au tableau 6 de la section 4.2, la matrice standard de *T* s'écrit

$$[T] = \begin{bmatrix} \cos\theta & -\sin\theta \\ \sin\theta & \cos\theta \end{bmatrix}$$

Cette matrice est inversible puisque

$$\det[T] = \begin{vmatrix} \cos\theta & -\sin\theta \\ \sin\theta & \cos\theta \end{vmatrix} = \cos^2\theta + \sin^2\theta = 1 \neq 0 \ \blacklozenge$$

### EXEMPLE 3   Appliquer le théorème 4.3.1

À l'exemple 1, nous avons vu que l'opérateur de projection $T : R^3 \to R^3$ illustré à la figure 4.3.2 n'est pas injectif. Selon le théorème 4.3.1, l'image de *T* ne couvre donc *pas* tout $R^3$ et la matrice standard de $T$ n'est pas inversible. Pour montrer directement que l'image de $T$ ne couvre pas tout $R^3$, nous devons trouver un vecteur $\mathbf{w}$ de $R^3$ qui n'est l'image d'aucun vecteur $\mathbf{x}$. Or, tout vecteur $\mathbf{w}$ situé hors du plan $xy$ a cette propriété puisque toutes les images produites par $T$ se trouvent dans le plan $xy$. De plus, selon le tableau 5 de la section 4.2, la matrice standard de $T$ s'écrit

$$[T] = \begin{bmatrix} 1 & 0 & 0 \\ 0 & 1 & 0 \\ 0 & 0 & 0 \end{bmatrix}$$

Cette matrice n'est pas inversible puisque $\det[T] = 0$. ◆

**Inverse d'un opérateur linéaire injectif**

Si $T_A : R^n \to R^n$ est un opérateur linéaire injectif, alors conformément au théorème 4.3.1, la matrice $A$ est inversible. Ainsi, $T_{A^{-1}} : R^n \to R^n$ est un opérateur linéaire, que l'on nomme opérateur ***inverse de $T_A$***. Les opérateurs linéaires $T_A$ et $T_{A^{-1}}$ annulent mutuellement leurs effets, c'est-à-dire que, pour tout $\mathbf{x}$ de $R^n$,

$$T_A[T_{A^{-1}}(\mathbf{x})] = AA^{-1}\mathbf{x} = I\mathbf{x} = \mathbf{x}$$
$$T_{A^{-1}}[T_A(\mathbf{x})] = A^{-1}A\mathbf{x} = I\mathbf{x} = \mathbf{x}$$

ou, de façon équivalente,

$$T_A \circ T_{A^{-1}} = T_{AA^{-1}} = T_I$$
$$T_{A^{-1}} \circ T_A = T_{A^{-1}A} = T_I$$

D'un point de vue géométrique, si $\mathbf{w}$ est l'image de $\mathbf{x}$ par $T_A$, alors $T_{A^{-1}}$ retransforme $\mathbf{w}$ en $\mathbf{x}$ puisque

$$T_{A^{-1}}(\mathbf{w}) = T_{A^{-1}}[T_A(\mathbf{x})] = \mathbf{x}$$

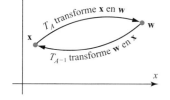

**Figure 4.3.3**

(figure 4.3.3).

Avant de passer à un exemple, il sera utile de nous attarder à la notation. Lorsqu'on symbolise un opérateur linéaire injectif $R^n$ par $T : R^n \to R^n$ (au lieu de $T_A : R^n \to R^n$), alors l'inverse de $T$ s'écrit $T^{-1}$ (au lieu de $T_{A^{-1}}$). Sachant que la matrice standard de $T^{-1}$ est l'inverse de la matrice standard de $T$, on a

$$[T^{-1}] = [\mathrm{T}]^{-1} \tag{1}$$

---

## EXEMPLE 4   Matrice standard de $T^{-1}$

Considérons $T : R^2 \to R^2$, l'opérateur qui applique une rotation d'angle $\theta$ aux vecteurs de $R^2$ ; selon le tableau 6 de la section 4.2, on a

$$[T] = \begin{bmatrix} \cos\theta & -\sin\theta \\ \sin\theta & \cos\theta \end{bmatrix} \tag{2}$$

D'un point de vue géométrique, on déduit facilement que, pour annuler l'effet de $T$, il suffit d'appliquer une rotation d'angle $-\theta$ aux vecteurs de $R^2$. Or, c'est exactement ce que fait $T^{-1}$, dont la matrice standard a pour expression

$$[T^{-1}] = [\mathrm{T}]^{-1} = \begin{bmatrix} \cos\theta & \sin\theta \\ -\sin\theta & \cos\theta \end{bmatrix} = \begin{bmatrix} \cos(-\theta) & -\sin\theta(-\theta) \\ \sin(-\theta) & \cos(-\theta) \end{bmatrix}$$

(vérifiez-le). Cette matrice est semblable à la matrice (2); on a tout simplement remplacé $\theta$ par $-\theta$. ◆

---

### EXEMPLE 5   Trouver $T^{-1}$

---

Montrer que l'opérateur $T\colon R^2 \to R^2$ défini par les équations ci-dessous est injectif et déterminer $T^{-1}(w_1, w_2)$.

$$w_1 = 2x_1 + \phantom{4}x_2$$
$$w_2 = 3x_1 + 4x_2$$

*Solution*

La matrice de ces équations s'écrit

$$\begin{bmatrix} w_1 \\ w_2 \end{bmatrix} = \begin{bmatrix} 2 & 1 \\ 3 & 4 \end{bmatrix} \begin{bmatrix} x_1 \\ x_2 \end{bmatrix}$$

La matrice standard de $T$ est donc

$$[T] = \begin{bmatrix} 2 & 1 \\ 3 & 4 \end{bmatrix}$$

Cette matrice est inversible ($T$ est donc injective) et la matrice standard de $T^{-1}$ prend la forme

$$[T^{-1}] = [T]^{-1} = \begin{bmatrix} \frac{4}{5} & -\frac{1}{5} \\ -\frac{3}{5} & \frac{2}{5} \end{bmatrix}$$

Or,

$$[T^{-1}]\begin{bmatrix} w_1 \\ w_2 \end{bmatrix} = \begin{bmatrix} \frac{4}{5} & -\frac{1}{5} \\ -\frac{3}{5} & \frac{2}{5} \end{bmatrix}\begin{bmatrix} w_1 \\ w_2 \end{bmatrix} = \begin{bmatrix} \frac{4}{5}w_1 - \frac{1}{5}w_2 \\ -\frac{3}{5}w_1 + \frac{2}{5}w_2 \end{bmatrix}$$

On en conclut que

$$T^{-1}(w_1, w_2) = (\tfrac{4}{5}w_1 - \tfrac{1}{5}w_2, -\tfrac{3}{5}w_1 + \tfrac{2}{5}w_2) \quad \blacklozenge$$

## Propriétés de linéarité

À la section précédente, nous avons défini une transformation $T\colon R^n \to R^m$ comme étant linéaire si les équations qui relient $\mathbf{x}$ et $\mathbf{w} = T(\mathbf{x})$ sont linéaires. Le théorème qui suit caractérise autrement la linéarité. Ce théorème fondamental servira, plus loin dans le texte, à élargir le champ des transformations linéaires à des considérations plus générales.

**THÉORÈME 4.3.2**

> ### Propriétés des transformations linéaires
>
> *Une transformation $T\colon R^n \to R^m$ est linéaire si et seulement si pour tous vecteurs $\mathbf{u}$ et $\mathbf{v}$ de $R^n$ et pour tout scalaire $c$ les relations suivantes sont vérifiées*
>
> *(a)*  $T(\mathbf{u} + \mathbf{v}) = T(\mathbf{u}) + T(\mathbf{v})$           *(b)*  $T(c\mathbf{u}) = cT(\mathbf{u})$

*Démonstration*   Supposons d'abord que $T$ est une transformation linéaire et nommons $A$ la matrice standard de $T$. En appliquant les propriétés de base de l'algèbre matricielle, on obtient

$$T(\mathbf{u} + \mathbf{v}) = A(\mathbf{u} + \mathbf{v}) = A\mathbf{u} + A\mathbf{v} = T(\mathbf{u}) + T(\mathbf{v})$$

et

$$T(c\mathbf{u}) = A(c\mathbf{u}) = c(A\mathbf{u}) = cT(\mathbf{u})$$

Réciproquement, supposons que la transformation $T$ vérifie les propriétés ($a$) et ($b$). On peut démontrer que $T$ est linéaire en trouvant une matrice $A$ telle que

$$T(\mathbf{x}) = A\mathbf{x} \tag{3}$$

pour tout vecteur $\mathbf{x}$ de $R^n$. On conclura alors que $T$ a pour effet de multiplier par $A$ et en conséquence, que $T$ est linéaire. Mais avant de trouver cette matrice, nous devons d'abord nous assurer que la propriété ($a$) peut être étendue à trois termes ou plus; par exemple, si $\mathbf{u}$, $\mathbf{v}$ et $\mathbf{w}$ sont des vecteurs quelconques de $R^n$ et que l'on applique la propriété ($a$) en regroupant $\mathbf{v}$ et $\mathbf{w}$, on obtient

$$T(\mathbf{u} + \mathbf{v} + \mathbf{w}) = T[\mathbf{u} + (\mathbf{v} + \mathbf{w})] = T(\mathbf{u}) + T(\mathbf{v} + \mathbf{w}) = T(\mathbf{u}) + T(\mathbf{v}) + T(\mathbf{w})$$

Plus généralement, pour tout vecteur $\mathbf{v}_1$, $\mathbf{v}_2$,…, $\mathbf{v}_k$ de $R^n$, on a

$$T(\mathbf{v}_1 + \mathbf{v}_2 + \cdots + \mathbf{v}_k) = T(\mathbf{v}_1) + T(\mathbf{v}_2) + \cdots + T(\mathbf{v}_k)$$

Pour trouver la matrice $A$, considérons maintenant les vecteurs $\mathbf{e}_1$, $\mathbf{e}_2$,…, $\mathbf{e}_n$ :

$$\mathbf{e}_1 = \begin{bmatrix} 1 \\ 0 \\ 0 \\ \vdots \\ 0 \end{bmatrix}, \quad \mathbf{e}_2 = \begin{bmatrix} 0 \\ 1 \\ 0 \\ \vdots \\ 0 \end{bmatrix}, \dots, \quad \mathbf{e}_n = \begin{bmatrix} 0 \\ 0 \\ 0 \\ \vdots \\ 1 \end{bmatrix} \tag{4}$$

et considérons la matrice $A$ constituée des vecteurs colonnes successifs $T(\mathbf{e}_1)$, $T(\mathbf{e}_2)$,…, $T(\mathbf{e}_n)$, on a

$$A = [T(\mathbf{e}_1) \mid T(\mathbf{e}_2) \mid \cdots \mid T(\mathbf{e}_n)] \tag{5}$$

Soit $\mathbf{x}$ un vecteur quelconque de $R^n$

$$\mathbf{x} = \begin{bmatrix} x_1 \\ x_2 \\ \vdots \\ x_n \end{bmatrix}$$

Alors, tel que vu à la section 1.3, le produit $A\mathbf{x}$ est une combinaison linéaire des vecteurs colonnes de $A$ dont les coefficients proviennent de $\mathbf{x}$, de sorte que

$$\begin{aligned} A\mathbf{x} &= x_1 T(\mathbf{e}_1) + x_2 T(\mathbf{e}_2) + \cdots + x_n T(\mathbf{e}_n) \\ &= T(x_1\mathbf{e}_1) + T(x_2\mathbf{e}_2) + \cdots + T(x_n\mathbf{e}_n) \quad \leftarrow \text{Propriété } (b) \\ &= T(x_1\mathbf{e}_1 + x_2\mathbf{e}_2 + \cdots + x_n\mathbf{e}_n) \quad \leftarrow \text{Propriété } (a) \text{ appliquée à } n \text{ termes} \\ &= T(\mathbf{x}) \end{aligned}$$

Ce qui complète la démonstration. ∎

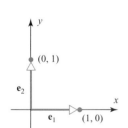

($a$) Base naturelle de $R^2$

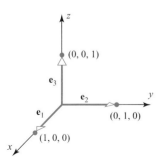

($b$) Base naturelle de $R^3$

**Figure 4.3.4**

L'expression (5) est importante en soi, car elle fournit une expression pour la matrice standard d'un opérateur linéaire $T : R^n \to R^m$ en termes des images des vecteurs $\mathbf{e}_1$, $\mathbf{e}_2$,…, $\mathbf{e}_n$ par $T$. Pour des raisons que nous verrons plus loin, les vecteurs $\mathbf{e}_1$, $\mathbf{e}_2$,…, $\mathbf{e}_n$ définis en (4) sont appelés vecteurs de la ***base naturelle*** (ou base canonique) de $R^n$. Dans $R^2$ et dans $R^3$, ils correspondent aux vecteurs unitaires parallèles aux axes de coordonnées (figure 4.3.4).

Vu son importance et afin de faciliter les références futures, nous exprimons la relation (5) dans un théorème.

**THÉORÈME 4.3.3**

*Soit $T : R^n \to R^m$ une transformation linéaire, et $e_1, e_2,..., e_n$ les vecteurs constituant la base naturelle de $R^n$. Alors la matrice standard de T est*

$$[T] = [T(\mathbf{e}_1) \mid T(\mathbf{e}_2) \mid \cdots \mid T(\mathbf{e}_n)] \tag{6}$$

L'expression (6) est un outil puissant pour trouver les matrices standard et pour analyser l'effet géométrique d'une transformation linéaire. Supposons par exemple que $T : R^3 \to R^3$ est la une projection orthogonale sur le plan $xy$. La figure 4.3.4 montre clairement que

$$T(\mathbf{e}_1) = \mathbf{e}_1 = \begin{bmatrix} 1 \\ 0 \\ 0 \end{bmatrix}, \qquad T(\mathbf{e}_2) = \mathbf{e}_2 = \begin{bmatrix} 0 \\ 1 \\ 0 \end{bmatrix}, \qquad T(\mathbf{e}_3) = \mathbf{0} = \begin{bmatrix} 0 \\ 0 \\ 0 \end{bmatrix}$$

Par (6), on a

$$[T] = \begin{bmatrix} 1 & 0 & 0 \\ 0 & 1 & 0 \\ 0 & 0 & 0 \end{bmatrix}$$

Ce résultat est conforme au tableau 5 de la section 4.2.

On peut utiliser de manière inverse l'égalité (6); supposons que la transformation $T_A : R^3 \to R^2$ multiplie par la matrice $A$ suivante :

$$A = \begin{bmatrix} -1 & 2 & 1 \\ 3 & 0 & 6 \end{bmatrix}$$

Les images des vecteurs de la base naturelle apparaissent alors directement dans les colonnes de la matrice $A$.

$$T_A \left( \begin{bmatrix} 1 \\ 0 \\ 0 \end{bmatrix} \right) = \begin{bmatrix} -1 \\ 3 \end{bmatrix}, \qquad T_A \left( \begin{bmatrix} 0 \\ 1 \\ 0 \end{bmatrix} \right) = \begin{bmatrix} 2 \\ 0 \end{bmatrix}, \qquad T_A \left( \begin{bmatrix} 0 \\ 0 \\ 1 \end{bmatrix} \right) = \begin{bmatrix} 1 \\ 6 \end{bmatrix}$$

## EXEMPLE 6  Matrice standard d'un opérateur de projection

Soit $l$ la droite du plan $xy$ passant par l'origine et formant un angle $\theta$ avec l'axe des $x$ positif, où $0 \le \theta \le \pi$. Tel qu'illustré à la figure 4.3.5$a$, considérons un opérateur linéaire $T : R^2 \to R^2$ qui associe à chaque vecteur sa projection orthogonale sur $l$.

(a) Trouver la matrice standard de $T$.
(b) Trouver la projection orthogonale du vecteur $\mathbf{x} = (1, 5)$ sur la droite passant par l'origine et formant un angle $\theta = \pi/6$ avec l'axe des $x$ positif.

### Solution de (a)

Appliquons d'abord (6); on a

$$[T] = [T(\mathbf{e}_1) \mid T(\mathbf{e}_2)]$$

où $\mathbf{e}_1$ et $\mathbf{e}_2$ sont les vecteurs de la base naturelle de $R^2$. Examinons le cas où $0 \le \theta \le \pi/2$; le traitement du cas où $\pi/2 < \theta < \pi$ est similaire. La figure 4.3.5$b$ suggère que $\|T(\mathbf{e}_1)\| = \cos\theta$, d'où

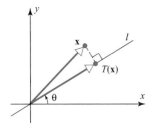

(a)

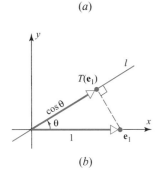

(b)

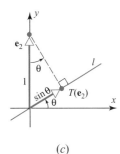

(c)

**Figure 4.3.5**

$$T(\mathbf{e}_1) = \begin{bmatrix} \|T(\mathbf{e}_1)\|\cos\theta \\ \|T(\mathbf{e}_1)\|\sin\theta \end{bmatrix} = \begin{bmatrix} \cos^2\theta \\ \sin\theta\cos\theta \end{bmatrix}$$

Considérant la figure 4.3.5c, on a $\|T(\mathbf{e}_2)\| = \sin\theta$ et

$$T(\mathbf{e}_2) = \begin{bmatrix} \|T(\mathbf{e}_2)\|\cos\theta \\ \|T(\mathbf{e}_2)\|\sin\theta \end{bmatrix} = \begin{bmatrix} \sin\theta\cos\theta \\ \sin^2\theta \end{bmatrix}$$

La matrice standard de $T$ prend donc la forme suivante :

$$[T] = \begin{bmatrix} \cos^2\theta & \sin\theta\cos\theta \\ \sin\theta\cos\theta & \sin^2\theta \end{bmatrix}$$

*Solution de (b)*

Sachant que $\sin \pi/6 = 1/2$ et $\cos \pi/6 = \sqrt{3}/2$, on déduit de (a) que la matrice standard de cet opérateur de projection est

$$[T] = \begin{bmatrix} 3/4 & \sqrt{3}/4 \\ \sqrt{3}/4 & 1/4 \end{bmatrix}$$

On a donc

$$T\left(\begin{bmatrix} 1 \\ 5 \end{bmatrix}\right) = \begin{bmatrix} 3/4 & \sqrt{3}/4 \\ \sqrt{3}/4 & 1/4 \end{bmatrix}\begin{bmatrix} 1 \\ 5 \end{bmatrix} = \begin{bmatrix} \dfrac{3+5\sqrt{3}}{4} \\ \dfrac{\sqrt{3}+5}{4} \end{bmatrix}$$

ou, en terme de points,

$$T(1,5) = \left(\frac{3+5\sqrt{3}}{4}, \frac{\sqrt{3}+5}{4}\right) \blacklozenge$$

**Interprétation géométrique des vecteurs propres**

Nous avons vu à la section 2.3 que si $A$ est une matrice $n \times n$, alors $\lambda$ est appelée *valeur propre* de $A$ s'il existe un vecteur $\mathbf{x}$ non nul tel que

$$A\mathbf{x} = \lambda\mathbf{x} \quad \text{ou de manière équivalente,} \quad (\lambda I - A)\mathbf{x} = \mathbf{0}$$

Les vecteurs $\mathbf{x}$ non nuls qui vérifient cette équation sont les *vecteurs propres* de $A$ correspondant à $\lambda$.

On peut également définir des valeurs propres et des vecteurs propres pour des opérateurs linéaires de $R^n$; les définitions sont analogues à celles données pour les matrices.

**DÉFINITION**

Soit $T : R^n \to R^n$ un opérateur linéaire. Alors un scalaire $\lambda$ est appelé ***valeur propre de T*** s'il existe un vecteur $\mathbf{x}$ non nul de $R^n$ tel que

$$T(\mathbf{x}) = \lambda\mathbf{x} \tag{7}$$

Les vecteurs non nuls $\mathbf{x}$ qui vérifient cette équation sont appelés ***vecteurs propres de T correspondant à*** $\lambda$.

Remarquez que si $A$ est la matrice standard de $T$, alors l'équation (7) devient

$$A\mathbf{x} = \lambda\mathbf{x}$$

On en déduit que :

- les valeurs propres de $T$ sont exactement les mêmes que les valeurs propres de sa matrice standard $A$.

- $\mathbf{x}$ est un vecteur propre de $T$ correspondant à $\lambda$ si et seulement si $\mathbf{x}$ est un vecteur propre de $A$ correspondant à $\lambda$.

Si $\lambda$ est une valeur propre de $A$ et $\mathbf{x}$, un vecteur propre correspondant, alors $A\mathbf{x} = \lambda\mathbf{x}$, de sorte que la multiplication par $A$ transforme $\mathbf{x}$ en l'un de ses produits par un scalaire. Ainsi, dans $R^2$ et dans $R^3$, *la multiplication par A transforme tout vecteur propre* $\mathbf{x}$ *en un vecteur parallèle à* $\mathbf{x}$ autrement dit *situé sur une même droite que* $\mathbf{x}$. (figure 4.3.6).

Pour $\lambda \geq 0$, nous avons vu à la section 4.2 que l'opérateur linéaire $A\mathbf{x} = \lambda\mathbf{x}$ comprime $\mathbf{x}$ par un facteur $\lambda$ si $0 \leq \lambda \leq 1$ et qu'il étire $\mathbf{x}$ par un facteur $\lambda$ si $\lambda \geq 1$. Si $\lambda < 0$, alors $A\mathbf{x} = \lambda\mathbf{x}$ inverse le sens de $\mathbf{x}$; ce vecteur de sens opposé sera comprimé par un facteur $|\lambda|$ si $0 \leq |\lambda| \leq 1$, et il sera allongé par un facteur $|\lambda|$ si $|\lambda| \geq 1$ (figure 4.3.7).

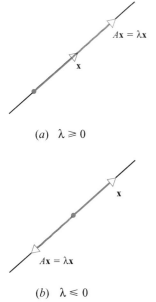

(a)  $\lambda \geq 0$

(b)  $\lambda \leq 0$

Figure 4.3.6

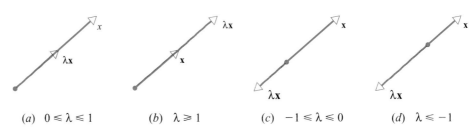

(a)  $0 \leq \lambda \leq 1$     (b)  $\lambda \geq 1$     (c)  $-1 \leq \lambda \leq 0$     (d)  $\lambda \leq -1$

Figure 4.3.7

---

## EXEMPLE 7  Valeurs propres d'un opérateur linéaire

Soit l'opérateur linéaire $T : R^2 \to R^2$ qui applique aux vecteurs une rotation d'angle $\theta$. D'un point de vue géométrique, il est clair que, à moins que $\theta$ soit un multiple de $\pi$, l'image d'un vecteur $\mathbf{x}$ non nul par $T$ ne sera pas parallèle à $\mathbf{x}$; on en déduit que $T$ n'a pas de valeurs propres réelles. Mais si $\theta$ *est* un multiple de $\pi$, alors l'image d'un vecteur $\mathbf{x}$ non nul est parallèle à $\mathbf{x}$ et *tout* vecteur non nul est un vecteur propre de $T$. Vérifions ces constatations algébriquement. Considérons d'abord la matrice standard de $T$ :

$$A = \begin{bmatrix} \cos\theta & -\sin\theta \\ \sin\theta & \cos\theta \end{bmatrix}$$

Tel que vu à la section 2.3, les valeurs propres de cette matrice sont les solutions de l'équation caractéristique

$$\det(\lambda I - A) = \begin{vmatrix} \lambda - \cos\theta & -\sin\theta \\ -\sin\theta & \lambda - \cos\theta \end{vmatrix} = 0$$

On en déduit

$$(\lambda - \cos\theta)^2 + \sin^2\theta = 0 \tag{8}$$

Cependant, si $\theta$ n'est pas un multiple de $\pi$, $\sin^2\theta > 0$ et cette équation n'a pas de solution réelle pour $\lambda$; dans ce cas, $A$ n'a pas de valeurs propres réelles[3]. Si $\theta$ est un multiple de $\pi$, alors sin $\theta = 0$ et cos $\theta$ vaut 1 ou $-1$ selon le multiple considéré. Lorsque , cos $\theta = 1$, l'équation caractéristique (8) devient $(\lambda - 1)^2 = 0$ et $\lambda = 1$ es valeur propre de $A$. Dans ce cas, la matrice $A$ est

$$A = \begin{bmatrix} 1 & 0 \\ 0 & 1 \end{bmatrix} = I$$

Et pour tout $\mathbf{x}$ de $R^2$,

$$T(\mathbf{x}) = A\mathbf{x} = I\mathbf{x} = \mathbf{x}$$

Ainsi, $T$ transforme tout vecteur en lui-même et, conséquemment, l'image est un vecteur parallèle au vecteur de départ. Lorsque sin $\theta = 0$ et cos $\theta = -1$, l'équation caractéristique (8) devient $(\lambda + 1)^2 = 0$ et $\lambda = -1$ est la seule valeur propre de $A$. La matrice $A$ devient alors

$$A = \begin{bmatrix} -1 & 0 \\ 0 & -1 \end{bmatrix} = -I$$

Et pour tout $\mathbf{x}$ de $R^2$,

$$T(\mathbf{x}) = A\mathbf{x} = -I\mathbf{x} = -\mathbf{x}$$

Ainsi, $T$ transforme tout vecteur en son opposé et en conséquence, l'image de $\mathbf{x}$ est un vecteur parallèle à $\mathbf{x}$. ◆

---

## EXEMPLE 8    Valeurs propres d'un opérateur linéaire

Soit la transformation $T: R^3 \to R^3$ qui effectue une projection orthogonale sur le plan $xy$. Les vecteurs du plan $xy$ demeurent inchangés par $T$, de sorte que tout vecteur non nul du plan $xy$ est un vecteur propre correspondant à la valeur propre $\lambda = 1$. Tout vecteur $\mathbf{x}$ parallèle à l'axe des $z$ a pour image par $T$ le vecteur $\mathbf{0}$ et est, par le fait même, sur une même droite que $\mathbf{x}$, de sorte que tout vecteur non nul parallèle à l'axe des $z$ est un vecteur propre correspondant à $\lambda = 0$. Les vecteurs qui ne sont parallèles ni au plan ni à l'axe des $z$ n'ont pas pour image des multiples scalaires d'eux-mêmes, de sorte qu'il n'y a pas d'autres valeurs propres ni d'autres vecteurs propres que ceux déjà mentionnés.

Examinons ces considérations géométriques d'un point de vue algébrique; selon le tableau 5 de la section 4.2, la matrice standard de $T$ est

$$A = \begin{bmatrix} 1 & 0 & 0 \\ 0 & 1 & 0 \\ 0 & 0 & 0 \end{bmatrix}$$

L'équation caractéristique de $A$ s'écrit

$$\det(\lambda I - A) = \begin{vmatrix} \lambda - 1 & 0 & 0 \\ 0 & \lambda - 1 & 0 \\ 0 & 0 & \lambda \end{vmatrix} = 0 \quad \text{ou} \quad (\lambda - 1)^2 \lambda = 0$$

Elle a pour solution $\lambda = 0$ et $\lambda = 1$, tel que prévu.

---

3 Dans certaines applications, on fait appel à des scalaires qui sont des nombres complexes et à des vecteurs de composantes complexes. En pareil cas, on admet les valeurs propres complexes et les vecteurs propres de composantes complexes. Cependant, ils n'ont pas ici de signification particulière.

Nous avons vu à la section 2.3 que les vecteurs propres de la matrice $A$ correspondant à une valeur propre $\lambda$ sont les solutions non nulles de

$$\begin{bmatrix} \lambda - 1 & 0 & 0 \\ 0 & \lambda - 1 & 0 \\ 0 & 0 & \lambda \end{bmatrix} \begin{bmatrix} x_1 \\ x_2 \\ x_3 \end{bmatrix} = \begin{bmatrix} 0 \\ 0 \\ 0 \end{bmatrix} \tag{9}$$

Si $\lambda = 0$, ce système devient

$$\begin{bmatrix} -1 & 0 & 0 \\ 0 & -1 & 0 \\ 0 & 0 & 0 \end{bmatrix} \begin{bmatrix} x_1 \\ x_2 \\ x_3 \end{bmatrix} = \begin{bmatrix} 0 \\ 0 \\ 0 \end{bmatrix}$$

Il a pour solutions $x_1 = 0$, $x_2 = 0$, $x_3 = t$ (vérifiez-le) ou, sous forme matricielle,

$$\begin{bmatrix} x_1 \\ x_2 \\ x_3 \end{bmatrix} = \begin{bmatrix} 0 \\ 0 \\ t \end{bmatrix}$$

Tel que prévu, ces vecteurs sont parallèles à l'axe des $z$. Si $\lambda = 1$, le système (9) devient

$$\begin{bmatrix} 0 & 0 & 0 \\ 0 & 0 & 0 \\ 0 & 0 & 1 \end{bmatrix} \begin{bmatrix} x_1 \\ x_2 \\ x_3 \end{bmatrix} = \begin{bmatrix} 0 \\ 0 \\ 0 \end{bmatrix}$$

Et il admet les solutions $x_1 = s$, $x_2 = t$, $x_3 = 0$ (vérifiez-le) ou, sous forme matricielle,

$$\begin{bmatrix} x_1 \\ x_2 \\ x_3 \end{bmatrix} = \begin{bmatrix} s \\ t \\ 0 \end{bmatrix}$$

Tel que prévu, ces vecteurs sont parallèles au plan $xy$. ◆

**Résumé**

Le théorème 2.3.6 regroupait six énoncés équivalents à l'existence d'une matrice inverse. Nous concluons cette section en intégrant à cette liste les énoncés équivalents du théorème 4.3.1; le théorème ci-dessous résume ainsi les principaux sujets que nous avons étudiés jusqu'ici.

**THÉORÈME 4.3.4**

**Énoncés équivalents**

*Soit $A$ une matrice $n \times n$ et $T_A : R^n \to R^n$ l'operateur de multiplication par $A$. Alors les énoncés suivants sont équivalents :*

*(a) $A$ est inversible.*

*(b) $Ax = \mathbf{0}$ a pour unique solution la solution triviale.*

*(c) La matrice échelonnée réduite de $A$ est $I_n$.*

*(d) $A$ peut s'écrire comme un produit de matrices élémentaires.*

*(e) $Ax = \mathbf{b}$ est compatible pour toute matrice $\mathbf{b}$ de dimension $n \times 1$.*

*(f) $Ax = \mathbf{b}$ a une solution unique pour toute matrice $\mathbf{b}$ de dimension $n \times 1$.*

*(g) $\det(A) \neq 0$.*

*(h) L'image $T_A$ est $R^n$.*

*(i) $T_A$ est injective.*

1. Sans calculer, déterminez si l'opérateur linéaire est injectif.

   (a) La projection orthogonale sur l'axe des $x$ dans $R^2$

   (b) La réflexion par rapport à l'axe des $y$ dans $R^2$

   (c) La réflexion par rapport à la droite $y = x$ dans $R^2$

   (d) Une compression de rapport $k > 0$ dans $R^2$

   (e) Une rotation autour de l'axe des $z$ dans $R^3$

   (f) Une réflexion par rapport au plan $xy$ dans $R^3$

   (g) Un étirement de rapport $k > 0$ dans $R^3$

2. Dans chaque cas, trouvez la matrice standard de l'opérateur linéaire défini par les équations données; utilisez ensuite le théorème 4.3.4 pour déterminer si l'opérateur est injectif.

   (a) $w_1 = 8x_1 + 4x_2$      (b) $w_1 = 2x_1 - 3x_2$
   $w_2 = 2x_1 + x_2$              $w_2 = 5x_1 + x_2$

   (c) $w_1 = -x_1 + 3x_2 + 2x_3$   (d) $w_1 = x_1 + 2x_2 + 3x_3$
   $w_2 = 2x_1 \qquad + 4x_3$         $w_2 = 2x_1 + 5x_2 + 3x_3$
   $w_3 = x_1 + 3x_2 + 6x_3$       $w_3 = x_1 \qquad + 8x_3$

3. Montrez que l'image de l'opérateur linéaire défini par les équations ci-dessous ne correspond pas à la totalité de $R^2$ et trouvez un vecteur qui n'appartient pas à image.

$$w_1 = 4x_1 - 2x_2$$
$$w_2 = 2x_1 - x_2$$

4. Montrez que l'image de l'opérateur linéaire défini par les équations ci-dessous ne correspond pas à la totalité de $R^3$ et trouvez un vecteur qui n'appartient pas à l'image.

$$w_1 = x_1 - 2x_2 + x_3$$
$$w_2 = 5x_1 - x_2 + 3x_3$$
$$w_3 = 4x_1 + x_2 + 2x_3$$

5. Dans chaque cas, déterminez si l'opérateur linéaire $T : R^2 \to R^2$ défini par les équations données est injectif; si oui, trouvez la matrice standard de l'opérateur inverse ainsi que l'expression de $T^{-1}(w_1, w_2)$.

   (a) $w_1 = x_1 + 2x_2$    (b) $w_1 = 4x_1 - 6x_2$
   $w_2 = -x_1 + x_2$        $w_2 = -2x_1 + 3x_2$

   (c) $w_1 = -x_2$          (d) $w_1 = 3x_1$
   $w_2 = -x_1$            $w_2 = -5x_1$

6. Dans chaque cas, déterminez si l'opérateur linéaire $T : R^3 \to R^3$ défini par les équations données est injectif; si oui, trouvez la matrice standard de l'opérateur inverse ainsi que l'expression de $T^{-1}(w_1, w_2, w_3)$.

   (a) $w_1 = x_1 - 2x_2 + 2x_3$   (b) $w_1 = x_1 - 3x_2 + 4x_3$
   $w_2 = 2x_1 + x_2 + x_3$       $w_2 = -x_1 + x_2 + x_3$
   $w_3 = x_1 + x_2$              $w_3 = \qquad - 2x_2 + 5x_3$

   (c) $w_1 = x_1 + 4x_2 - x_3$    (d) $w_1 = x_1 + 2x_2 + x_3$
   $w_2 = 2x_1 + 7x_2 + x_3$      $w_2 = -2x_1 + x_2 + 4x_3$
   $w_3 = x_1 + 3x_2$            $w_3 = 7x_1 + 4x_2 - 5x_3$

7. Sans calculer, déterminez l'inverse de l'opérateur linéaire injectif donné.

   (a) La réflexion par rapport à l'axe des $x$ dans $R^2$

   (b) La rotation d'un angle de $\pi/4$ dans $R^2$

   (c) L'étirement d'un rapport 3 dans $R^2$

   (d) La réflexion par rapport au plan $yz$ dans $R^3$

   (e) la compression d'un rapport $\frac{1}{5}$ dans $R^3$

Dans les exercices 8 et 9, utilisez le théorème 4.3.2 pour déterminer si $T : R^2 \to R^2$ est un opérateur linéaire.

**8.** (a) $T(x, y) = (2x, y)$      (b) $T(x, y) = (x^2, y)$

     (c) $T(x, y) = (-y, x)$      (d) $T(x, y) = (x, 0)$

**9.** (a) $T(x, y) = (2x + y, x - y)$      (b) $T(x, y) = (x + 1, y)$

     (c) $T(x, y) = (y, y)$      (d) $T(x, y) = (\sqrt[3]{x}, \sqrt[3]{y})$

Dans les exercices 10 et 11, utilisez le théorème 4.3.2 pour déterminer si $T : R^3 \to R^2$ est une transformation linéaire.

**10.** (a) $T(x, y, z) = (x, x + y + z)$      (b) $T(x, y, z) = (1, 1)$

**11.** (a) $T(x, y, z) = (0, 0)$      (b) $T(x, y, z) = (3x - 4y, 2x - 5z)$

**12.** Dans chaque cas, utilisez le théorème 4.3.3 pour trouver la matrice standard de l'opérateur linéaire à partir des images des vecteurs de la base naturelle.

     (a) Les opérateurs de réflexion de $R^2$ du tableau 2 de la section 4.2

     (b) Les opérateurs de réflexion de $R^3$ du tableau 3 de la section 4.2

     (c) Les opérateurs de projection de $R^2$ du tableau 4 de la section 4.2

     (d) Les opérateurs de projection de $R^3$ du tableau 5 de la section 4.2

     (e) Les opérateurs de rotation de $R^2$ du tableau 6 de la section 4.2

     (f) Les opérateurs d'étirement-compression de $R^3$ du tableau 9 de la section 4.2

**13.** Dans chaque cas, utilisez le théorème 4.3.3 pour trouver la matrice standard de $T : R^2 \to R^2$ à partir des images des vecteurs de la base naturelle.

     (a) $T : R^2 \to R^2$ effectue la projection orthogonale d'un vecteur sur l'axe des $x$ puis applique une réflexion selon l'axe des $y$ au vecteur résultant.

     (b) $T : R^2 \to R^2$ applique une réflexion par rapport à la droite $y = x$ puis une réflexion par rapport à l'axe des $x$.

     (c) $T : R^2 \to R^2$ allonge un vecteur par un facteur 3, le réfléchit ensuite par rapport à la droite $y = x$, puis applique une projection orthogonale sur l'axe des $y$.

**14.** Dans chaque cas, utilisez le théorème 4.3.3 pour trouver la matrice standard de $T : R^3 \to R^3$ à partir des images des vecteurs de la base naturelle.

     (a) $T : R^3 \to R^3$ effectue la réflexion d'un vecteur par rapport au plan $xz$ et comprime ensuite ce vecteur par un facteur $\frac{1}{5}$.

     (b) $T : R^3 \to R^3$ effectue la projection orthogonale d'un vecteur $x$ sur le plan $xz$ suivie de la projection orthogonale sur le plan $xy$.

     (c) $T : R^3 \to R^3$ applique à un vecteur une réflexion par rapport au plan $xy$, puis une réflexion par rapport au plan $xz$, puis le réfléchit par rapport au plan $yz$.

**15.** Considérons $T_A : R^3 \to R^3$, la multiplication par la matrice $A$ ci-dessous et soit $\mathbf{e}_1$, $\mathbf{e}_2$ et $\mathbf{e}_3$ les vecteurs de la base naturelle de $R^3$. Trouvez les vecteurs demandés.

$$A = \begin{bmatrix} -1 & 3 & 0 \\ 2 & 1 & 2 \\ 4 & 5 & -3 \end{bmatrix}$$

     (a) $T_A(\mathbf{e}_1)$, $T_A(\mathbf{e}_2)$ et $T_A(\mathbf{e}_3)$    (b) $T_A(\mathbf{e}_1 + \mathbf{e}_2 + \mathbf{e}_3)$    (c) $T_A(7\mathbf{e}_3)$

**16.** Dans chaque cas, déterminez si la multiplication par $A$ est une transformation linéaire injective.

     (a) $A = \begin{bmatrix} 1 & -1 \\ 2 & 0 \\ 3 & -4 \end{bmatrix}$    (b) $A = \begin{bmatrix} 1 & 2 & 3 \\ -1 & 0 & -4 \end{bmatrix}$    (c) $\begin{bmatrix} 1 & 2 & 1 \\ 0 & 1 & 1 \\ 1 & 1 & 0 \\ 1 & 0 & -1 \end{bmatrix}$

**17.** Dans chaque cas, inspirez-vous de l'exemple 6 pour déterminer la projection orthogonale de **x** sur la droite passant par l'origine et formant un angle θ avec l'axe des $x$ positifs.

    (a)  **x** = (−1, 2); θ = 45°    (b)  **x** = (1, 0); θ = 30°    (c)  **x** = (1, 5); θ = 120°

**18.** Inspirez-vous de l'exemple 8 pour trouver les valeurs propres de $T$ et les vecteurs propres correspondants. Vérifiez vos conclusions en calculant les valeurs propres et les vecteurs propres correspondants à l'aide de la matrice standard de $T$.

    (a)  $T : R^2 \to R^2$ est la réflexion par rapport à l'axe des $x$.

    (b)  $T : R^2 \to R^2$ est la réflexion par rapport à la droite $y = x$.

    (c)  $T : R^2 \to R^2$ est la projection orthogonale sur l'axe des $x$.

    (d)  $T : R^2 \to R^2$ est la compression de rapport $\frac{1}{2}$.

**19.** Suivez les mêmes instructions qu'à l'exercice 18.

    (a)  $T : R^3 \to R^3$ est la réflexion par rapport au plan $yz$.

    (b)  $T : R^3 \to R^3$ est la projection orthogonale sur le plan $xz$.

    (c)  $T : R^3 \to R^3$ est l'étirement de rapport 2.

    (d)  $T : R^3 \to R^3$ est une rotation de π/4 autour de l'axe des $z$.

**20.** (a)  La composition de transformations linéaires injectives est-elle injective? Justifiez votre réponse.

    (b)  La composition d'une transformation linéaire injective et d'une transformation linéaire non injective peut-elle être injective? Tenez compte de l'ordre d'application de ces transformations (deux possibilités) et justifiez votre réponse.

**21.** Montrez que $T(x, y) = (0, 0)$ définit un opérateur linéaire de $R^2$ alors que $T(x, y) = (1, 1)$ ne correspond pas à un opérateur linéaire de $R^2$.

**22.** (a)  Montrez que si $T : R^n \to R^m$ est une transformation linéaire, alors $T(\mathbf{0}) = \mathbf{0}$, c'est-à-dire que le vecteur **0** de $R^n$ a pour image par $T$ le vecteur **0** de $R^m$.

    (b)  La réciproque de cette affirmation n'est pas vraie. Trouvez un exemple de fonction qui vérifie $T(\mathbf{0}) = (\mathbf{0})$ sans être une transformation linéaire.

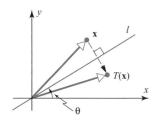

**Figure Ex-23**

**23.** Soit $l$, la droite du plan $xy$ qui passe par l'origine et qui forme un angle θ avec l'axe des $x$ positifs, où $0 \le θ < π$. Considérez l'opérateur linéaire $T : R^2 \to R^2$ qui effectue une réflexion des vecteurs par rapport à $l$ (voir figure).

    (a)  Déterminez la matrice standard de $T$ en procédant comme à l'exemple 6.

    (b)  Trouvez la réflexion de **x** = (1, 5) par rapport à la droite $l$ passant par l'origine et formant un angle θ = 30° avec l'axe des $x$ positifs.

**24.** Montrez qu'une matrice $A$ de dimension $n \times n$ est inversible si et seulement si le système linéaire $A\mathbf{x} = \mathbf{w}$ admet une solution unique pour tout vecteur **w** de $R^n$ pour lequel le système est compatible.

*Exploration & discussion*

**25.** Dans chaque cas, indiquez si l'énoncé est toujours vrai ou s'il peut être faux dans certains cas. Justifiez vos réponses par une explication ou en donnant un contre-exemple.

    (a)  Si $T$ transforme $R^n$ dans $R^m$ et si $T(\mathbf{0}) = (\mathbf{0})$, alors $T$ est linéaire.

    (b)  Si la transformation linéaire $T : R^n \to R^m$ est injective, alors il n'existe pas de vecteurs **u** et **v** distincts dans $R^n$ tels que $T(\mathbf{u} − \mathbf{v}) = \mathbf{0}$.

(c) Si $T : R^n \to R^n$ est un opérateur linéaire et si $T(\mathbf{x}) = 2\mathbf{x}$ pour un certain vecteur $\mathbf{x}$, alors $\lambda = 2$ est une valeur propre de $T$.

(d) Si $T$ transforme $R^n$ dans $R^m$ et si $T(c_1\mathbf{u} + c_2\mathbf{v}) = c_1T(\mathbf{u}) + c_2T(\mathbf{v})$ pour tous scalaires $c_1$ et $c_2$ et pour tous vecteurs $\mathbf{v}_1$ et $\mathbf{v}_2$ de $R^n$, alors $T$ est linéaire.

**26.** Dans chaque cas, indiquez si l'énoncé est toujours vrai, faux dans certains cas ou toujours faux.

(a) Si $T : R^n \to R^m$ est une transformation linéaire et $m > n$, alors $T$ est injective.

(b) Si $T : R^n \to R^m$ est une transformation linéaire et $m < n$, alors $T$ est injective.

(c) Si $T : R^n \to R^m$ est une transformation linéaire et $m = n$, alors $T$ est injective.

**27.** Soit une matrice $A$ de dimension $n \times n$ telle que $\det (A) = 0$ et soit $T : R^n \to R^n$, la multiplication par $A$.

(a) Que peut-on dire de l'image de l'opérateur linéaire $T$? Illustrez vos conclusions par un exemple.

(b) Que dire du nombre de vecteurs dont l'image est $\mathbf{0}$ par $T$?

**28.** Dans chaque cas, considérant les propriétés géométriques de la multiplication par $A$, devinez les valeurs propres et vecteurs propres de la matrice $A$ correspondant à la transformation donnée. Justifiez chacune de vos réponses par des calculs appropriés.

(a) Réflexion par rapport à la droite $y = c$.

(b) Compression de rapport $\frac{1}{2}$.

# 4.4
## TRANSFORMA-TIONS LINÉAIRES ET POLYNÔMES

*Dans cette section, nous appliquons aux polynômes les nouvelles con-naissances acquises sur les transformations linéaires. Nous amorçons ainsi une stratégie plus générale qui vise à utiliser les notions relatives aux espaces $R^n$ pour résoudre des problèmes issus de contextes différents, mais tout de même semblables sous certains aspects.*

## Polynômes et vecteurs

Considérons une fonction polynomiale,

$$p(x) = ax^2 + bx + c$$

où $x$ est une variable réelle. On obtient la fonction $2p(x)$ en multipliant par 2 tous les coefficients :

$$2p(x) = 2ax^2 + 2bx + 2c$$

Ainsi, si $a$, $b$ et $c$ sont les coefficients du polynôme $p(x)$ attribués aux puissances de $x$ selon leur ordre décroissant, alors $2p(x)$ est également un polynôme dont les coefficients $2a$, $2b$ et $2c$ suivent le même ordre.

De même, si $q(x) = dx^2 + ex + f$ est une autre fonction polynomiale, alors $p(x) + q(x)$ correspond aussi à une fonction polynomiale dont les coefficients sont $a + d$, $b + e$, $c + f$. Les polynômes s'additionnent donc par l'addition de leurs co-efficients correspondants.

Cette propriété nous suggère que d'associer à un polynôme le vecteur formé de ses coefficients peut s'avérer utile.

---

### EXEMPLE 1  Correspondance entre les polynômes et les vecteurs

---

Considérons la fonction quadratique $p(x) = ax^2 + bx + c$ et définissons le vecteur $\mathbf{z}$ formé de ses coefficients, placés dans l'ordre décroissant des puissances de $x$ auxquels ils sont associés; on a

$$\mathbf{z} = \begin{bmatrix} a \\ b \\ c \end{bmatrix}$$

La multiplication de $p(x)$ par un scalaire $s$ donne $sp(x) = sax^2 + sbx + sc$, ce qui correspond exactement à la multiplication par un scalaire de $\mathbf{z}$.

$$s\mathbf{z} = \begin{bmatrix} sa \\ sb \\ sc \end{bmatrix}$$

De même, $p(x) + p(x) = 2ax^2 + 2bx + 2c$, ce qui correspond exactement au vecteur somme $\mathbf{z} + \mathbf{z}$ :

$$\mathbf{z} + \mathbf{z} = \begin{bmatrix} a \\ b \\ c \end{bmatrix} + \begin{bmatrix} a \\ b \\ c \end{bmatrix}$$

$$= \begin{bmatrix} 2a \\ 2b \\ 2c \end{bmatrix} \blacklozenge$$

**Figure 4.4.1**  Le vecteur $\mathbf{z}$ est associé au polynôme $p$.

En général, à un polynôme donné de la forme $p(x) = a_n x^n + a_{n-1} x^{n-1} + \cdots + a_1 x^1 + a_0$ on associe le vecteur suivant dans $R^{n+1}$ (figure 4.4.1).

$$\mathbf{z} = \begin{bmatrix} a_n \\ a_{n-1} \\ \vdots \\ a_1 \\ a_0 \end{bmatrix}$$

On peut alors considérer une opération telle que $p(x) \rightarrow 2p(x)$ comme un opérateur linéaire de $R^{n+1}$, soit $T(\mathbf{z}) = 2\mathbf{z}$ dans le cas qui nous intéresse. Et l'on effectue les opérations désirées dans $R^{n+1}$ au lieu de manipuler directement les polynômes.

---

### EXEMPLE 2  Addition de polynômes par addition vectorielle

---

Considérons les polynômes $p(x) = 4x^3 - 2x + 1$ et $q(x) = 3x^3 - 3x^2 + x$. Pour calculer $r(x) = 4p(x) - 2q(x)$, on peut former les vecteurs

$$\mathbf{u} = \begin{bmatrix} 4 \\ 0 \\ -2 \\ 1 \end{bmatrix}, \qquad \mathbf{v} = \begin{bmatrix} 3 \\ -3 \\ 1 \\ 0 \end{bmatrix}$$

On exécute ensuite les opérations sur ces vecteurs. On obtient

$$4\mathbf{u} - 2\mathbf{v} = 4\begin{bmatrix} 4 \\ 0 \\ -2 \\ 1 \end{bmatrix} - 2\begin{bmatrix} 3 \\ -3 \\ 1 \\ 0 \end{bmatrix}$$

$$= \begin{bmatrix} 10 \\ 6 \\ -10 \\ 4 \end{bmatrix}$$

Ainsi $r(x) = 10x^3 + 6x^2 - 10x + 4$. ◆

Cette association entre les polynômes de degré $n$ et les vecteurs de $R^{n+1}$ serait très utile pour écrire un programme informatique effectuant des calculs avec des polynômes, comme le fait un logiciel de calcul algébrique. Il suffisait d'enregistrer les coefficients des fonctions polynomiales sous forme de vecteurs et d'effectuer les calculs sur ces vecteurs.

On désigne par $P_n$ l'ensemble formé de tous les polynômes de degrés inférieurs ou égaux à $n$ (incluant le polynôme zéro, dont tous les coefficients sont nuls) on appelle également cet ensemble *espace* des polynômes de degré inférieur ou égal à $n$. L'utilisation du mot *espace* laisse supposer l'existence d'une certaine structure. Nous explorerons cette structure au chapitre 8.

---

(Si vous avez des notions de calcul)

## EXEMPLE 3   Dérivée des fonctions polynomiales
---

La dérivation transforme les fonctions polynomiales de degré $n$ en fonctions polynomiales de degré $n - 1$; appliquée aux vecteurs, la transformation correspondante doit donc convertir des vecteurs de $R^{n+1}$ en vecteurs de $R^n$. Par conséquent, si la dérivation correspond à une transformation linéaire, on doit lui associer une matrice $n \times (n + 1)$. Par exemple, si $p$ est un élément de $P_2$, c'est-à-dire

$$p(x) = ax^2 + bx + c$$

où $a$, $b$ et $c$ sont des nombres réels, alors

$$\frac{d}{dx}p(x) = 2ax + b$$

De toute évidence, si le polynôme $p(x)$ de $P_2$ correspond au vecteur $(a, b, c)$ de $R^3$, alors sa dérivée se trouve dans $P_1$ et elle correspond au vecteur $(2a, b)$ de $R^2$. Observez que

$$\begin{bmatrix} 2a \\ b \end{bmatrix} = \begin{bmatrix} 2 & 0 & 0 \\ 0 & 1 & 0 \end{bmatrix}\begin{bmatrix} a \\ b \\ c \end{bmatrix}$$

L'opération de dérivation, $D: P_2 \to P_1$, correspond donc à une transformation linéaire $T_A: R^3 \to R^2$, où

$$A = \begin{bmatrix} 2 & 0 & 0 \\ 0 & 1 & 0 \end{bmatrix} ◆$$

Certaines transformations de $P_n$ dans $P_m$ ne correspondent pas à des transformations linéaires de $R^{n+1}$ dans $R^{m+1}$. Par exemple, considérons la transformation qui associe à tout polynôme $ax^2 + bx + c$ de $P_2$ le polynôme $|a|$ de $P_0$, l'espace de toutes les constantes (vues comme des polynômes de degré zéro, incluant le polynôme zéro); on constate qu'il n'existe pas de matrice qui transforme $(a, b, c)$ de $R^3$ dans $|a|$ de $R$. D'autres transformations sont *presque* linéaires, dans le sens suivant :

---

**DÉFINITION**

Une ***transformation affine*** de $R^n$ dans $R^m$ est une transformation de la forme $S(\mathbf{u}) = T(\mathbf{u}) + \mathbf{f}$, où $T$ est une transformation linéaire de $R^n$ dans $R^m$ et $\mathbf{f}$, un vecteur (constant) de $R^m$.

---

La transformation affine $S$ est une transformation linéaire si $\mathbf{f}$ est le vecteur nul. Autrement, elle n'est pas linéaire parce qu'elle ne satisfait pas les conditions du théorème 4.3.2. Cette affirmation peut surprendre à priori parce que l'expression de $S$ ressemble à une généralisation de l'équation d'une droite, mais les transformations linéaires sont soumises au *principe de superposition*, c'est-à-dire

$$T(c_1\mathbf{u} + c_2\mathbf{v}) = c_1 T(\mathbf{u}) + c_2 T(\mathbf{v})$$

pour tous scalaires $c_1$, $c_2$ et tous vecteurs $\mathbf{u}$ et $\mathbf{v}$ dans le domaine. (Il s'agit d'une formulation différente du théorème 4.3.2.) Les transformations affines où $\mathbf{f}$ n'est pas nul ne vérifient pas cette propriété.

---

### EXEMPLE 4   Transformations affines

Soit la transformation

$$S(\mathbf{u}) = \begin{bmatrix} 0 & 1 \\ -1 & 0 \end{bmatrix} \mathbf{u} + \begin{bmatrix} 1 \\ 1 \end{bmatrix}$$

On a affaire à une transformation affine de $R^2$. Si $\mathbf{u} = (a, b)$, alors

$$S(\mathbf{u}) = \begin{bmatrix} 0 & 1 \\ -1 & 0 \end{bmatrix} \begin{bmatrix} a \\ b \end{bmatrix} + \begin{bmatrix} 1 \\ 1 \end{bmatrix}$$

$$= \begin{bmatrix} b + 1 \\ -a + 1 \end{bmatrix}$$

L'opération correspondante de $P_1$ dans $P_1$ transforme $ax + b$ en $(b + 1)x - a + 1$. $\blacklozenge$

Nous explorerons plus loin la relation qui existe entre une action appliquée à $P_n$ et l'action correspondante dirigée sur le vecteur des coefficients dans $R^{n+1}$; nous examinerons également dans le détail les similitudes entre $P_n$ et $R^{n+1}$.

**Polynômes d'interpolation**

Supposons que l'on veuille interpoler à un ensemble de $n + 1$ points $(x_0, y_0), \ldots, (x_n, y_n)$ à l'aide d'un polynôme. Autrement dit, nous voulons trouver une courbe d'équation $p(x) = a_m x^m + a_{m-1} x^{m-1} + \cdots + a_1 x^1 + a_0$ de minimal degré qui passe par chacun des points donnés (figure 4.4.2, page suivante). Les $n + 1$ points doivent donc satisfaire l'équation de cette courbe. On a donc

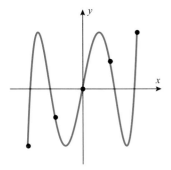

**Figure 4.4.2**  Interpolation

$$y_0 = a_m x_0^m + a_{m-1} x_0^{m-1} + \cdots + a_1 x_0 + a_0$$
$$y_1 = a_m x_1^m + a_{m-1} x_1^{m-1} + \cdots + a_1 x_1 + a_0$$
$$\vdots \quad \vdots \quad \vdots \quad \quad \vdots \quad \vdots$$
$$y_n = a_m x_n^m + a_{m-1} x_n^{m-1} + \cdots + a_1 x_n + a_0$$

Les valeurs des $x_i$ étant connues, on obtient le système matriciel suivant :

$$\begin{bmatrix} 1 & x_0 & x_0^2 & \cdots & x_0^m \\ 1 & x_1 & x_1^2 & \cdots & x_1^m \\ \vdots & \vdots & \vdots & \cdots & \vdots \\ 1 & x_{n-1} & x_{n-1}^2 & \cdots & x_{n-1}^m \\ 1 & x_n & x_n^2 & \cdots & x_n^m \end{bmatrix} \begin{bmatrix} a_0 \\ a_1 \\ \vdots \\ a_{m-1} \\ a_m \end{bmatrix} = \begin{bmatrix} y_0 \\ y_1 \\ \vdots \\ y_{n-1} \\ y_n \end{bmatrix}$$

Remarquez que ce système est carré lorsque $n = m$. Si c'est le cas, on obtient le système suivant :

$$\begin{bmatrix} 1 & x_0 & x_0^2 & \cdots & x_0^n \\ 1 & x_1 & x_1^2 & \cdots & x_1^n \\ \vdots & \vdots & \vdots & \cdots & \vdots \\ 1 & x_{n-1} & x_{n-1}^2 & \cdots & x_{n-1}^n \\ 1 & x_n & x_n^2 & \cdots & x_n^n \end{bmatrix} \begin{bmatrix} a_0 \\ a_1 \\ \vdots \\ a_{n-1} \\ a_n \end{bmatrix} = \begin{bmatrix} y_0 \\ y_1 \\ \vdots \\ y_{n-1} \\ y_n \end{bmatrix} \tag{1}$$

La matrice de l'équation (1) est connue sous le nom de ***matrice de Vandermonde***; les éléments de la colonne $j$ sont ceux de la deuxième colonne, élevés à la puissance $j - 1$. Le système décrit par l'équation (1) appelé un ***système de Vandermonde***.

## EXEMPLE 5    Interpolation à l'aide d'un polynôme cubique

Pour trouver un polynôme qui interpole les données $(-2, 11)$, $(-1, 2)$, $(1, 2)$, $(2, -1)$, constituons le système de Vandermonde (1) :

$$\begin{bmatrix} 1 & x_0 & x_0^2 & x_0^3 \\ 1 & x_1 & x_1^2 & x_1^3 \\ 1 & x_2 & x_2^2 & x_2^3 \\ 1 & x_3 & x_3^2 & x_3^3 \end{bmatrix} \begin{bmatrix} a_0 \\ a_1 \\ a_2 \\ a_3 \end{bmatrix} = \begin{bmatrix} y_0 \\ y_1 \\ y_2 \\ y_3 \end{bmatrix}$$

En insérant les données, on a

$$\begin{bmatrix} 1 & -2 & 4 & -8 \\ 1 & -1 & 1 & -1 \\ 1 & 1 & 1 & 1 \\ 1 & 2 & 4 & 8 \end{bmatrix} \begin{bmatrix} a_0 \\ a_1 \\ a_2 \\ a_3 \end{bmatrix} = \begin{bmatrix} 11 \\ 2 \\ 2 \\ -1 \end{bmatrix}$$

On résout par la méthode de Gauss et l'on trouve

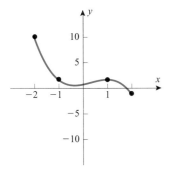

**Figure 4.4.3**  Le polynôme interpolant de l'exemple 5

$$\begin{bmatrix} a_0 \\ a_1 \\ a_2 \\ a_3 \end{bmatrix} = \begin{bmatrix} 1 \\ 1 \\ 1 \\ -1 \end{bmatrix}$$

Le polynôme d'interpolation est donc $p(x) = -x^3 + x^2 + x + 1$. Celui-ci est représenté à la figure 4.4.3 (page précédente), où l'on a également reporté les points donnés au départ. On voit que $p(x)$ relie bien ces points, tel que souhaité. ◆

**Forme newtonienne**

L'expression $p(x) = a_n x^n + a_{n-1} x^{n-1} + \cdots + a_1 x^1 + a_0$ est la forme naturelle du polynôme d'interpolation. D'autres formes sont également utiles. Par exemple, supposons que nous cherchions un polynôme d'interpolation cubique pour les données $(x_0, y_0)$, $(x_1, y_1)$, $(x_2, y_2)$ et $(x_3, y_3)$. Le polynôme

$$p(x) = a_3 x^3 + a_2 x^2 + a_1 x + a_0 \tag{2}$$

peut également s'écrire

$$p(x) = a_3 (x - x_0)^3 + a_2 (x - x_0)^2 + a_1 (x - x_0) + a_0$$

Sous cette forme, on voit immédiatement que la condition d'interpolation $p(x_0) = y_0$ donne $a_0 = y_0$. En procédant ainsi, on réduit la taille du système à résoudre de $(n + 1) \times (n + 1)$ à $n \times n$. Le changement n'est pas énorme, mais en poussant l'idée plus loin, (2) devient

$$p(x) = b_3 (x - x_0)(x - x_1)(x - x_2) + b_2 (x - x_0)(x - x_1) + b_1 (x - x_0) + b_0 \tag{3}$$

C'est la ***forme de Newton*** de l'interpolant. Posons $h_i = x_i - x_{i-1}$ pour $i = 1, 2, 3$. Les conditions d'interpolation s'écrivent alors

$$p(x_0) = b_0$$
$$p(x_1) = b_1 h_1 + b_0$$
$$p(x_2) = b_2 (h_1 + h_2) h_2 + b_1 (h_1 + h_2) + b_0$$
$$p(x_3) = b_3 (h_1 + h_2 + h_3)(h_2 + h_3) h_3 + b_2 (h_1 + h_2 + h_3)(h_2 + h_3) + b_1 (h_1 + h_2 + h_3) + b_0$$

Sous forme matricielle,

$$\begin{bmatrix} 1 & 0 & 0 & 0 \\ 1 & h_1 & 0 & 0 \\ 1 & h_1 + h_2 & (h_1 + h_2) h_2 & 0 \\ 1 & h_1 + h_2 + h_3 & (h_1 + h_2 + h_3)(h_2 + h_3) & (h_1 + h_2 + h_3)(h_2 + h_3) h_3 \end{bmatrix} \begin{bmatrix} b_0 \\ b_1 \\ b_2 \\ b_3 \end{bmatrix} = \begin{bmatrix} y_0 \\ y_1 \\ y_2 \\ y_3 \end{bmatrix} \tag{4}$$

On constate que la matrice des coefficients est une matrice triangulaire inférieure, plus simple à résoudre que la matrice de Vandermonde. On trouve facilement les coefficients par substitution directe. Si les points sont également espacés et numérotés en ordre croissant, alors $h_i = h > 0$, et l'équation (4) devient

$$\begin{bmatrix} 1 & 0 & 0 & 0 \\ 1 & h & 0 & 0 \\ 1 & 2h & 2h^2 & 0 \\ 1 & 3h & 6h^2 & 6h^3 \end{bmatrix} \begin{bmatrix} b_0 \\ b_1 \\ b_2 \\ b_3 \end{bmatrix} = \begin{bmatrix} y_0 \\ y_1 \\ y_2 \\ y_3 \end{bmatrix}$$

Notez que le déterminant de (4) est différent de zéro précisément lorsque $h_i$ est différent de zéro pour toute valeur de $i$, de sorte qu'il existe un interpolant unique dès que tous les $x_i$ sont distincts. Puisque le système de Vandermonde calcule le même interpolant mais sous une forme différente, il donnera aussi une solution unique précisément lorsque les $x_i$ sont tous distincts.

---

### EXEMPLE 6   Interpoler une cubique par la forme de Newton

On veut trouver un polynôme de la forme de Newton qui interpole les données de l'exemple 5, soit $(-2, 11)$, $(-1, 2)$, $(1, 2)$, $(2, -1)$. À l'aide de (4), on forme le système

$$\begin{bmatrix} 1 & 0 & 0 & 0 \\ 1 & 1 & 0 & 0 \\ 1 & 3 & 6 & 0 \\ 1 & 4 & 12 & 12 \end{bmatrix} \begin{bmatrix} b_0 \\ b_1 \\ b_2 \\ b_3 \end{bmatrix} = \begin{bmatrix} 11 \\ 2 \\ 2 \\ -1 \end{bmatrix}$$

Par substitution directe, on trouve

$$\begin{aligned} b_0 &= 11 \\ b_0 + b_1 &= 2 & b_1 &= -9 \\ b_0 + 3b_1 + 6b_2 &= 2 & b_2 &= 3 \\ b_0 + 4b_1 + 12b_2 + 12b_3 &= -1 & b_3 &= -1 \end{aligned}$$

L'expression (3) donne alors le polynôme interpolant, soit

$$\begin{aligned} p(x) &= -1 \cdot (x+2)(x+1)(x-1) + 3 \cdot (x+2)(x+1) + (-9) \cdot (x+2) + 11 \\ &= -(x+2)(x+1)(x-1) + 3(x+2)(x+1) - 9(x+2) + 11 \quad \blacklozenge \end{aligned}$$

**Conversions d'une forme à l'autre**

La forme de Newton offre plusieurs avantages, mais on s'intéresse dès lors à la question suivante : si l'on connaît les coefficients de la forme de Newton du polynôme interpolant, quels sont les coefficients de la forme naturelle du polynôme? Par exemple, considérons le polynôme suivant :

$$p(x) = b_3(x - x_0)(x - x_1)(x - x_2) + b_2(x - x_0)(x - x_1) + b_1(x - x_0) + b_0$$

Supposons que nous ayons obtenu les coefficients en résolvant l'équation (4), évitant ainsi la complexité du système de Vandermonde (1). Connaissant $b_0$, $b_1$, $b_2$ et $b_3$, comment trouver les coefficients de l'expression (2)? On a

$$p(x) = a_3x^3 + a_2x^2 + a_1x + a_0$$

Développons les produits de l'équation (3)

$$\begin{aligned} p(x) &= b_3(x - x_0)(x - x_1)(x - x_2) + b_2(x - x_0)(x - x_1) + b_1(x - x_0) + b_0 \\ &= b_3x^3 + [b_2 - b_3(x_0 + x_1 + x_2)]x^2 \\ &\quad + (b_1 - b_2(x_0 + x_1) + b_3[x_0x_1 + x_0x_2 + x_1x_2])x \\ &\quad + b_0 - x_0b_1 + x_0x_1b_2 - x_0x_1x_2b_3 \end{aligned}$$

Alors,

$$\begin{aligned} a_0 &= b_0 - x_0b_1 + x_0x_1b_2 - x_0x_1x_2b_3 \\ a_1 &= b_1 - b_2(x_0 + x_1) + b_3(x_0x_1 + x_0x_2 + x_1x_2) \\ a_2 &= b_2 - b_3(x_0 + x_1 + x_2) \\ a_3 &= b_3 \end{aligned}$$

Exprimé sous forme matricielle, le système devient

$$\begin{bmatrix} a_0 \\ a_1 \\ a_2 \\ a_3 \end{bmatrix} = \begin{bmatrix} 1 & -x_0 & x_0x_1 & -x_0x_1x_2 \\ 0 & 1 & -(x_0 + x_1) & x_0x_1 + x_0x_2 + x_1x_2 \\ 0 & 0 & 1 & -(x_0 + x_1 + x_2) \\ 0 & 0 & 0 & 1 \end{bmatrix} \begin{bmatrix} b_0 \\ b_1 \\ b_2 \\ b_3 \end{bmatrix} \tag{5}$$

Ce résultat est très important! Pour résoudre le système de Vandermonde (1) par la méthode de Gauss, il aurait fallu écrire une matrice $n \times n$, qui n'aurait peut-être contenu aucun zéro, et le résoudre par des opérations mathématiques dont le nombre augmente en proportion de $n^3$ pour les grandes valeurs de $n$. D'un autre côté, le travail requis pour résoudre le système triangulaire inférieur (4) augmente proportionnellement à $n^2$ pour les grandes valeurs de $n$, et les calculs des coefficients $a_0$, $a_1$, $a_2$, $a_3$ par l'équation (5) augmentent également en proportion de $n^2$ pour les grandes valeurs de $n$. Par conséquent, pour de grandes valeurs de $n$, cette dernière méthode est plus efficace, la complexité du calcul étant d'une puissance inférieure. La procédure en deux étapes, qui consiste à résoudre (4) et à utiliser ensuite la transformation linéaire (5) représente donc une meilleure approche de résolution du système (1) lorsque $n$ est élevé (figure 4.4.4).

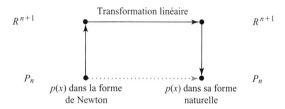

**Figure 4.4.4** Conversion indirecte de la forme de Newton à la forme naturelle

---

## EXEMPLE 7 Changer de forme

---

Partant des mêmes données, nous avons obtenu à l'exemple 5 les coefficients $a_0 = 1$, $a_1 = 1$, $a_2 = 1$, $a_3 = -1$ et nous avons trouvé, à l'exemple 6, les coefficients $b_0 = 11$, $b_1 = -9$, $b_2 = 3$ et $b_3 = -1$. Considérant l'équation (5) et $x_0 = -2$, $x_1 = -1$ et $x_2 = 1$, on devrait s'attendre à

$$\begin{bmatrix} 1 \\ 1 \\ 1 \\ -1 \end{bmatrix} = \begin{bmatrix} 1 & 2 & 2 & -2 \\ 0 & 1 & 3 & -1 \\ 0 & 0 & 1 & 2 \\ 0 & 0 & 0 & 1 \end{bmatrix} \begin{bmatrix} 11 \\ -9 \\ 3 \\ -1 \end{bmatrix}$$

Cette égalité est effectivement vérifiée. ◆

On peut aussi résoudre le système (1) par la transformée de Fourier rapide qui requiert également un nombre d'opérations proportionnel à $n^2$. À ce moment-ci, il importe surtout de retenir que les transformations linéaires de $R^{n+1}$ permettent de faire des calculs avec des polynômes. Le problème initial – trouver un polynôme de degré minimal qui corresponde à un ensemble de points donnés – n'a pas été présenté au départ dans les termes de l'algèbre linéaire. Mais en exprimant le problème en ces termes et en utilisant les matrices et la notation des transformations linéaires de $R^{n+1}$, on peut voir s'il existe une solution unique et si oui, la déterminer par un moyen efficace et la convertir en différentes formes.

1. Indiquez les opérations sur les polynômes qui correspondent aux opérations vectorielles données. Donnez le polynôme résultant.

   (a) $\begin{bmatrix} 1 \\ 2 \\ -1 \end{bmatrix} - 2 \begin{bmatrix} 3 \\ 0 \\ 2 \end{bmatrix}$   (b) $5 \begin{bmatrix} 4 \\ 3 \\ 0 \end{bmatrix} + 6 \begin{bmatrix} 1 \\ 2 \\ 1 \end{bmatrix}$

   (c) $\begin{bmatrix} 1 \\ 2 \\ 1 \\ -2 \\ 1 \end{bmatrix} - \begin{bmatrix} 0 \\ 2 \\ 0 \\ -2 \\ 0 \end{bmatrix}$   (d) $\pi \begin{bmatrix} 4 \\ -3 \\ 7 \\ 1 \end{bmatrix}$

2. (a) Considérez l'opération de $P_2$ qui transforme $ax^2 + bx + c$ en $cx^2 + bx + a$. L'opération correspond-elle à une transformation linéaire de $R^3$ dans $R^3$? Si oui, donnez-en la matrice.

   (b) Considérez l'opération de $P_3$ qui transforme $ax^3 + bx^2 + cx + d$ en $cx^3 - bx^2 - ax + d$. L'opération correspond-elle à une transformation linéaire de $R^3$ dans $R^3$? Si oui, donnez-en la matrice.

3. (a) Considérez la transformation de $P_2$ vers $P_0$ qui transforme $ax^2 + bx + c$ de $P_2$ en $|a|$. Montrez qu'il ne s'agit pas d'une transformation linéaire en prouvant qu'il n'existe pas de matrice qui transforme le vecteur $(a, b, c)$ de $R^3$ en la valeur $|a|$ dans $R$.

   (b) La transformation qui associe à $ax^2 + bx + c$ de $P_2$ en $a$ dans $P_0$ correspond-elle à une transformation linéaire de $R^3$ dans $R$?

4. (a) Considérez l'opération $M : P_2 \to P_3$ qui transforme $p(x)$ de $P_2$ en $xp(x)$ dans $P_3$. Cette opération correspond-elle à une transformation linéaire de $R^3$ dans $R^4$? Si oui, quelle en est la matrice?

   (b) Considérez l'opération $N : P_2 \to P_3$ qui transforme $p(x)$ de $P_n$ en $(x-1)\,p(x)$ dans $P_{n+1}$. Cette opération correspond-elle à une transformation linéaire de $R^3$ dans $R^4$? Si oui, quelle en est la matrice?

   (c) Considérez l'opération $W : P_2 \to P_3$ qui transforme $p(x)$ de $P_n$ en $xp(x) + 1$ dans $P_{n+1}$. Cette opération correspond-elle à une transformation linéaire de $R^3$ dans $R^4$? Si oui, quelle en est la matrice?

5. **(Si vous avez des notions de calcul)** Dans chaque cas, quelle matrice correspond à l'opération de dérivation indiquée?

   (a) $D : P_3 \to P_2$       (b) $D : P_4 \to P_3$       (c) $D : P_5 \to P_4$

6. **(Si vous avez des notions de calcul)** Dans chaque cas, quelle matrice correspond à l'opération de dérivation indiquée, considérant que $p(x) = a_n x^n + a_{n-1} x^{n-1} + \cdots + a_1 x + a_0$ est représenté par le vecteur $(a_0, a_1, \ldots, a_{n-1}, a_n)$?

   *Note*   L'ordre des coefficients est à l'inverse de celui que nous avons utilisé jusqu'à maintenant.

   (a) $D : P_3 \to P_2$       (b) $D : P_4 \to P_3$       (c) $D : P_5 \to P_4$

7. Pour chacune des matrices ci-dessous, décrire la transformation correspondante effectuée sur les polynômes. Dans chaque cas, précisez le domaine $P_i$ et l'ensemble d'arrivée $P_j$.

   (a) $\begin{bmatrix} 1 & 1 \\ 1 & -1 \end{bmatrix}$   (b) $\begin{bmatrix} 1 & 0 \\ 1 & 1 \\ 2 & -1 \end{bmatrix}$   (c) $\begin{bmatrix} 1 & 0 & 2 & -1 \\ 2 & 1 & 1 & 3 \end{bmatrix}$

(d) $\begin{bmatrix} 0 & 0 & 0 \\ 0 & 1 & 0 \\ 0 & 0 & 0 \end{bmatrix}$  (e) $\begin{bmatrix} 0 & 1 & 0 \end{bmatrix}$

**8.** Considérez l'espace de toutes les fonctions de la forme $a + b \cos(x) + c \sin(x)$ où $a$, $b$ et $c$ sont des scalaires.

   (a) S'il y a lieu, trouvez la matrice qui correspond au changement de variable $x \to x - \pi/2$ , en supposant qu'une fonction de cet espace est représentée par le vecteur $(a, b, c)$.

   (b) Quelle matrice correspond à la dérivation des fonctions de cet espace?

**9.** Considérons l'espace de toutes les fonctions qui à $t$ font correspondre une expression de la forme $a + bt + ce^t + de^{-1}$ où $a$, $b$, $c$ et $d$ sont des scalaires.

   (a) Si l'on représente une fonction de cet espace par le vecteur $(a, b, c, d)$, quelle fonction de cet espace correspond à la somme de $(1, 2, 3, 4)$ et $(-1, -2, 0, -1)$?

   (b) La fonction qui à $t$ fait correspondre $\cosh t$ appartient-elle à cet espace? Autrement dit, $\cosh t$ correspond-elle à un choix possible de $a$, $b$, $c$ et $d$?

   (c) Quelle est la matrice effectuant la dérivation des fonctions de cet espace?

**10.** Montrez que le principe de superposition est équivalent aux conditions a) et b) du théorème 4.3.2.

**11.** Montrez qu'une transformation affine n'est pas une transformation linéaire si **f** n'est pas un vecteur nul.

**12.** Par l'approche du système de Vandermonde, déterminez un polynôme de degré deux qui interpole les données $(-1, 2)$, $(0, 0)$, $(1, 2)$.

**13.** (a) Par l'approche du système de Vandermonde (1), déterminez un polynôme de degré deux qui interpole les données $(-2, 1)$, $(0, 1)$, $(1, 4)$.

   (b) Refaites (a) en utilisant cette fois l'approche de Newton (4).

**14.** (a) Par l'approche du système de Vandermonde (1), déterminez un polynôme qui interpole les données $(-1, 0)$, $(0, 0)$, $(1, 0)$, $(2, 6)$.

   (b) Refaites (a) en utilisant cette fois l'approche de Newton (4).

   (c) Utilisez l'expression (5) pour retrouver la réponse de (a) à partir de la réponse de (b).

   (d) Utilisez l'expression (5) pour obtenir la réponse de (b) à partir de celle de (a), en trouvant la matrice inverse.

   (e) Que se passe-t-il si l'on remplace les données de départ par $(-1, 0)$, $(0, 0)$, $(1, 0)$, $(2, 0)$?

**15.** (a) Par l'approche du système de Vandermonde (1), déterminez un polynôme qui interpole les données $(-2, -10)$, $(-1, 2)$, $(1, 2)$, $(2, 14)$.

   (b) Refaites (a) en utilisant cette fois l'approche de Newton (4).

   (c) Utilisez l'expression (5) pour retrouver la réponse de (a) à partir de la réponse de (b).

   (d) Utilisez l'expression (5) pour obtenir la réponse de (b) à partir de celle de (a) en trouvant la matrice inverse.

**16.** Soit la matrice $2 \times 2$ de Vandermonde

$$\begin{bmatrix} 1 & a \\ 1 & b \end{bmatrix}$$

Montrez que l'on peut en exprimer le déterminant par $(b - a)$. Considérons maintenant le déterminant de la matrice de Vandermonde $3 \times 3$ :

$$\det \begin{bmatrix} 1 & a & a^2 \\ 1 & b & b^2 \\ 1 & c & c^2 \end{bmatrix}$$

Montrez qu'il a pour expression $(b - a)(c - a)(c - b)$. De ces constatations concluez qu'une seule et unique droite passe par deux points quelconques $(x_0, y_0)$, $(x_1, y_1)$, où $x_0$ et $x_1$ sont distincts; de même, une seule parabole (qui peut être dégénérée, par exemple en une droite) passe par trois points quelconques $(x_0, y_0)$, $(x_1, y_1)$, $(x_2, y_2)$, où $x_0$, $x_1$ et $x_2$ sont distincts.

**17.** (a) Quelle forme l'équation (5) prend-elle pour les droites?

(b) Quelle forme prend-elle pour les polynômes de degré 2?

(c) Quelle forme prend-elle pour les polynômes de degré 3?

*Exploration & discussion*

**18. (Si vous avez des notions de calcul)**

(a) L'intégration indéfinie des fonctions de $P_n$ correspond-elle à une transformation linéaire de $R^{n+1}$ dans $R^{n+2}$?

(b) L'intégration définie (de $x = 0$ à $x = 1$) des fonctions de $P_n$ correspond-elle à une transformation linéaire de $R^{n+1}$ dans $R$?

**19. (Si vous avez des notions de calcul)**

(a) Quelle matrice correspond à la dérivation seconde des fonctions de $P_2$? (qui donne des fonctions dans $P_0$)?

(b) Quelle matrice correspond à la dérivation seconde des fonctions de $P_3$ (qui donne des fonctions dans $P_1$)?

(c) La matrice de dérivation seconde correspond-elle au carré de la matrice de dérivation première?

**20.** Considérons la transformation de $P_2$ dans $P_2$ associée à la matrice

$$\begin{bmatrix} 0 & 0 & 0 \\ 0 & 1 & 0 \\ 0 & 0 & 0 \end{bmatrix}$$

et la transformation de $P_2$ dans $P_0$ associée à la matrice

$$\begin{bmatrix} 0 & 1 & 0 \end{bmatrix}$$

Seuls les ensembles d'arrivée de ces transformations diffèrent. Commentez cette différence. Sous quels aspects (s'il y a lieu) cette différence est-elle importante?

**21.** Une troisième technique utile pour l'interpolation polynomiale fait intervenir les **polynômes d'interpolation de Lagrange**. Pour un ensemble de valeurs de $x$ distinctes $x_0$, $x_1,\ldots, x_n$, on définit les polynômes d'interpolation de Lagrange $n + 1$ par

$$L_i(x) = \frac{(x - x_0)(x - x_1) \cdots (x - x_{i-1})(x - x_{i+1}) \cdots (x - x_n)}{(x_i - x_0)(x_i - x_1) \cdots (x_i - x_{i-1})(x_i - x_{i+1}) \cdots (x_i - x_n)}$$

Notez que $L_i(x)$ est un polynôme de degré $n$ exactement et que $L_i(x_j) = 0$ si $i \neq j$ et $L_i(x_i) = 1$. On peut donc écrire le polynôme interpolant de $(x_0, y_0),\ldots, (x_n, y_n)$ sous la forme

$$p(x) = c_0 L_0(x) + c_1 L_1(x) + \cdots + c_n L_n(x)$$

où $c_i = y_i$, $i = 0, 1,\ldots, n$.

(a) Vérifiez que $p(x) = y_0 L_0(x) + y_1 L_1(x) + \cdots + y_n L_n(x)$ est le seul et unique polynôme d'interpolation de ces données.

(b) Quel système linéaire de coefficients $c_0, c_1, \ldots, c_n$ correspond à l'équation (1) par l'approche de Vandermonde? et à l'équation (4) par l'approche de Newton?

(c) Comparez les trois approches d'interpolation polynomiale que nous avons vues. Laquelle est la plus efficace pour trouver les coefficients? Laquelle est la meilleure pour évaluer l'interpolant en un point situé entre les données initiales?

**22.** Généraliser le résultat obtenu au problème 16 en trouvant une expression pour le déterminant de la matrice de Vandermonde $n \times n$.

**23.** La **_norme_** d'une transformation linéaire $T_A : R^n \to R^n$ peut être définie par

$$\|T\|_E = \max \frac{\|T(\mathbf{x})\|}{\|\mathbf{x}\|}$$

où l'on évalue le maximum en considérant tous les $\mathbf{x}$ non nuls de $R^n$. (L'indice à gauche signifie que la norme de la transformation linéaire est déterminée par la norme euclidienne des vecteurs du membre de droite.) C'est un fait vérifié que le maximum est toujours atteint, c'est-à-dire qu'il existe toujours un $\mathbf{x}_0$ dans $R^n$ tel que $\|T\|_E = (\|T(\mathbf{x}_0)\|/\|\mathbf{x}_0\|)$. Calculez les normes des transformations $T_A$ associées aux matrices suivantes :

(a) $\begin{bmatrix} 2 & 0 \\ 0 & 1 \end{bmatrix}$   (b) $\begin{bmatrix} 1 & 0 \\ 0 & -1 \end{bmatrix}$   (c) $\begin{bmatrix} 2 & 0 \\ 0 & -3 \end{bmatrix}$   (d) $\begin{bmatrix} 1/\sqrt{2} & 1/\sqrt{2} \\ 1/\sqrt{2} & -1/\sqrt{2} \end{bmatrix}$

# CHAPITRE 4

Exercices informatiques

Les exercices qui suivent peuvent être résolus à l'aide de logiciels tels que MATLAB, Mathematica, Maple, Derive ou Mathcab. On pourra aussi employer des logiciels équivalents ou une calculatrice scientifique dotée de fonctions d'algèbre linéaire. À chacun des exercices, vous devrez lire une partie de la documentation spécifique au matériel que vous utilisez. Ces exercices visent à vous familiariser avec l'utilisation de votre logiciel. Lorsque vous maîtriserez les techniques explorées dans ces exercices, vous serez en mesure de résoudre par ordinateur bon nombre des problèmes donnés dans les séries d'exercices réguliers.

**Section 4.1**  **T1. (Opérations vectorielles dans $R^n$)** La plupart des logiciels utilisent les mêmes fonctions pour effectuer les opérations vectorielles dans $R^n$ que pour effectuer les opérations similaires dans les espaces $R^2$ et $R^3$; de même, les fonctions servant à effectuer les produits scalaires s'appliquent également aux espaces euclidiens $R^n$. Utilisez votre logiciel pour faire les calculs des exercices 1, 3 et 9 de la section 4.1.

**Section 4.2**  **T1. (Rotations)** Trouvez la matrice standard de l'opérateur linéaire de $R^3$ qui engendre une rotation antihoraire de 45° autour de l'axe des $x$, suivie d'une rotation antihoraire de 60° autour de l'axe des $y$ et d'une rotation antihoraire de 30° autour de l'axe des $z$. Trouvez ensuite l'image du point $(1, 1, 1)$ par cet opérateur.

**Section 4.3**  **T1. (Projections)** À l'aide de votre logiciel, faites les calculs de l'exemple 6 pour $\theta = \pi/6$. Effectuez ensuite les projections des vecteurs $(1, 1)$ et $(1, -5)$. Puis, répétez l'exercice pour $\theta = \pi/4, \pi/3, \pi/2$ et $\pi$.

**Section 4.4**  **T1. (Interpolation)** La plupart des logiciels ont une fonction d'interpolation polynomiale. Dans la documentation fournie, lisez l'information pertinente et identifiez la fonction (ou les fonctions) servant à trouver le polynôme qui interpole les données. Utilisez ensuite votre logiciel pour confirmer le résultat de l'exemple 5.

# Espaces vectoriels généraux

## CONTENU DU CHAPITRE

**I** NTRODUCTION : Dans le chapitre précédent, nous avons généralisé aux espaces multidimensionnels ($R^n$) la notion de vecteur décrite auparavant pour les espaces $R^2$ et $R^3$. Dans ce chapitre, nous poussons la généralisation encore plus loin, en établissant une série d'axiomes caractéristiques des vecteurs; si une classe d'objets satisfait à ces axiomes, ces objets seront considérés comme des « vecteurs ». Ces vecteurs généralisés incluent, entre autres, des matrices et des fonctions diverses. Le travail de ce chapitre n'est pas un exercice purement théorique; il nous fournira au contraire un outil puissant de visualisation géométrique applicable à un large éventail de problèmes mathématiques importants, autrement inaccessibles à l'intuition géométrique. En effet, nous pouvons visualiser les vecteurs de $R^2$ et $R^3$ par des flèches, sur papier ou mentalement, pour faciliter la résolution de certains problèmes. Puisque, les axiomes qui définiront les nouvelles classes de vecteurs sont basés sur les caractéristiques des vecteurs de $R^2$ et $R^3$, les principales propriétés de ces nouveaux vecteurs auront donc plusieurs propriétés familières. Ainsi, pour résoudre un problème mettant en cause ces nouveaux vecteurs, des matrices ou des fonctions par exemple, nous pourrons avoir une représentation plus concrète du problème en visualisant celui-ci dans $R^2$ ou dans $R^3$.

# 5.1
## ESPACES VECTORIELS SUR LES NOMBRES RÉELS

*Dans cette section, nous élargissons davantage le concept de vecteur en traduisant d'abord sous forme d'axiomes les principales propriétés des vecteurs qui nous sont familiers. Par la suite, lorsqu'un ensemble d'objets vérifiera ces axiomes, ces objets, automatiquement caractérisés par les principales propriétés des vecteurs classiques, pourront être vus à leur tour comme des vecteurs.*

Axiomes d'un espace vectoriel

La définition qui suit regroupe dix axiomes. En lisant ces axiomes, gardez à l'esprit que vous les avez déjà vus dans des définitions ou dans des théorèmes étudiés aux deux chapitres précédents (revoyez, par exemple, le théorème 4.1.1). Rappelez-vous également que les axiomes constituent les « règles du jeu » et qu'ils n'ont pas à être démontrés.

---

**DÉFINITION**

Soit $V$, un ensemble non vide arbitraire d'objets, muni de deux opérations : l'addition et la multiplication par un scalaire (nombre). Par **addition**, nous signifions une règle qui associe à toute paire d'objets **u** et **v** de $V$ un objet **u** + **v** appelé la **somme** de **u** et **v**; par **multiplication par un scalaire**, nous entendons une règle qui associe à tout scalaire $k$ et à tout objet **u** de $V$ un objet $k$**u** appelé produit de **u** par le scalaire $k$. Si les axiomes qui suivent sont vérifiés par tous les objets **u**, **v**, **w** de $V$ et tous les scalaires $k$ et $m$, alors $V$ est un **espace vectoriel**. Les objets de l'espace $V$ sont appelés **vecteurs**.

1. Si **u** et **v** sont des objets de $V$, alors **u** + **v** appartient également à $V$.
2. **u** + **v** = **v** + **u**
3. **u** + (**v** + **w**) = (**u** + **v**) + **w**
4. Il existe un objet **0** de $V$, appelé **vecteur nul** de $V$, tel que **0** + **u** = **u** + **0** = **u** pour tout **u** de $V$.
5. Pour tout **u** de $V$, il existe un objet −**u** de $V$, appelé **opposé** de **u**, tel que **u** + (−**u**) = (−**u**) + **u** = **0**.
6. Si $k$ est un scalaire quelconque et **u**, un objet quelconque de $V$, alors $k$**u** appartient à $V$.
7. $k$(**u** + **v**) = $k$**u** + $k$**v**
8. $(k + m)$**u** = $k$**u** + $m$**u**
9. $k(m$**u**$) = (km)($**u**$)$
10. 1**u** = **u**

---

*REMARQUE* Selon l'application considérée, les scalaires peuvent être des nombres réels ou des nombres complexes. Les espaces vectoriels dont les scalaires sont des nombres complexes sont appelés **espaces vectoriels sur les complexes** et les espaces vectoriels dont les scalaires sont des nombres réels sont des **espaces vectoriels sur les réels**. Dans ce livre, *tous les scalaires considérés sont des nombres réels.*

Le lecteur doit garder en tête que la définition d'un espace vectoriel ne précise ni la nature des vecteurs ni les opérations qui s'y rattachent. À priori tout genre d'objet pourrait être un vecteur, et les opérations d'addition et de multiplication par un scalaire n'ont parfois rien à voir avec les opérations vectorielles définies pour $R^n$. La seule exigence :

que les dix axiomes des espaces vectoriels soient vérifiés. Dans ce contexte, certains auteurs symbolisent par $\oplus$ et $\odot$ l'addition vectorielle et la multiplication par un scalaire, de façon à les distinguer des opérations d'addition et de multiplication de nombres réels; nous n'utiliserons cependant pas cette convention.

**Exemples d'espaces vectoriels**

Les exemples qui suivent illustrent l'éventail d'espaces vectoriels possibles. Dans chaque cas, l'espace est décrit par un ensemble non vide $V$ et deux opérations, l'addition et la multiplication par un scalaire; nous vérifions ensuite les dix axiomes afin de justifier d'appeler $V$, muni des opérations mentionnées, ou espace vectoriel.

---

### EXEMPLE 1   $R^n$ est un espace vectoriel

---

L'ensemble $V = R^n$ muni des opérations usuelles d'addition et de multiplication par un scalaire, telles que définies à la section 4.1, est un espace vectoriel. Les axiomes 1 et 6 découlent directement des définitions de ces opérations dans $R^n$; les autres axiomes découlent du théorème 4.1.1. ◆

Les trois principaux cas particuliers de $R^n$ sont $R$ (les nombres réels), $R^2$ (les vecteurs du plan) et $R^3$ (les vecteurs de l'espace tridimensionnel).

---

### EXEMPLE 2   Un espace vectoriel de matrices 2 × 2

---

Montrer que l'ensemble $V$ de toutes les matrices $2 \times 2$ constituées d'éléments réels est un espace vectoriel lorsque l'addition est définie par l'addition matricielle usuelle et la multiplication par un scalaire, par la multiplication d'une matrice par un scalaire usuelle.

*Solution*

Dans cet exemple, il sera plus simple de vérifier les axiomes dans l'ordre suivant : 1, 6, 2, 3, 7, 8, 9, 4, 5 et 10. Considérons

$$\mathbf{u} = \begin{bmatrix} u_{11} & u_{12} \\ u_{21} & u_{22} \end{bmatrix} \quad \text{et} \quad \mathbf{v} = \begin{bmatrix} v_{11} & v_{12} \\ v_{21} & v_{22} \end{bmatrix}$$

Pour démontrer que l'axiome 1 est vérifié, il faut montrer que $\mathbf{u} + \mathbf{v}$ appartient à $V$, c'est-à-dire que $\mathbf{u} + \mathbf{v}$ est une matrice $2 \times 2$. Or, ce résultat découle directement de la définition de l'addition matricielle, puisque

$$\mathbf{u} + \mathbf{v} = \begin{bmatrix} u_{11} & u_{12} \\ u_{21} & u_{22} \end{bmatrix} + \begin{bmatrix} v_{11} & v_{12} \\ v_{21} & v_{22} \end{bmatrix} = \begin{bmatrix} u_{11} + v_{11} & u_{12} + v_{12} \\ u_{21} + v_{21} & u_{22} + v_{22} \end{bmatrix}$$

L'axiome 6 est également valide étant donné que, pour tout nombre réel $k$, on a

$$k\mathbf{u} = k\begin{bmatrix} u_{11} & u_{12} \\ u_{21} & u_{22} \end{bmatrix} = \begin{bmatrix} ku_{11} & ku_{12} \\ ku_{21} & ku_{22} \end{bmatrix}$$

Ainsi, $k\mathbf{u}$ est une matrice $2 \times 2$ et, par conséquent, $k\mathbf{u}$ appartient à $V$.

L'axiome 2 découle du théorème 1.4.1*a*; on a

$$\mathbf{u} + \mathbf{v} = \begin{bmatrix} u_{11} & u_{12} \\ u_{21} & u_{22} \end{bmatrix} + \begin{bmatrix} v_{11} & v_{12} \\ v_{21} & v_{22} \end{bmatrix} = \begin{bmatrix} v_{11} & v_{12} \\ v_{21} & v_{22} \end{bmatrix} + \begin{bmatrix} u_{11} & u_{12} \\ u_{21} & u_{22} \end{bmatrix} = \mathbf{v} + \mathbf{u}$$

De même, l'axiome 3 procède de la propriété (*b*) du théorème 1.4.1; et les axiomes 7, 8 et 9 découlent respectivement des propriétés (*h*), (*j*) et (*l*) du même théorème.

Pour vérifier l'axiome 4, on doit trouver un objet **0** de *V* tel que $\mathbf{0} + \mathbf{u} = \mathbf{u} + \mathbf{0} = \mathbf{u}$ pour tout **u** de *V*. Or, l'objet **0** suivant satisfait à cette condition :

$$\mathbf{0} = \begin{bmatrix} 0 & 0 \\ 0 & 0 \end{bmatrix}$$

Par cette définition, on a

$$\mathbf{0} + \mathbf{u} = \begin{bmatrix} 0 & 0 \\ 0 & 0 \end{bmatrix} + \begin{bmatrix} u_{11} & u_{12} \\ u_{21} & u_{22} \end{bmatrix} = \begin{bmatrix} u_{11} & u_{12} \\ u_{21} & u_{22} \end{bmatrix} = \mathbf{u}$$

On obtient $\mathbf{u} + \mathbf{0} = \mathbf{u}$ en procédant de manière similaire. Pour démontrer que l'axiome 5 est vérifié, il faut montrer que tout objet **u** de *V* a un opposé $-\mathbf{u}$ tel que $\mathbf{u} + (-\mathbf{u}) = \mathbf{0}$ et $(-\mathbf{u}) + \mathbf{u} = \mathbf{0}$. Cette condition est remplie en définissant l'opposé de **u** par

$$-\mathbf{u} = \begin{bmatrix} -u_{11} & -u_{12} \\ -u_{21} & -u_{22} \end{bmatrix}$$

Ainsi,

$$\mathbf{u} + (-\mathbf{u}) = \begin{bmatrix} u_{11} & u_{12} \\ u_{21} & u_{22} \end{bmatrix} + \begin{bmatrix} -u_{11} & -u_{12} \\ -u_{21} & -u_{22} \end{bmatrix} = \begin{bmatrix} 0 & 0 \\ 0 & 0 \end{bmatrix} = \mathbf{0}$$

On démontre que $(-\mathbf{u}) + \mathbf{u} = \mathbf{0}$ en procédant de manière similaire. Finalement, on vérifie l'axiome 10 par un simple calcul, soit

$$1\mathbf{u} = 1\begin{bmatrix} u_{11} & u_{12} \\ u_{21} & u_{22} \end{bmatrix} = \begin{bmatrix} 1.u_{11} & 1.u_{12} \\ 1.u_{21} & 1.u_{22} \end{bmatrix} = \begin{bmatrix} u_{11} & u_{12} \\ u_{21} & u_{22} \end{bmatrix} = \mathbf{u} \quad \blacklozenge$$

(*a*)

(*b*)

(*c*)

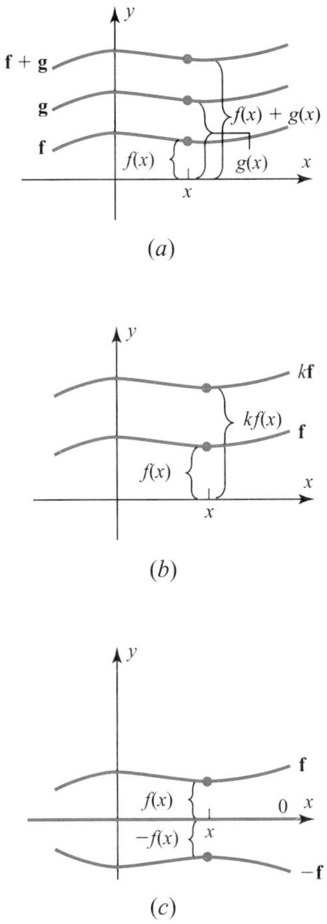

Figure 5.1.1

## EXEMPLE 3  Un espace vectoriel de matrices *m* × *n*

L'exemple 2 est un cas particulier d'une classe plus générale d'espaces vectoriels. En adaptant les arguments utilisés dans cet exemple, on peut montrer que l'ensemble *V* de toutes les matrices *m* × *n* constituées d'éléments réels, muni des opérations d'addition matricielle et de multiplication des matrices par un scalaire, forme un espace vectoriel. La matrice nulle *m* × *n* est le vecteur nul **0** et si **u** est la matrice *U* de dimension *m* × *n*, alors $-U$ correspond à l'opposé $-\mathbf{u}$ du vecteur **u**. Cet espace vectoriel est symbolisé par $M_{mn}$. $\blacklozenge$

## EXEMPLE 4  Un espace vectoriel de fonctions réelles

Soit *V*, l'ensemble des fonctions réelles définies sur toute la droite réelle $]-\infty, \infty[$. Soit **f** et **g** deux de ces fonctions. On utilisera la notation suivant : $\mathbf{f} = f(x)$ et $\mathbf{g} = g(x)$. Soit également *k* un nombre réel quelconque. Alors on définit respectivement la somme $\mathbf{f} + \mathbf{g}$ et le produit par un scalaire $k\mathbf{f}$ par

$$\mathbf{f} + \mathbf{g} = f(x) + g(x) \quad \text{et} \quad k\mathbf{f} = kf(x)$$

Autrement dit, on obtient la valeur de la fonction $\mathbf{f} + \mathbf{g}$ à *x* en additionnant les valeurs de **f** et de **g** à *x* (figure 5.1.1*a*) De même, on trouve la valeur de $k\mathbf{f}$ à *x* en multipliant par *k* la valeur de **f** à *x* (figure 5.1.1*b*). Dans les exercices, nous vous demanderons de montrer que *V* muni de ces opérations constitue un espace vectoriel. Cet espace est noté $F]-\infty, \infty[$. Si **f** et **g** sont des vecteurs de cet espace, alors $\mathbf{f} = \mathbf{g}$ signifie que $f(x) = g(x)$ pour toute valeur de *x* appartenant à l'intervalle $]-\infty, \infty[$.

Le vecteur **0** de $F(]-\infty, \infty[)$ est la fonction constante qui prend la valeur zéro pour toute valeur de $x$. Le graphe de cette fonction correspond à la droite confondue avec l'axe des $x$. Le vecteur opposé de **f** correspond à la fonction $-\mathbf{f} = -f(x)$. D'un point de vue géométrique, le graphe de $-\mathbf{f}$ est obtenu de la réflexion du graphe de **f** par rapport à l'axe des $x$ (figure 5.1.1$c$). ◆

*REMARQUE* Dans l'exemple qui précède, nous avons considéré l'intervalle $]-\infty, \infty[$ mais nous aurions pu restreindre la discussion à l'intervalle fermé $[a, b]$ ou à l'intervalle ouvert $]a, b[$. L'ensemble des fonctions définies sur un tel intervalle, muni des opérations décrites dans l'exemple, aurait également constitué un espace vectoriel; nous aurions noté cet espace respectivement $F[a, b]$ ou $F]a, b[$.

---

## EXEMPLE 5 Un ensemble qui n'est pas un espace vectoriel

---

Soit $V = R^2$ et considérons les opérations d'addition et de multiplication par un scalaire définies comme suit : si $\mathbf{u} = (u_1, u_2)$ et $\mathbf{v} = (v_1, v_2)$, alors

$$\mathbf{u} + \mathbf{v} = (u_1 + v_1, u_2 + v_2)$$

et si $k$ est un nombre réel quelconque, alors

$$k\mathbf{u} = (ku_1, 0)$$

Par exemple, si $\mathbf{u} = (2, 4)$, $\mathbf{v} = (-3, 5)$ et $k = 7$, alors

$$\mathbf{u} + \mathbf{v} = [2 + (-3), 4 + 5] = (-1, 9)$$
$$k\mathbf{u} = 7\mathbf{u} = (7 \cdot 2, 0) = (14, 0)$$

L'opération d'addition est l'opération usuelle de $R^2$, mais la multiplication par un scalaire ne correspond pas à l'opération usuelle de multiplication par un scalaire. Dans les exercices, il vous sera demandé de montrer que les neuf premiers axiomes sont vérifiés; cependant, il existe des valeurs de **u** qui ne satisfont pas l'axiome 10. Par exemple, si $\mathbf{u} = (u_1, u_2)$, alors

$$1\mathbf{u} = 1(u_1, u_2) = (1 \cdot u_1, 0) = (u_1, 0) \neq \mathbf{u}$$

Ainsi, muni des opérations données, $V$ ne constitue pas un espace vectoriel. ◆

---

## EXEMPLE 6 Tout plan passant par l'origine est un espace vectoriel

---

Soit $V$, un plan passant par l'origine de $R^3$. Nous allons montrer que les points de $V$ forment un espace vectoriel pour les opérations usuelles d'addition et de multiplication par un scalaire, des vecteurs de $R^3$. Par l'exemple 1, nous savons déjà que $R^3$ est lui-même un espace vectoriel pour ces opérations. Or, les axiomes 2, 3, 7, 8, 9 et 10 étant valables pour tous les points de $R^3$, ils sont automatiquement vérifiés pour tous les points du plan $V$. Il reste donc à vérifier les axiomes 1, 4, 5 et 6.

Le plan $V$, qui passe par l'origine, a pour équation

$$ax + by + cz = 0 \tag{1}$$

Si $\mathbf{u} = (u_1, u_2, u_3)$ et $\mathbf{v} = (v_1, v_2, v_3)$ sont des points de $V$, alors $au_1 + bu_2 + cu_3 = 0$ et $av_1 + bv_2 + cv_3 = 0$. L'addition de ces équations terme à terme donne

$$a(u_1 + v_1) + b(u_2 + v_2) + c(u_3 + v_3) = 0$$

L'égalité signifie que les coordonnées du point $\mathbf{u} + \mathbf{v}$ satisfont à l'équation (1) où

$$\mathbf{u} + \mathbf{v} = (u_1 + v_1, u_2 + v_2, u_3 + v_3)$$

On en déduit que $\mathbf{u} + \mathbf{v}$ se situe dans le plan $V$ et l'axiome 1 est vérifié. La vérification des axiomes 4 et 6 est laissée en exercices. Montrons maintenant que l'axiome 5 est vérifié : en multipliant par $-1$ tous les termes de l'équation $au_1 + bu_2 + cu_3 = 0$, on obtient

$$a(-u_1) + b(-u_2) + c(-u_3) = 0$$

Ainsi, $-\mathbf{u} = (-u_1, -u_2, -u_3)$ se situe dans le plan $V$, ce qui établit l'axiome 5. ◆

## EXEMPLE 7   L'espace vectoriel nul

Considérons $V$, constitué d'un seul objet, noté $\mathbf{0}$, et définissons

$$\mathbf{0} + \mathbf{0} = \mathbf{0} \quad \text{et} \quad k\mathbf{0} = \mathbf{0}$$

pour tout scalaire $k$. On vérifie facilement que tous les axiomes sont satisfaits. Cet espace est nommé *espace vectoriel nul*. ◆

**Quelques propriétés des vecteurs**

Au fil du texte, nous ajouterons à la série qui précède d'autres exemples d'espaces vectoriels. Pour l'instant, concluons cette section par une liste utile de propriétés vectorielles.

**THÉORÈME 5.1.1**

*Soit $V$, un espace vectoriel, $\mathbf{u}$, un vecteur de $V$, et $k$, un scalaire; alors :*

(a) $0\mathbf{u} = \mathbf{0}$

(b) $k\mathbf{0} = \mathbf{0}$

(c) $(-1)\mathbf{u} = -\mathbf{u}$

(d) *Si $k\mathbf{u} = \mathbf{0}$, alors $k = 0$ ou $\mathbf{u} = \mathbf{0}$*

Nous allons démontrer les parties (a) et (c) et laisser les autres preuves en exercices.

**Démonstration de (a)**   On peut écrire

$$0\mathbf{u} + 0\mathbf{u} = (0 + 0)\mathbf{u} \quad \text{[Axiome 8]}$$
$$= 0\mathbf{u} \quad \text{[Propriété du nombre 0]}$$

Par l'axiome 5, le vecteur $0\mathbf{u}$ a un vecteur opposé $-0\mathbf{u}$. Si l'on additionne ce vecteur opposé de chaque côté de l'équation ci-dessus, on obtient

$$[0\mathbf{u} + 0\mathbf{u}] + (-0\mathbf{u}) = 0\mathbf{u} + (-0\mathbf{u})$$

ou

$$0\mathbf{u} + [0\mathbf{u} + (-0\mathbf{u})] = 0\mathbf{u} + (-0\mathbf{u}) \quad \text{[Axiome 3]}$$
$$0\mathbf{u} + \mathbf{0} = \mathbf{0} \quad \text{[Axiome 5]}$$
$$0\mathbf{u} = \mathbf{0} \quad \text{[Axiome 4]}$$

**Démonstration de (c)**   Pour prouver que $(-1)\mathbf{u} = -\mathbf{u}$, nous devons montrer que $\mathbf{u} + (-1)\mathbf{u} = \mathbf{0}$. Considérons

$$\mathbf{u} + (-1)\mathbf{u} = 1\mathbf{u} + (-1)\mathbf{u} \quad \text{[Axiome 10]}$$
$$= (1 + (-1))\mathbf{u} \quad \text{[Axiome 8]}$$
$$= 0\mathbf{u} \quad \text{[Propriété des nombres réels]}$$
$$= \mathbf{0} \quad \text{[Partie (a) ci-dessus]}$$

**SÉRIE
D'EXERCICES
5.1**

Dans chacun des exercices 1 à 16, un ensemble d'objets est donné, accompagné de la description des opérations d'addition et de multiplication par un scalaire. Parmi ces ensembles, déterminez ceux qui forment des espaces vectoriels avec les opérations indiquées. Lorsque l'ensemble ne forme pas un espace vectoriel, indiquez les des axiomes qui ne sont pas vérifiés.

1. L'ensemble de tous les triplets de nombres réels $(x, y, z)$ et les opérations

$$(x, y, z) + (x', y', z') = (x + x', y + y', z + z') \quad \text{et} \quad k(x, y, z) = (kx, y, z)$$

2. L'ensemble de tous les triplets de nombres réels $(x, y, z)$ et les opérations

$$(x, y, z) + (x', y', z') = (x + x', y + y', z + z') \quad \text{et} \quad k(x, y, z) = (0, 0, 0)$$

3. L'ensemble de tous les couples de nombres réels $(x, y)$ et les opérations

$$(x, y) + (x', y') = (x + x', y + y') \quad \text{et} \quad k(x, y) = (2kx, 2ky)$$

4. L'ensemble de tous les nombres réels $x$ et les opérations usuelles d'addition et de multiplication.

5. L'ensemble de tous les couples de nombres réels de la forme $(x, 0)$ et les opérations usuelles dans $R^2$.

6. L'ensemble de tous les couples de nombres réels de la forme $(x, y)$ où $x \geq 0$ et les opérations usuelles dans $R^2$.

7. L'ensemble de tous les $n$-tuplets de nombres réels de la forme $(x, x, ..., x)$ et les opérations usuelles dans $R^n$.

8. L'ensemble de tous les couples de nombres réels $(x, y)$ et les opérations

$$(x, y) + (x', y') = (x + x' + 1, y + y' + 1) \quad \text{et} \quad k(x, y) = (kx, ky)$$

9. L'ensemble de toutes les matrices $2 \times 2$ de la forme suivante :

$$\begin{bmatrix} a & 1 \\ 1 & b \end{bmatrix}$$

muni des opérations matricielles usuelles d'addition et de multiplication par un scalaire.

10. L'ensemble de toutes les matrices $2 \times 2$ de la forme

$$\begin{bmatrix} a & 0 \\ 0 & b \end{bmatrix}$$

et les opérations matricielles usuelles d'addition et de multiplication par un scalaire.

11. L'ensemble de toutes les fonctions réelles $f$ définies sur toute la droite des nombres réels telles que $f(1) = 0$, muni des opérations décrites à l'exemple 4.

12. L'ensemble de toutes les matrices $2 \times 2$ de la forme

$$\begin{bmatrix} a & a + b \\ a + b & b \end{bmatrix}$$

et les opérations matricielles d'addition et de multiplication par un scalaire.

13. L'ensemble de tous les couples de nombres réels $(1, x)$ et les opérations

$$(1, y) + (1, y') = (1, y + y') \quad \text{et} \quad k(1, y) = (1, ky)$$

14. L'ensemble des polynômes de la forme $a + bx$, muni des opérations

$$(a_0 + a_1x) + (b_0 + b_1x) = (a_0 + b_0) + (a_1 + b_1)x \quad \text{et} \quad k(a_0 + a_1x) = (ka_0) + (ka_1)x$$

15. L'ensemble de tous les nombres réels positifs, muni des opérations

$$x + y = xy \quad \text{et} \quad kx = x^k$$

**16.** L'ensemble de tous les couples de nombres réels $(x, y)$ muni des opérations

$$(x, y) + (x', y') = (xx', yy') \quad \text{et} \quad k(x, y) = (kx, ky)$$

**17.** Montrez que les ensembles ci-dessous, munis des opérations indiquées, ne forment pas des espaces vectoriels. Dans chaque cas, indiquez les axiomes qui ne sont pas vérifiés.

(a) L'ensemble de tous les triplets de nombres réels muni de l'addition usuelle et de la multiplication par un scalaire définie par $k(x, y, z) = (k^2x, k^2y, k^2z)$.

(b) L'ensemble de tous les triplets de nombres réels, muni de l'addition définie par $(x, y, z) + (u, v, w) = (z + w, y + v, x + u)$ et de la multiplication par un scalaire usuelle.

(c) L'ensemble de toutes les matrices $2 \times 2$ inversibles, muni des opérations matricielles usuelles d'addition et de multiplication par un scalaire.

**18.** Montrez que l'ensemble de toutes les matrices $2 \times 2$ de la forme $\begin{bmatrix} a & 1 \\ 1 & b \end{bmatrix}$, muni de l'addition définie par $\begin{bmatrix} a & 1 \\ 1 & b \end{bmatrix} + \begin{bmatrix} c & 1 \\ 1 & d \end{bmatrix} = \begin{bmatrix} a + c & 1 \\ 1 & b + d \end{bmatrix}$ et de la multiplication par un scalaire définie par $\begin{bmatrix} a & 1 \\ 1 & b \end{bmatrix} = \begin{bmatrix} ka & 1 \\ 1 & kb \end{bmatrix}$ forme un espace vectoriel. Quel est le vecteur nul de cet espace?

**19.** (a) Montrez que l'ensemble de tous les points appartenant à une droite de $R^2$, muni des opérations usuelles d'addition vectorielle et de multiplication par un scalaire, forme un espace vectoriel lorsque la droite passe par l'origine.

(b) Montrez que l'ensemble de tous les points appartenant à un plan de $R^3$, muni des opérations usuelles d'addition vectorielle et de multiplication par un scalaire, forme un espace vectoriel lorsque le plan passe par l'origine.

**20.** Considérez l'ensemble de toutes les matrices $2 \times 2$ inversibles, muni de l'addition vectorielle définie par la *multiplication* matricielle et de la multiplication par un scalaire usuelle. S'agit-il d'un espace vectoriel?

**21.** Montrez que les neuf premiers axiomes d'un espace vectoriel sont vérifiés si $V = R^2$ est muni des opérations d'addition et de multiplication par un scalaire définies à l'exemple 5.

**22.** Montrez qu'une droite passant par l'origine de $R^3$ munie des opérations usuelles sur $R^3$ forme un espace vectoriel.

**23.** Complétez la partie inachevée de l'exemple 4.

**24.** Complétez la partie inachevée de l'exemple 6.

---

*Exploration & discussion*

**25.** Nous avons vu à l'exemple 6 que tout plan de $R^3$ qui passe par l'origine est un espace vectoriel pour les opérations usuelles sur $R^3$. Est-ce également vrai pour les plans qui ne contiennent pas l'origine? Justifiez votre réponse.

**26.** Il a été montré à l'exercice 14 que l'ensemble des polynômes de degré inférieur ou égal à 1 est un espace vectoriel pour les opérations indiquées. L'ensemble des polynômes de degré exactement égal à 1 forme-t-il un espace vectoriel pour ces opérations? Expliquez votre raisonnement.

**27.** Considérez l'ensemble dont le seul élément est la Lune. Muni des opérations suivantes Lune + Lune = Lune et $k$(Lune) = Lune, pour tout nombre réel $k$ cet ensemble forme-t-il un espace vectoriel? Justifiez votre réponse.

28. Croyez-vous qu'il soit possible de créer un espace vectoriel qui contienne exactement deux vecteurs distincts? Expliquez votre raisonnement.

29. Nous élaborons ici la démonstration de la propriété (*b*) du théorème 5.1.1. Justifiez chacune des étapes en inscrivant, dans les espaces prévus à cet effet, le mot *hypothèse* ou le numéro de l'un des axiomes des espaces vectoriels tels que présentés dans cette section.

    *Hypothèse* : soit **u**, un vecteur de l'espace vectoriel $V$, **0**, le vecteur nul de $V$ et $k$, un scalaire.

    *Conclusion* : alors $k\mathbf{0} = \mathbf{0}$.

    *Preuve* : (1) Premièrement, $k\mathbf{0} + k\mathbf{u} = k(\mathbf{0} + \mathbf{u})$. _____

    (2) $= k\mathbf{u}$ _____

    (3) Puisque $k\mathbf{u}$ appartient à $V$, $-k\mathbf{u}$ appartient également à $V$. _____

    (4) Ainsi, $(k\mathbf{0} + k\mathbf{u}) + (-k\mathbf{u}) = k\mathbf{u} + (-k\mathbf{u})$ _____

    (5) $k\mathbf{0} + (k\mathbf{u} + (-k\mathbf{u})) = k\mathbf{u} + (-k\mathbf{u})$ _____

    (6) $k + \mathbf{0} = \mathbf{0}$ _____

    (7) Finalement, $k\mathbf{0} = \mathbf{0}$. _____

30. Démontrez la propriété (*d*) du théorème 5.1.1.

31. Nous présentons ici la démonstration de la règle de simplification de l'addition dans un espace vectoriel. Justifiez chaque étape de cette preuve en inscrivant, dans les espaces prévus à cet effet, le mot *hypothèse* ou le numéro de l'un des axiomes des espaces vectoriels tels que présentés dans cette section.

    *Hypothèse* : soit **u**, **v** et **w**, des vecteurs de l'espace vectoriel $V$ et supposez que $\mathbf{u} + \mathbf{w} = \mathbf{v} + \mathbf{w}$.

    *Conclusion :* alors $\mathbf{u} = \mathbf{v}$.

    *Preuve* : (1) Premièrement, $(\mathbf{u} + \mathbf{w}) + (-\mathbf{w})$ et $(\mathbf{v} + \mathbf{w}) + (-\mathbf{w})$ sont des vecteurs de $V$. _____

    (2) Ainsi $(\mathbf{u} + \mathbf{w}) + (-\mathbf{w}) = (\mathbf{v} + \mathbf{w}) + (-\mathbf{w})$. _____

    (3) Le membre gauche de l'égalité de l'étape (2) donne
    $(\mathbf{u} + \mathbf{w}) + (-\mathbf{w}) = \mathbf{u} + [\mathbf{w} + (-\mathbf{w})]$ _____
    $= \mathbf{u}$ _____

    (4) Le membre droit de l'égalité de l'étape (2) donne
    $(\mathbf{v} + \mathbf{w}) + (-\mathbf{w}) = \mathbf{v} + [\mathbf{w} + (-\mathbf{w})]$ _____
    $= \mathbf{v}$ _____

    Considérant l'égalité de l'étape (2), les étapes (3) et (4) prouvent que $\mathbf{u} = \mathbf{v}$.

32. Croyez-vous qu'un espace vectoriel puisse contenir deux vecteurs nuls différents? Autrement dit, est-il possible que deux vecteurs *différents* $\mathbf{0}_1$ et $\mathbf{0}_2$ vérifient l'axiome 4? Expliquez votre raisonnement.

33. Selon vous, un vecteur **u** peut-il avoir deux vecteurs opposés? Autrement dit, est-il possible que deux vecteurs *différents* $(-\mathbf{u})_1$ et $(-\mathbf{u})_2$ vérifient l'axiome 5? Expliquez votre raisonnement.

34. L'ensemble des dix axiomes des espaces vectoriels n'est pas un ensemble indépendant parce que l'on peut déduire l'axiome 2 d'autres axiomes de l'ensemble. Partant de l'expression ci-dessous
    $$(\mathbf{u} + \mathbf{v}) - (\mathbf{v} + \mathbf{u})$$
    et de l'axiome 7, démontrez que $\mathbf{u} + \mathbf{v} = \mathbf{v} + \mathbf{u}$.

*Indice* Vous pouvez faire appel au théorème 5.1.1, sachant que les preuves de ce théorème ne sont pas basées sur l'axiome 2.

## 5.2
### SOUS-ESPACES

*Un espace vectoriel peut être inclus dans un autre espace vectoriel. Par exemple, nous avons montré à la section précédente que les plans passant par l'origine sont des espaces vectoriels contenus dans l'espace vectoriel R³. Dans cette section, nous étudions en détail ce concept important.*

Un sous-ensemble d'un espace vectoriel $V$ qui forme lui-même un espace vectoriel avec les opérations d'addition et de multiplication par un scalaire définies sur $V$ porte un nom particulier.

---
**DÉFINITION**

Un sous-ensemble $W$ d'un espace vectoriel $V$ est appelé **sous-espace** de $V$ si $W$ est lui-même un espace vectoriel avec l'addition et la multiplication par un scalaire définies sur $V$.

---

En général, il faut vérifier les dix axiomes des espaces vectoriels pour montrer qu'un ensemble $W$ muni d'une addition et de la multiplication par un scalaire forme un espace vectoriel. Toutefois, si $W$ est une partie d'un ensemble plus vaste $V$ qui forme déjà un espace vectoriel, il n'est pas nécessaire de vérifier tous les axiomes pour $W$ parce que certains d'entre eux sont systématiquement « transmis » par $V$. Par exemple, il n'y a pas lieu de vérifier que $\mathbf{u} + \mathbf{v} = \mathbf{v} + \mathbf{u}$ (axiome 2) dans $W$ parce que cette propriété vaut pour tous les vecteurs de $V$ et donc, en particulier, pour tous les vecteurs de $W$. Il en va de même pour les axiomes 3, 7, 8, 9 et 10. Par conséquent, il suffit de vérifier les axiomes 1, 4, 5 et 6 pour prouver que $W$ est un sous-espace de l'espace vectoriel $V$. Le théorème qui suit précise de surcroît que les axiomes 4 et 5 peuvent être omis.

**THÉORÈME 5.2.1**

*Soit $W$ un ensemble formé de un ou de plusieurs vecteurs d'un espace vectoriel $V$. Alors $W$ est un sous-espace de $V$ si et seulement si les conditions suivantes sont vérifiées*

(a) *$u$ et $v$ sont des vecteurs de $W$, alors $\mathbf{u} + \mathbf{v}$ appartient à $W$;*

(b) *$k$ est un scalaire quelconque et $u$, un vecteur quelconque de $W$, alors $k\mathbf{u}$ appartient à $W$.*

*Démonstration*  Si $W$ est un sous-espace de $V$, alors tous les axiomes des espaces vectoriels doivent être vérifiés; en particulier, les axiomes 1 et 6 le sont et ils correspondent précisément aux conditions ($a$) et ($b$).

Réciproquement, considérons que les conditions ($a$) et ($b$) sont vérifiées. Puisque ces conditions répondent aux axiomes 1 et 6, il reste à démontrer que $W$ satisfait aux huit autres axiomes. Les axiomes 2, 3, 7, 8, 9 et 10 valent automatiquement pour $W$, puisqu'ils s'appliquent à tous les vecteurs de $V$. Ainsi, pour compléter la preuve, il suffit de s'assurer que les vecteurs de $W$ vérifient les axiomes 4 et 5.

Soit $\mathbf{u}$, un vecteur quelconque de $W$. Par la condition ($b$), on sait que $k\mathbf{u}$ appartient à $W$ pour tout scalaire $k$. Si l'on pose $k = 0$, conformément au théorème 5.1.1, $0\mathbf{u} = \mathbf{0}$ appartient à $W$ et si l'on pose $k = -1$, alors $(-1)\mathbf{u} = -\mathbf{u}$ appartient à $W$. ∎

*REMARQUE*  Soit $W$ un ensemble formé de un ou de plusieurs vecteurs d'un espace vectoriel $V$. $W$ est dit **fermé pour l'addition** si la condition ($a$) du théorème 5.2.1 est vérifiée

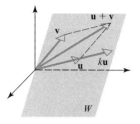

**Figure 5.2.1** Les vecteurs **u** + **v** et k**u** sont dans un même plan que les vecteurs **u** et **v**.

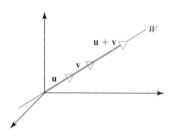

(*a*) *W* est fermé pour l'addition.

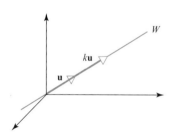

(*b*) *W* est fermé pour la multiplication par un scalaire.

**Figure 5.2.2**

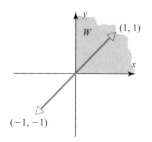

**Figure 5.2.3** *W* n'est pas fermé pour la multiplication par un scalaire.

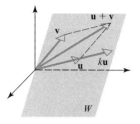

et ***fermé pour la multiplication par un scalaire*** si la condition (*b*) est vérifiée. Ainsi, le théorème 5.2.1 affirme que *W est un sous-espace de V si et seulement si W est fermé pour les opérations d'addition et de multiplication par un scalaire.*

---

**EXEMPLE 1** Test appliqué à un sous-espace

À l'exemple 6 de la section 5.1, nous avons vérifié les dix axiomes des espaces vectoriels pour démontrer que les points d'un plan passant par l'origine de $R^3$ forment un sous-espace de $R^3$. À la lumière du théorème 5.2.1, nous savons maintenant que plusieurs de ces démonstrations étaient longues inutilement; il aurait suffi de montrer que le plan est fermé pour l'addition et pour la multiplication par un scalaire (axiomes 1 et 6). À la section 5.1, nous avons démontré algébriquement que ces axiomes sont vérifiés; procédons maintenant d'un point de vue géométrique. Considérons un plan quelconque *W* passant par l'origine et des vecteurs quelconques **u** et **w** appartenant à *W*. Le vecteur somme **u** + **v** se trouve dans le plan *W*, puisqu'il correspond à la diagonale du parallélogramme formé par **u** et **v** (figure 5.2.1); de même, k**u** appartient à *W* pour tout scalaire *k,* puisque k**u** se situe sur la droite définie par **u**. Ainsi, *W* est fermé pour l'addition et pour la multiplication par un scalaire et on conclut que *W* est un sous-espace de $R^3$. ◆

---

**EXEMPLE 2** Les droites passant par l'origine sont des sous-espaces

Montrer qu'une droite passant par l'origine de $R^3$ est un sous-espace de $R^3$.

*Solution*

Soit *W*, une droite passant par l'origine de $R^3$. D'un point de vue géométrique, il est clair que la somme de deux vecteurs appartenant à cette droite se trouve également sur cette droite et qu'un multiple scalaire d'un vecteur situé sur cette droite est aussi sur cette droite (figure 5.2.2). Ainsi, *W* est fermé pour l'addition et pour la multiplication par un scalaire et, conséquemment, *W* est un sous-espace de $R^3$. Dans les exercices, il vous sera demandé de faire la preuve algébrique de cette affirmation en utilisant les équations paramétriques de la droite. ◆

---

**EXEMPLE 3** Un sous-ensemble de $R^2$ qui n'est pas un sous-espace

Considérons *W*, l'ensemble de tous les points (*x, y*) de $R^2$ tels que $x \geq 0$ et $y \geq 0$. Il s'agit des points du premier quadrant. L'ensemble *W* n'est *pas* un sous-espace de $R^2$, puisqu'il n'est pas fermé pour la multiplication par un scalaire. Par exemple, **v** = (1, 1) appartient à *W*, mais son opposé $(-1)$**v** = $-$**v** = $(-1, -1)$ n'est pas dans *W* (figure 5.2.3). ◆

Tout espace vectoriel non nul *V* contient au moins deux sous-espaces : *V* lui-même est un sous-espace et l'ensemble {**0**}, constitué uniquement du vecteur nul de *V*, forme le sous-espace appelé ***sous-espace nul***. En combinant cette information aux cas des exemples 1 et 2, on obtient la liste suivante de sous-espaces de $R^2$ et de $R^3$ :

| **Sous-espaces de $R^2$** | **Sous-espace de $R^3$** |
|---|---|
| · $\{\mathbf{0}\}$ | · $\{\mathbf{0}\}$ |
| · Les droites passant par l'origine | · Les droites passant par l'origine |
| · $R^2$ | · Les plans passant par l'origine |
| | · $R^3$ |

Nous prouverons plus loin que ce sont les seuls sous-espaces de $R^2$ et de $R^3$.

---

### EXEMPLE 4   Sous-espaces de $M_{nn}$

---

D'après le théorème 1.7.2, la somme de deux matrices symétriques est une matrice symétrique et le produit par un scalaire d'une matrice symétrique est également une matrice symétrique. Ainsi, l'ensemble des matrices symétriques $n \times n$ est un sous-espace de l'espace vectoriel $M_{nn}$, constitué de toutes les matrices $n \times n$. De même, l'ensemble des matrices triangulaires supérieures $n \times n$, l'ensemble des matrices triangulaires inférieures $n \times n$ et l'ensemble des matrices diagonales $n \times n$ forment trois sous-espaces de $M_{nn}$, puisque chacun de ces ensembles est fermé pour l'addition et pour la multiplication par un scalaire. ◆

---

### EXEMPLE 5   Un sous-espace des polynômes de degré $\leq n$

---

Soit $n$, un entier non négatif et $W$, l'ensemble constitué de toutes les fonctions de la forme

$$p(x) = a_0 + a_1 x + \cdots + a_n x^n \tag{1}$$

où $a_0,\ldots, a_n$ sont des nombres réels. Ainsi, $W$ comprend toutes les fonctions polynomiales réelles de degré inférieur ou égal à $n$. L'ensemble $W$ est un sous-espace de l'espace vectoriel des fonctions réelles, tel que décrit à l'exemple 4 de la section 5.1. Pour le vérifier, considérons les fonctions polynomiales $\mathbf{p}$ et $\mathbf{q}$ définies ci-dessous :

$$p(x) = a_0 + a_1 x + \cdots + a_n x^n \quad \text{et} \quad q(x) = b_0 + b_1 x + \cdots + b_n x^n$$

On a

$$\mathbf{p} + \mathbf{q} = p(x) + q(x) = (a_0 + b_0) + (a_1 + b_1)x + \cdots + (a_n + b_n)x^n$$

et

$$k\mathbf{p} = kp(x) = (ka_0) + (ka_1)x + \cdots + (ka_n)x^n$$

Or, ces fonctions ont même forme que l'expression (1), de sorte que $\mathbf{p} + \mathbf{q}$ et $k\mathbf{p}$ appartiennent à $W$. On notera cet espace vectoriel $W$ par le symbole $P_n$, comme précédemment (section 4.4). ◆

---

**(Si vous avez des notions de calcul)**

### EXEMPLE 6   Sous-espace des fonctions continues de $]-\infty, \infty[$

---

En calcul, si $\mathbf{f}$ et $\mathbf{g}$ sont des fonctions continues sur l'intervalle $]-\infty, \infty[$ et si $k$ est une constante, alors $\mathbf{f} + \mathbf{g}$ et $k\mathbf{f}$ sont également continues. Ainsi, les fonctions continues sur l'intervalle $]-\infty, \infty[$ forment un sous-espace de $F(]-\infty, \infty[)$, puisqu'elles sont fermées pour l'addition et pour la multiplication par un scalaire. Ce sous-espace est noté $C(]-\infty, \infty[)$. De même, si les dérivées premières de $\mathbf{f}$ et $\mathbf{g}$ sont continues sur $]-\infty, \infty[$, alors $\mathbf{f} + \mathbf{g}$ et $k\mathbf{f}$ sont aussi continues. Ainsi, les fonctions dont la dérivée première

## Le procédé CMJN[*]

Les magazines et les livres sont imprimés selon le ***procédé couleur* CMJN**. Les couleurs proviennent d'encres de quatre couleurs : cyan (C), magenta (M), jaune (J) et noir (N). Les couleurs sont produites soit en mélangeant les encres et en imprimant avec ces mélanges (méthode de la ***coloration d'accompagnement***), soit en imprimant des suites de points de couleur (appelés ***rosettes***) et en laissant l'œil du lecteur et le processus de perception interpréter la combinaison ainsi formée (***impression polychrome***). Les encres sont classées selon un système appelé ***nuancier Pantone***, qui attribue des numéros aux encres couleur commerciales selon les pourcentages de cyan, de magenta, de jaune et de noir qu'elles contiennent. On peut représenter une couleur Pantone en associant aux couleurs de base les vecteurs de $R^4$ suivants :

$$\mathbf{c} = (1, 0, 0, 0) \text{ (cyan pur)}$$
$$\mathbf{m} = (0, 1, 0, 0) \text{ (magenta pur)}$$
$$\mathbf{j} = (0, 0, 1, 0) \text{ (jaune pur)}$$
$$\mathbf{n} = (0, 0, 0, 1) \text{ (noir pur)}$$

La couleur d'une encre devient alors une combinaison linéaire de ces vecteurs, dont les coefficients sont compris entre 0 et 1 inclusivement. Ainsi, une couleur **p** prend la forme suivante :

$$\mathbf{p} = c_1\mathbf{c} + c_2\mathbf{m} + c_3\mathbf{y} + c_4\mathbf{k} = (c_1, c_2, c_3, c_4)$$

où $0 \le c_i \le 1$. L'ensemble de toutes les combinaisons linéaires de cette forme est appelé ***espace* CMJN**, bien que cet ensemble ne soit pas un sous-espace de $R^4$. (Pourquoi?) Par exemple, la couleur Pantone 876CVC contient du cyan à 38%, du magenta à 59%, du jaune à 73% et du noir à 7%; la couleur Pantone 216CVC contient du cyan à 0%, du magenta à 83%, du jaune à 34% et du noir à 47%; et la couleur 328CVC résulte du mélange de cyan pur (100 %), de magenta à 0%, de jaune à 47% et de noir à 30%. Ces trois couleurs correspondent respectivement aux vecteurs $\mathbf{p}_{876} = (0{,}38, 0{,}59, 0{,}73, 0{,}07)$, $\mathbf{p}_{216} = (0, 0{,}83, 0{,}34, 0{,}47)$ et $\mathbf{p}_{328} = (1, 0, 0{,}47, 0{,}30)$.

[*] En anglais, CMYK. *Ndt*

est continue sur $]-\infty, \infty[$ forment un sous-espace de $F(]-\infty, \infty[)$; ce sous-espace est noté $C^1(]-\infty, \infty[)$, où l'exposant 1 signifie qu'il s'agit de la dérivée *première*. Cependant, il existe un théorème de calcul selon lequel toute fonction dérivable est continue, de sorte que $C^1(]-\infty, \infty[)$ est un sous-espace de $C(]-\infty, \infty[)$.

En poussant plus loin ce raisonnement, pour tout entier positif $m$, les fonctions dont les dérivées $m$-ièmes sont continues sur $]-\infty, \infty[$ forment un sous-espace de $C^1(]-\infty, \infty[)$ et il en va de même pour les fonctions dont les dérivées de tous ordres sont continues. Les espaces de fonctions dont les dérivées $m$-ièmes sont continues sur $]-\infty, \infty[$ sont notés $C^m(]-\infty, \infty[)$, et les sous-espaces des fonctions dont les dérivées de tous les ordres sont continues sur $]-\infty, \infty[$ sont notés $C^\infty(]-\infty, \infty[)$. Finalement, un théorème de calcul stipule que les dérivées de tous ordres des polynômes sont continues, de sorte que $P_n$ est un sous-espace de $C^\infty(]-\infty, \infty[)$. La figure 5.2.4 illustre la hiérarchie des espaces décrits dans cet exemple. ◆

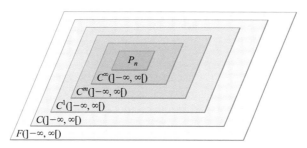

**Figure 5.2.4**

*Remarque*   Dans l'exemple précédent, nous avons considéré l'intervalle $]-\infty, \infty[$. Si nous avions choisi un intervalle fermé $[a, b]$, alors les sous-espaces correspondant à ceux que nous avons définis dans l'exemple auraient été notés $C[a, b]$, $C^m[a, b]$ et $C^\infty[a, b]$. De même, pour un intervalle ouvert $]a, b[$, ils auraient été notés $C(]a, b[)$, $C^m(]a, b[)$ et $C^\infty(]a, b[)$.

## Espaces solution des systèmes homogènes

Si $A\mathbf{x} = \mathbf{b}$ représente un système d'équations linéaires, alors tout vecteur $\mathbf{x}$ qui vérifie cette équation est appelé ***vecteur solution*** du système. Le théorème qui suit précise que les vecteurs solution d'un système linéaire *homogène* forment un espace vectoriel appelé ***espace solution*** du système.

**THÉORÈME 5.2.2**

*Soit $A\mathbf{x} = \mathbf{0}$ un système linéaire homogène de m équations à n inconnues. Alors l'ensemble des vecteurs solution forme un sous-espace de $R^n$.*

*Démonstration*   Soit $W$, l'ensemble des vecteurs solution. $W$ contient au moins un vecteur, soit le vecteur $\mathbf{0}$. Pour démontrer que $W$ est fermé pour l'addition et pour la multiplication par un scalaire, nous devons prouver que si $\mathbf{x}$ et $\mathbf{x}'$ sont des vecteurs solution quelconques et $k$, un scalaire quelconque, alors $\mathbf{x} + \mathbf{x}'$ et $k\mathbf{x}$ sont également des vecteurs solutions. Or, si $\mathbf{x}$ et $\mathbf{x}'$ sont des vecteurs solution, on a

$$A\mathbf{x} = \mathbf{0} \quad \text{et} \quad A\mathbf{x}' = \mathbf{0}$$

Il s'ensuit que

$$A(\mathbf{x} + \mathbf{x}') = A\mathbf{x} + A\mathbf{x}' = \mathbf{0} + \mathbf{0} = \mathbf{0}$$

et

$$A(k\mathbf{x}) = kA\mathbf{x} = k\mathbf{0} = \mathbf{0}$$

Ce qui prouve que $\mathbf{x} + \mathbf{x}'$ et $k\mathbf{x}$ sont des vecteurs solution.   ■

## EXEMPLE 7   Espaces solution qui sont des sous-espaces de $R^3$

Considérons les systèmes linéaires suivants :

$$(a)\ \begin{bmatrix} 1 & -2 & 3 \\ 2 & -4 & 6 \\ 3 & -6 & 9 \end{bmatrix}\begin{bmatrix} x \\ y \\ z \end{bmatrix} = \begin{bmatrix} 0 \\ 0 \\ 0 \end{bmatrix} \qquad (b)\ \begin{bmatrix} 1 & -2 & 3 \\ -3 & 7 & -8 \\ -2 & 4 & -6 \end{bmatrix}\begin{bmatrix} x \\ y \\ z \end{bmatrix} = \begin{bmatrix} 0 \\ 0 \\ 0 \end{bmatrix}$$

$$(c)\ \begin{bmatrix} 1 & -2 & 3 \\ -3 & 7 & -8 \\ 4 & 1 & 2 \end{bmatrix}\begin{bmatrix} x \\ y \\ z \end{bmatrix} = \begin{bmatrix} 0 \\ 0 \\ 0 \end{bmatrix} \qquad (d)\ \begin{bmatrix} 0 & 0 & 0 \\ 0 & 0 & 0 \\ 0 & 0 & 0 \end{bmatrix}\begin{bmatrix} x \\ y \\ z \end{bmatrix} = \begin{bmatrix} 0 \\ 0 \\ 0 \end{bmatrix}$$

Chacun de ces systèmes contient trois inconnues, de sorte que les solutions forment des sous-espaces de $R^3$. Géométriquement, chaque espace solution doit donc correspondre à l'origine seule, à une droite passant par l'origine, à un plan passant par l'origine ou à la totalité de $R^3$. Vérifions que c'est bien le cas. (Nous laissons au lecteur le soin de résoudre les systèmes.)

*Solution*

(a) Le système a pour solutions

$$x = 2s - 3t, \qquad y = s, \qquad z = t$$

Il s'ensuit que

$$x = 2y - 3z \quad \text{ou} \quad x - 2y + 3z = 0$$

Cette équation représente le plan passant par l'origine et ayant pour vecteur normal $\mathbf{n} = (1, -2, 3)$.

(b) Le système a pour solutions

$$x = -5t, \qquad y = -t, \qquad z = t$$

Ces équations correspondent aux équations paramétriques de la droite passant par l'origine et parallèle au vecteur $\mathbf{v} = (-5, -1, 1)$.

(c) La solution est $x = 0$, $y = 0$, $z = 0$ et l'espace solution, limité à l'origine, est donc $\{\mathbf{0}\}$.

(d) Le système a pour solutions

$$x = r, \qquad y = s, \qquad z = t$$

où $r$, $s$ et $t$ ont des valeurs arbitraires; l'espace solution couvre alors la totalité de $R^3$. ◆

À la section 3.1, nous avons introduit les combinaisons linéaires de vecteurs colonne. Poussons plus loin cette idée en l'étendant à des vecteurs plus généraux.

---

**DÉFINITION**

Un vecteur $\mathbf{w}$ est une ***combinaison linéaire*** des vecteurs $\mathbf{v}_1$, $\mathbf{v}_2$,..., $\mathbf{v}_r$ s'il peut s'exprimer sous la forme

$$\mathbf{w} = k_1\mathbf{v}_1 + k_2\mathbf{v}_2 + \cdots + k_r\mathbf{v}_r$$

où $k_1$, $k_2$,...$k_r$ sont des scalaires.

---

*REMARQUE* Si $r = 1$, alors l'expression présentée ci-dessus se résume à $\mathbf{w} = k_1\mathbf{v}_1$; ainsi, $\mathbf{w}$ est une combinaison linéaire du seul vecteur $\mathbf{v}_1$ lorsqu'il est le produit de $\mathbf{v}_1$ par un scalaire.

---

**EXEMPLE 8** **Les vecteurs de $R^3$ sont des combinaisons linéaires de i, j et k**

---

Tout vecteur $\mathbf{v} = (a, b, c)$ de $R^3$ s'exprime par une combinaison linéaire des vecteurs de la base naturelle

$$\mathbf{i} = (1, 0, 0), \qquad \mathbf{j} = (0, 1, 0), \qquad \mathbf{k} = (0, 0, 1)$$

On a

$$\mathbf{v} = (a, b, c) = a(1, 0, 0) + b(0, 1, 0) + c(0, 0, 1) = a\mathbf{i} + b\mathbf{j} + c\mathbf{k} \quad ◆$$

---

**EXEMPLE 9**   Vérifier une combinaison linéaire

---

Considérons les vecteurs $\mathbf{u} = (1, 2, -1)$ et $\mathbf{v} = (6, 4, 2)$ de $R^3$. Montrer que $\mathbf{w} = (9, 2, 7)$ est une combinaison linéaire de $\mathbf{u}$ et $\mathbf{v}$ et que $\mathbf{w}' = (4, -1, 8)$ n'est *pas* une combinaison linéaire de $\mathbf{u}$ et $\mathbf{v}$.

*Solution*

On a montré que $\mathbf{w}$ est une combinaison linéaire de $\mathbf{u}$ et $\mathbf{v}$ si l'on trouve des scalaires $k_1$ et $k_2$ tels que $\mathbf{w} = k_1\mathbf{u} + k_2\mathbf{v}$, soit

$$(9, 2, 7) = k_1(1, 2, -1) + k_2(6, 4, 2)$$

c'est-à-dire

$$(9, 2, 7) = (k_1 + 6k_2, 2k_1 + 4k_2, -k_1 + 2k_2)$$

En égalant les composantes correspondantes, on obtient

$$k_1 + 6k_2 = 9$$
$$2k_1 + 4k_2 = 2$$
$$-k_1 + 2k_2 = 7$$

En résolvant ce système par la méthode de Gauss, on trouve $k_1 = -3$, $k_2 = 2$, d'où

$$\mathbf{w} = -3\mathbf{u} + 2\mathbf{v}$$

De même, $\mathbf{w}'$ est une combinaison linéaire de $\mathbf{u}$ et $\mathbf{v}$ s'il existe des scalaires $k_1$ et $k_2$ tels que $\mathbf{w}' = k_1\mathbf{u} + k_2\mathbf{v}$, soit

$$(4, -1, 8) = k_1(1, 2, -1) + k_2(6, 4, 2)$$

c'est-à-dire

$$(4, -1, 8) = (k_1 + 6k_2, 2k_1 + 4k_2, -k_1 + 2k_2)$$

En égalant les composantes correspondantes, on obtient

$$k_1 + 6k_2 = 4$$
$$2k_1 + 4k_2 = -1$$
$$-k_1 + 2k_2 = 8$$

Ce système d'équations est incompatible (vérifiez-le) parce qu'il n'existe pas de scalaires $k_1$ et $k_2$ qui satisfont à ces équations. On en déduit que $\mathbf{w}'$ n'est pas une combinaison linéaire de $\mathbf{u}$ et $\mathbf{v}$. ◆

**Générateurs**

Si les vecteurs $\mathbf{v}_1, \mathbf{v}_2,\ldots, \mathbf{v}_r$ appartiennent à un espace vectoriel $V$, alors en général certains vecteurs de $V$ sont des combinaisons linéaires de $\mathbf{v}_1, \mathbf{v}_2,\ldots, \mathbf{v}_r$, alors que d'autres n'en sont pas. Le théorème qui suit montre que si l'on construit un ensemble $W$ de tous les vecteurs qui s'expriment par des combinaisons linéaires de $\mathbf{v}_1, \mathbf{v}_2,\ldots, \mathbf{v}_r$, alors $W$ constitue un sous-espace de $V$.

**THÉORÈME 5.2.3**

> *Soit $\mathbf{v}_1, \mathbf{v}_2,\ldots, \mathbf{v}_r$ des vecteurs appartenant à l'espace vectoriel $V$. Alors*
>
> (*a*) *l'ensemble $W$ de toutes les combinaisons linéaires de $\mathbf{v}_1, \mathbf{v}_2,\ldots, \mathbf{v}_r$ forme un sous-espace de $V$.*
>
> (*b*) *$W$ est le plus petit sous-espace de $V$ qui contient $\mathbf{v}_1, \mathbf{v}_2,\ldots, \mathbf{v}_r$, c'est-à-dire que tout autre sous-espace de $V$ qui contient $\mathbf{v}_1, \mathbf{v}_2,\ldots, \mathbf{v}_r$ doit contenir $W$.*

*Démonstration de (a)*   On aura montré que $W$ est un sous-espace de $V$ si l'on montre qu'il est fermé pour les opérations d'addition et de multiplication par un scalaire. $W$ contient au moins un vecteur, soit $\mathbf{0}$, puisque $\mathbf{0} = 0\mathbf{v}_1 + 0\mathbf{v}_2 + \cdots + 0\mathbf{v}_r$. Si $\mathbf{u}$ et $\mathbf{v}$ appartiennent à $W$, alors

$$\mathbf{u} = c_1\mathbf{v}_1 + c_2\mathbf{v}_2 + \cdots + c_r\mathbf{v}_r$$

et

$$\mathbf{v} = k_1\mathbf{v}_1 + k_2\mathbf{v}_2 + \cdots + k_r\mathbf{v}_r$$

où $c_1, c_2,\ldots c_r$, $k_1, k_2,\ldots k_r$ sont des scalaires. Par conséquent,

$$\mathbf{u} + \mathbf{v} = (c_1 + k_1)\mathbf{v}_1 + (c_2 + k_2)\mathbf{v}_2 + \cdots + (c_r + k_r)\mathbf{v}_r$$

et, pour tout scalaire $k$,

$$k\mathbf{u} = (kc_1)\mathbf{v}_1 + (kc_2)\mathbf{v}_2 + \cdots + (kc_r)\mathbf{v}_r$$

Ainsi, $\mathbf{u} + \mathbf{v}$ et $k\mathbf{u}$ sont des combinaisons linéaires de $\mathbf{v}_1, \mathbf{v}_2,\ldots, \mathbf{v}_r$ et en conséquence, ils appartiennent à $W$. On conclut que $W$ est fermé pour l'addition et pour la multiplication par un scalaire.

*Démonstration de (b)*   Tout vecteur $\mathbf{v}_i$ est une combinaison linéaire de $\mathbf{v}_1, \mathbf{v}_2,\ldots,$ $\mathbf{v}_r$, puisque l'on peut écrire

$$\mathbf{v}_i = 0\mathbf{v}_1 + 0\mathbf{v}_2 + \cdots + 1\mathbf{v}_i + \cdots + 0\mathbf{v}_r$$

Ainsi, le sous-espace $W$ contient tous les vecteurs $\mathbf{v}_1, \mathbf{v}_2,\ldots, \mathbf{v}_r$. Considérons $W'$, un autre sous-espace qui comprend ces mêmes vecteurs. Sachant que le sous-espace $W'$ est fermé pour les opérations d'addition et de multiplication par un scalaire, il doit inclure toutes les combinaisons linéaires de $\mathbf{v}_1, \mathbf{v}_2,\ldots, \mathbf{v}_r$. On en conclut que $W'$ contient tous les vecteurs de $W$. ∎

Ce théorème donne lieu à la définition suivante :

**DÉFINITION**

Si $S = \{\mathbf{v}_1, \mathbf{v}_2,\ldots, \mathbf{v}_r\}$ est un ensemble de vecteurs appartenant à un espace vectoriel $V$, alors le sous-espace $W$ de $V$, constitué de toutes les combinaisons linéaires des vecteurs de $S$, est appelé *sous-espace engendré* par $\mathbf{v}_1, \mathbf{v}_2,\ldots, \mathbf{v}_r$; on dit que les vecteurs $\mathbf{v}_1, \mathbf{v}_2,\ldots, \mathbf{v}_r$ *engendrent* $W$. Pour indiquer que $W$ est le sous-espace engendré par les vecteurs de l'ensemble $S = \{\mathbf{v}_1, \mathbf{v}_2,\ldots, \mathbf{v}_r\}$, on écrit

$$W = \mathrm{L}(S) \text{ ou } W = \mathrm{L}\{\mathbf{v}_1, \mathbf{v}_2,\ldots, \mathbf{v}_r\}$$

## EXEMPLE 10   Espaces engendrés par un ou deux vecteurs

Si $\mathbf{v}_1$ et $\mathbf{v}_2$ sont des vecteurs non colinéaires de $R^3$ dont les origines coïncident avec l'origine du repère, alors $\mathrm{L}\{\mathbf{v}_1, \mathbf{v}_2\}$, constitué de toutes les combinaisons linéaires $k_1\mathbf{v}_1 + k_2\mathbf{v}_2$, correspond au plan déterminé par $\mathbf{v}_1$ et $\mathbf{v}_2$ (figure 5.2.5$a$). De même, si $\mathbf{v}$ est un vecteur non nul de $R^2$ ou de $R^3$, alors $\mathrm{L}\{\mathbf{v}\}$, qui inclut tous les produits par un scalaire $k\mathbf{v}$, correspond à la droite déterminée par $\mathbf{v}$ (figure 5.2.5$b$). ◆

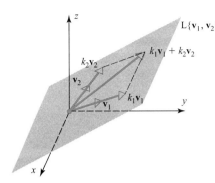
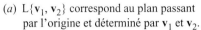
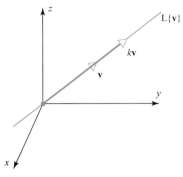

(a) $L\{\mathbf{v}_1, \mathbf{v}_2\}$ correspond au plan passant par l'origine et déterminé par $\mathbf{v}_1$ et $\mathbf{v}_2$.

(b) $L\{\mathbf{v}\}$ correspond à la droite passant par l'origine et déterminée par $\mathbf{v}$.

**Figure 5.2.5**

---

## EXEMPLE 11   Ensemble de générateurs de $P_n$

---

Les polynômes $1, x, x^2, \ldots, x^n$ engendrent l'espace vectoriel $P_n$ défini à l'exemple 5, puisque l'on peut écrire chaque polynôme $\mathbf{p}$ de $P_n$ sous la forme d'une combinaison linéaire de $1, x, x^2, \ldots, x^n$, soit

$$\mathbf{p} = a_0 + a_1 x + \cdots + a_n x^n$$

Et l'on écrit

$$P_n = L\{1, x, x^2, \ldots, x^n\} \quad \blacklozenge$$

---

## EXEMPLE 12   Trois vecteurs qui n'engendrent pas $R^3$

---

Déterminer si $\mathbf{v}_1 = (1, 1, 2)$, $\mathbf{v}_2 = (1, 0, 1)$ et $\mathbf{v}_3 = (2, 1, 3)$ engendrent l'espace vectoriel $R^3$.

*Solution*

Nous devons vérifier si un vecteur arbitraire $\mathbf{b} = (b_1, b_2, b_3)$ peut s'exprimer par une combinaison linéaire des vecteurs $\mathbf{v}_1$, $\mathbf{v}_2$ et $\mathbf{v}_3$, soit

$$\mathbf{b} = k_1 \mathbf{v}_1 + k_2 \mathbf{v}_2 + k_3 \mathbf{v}_3$$

Écrivons d'abord cette équation en termes de composantes; on a

$$(b_1, b_2, b_3) = k_1(1, 1, 2) + k_2(1, 0, 1) + k_3(2, 1, 3)$$

ou

$$(b_1, b_2, b_3) = (k_1 + k_2 + 2k_3, k_1 + k_3, 2k_1 + k_2 + 3k_3)$$

ou

$$
\begin{aligned}
k_1 + k_2 + 2k_3 &= b_1 \\
k_1 \quad\quad + k_3 &= b_2 \\
2k_1 + k_2 + 3k_3 &= b_3
\end{aligned}
$$

Le problème se résume alors à vérifier si le système est compatible pour toutes les valeurs de $b_1$, $b_2$ et $b_3$. En considérant les énoncés (e) et (g) du théorème 4.3.4, le système est compatible pour toutes les valeurs de $b_1$, $b_2$ et $b_3$ si et seulement si le déterminant de la matrice des coefficients ci-dessous n'est pas nul :

$$A = \begin{bmatrix} 1 & 1 & 2 \\ 1 & 0 & 1 \\ 2 & 1 & 3 \end{bmatrix}$$

Or, det $(A) = 0$ (vérifiez-le) et l'on conclut que $\mathbf{v}_1$, $\mathbf{v}_2$ et $\mathbf{v}_3$ n'engendrent pas $R^3$. ◆

Un ensemble de générateurs pour un espace vectoriel donné n'est pas unique. Par exemple, deux vecteurs non colinéaires quelconques du plan illustré à la figure 5.2.5a engendrent ce même plan et tout vecteur non nul de la droite de la figure 5.2.5b engendre cette même droite. La preuve du théorème qui suit est laissée en exercice :

**THÉORÈME 5.2.4**

*Soit $S = \{\mathbf{v}_1, \mathbf{v}_2,..., \mathbf{v}_r\}$ et $S' = \{\mathbf{w}_1, \mathbf{w}_2,..., \mathbf{w}_k\}$ deux ensembles de vecteurs appartenant à un espace vectoriel V. Alors*
$$L\{\mathbf{v}_1, \mathbf{v}_2,..., \mathbf{v}_r\} = L\{\mathbf{w}_1, \mathbf{w}_2,..., \mathbf{w}_k\}$$
*si et seulement si tout vecteur de S s'exprime par une combinaison linéaire des vecteurs de S' et tout vecteur de S' est une combinaison linéaire des vecteurs de S.*

**SÉRIE D'EXERCICES 5.2**

1. Utilisez le théorème 5.2.1 pour déterminer si les ensembles donnés sont des sous-espaces de $R^3$ :
   (a) tous les vecteurs de la forme $(a, 0, 0)$;
   (b) tous les vecteurs de la forme $(a, 1, 1)$;
   (c) tous les vecteurs de la forme $(a, b, c)$ où $b = a + c$;
   (d) tous les vecteurs de la forme $(a, b, c)$ où $b = a + c + 1$;
   (e) tous les vecteurs de la forme $(a, b, 0)$.

2. Utilisez le théorème 5.2.1 pour déterminer si les ensembles donnés sont des sous-espaces de $M_{22}$ :
   (a) toutes les matrices $2 \times 2$ constituées d'éléments entiers;
   (b) toutes les matrices de la forme $\begin{bmatrix} a & b \\ c & d \end{bmatrix}$ où $a + b + c + d = 0$;
   (c) toutes les matrices $A$ de dimension $2 \times 2$ dont le déterminant vaut zéro;
   (d) toutes les matrices de la forme $\begin{bmatrix} a & b \\ 0 & c \end{bmatrix}$;
   (e) toutes les matrices de la forme $\begin{bmatrix} a & a \\ -a & -a \end{bmatrix}$.

3. Utilisez le théorème 5.2.1 pour déterminer si les ensembles donnés sont des sous-espaces de $P_3$ :
   (a) tous les polynômes de la forme $a_0 + a_1x + a_2x^2 + a_3x^3$ où $a_0 = 0$;
   (b) tous les polynômes de la forme $a_0 + a_1x + a_2x^2 + a_3x^3$ où $a_0 + a_1 + a_2 + a_3 = 0$;

(c) tous les polynômes de la forme $a_0 + a_1 x + a_2 x^2 + a_3 x^3$ où $a_0$, $a_1$, $a_2$ et $a_3$ sont des entiers;

(d) tous les polynômes de la forme $a_0 + a_1 x$ où $a_0$ et $a_1$ sont des nombres réels.

4. Utilisez le théorème 5.2.1 pour déterminer si les ensembles donnés sont des sous-espaces de $F(]-\infty, \infty[)$ :

(a) toutes les fonctions $f$ telles que $f(x) \leq 0$ pour tout $x$;

(b) toutes les fonctions $f$ telles que $f(0) = 0$;

(c) toutes les fonctions $f$ telles que $f(0) = 2$;

(d) toutes les fonctions constantes;

(e) toutes les fonctions $f$ de la forme $f(x) = k_1 + k_2 \sin x$ où $k_1$ et $k_2$ sont des nombres réels.

5. Utilisez le théorème 5.2.1 pour déterminer si les ensembles donnés sont des sous-espaces de $M_{nn}$ :

(a) toutes les matrices $A$ de dimension $n \times n$ telles que tr $A = 0$;

(b) toutes les matrices $A$ de dimension $n \times n$ telles que $A^T = -A$;

(c) toutes les matrices $A$ de dimension $n \times n$ telles que le système linéaire $A\mathbf{x} = \mathbf{0}$ admet uniquement la solution triviale;

(d) toutes les matrices $A$ de dimension $n \times n$ telles que $AB = BA$ pour une matrice fixe $B$ donnée de dimension $n \times n$.

6. Déterminez si l'espace solution du système $A\mathbf{x} = \mathbf{0}$ constitue une droite passant par l'origine, un plan passant par l'origine ou seulement le point d'origine. S'il forme un plan, donnez-en l'équation; s'il correspond à une droite, écrivez-en les équations paramétriques.

(a) $A = \begin{bmatrix} -1 & 1 & 1 \\ 3 & -1 & 0 \\ 2 & -4 & -5 \end{bmatrix}$ (b) $A = \begin{bmatrix} 1 & -2 & 3 \\ -3 & 6 & 9 \\ -2 & 4 & -6 \end{bmatrix}$

(c) $A = \begin{bmatrix} 1 & 2 & 3 \\ 2 & 5 & 3 \\ 1 & 0 & 8 \end{bmatrix}$ (d) $A = \begin{bmatrix} 1 & 2 & -6 \\ 1 & 4 & 4 \\ 3 & 10 & 6 \end{bmatrix}$

(e) $A = \begin{bmatrix} 1 & -1 & 1 \\ 2 & -1 & 4 \\ 3 & 1 & 11 \end{bmatrix}$ (f) $A = \begin{bmatrix} 1 & -3 & 1 \\ 2 & -6 & 2 \\ 3 & -9 & 3 \end{bmatrix}$

7. Dans chaque cas, indiquez si le vecteur donné forme une combinaison linéaire de $\mathbf{u} = (0, -2, 2)$ et $\mathbf{v} = (1, 3, -1)$.

(a) $(2, 2, 2)$ (b) $(3, 1, 5)$ (c) $(0, 4, 5)$ (d) $(0, 0, 0)$

8. Exprimez les vecteurs donnés par des combinaisons linéaires de $\mathbf{u} = (2, 1, 4)$, $\mathbf{v} = (1, -1, 3)$ et $\mathbf{w} = (3, 2, 5)$.

(a) $(-9, -7, -15)$ (b) $(6, 11, 6)$ (c) $(0, 0, 0)$ (d) $(7, 8, 9)$

9. Exprimez les polynômes donnés par des combinaisons linéaires de $\mathbf{p}_1 = 2 + x + 4x^2$, $\mathbf{p}_2 = 1 - x + 3x^2$ et $\mathbf{p}_3 = 3 + 2x + 5x^2$.

(a) $-9 - 7x - 15x^2$ (b) $6 + 11x + 6x^2$ (c) $0$ (d) $7 + 8x + 9x^2$

10. Parmi les matrices données en page suivante, lesquelles sont des combinaisons linéaires des matrices suivantes :

$$A = \begin{bmatrix} 4 & 0 \\ -2 & -2 \end{bmatrix}, \qquad B = \begin{bmatrix} 1 & -1 \\ 2 & 3 \end{bmatrix}, \qquad C = \begin{bmatrix} 0 & 2 \\ 1 & 4 \end{bmatrix}?$$

(a) $\begin{bmatrix} 6 & -8 \\ -1 & -8 \end{bmatrix}$    (b) $\begin{bmatrix} 0 & 0 \\ 0 & 0 \end{bmatrix}$    (c) $\begin{bmatrix} 6 & 0 \\ 3 & 8 \end{bmatrix}$    (d) $\begin{bmatrix} -1 & 5 \\ 7 & 1 \end{bmatrix}$

**11.** Dans chaque cas, déterminez si les vecteurs donnés engendrent $R^3$.

   (a)   $\mathbf{v}_1 = (2, 2, 2)$,   $\mathbf{v}_2 = (0, 0, 3)$,   $\mathbf{v}_3 = (0, 1, 1)$

   (b)   $\mathbf{v}_1 = (2, -1, 3)$,   $\mathbf{v}_2 = (4, 1, 2)$,   $\mathbf{v}_3 = (8, -1, 8)$

   (c)   $\mathbf{v}_1 = (3, 1, 4)$,   $\mathbf{v}_2 = (2, -3, 5)$,   $\mathbf{v}_3 = (5, -2, 9)$,   $\mathbf{v}_4 = (1, 4, -1)$

   (d)   $\mathbf{v}_1 = (1, 2, 6)$,   $\mathbf{v}_2 = (3, 4, 1)$,   $\mathbf{v}_3 = (4, 3, 1)$,   $\mathbf{v}_4 = (3, 3, 1)$

**12.** Soit $\mathbf{f} = \cos^2 x$ et $\mathbf{g} = \sin^2 x$. Parmi les fonctions données, lesquelles se trouvent dans l'espace engendré par $\mathbf{f}$ et $\mathbf{g}$?

   (a)   $\mathbf{h}_1 = \cos 2x$    (b)   $\mathbf{h}_2 = 3 + x^2$    (c)   $\mathbf{h}_3 = 1$    (d)   $\mathbf{h}_4 = \sin x$    (e)   $\mathbf{h}_5 = 0$

**13.** Dans chaque cas, indiquez si le polynôme donné engendre $P_2$.

   $\mathbf{p}_1 = 1 - x + 2x^2$,     $\mathbf{p}_2 = 3 + x$,     $\mathbf{p}_3 = 5 - x + 4x^2$,     $\mathbf{p}_4 = -2 - 2x + 2x^2$

**14.** Soit $\mathbf{v}_1 = (2, 1, 0, 3)$, $\mathbf{v}_2 = (3, -1, 5, 2)$ et $\mathbf{v}_3 = (-1, 0, 2, 1)$. Parmi les vecteurs donnés, lesquels appartiennent à $L\{\mathbf{v}_1, \mathbf{v}_2, \mathbf{v}_3\}$?

   (a)   $(2, 3, -7, 3)$     (b)   $(0, 0, 0, 0)$     (c)   $(1, 1, 1, 1)$     (d)   $(-4, 6, -13, 4)$

**15.** Trouvez une équation pour décrire le plan engendré par les vecteurs $\mathbf{u} = (-1, 1, 1)$ et $\mathbf{v} = (3, 4, 4)$.

**16.** Trouvez les équations paramétriques de la droite engendrée par le vecteur $\mathbf{u} = (3, -2, 5)$.

**17.** Montrez que les vecteurs solution d'un système non homogène compatible de $m$ équations linéaires à $n$ inconnues ne forme pas un sous-espace de $R^n$.

**18.** Démontrez le théorème 5.2.4.

**19.** Par le théorème 5.2.4, montrez que $\mathbf{v}_1 = (1, 6, 4)$, $\mathbf{v}_2 = (2, 4, -1)$, $\mathbf{v}_3 = (-1, 2, 5)$ et $\mathbf{w}_1 = (1, -2, -5)$, $\mathbf{w}_2 = (0, 8, 9)$ engendrent le même sous-espace de $R^3$.

**20.** On peut représenter une droite $L$ passant par l'origine de $R^3$ par les équations paramétriques $x = at$, $y = bt$ et $z = ct$. Utilisez ces équations pour montrer que $L$ est un sous-espace de $R^3$; autrement dit, montrez que si $\mathbf{v}_1 = (x_1, y_1, z_1)$ et $\mathbf{v}_2 = (x_2, y_2, z_2)$ sont des points de la droite $L$ et si $k$ est un nombre réel quelconque, alors $k\mathbf{v}_1$ et $\mathbf{v}_1 + \mathbf{v}_2$ appartiennent également à $L$.

**21.** **(Si vous avez des notions de calcul)** Montrez que les ensembles de fonctions suivants sont des sous-espaces de $F(]{-\infty}, \infty[)$ :

   (a)   toutes les fonctions continues partout;

   (b)   toutes les fonctions différentiables partout;

   (c)   toutes les fonctions différentiables partout qui vérifient $\mathbf{f}' + 2\mathbf{f} = 0$.

**22.** **(Si vous avez des notions de calcul)** Montrez que l'ensemble des fonctions $\mathbf{f} = f(x)$ continues sur $[a, b]$ et telles que

$$\int_a^b f(x)\, dx = 0$$

forme un sous-espace de $C[a, b]$.

---

*Exploration & discussion*

**23.** Dans chaque cas, indiquez si l'énoncé est toujours vrai ou s'il peut être faux dans certain(s) cas. Justifiez vos réponses par une explication ou par un contre-exemple.

   (a)   Si $A\mathbf{x} = \mathbf{b}$ est un système linéaire compatible de $m$ équations à $n$ inconnues, alors l'ensemble solution est un sous-espace de $R^n$.

(b) Si $W$ est un ensemble constitué de un ou de plusieurs vecteurs d'un espace vectoriel $V$ et si $k\mathbf{u} + \mathbf{v}$ est un vecteur de $W$ pour tous les vecteurs $\mathbf{u}$ et $\mathbf{v}$ de $W$ et pour tout scalaire $k$, alors $W$ est un sous-espace de $V$.

(c) Si $S$ est un ensemble fini de vecteurs d'un espace vectoriel $V$, alors L($S$) doit être fermé pour les opérations d'addition et de multiplication par un scalaire.

(d) L'intersection de deux sous-espaces d'un espace vectoriel $V$ est aussi un sous-espace de $V$.

(e) Si L($S_1$) = L($S_2$), alors $S_1 = S_2$.

**24.** (a) Dans quelles conditions deux vecteurs de $R^3$ engendrent-ils un plan?

(b) Dans quelles conditions l'égalité L$\{\mathbf{u}\}$ = L$\{\mathbf{v}\}$ est-elle vérifiée? Expliquez.

(c) Si $A\mathbf{x} = \mathbf{b}$ est un système compatible de $m$ équations à $n$ inconnues, dans quelles conditions l'ensemble solution du système est-il un sous-espace de $R^n$? Expliquez.

**25.** Rappelons que les droites passant par l'origine sont des sous-espaces de $R^2$. Si $W_1$ représente la droite $y = x$ et $W_2$, la droite $y = -x$, l'union $W_1 \cup W_2$ forme-t-elle un sous-espace de $R^2$? Expliquez votre raisonnement.

**26.** (a) Soit $M_{22}$, l'espace vectoriel de toutes les matrices $2 \times 2$. Trouvez un ensemble de quatre matrices qui engendre $M_{22}$.

(b) Décrivez en mots un ensemble de matrices qui engendre $M_{nn}$.

**27.** Nous avons montré, à l'exemple 8, que les vecteurs $\mathbf{i}$, $\mathbf{j}$ et $\mathbf{k}$ engendrent $R^3$. Les ensembles de générateurs ne sont toutefois pas uniques. Quelle propriété géométrique caractérise un ensemble de trois vecteurs de $R^3$ qui engendre $R^3$?

# 5.3
## INDÉPENDANCE LINÉAIRE

*Nous avons vu, à la section précédente, qu'un ensemble de vecteurs $S = \{\mathbf{v}_1, \mathbf{v}_2,..., \mathbf{v}_r\}$ engendre un espace vectoriel donné $V$ si tout vecteur de $V$ s'exprime par une combinaison linéaire des vecteurs de $S$. Or, un vecteur de $V$ peut généralement être exprimé par plus d'une combinaison linéaire des vecteurs d'un ensemble de générateurs. Dans cette section, nous allons examiner les conditions nécessaires pour qu'il existe exactement une combinaison linéaire des vecteurs générateurs pour chaque vecteur de $V$. Les ensembles de générateurs présentant cette propriété jouent un rôle fondamental dans l'étude des espaces vectoriels.*

---

**DÉFINITION**

Soit $S = \{\mathbf{v}_1, \mathbf{v}_2,..., \mathbf{v}_r\}$ un ensemble non vide de vecteurs. Alors l'équation vectorielle
$$k_1\mathbf{v}_1 + k_2\mathbf{v}_2 + \cdots + k_r\mathbf{v}_r = \mathbf{0}$$
a au moins une solution, soit
$$k_1 = 0, \quad k_2 = 0, \ldots, \quad k_r = 0$$
S'il s'agit de l'unique solution admise, alors $S$ est un ensemble *linéairement indépendant*. S'il existe d'autres solutions, alors $S$ est un ensemble *linéairement dépendant*.

---

### EXEMPLE 1  Un ensemble linéairement dépendant

---

Si $\mathbf{v}_1 = (2, -1, 0, 3)$, $\mathbf{v}_2 = (1, 2, 5, -1)$ et $\mathbf{v}_3 = (7, -1, 5, 8)$, alors l'ensemble des vecteurs $S = \{\mathbf{v}_1, \mathbf{v}_2, \mathbf{v}_3\}$ est linéairement dépendant puisque $3\mathbf{v}_1 + \mathbf{v}_2 - \mathbf{v}_3 = \mathbf{0}$. ◆

---

### EXEMPLE 2  Un ensemble linéairement dépendant

---

Soit les polynômes

$$\mathbf{p}_1 = 1 - x, \quad \mathbf{p}_2 = 5 + 3x - 2x^2 \quad \text{et} \quad \mathbf{p}_3 = 1 + 3x - x^2$$

Ils forment un ensemble linéairement dépendant de $P_2$ puisque $3\mathbf{p}_1 - \mathbf{p}_2 + 2\mathbf{p}_3 = \mathbf{0}$. ◆

---

### EXEMPLE 3  Des ensembles linéairement indépendants

---

Considérons les vecteurs $\mathbf{i} = (1, 0, 0)$, $\mathbf{j} = (0, 1, 0)$ et $\mathbf{k} = (0, 0, 1)$ dans $R^3$, et l'équation

$$k_1\mathbf{i} + k_2\mathbf{j} + k_3\mathbf{k} = \mathbf{0}$$

Exprimée en termes de composantes, cette équation devient

$$k_1(1, 0, 0) + k_2(0, 1, 0) + k_3(0, 0, 1) = (0, 0, 0)$$

ou de manière équivalente,

$$(k_1, k_2, k_3) = (0, 0, 0)$$

On a donc $k_1 = 0$, $k_2 = 0$ et $k_3 = 0$, de sorte que l'ensemble $S = \{\mathbf{i}, \mathbf{j}, \mathbf{k}\}$ est linéairement indépendant. On utilise le même argument pour montrer que les vecteurs forment un ensemble linéairement indépendant dans $R^n$. ◆

$$\mathbf{e}_1 = (1, 0, 0, \ldots, 0), \quad \mathbf{e}_2 = (0, 1, 0, \ldots, 0), \ldots, \quad \mathbf{e}_n = (0, 0, 0, \ldots, 1)$$

---

### EXEMPLE 4  Déterminer la dépendance ou l'indépendance linéaire

---

Déterminer si les vecteurs suivants forment un ensemble linéairement dépendant ou un ensemble linéairement indépendant :

$$\mathbf{v}_1 = (1, -2, 3), \quad \mathbf{v}_2 = (5, 6 -1), \quad \mathbf{v}_3 = (3, 2, 1)$$

*Solution*

Soit l'équation vectorielle

$$k_1\mathbf{v}_1 + k_2\mathbf{v}_2 + k_3\mathbf{v}_3 = \mathbf{0}$$

En termes de composantes, elle devient

$$k_1(1, -2, 3) + k_2(5, 6, -1) + k_3(3, 2, 1) = (0, 0, 0)$$

ou l'équivalent,

$$(k_1 + 5k_2 + 3k_3, -2k_1 + 6k_2 + 2k_3, 3k_1 - k_2 + k_3) = (0, 0, 0)$$

En égalant les composantes correspondantes, on obtient

$$k_1 + 5k_2 + 3k_3 = 0$$
$$-2k_1 + 6k_2 + 2k_3 = 0$$
$$3k_1 - k_2 + k_3 = 0$$

Or, $\mathbf{v}_1$, $\mathbf{v}_2$ et $\mathbf{v}_3$ forment un ensemble linéairement dépendant si ce système admet une solution non triviale et ils constituent un ensemble linéairement indépendant si la solution triviale est l'unique solution. En résolvant le système par la méthode de Gauss, on trouve

$$k_1 = -\tfrac{1}{2}t, \qquad k_2 = -\tfrac{1}{2}t, \qquad k_3 = t$$

Ainsi, le système admet des solutions non triviales; les vecteurs $\mathbf{v}_1$, $\mathbf{v}_2$ et $\mathbf{v}_3$ forment donc un ensemble linéairement dépendant. On aurait pu également montrer l'existence de solutions non triviales sans résoudre le système; il aurait suffi pour cela de montrer que le déterminant de la matrice des coefficients vaut zéro et, par le fait même, que la matrice n'est pas inversible (vérifiez-le). ◆

---

EXEMPLE 5   Ensemble linéairement indépendant appartenant à $P_n$

---

Montrer que les polynômes $1, x, x^2, \ldots, x^n$ forment un ensemble de vecteurs linéairement indépendants dans $P_n$.

*Solution*

Considérons $\mathbf{p}_0 = 1$, $\mathbf{p}_1 = x, \ldots, \mathbf{p}_n = x^n$ et supposons qu'une combinaison linéaire de ces polynômes vaut zéro, disons

$$a_0\mathbf{p}_0 + a_1\mathbf{p}_1 + a_2\mathbf{p}_2 + \cdots + a_n\mathbf{p}_n = \mathbf{0}$$

ou de manière équivalente,

$$a_0 + a_1x + a_2x^2 + \cdots + a_nx^n = 0 \qquad \text{pour tout } x \text{ appartenant à } ]-\infty, \infty[ \qquad (1)$$

Nous devons montrer que

$$a_0 = a_1 = a_2 = \cdots = a_n = 0$$

Pour prouver que c'est bien le cas, rappelons qu'en algèbre, un polynôme *non nul* de degré $n$ possède un maximum de $n$ racines. Or, cette affirmation signifie que $a_0 = a_1 = a_2 = \cdots = a_n = 0$; s'il en était autrement, d'après l'équation (1), $a_0 + a_1x + a_2x^2 + \cdots + a_nx^n$ serait un polynôme non nul avec une infinité de racines. ◆

---

Le terme *linéairement dépendant* suggère que les vecteurs « dépendent » les uns des autres d'une certaine manière. Le théorème qui suit montre que c'est bien le cas :

THÉORÈME 5.3.1

> *Un ensemble S constitué de deux vecteurs ou plus*
> (a) *est linéairement dépendant si et seulement si au moins un des vecteurs de S s'exprime par une combinaison linéaire des autres vecteurs de S.*
> (b) *est linéairement indépendant si et seulement si aucun vecteur de S ne correspond à une combinaison linéaire des autres vecteurs de S.*

Nous allons démontrer la partie (*a*) et laisser la démonstration de la partie (*b*) en exercice.

***Démonstration de (a)***    Soit un ensemble $S = \{\mathbf{v}_1, \mathbf{v}_2,\ldots, \mathbf{v}_r\}$ qui comprend au moins deux vecteurs. Si $S$ est linéairement dépendant, alors il existe des scalaires $k_1, k_2,\ldots k_r$, qui ne sont pas tous nuls, tels que

$$k_1\mathbf{v}_1 + k_2\mathbf{v}_2 + \cdots + k_r\mathbf{v}_r = \mathbf{0} \qquad (2)$$

Prenons le cas particulier où $k_1 \neq 0$. L'équation (2) devient alors

$$\mathbf{v}_1 = \left(-\frac{k_2}{k_1}\right)\mathbf{v}_2 + \cdots + \left(-\frac{k_r}{k_1}\right)\mathbf{v}_r$$

Ainsi, $\mathbf{v}_1$ est une combinaison linéaire des autres vecteurs de $S$. De même, si $k_j \neq 0$ dans l'équation (2), où $j = 2, 3,\ldots, r$, alors $\mathbf{v}_j$ est une combinaison linéaire des autres vecteurs de $S$.

     Réciproquement, supposons que l'on puisse exprimer au moins un vecteur de $S$ par une combinaison linéaire des autres vecteurs. Prenons le cas particulier où

$$\mathbf{v}_1 = c_2\mathbf{v}_2 + c_3\mathbf{v}_3 + \cdots + c_r\mathbf{v}_r$$

Ainsi,

$$\mathbf{v}_1 - c_2\mathbf{v}_2 - c_3\mathbf{v}_3 - \cdots - c_r\mathbf{v}_r = \mathbf{0}$$

Il s'ensuit que $S$ est linéairement dépendant, puisque l'équation

$$k_1\mathbf{v}_1 + k_2\mathbf{v}_2 + \cdots + k_r\mathbf{v}_r = \mathbf{0}$$

est vérifiée par

$$k_1 = 1, \quad k_2 = -c_2,\ldots, \quad k_r = -c_r$$

et ces scalaires ne valent pas tous zéro. La preuve suit le même déroulement dans le cas où d'autres vecteurs que $\mathbf{v}_1$ s'expriment par une combinaison linéaire des autres vecteurs de $S$.    ■

---

## EXEMPLE 6   Retour sur l'exemple 1

---

À l'exemple 1, nous avons vu que les vecteurs ci-dessous forment un ensemble linéairement dépendant :

$$\mathbf{v}_1 = (2, -1, 0, 3), \quad \mathbf{v}_2 = (1, 2, 5, -1) \quad \text{et} \quad \mathbf{v}_3 = (7, -1, 5, 8)$$

Conformément au théorème 5.3.1, au moins un de ces vecteurs est une combinaison linéaire des deux autres. C'est le cas de chacun des vecteurs de cet exemple, puisqu'il découle de l'expression $3\mathbf{v}_1 + \mathbf{v}_2 - \mathbf{v}_3 = \mathbf{0}$ (voir l'exemple 1) que

$$\mathbf{v}_1 = -\tfrac{1}{3}\mathbf{v}_2 + \tfrac{1}{3}\mathbf{v}_3, \quad \mathbf{v}_2 = -3\mathbf{v}_1 + \mathbf{v}_3 \quad \text{et} \quad \mathbf{v}_3 = 3\mathbf{v}_1 + \mathbf{v}_2 \quad \blacklozenge$$

---

## EXEMPLE 7   Retour sur l'exemple 3

---

Nous avons vu à l'exemple 3 que les vecteurs $\mathbf{i} = (1, 00)$, $\mathbf{j} = (0, 1, 0)$ et $\mathbf{k} = (0, 0, 1)$ forment un ensemble linéairement indépendant. Or, d'après le théorème 5.3.1, aucun de ces vecteurs ne doit correspondre à une combinaison linéaire des deux autres. On montre directement que c'est le cas en supposant que $\mathbf{k}$ s'exprime par

$$\mathbf{k} = k_1\mathbf{i} + k_2\mathbf{j}$$

En termes de composantes, on a

$$(0, 0, 1) = k_1(1, 0, 0) + k_2(0, 1, 0) \quad \text{ou} \quad (0, 0, 1) = (k_1, k_2, 0)$$

Or, aucune valeur de $k_1$ et $k_2$ ne vérifie la dernière équation, de sorte qu'il est impossible d'exprimer **k** par une combinaison linéaire de **i** et **j**. De même, **i** ne peut être exprimé par une combinaison linéaire de **j** et **k** et **j** ne correspond à aucune combinaison linéaire de **i** et **k**. ◆

Le théorème qui suit présente deux faits importants au sujet de l'indépendance linéaire.

**THÉORÈME 5.3.2**

> (*a*)  *Un ensemble fini de vecteurs qui contient le vecteur nul est linéairement dépendant.*
>
> (*b*)  *Un ensemble qui contient exactement deux vecteurs est linéairement indépendant si et seulement si aucun des vecteurs n'est le produit par un scalaire de l'autre.*

Nous allons démontrer la partie (*a*) et laisser la démonstration de la partie (*b*) en exercice.

***Démonstration de (a)***  Pour des vecteurs quelconques $\mathbf{v}_1, \mathbf{v}_2, \ldots, \mathbf{v}_r$, l'ensemble $S = \{\mathbf{v}_1, \mathbf{v}_2, \ldots, \mathbf{v}_r, \mathbf{0}\}$ est linéairement dépendant étant donné l'égalité

$$0\mathbf{v}_1 + 0\mathbf{v}_2 + \cdots + 0\mathbf{v}_r + 1(\mathbf{0}) = \mathbf{0}$$

**0** est donc une combinaison linéaire des vecteurs de $S$ dont les coefficients ne sont pas tous nuls. ∎

---

## EXEMPLE 8  Utiliser le théorème 5.3.2*b*

Les fonctions $\mathbf{f}_1 = x$ et $\mathbf{f}_2 = \sin x$ forment un ensemble de vecteurs linéairement indépendants dans $F(]{-}\infty, \infty[)$ puisque aucune des fonctions n'est le produit par un scalaire de l'autre. ◆

**Interprétation géométrique de l'indépendance linéaire**

L'interprétation géométrique de l'indépendance linéaire dans $R^2$ et dans $R^3$ s'avère souvent utile. Voyons ce qu'il en est :

- Un ensemble de deux vecteurs de $R^2$ ou de $R^3$ est linéairement indépendant si et seulement si les vecteurs ne sont pas sur la même droite lorsque leurs origines coïncident avec l'origine du repère (figure 5.3.1).

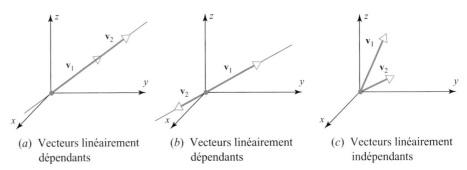

(*a*)  Vecteurs linéairement dépendants

(*b*)  Vecteurs linéairement dépendants

(*c*)  Vecteurs linéairement indépendants

**Figure 5.3.1**

- Un ensemble de trois vecteurs de $R^3$ est linéairement indépendant si et seulement si les vecteurs ne sont pas dans un même plan lorsque leurs origines coïncident avec l'origine du repère (figure 5.3.2).

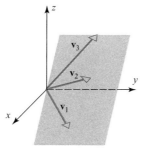
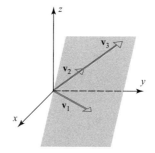
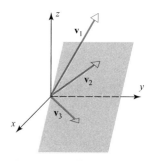

(*a*) Vecteurs linéairement  dépendants

(*b*) Vecteurs linéairement  dépendants

(*c*) Vecteurs linéairement  indépendants

**Figure 5.3.2**

La première interprétation découle du fait que deux vecteurs sont linéairement indépendants si et seulement si aucun des vecteurs n'est le produit par un scalaire de l'autre. En termes géométriques, cette affirmation équivaut à dire que les vecteurs ne sont pas sur la même droite lorsque leurs origines coïncident avec l'origine du repère.

La seconde interprétation provient du fait que trois vecteurs sont linéairement indépendants si et seulement si aucun des vecteurs ne correspond à une combinaison linéaire des deux autres. Traduit en termes géométriques, cet énoncé devient : chaque vecteur se situe dans un plan différent du plan formé par les deux autres ou encore, les trois vecteurs ne sont pas tous dans un même plan lorsque leurs origines coïncident avec celle du repère (pourquoi?).

Le prochain théorème précise qu'un ensemble linéairement indépendant dans $R^n$ ne peut contenir plus de $n$ vecteurs.

**THÉORÈME 5.3.3**

> *Soit $S = \{v_1, v_2,\ldots, v_r\}$, un ensemble de vecteurs de $R^n$. Si $r > n$, alors $S$ est linéairement dépendant.*

*Démonstration*  Supposons que

$$\mathbf{v}_1 = (v_{11}, v_{12}, \ldots, v_{1n})$$
$$\mathbf{v}_2 = (v_{21}, v_{22}, \ldots, v_{2n})$$
$$\vdots \qquad \vdots$$
$$\mathbf{v}_r = (v_{r1}, v_{r2}, \ldots, v_{rn})$$

Considérons l'équation

$$k_1\mathbf{v}_1 + k_2\mathbf{v}_2 + \cdots + k_r\mathbf{v}_r = \mathbf{0}$$

En exprimant les deux membres de l'équation en termes de composantes (exemple 4) et en établissant ensuite l'égalité entre les composantes correspondantes, on obtient

$$v_{11}k_1 + v_{21}k_2 + \cdots + v_{r1}k_r = 0$$
$$v_{12}k_1 + v_{22}k_2 + \cdots + v_{r2}k_r = 0$$
$$\vdots \qquad \vdots \qquad\qquad \vdots \qquad \vdots$$
$$v_{1n}k_1 + v_{2n}k_2 + \cdots + v_{rn}k_r = 0$$

Le résultat ci-dessus forme un système homogène de $n$ équations à $r$ inconnues $k_1$, $k_2,\ldots k_r$. Étant donné que $r > n$, le système admet des solutions non triviales (théorème 1.2.1). Ainsi, $S = \{\mathbf{v}_1, \mathbf{v}_2,\ldots, \mathbf{v}_r\}$ est un ensemble linéairement dépendant. ∎

REMARQUE   Par le théorème qui précède, on sait qu'un ensemble de $R^2$ qui contient plus de deux vecteurs est linéairement dépendant et qu'un ensemble de $R^3$ qui contient plus de trois vecteurs est linéairement dépendant.

## Indépendance linéaire des fonctions

(Si vous avez des notions de calcul)

On peut quelquefois déterminer la dépendance linéaire d'un ensemble de fonctions en considérant simplement des identités connues. Par exemple, les fonctions ci-dessous forment un ensemble linéairement dépendant dans $F(]-\infty, \infty[)$ :

$$\mathbf{f}_1 = \sin^2 x, \quad \mathbf{f}_2 = \cos^2 x \quad \text{et} \quad \mathbf{f}_3 = 5$$

En effet, considérons l'équation

$$5\mathbf{f}_1 + 5\mathbf{f}_2 - \mathbf{f}_3 = 5\sin^2 x + 5\cos^2 x - 5 = 5(\sin^2 x + \cos^2 x) - 5 = \mathbf{0}$$

Elle exprime le vecteur $\mathbf{0}$ par une combinaison linéaire de $\mathbf{f}_1$, $\mathbf{f}_2$ et $\mathbf{f}_3$ dont les coefficients ne sont pas tous nuls. Cependant, de telles identités s'appliquent seulement dans des cas spéciaux. Il n'existe aucune méthode générale pour établir l'indépendance linéaire ou la dépendance linéaire des fonctions de $F(]-\infty, \infty[)$. Nous allons cependant développer un théorème qui permet parfois de conclure à l'indépendance linéaire d'un ensemble de fonctions donné.

Si les fonctions $\mathbf{f}_1 = f_1(x)$, $\mathbf{f}_2 = f_2(x),\ldots$, $\mathbf{f}_n = f_n(x)$ sont $n-1$ fois dérivables sur l'intervalle $]-\infty, \infty[$, alors le déterminant qui suit est appelé le ***Wronskien*** de $f_1, f_2,\ldots, f_n$.

$$W(x) = \begin{vmatrix} f_1(x) & f_2(x) & \cdots & f_n(x) \\ f_1'(x) & f_2'(x) & \cdots & f_n'(x) \\ \vdots & \vdots & & \vdots \\ f_1^{(n-1)}(x) & f_2^{(n-1)}(x) & \cdots & f_n^{(n-1)}(x) \end{vmatrix}$$

Nous allons maintenant montrer que ce déterminant permet, sous une condition particulière, d'établir l'indépendance linéaire de l'ensemble des fonctions $\mathbf{f}_1$, $\mathbf{f}_2,\ldots$, $\mathbf{f}_n$ de l'espace vectoriel $C^{(n-1)}(]-\infty, \infty[)$.

Supposons pour l'instant que $\mathbf{f}_1$, $\mathbf{f}_2,\ldots$, $\mathbf{f}_n$ sont des vecteurs linéairement dépendants de $C^{(n-1)}(]-\infty, \infty[)$. Alors, il existe des scalaires $k_1$, $k_2,\ldots k_n$ *qui ne sont pas tous nuls*, tels que

$$k_1 f_1(x) + k_2 f_2(x) + \cdots + k_n f_n(x) = 0$$

pour tout $x$ de l'intervalle $]-\infty, \infty[$. Si l'on combine cette équation à celles obtenues par $n-1$ dérivations successives, on trouve

$$\begin{aligned} k_1 f_1(x) \quad &+ k_2 f_2(x) \quad + \cdots + k_n f_n(x) \quad = 0 \\ k_1 f_1'(x) \quad &+ k_2 f_2'(x) \quad + \cdots + k_n f_n'(x) \quad = 0 \\ \vdots \qquad & \qquad \vdots \qquad \qquad \vdots \qquad \qquad \vdots \\ k_1 f_1^{(n-1)}(x) &+ k_2 f_2^{(n-1)}(x) + \cdots + k_n f_n^{(n-1)}(x) = 0 \end{aligned}$$

Si les vecteurs $\mathbf{f}_1$, $\mathbf{f}_2,\ldots$, $\mathbf{f}_n$ sont linéairement dépendants, le système linéaire suivant admet une solution non triviale pour *tout* $x$ appartenant à l'intervalle $]-\infty, \infty[$ :

$$\begin{bmatrix} f_1(x) & f_2(x) & \cdots & f_n(x) \\ f_1'(x) & f_2'(x) & \cdots & f_n'(x) \\ \vdots & \vdots & & \vdots \\ f_1^{(n-1)}(x) & f_2^{(n-1)}(x) & \cdots & f_n^{(n-1)}(x) \end{bmatrix} \begin{bmatrix} k_1 \\ k_2 \\ \vdots \\ k_n \end{bmatrix} = \begin{bmatrix} 0 \\ 0 \\ \vdots \\ 0 \end{bmatrix}$$

On en déduit que, pour tout $x$ appartenant à $]-\infty, \infty[$, la matrice des coefficients n'est pas inversible ou, de façon équivalente, que son déterminant (le Wronskien) est nul pour

**Józef Maria Hoëne-Wrónski**

**Józef Maria Hoëne-Wrónski** *(1776–1853)* était mathématicien et philosophe, de nationalités polonaise et française. Il fit ses premières années d'études à Poznán et à Warsaw. Officier d'artillerie dans l'armée Prusse, il a été fait prisonnier par l'armée russe lors d'un soulèvement national en 1794. Après sa libération, il étudie la philosophie dans plusieurs universités allemandes. Il devient citoyen français en 1800 et s'établit éventuellement à Paris, où il s'intéresse à l'analyse mathématique. Toutefois, la publication de ses résultats soulève la controverse et elle est liée à un procès tapageur à propos de questions financières. Plusieurs années plus tard, il propose des avenues de recherche pour déterminer la longitude en mer, mais ses idées sont rabrouées par le *British Board of Longitude*; Wrónski se tourne alors vers la philosophie messianique. Par ailleurs, au cours des années 1830, il explore sans succès la faisabilité de véhicules à chenilles pour concurrencer le train. Il finira sa vie dans la pauvreté. Ses travaux en mathématiques sont généralement truffés d'erreurs et d'imprécisions, mais ils contiennent souvent de bonnes idées et quelques résultats isolés valables. Certains auteurs attribuent les argumentations incessantes de Wrónski à des tendances psychopathiques et à l'exagération de l'importance de ses propres travaux.

tout $x$ de l'intervalle $]-\infty, \infty[$. Ainsi, si le Wronskien n'est pas nul sur tout l'intervalle $]-\infty, \infty[$, alors les fonctions $\mathbf{f}_1, \mathbf{f}_2, \ldots, \mathbf{f}_n$ doivent former un ensemble linéairement indépendant de $C^{(n-1)}(]-\infty, \infty[)$. C'est ce qu'énonce le théorème qui suit :

**THÉORÈME 5.3.4**

> *Soit $\mathbf{f}_1, \mathbf{f}_2, \ldots, \mathbf{f}_n$ des fonctions qui admettent $n-1$ dérivées continues sur l'intervalle $]-\infty, \infty[$. Si le Wronskien de ces fonctions n'est pas identiquement nul sur $]-\infty, \infty[$, alors ces fonctions forment un ensemble de vecteurs linéairement indépendants dans $C^{(n-1)}(]-\infty, \infty[)$.*

### EXEMPLE 9    Ensemble linéairement indépendant dans $C^1(]-\infty, \infty[)$

Montrer que les fonctions $\mathbf{f}_1 = x$ et $\mathbf{f}_2 = \sin x$ forment un ensemble de vecteurs linéairement indépendants dans $C^1(]-\infty, \infty[)$.

*Solution*

À l'exemple 8, nous avons conclu que ces vecteurs forment un ensemble linéairement indépendant parce qu'ils ne sont pas le produit par un scalaire l'un de l'autre. Toutefois, à titre d'illustration, nous allons démontrer à nouveau l'indépendance linéaire, en procédant cette fois par le théorème 5.3.4. Le Wronskien s'écrit

$$W(x) = \begin{vmatrix} x & \sin x \\ 1 & \cos x \end{vmatrix} = x\cos x - \sin x$$

Or, il suffit d'évaluer cette fonction à $x = \pi/2$ pour constater qu'elle n'est pas nulle pour tout $x$ de l'intervalle $]-\infty, \infty[$; on en conclut que $\mathbf{f}_1$ et $\mathbf{f}_2$ forment un ensemble linéairement indépendant. ◆

---

**EXEMPLE 10** Ensemble linéairement indépendant de $C^2(]-\infty, \infty[)$

Montrer que les fonctions $\mathbf{f}_1 = 1$, $\mathbf{f}_2 = e^x$ et $\mathbf{f}_3 = e^{2x}$ forment un ensemble de vecteurs linéairement indépendants de $C^2(]-\infty, \infty[)$.

*Solution*

Le Wronskien s'écrit :

$$W(x) = \begin{vmatrix} 1 & e^x & e^{2x} \\ 0 & e^x & 2e^{2x} \\ 0 & e^x & 4e^{2x} \end{vmatrix} = 2e^{3x}$$

Or, cette fonction n'est pas nulle pour tout $x$ de l'intervalle $]-\infty, \infty[$. (En fait, elle n'est nulle pour aucune valeur de $x$.) On en conclut que $\mathbf{f}_1$, $\mathbf{f}_2$ et $\mathbf{f}_3$ forment un ensemble linéairement indépendant. ◆

*REMARQUE* La réciproque du théorème 5.3.4 est fausse. Si le Wronskien de $\mathbf{f}_1$, $\mathbf{f}_2$,..., $\mathbf{f}_n$ est nul sur tout l'intervalle $]-\infty, \infty[$, on ne peut rien conclure quant à l'indépendance linéaire de $\{\mathbf{f}_1, \mathbf{f}_2,..., \mathbf{f}_n\}$; l'ensemble de vecteurs peut alors être soit linéairement dépendant, soit linéairement indépendant.

---

## SÉRIE D'EXERCICES 5.3

1. Expliquez pourquoi les ensembles de vecteurs suivants sont linéairement dépendants (Ne pas faire de calcul) :

   (a) $\mathbf{u}_1 = (-1, 2, 4)$ et $\mathbf{u}_2 = (5, -10, -20)$ dans $R^3$

   (b) $\mathbf{u}_1 = (3, -1)$, $\mathbf{u}_2 = (4, 5)$, $\mathbf{u}_3 = (-4, 7)$ dans $R^2$

   (c) $\mathbf{p}_1 = 3 - 2x + x^2$ et $\mathbf{p}_2 = 6 - 4x + 2x^2$ dans $P_2$

   (d) $A = \begin{bmatrix} -3 & 4 \\ 2 & 0 \end{bmatrix}$ et $B = \begin{bmatrix} 3 & -4 \\ -2 & 0 \end{bmatrix}$ dans $M_{22}$

2. Parmi les ensembles de vecteurs de $R^3$ suivants, lesquels sont linéairement dépendants?

   (a) $(4, -1, 2)$, $(-4, 10, 2)$    (b) $(-3, 0, 4)$, $(5, -1, 2)$, $(1, 1, 3)$

   (c) $(8, -1, 3)$, $(4, 0, 1)$    (d) $(-2, 0, 1)$, $(3, 2, 5)$, $(6, -1, 1)$, $(7, 0, -2)$

3. Parmi les ensembles de vecteurs de $R^4$ suivants, lesquels sont linéairement dépendants?

   (a) $(3, 8, 7, -3)$, $(1, 5, 3, -1)$, $(2, -1, 2, 6)$, $(1, 4, 0, 3)$

   (b) $(0, 0, 2, 2)$, $(3, 3, 0, 0)$, $(1, 1, 0, -1)$

   (c) $(0, 3, -3, -6)$, $(-2, 0, 0, -6)$, $(0, -4, -2, -2)$, $(0, -8, 4, -4)$

   (d) $(3, 0, -3, 6)$, $(0, 2, 3, 1)$, $(0, -2, -2, 0)$, $(-2, 1, 2, 1)$

4. Parmi les ensembles de vecteurs de $P_2$ suivants, lesquels sont linéairement dépendants?

   (a) $2 - x + 4x^2$, $3 + 6x + 2x^2$, $2 + 10x - 4x^2$

   (b) $3 + x + x^2$, $2 - x + 5x^2$, $4 - 3x^2$

   (c) $6 - x^2$, $1 + x + 4x^2$

   (d) $1 + 3x + 3x^2$, $x + 4x^2$, $5 + 6x + 3x^2$, $7 + 2x - x^2$

5. Considérons trois vecteurs $\mathbf{v}_1$, $\mathbf{v}_2$ et $\mathbf{v}_3$ de $R^3$ dont les origines coïncident avec l'origine du repère. Dans chaque cas, déterminez si les trois vecteurs sont dans un même plan.

   (a) $\mathbf{v}_1 = (2, -2, 0)$, $\mathbf{v}_2 = (6, 1, 4)$, $\mathbf{v}_3 = (2, 0, -4)$

   (b) $\mathbf{v}_1 = (-6, 7, 2)$, $\mathbf{v}_2 = (3, 2, 4)$, $\mathbf{v}_3 = (4, -1, 2)$

6. Considérons trois vecteurs $\mathbf{v}_1$, $\mathbf{v}_2$ et $\mathbf{v}_3$ de $R^3$ dont les origines coïncident avec l'origine du repère. Dans chaque cas, déterminez si les trois vecteurs sont sur une même droite.

    (a) $\mathbf{v}_1 = (-1, 2, 3)$, $\mathbf{v}_2 = (2, -4, -6)$, $\mathbf{v}_3 = (-3, 6, 0)$

    (b) $\mathbf{v}_1 = (2, -1, 4)$, $\mathbf{v}_2 = (4, 2, 3)$, $\mathbf{v}_3 = (2, 7, -6)$

    (c) $\mathbf{v}_1 = (4, 6, 8)$, $\mathbf{v}_2 = (2, 3, 4)$, $\mathbf{v}_3 = (-2, -3, -4)$

7. (a) Montrez que les vecteurs $\mathbf{v}_1 = (0, 3, 1, -1)$, $\mathbf{v}_2 = (6, 0, 5, 1)$ et $\mathbf{v}_3 = (4, -7, 1, 3)$ forment un ensemble linéairement dépendant de $R^4$.

    (b) Exprimez chacun de ces vecteurs par une combinaison linéaire des deux autres.

8. (a) Montrez que les vecteurs $\mathbf{v}_1 = (1, 2, 3, 4)$, $\mathbf{v}_2 = (0, 1, 0, -1)$ et $\mathbf{v}_3 = (1, 3, 3, 3)$ forment un ensemble linéairement dépendant de $R^4$.

    (b) Exprimez chacun de ces vecteurs par une combinaison linéaire des deux autres.

9. Pour quelles valeurs réelles de $\lambda$ les vecteurs suivants forment-ils un ensemble linéairement dépendant de $R^3$?

$$\mathbf{v}_1 = \left(\lambda, -\tfrac{1}{2}, -\tfrac{1}{2}\right), \qquad \mathbf{v}_2 = \left(-\tfrac{1}{2}, \lambda, -\tfrac{1}{2}\right), \qquad \mathbf{v}_3 = \left(-\tfrac{1}{2}, -\tfrac{1}{2}, \lambda\right)$$

10. Montrez que si $\{\mathbf{v}_1, \mathbf{v}_2, \mathbf{v}_3\}$ est un ensemble de vecteurs linéairement indépendants, alors les ensembles $\{\mathbf{v}_1, \mathbf{v}_2\}$, $\{\mathbf{v}_1, \mathbf{v}_3\}$, $\{\mathbf{v}_2, \mathbf{v}_3\}$, $\{\mathbf{v}_1\}$, $\{\mathbf{v}_2\}$ et $\{\mathbf{v}_3\}$ sont également linéairement indépendants.

11. Montrez que si $S = \{\mathbf{v}_1, \mathbf{v}_2,\ldots, \mathbf{v}_r\}$ est un ensemble de vecteurs linéairement indépendants, alors tout sous-ensemble non vide de $S$ est également linéairement indépendant.

12. Montrez que si $\{\mathbf{v}_1, \mathbf{v}_2, \mathbf{v}_3\}$ est un ensemble de vecteurs linéairement dépendants d'un espace vectoriel $V$ et si $\mathbf{v}_4$ est un vecteur quelconque de $V$, alors $\{\mathbf{v}_1, \mathbf{v}_2, \mathbf{v}_3, \mathbf{v}_4\}$ est également linéairement dépendant.

13. Montrez que si $\{\mathbf{v}_1, \mathbf{v}_2,\ldots, \mathbf{v}_r\}$ est un ensemble de vecteurs linéairement dépendants d'un espace vectoriel $V$ et si $\mathbf{v}_{r+1},\ldots, \mathbf{v}_n$ sont des vecteurs quelconques de $V$, alors l'ensemble $\{\mathbf{v}_1, \mathbf{v}_2,\ldots, \mathbf{v}_r, \mathbf{v}_{r+1},\ldots, \mathbf{v}_n\}$ est également linéairement dépendant.

14. Montrez que tout ensemble de plus de trois vecteurs de $P_2$ est linéairement dépendant.

15. Montrez que si $\{\mathbf{v}_1, \mathbf{v}_2\}$ est linéairement indépendant et si $\mathbf{v}_3$ n'appartient pas à $L\{\mathbf{v}_1, \mathbf{v}_2\}$, alors $\{\mathbf{v}_1, \mathbf{v}_2, \mathbf{v}_3\}$ est linéairement indépendant.

16. Montrez que pour tout vecteur $\mathbf{u}$, $\mathbf{v}$ et $\mathbf{w}$, les vecteurs $\mathbf{u} - \mathbf{v}$, $\mathbf{v} - \mathbf{w}$ et $\mathbf{w} - \mathbf{u}$ constituent un ensemble linéairement dépendant.

17. Montrez que l'espace engendré par deux vecteurs de $R^3$ est soit une droite passant par l'origine, soit un plan passant par l'origine ou simplement l'origine.

18. Dans quelle(s) condition(s) un ensemble formé d'un seul vecteur est-il linéairement indépendant?

19. Les vecteurs $\mathbf{v}_1$, $\mathbf{v}_2$ et $\mathbf{v}_3$ de la figure Ex-19$a$ sont-ils linéairement indépendants? Qu'en est-il des vecteurs de la figure Ex-19$b$? Expliquez.

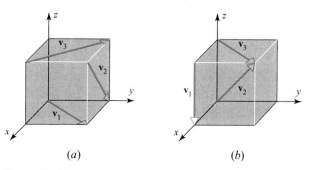

(a)                    (b)

**Figure Ex-19**

20. Utilisez une identité appropriée, s'il y a lieu, pour trouver les ensembles linéairement indépendants parmi les ensembles de vecteurs suivants de $F(]-\infty, \infty[)$.

(a)  $6$, $3\sin^2 x$, $2\cos^2 x$  (b)  $x$, $\cos x$  (c)  $1$, $\sin x$, $\sin 2x$

(d)  $\cos 2x$, $\sin^2 x$, $\cos^2 x$  (e)  $(3-x)^2$, $x^2 - 6x$, $5$  (f)  $0$, $\cos^3 \pi x$, $\sin^5 3\pi x$

21. **(Si vous avez des notions de calcul)** Montrez, à l'aide du Wronskien, que les ensembles de vecteurs suivants sont linéairement indépendants :

(a)  $1$, $x$, $e^x$  (b)  $\sin x$, $\cos x$, $x \sin x$  (c)  $e^x$, $xe^x$, $x^2 e^x$  (d)  $1$, $x$, $x^2$

22. Démontrez la partie (*b*) du théorème 5.3.1 en utilisant le résultat de la partie (*a*).

23. Démontrez la partie (*b*) du théorème 5.3.2.

## Exploration & discussion

24. Dans chaque cas, indiquez si l'énoncé est toujours vrai ou s'il peut être faux dans certain(s) cas. Justifiez vos réponses par une explication ou par un contre-exemple.

(a)  L'ensemble des matrices $2 \times 2$ qui contiennent exactement deux 1 et deux 0 est un ensemble linéairement indépendant de $M_{22}$. (Dans ce cas, dire si l'énoncé est vrai ou faux.)

(b)  Si l'ensemble $\{v_1, v_2\}$ est linéairement dépendant, alors les deux vecteurs sont les multiples scalaires l'un de l'autre.

(c)  Si l'ensemble $\{v_1, v_2, v_3\}$ est linéairement indépendant, alors l'ensemble $\{kv_1, kv_2, kv_3\}$ est lui aussi linéairement indépendant pour tout scalaire $k$ non nul.

(d)  La réciproque du théorème 5.3.2a.

25. Montrez que si l'ensemble $\{v_1, v_2, v_3\}$ est linéairement dépendant et s'il ne contient pas de vecteur nul, alors chaque vecteur de l'ensemble s'exprime par une combinaison linéaire des deux autres.

26. Conformément au théorème 5.3.3, quatre vecteurs non nuls de $R^3$ doivent être linéairement dépendants. Expliquez cette affirmation par un argument géométrique informel.

27. (a)  À l'exemple 3, nous avons vu que les vecteurs mutuellement orthogonaux **i**, **j** et **k** forment un ensemble linéairement indépendant dans $R^3$. Selon vous, tout ensemble de trois vecteurs non nuls mutuellement orthogonaux de $R^3$ est-il linéairement indépendant? Justifiez vos conclusions par un argument géométrique.

(b)  Justifiez vos conclusions par un argument algébrique.

*Indice*  Utilisez les produits scalaires.

# 5.4
## BASE ET DIMENSION

*Selon nos perceptions, on considère une droite comme étant unidimensionnelle, lun plan, comme étant bidimensionnel et l'espace qui nous entoure comme étant tridimensionnel. Cette section a pour but de préciser cette notion intuitive de « dimension ».*

## Repères de coordonnées rectangulaires

En géométrie analytique plane, nous avons appris à associer un point $P$ du plan à un couple de coordonnées $(a, b)$ obtenues en projetant $P$ sur une paire d'axes de coordonnées perpendiculaires (figure 5.4.1a). De cette façon, à chaque point du plan correspond un couple unique de coordonnées et, réciproquement, chaque couple de coordonnées représente un point unique du plan. Nous décrivons cette situation en disant que le repère de coordonnées établit une ***correspondance biunivoque*** entre les points du plan et les couples ordonnés de nombres réels. Bien que les axes de coordonnées

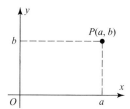

(*a*) Coordonnées de *P* dans
un repère de coordonnées
perpendiculaires du plan

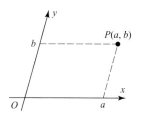

(*b*) Coordonnées de *P* dans
un repère de coordonnées
non perpendiculaires du plan

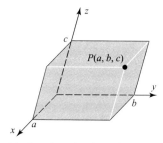

(*c*) Coordonnées de *P* dans un
repère de coordonnées non
perpendiculaires de l'espace

**Figure 5.4.1**

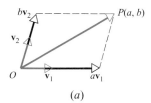

(*a*)

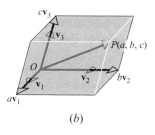

(*b*)

**Figure 5.4.2**

perpendiculaires soient les plus courants, toute paire de droites non parallèles définit un repère dans le plan. Par exemple, à la figure 5.4.1*b*, nous avons attribué au point *P* un couple de coordonnées (*a*, *b*) en projetant *P* parallèlement aux axes de coordonnées non perpendiculaires. De même, tout ensemble de trois axes non coplanaires définit un repère de l'espace tridimensionnel (figure 5.4.1*c*).

Cette section vise à étendre le concept de repère aux espaces vectoriels généraux. Reformulons d'abord la notion de repère de coordonnées définie dans le plan ($R^2$) et dans l'espace ($R^3$); nous décrirons désormais les repères par des vecteurs et non plus par des axes de coordonnées. Pour ce faire, on substitue à chacun des axes un vecteur unitaire (de longueur 1) orienté dans le sens positif de l'axe, tel qu'illustré par les vecteurs $\mathbf{v}_1$ et $\mathbf{v}_2$ à la figure 5.4.2*a*. Dans ce cas, si *P* est un point quelconque du plan, le vecteur $\overrightarrow{OP}$ devient la combinaison linéaire de $\mathbf{v}_1$ et $\mathbf{v}_2$ obtenue en projetant *P* parallèlement à $\mathbf{v}_1$ et à $\mathbf{v}_2$; $\overrightarrow{OP}$ correspond ainsi la diagonale du parallélogramme défini par les vecteurs $a\mathbf{v}_1$ et $b\mathbf{v}_2$. On a donc

$$\overrightarrow{OP} = a\mathbf{v}_1 + b\mathbf{v}_2$$

Il est clair que les nombres *a* et *b* de cette expression vectorielle représentent précisément les coordonnées de *P* dans le repère de la figure 5.4.1*b*. De même, on obtient les coordonnées (*a*, *b*, *c*) du point *P* de la figure 5.4.1*c* en exprimant $\overrightarrow{OP}$ par une combinaison linéaire des vecteurs illustrés à la figure 5.4.2*b*.

De façon informelle, disons que les vecteurs qui définissent un repère sont les « vecteurs de base » de ce repère. Bien que nous ayons considéré des vecteurs unitaires pour remplacer les axes, nous verrons que cette condition n'est pas essentielle − des vecteurs non nuls de longueur quelconque feraient aussi bien l'affaire.

Les échelles de mesure des axes de coordonnées sont indispensables à tout repère. Autant que possible, on utilise la même échelle pour tous les axes et les entiers consécutifs sont espacés de 1 unité de distance sur chacun des axes. Toutefois, en pratique, les échelles semblables ne sont pas toujours appropriées : il est parfois plus pratique d'avoir recours à des échelles différentes ou de séparer les entiers consécutifs par une distance plus ou moins grande si l'on veut, par exemple, intégrer un graphique particulier à une page imprimée ou représenter sur un graphique des données physiques exprimées dans des unités distinctes (disons, un axe du temps divisé en secondes et un axe de température séparé en centaines de degrés). Lorsqu'on définit un repère de coordonnées par un ensemble de vecteurs de base, la longueur de ces vecteurs correspond à la distance entre les entiers successifs sur les axes de coordonnées (figure 5.4.3, page suivante). En résumé, l'orientation des vecteurs de base définit la direction et le sens positif des axes de coordonnées et la longueur des vecteurs de base établit les échelles de mesure.

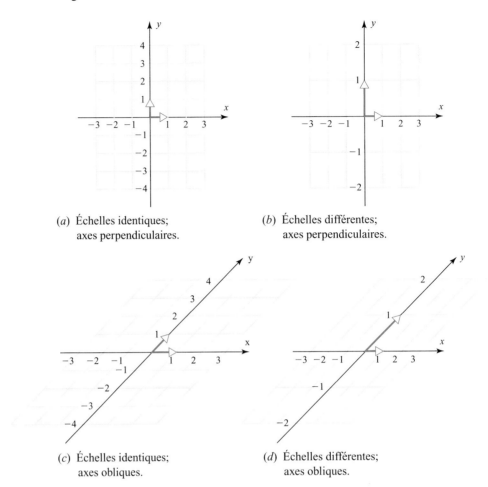

(*a*) Échelles identiques;
axes perpendiculaires.

(*b*) Échelles différentes;
axes perpendiculaires.

(*c*) Échelles identiques;
axes obliques.

(*d*) Échelles différentes;
axes obliques.

**Figure 5.4.3**

La définition clé qui suit précise notre propos et permet d'étendre le concept de repère aux espaces vectoriels généraux :

---

**DÉFINITION**

Soit $V$ un espace vectoriel quelconque et $S = \{\mathbf{v}_1, \mathbf{v}_2,\ldots, \mathbf{v}_r\}$, un ensemble de vecteurs de $V$. Alors $S$ est une ***base*** de $V$ si les deux conditions suivantes sont remplies :

(a)   $S$ est linéairement indépendant;

(b)   $S$ engendre $V$.

---

La notion de base est la généralisation à l'espace vectoriel de la notion de repère appliquée au plan et à l'espace. Le théorème qui suit va nous éclairer davantage à ce sujet :

**THÉORÈME 5.4.1**

**Unicité de la représentation dans une base**

*Soit $S = \{\mathbf{v}_1, \mathbf{v}_2,\ldots, \mathbf{v}_n\}$ une base d'un espace vectoriel $V$. Alors on peut exprimer d'une façon unique tout vecteur $\mathbf{v}$ de $V$ sous la forme de $\mathbf{v} = c_1\mathbf{v}_1 + c_2\mathbf{v}_2 + \cdots + c_n\mathbf{v}_n$.*

*Démonstration*   Puisque $S$ engendre $V$, on sait, par la définition d'un ensemble de générateurs, que tout vecteur de $V$ est une combinaison linéaire des vecteurs de $S$. Pour montrer que cette expression est *unique*, supposons que l'on puisse écrire un vecteur $\mathbf{v}$ de deux façons, soit

$$\mathbf{v} = c_1\mathbf{v}_1 + c_2\mathbf{v}_2 + \cdots + c_n\mathbf{v}_n$$

et

$$\mathbf{v} = k_1\mathbf{v}_1 + k_2\mathbf{v}_2 + \cdots + k_n\mathbf{v}_n$$

En soustrayant la seconde équation de la première, on obtient

$$\mathbf{0} = (c_1 - k_1)\mathbf{v}_1 + (c_2 - k_2)\mathbf{v}_2 + \cdots + (c_n - k_n)\mathbf{v}_n$$

Le membre de droite de cette équation est une combinaison linéaire des vecteurs de $S$; sachant que $S$ est linéairement indépendant, on a

$$c_1 - k_1 = 0, \quad c_2 - k_2 = 0, \ldots, \quad c_n - k_n = 0$$

c'est-à-dire,

$$c_1 = k_1, \quad c_2 = k_2, \ldots, \quad c_n = k_n$$

On en déduit que les deux expressions de $\mathbf{v}$ sont identiques.   ∎

**Coordonnées dans une base**

Si $S = \{\mathbf{v}_1, \mathbf{v}_2, \ldots, \mathbf{v}_n\}$ est une base de l'espace vectoriel $V$ et si l'expression

$$\mathbf{v} = c_1\mathbf{v}_1 + c_2\mathbf{v}_2 + \cdots + c_n\mathbf{v}_n$$

est celle d'un vecteur $\mathbf{v}$ en termes de la base $S$, alors les scalaires $c_1, c_2, \ldots, c_n$ sont appelés ***coordonnées*** de $\mathbf{v}$ dans la base $S$. Le vecteur $(c_1, c_2, \ldots, c_n)$ de $R^n$ construit à partir de ces coordonnées est le ***vecteur coordonné de*** $\mathbf{v}$ ***dans la base $S$***, que l'on note :

$$(\mathbf{v})_S = (c_1, c_2, \ldots, c_n)$$

*REMARQUE*   Observez que les vecteurs coordonnés dépendent non seulement de la base $S$ mais aussi de l'ordre d'écriture des vecteurs de base; un changement dans l'ordre des vecteurs de base entraîne un changement similaire dans l'ordre des éléments des vecteurs coordonnés.

---

## EXEMPLE 1   Base naturelle de $R^3$

À l'exemple 3 de la section précédente, nous avons vu que si

$$\mathbf{i} = (1, 00), \quad \mathbf{j} = (0, 1, 0) \quad \text{et} \quad \mathbf{k} = (0, 0, 1)$$

alors $S = \{\mathbf{i}, \mathbf{j}, \mathbf{k}\}$ est un ensemble linéairement indépendant de $R^3$. Cet ensemble engendre également $R^3$ étant donné que tout vecteur $\mathbf{v} = (a, b, c)$ de $R^3$ s'exprime par

$$\mathbf{v} = (a, b, c) = a(1, 0, 0) + b(0, 1, 0) + c(0, 0, 1) = a\mathbf{i} + b\mathbf{j} + c\mathbf{k} \tag{1}$$

Ainsi, $S$ est une base de $R^3$, que l'on nomme ***base naturelle*** de $R^3$. Les coefficients de $\mathbf{i}$, $\mathbf{j}$ et $\mathbf{k}$ dans l'équation (1) donnent les coordonnées de $\mathbf{v}$ dans la base naturelle, soit $a$, $b$ et $c$; on a donc

$$(\mathbf{v})_S = (a, b, c)$$

En comparant ce résultat à l'expression (1), on constate que

$$\mathbf{v} = (\mathbf{v})_S$$

Cela signifie que les composantes d'un vecteur $\mathbf{v}$ dans un repère de coordonnées rectangulaires *xyz* coïncident avec les coordonnées de $\mathbf{v}$ dans la base naturelle; ainsi,

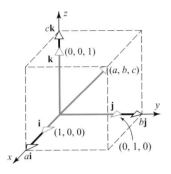

**Figure 5.4.4**

le système de coordonnées et la base produisent précisément la même correspondance biunivoque entre les points de l'espace ($R^3$) et les triplets ordonnés de nombres réels (figure 5.4.4). ◆

L'exemple précédent représente un cas particulier de la situation plus générale analysée au prochain exemple.

## EXEMPLE 2   Base naturelle de $R^n$

À l'exemple 3 de la section précédente, nous avons montré que si

$$\mathbf{e}_1 = (1, 0, 0, \ldots, 0), \quad \mathbf{e}_2 = (0, 1, 0, \ldots, 0), \ldots, \quad \mathbf{e}_n = (0, 0, 0, \ldots, 1)$$

alors

$$S = \{\mathbf{e}_1, \mathbf{e}_2, \ldots, \mathbf{e}_n\}$$

est un ensemble linéairement indépendant de $R^n$. De plus, cet ensemble engendre $R^n$, puisque l'on peut exprimer tout vecteur $\mathbf{v} = (v_1, v_2, \ldots, v_n)$ de $R^n$ par

$$\mathbf{v} = v_1\mathbf{e}_1 + v_2\mathbf{e}_2 + \cdots + v_n\mathbf{e}_n \tag{2}$$

Ainsi, $S$ est une base de $R^n$, que l'on nomme ***base naturelle de $R^n$***. Il découle de l'expression (2) que les coordonnées de $\mathbf{v} = (v_1, v_2, \ldots, v_n)$ dans la base naturelle sont $v_1, v_2, \ldots, v_n$ ; on a donc

$$(\mathbf{v})_S = (v_1, v_2, \ldots, v_n)$$

Comme à l'exemple 1, nous avons $\mathbf{v} = (\mathbf{v})_s$, de sorte qu'un vecteur $\mathbf{v}$ et son vecteur coordonné dans la base naturelle de $R^n$ sont identiques. ◆

*REMARQUE*   Nous verrons dans un exemple subséquent qu'un vecteur n'est pas toujours égal à son vecteur coordonné; l'égalité obtenue dans les deux exemples précédents illustre une situation particulière exclusive à la base naturelle de $R^n$.

*REMARQUE*   Les vecteurs des bases naturelles de $R^2$ et de $R^3$ sont généralement notés $\mathbf{i}$, $\mathbf{j}$ et $\mathbf{k}$ plutôt que $\mathbf{e}_1$, $\mathbf{e}_2$ et $\mathbf{e}_3$. Nous utiliserons l'une ou l'autre notation selon le cas.

## EXEMPLE 3   Démontrer qu'un ensemble de vecteurs forme une base

Soit $\mathbf{v}_1 = (1, 2, 1)$, $\mathbf{v}_2 = (2, 9, 0)$ et $\mathbf{v}_3 = (3, 3, 4)$. Montrez que l'ensemble $S = \{\mathbf{v}_1, \mathbf{v}_2, \mathbf{v}_3\}$ est une base de $R^3$.

### Solution

Pour prouver que l'ensemble $S$ engendre $R^3$, il faut montrer qu'un vecteur arbitraire $\mathbf{b} = (b_1, b_2, b_3)$ est une combinaison linéaire des vecteurs de $S$ :

$$\mathbf{b} = c_1\mathbf{v}_1 + c_2\mathbf{v}_2 + c_3\mathbf{v}_3$$

Exprimons cette équation en termes de composantes; on a

$$(b_1, b_2, b_3) = c_1(1, 2, 1) + c_2(2, 9, 0) + c_3(3, 3, 4)$$

ou

$$(b_1, b_2, b_3) = (c_1 + 2c_2 + 3c_3, 2c_1 + 9c_2 + 3c_3, c_1 + 4c_3)$$

ou, en égalant les composantes correspondantes des deux équations,

$$
\begin{aligned}
c_1 + 2c_2 + 3c_3 &= b_1 \\
2c_1 + 9c_2 + 3c_3 &= b_2 \\
c_1 \qquad\quad + 4c_3 &= b_3
\end{aligned}
\tag{3}
$$

Ainsi, pour montrer que $S$ engendre $R^3$, il faut prouver que le système (3) a une solution, quel que soit le vecteur $\mathbf{b} = (b_1, b_2, b_3)$.

Pour prouver que $S$ est linéairement indépendant, il faut montrer que le système qui suit

$$c_1\mathbf{v}_1 + c_2\mathbf{v}_2 + c_3\mathbf{v}_3 = \mathbf{0} \tag{4}$$

a pour unique solution $c_1 = c_2 = c_3 = 0$.

Tel que vu plus haut, si l'on écrit le système (4) en termes de composantes, il suffit, pour vérifier l'indépendance, de montrer que le système homogène obtenu admet uniquement la solution triviale. On a

$$
\begin{aligned}
c_1 + 2c_2 + 3c_3 &= 0 \\
2c_1 + 9c_2 + 3c_3 &= 0 \\
c_1 \qquad\quad + 4c_3 &= 0
\end{aligned}
\tag{5}
$$

Observez que la même matrice des coefficients est la même dans les systèmes (3) et (5). Or, d'après les parties (*b*), (*e*) et (*g*) du théorème 4.3.4, nous pouvons prouver simultanément que l'ensemble $S$ est linéairement indépendant et qu'il engendre $R^3$ en montrant que le déterminant de la matrice des coefficients des systèmes (3) et (5) n'est pas nul. On a

$$A = \begin{bmatrix} 1 & 2 & 3 \\ 2 & 9 & 3 \\ 1 & 0 & 4 \end{bmatrix} \quad \text{et l'on trouve} \quad \det(A) = \begin{vmatrix} 1 & 2 & 3 \\ 2 & 9 & 3 \\ 1 & 0 & 4 \end{vmatrix} = -1$$

Ainsi, $S$ est une base de $R^3$. ◆

---

## EXEMPLE 4   Représenter un vecteur dans deux bases

Soit $S = \{\mathbf{v}_1, \mathbf{v}_2, \mathbf{v}_3\}$, la base de $R^3$ donnée à l'exemple précédent.

(a)   Trouver le vecteur coordonné de $\mathbf{v} = (5, -1, 9)$ dans la base $S$.
(b)   Trouver le vecteur $\mathbf{v}$ de $R^3$ associé au vecteur coordonné $(\mathbf{v})_S = (-1, 3, 2)$ dans la base $S$.

*Solution de* (a)

Nous devons trouver des scalaires $c_1$, $c_2$, $c_3$ tels que

$$\mathbf{v} = c_1\mathbf{v}_1 + c_2\mathbf{v}_2 + c_3\mathbf{v}_3$$

En termes de composantes, on a

$$(5, -1, 9) = c_1(1, 2, 1) + c_2(2, 9, 0) + c_3(3, 3, 4)$$

En égalant les composantes correspondantes des deux équations, on trouve

$$
\begin{aligned}
c_1 + 2c_2 + 3c_3 &= \phantom{-}5 \\
2c_1 + 9c_2 + 3c_3 &= -1 \\
c_1 \qquad\quad + 4c_3 &= \phantom{-}9
\end{aligned}
$$

La résolution de ce système donne $c_1 = 1$, $c_2 = -1$, $c_3 = 2$ (vérifiez-le). Ainsi,

$$(\mathbf{v})_S = (1, -1, 2)$$

*Solution de (b)*

La définition du vecteur coordonné $(\mathbf{v})_s$ permet d'écrire

$$\mathbf{v} = (-1)\mathbf{v}_1 + 3\mathbf{v}_2 + 2\mathbf{v}_3$$
$$= (-1)(1, 2, 1) + 3(2, 9, 0) + 2(3, 3, 4) = (11, 31, 7) \quad \blacklozenge$$

---

## EXEMPLE 5 Base naturelle de $P_n$

(a) Montrer que $S = \{1, x, x^2, \ldots, x^n\}$ est une base de l'espace vectoriel $P_n$, constitué des polynômes de la forme $a_0 + a_1 x + \cdots + a_n x^n$.

(b) Trouver le vecteur coordonné du polynôme $\mathbf{p} = a_0 + a_1 x + a_2 x^2$ dans la base $S = \{1, x, x^2\}$ de $P_2$.

*Solution de (a)*

Nous avons montré, à l'exemple 11 de la section 5.2, que $S$ engendre $P_n$ et, à l'exemple 5 de la section 5.3, que $S$ est un ensemble linéairement indépendant. On en conclut que l'ensemble $S$ est une base de $P_n$; on la nomme ***base naturelle de $P_n$.***

*Solution de (b)*

Les coordonnées de $\mathbf{p} = a_0 + a_1 x + a_2 x^2$ sont les coefficients scalaires des vecteurs de base $1$, $x$ et $x^2$; on a donc $(\mathbf{p})_S = (a_0, a_1, a_2)$. $\quad \blacklozenge$

---

## EXEMPLE 6 Base naturelle de $M_{mn}$

Soit les matrices

$$M_1 = \begin{bmatrix} 1 & 0 \\ 0 & 0 \end{bmatrix}, \qquad M_2 = \begin{bmatrix} 0 & 1 \\ 0 & 0 \end{bmatrix}, \qquad M_3 = \begin{bmatrix} 0 & 0 \\ 1 & 0 \end{bmatrix}, \qquad M_4 = \begin{bmatrix} 0 & 0 \\ 0 & 1 \end{bmatrix}$$

L'ensemble $S = \{M_1, M_2, M_3, M_4\}$ est une base de l'espace vectoriel $M_{22}$, constitué de matrices $2 \times 2$. Pour montrer que $S$ engendre $M_{22}$, considérons un vecteur (une matrice) arbitraire

$$\begin{bmatrix} a & b \\ c & d \end{bmatrix}$$

Notons que celui-ci peut s'écrire

$$\begin{bmatrix} a & b \\ c & d \end{bmatrix} = a\begin{bmatrix} 1 & 0 \\ 0 & 0 \end{bmatrix} + b\begin{bmatrix} 0 & 1 \\ 0 & 0 \end{bmatrix} + c\begin{bmatrix} 0 & 0 \\ 1 & 0 \end{bmatrix} + d\begin{bmatrix} 0 & 0 \\ 0 & 1 \end{bmatrix}$$
$$= aM_1 + bM_2 + cM_3 + dM_4$$

Pour vérifier si $S$ est linéairement indépendant, supposons que

$$aM_1 + bM_2 + cM_3 + dM_4 = 0$$

c'est-à-dire

$$a \begin{bmatrix} 1 & 0 \\ 0 & 0 \end{bmatrix} + b \begin{bmatrix} 0 & 1 \\ 0 & 0 \end{bmatrix} + c \begin{bmatrix} 0 & 0 \\ 1 & 0 \end{bmatrix} + d \begin{bmatrix} 0 & 0 \\ 0 & 1 \end{bmatrix} = \begin{bmatrix} 0 & 0 \\ 0 & 0 \end{bmatrix}$$

On en déduit

$$\begin{bmatrix} a & b \\ c & d \end{bmatrix} = \begin{bmatrix} 0 & 0 \\ 0 & 0 \end{bmatrix}$$

Ainsi, $a = b = c = d = 0$ et $S$ est linéairement indépendant. La base $S$ de cet exemple est la *base naturelle de $M_{22}$*. Plus généralement, la **base naturelle de $M_{mn}$** est constituée des $mn$ matrices différentes dont un des éléments vaut 1 et les autres éléments sont nuls. ◆

---

### EXEMPLE 7  Base d'un sous-espace L($S$)

---

Si $S = \{\mathbf{v}_1, \mathbf{v}_2,\ldots, \mathbf{v}_r\}$ est un sous-ensemble *linéairement indépendant* d'un espace vectoriel $V$, alors $S$ est une base du sous-espace L($S$) puisque, par la définition de L($S$), l'ensemble $S$ engendre L($S$). ◆

> **DÉFINITION**
>
> Un espace vectoriel non nul $V$ est dit **de dimension finie** s'il contient un ensemble fini de vecteurs $\{\mathbf{v}_1, \mathbf{v}_2,\ldots, \mathbf{v}_n\}$ qui forme une base. Si un tel ensemble n'existe pas, $V$ est **de dimension infinie**. L'espace vectoriel nul est considéré comme un espace vectoriel de dimension finie.

---

### EXEMPLE 8  Des espaces de dimension finie et des espaces de dimension infinie

---

Les espaces vectoriels $R^n$, $P_n$ et $M_{mn}$ décrits aux exemples 2, 5 et 6 sont des espaces de dimension finie. Par contre, les espaces vectoriels $F\,(]{-}\infty, \infty[)$, $C\,(]{-}\infty, \infty[)$, $C^m\,(]{-}\infty, \infty[)$ et $C^\infty\,(]{-}\infty, \infty[)$ sont des espaces de dimension infinie (exercice 24). ◆

Le théorème qui suit fournit la clé du concept de dimension :

**THÉORÈME 5.4.2**

> *Soit $V$, un espace vectoriel de dimension finie et soit $\{\mathbf{v}_1, \mathbf{v}_2,\ldots, \mathbf{v}_r\}$, une base quelconque.*
>
> *(a) Si un sous-ensemble de $V$ contient plus de $n$ vecteurs, alors il est linéairement dépendant.*
>
> *(b) Si un sous-ensemble de $V$ contient moins de $n$ vecteurs, alors il n'engendre pas $V$.*

**Démonstration de (a)**  Soit $S' = \{\mathbf{w}_1, \mathbf{w}_2,\ldots, \mathbf{w}_m\}$, un ensemble quelconque de $m$ vecteurs de $V$, où $m > n$. Nous voulons montrer que $S'$ est linéairement dépendant. Puisque $S = \{\mathbf{v}_1, \mathbf{v}_2,\ldots, \mathbf{v}_n\}$ est une base, chaque vecteur $\mathbf{w}_i$ est une combinaison linéaire des vecteurs de $S$; on a

$$\begin{aligned}
\mathbf{w}_1 &= a_{11}\mathbf{v}_1 + a_{21}\mathbf{v}_2 + \cdots + a_{n1}\mathbf{v}_n \\
\mathbf{w}_2 &= a_{12}\mathbf{v}_1 + a_{22}\mathbf{v}_2 + \cdots + a_{n2}\mathbf{v}_n \\
&\vdots \qquad \vdots \qquad \vdots \qquad\qquad \vdots \\
\mathbf{w}_m &= a_{1m}\mathbf{v}_1 + a_{2m}\mathbf{v}_2 + \cdots + a_{nm}\mathbf{v}_n
\end{aligned} \tag{6}$$

Pour montrer que $S'$ est linéairement dépendant, nous devons trouver des scalaires $k_1$, $k_2, \ldots k_m$ qui ne sont pas tous nuls, tels que

$$k_1\mathbf{w}_1 + k_2\mathbf{w}_2 + \cdots + k_m\mathbf{w}_m = \mathbf{0} \tag{7}$$

En substituant (6) dans (7), on obtient

$$\begin{aligned}
(k_1 a_{11} + k_2 a_{12} + \cdots + k_m a_{1m})\mathbf{v}_1 & \\
+ (k_1 a_{21} + k_2 a_{22} + \cdots + k_m a_{2m})\mathbf{v}_2 & \\
\ddots \qquad\qquad & \\
+ (k_1 a_{n1} + k_2 a_{n2} + \cdots + k_m a_{nm})\mathbf{v}_n &= \mathbf{0}
\end{aligned}$$

Ainsi, sachant que $S$ est linéairement indépendant, il suffit, pour prouver que $S'$ est linéairement dépendant, de montrer qu'il existe des scalaires $k_1$, $k_2, \ldots k_m$ qui ne sont pas tous nuls, tels que

$$\begin{aligned}
a_{11}k_1 + a_{12}k_2 + \cdots + a_{1m}k_m &= 0 \\
a_{21}k_1 + a_{22}k_2 + \cdots + a_{2m}k_m &= 0 \\
\vdots \qquad \vdots \qquad\qquad \vdots \qquad \vdots \\
a_{n1}k_1 + a_{n2}k_2 + \cdots + a_{nm}k_m &= 0
\end{aligned} \tag{8}$$

Mais le système (8) contient plus d'inconnues que d'équations. La preuve est donc complète puisque le théorème 1.2.1 garantit l'existence de solutions non triviales en pareil cas.

*Démonstration de (b)*   Soit $S' = \{\mathbf{w}_1, \mathbf{w}_2, \ldots, \mathbf{w}_m\}$, un ensemble quelconque de $m$ vecteurs de $V$ où $m < n$. Pour montrer que $S'$ n'engendre pas $V$, nous procédons par contradiction : en supposant que $S'$ engendre $V$, nous allons montrer que l'on contredit ainsi l'indépendance linéaire de $\{\mathbf{v}_1, \mathbf{v}_2, \ldots, \mathbf{v}_n\}$.

Si $S'$ engendre $V$, alors tout vecteur de $V$ est une combinaison linéaire des vecteurs de $S'$. En particulier, tout vecteur de base $\mathbf{v}_i$ est une combinaison linéaire des vecteurs de $S'$, soit

$$\begin{aligned}
\mathbf{v}_1 &= a_{11}\mathbf{w}_1 + a_{21}\mathbf{w}_2 + \cdots + a_{m1}\mathbf{w}_m \\
\mathbf{v}_2 &= a_{12}\mathbf{w}_1 + a_{22}\mathbf{w}_2 + \cdots + a_{m2}\mathbf{w}_m \\
&\vdots \qquad \vdots \qquad \vdots \qquad\qquad \vdots \\
\mathbf{v}_n &= a_{1n}\mathbf{w}_1 + a_{2n}\mathbf{w}_2 + \cdots + a_{mn}\mathbf{w}_m
\end{aligned} \tag{9}$$

Pour conclure à la contradiction, nous devons montrer qu'il existe des scalaires $k_1$, $k_2, \ldots, k_n$ qui ne sont pas tous nuls, tels que

$$k_1\mathbf{v}_1 + k_2\mathbf{v}_2 + \cdots + k_n\mathbf{v}_n = \mathbf{0} \tag{10}$$

Or, on observe que les systèmes (9) et (10) ont la même forme que les systèmes (6) et (7), excepté que les $m$ et $n$ se remplacent mutuellement, de même que les $\mathbf{v}$ et $\mathbf{w}$. En procédant comme pour le système (8), on trouve

$$\begin{aligned}
a_{11}k_1 + a_{12}k_2 + \cdots + a_{1n}k_n &= 0 \\
a_{21}k_1 + a_{22}k_2 + \cdots + a_{2n}k_n &= 0 \\
\vdots \qquad \vdots \qquad\qquad \vdots \qquad \vdots \\
a_{m1}k_1 + a_{m2}k_2 + \cdots + a_{mn}k_n &= 0
\end{aligned}$$

Ce système linéaire admet des solutions non triviales, puisqu'il contient davantage d'équations que d'inconnues (théorème 1.2.1). ∎

Par le théorème précédent, on sait que si $S = \{\mathbf{v}_1, \mathbf{v}_2, \ldots, \mathbf{v}_n\}$ constitue une base quelconque de l'espace $V$, alors tous les sous-ensembles de $V$ qui sont à la fois linéairement indépendants et générateurs de $V$ doivent contenir exactement $n$ vecteurs. Ainsi, toutes les bases de $V$ contiennent le même nombre de vecteurs que la base arbitraire $S$. Le théorème qui suit, l'un des plus importants de l'algèbre linéaire, exprime ces considérations :

**THÉORÈME 5.4.3**

> *Toutes les bases d'un espace vectoriel de dimension finie contiennent le même nombre de vecteurs.*

Afin de relier ce théorème à la notion de « dimension », rappelons que la base naturelle de $R^n$ contient $n$ vecteurs (exemple 2). Or, d'après le théorème 5.4.3, toutes les bases de $R^n$ contiennent $n$ vecteurs. En particulier, toute base de $R^3$ comporte trois vecteurs, toute base de $R^2$ comporte deux vecteurs et toute base de $R^1$ $(= R)$ contient un vecteur. Intuitivement, on sait que $R^3$ est tridimensionnel, que $R^2$ (un plan) est bidimensionnel et que $R$ (une droite) est unidimensionnel. Ainsi, pour les espaces vectoriels familiers, le nombre de vecteurs de base correspond au nombre de dimensions de l'espace. Ces considérations suggèrent la définition suivante :

**DÉFINITION**

La *dimension* d'un espace vectoriel de dimension finie $V$, notée $\dim(V)$, est définie par le nombre de vecteurs formant une base de $V$. De plus, la dimension de l'espace vectoriel nul est définie comme étant zéro.

*REMARQUE* Pour la suite, nous adoptons la convention selon laquelle l'ensemble vide constitue une base de l'espace vectoriel nul. Ceci va dans le même sens que la définition ci-dessus, puisque l'ensemble vide ne contient aucun vecteur et que l'espace vectoriel nul est de dimension zéro.

---

**EXEMPLE 9**  Dimensions de quelques espaces vectoriels

---

$\dim(R^n) = n$     [La base naturelle contient *n* vecteurs (exemple 2).]

$\dim(P_n) = n + 1$  [La base naturelle contient *n* + 1 vecteurs (exemple 5).]

$\dim(M_{mn}) = mn$  [La base naturelle contient *mn* vecteurs (exemple 6).] ◆

---

**EXEMPLE 10**  Dimension d'un espace solution

---

Déterminer une base pour l'espace solution du système homogène suivant et préciser la dimension de cet espace :

$$\begin{aligned}
2x_1 + 2x_2 - \phantom{2}x_3 \phantom{- 3x_4} + x_5 &= 0 \\
-x_1 - \phantom{2}x_2 + 2x_3 - 3x_4 + x_5 &= 0 \\
x_1 + \phantom{2}x_2 - 2x_3 \phantom{- 3x_4} - x_5 &= 0 \\
x_3 + \phantom{2}x_4 + x_5 &= 0
\end{aligned}$$

*Solution*

À l'exemple 7 de la section 1.2, nous avons obtenu la solution générale de ce système :

$$x_1 = -s - t, \qquad x_2 = s, \qquad x_3 = -t, \qquad x_4 = 0, \qquad x_5 = t$$

On peut donc exprimer les vecteurs solution par

$$\begin{bmatrix} x_1 \\ x_2 \\ x_3 \\ x_4 \\ x_5 \end{bmatrix} = \begin{bmatrix} -s - t \\ s \\ -t \\ 0 \\ t \end{bmatrix} = \begin{bmatrix} -s \\ s \\ 0 \\ 0 \\ 0 \end{bmatrix} + \begin{bmatrix} -t \\ 0 \\ -t \\ 0 \\ t \end{bmatrix} = s \begin{bmatrix} -1 \\ 1 \\ 0 \\ 0 \\ 0 \end{bmatrix} + t \begin{bmatrix} -1 \\ 0 \\ -1 \\ 0 \\ 1 \end{bmatrix}$$

Ce qui montre que les vecteurs $\mathbf{v}_1$ et $\mathbf{v}_2$ ci-dessous engendrent l'espace solution :

$$\mathbf{v}_1 = \begin{bmatrix} -1 \\ 1 \\ 0 \\ 0 \\ 0 \end{bmatrix} \quad \text{et} \quad \mathbf{v}_2 = \begin{bmatrix} -1 \\ 0 \\ -1 \\ 0 \\ 1 \end{bmatrix}$$

Puisque ces vecteurs sont également linéairement indépendants (vérifiez-le), $\{\mathbf{v}_1, \mathbf{v}_2\}$ forme une base et l'espace solution est de dimension 2. ◆

## Quelques théorèmes fondamentaux

Nous consacrons le reste de cette section à une série de théorèmes qui révèlent des relations subtiles entre les concepts d'ensemble générateur, d'indépendance linéaire, de base et de dimension. Ces théorèmes n'ont pas un caractère purement théorique − ils sont au contraire essentiels à la compréhension des espaces vectoriels et se trouvent au cœur de plusieurs applications pratiques de l'algèbre linéaire.

Le théorème ci-dessous, que nous avons baptisé *théorème du plus/moins*, établit deux principes fondamentaux qui serviront à dériver la plupart des théorèmes subséquents.

**THÉORÈME 5.4.4**

**Théorème du plus/moins**

*Soit S, un ensemble non vide de vecteurs d'un espace vectoriel V.*

(*a*) *Si S est un ensemble linéairement indépendant et si $\mathbf{v}$ est un vecteur de V qui n'appartient pas à L(S), alors l'ensemble $S \cup \{\mathbf{v}\}$, obtenu en ajoutant $\mathbf{v}$ à S, est également linéairement indépendant.*

(*b*) *Si $\mathbf{v}$ est un vecteur de S qui s'exprime par une combinaison linéaire des autres vecteurs de S et si $S \setminus \{\mathbf{v}\}$ représente l'ensemble obtenu en retirant $\mathbf{v}$ de S, alors S et $S \setminus \{\mathbf{v}\}$ engendrent le même espace, c'est-à-dire*

$$L(S) = L(S \setminus \{\mathbf{v}\})$$

Nous reportons la preuve de ce théorème à la fin de cette section afin d'en examiner dès maintenant les conséquences. Pour l'instant, voyons simplement ce que représente ce théorème dans $R^3$.

(a) Un ensemble S de deux vecteurs linéairement indépendants de $R^3$ engendre un plan passant par l'origine. Si l'on ajoute à S un vecteur quelconque $\mathbf{v}$ situé hors de ce plan (figure 5.4.5*a*), alors l'ensemble résultant demeure linéairement indépendant, puisque aucun des trois vecteurs n'est dans le même plan que les deux autres.

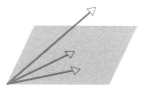

(a) Aucun des trois vecteurs n'est dans le plan formé par les deux autres.

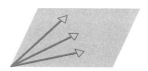

(b) Même si on élimine l'un des vecteurs, les deux autres engendrent toujours le plan.

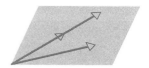

(c) Si on élimine l'un des vecteurs colinéaires, les deux vecteurs résiduels engendrent toujours le plan.

**Figure 5.4.5**

(b) Si $S$ est un ensemble de trois vecteurs non colinéaires de $R^3$, situés dans un même plan passant par l'origine (figures 5.4.5b et c), alors les trois vecteurs engendrent le plan. Toutefois, si l'on retire de $S$ n'importe lequel de ces vecteurs $\mathbf{v}$, qui est une combinaison linéaire des deux autres, alors l'ensemble des deux vecteurs résiduels engendre toujours le plan.

En général, pour montrer qu'un ensemble de vecteurs $\{\mathbf{v}_1, \mathbf{v}_2,\ldots, \mathbf{v}_n\}$ est une base d'un espace vectoriel $V$, nous devons prouver que les vecteurs sont linéairement indépendants et qu'ils engendrent $V$. Cependant, si l'on sait que $V$ est de dimension $n$ (de sorte que $\{\mathbf{v}_1, \mathbf{v}_2,\ldots, \mathbf{v}_n\}$ contient le nombre exact de vecteurs d'une base), alors il suffit de vérifier si l'ensemble est linéairement indépendant *ou* s'il engendre $V$ – la seconde condition étant implicitement satisfaite. Le théorème qui suit résume ces considérations.

**THÉORÈME 5.4.5**

> *Soit $V$ un espace vectoriel de dimension finie et $S$ un ensemble dans $V$ qui contient exactement $n$ vecteurs. Alors $S$ est une base de $V$ si $S$ engendre $V$ ou si $S$ est linéairement indépendant.*

*Démonstration* Supposons que l'ensemble $S$ contienne exactement $n$ vecteurs et qu'il engendre $V$. Pour prouver que $S$ représente une base, nous devons montrer que $S$ est linéairement indépendant. Si ça n'est pas le cas, alors il existe un vecteur $\mathbf{v}$ de $S$ qui est une combinaison linéaire des autres vecteurs de $S$. Si l'on extrait ce vecteur de l'ensemble $S$, alors il découle du théorème du plus/moins (5.4.4b) que l'ensemble résiduel de $n-1$ vecteurs engendre toujours $V$. Or, c'est impossible puisque, selon le théorème 5.4.2b, un ensemble qui contient moins de $n$ vecteurs ne peut engendrer un espace vectoriel de dimension $n$. On en déduit que $S$ est linéairement indépendant.

Supposons maintenant que l'ensemble $S$ soit linéairement indépendant et qu'il contienne exactement $n$ vecteurs. Pour prouver que $S$ est une base, on doit montrer que $S$ engendre $V$. Dans le cas contraire, il existe un vecteur $\mathbf{v}$ de $V$ qui n'appartient pas à $\mathrm{L}(V)$. En ajoutant ce vecteur à $S$, l'ensemble de $n+1$ vecteurs demeure linéairement indépendant, conformément au théorème du plus/moins (5.4.4a). Or, c'est impossible puisque, selon le théorème 5.4.2a, aucun ensemble de plus de $n$ vecteurs d'un espace vectoriel de dimension $n$ ne peut être linéairement indépendant. Ainsi, $S$ engendre $V$. ∎

---

## EXEMPLE 11 Test de la base

---

(a) Sans effectuer de calcul, montrer que $\mathbf{v}_1 = (-3, 7)$ et $\mathbf{v}_2 = (5, 5)$ forment une base de $R^2$.

(b) Sans effectuer le calcul, montrer que $\mathbf{v}_1 = (2, 0, -1)$, $\mathbf{v}_2 = (4, 0, 7)$ et $\mathbf{v}_3 = (-1, 1, 4)$ constituent une base de $R^3$.

## Solution de (a)

Aucun des vecteurs n'étant le produit par un scalaire de l'autre, les deux vecteurs forment un ensemble linéairement indépendant de l'espace bidimensionnel $R^2$ et, par le fait même, ils constituent une base (théorème 5.4.5).

## Solution de (b)

Les vecteurs $\mathbf{v}_1$ et $\mathbf{v}_2$ forment un ensemble linéairement indépendant du plan $xy$ (pourquoi?). Le vecteur $\mathbf{v}_3$ étant situé à l'extérieur du plan $xy$, l'ensemble $\{\mathbf{v}_1, \mathbf{v}_2, \mathbf{v}_3\}$ est lui aussi linéairement indépendant. Puisque $R^3$ est tridimensionnel, $\{\mathbf{v}_1, \mathbf{v}_2, \mathbf{v}_3\}$ forme une base de $R^3$ (théorème 5.4.5). ◆

Le théorème qui suit précise que, pour un espace vectoriel $V$ de dimension finie, tout ensemble de générateurs de $V$ inclut une base de $V$ et tout ensemble linéairement indépendant de $V$ fait partie d'une base quelconque de $V$ :

**THÉORÈME 5.4.6**

> *Soit $S$, un ensemble fini de vecteurs d'un espace vectoriel $V$ de dimension finie.*
>
> (a) *Si $S$ engendre $V$ sans en être une base, alors on peut réduire $S$ à une base de $V$ en lui retirant les vecteurs appropriés.*
>
> (b) *Si $S$ est un ensemble linéairement indépendant de $V$ sans en être une base, alors $S$ peut être augmenté pour former une base de $V$ en lui ajoutant les vecteurs appropriés.*

**Démonstration de (a)** Si l'ensemble de vecteurs $S$ engendre $V$ sans en être une base, alors $S$ est un ensemble linéairement dépendant. En pareil cas, il existe au moins un vecteur $\mathbf{v}$ de $S$ qui est une combinaison linéaire des autres vecteurs de $S$. Conformément au théorème du plus/moins (5.4.4$b$), si l'on retire $\mathbf{v}$ de $S$, l'ensemble résultant $S'$ engendre toujours $V$. Si $S'$ est linéairement indépendant, alors $S'$ est une base de $V$ et la preuve est établie. Si $S'$ reste linéairement dépendant, alors on retire une vecteur approprié de $S'$, choisi pour que l'ensemble résultant $S''$ engendre toujours $V$. On poursuit de la sorte jusqu'à l'obtention d'un ensemble de vecteurs linéairement indépendants de $S$ qui engendre $V$. Ce sous-ensemble de $S$ constitue une base de $V$.

**Démonstration de (b)** Supposons que dim $(V) = n$. Si l'ensemble $S$ est linéairement indépendant et s'il ne suffit pas à constituer une base de $V$, alors $S$ n'engendre pas $V$ et il existe au moins un vecteur $\mathbf{v}$ de $V$ qui n'appartient pas à L($S$). Conformément au théorème du plus/moins (5.4.4$a$), si l'on ajoute $\mathbf{v}$ à $S$, l'ensemble résultant $S'$ sera toujours linéairement indépendant. Et si $S'$ engendre $V$, alors $S'$ est une base de $V$ et la preuve est complète. Cependant, si $S'$ n'engendre pas $V$, on ajoute un vecteur approprié à $S'$, choisi tel que l'ensemble $S''$ résultant demeure linéairement indépendant. On poursuit de la sorte jusqu'à l'obtention d'un ensemble de $n$ vecteurs de $V$ qui soit linéairement indépendant. Cet ensemble constituera une base de $V$ (théorème 5.4.5). ■

On peut démontrer (exercice 30) que tout sous-espace d'un espace vectoriel de dimension finie est également de dimension finie. Nous concluons cette section en

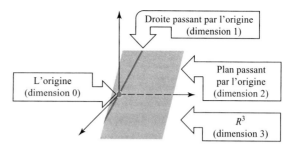

Figure 5.4.6

présentant un théorème qui affirme que la dimension d'un sous-espace d'un espace vectoriel $V$ de dimension finie ne peut dépasser la dimension de $V$ lui-même, et que le sous-espace est de même dimension que $V$ à la seule condition de correspondre à la totalité de $V$. La figure 5.4.6 illustre cette idée dans $R^3$. On y observe que la dimension des sous-espaces augmente avec leur taille.

**THÉORÈME 5.4.7**

> *Si $W$ est un sous-espace d'un espace vectoriel $V$ de dimension finie, alors dim $(W) \leq$ dim $V$; de plus, si dim $(W) =$ dim $(V)$, alors $W = V$.*

*Démonstration*   Puisque $V$ est de dimension finie, alors $W$ est également de dimension finie (exercice 30). Supposons donc que $S = \{\mathbf{w}_1, \mathbf{w}_2,…, \mathbf{w}_m\}$ forme une base de $W$. Dans ce cas, soit $S$ est également une base de $V$, soit il ne l'est pas. Si $S$ est une base de $V$, alors dim $W =$ dim $V = m$. S'il n'est pas une base de $V$, alors, conformément au théorème 5.4.6*b*, on peut ajouter des vecteurs à l'ensemble linéairement indépendant $S$ pour constituer une base de $V$, et dim $W <$ dim $V$. Ainsi dim $W \leq$ dim $V$ dans tous les cas. Si dim $W =$ dim $V$, alors $S$ forme un ensemble de $m$ vecteurs linéairement indépendants de l'espace vectoriel $V$ de dimension $m$; le théorème 5.4.5 permet alors de conclure que $S$ est une base de $V$, ce qui signifie que $W = V$ (pourquoi?).  ■

### Preuves supplémentaires

*Preuve du théorème 5.4.4a*   Supposons que $S = \{\mathbf{v}_1, \mathbf{v}_2,…, \mathbf{v}_r\}$ soit un ensemble de vecteurs linéairement indépendants de $V$ et que $\mathbf{v}$ appartienne à $V$ sans appartenir à L($S$). Pour prouver que $S' = \{\mathbf{v}_1, \mathbf{v}_2,…, \mathbf{v}_r, \mathbf{v}\}$ est linéairement indépendant, nous devons montrer que seuls les scalaires $k_1 = k_2 = \cdots = k_r = k_{r+1} = 0$ vérifient l'équation

$$k_1\mathbf{v}_1 + k_2\mathbf{v}_2 + \cdots + k_r\mathbf{v}_r + k_{r+1}\mathbf{v} = \mathbf{0} \tag{11}$$

Or, il est essentiel que $k_{r+1} = 0$; autrement, (11) nous permettrait d'exprimer le vecteur $\mathbf{v}$ comme une combinaison linéaire de $\mathbf{v}_1, \mathbf{v}_2,…, \mathbf{v}_r$, ce qui contredirait la supposition de départ selon laquelle $\mathbf{v}$ n'appartient pas à L($S$). L'équation (11) devient alors

$$k_1\mathbf{v}_1 + k_2\mathbf{v}_2 + \cdots + k_r\mathbf{v}_r = \mathbf{0} \tag{12}$$

En considérant l'indépendance linéaire de $\{\mathbf{v}_1, \mathbf{v}_2,…, \mathbf{v}_r\}$, on conclut que

$$k_1 = k_2 = \cdots = k_r = 0$$

***Preuve du théorème 5.4.4b*** Supposons que l'ensemble $S = \{\mathbf{v}_1, \mathbf{v}_2, \ldots, \mathbf{v}_r\}$ soit constitué de vecteurs de $V$ et, plus précisément, supposons que $\mathbf{v}_r$ soit une combinaison linéaire de $\mathbf{v}_1, \mathbf{v}_2, \ldots, \mathbf{v}_{r-1}$; on a

$$\mathbf{v}_r = c_1\mathbf{v}_1 + c_2\mathbf{v}_2 + \cdots + c_{r-1}\mathbf{v}_{r-1} \qquad (13)$$

Nous voulons montrer que si l'on extrait $\mathbf{v}_r$ de $S$, l'ensemble résiduel des vecteurs $\{\mathbf{v}_1, \mathbf{v}_2, \ldots, \mathbf{v}_{r-1}\}$ demeure générateur de $L(S)$; en d'autres mots, nous devons montrer que tout vecteur $\mathbf{w}$ de $L(S)$ est une combinaison linéaire de $\{\mathbf{v}_1, \mathbf{v}_2, \ldots, \mathbf{v}_{r-1}\}$. Mais si $\mathbf{w}$ appartient à $L(S)$, alors $\mathbf{w}$ s'écrit

$$\mathbf{w} = k_1\mathbf{v}_1 + k_2\mathbf{v}_2 + \cdots + k_{r-1}\mathbf{v}_{r-1} + k_r\mathbf{v}_r$$

ou, en substituant (13) dans cette expression,

$$\mathbf{w} = k_1\mathbf{v}_1 + k_2\mathbf{v}_2 + \cdots + k_{r-1}\mathbf{v}_{r-1} + k_r(c_1\mathbf{v}_1 + c_2\mathbf{v}_2 + \cdots + c_{r-1}\mathbf{v}_{r-1})$$

On voit que $\mathbf{w}$ est bel et bien une combinaison linéaire de $\mathbf{v}_1, \mathbf{v}_2, \ldots, \mathbf{v}_{r-1}$. ■

## SÉRIE D'EXERCICES 5.4

1. Expliquez pourquoi les ensembles suivants ne sont *pas* des bases des espaces vectoriels donnés (Ne pas faire de calcul.) :

   (a) $\mathbf{u}_1 = (1, 2)$, $\mathbf{u}_2 = (0, 3)$, $\mathbf{u}_3 = (2, 7)$ dans $R^2$

   (b) $\mathbf{u}_1 = (-1, 3, 2)$, $\mathbf{u}_2 = (6, 1, 1)$ dans $R^3$

   (c) $\mathbf{p}_1 = 1 + x + x^2$, $\mathbf{p}_2 = x - 1$ dans $P_2$

   (d) $A = \begin{bmatrix} 1 & 1 \\ 2 & 3 \end{bmatrix}$, $B = \begin{bmatrix} 6 & 0 \\ -1 & 4 \end{bmatrix}$, $C = \begin{bmatrix} 3 & 0 \\ 1 & 7 \end{bmatrix}$, $D = \begin{bmatrix} 5 & 1 \\ 4 & 2 \end{bmatrix}$, $E = \begin{bmatrix} 7 & 1 \\ 2 & 9 \end{bmatrix}$

   dans $M_{22}$

2. Parmi les ensembles de vecteurs donnés, lesquels constituent des bases de $R^2$?

   (a) $(2, 1)$, $(3, 0)$      (b) $(4, 1)$, $(-7, -8)$

   (c) $(0, 0)$, $(1, 3)$      (d) $(3, 9)$, $(-4, -12)$

3. Parmi les ensembles de vecteurs donnés, lesquels constituent des bases de $R^3$?

   (a) $(1, 0, 0)$, $(2, 2, 0)$, $(3, 3, 3)$      (b) $(3, 1, -4)$, $(2, 5, 6)$, $(1, 4, 8)$

   (c) $(2, -3, 1)$, $(4, 1, 1)$, $(0, -7, 1)$      (d) $(1, 6, 4)$, $(2, 4, -1)$, $(-1, 2, 5)$

4. Parmi les ensembles de vecteurs donnés, lesquels constituent des bases de $P_2$?

   (a) $1 - 3x + 2x^2$, $1 + x + 4x^2$, $1 - 7x$

   (b) $4 + 6x + x^2$, $-1 + 4x + 2x^2$, $5 + 2x - x^2$

   (c) $1 + x + x^2$, $x + x^2$, $x^2$

   (d) $-4 + x + 3x^2$, $6 + 5x + 2x^2$, $8 + 4x + x^2$

5. Montrez que l'ensemble des vecteurs suivants forme une base de $M_{22}$ :

   $$\begin{bmatrix} 3 & 6 \\ 3 & -6 \end{bmatrix}, \quad \begin{bmatrix} 0 & -1 \\ -1 & 0 \end{bmatrix}, \quad \begin{bmatrix} 0 & -8 \\ -12 & -4 \end{bmatrix}, \quad \begin{bmatrix} 1 & 0 \\ -1 & 2 \end{bmatrix}$$

6. Soit $V$, l'espace engendré par $\mathbf{v}_1 = \cos^2 x$, $\mathbf{v}_2 = \sin^2 x$, $\mathbf{v}_3 = \cos 2x$.

   (a) Montrez que $S = \{\mathbf{v}_1, \mathbf{v}_2, \mathbf{v}_3\}$ n'est pas une base de $V$.

   (b) Déterminez une base de $V$.

7. Trouvez le vecteur coordonné de $\mathbf{w}$ dans la base $S = \{\mathbf{u}_1, \mathbf{u}_2\}$ de $R^2$.

   (a) $\mathbf{u}_1 = (1, 0)$, $\mathbf{u}_2 = (0, 1)$; $\mathbf{w} = (3, -7)$

   (b) $\mathbf{u}_1 = (2, -4)$, $\mathbf{u}_2 = (3, 8)$; $\mathbf{w} = (1, 1)$

   (c) $\mathbf{u}_1 = (1, 1)$, $\mathbf{u}_2 = (0, 2)$; $\mathbf{w} = (a, b)$

**8.** Trouvez le vecteur coordonné de **w** dans la base $S = \{\mathbf{u}_1, \mathbf{u}_2\}$ de $R^2$.

   (a)   $\mathbf{u}_1 = (1, -1)$, $\mathbf{u}_2 = (1, 1)$; $\mathbf{w} = (1, 0)$

   (b)   $\mathbf{u}_1 = (1, -1)$, $\mathbf{u}_2 = (1, 1)$; $\mathbf{w} = (0, 1)$

   (c)   $\mathbf{u}_1 = (1, -1)$, $\mathbf{u}_2 = (1, 1)$; $\mathbf{w} = (1, 1)$

**9.** Trouvez le vecteur coordonné de **v** dans la base $S = \{\mathbf{v}_1, \mathbf{v}_2, \mathbf{v}_3\}$.

   (a)   $\mathbf{v} = (2, -1, 3)$; $\mathbf{v}_1 = (1, 0, 0)$, $\mathbf{v}_2 = (2, 2, 0)$, $\mathbf{v}_3 = (3, 3, 3)$

   (b)   $\mathbf{v} = (5, -12, 3)$; $\mathbf{v}_1 = (1, 2, 3)$, $\mathbf{v}_2 = (-4, 5, 6)$, $\mathbf{v}_3 = (7, -8, 9)$

**10.** Trouvez le vecteur coordonné de **p** dans la base $S = \{\mathbf{p}_1, \mathbf{p}_2, \mathbf{p}_3\}$.

   (a)   $\mathbf{p} = 4 - 3x + x^2$; $\mathbf{p}_1 = 1$, $\mathbf{p}_2 = x$, $\mathbf{p}_3 = x^2$

   (b)   $\mathbf{p} = 2 - x + x^2$; $\mathbf{p}_1 = 1 + x$, $\mathbf{p}_2 = 1 + x^2$, $\mathbf{p}_3 = x + x^2$

**11.** Trouvez le vecteur coordonné de $A$ dans la base $S = \{A_1, A_2, A_3, A_4\}$.

$$A = \begin{bmatrix} 2 & 0 \\ -1 & 3 \end{bmatrix}; \quad A_1 = \begin{bmatrix} -1 & 1 \\ 0 & 0 \end{bmatrix}, \quad A_2 = \begin{bmatrix} 1 & 1 \\ 0 & 0 \end{bmatrix}$$

$$A_3 = \begin{bmatrix} 0 & 0 \\ 1 & 0 \end{bmatrix}, \quad A_4 = \begin{bmatrix} 0 & 0 \\ 0 & 1 \end{bmatrix}$$

Dans les exercices 12 à 17, déterminez la dimension de l'espace solution du système et donnez une base de cet espace.

**12.** 
$$\begin{aligned} x_1 + x_2 - \ \ x_3 &= 0 \\ -2x_1 - x_2 + 2x_3 &= 0 \\ -x_1 \qquad + \ \ x_3 &= 0 \end{aligned}$$

**13.** 
$$\begin{aligned} 3x_1 + x_2 + x_3 + x_4 &= 0 \\ 5x_1 - x_2 + x_3 - x_4 &= 0 \end{aligned}$$

**14.** 
$$\begin{aligned} x_1 - 4x_2 + 3x_3 - \ \ x_4 &= 0 \\ 2x_1 - 8x_2 + 6x_3 - 2x_4 &= 0 \end{aligned}$$

**15.** 
$$\begin{aligned} x_1 - 3x_2 + \ \ x_3 &= 0 \\ 2x_1 - 6x_2 + 2x_3 &= 0 \\ 3x_1 - 9x_2 + 3x_3 &= 0 \end{aligned}$$

**16.** 
$$\begin{aligned} 2x_1 + x_2 + 3x_3 &= 0 \\ x_1 \qquad + 5x_3 &= 0 \\ x_2 + \ \ x_3 &= 0 \end{aligned}$$

**17.** 
$$\begin{aligned} x + \ \ y + \ \ z &= 0 \\ 3x + 2y - 2z &= 0 \\ 4x + 3y - \ \ z &= 0 \\ 6x + 5y + \ \ z &= 0 \end{aligned}$$

**18.** Déterminez une base pour chacun des sous-espaces de $R^3$ suivants :

   (a)   le plan $3x - 2y + 5z = 0$

   (b)   le plan $x - y = 0$

   (c)   la droite $x = 2t$, $y = -t$, $z = 4t$

   (d)   tous les vecteurs de la forme $(a, b, c)$ où $b = a + c$

**19.** Déterminez la dimension de chacun des sous-espaces suivants de $R^4$ :

   (a)   tous les vecteurs de la forme $(a, b, c, 0)$

   (b)   tous les vecteurs de la forme $(a, b, c, d)$, où $d = a + b$ et $c = a - b$

   (c)   tous les vecteurs de la forme $(a, b, c, d)$ où $a = b = c = d$

**20.** Déterminez la dimension du sous-espace de $P_3$ constitué de tous les polynômes $a_0 + a_1x + a_2x^2 + a_3x^3$ où $a_0 = 0$.

**21.** Dans chaque cas, trouvez un vecteur de la base naturelle qui, ajouté à l'ensemble $S = \{\mathbf{v}_1, \mathbf{v}_2\}$, produit une base de $R^3$.

   (a)   $\mathbf{v}_1 = (-1, 2, 3)$, $\mathbf{v}_2 = (1, -2, -2)$       (b)   $\mathbf{v}_1 = (1, -1, 0)$, $\mathbf{v}_2 = (3, 1, -2)$

**22.** Trouvez les vecteurs de la base naturelle qui, ajoutés à l'ensemble $S = \{\mathbf{v}_1, \mathbf{v}_2\}$, produisent une base de $R^4$.

$$\mathbf{v}_1 = (1, -4, 2, -3), \qquad \mathbf{v}_2 = (-3, 8, -4, 6)$$

23. Soit $\{\mathbf{v}_1, \mathbf{v}_2, \mathbf{v}_3\}$, une base de l'espace vectoriel $V$. Montrez que $\{\mathbf{u}_1, \mathbf{u}_2, \mathbf{u}_3\}$ est aussi une base où $\mathbf{u}_1 = \mathbf{v}_1$, $\mathbf{u}_2 = \mathbf{v}_1 + \mathbf{v}_2$ et $\mathbf{u}_3 = \mathbf{v}_1 + \mathbf{v}_2 + \mathbf{v}_3$.

24. (a) Montrez que pour tout entier positif $n$, on peut trouver $n + 1$ vecteurs linéairement indépendants dans $F(]-\infty, \infty[)$.

    ***Indice*** Cherchez des polynômes.

    (b) Utilisez (a) pour prouver que $F(]-\infty, \infty[)$ est de dimension infinie.

    (c) Prouvez que $C(]-\infty, \infty[)$, $C^m(]-\infty, \infty[)$ et $C^\infty(]-\infty, \infty[)$ sont des espaces vectoriels de dimension infinie.

25. Soit l'ensemble $S$, qui forme une base de l'espace vectoriel $V$ de dimension $n$. Montrez que si $\mathbf{v}_1, \mathbf{v}_2, \ldots, \mathbf{v}_r$ constituent un ensemble de vecteurs linéairement indépendants de $V$, alors les vecteurs coordonnés $(\mathbf{v}_1)_s, (\mathbf{v}_2)_s, \ldots, (\mathbf{v}_r)_s$ forment un ensemble linéairement indépendant de $R^n$, et réciproquement.

26. En reprenant la notation utilisée à l'exercice 25, montrez que si $\mathbf{v}_1, \mathbf{v}_2, \ldots, \mathbf{v}_r$ engendrent $V$, alors les vecteurs coordonnés $(\mathbf{v}_1)_s, (\mathbf{v}_2)_s, \ldots, (\mathbf{v}_r)_s$ engendrent $R^n$, et réciproquement.

27. Dans chaque cas, trouvez une base du sous-espace de $P_2$ engendré par les vecteurs donnés.

    (a) $-1 + x - 2x^2$, $3 + 3x + 6x^2$, $9$

    (b) $1 + x$, $x^2$, $-2 + 2x^2$, $-3x$

    (c) $1 + x - 3x^2$, $2 + 2x - 6x^2$, $3 + 3x - 9x^2$

    ***Indice*** Considérez $S$, la base naturelle de $P_2$, et utilisez les vecteurs coordonnés dans la base $S$; voyez aussi les exercices 25 et 26.

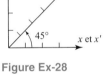

**Figure Ex-28**

28. La figure ci-contre illustre un système de coordonnées rectangulaires $xy$ et un système d'axes obliques $x'y'$. Supposez que la même échelle de 1 unité par division s'applique à tous les axes. Trouvez les coordonnées $x'y'$ des points dont les coordonnées $xy$ sont les suivantes :

    (a) $(1, 1)$    (b) $(1, 0)$    (c) $(0, 1)$    (d) $(a, b)$

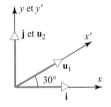

**Figure Ex-29**

29. La figure ci-contre illustre un système de coordonnées $xy$ déterminé par les vecteurs de base unitaires $\mathbf{i}$ et $\mathbf{j}$ et un système de coordonnées $x'y'$ défini par les vecteurs unitaires de base $\mathbf{u}_1$ et $\mathbf{u}_2$. Trouvez les coordonnées $x'y'$ des points dont les coordonnées $xy$ sont les suivantes :

    (a) $(\sqrt{3}, 1)$    (b) $(1, 0)$    (c) $(0, 1)$    (d) $(a, b)$

30. Prouvez que tout sous-espace d'un espace vectoriel de dimension finie est également de dimension finie.

---

## Exploration & discussion

31. La base de $M_{22}$ donnée à l'exemple 6 est constituée de matrices non inversibles. Selon vous, existe-t-il une base de $M_{22}$ formée de matrices inversibles? Justifiez votre réponse.

32. (a) L'espace vectoriel de toutes les matrices diagonales $n \times n$ est de dimension _____.

    (b) L'espace vectoriel de toutes les matrices symétriques $n \times n$ est de dimension _____.

    (c) L'espace vectoriel de toutes les matrices triangulaires supérieures $n \times n$ est de dimension _____.

33. (a) Considérez une matrice $A$, de dimension $3 \times 3$; expliquez en mots pourquoi l'ensemble formé de $I_3, A, A^2, \ldots, A^9$ doit être linéairement dépendant si les dix matrices sont distinctes.

    (b) Écrivez un énoncé équivalent pour une matrice $A$ de dimension $n \times n$.

34. Reformulez les deux parties du théorème 5.4.2 à l'aide des propositions contraposées. (Voir l'exercice 34 de la section 1.4.)

**35.** (a) L'équation $x_1 + x_2 + \cdots + x_n = 0$ peut être considérée comme un système linéaire de une équation à $n$ inconnues. Émettez une hypothèse quant à la dimension de son espace solution.

(b) Confirmez votre hypothèse en déterminant une base.

**36.** (a) Montrez que l'ensemble $W$ des polynômes de $P_2$ tels que $p(1) = 0$ est un sous-espace de $P_2$.

(b) Émettez une hypothèse quant à la dimension de $W$.

(c) Confirmez votre hypothèse en trouvant une base de $W$.

# 5.5
## ESPACE LIGNE, ESPACE COLONNE ET ESPACE NUL

*Dans cette section, nous allons étudier trois espaces vectoriels importants, intimement liés aux matrices. Ce travail va faciliter la compréhension des relations qui existent entre les solutions d'un système d'équations linéaire et les propriétés de la matrice des coefficients.*

Commençons par quelques définitions.

### DÉFINITION

Soit une matrice $A$, de dimension $m \times n$ :

$$A = \begin{bmatrix} a_{11} & a_{12} & \cdots & a_{1n} \\ a_{21} & a_{22} & \cdots & a_{2n} \\ \vdots & \vdots & & \vdots \\ a_{m1} & a_{m2} & \cdots & a_{mn} \end{bmatrix}$$

Les vecteurs de $R^n$ constitués des lignes de $A$ sont appelés **vecteurs ligne** de $A$ :

$$\mathbf{r}_1 = [a_{11} \quad a_{12} \quad \cdots \quad a_{1n}]$$
$$\mathbf{r}_2 = [a_{21} \quad a_{22} \quad \cdots \quad a_{2n}]$$
$$\vdots$$
$$\mathbf{r}_m = [a_{m1} \quad a_{m2} \quad \cdots \quad a_{mn}]$$

Les vecteurs de $R^m$ correspondant aux colonnes de $A$ sont les **vecteurs colonne** de $A$ :

$$\mathbf{c}_1 = \begin{bmatrix} a_{11} \\ a_{21} \\ \vdots \\ a_{m1} \end{bmatrix}, \quad \mathbf{c}_2 = \begin{bmatrix} a_{12} \\ a_{22} \\ \vdots \\ a_{m2} \end{bmatrix}, \ldots, \quad \mathbf{c}_n = \begin{bmatrix} a_{1n} \\ a_{2n} \\ \vdots \\ a_{mn} \end{bmatrix}$$

---

### EXEMPLE 1   Vecteurs ligne et vecteurs colonne d'une matrice 2 × 3

Soit la matrice

$$A = \begin{bmatrix} 2 & 1 & 0 \\ 3 & -1 & 4 \end{bmatrix}$$

Les vecteurs ligne de $A$ sont :

$$\mathbf{r}_1 = [2 \quad 1 \quad 0] \quad \text{et} \quad \mathbf{r}_2 = [3 \quad -1 \quad 4]$$

Les vecteurs colonne de $A$ sont :

$$\mathbf{c}_1 = \begin{bmatrix} 2 \\ 3 \end{bmatrix}, \quad \mathbf{c}_2 = \begin{bmatrix} 1 \\ -1 \end{bmatrix} \quad \text{et} \quad \mathbf{c}_3 = \begin{bmatrix} 0 \\ 4 \end{bmatrix} \blacklozenge$$

Définissons maintenant trois espaces vectoriels importants, directement liés aux matrices.

**DÉFINITION**

Soit $A$ une matrice $m \times n$. Alors le sous-espace de $R^n$ engendré par les vecteurs ligne de $A$ est appelé *espace ligne* de $A$ et le sous-espace de $R^m$ engendré par les vecteurs colonne de $A$ est l'*espace colonne* de $A$. L'espace solution du système d'équations homogène $A\mathbf{x} = \mathbf{0}$, qui est un sous-espace de $R^n$, est appelé *espace nul* de $A$.

Cette section et la suivante sont consacrées à deux questions générales :

- Quelles relations unissent les solutions d'un système linéaire $A\mathbf{x} = \mathbf{b}$ et l'espace ligne, l'espace colonne et l'espace nul d'une matrice?
- Quelles relations unissent l'espace ligne, l'espace colonne et l'espace nul d'une matrice?

Pour explorer la première question, supposons que

$$A = \begin{bmatrix} a_{11} & a_{12} & \cdots & a_{1n} \\ a_{21} & a_{22} & \cdots & a_{2n} \\ \vdots & \vdots & & \vdots \\ a_{m1} & a_{m2} & \cdots & a_{mn} \end{bmatrix} \quad \text{et} \quad \mathbf{x} = \begin{bmatrix} x_1 \\ x_2 \\ \vdots \\ x_n \end{bmatrix}$$

D'après l'équation (10) de la section 1.3, si $\mathbf{c}_1, \mathbf{c}_2, \ldots, \mathbf{c}_n$ représentent les vecteurs colonne de $A$, alors le produit $A\mathbf{x}$ est une combinaison linéaire de ces vecteurs colonne, dont les coefficients proviennent de $\mathbf{x}$; on a

$$A\mathbf{x} = x_1\mathbf{c}_1 + x_2\mathbf{c}_2 + \cdots + x_n\mathbf{c}_n \tag{1}$$

Ainsi, on peut représenter un système linéaire $A\mathbf{x} = \mathbf{b}$ de $m$ équations à $n$ inconnues par

$$x_1\mathbf{c}_1 + x_2\mathbf{c}_2 + \cdots + x_n\mathbf{c}_n = \mathbf{b} \tag{2}$$

On en conclut que $A\mathbf{x} = \mathbf{b}$ est compatible si et seulement si $\mathbf{b}$ est une combinaison linéaire des vecteurs colonne de $A$ ou, de façon équivalente, si et seulement si $\mathbf{b}$ est dans l'espace colonne de $A$. Ces considérations mènent au théorème qui suit :

**THÉORÈME 5.5.1**

*Un système d'équations linéaires $A\mathbf{x} = \mathbf{b}$ est compatible si et seulement si $\mathbf{b}$ appartient à l'espace colonne de A.*

---

**EXEMPLE 2** Un vecteur **b** de l'espace colonne de $A$

---

Soit le système linéaire $A\mathbf{x} = \mathbf{b}$ suivant :

$$\begin{bmatrix} -1 & 3 & 2 \\ 1 & 2 & -3 \\ 2 & 1 & -2 \end{bmatrix} \begin{bmatrix} x_1 \\ x_2 \\ x_3 \end{bmatrix} = \begin{bmatrix} 1 \\ -9 \\ -3 \end{bmatrix}$$

Montrer que **b** appartient à l'espace colonne de $A$ et exprimez **b** par une combinaison linéaire des vecteurs colonne de $A$.

*Solution*

En résolvant le système par la méthode de Gauss, on obtient (vérifiez-le)

$$x_1 = 2, \quad x_2 = -1, \quad x_3 = 3$$

Puisque le système est compatible, **b** est dans l'espace colonne de $A$. De plus, en combinant l'équation (2) et la solution ci-dessus, on trouve

$$2\begin{bmatrix} -1 \\ 1 \\ 2 \end{bmatrix} - \begin{bmatrix} 3 \\ 2 \\ 1 \end{bmatrix} + 3\begin{bmatrix} 2 \\ -3 \\ -2 \end{bmatrix} = \begin{bmatrix} 1 \\ -9 \\ -3 \end{bmatrix} \blacklozenge$$

Le prochain théorème établit une relation fondamentale entre les solutions d'un système linéaire non homogène $A\mathbf{x} = \mathbf{b}$ et les solutions du système linéaire homogène correspondant $A\mathbf{x} = \mathbf{0}$; les deux systèmes ont la même matrice des coefficients.

**THÉORÈME 5.5.2**

*Si $\mathbf{x}_0$ représente une solution quelconque d'un système linéaire compatible $A\mathbf{x} = \mathbf{b}$ et si $\mathbf{v}_1, \mathbf{v}_2,..., \mathbf{v}_k$ forment une base de l'espace nul de $A$ – c'est-à-dire, l'espace solution du système homogène $A\mathbf{x} = \mathbf{0}$ –, alors on peut exprimer toute solution de $A\mathbf{x} = \mathbf{b}$ sous la forme*

$$\mathbf{x} = \mathbf{x}_0 + c_1\mathbf{v}_1 + c_2\mathbf{v}_2 + \cdots + c_k\mathbf{v}_k \quad (3)$$

*et, réciproquement, pour toute sélection de scalaires $c_1, c_2,..., c_k$, le vecteur $\mathbf{x}$ de cette expression est une solution de $A\mathbf{x} = \mathbf{b}$.*

**Démonstration** Supposons que $\mathbf{x}_0$ représente une solution donnée de $A\mathbf{x} = \mathbf{b}$ et que $\mathbf{x}$ en soit une solution arbitraire. Alors

$$A\mathbf{x}_0 = \mathbf{b} \quad \text{et} \quad A\mathbf{x} = \mathbf{b}$$

En soustrayant ces équations, on obtient

$$A\mathbf{x} - A\mathbf{x}_0 = \mathbf{0} \quad \text{ou} \quad A(\mathbf{x} - \mathbf{x}_0) = \mathbf{0}$$

On voit ainsi que $\mathbf{x} - \mathbf{x}_0$ est une solution du système homogène $A\mathbf{x} = \mathbf{0}$. Et puisque $\mathbf{v}_1, \mathbf{v}_2,..., \mathbf{v}_k$ forme une base de l'espace solution de ce système, $\mathbf{x} - \mathbf{x}_0$ est une combinaison linéaire de ces vecteurs, soit

$$\mathbf{x} - \mathbf{x}_0 = c_1\mathbf{v}_1 + c_2\mathbf{v}_2 + \cdots + c_k\mathbf{v}_k$$

Ainsi,

$$\mathbf{x} = \mathbf{x}_0 + c_1\mathbf{v}_1 + c_2\mathbf{v}_2 + \cdots + c_k\mathbf{v}_k$$

Ce qui prouve la première partie du théorème. Réciproquement, pour toute sélection des scalaires $c_1, c_2,..., c_k$ de l'équation (3), on a

$$A\mathbf{x} = A(\mathbf{x}_0 + c_1\mathbf{v}_1 + c_2\mathbf{v}_2 + \cdots + c_k\mathbf{v}_k)$$

ou

$$A\mathbf{x} = A\mathbf{x}_0 + c_1(A\mathbf{v}_1) + c_2(A\mathbf{v}_2) + \cdots + c_k(A\mathbf{v}_k)$$

Mais $\mathbf{x}_0$ est une solution du système non homogène et les vecteurs $\mathbf{v}_1, \mathbf{v}_2,..., \mathbf{v}_r$ sont des solutions du système homogène; on a donc

$$A\mathbf{x} = \mathbf{b} + \mathbf{0} + \mathbf{0} + \cdots + \mathbf{0} = \mathbf{b}$$

Ce qui prouve que **x** est une solution de $A\mathbf{x} = \mathbf{b}$. ∎

Solution générale et solutions particulières

Une certaine terminologie est rattachée à la relation (3). Le vecteur $\mathbf{x}_0$ est une **solution particulière** de $A\mathbf{x} = \mathbf{b}$. L'expression $\mathbf{x}_0 + c_1\mathbf{v}_1 + c_2\mathbf{v}_2 + \cdots + c_k\mathbf{v}_k$ représente la **solution générale** de $A\mathbf{x} = \mathbf{b}$, également appelée **ensemble-solution**, et l'expression $c_1\mathbf{v}_1 + c_2\mathbf{v}_2 + \cdots + c_k\mathbf{v}_k$ est la **solution générale** de $A\mathbf{x} = \mathbf{0}$. Avec cette terminologie, l'égalité (3) signifie que *la solution générale de $A\mathbf{x} = \mathbf{b}$ correspond à la somme d'une solution particulière quelconque de $A\mathbf{x} = \mathbf{b}$ et de la solution générale de $A\mathbf{x} = \mathbf{0}$.*

Pour les systèmes linéaires à deux ou trois inconnues, l'interprétation géométrique du théorème 5.5.2 présente un intérêt particulier dans $R^2$ et $R^3$. Considérons, par exemple, les systèmes linéaires à deux inconnues $A\mathbf{x} = \mathbf{0}$ et $A\mathbf{x} = \mathbf{b}$. La solution de $A\mathbf{x} = \mathbf{0}$ constitue un sous-espace de $R^2$ qui représente une droite passant par l'origine, l'origine seule ou la totalité de $R^2$. Or, d'après le théorème 5.5.2, on obtient les solutions de $A\mathbf{x} = \mathbf{b}$ en additionnant une solution particulière quelconque de $A\mathbf{x} = \mathbf{b}$, disons $\mathbf{x}_0$, aux solutions de $A\mathbf{x} = \mathbf{0}$. En supposant que l'origine de $\mathbf{x}_0$ coïncide avec l'origine du repère, l'addition entraîne, d'un point de vue géométrique, une translation de l'espace solution de $A\mathbf{x} = \mathbf{0}$ telle que le point d'origine est déplacé à l'extrémité de $\mathbf{x}_0$ (figure 5.5.1). Ainsi, les vecteurs solution de $A\mathbf{x} = \mathbf{b}$ correspondent à une droite passant par l'extrémité de $\mathbf{x}_0$, au point unique à l'extrémité de $\mathbf{x}_0$ ou à la totalité de $R^2$. (Pouvez-vous visualiser le dernier cas?) De même, pour les systèmes linéaires à trois inconnues, les solutions de $A\mathbf{x} = \mathbf{b}$ constituent un plan passant par l'extrémité d'une solution particulière quelconque $\mathbf{x}_0$, une droite passant par l'extrémité de $\mathbf{x}_0$, le point à l'extrémité de $\mathbf{x}_0$ ou la totalité de $R^3$.

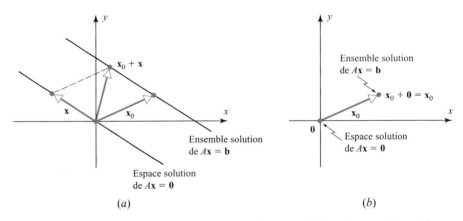

(a)     (b)

**Figure 5.5.1** L'addition de $\mathbf{x}_0$ à tout vecteur $\mathbf{x}$ de l'espace solution de $A\mathbf{x} = \mathbf{0}$ produit une translation de l'espace solution.

---

**EXEMPLE 3** Solution générale d'un système linéaire $A\mathbf{x} = \mathbf{b}$

---

À l'exemple 4 de la section 1.2, nous avons solutionné le système linéaire non homogène suivant :

$$
\begin{aligned}
x_1 + 3x_2 - 2x_3 \qquad\quad + 2x_5 \qquad\qquad &= 0 \\
2x_1 + 6x_2 - 5x_3 - 2x_4 + 4x_5 - 3x_6 &= -1 \\
5x_3 + 10x_4 \qquad\quad + 15x_6 &= 5 \\
2x_1 + 6x_2 \qquad\quad + 8x_4 + 4x_5 + 18x_6 &= 6
\end{aligned}
\tag{4}
$$

Nous avons obtenu

$$x_1 = -3r - 4s - 2t, \quad x_2 = r, \quad x_3 = -2s, \quad x_4 = s, \quad x_5 = t, \quad x_6 = \tfrac{1}{3}$$

Sous forme vectorielle, ce résultat devient

$$
\begin{bmatrix} x_1 \\ x_2 \\ x_3 \\ x_4 \\ x_5 \\ x_6 \end{bmatrix} = \begin{bmatrix} -3r - 4s - 2t \\ r \\ -2s \\ s \\ t \\ \frac{1}{3} \end{bmatrix} = \underbrace{\begin{bmatrix} 0 \\ 0 \\ 0 \\ 0 \\ 0 \\ \frac{1}{3} \end{bmatrix}}_{\mathbf{x}_0} + \underbrace{r\begin{bmatrix} -3 \\ 1 \\ 0 \\ 0 \\ 0 \\ 0 \end{bmatrix} + s\begin{bmatrix} -4 \\ 0 \\ -2 \\ 1 \\ 0 \\ 0 \end{bmatrix} + t\begin{bmatrix} -2 \\ 0 \\ 0 \\ 0 \\ 1 \\ 0 \end{bmatrix}}_{\mathbf{x}} \tag{5}
$$

C'est la solution générale du système (4). Le vecteur $\mathbf{x}_0$ de l'équation (5) est une solution particulière de (4); la combinaison linéaire $\mathbf{x}$ de l'expression (5) est la solution générale du système homogène défini par

$$
\begin{aligned}
x_1 + 3x_2 - 2x_3 \quad\quad + 2x_5 \quad\quad &= 0 \\
2x_1 + 6x_2 - 5x_3 - 2x_4 + 4x_5 - 3x_6 &= 0 \\
5x_3 + 10x_4 \quad\quad + 15x_6 &= 0 \\
2x_1 + 6x_2 \quad\quad + 8x_4 + 4x_5 + 18x_6 &= 0
\end{aligned}
$$

(Vérifiez-le.) ◆

**Bases des espaces lignes, des espaces colonnes et des espaces nuls**

Nous avons introduit les opérations élémentaires sur les lignes dans le but de résoudre des systèmes d'équations linéaires, et nous savons déjà que l'application d'une opération élémentaire sur les lignes d'une matrice augmentée n'a pas de conséquence sur l'ensemble solution du système linéaire correspondant. Il s'ensuit qu'une opération élémentaire sur les lignes d'une matrice $A$ ne change pas l'ensemble solution du système linéaire $A\mathbf{x} = \mathbf{0}$ ou, autrement dit, l'opération n'affecte pas l'espace nul de $A$. Cela nous amène donc au théorème suivant :

**THÉORÈME 5.5.3**

> *Les opérations élémentaires sur les lignes ne modifient pas l'espace nul d'une matrice.*

---

**EXEMPLE 4**  Base de l'espace nul

---

Trouver une base pour l'espace nul de la matrice

$$
A = \begin{bmatrix} 2 & 2 & -1 & 0 & 1 \\ -1 & -1 & 2 & -3 & 1 \\ 1 & 1 & -2 & 0 & -1 \\ 0 & 0 & 1 & 1 & 1 \end{bmatrix}
$$

*Solution*

L'espace nul de $A$ est l'espace solution du système homogène :

$$
\begin{aligned}
2x_1 + 2x_2 - x_3 \quad\quad + x_5 &= 0 \\
-x_1 - x_2 + 2x_3 - 3x_4 + x_5 &= 0 \\
x_1 + x_2 - 2x_3 \quad\quad - x_5 &= 0 \\
x_3 + x_4 + x_5 &= 0
\end{aligned}
$$

À l'exemple 10 de la section 5.4, nos avons montré que les vecteurs ci-dessous constituent une base de cet espace :

$$\mathbf{v}_1 = \begin{bmatrix} -1 \\ 1 \\ 0 \\ 0 \\ 0 \end{bmatrix} \quad \text{et} \quad \mathbf{v}_2 = \begin{bmatrix} -1 \\ 0 \\ -1 \\ 0 \\ 1 \end{bmatrix} \blacklozenge$$

Le théorème qui suit va de pair avec le théorème 5.5.3 :

**THÉORÈME 5.5.4** | *Les opérations élémentaires sur les lignes ne modifient pas l'espace ligne d'une matrice.*

*Démonstration* Supposons que $\mathbf{r}_1, \mathbf{r}_2, \ldots, \mathbf{r}_m$ soient les vecteurs ligne d'une matrice $A$ et que $B$ résulte d'une opération élémentaire sur les lignes de $A$. Nous allons montrer que tout vecteur de l'espace ligne de $B$ est également dans l'espace ligne de $A$ et que, réciproquement, tout vecteur de l'espace ligne de $A$ se trouve aussi dans l'espace ligne de $B$. On pourra alors conclure que $A$ et $B$ ont le même espace ligne.

Considérons les différentes possibilités : si l'opération consiste en la permutation de deux lignes, alors $A$ et $B$ ont les mêmes vecteurs ligne et, en conséquence, les deux matrices ont le même espace ligne. Si l'opération est une multiplication d'une ligne par un scalaire non nul ou encore l'addition du multiple d'une ligne à une autre, alors les vecteurs ligne $\mathbf{r}'_1, \mathbf{r}'_2, \ldots, \mathbf{r}'_m$ de $B$ sont des combinaisons linéaires des vecteurs $\mathbf{r}_1, \mathbf{r}_2, \ldots, \mathbf{r}_m$; ils se trouvent donc dans l'espace ligne de $A$. Sachant qu'un espace vectoriel est fermé pour les opérations d'addition et de multiplication par un scalaire, toutes les combinaisons linéaires de $\mathbf{r}'_1, \mathbf{r}'_2, \ldots, \mathbf{r}'_m$ appartiennent également à l'espace ligne de $A$. On en déduit que tout vecteur de l'espace ligne de $B$ se trouve dans l'espace ligne de $A$.

Puisque $B$ est la matrice obtenue à la suite d'une opération élémentaire sur les lignes de $A$, on peut retrouver $A$ en appliquant l'opération inverse à $B$ (section 1.5). En reprenant l'argument utilisé ci-dessus, on peut montrer que l'espace ligne de $B$ contient l'espace ligne de $A$. ∎

À la lumière des théorèmes 5.5.3 et 5.5.4, on pourrait penser que les opérations élémentaires sur les lignes ne modifieront pas l'espace colonne d'une matrice. Par exemple, considérons la matrice

$$A = \begin{bmatrix} 1 & 3 \\ 2 & 6 \end{bmatrix}$$

La seconde colonne étant un multiple scalaire de la première, l'espace colonne de $A$ est constitué de tous les multiples scalaires du premier vecteur colonne. Cependant, en ajoutant à la seconde ligne $-2$ fois la première, on obtient

$$B = \begin{bmatrix} 1 & 3 \\ 0 & 0 \end{bmatrix}$$

Ici encore, la seconde colonne demeure un multiple scalaire de la première, de sorte que l'espace colonne de $B$ est constitué de tous les multiples scalaires du premier vecteur colonne. Mais ce n'est pas le même espace colonne que celui de $A$.

Les opérations élémentaires sur les lignes peuvent donc changer l'espace colonne d'une matrice. Cependant, nous allons montrer que toutes les relations d'indépendance linéaire ou de dépendance linéaire qui caractérisent les vecteurs colonne avant l'opération élémentaire sur les lignes demeurent valables pour les colonnes de la matrice qui résulte de cette opération. En effet, supposons qu'une matrice $B$ soit issue d'une opération élémentaire sur les lignes d'une matrice $A$ de dimension $m \times n$; par le théorème 5.5.3, on sait que les systèmes linéaires homogènes

$$A\mathbf{x} = \mathbf{0} \quad \text{et} \quad B\mathbf{x} = \mathbf{0}$$

ont le même ensemble solution. Ainsi, le premier système a une solution non triviale si et seulement si le second système admet une solution non triviale. Mais si les vecteurs colonnes de $A$ et $B$ sont respectivement

$$\mathbf{c}_1, \mathbf{c}_2, \ldots, \mathbf{c}_n \quad \text{et} \quad \mathbf{c}'_1, \mathbf{c}'_2, \ldots, \mathbf{c}'_n$$

La relation (2) nous permet de récrire les deux systèmes :

$$x_1\mathbf{c}_1 + x_2\mathbf{c}_2 + \cdots + x_n\mathbf{c}_n = \mathbf{0} \tag{6}$$

et

$$x_1\mathbf{c}'_1 + x_2\mathbf{c}'_2 + \cdots + x_n\mathbf{c}'_n = \mathbf{0} \tag{7}$$

Or, l'équation (6) admet une solution non triviale pour $x_1, x_2, \ldots, x_n$ si et seulement si c'est le cas de l'équation (7). On en déduit que les vecteurs colonne de $A$ sont linéairement indépendants si et seulement si c'est aussi le cas des vecteurs colonne de $B$. Nous n'en ferons pas la preuve, mais cette conclusion vaut également pour tout sous-ensemble des vecteurs colonne. On obtient donc le théorème suivant :

**THÉORÈME 5.5.5**

*Soit $A$ et $B$ deux matrices lignes-équivalentes. Alors*

(a) *un ensemble donné de vecteurs colonne de $A$ est linéairement indépendant si et seulement si les vecteurs colonne correspondants de $B$ sont linéairement indépendants.*

(b) *un ensemble donné de vecteurs colonne de $A$ constitue une base de l'espace colonne de $A$ si et seulement si les vecteurs colonne correspondants de $B$ forment une base de l'espace colonne de $B$.*

Le théorème qui suit permet de trouver, sans calcul, des bases pour les espaces colonne et pour les espaces ligne d'une matrice échelonnée :

**THÉORÈME 5.5.6**

*Soit $R$ une matrice échelonnée. Alors les vecteurs ligne qui contiennent les pivots (les vecteurs lignes non nuls) forment une base de l'espace ligne de $R$ et les vecteurs colonne incluant les pivots des vecteurs ligne forment une base de l'espace colonne de $R$.*

Ce théorème se clarifie de lui-même lorsqu'on examine des exemples numériques. Nous n'en ferons donc pas la preuve; celle-ci exige à peine plus la position des 1 et des zéros dans la matrice.

---

### EXEMPLE 5   Bases des espaces ligne et des espaces colonne

Soit la matrice échelonnée

$$R = \begin{bmatrix} 1 & -2 & 5 & 0 & 3 \\ 0 & 1 & 3 & 0 & 0 \\ 0 & 0 & 0 & 1 & 0 \\ 0 & 0 & 0 & 0 & 0 \end{bmatrix}$$

Selon le théorème 5.5.6, les vecteurs suivants forment une base de l'espace ligne de $R$ :

$$\mathbf{r}_1 = \begin{bmatrix} 1 & -2 & 5 & 0 & 3 \end{bmatrix}$$
$$\mathbf{r}_2 = \begin{bmatrix} 0 & 1 & 3 & 0 & 0 \end{bmatrix}$$
$$\mathbf{r}_3 = \begin{bmatrix} 0 & 0 & 0 & 1 & 0 \end{bmatrix}$$

et les vecteurs ci-dessous constituent une base de l'espace colonne de $R$ :

$$\mathbf{c}_1 = \begin{bmatrix} 1 \\ 0 \\ 0 \\ 0 \end{bmatrix}, \qquad \mathbf{c}_2 = \begin{bmatrix} -2 \\ 1 \\ 0 \\ 0 \end{bmatrix}, \qquad \mathbf{c}_4 = \begin{bmatrix} 0 \\ 0 \\ 1 \\ 0 \end{bmatrix} \quad \blacklozenge$$

---

### EXEMPLE 6   Bases des espaces ligne et des espaces colonne

Déterminer les bases des espaces ligne et des espaces colonne de la matrice

$$A = \begin{bmatrix} 1 & -3 & 4 & -2 & 5 & 4 \\ 2 & -6 & 9 & -1 & 8 & 2 \\ 2 & -6 & 9 & -1 & 9 & 7 \\ -1 & 3 & -4 & 2 & -5 & -4 \end{bmatrix}$$

*Solution*

Sachant que les opérations élémentaires sur les lignes ne modifient pas l'espace ligne d'une matrice, on peut trouver une base pour l'espace ligne de $A$ en déterminant une base de l'espace ligne de n'importe quelle matrice échelonnée issue de $A$. En échelonnant $A$, on obtient (vérifiez-le)

$$R = \begin{bmatrix} 1 & -3 & 4 & -2 & 5 & 4 \\ 0 & 0 & 1 & 3 & -2 & -6 \\ 0 & 0 & 0 & 0 & 1 & 5 \\ 0 & 0 & 0 & 0 & 0 & 0 \end{bmatrix}$$

D'après le théorème 5.5.6, les vecteurs ligne non nuls de $R$ forment une base de l'espace ligne de $R$, base également valable pour l'espace ligne de $A$. Ces vecteurs de base sont

$$\mathbf{r}_1 = \begin{bmatrix} 1 & -3 & 4 & -2 & 5 & 4 \end{bmatrix}$$
$$\mathbf{r}_2 = \begin{bmatrix} 0 & 0 & 1 & 3 & -2 & -6 \end{bmatrix}$$
$$\mathbf{r}_3 = \begin{bmatrix} 0 & 0 & 0 & 0 & 1 & 5 \end{bmatrix}$$

En gardant à l'esprit que les espaces colonne de $A$ et $R$ peuvent être différents, on ne peut trouver une base de l'espace colonne de $A$ en utilisant *directement* les vecteurs colonne de $R$. Cependant, selon le théorème 5.5.5*b*, si l'on peut trouver un ensemble de vecteurs colonne de $R$ qui forme une base de l'espace colonne de $R$, alors les vecteurs colonne *correspondants* de $A$ constitueront une base de l'espace colonne de $A$.

Les première, troisième et cinquième colonnes de $R$ contiennent les pivots unitaires des vecteurs ligne; on a donc

$$\mathbf{c}_1' = \begin{bmatrix} 1 \\ 0 \\ 0 \\ 0 \end{bmatrix}, \qquad \mathbf{c}_3' = \begin{bmatrix} 4 \\ 1 \\ 0 \\ 0 \end{bmatrix}, \qquad \mathbf{c}_5' = \begin{bmatrix} 5 \\ -2 \\ 1 \\ 0 \end{bmatrix}$$

Ces vecteurs colonne forment une base de l'espace colonne de $R$; et les vecteurs colonne correspondants de $A$, c'est-à-dire

$$\mathbf{c}_1 = \begin{bmatrix} 1 \\ 2 \\ 2 \\ -1 \end{bmatrix}, \qquad \mathbf{c}_3 = \begin{bmatrix} 4 \\ 9 \\ 9 \\ -4 \end{bmatrix}, \qquad \mathbf{c}_5 = \begin{bmatrix} 5 \\ 8 \\ 9 \\ -5 \end{bmatrix}$$

forment une base de l'espace colonne de $A$. ◆

---

### EXEMPLE 7  Base d'un espace vectoriel obtenue à l'aide d'opérations sur les lignes

---

Trouver une base pour l'espace engendré par les vecteurs

$$\mathbf{v}_1 = (1, -2, 0, 0, 3), \qquad \mathbf{v}_2 = (2, -5, -3, -2, 6),$$
$$\mathbf{v}_3 = (0, 5, 15, 10, 0), \qquad \mathbf{v}_4 = (2, 6, 18, 8, 6)$$

*Solution*

Si l'on ne tient pas compte d'une certaine variation dans la notation, l'espace engendré par ces vecteurs correspond à l'espace ligne de la matrice suivante :

$$\begin{bmatrix} 1 & -2 & 0 & 0 & 3 \\ 2 & -5 & -3 & -2 & 6 \\ 0 & 5 & 15 & 10 & 0 \\ 2 & 6 & 18 & 8 & 6 \end{bmatrix}$$

En échelonnant cette matrice, on obtient

$$\begin{bmatrix} 1 & -2 & 0 & 0 & 3 \\ 0 & 1 & 3 & 2 & 0 \\ 0 & 0 & 1 & 1 & 0 \\ 0 & 0 & 0 & 0 & 0 \end{bmatrix}$$

Les vecteurs ligne non nuls de cette matrice sont

$$\mathbf{w}_1 = (1, -2, 0, 0, 3), \qquad \mathbf{w}_2 = (0, 1, 3, 2, 0), \qquad \mathbf{w}_3 = (0, 0, 1, 1, 0)$$

Ces vecteurs forment une base de l'espace ligne et, conséquemment, ils constituent également une base du sous-espace de $R^5$ engendré par $\mathbf{v}_1$, $\mathbf{v}_2$, $\mathbf{v}_3$ et $\mathbf{v}_4$. ◆

Observez que les vecteurs de base trouvés à l'exemple 6 pour l'espace colonne de $A$ étaient des vecteurs colonne de $A$, alors que les vecteurs de base obtenus pour l'espace ligne de $A$ ne correspondaient pas tous à des vecteurs ligne de $A$. L'exemple 8 illustre une marche à suivre pour déterminer une base de l'espace ligne d'une matrice $A$, qui soit constituée uniquement de vecteurs ligne de $A$.

## EXEMPLE 8   Base de l'espace ligne d'une matrice

Trouver une base de l'espace ligne de

$$A = \begin{bmatrix} 1 & -2 & 0 & 0 & 3 \\ 2 & -5 & -3 & -2 & 6 \\ 0 & 5 & 15 & 10 & 0 \\ 2 & 6 & 18 & 8 & 6 \end{bmatrix}$$

*Solution*

Nous allons transposer $A$ et, de ce fait, l'espace ligne de $A$ deviendra l'espace colonne de $A^T$; nous reprendrons ensuite la méthode utilisée à l'exemple 6 pour trouver une base de l'espace colonne de $A^T$; finalement, nous transposerons de nouveau la matrice pour reconvertir les vecteurs colonne en vecteurs ligne. La transposition de $A$ donne

$$A^T = \begin{bmatrix} 1 & 2 & 0 & 2 \\ -2 & -5 & 5 & 6 \\ 0 & -3 & 15 & 18 \\ 0 & -2 & 10 & 8 \\ 3 & 6 & 0 & 6 \end{bmatrix}$$

En échelonnant cette matrice, on trouve

$$\begin{bmatrix} 1 & 2 & 0 & 2 \\ 0 & 1 & -5 & -10 \\ 0 & 0 & 0 & 1 \\ 0 & 0 & 0 & 0 \\ 0 & 0 & 0 & 0 \end{bmatrix}$$

Les première, deuxième et quatrième colonnes contiennent les pivots unitaires; ainsi, les vecteurs colonne correspondants de $A^T$ forment une base de l'espace colonne de $A^T$; ce sont

$$\mathbf{c}_1 = \begin{bmatrix} 1 \\ -2 \\ 0 \\ 0 \\ 3 \end{bmatrix}, \quad \mathbf{c}_2 = \begin{bmatrix} 2 \\ -5 \\ -3 \\ -2 \\ 6 \end{bmatrix} \quad \text{et} \quad \mathbf{c}_4 = \begin{bmatrix} 2 \\ 6 \\ 18 \\ 8 \\ 6 \end{bmatrix}$$

En transposant de nouveau et en prenant soin d'ajuster la notation, on trouve les vecteurs de base suivants

$$\mathbf{r}_1 = [1 \quad -2 \quad 0 \quad 0 \quad 3], \qquad \mathbf{r}_2 = [2 \quad -5 \quad -3 \quad -2 \quad 6],$$

et

$$\mathbf{r}_4 = [2 \quad 6 \quad 18 \quad 8 \quad 6]$$

Ces vecteurs constituent une base de l'espace ligne de $A$. ◆

Le théorème 5.5.5 nous dit que les opérations élémentaires sur les lignes n'affectent pas les relations d'indépendance linéaire ou de dépendance linéaire des vecteurs colonne; cependant, les équations (6) et (7) ont une portée plus grande. Étant donné que ces équations ont *les mêmes coefficients* $x_1, x_2,…, x_n$, il s'ensuit que les opérations élémentaires sur les lignes ne modifient pas les *équations* (combinaisons linéaires) qui relient les vecteurs colonne linéairement dépendants. Nous n'en donnons pas la preuve formelle.

---

### EXEMPLE 9   Bases et combinaisons linéaires

(a)   Trouver un sous-ensemble des vecteurs donnés qui constitue une base de l'espace engendré par ces vecteurs.

$$\mathbf{v}_1 = (1, -2, 0, 3), \qquad \mathbf{v}_2 = (2, -5, -3, 6),$$
$$\mathbf{v}_3 = (0, 1, 3, 0), \qquad \mathbf{v}_4 = (2, -1, 4, -7), \qquad \mathbf{v}_5 = (5, -8, 1, 2)$$

(b)   Exprimer les vecteurs qui ne sont pas dans la base par des combinaisons linéaires des vecteurs de la base.

*Solution de (a)*

Construisons d'abord une matrice dont les vecteurs colonne sont les vecteurs $\mathbf{v}_1, \mathbf{v}_2,…, \mathbf{v}_5$ :

$$\begin{bmatrix} 1 & 2 & 0 & 2 & 5 \\ -2 & -5 & 1 & -1 & -8 \\ 0 & -3 & 3 & 4 & 1 \\ 3 & 6 & 0 & -7 & 2 \end{bmatrix} \tag{8}$$

$$\uparrow \quad \uparrow \quad \uparrow \quad \uparrow \quad \uparrow$$
$$\mathbf{v}_1 \quad \mathbf{v}_2 \quad \mathbf{v}_3 \quad \mathbf{v}_4 \quad \mathbf{v}_5$$

On résout cette première partie du problème en trouvant une base de l'espace colonne de cette matrice. On réduit d'abord la matrice à sa forme échelonnée *réduite* et on représente les vecteurs colonne de la matrice résultante par $\mathbf{w}_1, \mathbf{w}_2, \mathbf{w}_3, \mathbf{w}_4$ et $\mathbf{w}_5$; on obtient

$$\begin{bmatrix} 1 & 0 & 2 & 0 & 1 \\ 0 & 1 & -1 & 0 & 1 \\ 0 & 0 & 0 & 1 & 1 \\ 0 & 0 & 0 & 0 & 0 \end{bmatrix} \tag{9}$$

$$\uparrow \quad \uparrow \quad \uparrow \quad \uparrow \quad \uparrow$$
$$\mathbf{w}_1 \quad \mathbf{w}_2 \quad \mathbf{w}_3 \quad \mathbf{w}_4 \quad \mathbf{w}_5$$

Les pivots apparaissent dans les colonnes 1, 2 et 4; conformément au théorème 5.5.6,

$$\{\mathbf{w}_1, \mathbf{w}_2, \mathbf{w}_4\}$$

est une base de l'espace colonne de la matrice (9) et, par conséquent,

$$\{\mathbf{v}_1, \mathbf{v}_2, \mathbf{v}_4\}$$

constitue aussi une base de l'espace colonne de (8).

*Solution de (b)*

Exprimons d'abord $\mathbf{w}_3$ et $\mathbf{w}_5$ par des combinaisons linéaires des vecteurs de base $\mathbf{w}_1$, $\mathbf{w}_2$ et $\mathbf{w}_4$. Le plus simple consiste à écrire $\mathbf{w}_3$ et $\mathbf{w}_5$ en fonction des vecteurs de base dont l'indice est plus petit que le leur. Nous allons donc écrire $\mathbf{w}_3$ en termes de $\mathbf{w}_1$ et $\mathbf{w}_2$, et exprimer $\mathbf{w}_5$ par une combinaison linéaire de $\mathbf{w}_1$, $\mathbf{w}_2$ et $\mathbf{w}_4$. On trouve les combinaisons linéaires en examinant la matrice (9); on a

$$\mathbf{w}_3 = 2\mathbf{w}_1 - \mathbf{w}_2$$
$$\mathbf{w}_5 = \mathbf{w}_1 + \mathbf{w}_2 + \mathbf{w}_4$$

Nous appelons les relations **relations de dépendance**. Les relations correspondantes pour la matrice (8) sont :

$$\mathbf{v}_3 = 2\mathbf{v}_1 - \mathbf{v}_2$$
$$\mathbf{v}_5 = \mathbf{v}_1 + \mathbf{v}_2 + \mathbf{v}_4 \quad \blacklozenge$$

L'importance de la méthode illustrée à l'exemple précédent justifie qu'on en résume les étapes.

Étant donné un ensemble de vecteurs $S = \{\mathbf{v}_1, \mathbf{v}_2, \ldots, \mathbf{v}_k\}$ de $R^n$, la méthode suivante produit un sous-ensemble de $S$ qui constitue une base de $L(S)$ et qui permet d'exprimer les vecteurs qui ne sont pas dans la base par des combinaisons linéaires des vecteurs de base :

*Étape 1.* Construire une matrice $A$ en prenant pour vecteurs colonne les vecteurs $\mathbf{v}_1$, $\mathbf{v}_2, \ldots, \mathbf{v}_k$.

*Étape 2.* Réduire la matrice $A$ à sa forme échelonnée réduite $R$ et nommer $\mathbf{w}_1$, $\mathbf{w}_2, \ldots, \mathbf{w}_k$ les vecteurs colonne de $R$.

*Étape 3.* Trouver les colonnes de $R$ qui contiennent des pivots. Les vecteurs colonne correspondants de $A$ sont les vecteurs de base de $L(S)$.

*Étape 4.* Exprimer les vecteurs colonne de $R$ qui ne contiennent *pas* de pivot par des combinaisons linéaires des vecteurs colonnes qui les précèdent et qui contiennent des pivots. (un examen visuel suffit). On obtient ainsi un ensemble de relations de dépendance qui mettent en jeu les vecteurs colonne de $R$. Les relations correspondantes des vecteurs colonne de $A$ expriment les vecteurs qui ne sont pas dans la base en termes de combinaisons linéaires des vecteurs de base.

## SÉRIE D'EXERCICES 5.5

1. Listez les vecteurs ligne et les vecteurs colonne de la matrice suivante :

$$\begin{bmatrix} 2 & -1 & 0 & 1 \\ 3 & 5 & 7 & -1 \\ 1 & 4 & 2 & 7 \end{bmatrix}$$

2. Dans chaque cas, exprimez le produit $A\mathbf{x}$ par une combinaison linéaire des vecteurs colonne de $A$.

(a) $\begin{bmatrix} 2 & 3 \\ -1 & 4 \end{bmatrix} \begin{bmatrix} 1 \\ 2 \end{bmatrix}$
   
(b) $\begin{bmatrix} 4 & 0 & -1 \\ 3 & 6 & 2 \\ 0 & -1 & 4 \end{bmatrix} \begin{bmatrix} -2 \\ 3 \\ 5 \end{bmatrix}$

(c) $\begin{bmatrix} -3 & 6 & 2 \\ 5 & -4 & 0 \\ 2 & 3 & -1 \\ 1 & 8 & 3 \end{bmatrix} \begin{bmatrix} -1 \\ 2 \\ 5 \end{bmatrix}$
   
(d) $\begin{bmatrix} 2 & 1 & 5 \\ 6 & 3 & -8 \end{bmatrix} \begin{bmatrix} 3 \\ 0 \\ -5 \end{bmatrix}$

3. Dans chaque cas, déterminez si $\mathbf{b}$ est dans l'espace colonne de $A$ et si oui, exprimez $\mathbf{b}$ par une combinaison linéaire des vecteurs colonne de $A$.

(a) $A = \begin{bmatrix} 1 & 3 \\ 4 & -6 \end{bmatrix}$; $\mathbf{b} = \begin{bmatrix} -2 \\ 10 \end{bmatrix}$ (b) $A = \begin{bmatrix} 1 & 1 & 2 \\ 1 & 0 & 1 \\ 2 & 1 & 3 \end{bmatrix}$; $\mathbf{b} = \begin{bmatrix} -1 \\ 0 \\ 2 \end{bmatrix}$

(c) $A = \begin{bmatrix} 1 & -1 & 1 \\ 9 & 3 & 1 \\ 1 & 1 & 1 \end{bmatrix}$; $\mathbf{b} = \begin{bmatrix} 5 \\ 1 \\ -1 \end{bmatrix}$ (d) $A = \begin{bmatrix} 1 & -1 & 1 \\ 1 & 1 & -1 \\ -1 & -1 & 1 \end{bmatrix}$; $\mathbf{b} = \begin{bmatrix} 2 \\ 0 \\ 0 \end{bmatrix}$

(e) $A = \begin{bmatrix} 1 & 2 & 0 & 1 \\ 0 & 1 & 2 & 1 \\ 1 & 2 & 1 & 3 \\ 0 & 1 & 2 & 2 \end{bmatrix}$; $\mathbf{b} = \begin{bmatrix} 4 \\ 3 \\ 5 \\ 7 \end{bmatrix}$

**4.** Supposez que $x_1 = -1, x_2 = -2, x_3 = 4, x_4 = -3$ soit une solution du système linéaire non homogène $A\mathbf{x} = \mathbf{b}$ et que l'ensemble solution du système homogène $A\mathbf{x} = \mathbf{0}$ soit donné par les équations :

$$x_1 = -3r + 4s, \qquad x_2 = r - s, \qquad x_3 = r, \qquad x_4 = s$$

(a) Trouvez la forme vectorielle de la solution générale de $A\mathbf{x} = \mathbf{0}$.

(b) Trouvez la forme vectorielle de la solution générale de $A\mathbf{x} = \mathbf{b}$.

**5.** Dans chaque cas, trouvez la forme vectorielle de la solution générale du système linéaire $A\mathbf{x} = \mathbf{b}$ donné; utilisez ensuite ce résultat pour déterminer la forme vectorielle de la solution générale de $A\mathbf{x} = \mathbf{0}$.

(a) $\begin{aligned} x_1 - 3x_2 &= 1 \\ 2x_1 - 6x_2 &= 2 \end{aligned}$
(b) $\begin{aligned} x_1 + x_2 + 2x_3 &= 5 \\ x_1 \quad + x_3 &= -2 \\ 2x_1 + x_2 + 3x_3 &= 3 \end{aligned}$

(c) $\begin{aligned} x_1 - 2x_2 + x_3 + 2x_4 &= -1 \\ 2x_1 - 4x_2 + 2x_3 + 4x_4 &= -2 \\ -x_1 + 2x_2 - x_3 - 2x_4 &= 1 \\ 3x_1 - 6x_2 + 3x_3 + 6x_4 &= -3 \end{aligned}$
(d) $\begin{aligned} x_1 + 2x_2 - 3x_3 + x_4 &= 4 \\ -2x_1 + x_2 + 2x_3 + x_4 &= -1 \\ -x_1 + 3x_2 - x_3 + 2x_4 &= 3 \\ 4x_1 - 7x_2 \quad - 5x_4 &= -5 \end{aligned}$

**6.** Dans chaque cas, trouvez une base pour l'espace nul de $A$.

(a) $A = \begin{bmatrix} 1 & -1 & 3 \\ 5 & -4 & -4 \\ 7 & -6 & 2 \end{bmatrix}$
(b) $A = \begin{bmatrix} 2 & 0 & -1 \\ 4 & 0 & -2 \\ 0 & 0 & 0 \end{bmatrix}$

(c) $A = \begin{bmatrix} 1 & 4 & 5 & 2 \\ 2 & 1 & 3 & 0 \\ -1 & 3 & 2 & 2 \end{bmatrix}$
(d) $A = \begin{bmatrix} 1 & 4 & 5 & 6 & 9 \\ 3 & -2 & 1 & 4 & -1 \\ -1 & 0 & -1 & -2 & -1 \\ 2 & 3 & 5 & 7 & 8 \end{bmatrix}$

(e) $A = \begin{bmatrix} 1 & -3 & 2 & 2 & 1 \\ 0 & 3 & 6 & 0 & -3 \\ 2 & -3 & -2 & 4 & 4 \\ 3 & -6 & 0 & 6 & 5 \\ -2 & 9 & 2 & -4 & -5 \end{bmatrix}$

**7.** Les matrices ci-dessous sont échelonnées. Sans calculer, trouvez des bases pour l'espace ligne et pour l'espace colonne de chacune de ces matrices.

(a) $\begin{bmatrix} 1 & 0 & 2 \\ 0 & 0 & 1 \\ 0 & 0 & 0 \end{bmatrix}$ (b) $\begin{bmatrix} 1 & -3 & 0 & 0 \\ 0 & 1 & 0 & 0 \\ 0 & 0 & 0 & 0 \\ 0 & 0 & 0 & 0 \end{bmatrix}$

$$(c) \begin{bmatrix} 1 & 2 & 4 & 5 \\ 0 & 1 & -3 & 0 \\ 0 & 0 & 1 & -3 \\ 0 & 0 & 0 & 1 \\ 0 & 0 & 0 & 0 \end{bmatrix} \quad (d) \begin{bmatrix} 1 & 2 & -1 & 5 \\ 0 & 1 & 4 & 3 \\ 0 & 0 & 1 & -7 \\ 0 & 0 & 0 & 1 \end{bmatrix}$$

**8.** Considérez les matrices données à l'exercice 6. Dans chaque cas, trouvez une base de l'espace ligne de $A$ en échelonnant d'abord la matrice.

**9.** Considérez les matrices données à l'exercice 6. Dans chaque cas, trouvez une base pour l'espace colonne de $A$.

**10.** Considérez les matrices données à l'exercice 6. Dans chaque cas, trouvez une base de l'espace ligne de $A$, constituée uniquement de vecteurs ligne de $A$.

**11.** Dans chaque cas, trouvez une base pour le sous-espace de $R^4$ engendré par les vecteurs donnés.

    (a)    $(1, 1, -4, -3)$, $(2, 0, 2, -2)$, $(2, -1, 3, 2)$

    (b)    $(-1, 1, -2, 0)$, $(3, 3, 6, 0)$, $(9, 0, 0, 3)$

    (c)    $(1, 1, 0, 0)$, $(0, 0, 1, 1)$, $(-2, 0, 2, 2)$, $(0, -3, 0, 3)$

**12.** Dans chaque cas, trouvez un sous-ensemble des vecteurs donnés qui forme une base de l'espace engendré par ces vecteurs. Exprimez ensuite les vecteurs qui ne sont pas dans la base par des combinaisons linéaires des vecteurs de base.

    (a)    $\mathbf{v}_1 = (1, 0, 1, 1)$, $\mathbf{v}_2 = (-3, 3, 7, 1)$, $\mathbf{v}_3 = (-1, 3, 9, 3)$, $\mathbf{v}_4 = (-5, 3, 5, -1)$

    (b)    $\mathbf{v}_1 = (1, -2, 0, 3)$, $\mathbf{v}_2 = (2, -4, 0, 6)$, $\mathbf{v}_3 = (-1, 1, 2, 0)$, $\mathbf{v}_4 = (0, -1, 2, 3)$

    (c)    $\mathbf{v}_1 = (1, -1, 5, 2)$, $\mathbf{v}_2 = (-2, 3, 1, 0)$, $\mathbf{v}_3 = (4, -5, 9, 4)$, $\mathbf{v}_4 = (0, 4, 2, -3)$, $\mathbf{v}_5 = (-7, 18, 2, -8)$

**13.** Démontrez que les vecteurs ligne d'une matrice inversible $A$ de dimension $n \times n$ forment une base de $R^n$.

**14.** (a)    Soit la matrice

$$A = \begin{bmatrix} 0 & 1 & 0 \\ 1 & 0 & 0 \\ 0 & 0 & 0 \end{bmatrix}$$

       Considérez un repère de coordonnées orthogonales $xyz$ de l'espace tridimensionnel. Montrez que l'espace nul de $A$ est constitué de tous les points de l'axe $z$ et que l'espace colonne correspond au plan $xy$ (voir figure).

    (b)    Trouvez une matrice $3 \times 3$ dont l'espace nul correspond à l'axe $x$ et dont l'espace colonne forme le plan $yz$.

**15.** Trouvez une matrice $3 \times 3$ dont l'espace nul

    (a)    est un point;        (b)    constitue une droite;        (c)    forme un plan.

Figure Ex-14

## Exploration & discussion

**16.** Dans chaque cas, indiquez si l'énoncé est toujours vrai ou s'il peut être faux dans certain(s) cas. Justifiez vos réponses par une explication ou par un contre-exemple.

    (a)    Si $A$ est une matrice élémentaire, alors $A$ et $EA$ ont le même espace nul.

    (b)    Si $A$ est une matrice élémentaire, alors $A$ et $EA$ ont le même espace ligne.

    (c)    Si $A$ est une matrice élémentaire, alors $A$ et $EA$ ont le même espace colonne.

    (d)    Si le système $A\mathbf{x} = \mathbf{b}$ n'a aucune solution, alors $\mathbf{b}$ n'est pas dans l'espace colonne de $A$.

(e) L'espace ligne est identique à l'espace nul pour une matrice inversible.

17. (a) Trouvez toutes les matrices $2 \times 2$ dont l'espace nul correspond à la droite $3x - 5y = 0$.

(b) Dans chaque cas, représentez par un schéma les espaces nuls des matrices suivantes :

$$A = \begin{bmatrix} 1 & 4 \\ A & 5 \end{bmatrix}, \qquad B = \begin{bmatrix} 1 & 0 \\ 0 & 5 \end{bmatrix}, \qquad C = \begin{bmatrix} 6 & 2 \\ 3 & 1 \end{bmatrix}, \qquad D = \begin{bmatrix} 0 & 0 \\ 0 & 0 \end{bmatrix}$$

18. L'équation $x_1 + x_2 + x_3 = 1$ correspond à un système linéaire de une équation à trois inconnues. Exprimez-en la solution générale par la somme d'une solution particulière et de la solution générale du système homogène correspondant. (Utilisez les vecteurs colonne.)

19. Supposez que $A$ et $B$ soient des matrices $n \times n$ et que $A$ soit inversible. Inventez un théorème pour décrire la relation qui unit les espaces ligne de $AB$ à ceux de $B$. Démontrez votre théorème.

# 5.6
## RANG ET NULLITÉ

*À la section précédente, nous avons examiné les relations qui existent entre les systèmes d'équations linéaires et l'espace ligne, l'espace colonne et l'espace nul de la matrice des coefficients. Cette section est consacrée aux relations qui unissent les dimensions de l'espace ligne, de l'espace colonne et de l'espace nul d'une matrice à sa transposée. Nous obtiendrons des théorèmes fondamentaux qui nous permettront d'approfondir notre compréhension des systèmes linéaires et des transformations linéaires.*

## Quatre espaces matriciels fondamentaux

Une matrice $A$ et sa transposée $A^T$ donnent lieu à six espaces vectoriels d'un intérêt particulier :

| | |
|---|---|
| l'espace ligne de $A$ | l'espace ligne de $A^T$ |
| l'espace colonne de $A$ | l'espace colonne de $A^T$ |
| l'espace nul de $A$ | l'espace nul de $A^T$ |

Toutefois, la transposition d'une matrice convertit les vecteurs ligne en vecteurs colonne et les vecteurs colonne en vecteurs ligne, de sorte que, si l'on ne tient pas compte de la notation, l'espace ligne de $A^T$ est identique à l'espace colonne de $A$ et l'espace colonne de $A^T$ correspond à l'espace ligne de $A$. La liste des espaces intéressants est ainsi réduite à quatre espaces :

| | |
|---|---|
| l'espace ligne de $A$ | l'espace colonne de $A$ |
| l'espace nul de $A$ | l'espace nul de $A^T$ |

Ces espaces sont les ***espaces matriciels fondamentaux*** associés à $A$. Si $A$ est une matrice $m \times n$, alors l'espace ligne de $A$ et l'espace nul de $A$ sont des sous-espaces de $R^n$, alors que l'espace colonne de $A$ et l'espace nul de $A^T$ sont des sous-espaces de $R^m$. L'objectif premier de cette section est d'établir les relations qui unissent ces quatre espaces vectoriels.

## Espaces ligne et espaces colonne de mêmes dimensions

À l'exemple 6 de la section 5.5, nous avons considéré la matrice suivante :

$$A = \begin{bmatrix} 1 & -3 & 4 & -2 & 5 & 4 \\ 2 & -6 & 9 & -1 & 8 & 2 \\ 2 & -6 & 9 & -1 & 9 & 7 \\ -1 & 3 & -4 & 2 & -5 & -4 \end{bmatrix}$$

Nous avons vu que l'espace ligne et l'espace colonne ont chacun trois vecteurs de base : ces deux espaces sont donc tridimensionnels. Ces espaces ne sont pas de mêmes dimensions par pure coïncidence. Ce fait est plutôt attribuable au théorème général qui suit :

**THÉORÈME 5.6.1**

> *Soit A une matrice quelconque. Alors l'espace ligne de A et son espace colonne ont la même dimension.*

**Démonstration**   Soit $R$, une matrice échelonnée quelconque de $A$. Conformément au théorème 5.5.4,

$$\dim(\text{espace ligne de } A) = \dim(\text{espace ligne de } R)$$

Et selon le théorème 5.5.5*b*,

$$\dim(\text{espace colonne de } A) = \dim(\text{espace colonne de } R)$$

La preuve sera donc complète si nous pouvons montrer que l'espace ligne et l'espace colonne de $R$ sont de mêmes dimensions. Mais la dimension de l'espace ligne de $R$ correspond au nombre de lignes non nulles et la dimension de son espace colonne, au nombre de colonnes contenant des pivots (théorème 5.5.6). Or, les lignes non nulles sont précisément celles qui contiennent les pivots, de sorte que le nombre de lignes non nulles correspond au nombre de pivots. Ce qui démontre que l'espace ligne et l'espace colonne de $R$ ont la même dimension. ∎

Les dimensions de l'espace ligne, de l'espace colonne et de l'espace nul d'une matrice sont d'une telle importance qu'on leur a consacré une terminologie propre et une notation particulière.

> **DÉFINITION**
>
> La dimension commune à l'espace ligne et à l'espace colonne d'une matrice $A$ est appelée ***rang*** de $A$ et est notée rang($A$); la dimension de l'espace nul de $A$ est appelée ***nullité*** de $A$ et est notée nullité($A$).

---

## EXEMPLE 1   Rang et nullité d'une matrice 4 × 6

---

Trouver le rang et la nullité de la matrice suivante :

$$A = \begin{bmatrix} -1 & 2 & 0 & 4 & 5 & -3 \\ 3 & -7 & 2 & 0 & 1 & 4 \\ 2 & -5 & 2 & 4 & 6 & 1 \\ 4 & -9 & 2 & -4 & -4 & 7 \end{bmatrix}$$

*Solution*

Considérons la matrice échelonnée réduite de $A$ :

$$\begin{bmatrix} 1 & 0 & -4 & -28 & -37 & 13 \\ 0 & 1 & -2 & -12 & -16 & 5 \\ 0 & 0 & 0 & 0 & 0 & 0 \\ 0 & 0 & 0 & 0 & 0 & 0 \end{bmatrix} \qquad (1)$$

(Vérifiez-la.) Puisque la matrice contient deux lignes non nulles (ou deux pivots), les espaces ligne et colonne sont tous deux bidimensionnels et rang($A$) = 2. Pour trouver la nullité de $A$, il faut d'abord déterminer la dimension de l'espace solution du système linéaire $A\mathbf{x} = \mathbf{0}$. Pour résoudre ce système, on réduit la matrice augmentée à sa forme échelonnée réduite. La matrice résultante sera identique à la matrice (1) à l'exception d'une colonne de zéros qui s'ajoute à l'extrême droite. Le système d'équations correspondant s'écrit

$$x_1 - 4x_3 - 28x_4 - 37x_5 + 13x_6 = 0$$
$$x_2 - 2x_3 - 12x_4 - 16x_5 + 5x_6 = 0$$

Si l'on isole les variables liées, on trouve

$$x_1 = 4x_3 + 28x_4 + 37x_5 - 13x_6$$
$$x_2 = 2x_3 + 12x_4 + 16x_5 - 5x_6 \tag{2}$$

On en déduit la solution générale du système, soit

$$x_1 = 4r + 28s + 37t - 13u$$
$$x_2 = 2r + 12s + 16t - 5u$$
$$x_3 = r$$
$$x_4 = s$$
$$x_5 = t$$
$$x_6 = u$$

ou de manière équivalente

$$\begin{bmatrix} x_1 \\ x_2 \\ x_3 \\ x_4 \\ x_5 \\ x_6 \end{bmatrix} = r \begin{bmatrix} 4 \\ 2 \\ 1 \\ 0 \\ 0 \\ 0 \end{bmatrix} + s \begin{bmatrix} 28 \\ 12 \\ 0 \\ 1 \\ 0 \\ 0 \end{bmatrix} + t \begin{bmatrix} 37 \\ 16 \\ 0 \\ 0 \\ 1 \\ 0 \end{bmatrix} + u \begin{bmatrix} -13 \\ -5 \\ 0 \\ 0 \\ 0 \\ 1 \end{bmatrix} \tag{3}$$

Puisque les quatre vecteurs du membre de droite de l'équation (3) constituent une base de l'espace solution, nullité($A$) = 4. ◆

Le théorème qui suit établit qu'une matrice et sa transposée ont le même rang.

**THÉORÈME 5.6.2**

*Soit A une matrice quelconque. Alors rang($A$) = rang($A^T$).*

**Démonstration**

rang($A$) = dim(espace ligne de $A$) = dim(espace colonne de $A^T$) = rang($A^T$) ■

Le théorème qui suit établit une relation importante entre le rang d'une matrice et sa nullité :

**THÉORÈME 5.6.3**

**Théorème de la dimension pour les matrices**
*Soit A une matrice constituée de n colonnes. Alors*
$$rang(A) + nullité(A) = n \tag{4}$$

*Démonstration*  Puisque $A$ est formée de $n$ colonnes, le système linéaire homogène $A\mathbf{x} = \mathbf{0}$ contient $n$ inconnues (variables). Ces variables sont réparties en deux catégories : les variables liées et les variables libres. Ainsi

$$[\text{nombre de variables liées}] + [\text{nombre de variables libres}] = n$$

Mais le nombre de variables liées correspond au nombre de pivots de la matrice échelonnée réduite de $A$, lui-même égal au rang de $A$. On a donc

$$\text{rang}(A) + [\text{nombre de variables libres}] = n$$

De plus, le nombre de variables libres est égal à la nullité de $A$. Il en est ainsi parce que la nullité de $A$ est la dimension de l'espace solution de $A\mathbf{x} = \mathbf{0}$ et que celle-ci correspond au nombre de paramètres de la solution générale [voir l'expression (3), par exemple], qui est le même que le nombre de variables libres. Ainsi,

$$\text{rang}(A) + \text{nullité}(A) = n \qquad \blacksquare$$

La preuve donnée ci-dessus contient deux conclusions qui ont leur importance propre :

**THÉORÈME 5.6.4**

> *Soit $A$ est une matrice $m \times n$. Alors*
>
> *(a)  $\text{rang}(A) = $ nombre de variables liées dans la solution de $A\boldsymbol{x} = \boldsymbol{0}$.*
>
> *(b)  $\text{nullité}(A) = $ nombre de paramètres dans la solution générale de $A\boldsymbol{x} = \boldsymbol{0}$.*

---

### EXEMPLE 2  La somme du rang et de la nullité

Soit la matrice

$$A = \begin{bmatrix} -1 & 2 & 0 & 4 & 5 & -3 \\ 3 & -7 & 2 & 0 & 1 & 4 \\ 2 & -5 & 2 & 4 & 6 & 1 \\ 4 & -9 & 2 & -4 & -4 & 7 \end{bmatrix}$$

Comme elle contient six colonnes, on a

$$\text{rang}(A) + \text{nullité}(A) = 6$$

Ce résultat est cohérent avec les résultats obtenus pour la même matrice à l'exemple 1, soit

$$\text{rang}(A) = 2 \quad \text{et} \quad \text{nullité}(A) = 4 \quad \blacklozenge$$

---

### EXEMPLE 3  Nombre de paramètres dans une solution générale

Trouver le nombre de paramètres dans la solution générale de $A\mathbf{x} = \mathbf{0}$ si $A$ est une matrice $5 \times 7$ de rang 3.

*Solution*

L'égalité (4) donne

$$\text{nullité}(A) = n - \text{rang}(A) = 7 - 3 = 4$$

La solution générale comprend donc quatre paramètres.

**Applications du rang d'une matrice**

L'avènement d'Internet a stimulé la recherche de méthodes efficaces de transmission de grandes quantités de données numériques par le biais des réseaux de communication à bande passante limitée. Les données numériques sont généralement enregistrées sous forme de matrices et plusieurs techniques visant à accélérer la transmission interpellent le rang des matrices d'une manière ou d'une autre. Le rang joue un rôle parce qu'il mesure la « redondance » d'une matrice, c'est-à-dire que si $A$ est une matrice $m \times n$ de rang $k$, alors un nombre $n - k$ de vecteurs colonnes et un nombre $m - k$ de vecteurs lignes s'expriment en termes des $k$ vecteurs colonnes ou des $k$ vecteurs lignes linéairement indépendants. Plusieurs modes de compression de données fonctionnent selon un même schème : il s'agit de remplacer l'ensemble des données originales par un ensemble de données de rang inférieur, qui comporte à peu de chose près la même information, et à éliminer ensuite les vecteurs redondants du nouvel ensemble de façon à réduire la durée de la transmission.

Supposons maintenant que $A$ soit une matrice $m \times n$ de rang $r$; conformément au théorème 5.6.2, $A^T$ est une matrice $n \times m$ de rang $r$. Si l'on applique le théorème 5.6.3 à $A$ et à $A^T$, on obtient

$$\text{nullité}(A) = n - r, \qquad \text{nullité}(A^T) = m - r$$

Le tableau suivant résume les dimensions des quatre espaces fondamentaux d'une matrice $A$, $m \times n$ de rang $r$.

| Espace fondamental | Dimension |
|---|---|
| Espace ligne de $A$ | $r$ |
| Espace colonne de $A$ | $r$ |
| Espace nul de $A$ | $n - r$ |
| Espace nul de $A^T$ | $m - r$ |

**Valeur maximale du rang**

Si $A$ est une matrice $m \times n$, alors les vecteurs ligne se situent dans $R^n$ et les vecteurs colonnes sont dans $R^m$. Cela signifie que l'espace ligne de $A$ a une dimension inférieure ou égale à $n$ et que l'espace colonne a une dimension maximale $m$. Sachant que l'espace ligne et l'espace colonne ont même dimension (le rang de $A$), on conclut que si $m \neq n$, alors le rang de $A$ est inférieur ou égal à la plus petite des valeurs de $m$ et $n$. On a donc

$$\text{rang}(A) \leq \min(m, n) \tag{5}$$

où $\min(m, n)$ représente le plus petit de $m$ et $n$ lorsque $m \neq n$ ou leur valeur commune lorsque $m = n$.

---

**EXEMPLE 4** Valeur maximale du rang d'une matrice $7 \times 4$

---

Si $A$ est une matrice $7 \times 4$, alors le rang de $A$ est inférieur ou égal à 4 et, par conséquent, les sept vecteurs ligne sont linéairement dépendants. Si $A$ est une matrice $4 \times 7$, alors le rang de $A$ est cette fois encore inférieur ou égal à 4 et il s'ensuit que les sept vecteurs colonne sont linéairement dépendants. ◆

## Systèmes linéaires de $m$ équations à $n$ inconnues

Dans les sections précédentes, nous avons présenté un vaste éventail de théorèmes applicables aux systèmes linéaires de $n$ équations à $n$ inconnues. (Voir le théorème 4.3.4.) Nous allons maintenant nous attarder aux systèmes linéaires de $m$ équations à $n$ inconnues où les nombres $m$ et $n$ ne sont pas nécessairement égaux.

Le théorème qui suit énonce des conditions pour lesquelles un système linéaire de $m$ équations à $n$ inconnue est compatible :

**THÉORÈME 5.6.5**

### Le théorème de compatibilité

*Soit $Ax = b$ un système linéaire de m équations à n inconnues. Alors les énoncés suivants sont équivalents :*

*(a) $Ax = b$ est compatible.*

*(b) $b$ est dans l'espace colonne de A.*

*(c) La matrice des coefficients de A et la matrice augmentée $[A \mid b]$ ont le même rang.*

**Démonstration**   Il suffit de démontrer les équivalences $(a) \Leftrightarrow (b)$ et $(b) \Leftrightarrow (c)$, puisque l'on pourra alors logiquement conclure que $(a) \Leftrightarrow (c)$.

**(a) $\Leftrightarrow$ (b)**   Voir le théorème 5.5.1.

**(b) $\Rightarrow$ (c)**   Nous allons montrer que si $b$ appartient à l'espace colonne de $A$, alors les espaces colonnes de $A$ et de $[A \mid b]$ sont identiques et ces deux matrices ont donc le même rang.

Par définition, l'espace colonne d'une matrice est l'espace engendré par ses vecteurs colonne; les espaces colonne respectifs de $A$ et de $[A \mid b]$ s'expriment donc par

$$L\{c_1, c_2, \ldots, c_n\} \qquad \text{et} \qquad L\{c_1, c_2, \ldots, c_n, b\}$$

Si $b$ est dans l'espace colonne de $A$, alors tous les vecteurs de l'ensemble $\{c_1, c_2, \ldots, c_n, b\}$ sont des combinaisons linéaires des vecteurs de $\{c_1, c_2, \ldots, c_n\}$ et réciproquement (pourquoi?). Ainsi, par le théorème 5.2.4, les espaces colonne de $A$ et de $[A \mid b]$ sont identiques.

**(c) $\Rightarrow$ (b)**   Supposons que $A$ et $[A \mid b]$ ont le même rang $r$. Il existe alors un sous-ensemble de vecteurs colonne de $A$ qui forme une base de l'espace colonne de $A$ (théorème 5.4.6a). Supposons que ces vecteurs colonnes soient

$$c'_1, c'_2, \ldots, c'_r$$

Les $r$ vecteurs de base sont aussi dans l'espace colonne de $[A \mid b]$, de dimension $r$; ainsi, ces vecteurs constituent aussi une base de l'espace colonne de $[A \mid b]$, selon le théorème 5.4.6a. Le vecteur $b$ peut donc s'exprimer comme une combinaison linéaire de $c'_1, c'_2, \ldots, c'_r$ d'où l'on conclut qu'il appartient à l'espace colonne de $A$. ∎

Il n'est pas difficile de comprendre pourquoi ce théorème est vrai, si l'on considère que le rang d'une matrice correspond au nombre de lignes non nulles de sa matrice échelonnée réduite. Par exemple, la matrice augmentée du système

$$
\begin{aligned}
x_1 - 2x_2 - 3x_3 + 2x_4 &= -4 \\
-3x_1 + 7x_2 - x_3 + x_4 &= -3 \\
2x_1 - 5x_2 + 4x_3 - 3x_4 &= 7 \\
-3x_1 + 6x_2 + 9x_3 - 6x_4 &= -1
\end{aligned}
\qquad \text{est} \qquad
\begin{bmatrix}
1 & -2 & -3 & 2 & -4 \\
-3 & 7 & -1 & 1 & -3 \\
2 & -5 & 4 & -3 & 7 \\
-3 & 6 & 9 & -6 & -1
\end{bmatrix}
$$

et sa matrice échelonnée réduite s'écrit (vérifiez-le) :

$$
\begin{bmatrix}
1 & 0 & -23 & 16 & 0 \\
0 & 1 & -10 & 7 & 0 \\
0 & 0 & 0 & 0 & 1 \\
0 & 0 & 0 & 0 & 0
\end{bmatrix}
$$

La troisième ligne révèle que le système est incompatible. Cependant, c'est aussi à cause de cette ligne que la forme échelonnée réduite de la matrice augmentée contient moins de lignes de zéros que la matrice échelonnée réduite de la matrice des coefficients. On conclut que la matrice des coefficients et la matrice augmentée n'ont pas le même rang.

Le théorème de compatibilité établit des conditions assurant la compatibilité d'un système linéaire $A\mathbf{x} = \mathbf{b}$ pour un vecteur $\mathbf{b}$ *particulier*. Le théorème qui suit s'intéresse à des conditions qui garantissent la compatibilité d'un système linéaire *pour tous les choix possibles* de $\mathbf{b}$ :

**THÉORÈME 5.6.6**

*Soit $A\mathbf{x} = \boldsymbol{b}$ un système linéaire de m équations à n inconnues. Alors les énoncés suivants sont équivalents :*

*(a) $A\mathbf{x} = \boldsymbol{b}$ est compatible pour toute matrice $\boldsymbol{b}$ de dimension $m \times 1$.*

*(b) Les vecteurs colonne de A engendrent $R^m$.*

*(c) $\mathrm{rang}(A) = m$.*

*Démonstration*  Il suffit de démontrer les équivalences $(a) \Leftrightarrow (b)$ et $(a) \Leftrightarrow (c)$, puisque l'on pourra alors logiquement conclure que $(a) \Leftrightarrow (c)$.

**(a) ⇔ (b)**  D'après l'équation (2) de la section 5.5, le système $A\mathbf{x} = \mathbf{b}$ a peut s'écrire

$$x_1\mathbf{c}_1 + x_2\mathbf{c}_2 + \cdots + x_n\mathbf{c}_n = \mathbf{b}$$

On en déduit que $A\mathbf{x} = \mathbf{b}$ est compatible pour toute matrice $\mathbf{b}$ de dimension $m \times 1$ si et seulement si chacun de ces vecteurs $\mathbf{b}$ est une combinaison linéaire des vecteurs colonne $\mathbf{c}_1, \mathbf{c}_2,\ldots, \mathbf{c}_n$ ou, de façon équivalente, si et seulement si ces vecteurs colonnes engendrent $R^m$.

**(a) ⇒ (c)**  Considérons que $A\mathbf{x} = \mathbf{b}$ est compatible pour toute matrice $\mathbf{b}$ de dimension $m \times 1$; conformément aux parties $(a)$ et $(b)$ du théorème de compatibilité (5.6.5), tout vecteur $\mathbf{b}$ de $R^m$ est alors dans l'espace colonne de $A$; ainsi, l'espace colonne de $A$ correspond à la totalité de $R^m$, et l'on a $\mathrm{rang}(A) = \dim(R^m) = m$.

**(c) ⇒ (a)**  Considérant que $\mathrm{rang}(A) = m$, l'espace colonne de $A$ doit être un sous-espace de $R^m$ de dimension $m$ et, par conséquent, représenter la totalité de $R^m$ (théorème 5.4.7). Ainsi, selon les parties $(a)$ et $(b)$ du théorème de compatibilité (5.6.5), $A\mathbf{x} = \mathbf{b}$ est compatible pour tout vecteur $\mathbf{b}$ de $R^m$, puisque tous ces vecteurs $\mathbf{b}$ se trouvent dans l'espace colonne de $A$. ∎

On appelle *système linéaire surdéterminé* un système linéaire qui contient davantage d'équations que d'inconnues. Si $A\mathbf{x} = \mathbf{b}$ est un système linéaire surdéterminé de $m$ équations à $n$ inconnues ($m > n$), alors les vecteurs colonne de $A$ ne peuvent engendrer $R^m$; d'après le dernier théorème, *en considérant une matrice A donnée $m \times n$, où $m > n$, le système linéaire surdéterminé $A\mathbf{x} = \mathbf{b}$ ne peut être compatible pour tous les vecteurs $\mathbf{b}$ possibles.*

## EXEMPLE 5   Un système d'équations surdéterminé

Soit le système linéaire,

$$
\begin{aligned}
x_1 - 2x_2 &= b_1 \\
x_1 - x_2 &= b_2 \\
x_1 + x_2 &= b_3 \\
x_1 + 2x_2 &= b_4 \\
x_1 + 3x_2 &= b_5
\end{aligned}
$$

Ce système est surdéterminé, de sorte qu'il ne peut être compatible pour toute valeur de $b_1$, $b_2$, $b_3$, $b_4$ et $b_5$. On obtient les conditions exactes de compatibilité de ce système en le résolvant par la méthode de Gauss-Jordan. Nous laissons au lecteur le soin de montrer que la matrice augmentée est ligne-équivalente à

$$
\begin{bmatrix}
1 & 0 & 2b_2 - b_1 \\
0 & 1 & b_2 - b_1 \\
0 & 0 & b_3 - 3b_2 + 2b_1 \\
0 & 0 & b_4 - 4b_2 + 3b_1 \\
0 & 0 & b_5 - 5b_2 + 4b_1
\end{bmatrix}
$$

Le système est compatible si et seulement si $b_1$, $b_2$, $b_3$, $b_4$ et $b_5$ vérifient les conditions suivantes :

$$
\begin{aligned}
2b_1 - 3b_2 + b_3 &= 0 \\
3b_1 - 4b_2 + b_4 &= 0 \\
4b_1 - 5b_2 + b_5 &= 0
\end{aligned}
$$

Si l'on résout ce système linéaire homogène, les conditions deviennent :

$$b_1 = 5r - 4s, \qquad b_2 = 4r - 3s, \qquad b_3 = 2r - s, \qquad b_4 = r, \qquad b_5 = s$$

où $r$ et $s$ prennent des valeurs arbitraires. ◆

Dans la relation (3) du théorème 5.5.2, les scalaires $c_1$, $c_2$,..., $c_k$ représentent les paramètres arbitraires des solutions générales des systèmes $A\mathbf{x} = \mathbf{b}$ et $A\mathbf{x} = \mathbf{0}$. Ainsi, les solutions générales de ces deux systèmes contiennent le même nombre de paramètres. De plus, selon le théorème 5.6.4b, ce nombre de paramètres correspond à nullité($A$). Ce fait, combiné au théorème de la dimension pour les matrices (5.6.3), conduit au théorème suivant :

**THÉORÈME 5.6.7**

> *Si $A\mathbf{x} = \mathbf{b}$ est un système linéaire compatible de m équations à n inconnues et si A est de rang r, alors la solution générale du système contient $n - r$ paramètres.*

## EXEMPLE 6   Nombre de paramètres dans une solution générale

Si $A$ est une matrice $5 \times 7$ de rang 4 et si $A\mathbf{x} = \mathbf{b}$ est un système linéaire compatible, alors la solution générale du système contient $7 - 4 = 3$ paramètres. ◆

Dans les sections antérieures, nous avons présenté un large éventail de conditions qui garantissent qu'un système linéaire $A\mathbf{x} = \mathbf{0}$ de $n$ équations à $n$ inconnues ait pour unique solution la solution triviale. (Voir le théorème 4.3.4.) Le théorème qui suit présente de telles conditions mais pour des systèmes de *m* équations à *n* inconnues où *m* et *n* ne sont pas nécessairement égaux :

**THÉORÈME 5.6.8**

> *Soit A une matrice m × n. Alors les énoncés suivants sont équivalents :*
> (a) *A$x$ = $\mathbf{0}$ a pour unique solution la solution triviale.*
> (b) *Les vecteurs colonne de A sont linéairement indépendants.*
> (c) *A$x$ = $\mathbf{b}$ n'a pas plus d'une solution (une solution unique ou aucune solution) pour toute matrice $\mathbf{b}$ de dimension m ×1.*

**Démonstration**  Il suffit de prouver les équivalences (*a*) ⇔ (*b*) et (*a*) ⇔ (*c*); on pourra alors loguiquement conclure que (*b*) ⇔ (*c*).

**(a) ⇔ (b)**  Si $\mathbf{c}_1$, $\mathbf{c}_2$,…, $\mathbf{c}_n$ sont les vecteurs colonne de *A*, alors on peut représenter le système linéaire *A*$\mathbf{x}$ = $\mathbf{0}$ par

$$x_1\mathbf{c}_1 + x_2\mathbf{c}_2 + \cdots + x_n\mathbf{c}_n = \mathbf{0} \tag{6}$$

Si les vecteurs $\mathbf{c}_1$, $\mathbf{c}_2$,…, $\mathbf{c}_n$ sont linéairement indépendants, alors cette équation est vérifiée seulement si $x_1 = x_2 = \cdots = x_n = 0$, ce qui signifie que *A*$\mathbf{x}$ = $\mathbf{0}$ admet seulement la solution triviale. Réciproquement, si *A*$\mathbf{x}$ = $\mathbf{0}$ a pour unique solution la solution triviale, l'équation (6) est vérifiée seulement si $x_1 = x_2 = \cdots = x_n = 0$, ce qui signifie que les vecteurs $\mathbf{c}_1$, $\mathbf{c}_2$,…, $\mathbf{c}_n$ sont linéairement indépendants.

**(a) ⇒ (c)**  Supposons que *A*$\mathbf{x}$ = $\mathbf{0}$ admette uniquement la solution triviale. Le système *A*$\mathbf{x}$ = $\mathbf{b}$ peut être compatible ou non. S'il n'est pas compatible, alors il n'existe aucune solution pour *A*$\mathbf{x}$ = $\mathbf{b}$ et la preuve est complète. Pour le cas où *A*$\mathbf{x}$ = $\mathbf{b}$ est compatible, posons $\mathbf{x}_0$, une solution quelconque du système. En s'appuyant sur la discussion qui a suivi le théorème 5.5.2 et sur le fait que *A*$\mathbf{x}$ = $\mathbf{0}$ admet uniquement la solution triviale, on conclut que la solution générale de *A*$\mathbf{x}$ = $\mathbf{b}$ est $\mathbf{x}_0 + \mathbf{0} = \mathbf{x}_0$. Ainsi, $\mathbf{x}_0$ est l'unique solution de *A*$\mathbf{x}$ = $\mathbf{b}$.

**(c) ⇒ (a)**  Supposons que *A*$\mathbf{x}$ = $\mathbf{b}$ n'ait pas plus d'une solution pour toute matrice $\mathbf{b}$ de dimension $m \times 1$. Alors, en particulier, *A*$\mathbf{x}$ = $\mathbf{0}$ n'a pas plus d'une solution. Ainsi, *A*$\mathbf{x}$ = $\mathbf{0}$ a pour unique solution la solution triviale. ∎

Un système linéaire qui a davantage d'inconnues que d'équations est appelé ***système linéaire indéterminé***. Si *A*$\mathbf{x}$ = $\mathbf{b}$ est un système linéaire indéterminé compatible de *m* équations à *n* inconnues (*m* < *n*), alors conformément au théorème 5.6.7, la solution générale contient au moins un paramètre (pourquoi?); par conséquent, *un système linéaire indéterminé compatible doit admettre une infinité de solutions*. En particulier, un système linéaire homogène indéterminé admet une infinité de solutions, tel qu'il a été démontré au chapitre 1 (théorème 1.2.1).

---

### EXEMPLE 7   Un système indéterminé

Si *A* est une matrice 5 × 7, alors pour toute matrice $\mathbf{b}$ de dimension 7 × 1, le système linéaire *A*$\mathbf{x}$ = $\mathbf{b}$ est indéterminé. Ainsi, *A*$\mathbf{x}$ = $\mathbf{b}$ est compatible pour certains vecteurs $\mathbf{b}$ et pour chacun de ces $\mathbf{b}$, la solution générale doit contenir 7 − *r* paramètres, où *r* représente le rang de *A*. ◆

Résumé

Le théorème 4.3.4 regroupait huit énoncés équivalents à l'existence d'une matrice inverse. Nous concluons cette section en ajoutant huit autres énoncés à cette liste. Le théorème qui suit résume ainsi les principaux sujets que nous avons abordés jusqu'ici :

**THÉORÈME 5.6.9**

### Énoncés équivalents

*Soit A, une matrice $n \times n$ et soit $T_A : R^n \to R^n$, la multiplication par A. Alors les énoncés suivants sont équivalents.*

(a) *A est inversible.*

(b) *$Ax = \mathbf{0}$ a pour unique solution la solution triviale.*

(c) *La matrice échelonnée réduite de A est $I_n$.*

(d) *A peut s'écrire comme un produit de matrices élémentaires.*

(e) *$Ax = \mathbf{b}$ est compatible pour toute matrice $\mathbf{b}$ de dimension $n \times 1$.*

(f) *$Ax = \mathbf{b}$ a une solution unique pour toute matrice $\mathbf{b}$ de dimension $n \times 1$.*

(g) *$det(A) \neq 0$.*

(h) *L'image de $T_A$ est $R^n$.*

(i) *$T_A$ est injective.*

(j) *Les vecteurs colonne de A sont linéairement indépendants.*

(k) *Les vecteurs ligne de A sont linéairement indépendants.*

(l) *Les vecteurs colonne de A engendrent $R^n$.*

(m) *Les vecteurs ligne de A engendrent $R^n$.*

(n) *Les vecteurs colonne de A constituent une base de $R^n$.*

(o) *Les vecteurs ligne de A constituent une base de $R^n$.*

(p) *A est de rang n.*

(q) *A est de nullité 0.*

***Démonstration*** Nous savons déjà, par le théorème 4.3.4, que les énoncés (*a*) à (*i*) sont équivalents. Pour compléter la preuve, nous allons montrer que les énoncés (*j*) à (*q*) sont équivalents à (*b*) en prouvant la séquence d'implications : (b) $\Rightarrow$ (j) $\Rightarrow$ (k) $\Rightarrow$ (l) $\Rightarrow$ (m) $\Rightarrow$ (n) $\Rightarrow$ (o) $\Rightarrow$ (p) $\Rightarrow$ (q) $\Rightarrow$ (b).

**(b) $\Rightarrow$ (j)**   Si $Ax = \mathbf{0}$ admet uniquement la solution triviale, alors les vecteurs colonne de A sont linéairement indépendants (théorème 5.6.8).

**(j) $\Rightarrow$ (k) $\Rightarrow$ (l) $\Rightarrow$ (m) $\Rightarrow$ (n) $\Rightarrow$ (O)**   Ces implications s'appuient sur le théorème 5.4.5 et sur le fait que $R^n$ est un espace vectoriel de dimension $n$. (Nous omettons les détails.)

**(o) $\Rightarrow$ (p)**   Si les $n$ vecteurs ligne de A forment une base de $R^n$, alors l'espace ligne de A est de dimension $n$ et A est de rang $n$.

**(p) $\Rightarrow$ (q)**   Cette implication découle du théorème de la dimension (5.6.3).

**(q) $\Rightarrow$ (b)**   Si A est de nullité 0, alors l'espace solution de $Ax = \mathbf{0}$ est de dimension 0, ce qui signifie qu'il contient seulement le vecteur nul. Ainsi, $Ax = \mathbf{0}$ admet uniquement la solution triviale. ∎

**SÉRIE D'EXERCICES 5.6**

**1.** Vérifiez que rang$(A)$ = rang$(A^T)$ pour la matrice $A$ suivante :

$$A = \begin{bmatrix} 1 & 2 & 4 & 0 \\ -3 & 1 & 5 & 2 \\ -2 & 3 & 9 & 2 \end{bmatrix}$$

**2.** Dans chaque cas, déterminez le rang et la nullité de la matrice; assurez-vous ensuite que les valeurs obtenues vérifient la relation (4) du théorème de la dimension.

(a) $A = \begin{bmatrix} 1 & -1 & 3 \\ 5 & -4 & -4 \\ 7 & -6 & 2 \end{bmatrix}$
  (b) $A = \begin{bmatrix} 2 & 0 & -1 \\ 4 & 0 & -2 \\ 0 & 0 & 0 \end{bmatrix}$

(c) $A = \begin{bmatrix} 1 & 4 & 5 & 2 \\ 2 & 1 & 3 & 0 \\ -1 & 3 & 2 & 2 \end{bmatrix}$
  (d) $A = \begin{bmatrix} 1 & 4 & 5 & 6 & 9 \\ 3 & -2 & 1 & 4 & -1 \\ -1 & 0 & -1 & -2 & -1 \\ 2 & 3 & 5 & 7 & 8 \end{bmatrix}$

(e) $A = \begin{bmatrix} 1 & -3 & 2 & 2 & 1 \\ 0 & 3 & 6 & 0 & -3 \\ 2 & -3 & -2 & 4 & 4 \\ 3 & -6 & 0 & 6 & 5 \\ -2 & 9 & 2 & -4 & -5 \end{bmatrix}$

**3.** Pour chaque matrice donnée à l'exercice 2, utilisez vos résultats pour déterminer le nombre de variables liées et le nombre de paramètres dans la solution de $A\mathbf{x} = \mathbf{0}$, sans résoudre le système.

**4.** Dans chaque cas, utilisez les indications données dans le tableau pour déterminer la dimension de l'espace ligne, de l'espace colonne et de l'espace nul de $A$, de même que celle de l'espace nul de $A^T$.

| | (a) | (b) | (c) | (d) | (e) | (f) | (g) |
|---|---|---|---|---|---|---|---|
| Dimension de $A$ | $3 \times 3$ | $3 \times 3$ | $3 \times 3$ | $5 \times 9$ | $9 \times 5$ | $4 \times 4$ | $6 \times 2$ |
| Rang$(A)$ | 3 | 2 | 1 | 2 | 2 | 0 | 2 |

**5.** Dans chaque cas, déterminez le rang maximal de $A$ et la plus petite valeur possible pour la nullité de $A$.
(a) $A$ est une matrice $4 \times 4$
  (b) $A$ est une matrice $3 \times 5$
(c) $A$ est une matrice $5 \times 3$

**6.** Si $A$ est une matrice $m \times n$, déterminez son rang maximal et sa nullité minimale.
*Indice* Voir l'exercice 5.

**7.** Dans chaque cas, utilisez les indications données dans le tableau pour déterminer si le système linéaire $A\mathbf{x} = \mathbf{b}$ est compatible. S'il est compatible, donnez le nombre de paramètres compris dans sa solution générale.

| | (a) | (b) | (c) | (d) | (e) | (f) | (g) |
|---|---|---|---|---|---|---|---|
| Dimension de $A$ | $3 \times 3$ | $3 \times 3$ | $3 \times 3$ | $5 \times 9$ | $9 \times 5$ | $4 \times 4$ | $6 \times 2$ |
| Rang$(A)$ | 3 | 2 | 1 | 2 | 2 | 0 | 2 |
| Rang$[A \mid \mathbf{b}]$ | 3 | 3 | 1 | 2 | 3 | 0 | 2 |

**8.** Pour chacune des matrices données à l'exercice 7, trouvez la nullité de $A$ et déterminez le nombre de paramètres dans la solution générale du système linéaire homogène $A\mathbf{x} = \mathbf{0}$.

**9.** Quelles conditions $b_1$, $b_2$, $b_3$, $b_4$ et $b_5$ doivent-ils remplir pour que le système surdéterminé ci-dessous soit compatible?

$$x_1 - 3x_2 = b_1$$
$$x_1 - 2x_2 = b_2$$
$$x_1 + \ x_2 = b_3$$
$$x_1 - 4x_2 = b_4$$
$$x_1 + 5x_2 = b_5$$

**10.** Soit la matrice

$$A = \begin{bmatrix} a_{11} & a_{12} & a_{13} \\ a_{21} & a_{22} & a_{23} \end{bmatrix}$$

Montrez que $A$ est de rang 2 si et seulement si au moins un des déterminants ci-dessous est non nul.

$$\begin{vmatrix} a_{11} & a_{12} \\ a_{21} & a_{22} \end{vmatrix}, \qquad \begin{vmatrix} a_{11} & a_{13} \\ a_{21} & a_{23} \end{vmatrix}, \qquad \begin{vmatrix} a_{12} & a_{13} \\ a_{22} & a_{23} \end{vmatrix}$$

**11.** Supposons que $A$ est une matrice $3 \times 3$ dont l'espace nul forme une droite passant par l'origine de $R^3$. L'espace ligne ou l'espace colonne de $A$ peut-il également constituer une droite passant par l'origine? Expliquez.

**12.** Dans chaque cas, expliquer comment varie le rang de $A$ en fonction de $t$.

(a) $A = \begin{bmatrix} 1 & 1 & t \\ 1 & t & 1 \\ t & 1 & 1 \end{bmatrix}$  (b) $A = \begin{bmatrix} t & 3 & -1 \\ 3 & 6 & -2 \\ -1 & -3 & t \end{bmatrix}$

**13.** Existe-t-il des valeurs de $r$ et $s$ telles que la matrice ci-dessous ait un rang de 1 ou 2? Si oui, trouvez ces valeurs.

$$\begin{bmatrix} 1 & 0 & 0 \\ 0 & r-2 & 2 \\ 0 & s-1 & r+2 \\ 0 & 0 & 3 \end{bmatrix}$$

**14.** Utilisez les résultats obtenus à l'exercice 10 pour montrer que l'ensemble de points $(x, y, z)$ de $R^3$ pour lesquels la matrice ci-dessous est de rang 1 correspond à la courbe définie par les équations paramétriques $x = t$, $y = t^2$, $z = t^3$.

$$\begin{bmatrix} x & y & z \\ 1 & x & y \end{bmatrix}$$

**15.** Montrez que si $k \neq 0$, alors $A$ et $kA$ ont le même rang.

*Exploration & discussion*

**16.** (a) Donnez un exemple de matrice $3 \times 3$ dont l'espace colonne correspond à un plan passant par l'origine de $R^3$.

(b) À quel type d'objet géométrique l'espace nul de votre matrice correspond-il?

(c) À quel type d'objet géométrique l'espace ligne de votre matrice correspond-il?

(d) En général, si l'espace colonne d'une matrice $3 \times 3$ forme un plan passant par l'origine de $R^3$, que peut-on dire des propriétés géométriques de l'espace nul et de l'espace ligne? Expliquez votre raisonnement.

**17.** Dans chaque cas, indiquez si l'énoncé est toujours vrai ou s'il peut être faux dans certain(s) cas. Justifiez vos réponses par une explication ou par un contre-exemple.

(a) Si une matrice $A$ n'est pas carrée, alors les vecteurs ligne de $A$ sont linéairement dépendants.

(b) Si une matrice $A$ est carrée, alors les vecteurs lignes ou les vecteurs colonne de $A$ sont linéairement indépendants.

(c) Si à la fois les vecteurs ligne et les vecteurs colonne d'une matrice $A$ sont linéairement indépendants, alors la matrice $A$ est carrée.

(d) L'ajout d'une colonne supplémentaire à une matrice $A$ en augmente le rang de une unité.

**18.** (a) Si $A$ est une matrice $3 \times 5$, alors le nombre maximal de pivots de la matrice échelonnée réduite de $A$ est _____. Pourquoi?

(b) Si $A$ est une matrice $3 \times 5$, alors le nombre maximal de paramètres dans la solution générale de $A\mathbf{x} = \mathbf{0}$ est _____. Pourquoi?

(c) Si $A$ est une matrice $5 \times 3$, alors le nombre maximal de pivots de la matrice échelonnée réduite de $A$ est _____. Pourquoi?

(d) Si $A$ est une matrice $5 \times 3$, alors le nombre maximal de paramètres dans la solution générale de $A\mathbf{x} = \mathbf{0}$ est _____. Pourquoi?

**19.** (a) Si $A$ est une matrice $3 \times 5$, alors le rang de $A$ a pour valeur maximale _____. Pourquoi?

(b) Si $A$ est une matrice $3 \times 5$, alors la nullité de $A$ a pour valeur maximale _____. Pourquoi?

(c) Si $A$ est une matrice $3 \times 5$, alors le rang de $A^T$ a pour valeur maximale _____. Pourquoi?

(d) Si $A$ est une matrice $3 \times 5$, alors la nullité de $A^T$ a pour valeur maximale _____. Pourquoi?

# CHAPITRE 5
Exercices
supplémentaires

**1.** Dans chaque cas, l'espace solution est un sous-espace de $R^3$ et il détermine, par le fait même, une droite passant par l'origine, un plan passant par l'origine, la totalité de $R^3$ ou l'origine seulement. Pour chacun des systèmes donnés, déterminez la forme de l'ensemble solution. Si le sous-espace correspond à un plan, donnez-en une équation et s'il correspond à une droite, écrivez-en les équations paramétriques.

(a) $0x + 0y + 0z = 0$

(b)
$$2x - 3y + z = 0$$
$$6x - 9y + 3z = 0$$
$$-4x + 6y - 2z = 0$$

(c)
$$x - 2y + 7z = 0$$
$$-4x + 8y + 5z = 0$$
$$2x - 4y + 3z = 0$$

(d)
$$x + 4y + 8z = 0$$
$$2x + 5y + 6z = 0$$
$$3x + y - 4z = 0$$

**2.** Pour quelles valeurs de $s$ l'espace solution du système ci-dessous correspond-il à l'origine seulement? à une droite passant par l'origine? à un plan passant par l'origine? à la totalité de $R^3$?

$$x_1 + x_2 + sx_3 = 0$$
$$x_1 + sx_2 + x_3 = 0$$
$$sx_1 + x_2 + x_3 = 0$$

**3.** (a) Exprimez $(4a, a - b, a + 2b)$ par une combinaison linéaire de $(4, 1)$ et $(0, -1, 2)$.

(b) Exprimez $(3a + b + 3c, -a + 4b - c, 2a + b + 2c)$ par une combinaison linéaire de $(3, -1, 2)$ et $(1, 4, 1)$.

(c) Exprimez $(2a - b + 4c, 3a - c, 4b + c)$ par une combinaison linéaire de trois vecteurs non nuls.

**4.** Soit $W$, l'espace engendré par $\mathbf{f} = \sin x$ et $\mathbf{g} = \cos x$.

(a) Montrez que pour toute valeur de $\theta$, les vecteurs $\mathbf{f}_1 = \sin (x + \theta)$ et $\mathbf{g}_1 = \cos (x + \theta)$ sont dans l'espace $W$.

(b) Montrez que $\mathbf{f}_1$ et $\mathbf{g}_1$ forment une base de $W$.

**5.** (a) Exprimez $\mathbf{v} = (1, 1)$ par deux combinaisons linéaires différentes de $\mathbf{v}_1 = (1, -1)$, $\mathbf{v}_2 = (3, 0)$ et $\mathbf{v}_3 = (2, 1)$.

(b) Expliquez pourquoi ces deux expressions ne contredisent pas le théorème 5.4.1.

**6.** Soit une matrice $A$ de dimension $n \times n$ et soit $\mathbf{v}_1, \mathbf{v}_2,\ldots, \mathbf{v}_n$, des vecteurs linéairement indépendants de $R^n$, exprimés par des matrices $n \times 1$. Quelles conditions $A$ doit-elle remplir pour que $A\mathbf{v}_1, A\mathbf{v}_2,\ldots, A\mathbf{v}_n$ soient linéairement indépendants?

**7.** Une base de $P_n$ doit-elle inclure un polynôme de degré $k$ pour chaque valeur de $k = 0$, $1, 2,\ldots, n$? Justifiez votre réponse.

**8.** Dans le cadre de ce problème, définissons une « matrice échiquier » par une matrice carrée $A = [a_{ij}]$ telle que

$$a_{ij} = \begin{cases} 1 & \text{si la somme } i + j \text{ est paire} \\ 0 & \text{si la somme } i + j \text{ est impaire} \end{cases}$$

Trouvez le rang et la nullité des matrices échiquier suivantes :

(a) la matrice échiquier $3 \times 3$;

(b) la matrice échiquier $4 \times 4$;

(c) la matrice échiquier $n \times n$.

**9.** Dans cet exercice, définissons une « matrice en $X$ » comme une matrice carrée constituée d'un nombre impair de lignes et de colonnes dont les éléments des deux diagonales valent 1 et tous les autres éléments sont des zéros. Trouvez le rang et la nullité des matrices en $X$ suivantes :

(a) $\begin{bmatrix} 1 & 0 & 1 \\ 0 & 1 & 0 \\ 1 & 0 & 1 \end{bmatrix}$ (b) $\begin{bmatrix} 1 & 0 & 0 & 0 & 1 \\ 0 & 1 & 0 & 1 & 0 \\ 0 & 0 & 1 & 0 & 0 \\ 0 & 1 & 0 & 1 & 0 \\ 1 & 0 & 0 & 0 & 1 \end{bmatrix}$

(c) Trouvez le rang et la nullité de la matrice en $X$ de dimension $(2n + 1) \times (2n + 1)$.

**10.** Dans chaque cas, montrez que l'ensemble de polynômes décrit est un sous-espace de $P_n$ et donnez-en une base :

(a) tous les polynômes de $P_n$ tels que $p(-x) = p(x)$;

(b) tous les polynômes de $P_n$ tels que $p(0) = 0$.

**11.** **(Si vous avez des notions de calcul)** Montrez que l'ensemble de tous les polynômes de $P_n$ dont le graphe de la fonction polynomiale correspondante admet une tangente horizontale à $x = 0$ est un sous-espace de $P_n$. Trouvez une base pour représenter ce sous-espace.

**12.** (a) Trouvez une base pour l'espace vectoriel de toutes les matrices symétriques $3 \times 3$.

(b) Trouvez une base pour l'espace vectoriel de toutes les matrices antisymétriques $3 \times 3$.

**13.** Dans un cours d'algèbre linéaire avancée, on démontre le critère du déterminant suivant pour établir le rang d'une matrice : *Une matrice A est de rang r si et seulement si A contient une sous-matrice r × r, de déterminant non nul, telle que toutes les sous-matrices carrées de dimension plus élevée ont un déterminant nul.* (Une sous-matrice de A est une matrice quelconque obtenue en éliminant des lignes ou des colonnes de A. La matrice A elle-même est considérée comme une sous-matrice de A.) Dans chaque cas, utilisez ce critère pour déterminer le rang de la matrice donnée.

(a) $\begin{bmatrix} 1 & 2 & 0 \\ 2 & 4 & -1 \end{bmatrix}$   (b) $\begin{bmatrix} 1 & 2 & 3 \\ 2 & 4 & 6 \end{bmatrix}$

(c) $\begin{bmatrix} 1 & 0 & 1 \\ 2 & -1 & 3 \\ 3 & -1 & 4 \end{bmatrix}$   (d) $\begin{bmatrix} 1 & -1 & 2 & 0 \\ 3 & 1 & 0 & 0 \\ -1 & 2 & 4 & 0 \end{bmatrix}$

**14.** Utilisez l'énoncé de l'exercice 13 pour déterminer quels sont les rangs possibles pour les matrices de la forme suivante :

$$\begin{bmatrix} 0 & 0 & 0 & 0 & 0 & a_{16} \\ 0 & 0 & 0 & 0 & 0 & a_{26} \\ 0 & 0 & 0 & 0 & 0 & a_{36} \\ 0 & 0 & 0 & 0 & 0 & a_{46} \\ a_{51} & a_{52} & a_{53} & a_{54} & a_{55} & a_{56} \end{bmatrix}$$

**15.** Démontrer que si $S$ est une base de l'espace vectoriel $V$, alors pour tout vecteur $\mathbf{u}$ et $\mathbf{v}$ de $V$ et tout scalaire $k$, les relations suivantes sont vérifiées :

(a)  $(\mathbf{u} + \mathbf{v})_S = (\mathbf{u})_S + (\mathbf{v})_S$    (b)  $(k\mathbf{u})_S = k(\mathbf{u})_S$

---

# CHAPITRE 5

## Exercices informatiques

Les exercices qui suivent peuvent être résolus à l'aide de logiciels tels que MATLAB, Mathematica, Maple, Derive ou Mathcab. On pourra aussi employer des logiciels équivalents ou une calculatrice scientifique dotée de fonctions d'algèbre linéaire. À chacun des exercices, vous devrez lire une partie de la documentation propre au matériel que vous utilisez. Ces exercices visent à vous familiariser avec l'utilisation de votre logiciel. Lorsque vous maîtriserez les techniques explorées dans ces exercices, vous serez en mesure de résoudre par ordinateur bon nombre des problèmes donnés dans les séries d'exercices réguliers.

**Section 5.2**   **T1.** (a) Certains logiciels n'ont pas de fonction permettant de calculer directement des combinaisons linéaires de vecteurs de $R^n$. Vous pouvez cependant utiliser le produit matricielle pour calculer une combinaison linéaire; il suffit de créer une matrice $A$ dont les colonnes correspondent aux vecteurs et une matrice colonne $\mathbf{x}$ dont les éléments sont les coefficients. Utilisez cette méthode pour calculer le vecteur suivant :

$$\mathbf{v} = 6(8, -2, 1, -4) + 17(-3, 9, 11, 6) - 9(0, -1, 2, 4)$$

Vérifiez votre travail en effectuant le calcul manuellement.

(b) Utilisez votre logiciel pour déterminer si le vecteur $(9, 1, 0)$ est une combinaison linéaire des vecteurs $(1, 2, 3)$, $(1, 4, 6)$ et $(2, -3, -5)$.

**Section 5.3**   **T1.** Utilisez votre logiciel pour tester l'indépendance linéaire des ensembles donnés à l'exercice 20 par la méthode du Wronskien.

**Section 5.4**   **T1.** **(Indépendance linéaire)** Imaginez trois façons différentes d'utiliser votre logiciel pour déterminer si un ensemble de $n$ vecteurs de $R^n$ est linéairement indépendant; déterminez ensuite, par ces trois méthodes, si les vecteurs suivants sont linéairement indépendants :

$$\mathbf{v}_1 = (4, -5, 2, 6), \quad \mathbf{v}_2 = (2, -2, 1, 3), \quad \mathbf{v}_3 = (6, -3, 3, 9), \quad \mathbf{v}_4 = (4, -1, 5, 6)$$

**T2.** **(Dimension)** Trouvez trois façons différentes d'utiliser votre logiciel pour déterminer la dimension du sous-espace engendré par un ensemble de vecteurs de $R^n$; Déterminez ensuite, par ces trois méthodes, la dimension du sous-espace de $R^5$ engendré par les vecteurs suivants :

$$\mathbf{v}_1 = (2, 2, -1, 0, 1), \quad \mathbf{v}_2 = (-1, -1, 2, -3, 1),$$
$$\mathbf{v}_3 = (1, 1, -2, 0, -1), \quad \mathbf{v}_4 = (0, 0, 1, 1, 1)$$

**Section 5.5**   **T1.** **(Base d'un espace ligne)** Certains logiciels disposent d'une fonction qui donne directement une base pour l'espace ligne d'une matrice. Si c'est le cas, lisez l'information pertinente dans la documentation fournie avec votre logiciel; utilisez-le ensuite pour trouver une base de l'espace ligne de la matrice de l'exemple 6.

**T2.** **(Base d'un espace colonne)** Certains logiciels disposent d'une fonction qui donne directement une base pour l'espace colonne d'une matrice. Si c'est le cas, lisez l'information pertinente dans la documentation fournie et utilisez ensuite votre logiciel pour trouver une base de l'espace colonne de la matrice de l'exemple 6.

**T3.** **(Espace nul)** Certains logiciels disposent d'une fonction qui donne directement une base pour l'espace nul d'une matrice. Si c'est le cas, lisez l'information pertinente dans la documentation fournie; assurez-vous ensuite d'avoir bien compris la procédure en déterminant une base de l'espace nul de la matrice $A$ donnée à l'exemple 4. Puis utilisez la réponse pour obtenir la solution générale du système homogène $A\mathbf{x} = \mathbf{0}$.

**Section 5.6**   **T1.** **(Rang et nullité)** Lisez l'information portant sur la détermination du rang d'une matrice; évaluez ensuite le rang de la matrice $A$ donnée à l'exemple 1. Utilisez la réponse obtenue et le théorème 5.6.3 pour trouver la nullité de la matrice.

**T2.** L'*inégalité de Sylvester* stipule que si $A$ et $B$ représentent des matrices $n \times n$ de rangs respectifs $r_A$ et $r_B$, alors le rang $r_{AB}$ du produit $AB$ vérifie l'inégalité $r_A + r_B - n \leq r_{AB} \leq \min(r_A, r_B)$ où $\min(r_A, r_B)$ correspond à la plus petite des deux valeurs $r_A$ et $r_B$ ou à leur valeur commune si les matrices ont le même rang. Utilisez votre logiciel pour confirmer cet énoncé en l'appliquant à des matrices de votre choix.

# CHAPITRE 6

# Applications de l'algèbre linéaire

## CONTENU DU CHAPITRE

**INTRODUCTION :** Ce chapitre regroupe huit applications de l'algèbre linéaire, traitées dans neuf sections indépendantes. Cette présentation permet à chacun de changer l'ordre des applications à sa guise ou d'en éliminer selon le cas. Chaque section débute par une liste des notions d'algèbre linéaire préalables.

Comme ce chapitre vise d'abord et avant tout à présenter des applications de l'algèbre linéaire, nous omettrons souvent les preuves. Lorsque le contexte l'exigera, nous introduirons des résultats issus d'autres domaines, en les justifiant autant que possible, mais la plupart du temps sans les démontrer.

## 6.1
### CONSTRUCTION DE COURBES ET DE SURFACES PASSANT PAR DES POINTS DONNÉS

*Dans cette section, nous abordons une technique basée sur l'utilisation des déterminants pour construire des droites, des cercles et des sections coniques générales passant par des points donnés du plan. La même méthode s'applique aux plans et aux sphères qui passent par des points donnés de l'espace tridimensionnel.*

PRÉALABLES : Systèmes linéaires
Déterminants
Géométrie analytique

Le théorème suivant découle du théorème 2.3.6 :

THÉORÈME 6.1.1

*Un système linéaire homogène composé du même nombre d'équations que d'inconnues admet une solution non triviale si et seulement si le déterminant de la matrice des coefficients est nul.*

Découvrons maintenant l'utilité de ce théorème pour établir les équations de courbes et de surfaces diverses passant par des points donnés.

### Une droite passant par deux points

Considérons deux points distincts du plan, $(x_1, y_1)$ et $(x_2, y_2)$. Il existe une droite unique passant par ces deux points (figure 6.1.1). L'équation d'une droite du plan est donnée par

$$c_1 x + c_2 y + c_3 = 0 \qquad (1)$$

où $c_1$, $c_2$ et $c_3$ ne sont pas tous nuls. Remarquons que ces coefficients sont uniques, à une constante multiplicative près. Puisque les points $(x_1, y_1)$ et $(x_2, y_2)$ appartiennent à la droite, en substituant leurs coordonnées dans l'équation (1), on obtient les deux équations suivantes :

$$c_1 x_1 + c_2 y_1 + c_3 = 0 \qquad (2)$$
$$c_1 x_2 + c_2 y_2 + c_3 = 0 \qquad (3)$$

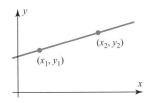

Figure 6.1.1

Regroupons les équations (1), (2) et (3) et les réaménageant quelque peu :

$$x c_1 + y c_2 + c_3 = 0$$
$$x_1 c_1 + y_1 c_2 + c_3 = 0$$
$$x_2 c_1 + y_2 c_2 + c_3 = 0$$

Il en résulte un système linéaire homogène de trois équations en $c_1$, $c_2$ et $c_3$. Puisque $c_1$, $c_2$ et $c_3$ ne valent pas tous zéro, ce système admet une solution non triviale et son déterminant est nul, c'est-à-dire

$$\begin{vmatrix} x & y & 1 \\ x_1 & y_1 & 1 \\ x_2 & y_2 & 1 \end{vmatrix} = 0 \qquad (4)$$

Tout point $(x, y)$ de la droite doit donc vérifier l'équation (4); réciproquement, on peut montrer que tout point $(x, y)$ qui satisfait au système (4) appartient à la droite.

## EXEMPLE 1   Équation d'une droite

Trouver l'équation de la droite qui passe par les points $(2, 1)$ et $(3, 7)$.

*Solution*

En insérant les coordonnées des deux points dans l'équation (4), on obtient

$$\begin{vmatrix} x & y & 1 \\ 2 & 1 & 1 \\ 3 & 7 & 1 \end{vmatrix} = 0$$

Le développement du déterminant selon la première ligne donne

$$-6x + y + 11 = 0 \quad \blacklozenge$$

**Un cercle passant par trois points**

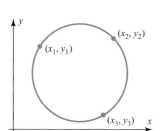

**Figure 6.1.2**

Considérons trois points distincts du plan, $(x_1, y_1)$, $(x_2, y_2)$ et $(x_3, y_3)$, qui ne sont pas sur la même droite. Par la géométrie analytique, on sait qu'il existe un cercle unique passant par ces trois points (figure 6.1.2) et qui est défini par une équation de la forme

$$c_1(x^2 + y^2) + c_2 x + c_3 y + c_4 = 0 \tag{5}$$

En substituant les coordonnées des trois points dans cette équation, on obtient

$$c_1(x_1^2 + y_1^2) + c_2 x_1 + c_3 y_1 + c_4 = 0 \tag{6}$$
$$c_1(x_2^2 + y_2^2) + c_2 x_2 + c_3 y_2 + c_4 = 0 \tag{7}$$
$$c_1(x_3^2 + y_3^2) + c_2 x_3 + c_3 y_3 + c_4 = 0 \tag{8}$$

Comme dans le cas précédent, les équations (5) à (8) forment un système linéaire homogène qui admet une solution non triviale pour $c_1$, $c_2$, $c_3$ et $c_4$. Le déterminant de la matrice des coefficients est donc nul et l'on a

$$\begin{vmatrix} x^2 + y^2 & x & y & 1 \\ x_1^2 + y_1^2 & x_1 & y_1 & 1 \\ x_2^2 + y_2^2 & x_2 & y_2 & 1 \\ x_3^2 + y_3^2 & x_3 & y_3 & 1 \end{vmatrix} = 0 \tag{9}$$

C'est l'équation du cercle sous la forme d'un déterminant.

## EXEMPLE 2   Équation d'un cercle

Trouver l'équation du cercle qui passe par les points $(1, 7)$, $(6, 2)$ et $(4, 6)$.

*Solution*

En substituant les coordonnées des trois points dans l'équation (9), on obtient

$$\begin{vmatrix} x^2 + y^2 & x & y & 1 \\ 50 & 1 & 7 & 1 \\ 40 & 6 & 2 & 1 \\ 52 & 4 & 6 & 1 \end{vmatrix} = 0$$

L'équation se ramène à

$$10(x^2 + y^2) - 20x - 40y - 200 = 0$$

Sous sa forme canonique, elle s'écrit

$$(x-1)^2 + (y-2)^2 = 5^2$$

Il s'agit donc d'un cercle de rayon 5, centré à $(1, 2)$. ◆

**Section conique passant par cinq points**

L'équation générale d'une section conique dans le plan (parabole, hyperbole, ellipse ou les formes dégénérées de ces courbes) est donnée par

$$c_1 x^2 + c_2 xy + c_3 y^2 + c_4 x + c_5 y + c_6 = 0$$

Cette équation renferme six coefficients, mais on peut réduire leur nombre à cinq en les divisant tous par l'un des coefficients non nuls. Ainsi, seulement cinq coefficients restent à déterminer et cinq points distincts du plan suffisent à établir l'équation de la section conique (figure 6.1.3). Comme dans les cas précédents, on peut écrire l'équation sous forme de déterminant (voir l'exercice 7) :

$$\begin{vmatrix} x^2 & xy & y^2 & x & y & 1 \\ x_1^2 & x_1 y_1 & y_1^2 & x_1 & y_1 & 1 \\ x_2^2 & x_2 y_2 & y_2^2 & x_2 & y_2 & 1 \\ x_3^2 & x_3 y_3 & y_3^2 & x_3 & y_3 & 1 \\ x_4^2 & x_4 y_4 & y_4^2 & x_4 & y_4 & 1 \\ x_5^2 & x_5 y_5 & y_5^2 & x_5 & y_5 & 1 \end{vmatrix} = 0 \tag{10}$$

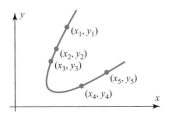

**Figure 6.1.3**

### EXEMPLE 3  Équation d'une orbite

Un astronome veut établir l'équation de l'orbite d'un astéroïde autour du Soleil. Il définit un repère de coordonnées cartésiennes dans le plan de l'orbite, avec le Soleil pour origine. Les axes sont divisés en unités astronomiques (1 unité astronomique = distance moyenne Terre–Soleil = 149,7 millions de kilomètres). D'après la première loi de Kepler, l'orbite doit dessiner une ellipse. L'astronome observe la position de l'astéroïde à cinq moments différents et il note les coordonnées des cinq points correspondants :

$(8{,}025, 8{,}310)$, $(10{,}170, 6{,}355)$, $(11{,}202, 3{,}212)$, $(10{,}736, 0{,}375)$, $(9{,}092, -2{,}267)$

Trouver l'équation de l'orbite.

*Solution*

En substituant dans l'équation (10) les coordonnées des cinq points, on obtient

$$\begin{vmatrix} x^2 & xy & y^2 & x & y & 1 \\ 64.401 & 66.688 & 69.056 & 8.025 & 8.310 & 1 \\ 103.429 & 64.630 & 40.386 & 10.170 & 6.355 & 1 \\ 125.485 & 35.981 & 10.317 & 11.202 & 3.212 & 1 \\ 115.262 & 4.026 & 0.141 & 10.736 & 0.375 & 1 \\ 82.664 & -20.612 & 5.139 & 9.092 & -2.267 & 1 \end{vmatrix} = 0$$

Le développement du déterminant selon la première ligne donne

$$386.799 x^2 - 102.896 xy + 446.026 y^2 - 2476.409 x - 1427.971 y - 17109.378 = 0$$

La figure 6.1.4 présente un diagramme précis de l'orbite où les cinq points notés par l'astronome sont indiqués. ◆

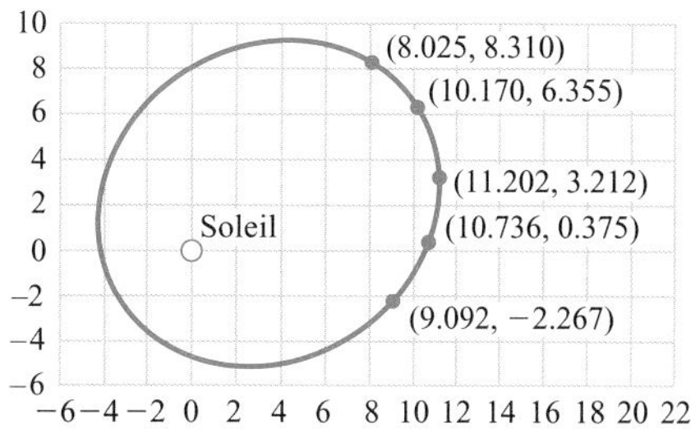

**Figure 6.1.4**

**Un plan passant par trois points**

À l'exercice 8, nous demandons au lecteur de prouver que le plan défini dans l'espace ($R^3$) par l'équation

$$c_1x + c_2y + c_3z + c_4 = 0$$

qui passe par les trois points non colinéaires $(x_1, y_1, z_1)$, $(x_2, y_2, z_2)$ et $(x_3, y_3, z_3)$ a pour équation, sous forme de déterminant,

$$\begin{vmatrix} x & y & z & 1 \\ x_1 & y_1 & z_1 & 1 \\ x_2 & y_2 & z_2 & 1 \\ x_3 & y_3 & z_3 & 1 \end{vmatrix} = 0 \tag{11}$$

---

**EXEMPLE 4** Équation d'un plan

L'équation du plan qui passe par les trois points non colinéaires $(1, 1, 0)$, $(2, 0, -1)$ et $(2, 9, 2)$ est

$$\begin{vmatrix} x & y & z & 1 \\ 1 & 1 & 0 & 1 \\ 2 & 0 & -1 & 1 \\ 2 & 9 & 2 & 1 \end{vmatrix} = 0$$

Elle se ramène à

$$2x - y + 3z - 1 = 0 \quad \blacklozenge$$

**Une sphère passant par quatre points**

À l'exercice 9, nous demandons au lecteur de prouver que la sphère définie dans l'espace ($R^3$) par l'équation

$$c_1(x^2 + y^2 + z^2) + c_2x + c_3y + c_4z + c_5 = 0$$

qui passe par les quatre points non coplanaires $(0, 3, 2)$, $(1, -1, 1)$, $(2, 1, 0)$ et $(5, 1, 3)$, a pour équation, sous forme de déterminant,

$$\begin{vmatrix} x^2 + y^2 + z^2 & x & y & z & 1 \\ x_1^2 + y_1^2 + z_1^2 & x_1 & y_1 & z_1 & 1 \\ x_2^2 + y_2^2 + z_2^2 & x_2 & y_2 & z_2 & 1 \\ x_3^2 + y_3^2 + z_3^2 & x_3 & y_3 & z_3 & 1 \\ x_4^2 + y_4^2 + z_4^2 & x_4 & y_4 & z_4 & 1 \end{vmatrix} = 0 \tag{12}$$

---

### EXEMPLE 5  Équation d'une sphère

La sphère qui passe par les quatre points $(0, 3, 2)$, $(1, -1, 1)$, $(2, 1, 0)$ et $(5, 1, 3)$ a pour équation

$$\begin{vmatrix} x^2 + y^2 + z^2 & x & y & z & 1 \\ 13 & 0 & 3 & 2 & 1 \\ 3 & 1 & -1 & 1 & 1 \\ 5 & 2 & 1 & 0 & 1 \\ 35 & 5 & 1 & 3 & 1 \end{vmatrix} = 0$$

L'équation se réduit à

$$x^2 + y^2 + z^2 - 4x - 2y - 6z + 5 = 0$$

et, sous sa forme canonique,

$$(x - 2)^2 + (y - 1)^2 + (z - 3)^2 = 9 \quad \blacklozenge$$

---

## SÉRIE D'EXERCICES 6.1

1. Trouvez les équations des droites qui passent par les points suivants :
   (a) $(1, -1)$, $(2, 2)$    (b) $(0, 1)$, $(1, -1)$

2. Trouvez les équations des cercles qui passent par les points suivants :
   (a) $(2, 6)$, $(2, 0)$, $(5, 3)$    (b) $(2, -2)$, $(3, 5)$, $(-4, 6)$

3. Trouvez l'équation de la section conique qui passe par les points $(0, 0)$, $(0, -1)$, $(2, 0)$, $(2, -5)$ et $(4, -1)$.

4. Trouvez les équations des plans de l'espace ($R^3$) qui passent par les points suivants :
   (a) $(1, 1, -3)$, $(1, -1, 1)$, $(0, -1, 2)$    (b) $(2, 3, 1)$, $(2, -1, -1)$, $(1, 2, 1)$

5. (a) Modifier l'équation (11) pour qu'elle détermine le plan qui passe par l'origine et qui est parallèle au plan passant par trois points non colinéaires donnés.
   (b) Trouvez les deux plans, tels que décrits en (a), où les trois points non colinéaires sont ceux des exercices 4(a) et 4(b).

6. Trouvez les équations des sphères de l'espace ($R^3$) qui passent par les points suivants :
   (a) $(1, 2, 3)$, $(-1, 2, 1)$, $(1, 0, 1)$, $(1, 2, -1)$
   (b) $(0, 1, -2)$, $(1, 3, 1)$, $(2, -1, 0)$, $(3, 1, -1)$

7. Montrez que l'équation (10) est l'équation d'une section conique qui passe par cinq points distincts donnés du plan.

8. Montrez que l'équation (11) est l'équation du plan dans l'espace qui passe par trois points non colinéaires donnés.

9. Montrez que l'équation (12) est l'équation de la sphère qui passe par quatre points non coplanaires donnés dans ($R^3$).

10. Trouvez une équation sous forme de déterminant pour la parabole ayant pour expression
$$c_1 y + c_2 x^2 + c_3 x + c_4 = 0$$
et passant par trois points non colinéaires donnés du plan ($R^2$).

11. Que devient l'équation (9) si les trois points distincts sont colinéaires?

12. Que devient l'équation (11) si les trois points distincts sont colinéaires?

13. Que devient l'équation (12) si les quatre points distincts sont coplanaires?

## SECTION 6.1

**Exercices informatiques**

Les exercices qui suivent peuvent être résolus à l'aide de logiciels tels que MATLAB, Mathematica, Maple, Derive ou Mathcab. On pourra aussi employer des logiciels équivalents ou une calculatrice scientifique dotée de fonctions d'algèbre linéaire. À chacun des exercices, vous devrez lire une partie de la documentation propre au matériel que vous utilisez. Ces exercices visent à vous familiariser avec l'utilisation de votre logiciel. Lorsque vous maîtriserez les techniques explorées dans ces exercices, vous serez en mesure de résoudre par ordinateur bon nombre des problèmes donnés dans les séries d'exercices réguliers.

**T1.** L'équation générale d'une surface quadratique est donnée par

$$a_1 x^2 + a_2 y^2 + a_3 z^2 + a_4 xy + a_5 xz + a_6 yz + a_7 x + a_8 y + a_9 z + a_{10} = 0$$

Neuf points de cette surface en déterminent l'équation.

(a) Montrez que si les neuf points $(x_i, y_i)$, où $i = 1, 2, 3,\ldots, 9$ appartiennent à cette surface et s'ils déterminent uniquement l'équation de cette surface, alors l'équation s'écrit, sous forme de déterminant,

$$\begin{vmatrix} x^2 & y^2 & z^2 & xy & xz & yz & x & y & z & 1 \\ x_1^2 & y_1^2 & z_1^2 & x_1 y_1 & x_1 z_1 & y_1 z_1 & x_1 & y_1 & z_1 & 1 \\ x_2^2 & y_2^2 & z_2^2 & x_2 y_2 & x_2 z_2 & y_2 z_2 & x_2 & y_2 & z_2 & 1 \\ x_3^2 & y_3^2 & z_3^2 & x_3 y_3 & x_3 z_3 & y_3 z_3 & x_3 & y_3 & z_3 & 1 \\ x_4^2 & y_4^2 & z_4^2 & x_4 y_4 & x_4 z_4 & y_4 z_4 & x_4 & y_4 & z_4 & 1 \\ x_5^2 & y_5^2 & z_5^2 & x_5 y_5 & x_5 z_5 & y_5 z_5 & x_5 & y_5 & z_5 & 1 \\ x_6^2 & y_6^2 & z_6^2 & x_6 y_6 & x_6 z_6 & y_6 z_6 & x_6 & y_6 & z_6 & 1 \\ x_7^2 & y_7^2 & z_7^2 & x_7 y_7 & x_7 z_7 & y_7 z_7 & x_7 & y_7 & z_7 & 1 \\ x_8^2 & y_8^2 & z_8^2 & x_8 y_8 & x_8 z_8 & y_8 z_8 & x_8 & y_8 & z_8 & 1 \\ x_9^2 & y_9^2 & z_9^2 & x_9 y_9 & x_9 z_9 & y_9 z_9 & x_9 & y_9 & z_9 & 1 \end{vmatrix} = 0$$

(b) Utilisez le résultat de (a) pour trouver l'équation de la surface quadratique qui passe par les points suivants : $(1, 2, 3)$, $(2, 1, 7)$, $(0, 4, 6)$, $(3, -1, 4)$, $(3, 0, 11)$, $(-1, 5, 8)$, $(9, -8, 3)$, $(4, 5, 3)$ et $(-2, 6, 10)$.

**T2.** (a) Un hyperplan de l'espace euclidien $R^n$ est déterminé par une équation de la forme

$$a_1 x_1 + a_2 x_2 + a_3 x_3 + \cdots + a_n x_n + a_{n+1} = 0$$

où $a_i$, $i = 1, 2, 3,\ldots, n + 1$ sont des constantes qui ne valent pas toutes zéro et $x_i$, $i = 1, 2,\ldots, n$, des variables telles que

$$(x_1, x_2, x_3, \ldots, x_n) \in R^n$$

Un point

$$(x_{10}, x_{20}, x_{30}, \ldots, x_{n0}) \in R^n$$

se trouve sur cet hyperplan si

$$a_1 x_{10} + a_2 x_{20} + a_3 x_{30} + \cdots + a_n x_{n0} + a_{n+1} = 0$$

Étant donné que les $n$ points $(x_{1i}, x_{2i}, x_{3i},\ldots, x_{ni})$, $i = 1, 2, 3,\ldots, n$ appartiennent à l'hyperplan et qu'ils déterminent uniquement l'équation de l'hyperplan, montrez que, sous forme de déterminant, cette équation s'écrit

$$\begin{vmatrix} x_1 & x_2 & x_3 & \cdots & x_n & 1 \\ x_{11} & x_{21} & x_{31} & \cdots & x_{n1} & 1 \\ x_{12} & x_{22} & x_{32} & \cdots & x_{n2} & 1 \\ x_{13} & x_{23} & x_{33} & \cdots & x_{n3} & 1 \\ \vdots & \vdots & \vdots & \ddots & \vdots & \vdots \\ x_{1n} & x_{2n} & x_{3n} & \cdots & x_{nn} & 1 \end{vmatrix} = 0$$

(b)  Déterminez l'équation de l'hyperplan dans $R^9$ qui passe par les neuf points suivants :

(1, 2, 3, 4, 5, 6, 7, 8, 9)      (2, 3, 4, 5, 6, 7, 8, 9, 1)      (3, 4, 5, 6, 7, 8, 9, 1, 2)

(4, 5, 6, 7, 8, 9, 1, 2, 3)      (5, 6, 7, 8, 9, 1, 2, 3, 4)      (6, 7, 8, 9, 1, 2, 3, 4, 5)

(7, 8, 9, 1, 2, 3, 4, 5, 6)      (8, 9, 1, 2, 3, 4, 5, 6, 7)      (9, 1, 2, 3, 4, 5, 6, 7, 8)

# 6.2
## CIRCUITS ÉLECTRIQUES

*Cette section traite des lois fondamentales qui régissent les circuits électriques. Nous verrons comment transformer ces lois en systèmes d'équations linéaires dont les solutions déterminent les courants qui traversent un circuit électrique.*

**PRÉALABLES** : Systèmes linéaires

Les plus simples circuits électriques comprennent deux composantes de base :

les sources de tension (continue)   symbolisées par ————+|‐————

les résistors   symbolisés par ————⟋⟍⟋⟍————

Les sources électriques, telles que les piles, génèrent les courants dans un circuit électrique. Les résistors, tels que les ampoules lumineuses, limitent l'intensité des courants.

Les circuits électriques sont associés à trois quantités fondamentales: la ***différence de potentiel*** ($E$), la ***résistance*** ($R$) et le ***courant*** ($I$). On les mesure habituellement dans les unités suivantes :

$E$   en volts   (V)
$R$   en ohms   ($\Omega$)
$I$   en ampères   (A)

On associe la différence de potentiel à deux points d'un circuit électrique et on la mesure en connectant ces deux points à un appareil appelé *voltmètre*. Par exemple, une pile AA présente une valeur nominale de 1,5 V qui correspond à la différence de potentiel entre ses bornes positive et négative (figure 6.2.1).

Dans un circuit électrique, la différence de potentiel entre deux points est aussi appelée ***chute de tension*** ou simplement ***tension*** entre ces points. Nous verrons que les tensions et les courants peuvent prendre des valeurs positives ou négatives.

Le passage du courant dans un circuit électrique est régi par trois lois fondamentales :

1.  ***Loi d'Ohm***  La tension aux bornes d'un résistor est le produit du courant qui le traverse par sa résistance, soit $E = IR$.

2.  ***Loi des courants de Kirchhoff***  En tout point d'un circuit, la somme des courants entrants est égale à la somme des courants sortants.

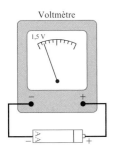

Voltmètre

**Figure 6.2.1**

3. *Loi des tensions de Kirchhoff* Dans toute maille (boucle fermée) d'un circuit, la somme algébrique des tensions est nulle.

---

### EXEMPLE 1   Trouver les courants dans un circuit

---

Trouver les courants inconnus $I_1$, $I_2$ et $I_3$ dans le circuit de la figure 6.2.2.

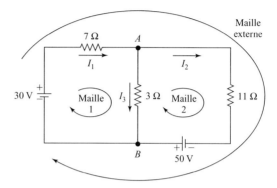

**Figure 6.2.2**

### Solution

Sur la figure, nous avons posé arbitrairement les sens des courants $I_1$, $I_2$ et $I_3$ (indiqués par les flèches). Si la résolution du système donne un courant négatif, cela signifie que ce courant circule dans le sens opposé à celui indiqué.

Appliquons la loi des courants de Kirchhoff aux points $A$ et $B$; on a

$$I_1 = I_2 + I_3 \quad \text{(Point } A\text{)}$$
$$I_3 + I_2 = I_1 \qquad \text{(Point } B\text{)}$$

Ces deux équations se ramènent à la même équation linéaire :

$$I_1 - I_2 - I_3 = 0 \tag{1}$$

Il nous faut donc deux autres équations pour trouver des valeurs uniques à $I_1$, $I_2$ et $I_3$. La loi des tensions de Kirchhoff va nous les fournir.

Pour appliquer la loi des tensions de Kirchhoff à une maille du circuit, nous posons arbitrairement que le parcours de la maille dans le sens horaire est positif et nous adoptons les conventions de signe suivantes :

- Lorsqu'un courant traverse un résistor, il produit une chute de tension positive s'il circule dans le sens positif de la maille et une chute de tension négative s'il circule dans le sens négatif de la maille.

- Lorsqu'un courant traverse une source de tension, il produit une chute de tension positive si le parcours positif de la maille va de la borne + vers la borne − de la source, et une chute de tension négative si le sens de parcours de la maille va du − vers le +.

Appliquons la loi des tensions de Kirchhoff et la loi d'Ohm à la maille 1 de la figure 6.2.2; on a

$$7I_1 + 3I_3 - 30 = 0 \tag{2}$$

Appliquons-les maintenant à la maille 2; on obtient

$$11I_2 - 3I_3 - 50 = 0 \qquad (3)$$

Les équations (1), (2) et (3) forment un système d'équations linéaires :

$$
\begin{aligned}
I_1 - I_2 - I_3 &= 0 \\
7I_1 \phantom{- I_2} + 3I_3 &= 30 \\
11I_2 - 3I_3 &= 50
\end{aligned}
$$

La résolution de ce système donne les valeurs des courants :

$$I_1 = \tfrac{570}{131}\ (A), \qquad I_2 = \tfrac{590}{131}\ (A), \qquad I_3 = -\tfrac{20}{131}\ (A)$$

Puisque $I_3$ a une valeur négative, ce courant circule dans le sens opposé à celui indiqué à la figure 6.2.2. Notez également que nous aurions pu appliquer la loi des tensions de Kirchhoff à la maille externe du circuit. Nous aurions cependant obtenu une équation redondante (vérifiez-le). ◆

## SÉRIE D'EXERCICES 6.2

Pour les exercices 1 à 4, trouvez les courants dans les circuits donnés.

**1.**

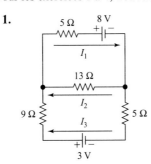

**2.**

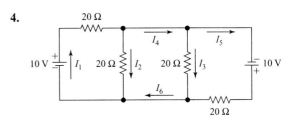

**3.**

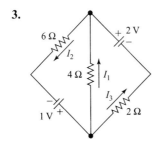

**4.**

**5.** Montrez que si le courant $I_5$ est nul dans le circuit de la figure Ex-5, alors $R_4 = R_3 R_2 / R_1$.

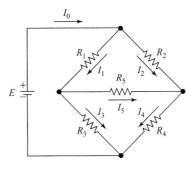

Figure Ex-5

REMARQUE  Ce circuit, appelé pont de Wheatstone, sert à mesurer la résistance d'un composant électrique avec une grande précision. Ici, $R_4$ a une résistance inconnue, tandis que $R_1$, $R_2$ et $R_3$ sont des résistors variables étalonnés. $R_5$ représente un galvanomètre – un dispositif qui mesure les courants. L'opérateur varie les résistances de $R_1$, $R_2$ et $R_3$ jusqu'à ce que le galvanomètre affiche un courant nul. La résistance de $R_4$ est alors donnée par l'expression $R_4 = R_3 R_2 / R_1$.

6. Montrez que si les deux courants $I$ indiqués à la figure Ex-6 sont égaux, alors

$$R = \frac{1}{\dfrac{1}{R_1} + \dfrac{1}{R_2}} \ .$$

**Figure Ex-6**

## SECTION 6.2

### Exercices informatiques

Les exercices qui suivent peuvent être résolus à l'aide de logiciels tels que MATLAB, Mathematica, Maple, Derive ou Mathcab. On pourra aussi employer des logiciels équivalents ou une calculatrice scientifique dotée de fonctions d'algèbre linéaire. À chacun des exercices, vous devrez lire une partie de la documentation propre au matériel que vous utilisez. Ces exercices visent à vous familiariser avec l'utilisation de votre logiciel. Lorsque vous maîtriserez les techniques explorées dans ces exercices, vous serez en mesure de résoudre par ordinateur bon nombre des problèmes donnés dans les séries d'exercices réguliers.

**T1.** La figure Ex-T1 montre une séquence de circuits différents.

(a) Trouvez le courant $I_1$ qui parcourt le circuit (*a*) de la figure.

(b) Trouvez les courants $I_1$ à $I_3$ qui parcourent le circuit (*b*) de la figure.

(c) Trouvez les courants $I_1$ à $I_5$ qui traversent le circuit (*c*) de la figure.

(d) Poursuivez le même procédé jusqu'à ce que vous découvriez un schéma répétitif dans les valeurs de $I_1, I_2, I_3, \ldots$

(e) Explorez la séquence des valeurs de $I_1$ dans les circuits (*a*), (*b*), (*c*) et les suivants, et montrez que, numériquement, la limite de cette séquence tend vers la valeur

$$\left( \frac{\sqrt{5} - 1}{2} \right) \frac{E}{R} \approx (0.6180) \frac{E}{R}$$

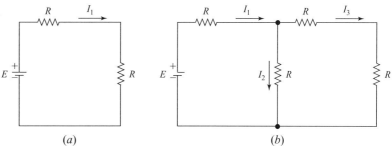

(*a*)  (*b*)

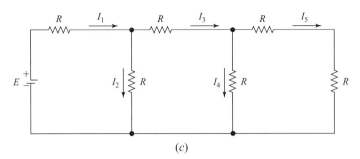

(*c*)

**Figure Ex-T1**

**T2.** La figure Ex-T2 montre une séquence de circuits différents.

(a) Trouvez le courant $I_1$ qui parcourt le circuit (*a*) de la figure.

(b) Trouvez le courant $I_1$ qui parcourt le circuit (*b*) de la figure.

(c) Trouvez le courant $I_1$ qui traverse le circuit (*c*) de la figure.

(d) Poursuivez le même procédé jusqu'à ce que vous découvriez un schéma répétitif dans les valeurs de $I_1$.

(e) Explorez la séquence des valeurs de $I_1$ dans les circuits (*a*), (*b*), (*c*) et les suivants, et montrez que, numériquement, la limite de cette séquence tend vers la valeur

$$\left(\frac{\sqrt{5}-1}{2}\right)\frac{E}{R} \approx (0.6180)\frac{E}{R}$$

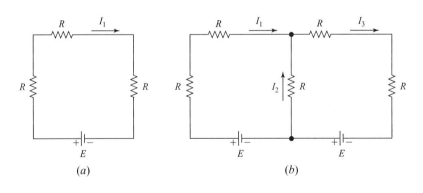

(*a*)                                                    (*b*)

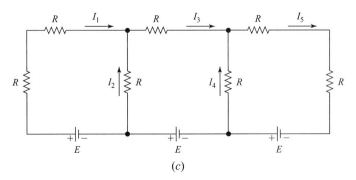

(*c*)

**Figure Ex-T2**

# 6.3
## PROGRAMMATION LINÉAIRE GÉOMÉTRIQUE

*Dans cette section, nous décrivons une technique géométrique qui sert à maximiser ou à minimiser une expression linéaire à deux variables assujettie à des contraintes linéaires.*

> **PRÉALABLES :** Systèmes linéaires
> Inégalités linéaires

**Programmation linéaire**

La théorie de la programmation linéaire a beaucoup évolué depuis le travail du pionnier George Dantzig à la fin des années 1940. La programmation linéaire s'applique aujourd'hui à un large éventail de problèmes, aussi bien industriels que scientifiques. Dans cette section, nous présentons une approche géométrique de la résolution de cas simples de programmation linéaire. Voyons d'abord quelques exemples.

### EXEMPLE 1   Maximiser les revenus de vente

Un confiseur a en inventaire 130 livres de cerises enrobées de chocolat et 70 livres de chocolats à la menthe. Il décide de les vendre en deux assortiments : le premier contient les deux variétés en quantités égales et il se vend 2,00 $ la livre; le second assortiment renferme un tiers de cerises au chocolat et deux tiers de chocolats à la menthe, et il se détaille à 1,25 $ la livre. Combien de livres de chaque assortiment le manufacturier devra-t-il préparer pour maximiser ses revenus de vente?

*Solution*

Traduisons d'abord le problème en langage mathématique. Appelons assortiment $A$ l'assortiment moitié cerise/moitié menthe et soit $x_1$, le nombre de livres de cet assortiment. De même, appelons assortiments $B$ l'assortiment un tiers cerise/deux tiers menthe et soit $x_2$, le nombre de livres de cet assortiment. Puisque l'assortiment $A$ se vend 2,00 $ la livre et l'assortiment $B$, 1,25 $ la livre, les ventes $z$ (en dollars) totaliseront

$$z = 2.00x_1 + 1.25x_2$$

Sachant qu'une livre de l'assortiment $A$ contient $\frac{1}{2}$ livre de cerises au chocolat et que une livre de l'assortiment $B$ en contient $\frac{1}{3}$ de livre, le nombre de livres de cerises utilisées dans les deux assortiments totalise

$$\tfrac{1}{2}x_1 + \tfrac{1}{3}x_2$$

De même, chaque livre de $A$ contient $\frac{1}{2}$ livre de chocolats à la menthe et une livre de $B$ en contient $\frac{2}{3}$ de livre. La quantité totale (en livres) de chocolats à la menthe utilisée dans les deux assortiments s'élève à

$$\tfrac{1}{2}x_1 + \tfrac{2}{3}x_2$$

Or, le manufacturier est limité à 130 livres de cerises au chocolat et à 170 livres de chocolats à la menthe; on a donc

$$\tfrac{1}{2}x_1 + \tfrac{1}{3}x_2 \le 130$$
$$\tfrac{1}{2}x_1 + \tfrac{2}{3}x_2 \le 170$$

De plus, $x_1$ et $x_2$ ne peuvent être négatifs, c'est-à-dire

$$x_1 \geq 0 \quad \text{et} \quad x_2 \geq 0$$

En termes mathématiques, le problème devient : trouver les valeurs de $x_1$ et $x_2$ qui maximisent la fonction

$$z = 2.00x_1 + 1.25x_2$$

assujettie aux contraintes suivantes :

$$\frac{1}{2}x_1 + \frac{1}{3}x_2 \leq 130$$
$$\frac{1}{2}x_1 + \frac{2}{3}x_2 \leq 170$$
$$x_1 \geq 0$$
$$x_2 \geq 0$$

Plus loin dans cette section, nous verrons comment solutionner géométriquement ce type de problème mathématique. ◆

---

### EXEMPLE 2  Maximiser le rendement annuel

---

Une femme dispose d'une somme de 10 000 $ pour des investissements. Son courtier lui suggère de répartir le montant dans deux obligations, nommées $A$ et $B$. L'obligation $A$ représente un niveau de risque élevé et elle rapporte un intérêt annuel de 10%; l'obligation $B$ est plus sûre, mais son rendement annuel est de 7% seulement. Après avoir analysé la situation, la femme décide d'investir un maximum de 6 000 $ dans $A$, au moins 2 000 $ dans $B$ et au moins autant dans $A$ que dans $B$. Comment devrait-elle répartir son investissement de 10 000 $ pour en maximiser le rendement?

#### *Solution*

Pour traduire le problème en langage mathématique, posons $x_1$, le montant investi en obligations $A$ et $x_2$, le montant investi en obligations $B$. Puisque chaque dollar investi dans $A$ rapporte 0,10 $ par an et chaque dollar investi dans $B$ produit 0,07 $ par an, l'intérêt total accumulé annuellement $z$ s'écrit

$$z = .10x_1 + .07x_2$$

En langage mathématique, les contraintes deviennent :

Investir un maximum de 10 000 $ :   $x_1 + x_2 \leq 10\ 000$
Investir un maximum de 6 000 $ en obligations $A$ :   $x_1 \leq 6\ 000$
Investir au moins 2 000 $ en obligations $B$ :   $x_2 \geq 2\ 000$
Investir au moins autant dans $A$ que dans $B$ :   $x_1 \geq x_2$

Nous pouvons aussi supposer implicitement que

$$x_1 \geq 0 \quad \text{et} \quad x_2 \geq 0$$

En termes mathématiques, le problème devient : trouver les valeurs de $x_1$ et $x_2$ qui maximisent la fonction

$$z = .10x_1 + .07x_2$$

assujettie aux contraintes

$$x_1 + x_2 \leq 10,000$$
$$x_1 \leq 6000$$
$$x_2 \geq 2000$$
$$x_1 - x_2 \geq 0$$
$$x_1 \geq 0$$
$$x_2 \geq 0 \quad \blacklozenge$$

---

### EXEMPLE 3 Minimiser les coûts

Un étudiant veut composer un petit déjeuner de flocons de maïs et de lait aussi peu cher que possible. En considérant ce qu'il mange aux autres repas, il impose les contraintes suivantes : son petit déjeuner doit comprendre au moins 9 grammes de protéines, au moins $\frac{1}{3}$ de l'apport nutritionnel recommandé (ANR) en vitamine D, et au moins $\frac{1}{4}$ de l'ANR en calcium. Il trouve l'information nutritionnelle suivante sur les boîtes de lait et de flocons de maïs :

|  | Lait ($\frac{1}{2}$ tasse) | Flocons de maïs (1 once) |
|---|---|---|
| **Coût** | 7,5 cents | 5,0 cents |
| **Protéines** | 4 grammes | 2 grammes |
| **Vitamine D** | $\frac{1}{8}$ de l'ANR | $\frac{1}{10}$ de l'ANR |
| **Calcium** | $\frac{1}{6}$ de l'ANR | Aucun |

Pour s'assurer que le mélange de céréales ne soit ni trop détrempé ni trop sec, l'étudiant établit qu'il doit contenir entre 1 et 3 onces de flocons par tasse de lait, inclusivement. Quelles quantités de lait et de céréales lui donneront le petit déjeuner le plus économique?

#### Solution

En termes mathématiques, posons $x_1$, la quantité de lait utilisée (mesurée en unités de $\frac{1}{2}$ tasse) et $x_2$, la quantité de flocons de maïs (mesurée en unités de 1 once). Si $z$ représente le coût total du repas, on peut écrire :

Coût du repas : $\qquad z = 7.5x_1 + 5.0x_2$

Au moins 9 grammes de protéines : $\qquad 4x_1 + 2x_2 \geq 9$

Au moins $\frac{1}{3}$ de l'ANR en vitamine D : $\qquad \frac{1}{8}x_1 + \frac{1}{10}x_2 \geq \frac{1}{3}$

Au moins $\frac{1}{4}$ de l'ANR en calcium : $\qquad \frac{1}{6}x_1 \geq \frac{1}{4}$

Au moins 1 once de flocons de maïs par tasse (2 unités de $\frac{1}{2}$ tasse) de lait : $\qquad \frac{x_2}{x_1} \geq \frac{1}{2}$ (ou $x_1 - 2x_2 \leq 0$)

Au plus 3 onces de flocons de maïs par tasse (2 unités de $\frac{1}{2}$ tasse) de lait : $\qquad \frac{x_2}{x_1} \leq \frac{3}{2}$ (ou $3x_1 - 2x_2 \geq 0$)

Comme auparavant, nous pouvons assumer implicitement que $x_1 \geq 0$ et $x_2 \geq 0$. La formulation mathématique complète du problème devient alors : déterminer les valeurs de $x_1$ et $x_2$ qui minimisent la fonction

$$z = 7.5x_1 + 5.0x_2$$

assujettie aux contraintes

$$4x_1 + 2x_2 \geq 9$$
$$\tfrac{1}{8}x_1 + \tfrac{1}{10}x_2 \geq \tfrac{1}{3}$$
$$\tfrac{1}{6}x_1 \geq \tfrac{1}{4}$$
$$x_1 - 2x_2 \leq 0$$
$$3x_1 - 2x_2 \geq 0$$
$$x_1 \geq 0$$
$$x_2 \geq 0 \quad \blacklozenge$$

## Résolution géométrique des problèmes de programmation linéaire

Les trois exemples qui précèdent sont des cas particuliers du problème général suivant.

---

**Problème** Déterminer les valeurs de $x_1$ et $x_2$ qui maximisent ou qui minimisent la fonction suivante

$$z = c_1x_1 + c_2x_2 \tag{1}$$

assujettie aux contraintes

$$
\begin{aligned}
a_{11}x_1 \;+\; a_{12}x_2 \;\; (\leq)(\geq)(=) \;\; b_1 \\
a_{21}x_1 \;+\; a_{22}x_2 \;\; (\leq)(\geq)(=) \;\; b_2 \\
\vdots \qquad\quad \vdots \qquad\qquad\quad \vdots \\
a_{m1}x_1 \;+\; a_{m2}x_2 \;\; (\leq)(\geq)(=) \;\; b_m
\end{aligned}
\tag{2}
$$

et

$$x_1 \geq 0, \qquad x_2 \geq 0 \tag{3}$$

---

Dans chacune des $m$ conditions émises en (2), on utilise les symboles $\leq$, $\geq$ et $=$ selon le cas.

Le problème ci-dessus est le ***modèle général d'un problème de programmation linéaire*** à deux variables. La fonction linéaire $z$ exprimée par l'équation (1) est appelée ***fonction objectif***. Les relations (2) et (3) sont les ***contraintes***; en particulier, les expressions (3) sont les ***contraintes de non-négativité*** sur les variables $x_1$ et $x_2$.

Nous allons maintenant apprendre à résoudre graphiquement les problèmes de programmation linéaire. Un couple de valeurs $(x_1, x_2)$ qui répond à toutes les contraintes est appelé ***solution admissible***. L'ensemble de toutes les solutions admissibles détermine un sous-ensemble du plan $x_1x_2$ appelé ***région admissible***. Or, nous cherchons une solution admissible qui maximise la fonction objectif. Une telle solution est une ***solution optimale***.

Afin d'examiner la région admissible d'un problème de programmation linéaire, notons que chaque contrainte de la forme

$$a_{i1}x_1 + a_{i2}x_2 = b_i$$

définit une droite dans le plan $x_1x_2$, alors que les contraintes de la forme

$$a_{i1}x_1 + a_{i2}x_2 \leq b_i \quad \text{ou} \quad a_{i1}x_1 + a_{i2}x_2 \geq b_i$$

définissent chacune un demi-plan qui inclut la droite frontière.

$$a_{i1}x_1 + a_{i2}x_2 = b_i$$

Ainsi, la région admissible correspond toujours à une intersection d'un nombre fini de droites et demi-plans. Reprenons, par exemple, les quatre contraintes de l'exemple 1 :

$$\tfrac{1}{2}x_1 + \tfrac{1}{3}x_2 \le 130$$
$$\tfrac{1}{2}x_1 + \tfrac{2}{3}x_2 \le 170$$
$$x_1 \ge 0$$
$$x_2 \ge 0$$

Elles définissent les demi-plans illustrés aux parties (*a*), (*b*), (*c*) et (*d*) de la figure 6.3.1. La région admissible de ce problème correspond donc à l'intersection de ces quatre demi-plans, tel qu'illustré à la figure 6.3.1*e*.

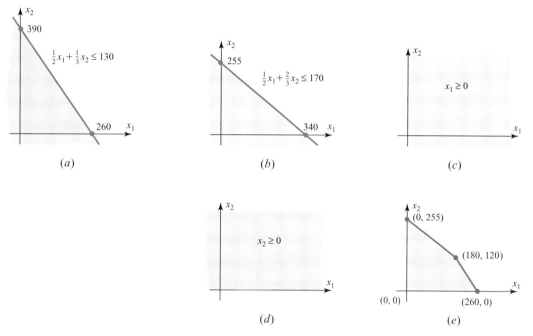

Figure 6.3.1

Il peut être démontré que la région admissible d'un problème de programmation linéaire est limitée par un nombre fini de segments de droite. Si on peut trouver un cercle suffisamment grand qui inclut la région admissible, celle-ci est dite ***bornée*** (figure 6.3.1*e*); autrement, elle est dite ***non bornée*** (figure 6.3.5). Si la région admissible est *vide* (si elle ne contient aucun point), alors les contraintes sont incompatibles et le problème de programmation linéaire n'a aucune solution (figure 6.3.6).

Les points situés à l'intersection de deux segments de droite qui délimitent une région admissible sont appelés ***points extrêmes***. (On les appelle aussi *sommets*.) Par exemple, sur la figure 6.3.1*e*, la région admissible compte quatre points extrêmes :

$$(0, 0), \quad (0, 255), \quad (180, 120), \quad (260, 0) \tag{4}$$

Le théorème qui suit souligne l'importance des points extrêmes des régions admissibles :

**THÉORÈME 6.3.1**

> ## Valeurs minimales et valeurs maximales
>
> *Si la région admissible d'un problème de programmation linéaire est non vide et bornée, alors la fonction objectif possède à la fois une valeur minimale et une valeur maximale, qui correspondent à des points extrêmes de la région admissible. Si la région admissible est non bornée, alors la fonction objectif peut ou non avoir une valeur maximale ou une valeur minimale; dans le cas où la fonction donne lieu à une valeur maximale ou à une valeur minimale, celle-ci correspond à un point extrême.*

La figure 6.3.2 suggère l'idée à la base de la démonstration de ce théorème. Puisque la fonction objectif d'un problème de programmation linéaire est une fonction linéaire de $x_1$ et $x_2$, on a

$$z = c_1 x_1 + c_2 x_2$$

Les courbes de niveau de cette fonction (courbe qui relie les points pour lesquels $z$ admet une même valeur) sont des droites. En se déplaçant perpendiculairement à ces courbes de niveau, la fonction objectif croît ou décroît de façon monotone. À l'intérieur d'une région admissible bornée, les valeurs minimale et maximale de $z$ doivent alors nécessairement se trouver aux points extrêmes, tel qu'illustré à la figure 6.3.2.

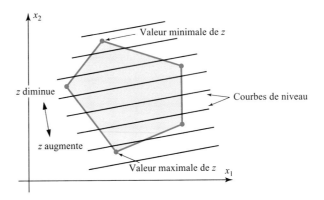

**Figure 6.3.2**

Nous allons utiliser le théorème 6.3.1 pour résoudre les problèmes de programmation linéaire des exemples qui suivent; ceux-ci illustrent la diversité de la nature des solutions admissibles.

---

### EXEMPLE 4  Retour sur l'exemple 1

---

La figure 6.3.1*e* montre que la région admissible de l'exemple 1 est bornée. Considérons la fonction objectif :

$$z = 2.00x_1 + 1.25x_2$$

D'après le théorème 6.3.1, cette fonction admet à la fois une valeur minimale et une valeur maximale en des points extrêmes. Le tableau qui suit donne les quatre points extrêmes et les valeurs de $z$ correspondantes :

| Point extrême $(x_1, x_2)$ | Valeur de $z = 2{,}00x_1 + 1{,}25x_2$ |
|---|---|
| (0, 0) | 0 |
| (0, 255) | 318,75 |
| (180, 120) | 510,00 |
| (260, 0) | 520,00 |

La valeur maximale de $z$ est 520,00 et la solution optimale correspondante, (260, 0). Ainsi, le confiseur fera des ventes maximales de 520 \$ s'il produit 260 livres de l'assortiment $A$ et laisse tomber l'assortiment $B$. ◆

---

### EXEMPLE 5   Utiliser le théorème 6.3.1

---

Trouver les valeurs de $x_1$ et $x_2$ qui maximisent la fonction

$$z = x_1 + 3x_2$$

assujettie aux contraintes

$$2x_1 + 3x_2 \leq 24$$
$$x_1 - x_2 \leq 7$$
$$x_2 \leq 6$$
$$x_1 \geq 0$$
$$x_2 \geq 0$$

*Solution*

La région admissible de ce problème étant bornée (figure 6.3.3), $z$ atteint une valeur maximale à l'un des points extrêmes. Le tableau donne les valeurs de la fonction objectif aux cinq points extrêmes.

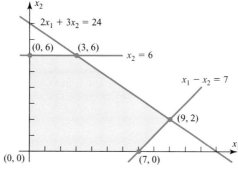

| Point extrême $(x_1, x_2)$ | Valeur de $z = x_1 + 3x_2$ |
|---|---|
| (0, 6) | 18 |
| (3, 6) | 21 |
| (9, 2) | 15 |
| (7, 0) | 7 |
| (0, 0) | 0 |

**Figure 6.3.3**

Le tableau révèle que $z$ atteint la valeur maximale de 21 à $x_1 = 3$ et $x_2 = 6$. ◆

---

### EXEMPLE 6   Utiliser le théorème 6.3.1

---

Trouver les valeurs de $x_1$ et $x_2$ qui maximisent la fonction

$$z = 4x_1 + 6x_2$$

assujettie aux contraintes

$$2x_1 + 3x_2 \le 24$$
$$x_1 - x_2 \le 7$$
$$x_2 \le 6$$
$$x_1 \ge 0$$
$$x_2 \ge 0$$

*Solution*

Les contraintes de ce problème sont celles de l'exemple 5 et la région admissible est illustrée à la figure 6.3.3. Le tableau qui suit donne les valeurs de la fonction objectif aux points extrêmes.

| Point extrême $(x_1, x_2)$ | Valeur de $z = 4x_1 + 6x_2$ |
|---|---|
| (0, 6) | 36 |
| (3, 6) | 48 |
| (9, 2) | 48 |
| (7, 0) | 28 |
| (0, 0) | 0 |

On constate que la fonction objectif atteint un maximum de 48 en deux points extrêmes, soit (3, 6) et (9, 2). Ce cas illustre que la solution optimale à un problème de programmation linéaire n'est pas nécessairement unique. À l'exercice 10, nous demandons au lecteur de montrer que si la fonction objectif a la même valeur en deux points extrêmes adjacents, alors elle a même valeur en tout point du segment de droite frontière qui relie ces deux points extrêmes. Dans cet exemple, la valeur maximale $z$ est ainsi obtenue en tous les points du segment de droite reliant les points extrêmes (3, 6) et (9, 2). ◆

---

**EXEMPLE 7** La région admissible est un segment de droite

Trouver les valeurs de $x_1$ et $x_2$ qui minimisent la fonction

$$z = 2x_1 - x_2$$

assujettie aux contraintes

$$2x_1 + 3x_2 = 12$$
$$2x_1 - 3x_2 \ge 0$$
$$x_1 \ge 0$$
$$x_2 \ge 0$$

*Solution*

La figure 6.3.4 montre la région admissible définie par ce problème. Parce que l'une des contraintes est une égalité, la région admissible est un segment de droite limité par deux points extrêmes. Le tableau ci-dessous donne les valeurs de $z$ aux deux points extrêmes.

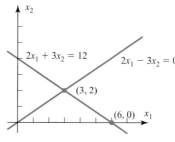

| Point extrême $(x_1, x_2)$ | Valeur de $z = 2x_1 - x_2$ |
|:---:|:---:|
| $(3, 2)$ | 4 |
| $(6, 0)$ | 12 |

**Figure 6.3.4**

Ainsi, $z$ atteint la valeur minimale 4 à $x_1 = 3$ et $x_2 = 2$. ◆

---

## EXEMPLE 8    Utiliser le théorème 6.3.1

---

Trouver les valeurs de $x_1$ et $x_2$ qui maximisent la fonction

$$z = 2x_1 + 5x_2$$

assujettie aux contraintes

$$\begin{aligned}
2x_1 + x_2 &\geq 8 \\
-4x_1 + x_2 &\leq 2 \\
2x_1 - 3x_2 &\leq 0 \\
x_1 &\geq 0 \\
x_2 &\geq 0
\end{aligned}$$

*Solution*

La figure 6.3.5 illustre la région admissible définie par ce problème de programmation linéaire. Puisqu'elle est non bornée, le théorème 6.3.1 ne garantit pas que la fonction objectif atteigne une valeur maximale. En fait, on voit clairement que la région admissible contient des points où $x_1$ et $x_2$ prennent des valeurs positives arbitrairement grandes; en les choisissant, on peut donc attribuer une valeur positive arbitrairement grande à la fonction objectif

$$z = 2x_1 + 5x_2$$

Ce problème n'admet donc pas de solution optimale. On dit plutôt qu'il a une ***solution non bornée***. ◆

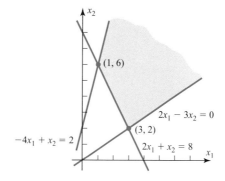

**Figure 6.3.5**

## EXEMPLE 9    Utiliser le théorème 6.3.1

Trouver les valeurs de $x_1$ et $x_2$ qui maximisent la fonction

$$z = -5x_1 + x_2$$

assujettie aux contraintes

$$
\begin{aligned}
2x_1 + x_2 &\geq 8 \\
-4x_1 + x_2 &\leq 2 \\
2x_1 - 3x_2 &\leq 0 \\
x_1 &\geq 0 \\
x_2 &\geq 0
\end{aligned}
$$

*Solution*

Les contraintes ci-dessus sont celles de l'exemple 8 et la région admissible est illustrée à la figure 6.3.5. À l'exercice 11, nous demandons au lecteur de montrer que la fonction objectif de ce problème atteint un maximum à l'intérieur de la région admissible. D'après le théorème 6.3.1, ce maximum devrait correspondre à un point extrême. Le tableau ci-dessous donne les valeurs de $z$ aux deux points extrêmes de la région admissible.

| Point extrême $(x_1, x_2)$ | Valeur de $z = -5x_1 + x_2$ |
|---|---|
| $(1, 6)$ | $1$ |
| $(3, 2)$ | $-13$ |

La fonction $z$ atteint la valeur maximale 1 au point extrême $x_1 = 1$, $x_2 = 6$. ◆

## EXEMPLE 10    Contraintes incompatibles

Trouver les valeurs de $x_1$ et $x_2$ qui maximisent la fonction

$$z = 3x_1 - 8x_2$$

assujettie aux contraintes

$$
\begin{aligned}
2x_1 - x_2 &\leq 4 \\
3x_1 + 11x_2 &\leq 33 \\
3x_1 + 4x_2 &\geq 24 \\
x_1 &\geq 0 \\
x_2 &\geq 0
\end{aligned}
$$

*Solution*

À la figure 6.3.6 en page suivante, on voit que l'intersection des cinq demi-plans définis par les cinq contraintes est vide. Les contraintes sont donc incompatibles et ce problème de programmation linéaire n'admet aucune solution. ◆

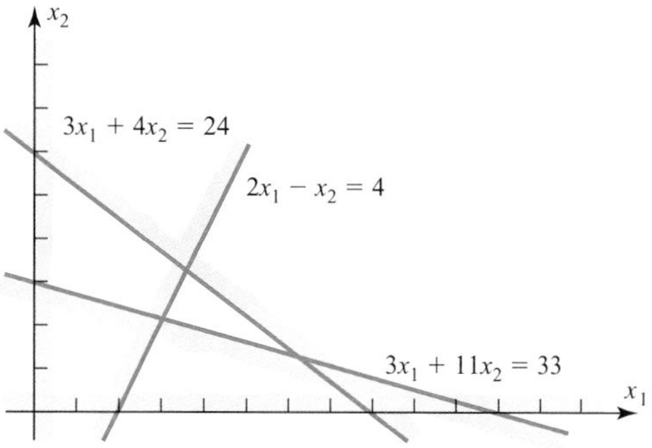

**Figure 6.3.6** Les cinq demi-plans ombragés ne déterminent aucun point d'intersection.

## SÉRIE D'EXERCICES 6.3

**1.** Trouver les valeurs de $x_1$ et $x_2$ qui maximisent la fonction

$$z = 3x_1 + 2x_2$$

assujettie aux contraintes

$$2x_1 + 3x_2 \leq 6$$
$$2x_1 - x_2 \geq 0$$
$$x_1 \leq 2$$
$$x_2 \leq 1$$
$$x_1 \geq 0$$
$$x_2 \geq 0$$

**2.** Trouver les valeurs de $x_1$ et $x_2$ qui maximisent la fonction

$$z = 3x_1 - 5x_2$$

assujettie aux contraintes

$$2x_1 - x_2 \leq -2$$
$$4x_1 - x_2 \geq 0$$
$$x_2 \leq 3$$
$$x_1 \geq 0$$
$$x_2 \geq 0$$

**3.** Trouver les valeurs de $x_1$ et $x_2$ qui maximisent la fonction

$$z = -3x_1 + 2x_2$$

assujettie aux contraintes

$$3x_1 - x_2 \geq -5$$
$$-x_1 + x_2 \geq 1$$
$$2x_1 + 4x_2 \geq 12$$
$$x_1 \geq 0$$
$$x_2 \geq 0$$

**4.** Résolvez le problème de programmation linéaire posé à l'exemple 2.

**5.** Résolvez le problème de programmation linéaire posé à l'exemple 3.

**6.** À l'exemple 5, la contrainte $x_1 - x_2 \leq 7$ est dite *non liante* parce qu'elle peut être retirée sans que la solution du problème s'en trouve modifiée. À l'inverse, la contrainte $x_2 \leq 6$ est dite *liante* parce que la solution change si on la retire.

    (a) Parmi les autres contraintes de l'exemple 5, indiquez celles qui sont liantes et celles qui ne le sont pas.

    (b) Pour quelles valeurs du membre droit de la contrainte non liante $x_1 - x_2 \leq 7$ cette contrainte devient-elle liante? Pour quelles valeurs l'ensemble admissible est-il vide?

    (c) Pour quelles valeurs du membre droit de la contrainte liante $x_2 \leq 6$ cette contrainte devient-elle non-liante? Pour quelles valeurs l'ensemble admissible est-il vide?

7. Une entreprise de camionnage expédie des contenants pour deux compagnies, $A$ et $B$. Les contenants de la compagnie $A$ pèsent 40 livres chacun pour un volume de 2 pieds cubes. Les contenants de la compagnie $B$ pèsent 50 livres chacun pour un volume de 3 pieds cubes. L'entreprise de camionnage demande 2, 20 \$ par contenant à la compagnie $A$, et 3,00 \$ par contenant à la compagnie $B$. Si un camion peut transporter un poids maximal de 37 000 livres et un volume maximal de 2 000 pieds cubes, combien de contenants de chacune des compagnies $A$ et $B$ un camion doit-il transporter pour maximiser les revenus de l'entreprise d'expédition?

8. Répétez l'exercice 7 pour le cas où l'entreprise de camionnage hausse à 2,50 \$ les frais d'expédition des contenants de la compagnie $A$.

9. Un manufacturier produit de la nourriture pour les poulets à partir de deux ingrédients, $A$ et $B$. Chaque sac de nourriture doit renfermer au moins 10 onces de nutriment $N_1$, au moins 8 onces de nutriment $N_2$ et au moins 12 onces de nutriment $N_3$. Une livre de l'ingrédient $A$ contient 2 onces de nutriment $N_1$, 2 onces de nutriment $N_2$ et 6 onces de nutriment $N_3$. Une livre de l'ingrédient $B$ contient 5 onces de nutriment $N_1$, 3 onces de nutriment $N_2$ et 4 onces de nutriment $N_3$. Sachant que l'ingrédient $A$ coûte au manufacturier 8 ¢ la livre et l'ingrédient $B$, 9 ¢ la livre, quelles quantités des ingrédients $A$ et $B$ devra-t-il utiliser dans chacun des sacs de nourriture pour minimiser ses coûts?

10. Si la fonction objectif d'un problème de programmation linéaire a la même valeur à deux points extrêmes adjacents, montrez qu'elle a la même valeur en tout point du segment de droite qui relie ces deux points extrêmes.

    *Indice*    Si $(x_1', x_2')$ et $(x_1'', x_2'')$ sont deux points quelconques du plan, un point $(x_1, x_2)$ se trouve sur le segment de droite qui les unit si

$$x_1 = tx_1' + (1-t)x_1''$$

et

$$x_2 = tx_2' + (1-t)x_2''$$

où $t$ est un nombre appartenant à l'intervalle $[0, 1]$.

11. Montrez que la fonction objectif de l'exemple 10 atteint un maximum à l'intérieur de l'ensemble admissible.

    *Indice*    Examinez les courbes de niveau de la fonction objectif.

---

## SECTION 6.3

### Exercices informatiques

Les exercices qui suivent peuvent être résolus à l'aide de logiciels tels que MATLAB, Mathematica, Maple, Derive ou Mathcab. On pourra aussi employer des logiciels équivalents ou une calculatrice scientifique dotée de fonctions d'algèbre linéaire. À chacun des exercices, vous devrez lire une partie de la documentation propre au matériel que vous utilisez. Ces exercices visent à vous familiariser avec l'utilisation de votre logiciel. Lorsque vous maîtriserez les techniques explorées dans ces exercices, vous serez en mesure de résoudre par ordinateur bon nombre des problèmes donnés dans les séries d'exercices réguliers.

**T1.** Considérez la région admissible déterminée par les contraintes $0 \leq x$, $0 \leq y$ et l'ensemble des inégalités suivantes :

$$x \cos\left(\frac{(2k+1)\pi}{4n}\right) + y \sin\left(\frac{(2k+1)\pi}{4n}\right) \leq \cos\left(\frac{\pi}{4n}\right)$$

pour $k = 0, 1, 2,\ldots, n-1$. Maximisez la fonction objectif

$$z = 3x + 4y$$

en considérant (a) $n = 1$, (b) $n = 2$, (c) $n = 3$, (d) $n = 4$, (e) $n = 5$, (f) $n = 6$, (g) $n = 7$, (h) $n = 8$, (i) $n = 9$, (j) $n = 10$, (k) $n = 11$. (1) Maximisez ensuite la fonction objectif pour la région admissible non linéaire, définie par $0 \leq x$, $0 \leq y$, et

$$x^2 + y^2 \leq 1$$

(m) Supposez que les réponses des parties (a) à (k) sont les premiers termes d'un suite de valeurs de $z_{max}$; les valeurs de la suite tendent-elles vers la réponse donnée à la partie (l)? Expliquez.

**T2.** Répétez l'exercice T1 en considérant la fonction objectif $z = x + y$.

---

# 6.4
## LA MÉTHODE DU SIMPLEXE

*Dans cette section, nous voyons comment utiliser l'algèbre matricielle pour maximiser une expression linéaire de deux ou plusieurs variables assujettie à un ensemble de contraintes linéaires.*

---

**PRÉALABLES :** Systèmes linéaires

Tous les problèmes d'optimisation linéaire (ou programmation linéaire) peuvent être résolus par un algorithme appelé ***méthode du simplexe***, basé sur l'utilisation des matrices et des opérations élémentaires sur les lignes. Cette méthode trouve des applications nombreuses et variées dans la vie courante – par exemple, la logistique des moyens de transport et la planification de la production, pour n'en nommer que deux.

### Problème de maximisation standard

Dans cette section, nous nous intéressons aux problèmes de programmation linéaire standard dont l'objectif est de **maximiser** une fonction linéaire assujettie à des contraintes exprimées par des inégalités de type « ≤ ». De plus, aucune variable ne prend de valeur négative.

Voyons d'abord un exemple, qui servira à introduire le vocabulaire rattaché à l'algorithme du simplexe et à présenter les étapes de la méthode.

---

### EXEMPLE 1   Maximiser un problème à deux variables

---

Trouver les valeurs des variables $x$ et $y$ qui maximisent la fonction objectif

$$P = 4x + 5y$$

assujettie aux contraintes

$$x + 3y \leq 24$$
$$x - y \leq 4$$
$$x \leq 6$$
$$(x \geq 0, y \geq 0)$$

Le graphique suivant montre la région admissible définie par ce problème. Nous y reviendrons à plusieurs reprises pour situer les étapes de la méthode du simplexe.

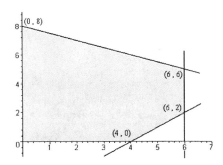

**Figure 6.4.1**

*Solution*

*Étape 1*    Convertir le problème dans sa forme standard

• Convertir toutes les contraintes en équations en ajoutant des variables d'écart aux membres gauches des inéquations.

• Récrire la fonction objectif en plaçant toutes les variables du côté gauche de l'équation :

| | | |
|---|---|---|
| Contrainte 1 | $x + 3y \leq 24$ | $\Rightarrow \quad x + 3y + s_1 - 24$ |
| Contrainte 2 | $x - y \leq 4$ | $\Rightarrow \quad x - y + s_2 = 4$ |
| Contrainte 3 | $x \leq 6$ | $\Rightarrow \quad x + s_3 = 6$ |
| Fonction objectif | $P = 4x + 5y$ | $\Rightarrow \quad -4x - 5y + P = 0$ |

Les nouvelles variables $s_1$, $s_2$, et $s_3$ sont appelées **variables d'écart** ou **variables artificielles**. On suppose qu'elles ne sont jamais négatives et on les ajoute aux membres gauches des contraintes pour transformer les inégalités en égalités.

Par exemple, le point de coordonnées $(6, 2)$ de la région admissible satisfait à la contrainte $x + 3y \leq 24$, puisque $6 + 3(2) = 12 \leq 24$. On observe toutefois un écart de 12 de part et d'autre de l'inégalité. Le point $(6, 2)$ vérifierait l'équation $x + 3y + s_1 = 24$ si la variable d'écart valait 12, soit $s_1 = 12$.

Le point de coordonnées $(6, 6)$ respecte aussi l'inégalité $x + 3y \leq 24$, puisque $6 + 3(6) = 24 \leq 24$. Cette fois, il n'y a pas d'écart entre les deux côtés. Le point $(6,6)$ vérifiera donc l'équation $x + 3y + s_1 = 24$ si la variable d'écart est nulle, soit $s_1 = 0$.

L'ajout de variables d'écart peut sembler artificiel à priori, mais gardez à l'esprit que nous n'avons jamais fait d'opérations matricielles à partir d'inégalités. Les matrices représentent des systèmes d'équations seulement, d'où la nécessité d'en « créer » dans le cas qui nous préoccupe.

*Étape 2*    Établir la matrice du simplexe

• Récrire toutes les équations (les contraintes et la fonction objectif) dans la forme *standard* et constituer une matrice en réservant la dernière ligne à la fonction objectif.

Comme à l'habitude, la matrice contient seulement les coefficients des variables et les termes constants.

$$\begin{bmatrix} x & y & s_1 & s_2 & s_3 & P & \\ 1 & 3 & 1 & 0 & 0 & 0 & 24 \\ 1 & -1 & 0 & 1 & 0 & 0 & 4 \\ 1 & 0 & 0 & 0 & 1 & 0 & 6 \\ -4 & -5 & 0 & 0 & 0 & 1 & 0 \end{bmatrix}$$

Introduisons maintenant un peu de vocabulaire

Les variables dont les colonnes contiennent un seul 1 et des zéros sont appelées **variables principales**. Ces variables se comparent aux « variables liées » dont il a été question dans les chapitres précédents. Toutes les autres variables sont appelées **variables non principales**.

La matrice du simplexe donnée plus haut montre que $s_1$, $s_2$, $s_3$ et $P$ sont des variables principales, alors que $x$ et $y$ sont des variables non principales.

$$\begin{bmatrix} x & y & s_1 & s_2 & s_3 & P & \\ 1 & 3 & \boxed{1} & 0 & 0 & 0 & 24 \\ 1 & -1 & 0 & \boxed{1} & 0 & 0 & 4 \\ 1 & 0 & 0 & 0 & \boxed{1} & 0 & 6 \\ -4 & -5 & 0 & 0 & 0 & \boxed{1} & 0 \end{bmatrix}$$

Par convention, on attribue aux variables non principales la valeur zéro. Par exemple, pour la matrice ci-dessus, les variables $x$ et $y$ sont non principales et l'on a $x = 0$ et $y = 0$. Une fois ces variables établies, la matrice donne directement les valeurs des autres variables :

Ligne 1 : $s_1 = 24$      Ligne 3 : $s_3 = 6$
Ligne 2 : $s_2 = 4$      Ligne 4 : $P = 0$

Sur le graphique, ces valeurs correspondent au sommet $(0, 0)$ de la région admissible. La valeur $P = 0$ paraît logique, puisque la fonction objectif est définie par $P = 4x + 5y$. Mais on devine facilement que $P$ n'est pas maximale à ce point.

**Comment savoir si la valeur maximale est atteinte?**

Lorsque la fonction objectif est maximisée, la dernière ligne de la matrice du simplexe ne contient pas d'élément négatif. Or, la dernière ligne de la matrice de départ de notre exemple affiche les éléments « $-4$ » et « $-5$ ». Il est donc clair que la solution maximale n'est pas encore atteinte. Pour l'obtenir, il faudra effectuer des opérations sur la matrice.

Étape 3    Opérations sur le simplexe (pivotage)

• Sélectionner la colonne qui contient le nombre négatif le plus grand en valeur absolue de la dernière ligne;

• Considérant uniquement les nombres strictement positifs, trouver l'élément de la colonne sélectionnée qui donne le plus petit rapport avec la constante affichée à la dernière colonne, située à l'extrême droite de la matrice. Le rapport est obtenu en divisant la constante de la dernière colonne par l'élément correspondant de la colonne sélectionnée.

- Convertir cet élément en « pivot unitaire » et utiliser ce pivot pour transformer en zéros tous les autres éléments de la colonne.

Dans notre exemple, « $-5$ » est le nombre négatif le plus grand en valeur absolue de la dernière ligne et il appartient à la colonne $y$. Cette colonne contient un seul nombre strictement positif, le 3, encadré dans la matrice donnée plus bas. Le rapport avec l'élément de la dernière colonne à droite vaut 8 (la comparaison avec les autres éléments est inutile étant donné que l'élément 3 est le seul nombre positif de la colonne $y$).

$$\begin{bmatrix} x & y & s_1 & s_2 & s_3 & P & \vdots \\ 1 & \boxed{3} & 1 & 0 & 0 & 0 & \vdots & 24 \\ 1 & -1 & 0 & 1 & 0 & 0 & \vdots & 4 \\ 1 & 0 & 0 & 0 & 1 & 0 & \vdots & 6 \\ -4 & -5 & 0 & 0 & 0 & 1 & \vdots & 0 \end{bmatrix}$$ 

Rapport $\leftarrow$ $^{24}/_3 = 8$

Transformons le 3 encadré en pivot unitaire, en multipliant la ligne 1 par $\frac{1}{3}$.

$$\begin{bmatrix} x & y & s_1 & s_2 & s_3 & P & \vdots \\ \frac{1}{3} & 1 & \frac{1}{3} & 0 & 0 & 0 & \vdots & 8 \\ 1 & -1 & 0 & 1 & 0 & 0 & \vdots & 4 \\ 1 & 0 & 0 & 0 & 1 & 0 & \vdots & 6 \\ -4 & -5 & 0 & 0 & 0 & 1 & \vdots & 0 \end{bmatrix}$$

Effectuons maintenant quelques opérations sur les lignes, par l'intermédiaire du nouveau « pivot unitaire », pour obtenir des zéros dans le reste de la colonne $y$. Après avoir ajouté la ligne 1 à la ligne 2, on ajoute à la ligne 4 la ligne 1 multipliée par 5 et l'on obtient :

$$\begin{bmatrix} x & y & s_1 & s_2 & s_3 & P & \vdots \\ \frac{1}{3} & \boxed{1} & \frac{1}{3} & 0 & 0 & 0 & \vdots & 8 \\ \frac{4}{3} & 0 & \frac{1}{3} & \boxed{1} & 0 & 0 & \vdots & 12 \\ 1 & 0 & 0 & 0 & \boxed{1} & 0 & \vdots & 6 \\ -\frac{7}{3} & 0 & \frac{5}{3} & 0 & 0 & \boxed{1} & \vdots & 40 \end{bmatrix}$$

Avant de poursuivre, notons que les variables principales sont maintenant $y$, $s_2$, $s_3$ et $P$, alors que $x$ et $s_1$ sont non principales. Rappelons que les variables non principales sont systématiquement nulles. Il s'ensuit que les variables principales valent

Ligne 1 : $y = 8$        Ligne 3 : $s_3 = 6$
Ligne 2 : $s_2 = 12$        Ligne 4 : $P = 40$

Sur le graphique, ces valeurs correspondent au sommet ($x = 0$ , $y = 8$) de la région admissible.

La fonction objectif $P$ n'est pas encore maximale puisque la dernière ligne contient toujours un nombre négatif. Nous devrons donc poursuivre en répétant l'étape 3 jusqu'à ce que la dernière ligne ne compte plus d'élément négatif.

**Où introduire un nouveau pivot unitaire?**

La colonne $x$ contient le seul nombre négatif (et donc le plus grand) de la dernière ligne. Encadrons l'élément positif de cette colonne, qui donne le plus petit rapport avec l'élément correspondant de la dernière colonne :

$$
\begin{bmatrix}
x & y & s_1 & s_2 & s_3 & P & \vdots & \\
\tfrac{1}{3} & 1 & \tfrac{1}{3} & 0 & 0 & 0 & \vdots & 8 \\
\tfrac{4}{3} & 0 & \tfrac{1}{3} & 1 & 0 & 0 & \vdots & 12 \\
\boxed{1} & 0 & 0 & 0 & 1 & 0 & \vdots & 6 \\
\hline
-\tfrac{7}{3} & 0 & \tfrac{5}{3} & 0 & 0 & 1 & \vdots & 40
\end{bmatrix}
\quad
\begin{array}{l}
\text{Rapport} \\
8 \div \tfrac{1}{3} = 24 \\
12 \div \tfrac{4}{3} = 9 \\
\leftarrow \quad 6 \div 1 = 6
\end{array}
$$

Puisque l'élément encadré vaut 1, il sert directement de pivot et l'on peut procéder immédiatement aux opérations qui créeront des zéros ailleurs dans la colonne. En ajoutant les multiples appropriés de la ligne 3 aux autres lignes, on obtient

$$
\begin{bmatrix}
x & y & s_1 & s_2 & s_3 & P & \vdots & \\
0 & \boxed{1} & \tfrac{1}{3} & 0 & -\tfrac{1}{3} & 0 & \vdots & 6 \\
0 & 0 & \tfrac{1}{3} & \boxed{1} & -\tfrac{4}{3} & 0 & \vdots & 4 \\
\boxed{1} & 0 & 0 & 0 & 1 & 0 & \vdots & 6 \\
\hline
0 & 0 & \tfrac{5}{3} & 0 & \tfrac{7}{3} & \boxed{1} & \vdots & 54
\end{bmatrix}
$$

La dernière ligne ne contenant plus d'élément négatif, nous avons atteint la solution optimale.

**À quelle solution cette matrice résultante correspond-elle?**

Observez que $x$, $y$, $s_2$ et $P$ sont des variables principales, alors que $s_1$ et $s_3$ n'en sont pas; ces dernières valent donc 0. Les lignes de la matrice révèlent les variables principales; on a

$$
\begin{array}{ll}
\text{Ligne 1 : } y = 6 & \text{Ligne 3 : } x = 6 \\
\text{Ligne 2 : } s_2 = 4 & \text{Ligne 4 : } P = 54
\end{array}
$$

Ces valeurs correspondent au sommet ($x = 6$ , $y = 6$) de la région admissible. Observez que les opérations du simplexe ont pour effet de passer d'un sommet à l'autre de la région admissible, jusqu'à ce qu'un maximum soit atteint.

La solution obtenue peut être vérifiée rapidement :

Si $x = 6$ et $y = 6$, alors

- $P = 4(6) + 5(6) = 24 + 30 = 54$
- Contrainte 1 : $(6) + 3(6) = 24 \leq 24$     (pas d'écart, alors $s_1 = 0$)
- Contrainte 2 : $(6) - (6) = 0 \leq 4$     (différence de 4, alors $s_2 = 4$)
- Contrainte 3 : $(6) \leq 6$     (pas d'écart, alors $s_3 = 0$)

La méthode du simplexe s'applique également aux problèmes à plus de deux variables. L'exemple qui suit illustre l'avantage d'une telle généralisation pour des raisons évidentes.

Remarquons que dans le cas de la résolution graphique, une telle généralisation à trois variables devient très complexe et tout à fait inaccessible dans le cas de quatre variables ou plus.

---

### EXEMPLE 2  Maximiser un problème à trois variables

---

Trouvez les valeurs des variables $x$, $y$ et $z$ qui maximisent la fonction objectif

$$P = 9x + 6y + 2z$$

assujettie aux contraintes

$$x + y + z \leq 100$$
$$3x + 2y + 5z \leq 120$$
$$2x + z \leq 60$$
$$(x \geq 0, y \geq 0, z \geq 0)$$

*Solution*

Nous devons d'abord donner la forme standard aux contraintes et à la fonction objectif :

| | | | |
|---|---|---|---|
| Contrainte 1 | $x + y + z \leq 100$ | $\Rightarrow$ | $x + y + z + s_1 = 100$ |
| Contrainte 2 | $3x + 2y + 5z \leq 120$ | $\Rightarrow$ | $3x + 2y + 5z + s_2 = 120$ |
| Contrainte 3 | $2x + z \leq 60$ | $\Rightarrow$ | $2x + z + s_3 = 60$ |
| Fonction objectif | $P = 9x + 6y + 2z$ | $\Rightarrow$ | $-9x - 6y - 2z + P = 0$ |

Les équations ci-dessus donnent la matrice initiale du simplexe :

$$\begin{bmatrix} x & y & z & s_1 & s_2 & s_3 & P & \\ 1 & 1 & 1 & 1 & 0 & 0 & 0 & 100 \\ 3 & 2 & 5 & 0 & 1 & 0 & 0 & 120 \\ 2 & 0 & 1 & 0 & 0 & 1 & 0 & 60 \\ \hline -9 & -6 & -2 & 0 & 0 & 0 & 1 & 0 \end{bmatrix}$$

La fonction n'est pas maximisée, puisque la dernière ligne contient des éléments négatifs. Les étapes de la méthode du simplexe vont nous conduire à la solution optimale. La nombre négative la plus grande en valeur absolue de la dernière ligne est dans la colonne $x$.

$$\begin{bmatrix} x & y & z & s_1 & s_2 & s_3 & P & \\ 1 & 1 & 1 & 1 & 0 & 0 & 0 & 100 \\ 3 & 2 & 5 & 0 & 1 & 0 & 0 & 120 \\ \boxed{2} & 0 & 1 & 0 & 0 & 1 & 0 & 60 \\ \hline -9 & -6 & -2 & 0 & 0 & 0 & 1 & 0 \end{bmatrix}$$

Rapport
100
40
← 30

↑

Le 2 encadré deviendra un pivot unitaire en multipliant la ligne 3 par $\frac{1}{2}$. On obtient des zéros ailleurs dans la colonne $x$ en utilisant les multiples appropriés de la ligne 3. La matrice devient alors :

$$
\begin{bmatrix}
x & y & z & s_1 & s_2 & s_3 & P & \\
0 & 1 & \frac{1}{2} & 1 & 0 & -\frac{1}{2} & 0 & 70 \\
0 & \boxed{2} & \frac{7}{2} & 0 & 1 & -\frac{3}{2} & 0 & 30 \\
1 & 0 & \frac{1}{2} & 0 & 0 & \frac{1}{2} & 0 & 30 \\
\hline
0 & -6 & \frac{5}{2} & 0 & 0 & \frac{9}{2} & 1 & 270
\end{bmatrix}
\quad
\begin{array}{l}
\text{Rapport} \\
70 \\
\leftarrow \quad 15 \\
\\
\end{array}
$$

Un nombre négatif figure toujours au bas de la colonne $y$, de sorte que la fonction objectif peut encore augmenter. Par comparaison des rapports, le 2 de la colonne $y$ doit devenir le nouveau pivot. On transforme les autres éléments de la colonne $y$ en zéros par des opérations élémentaires sur les lignes exécutées à partir du nouveau pivot.

$$
\begin{bmatrix}
x & y & z & s_1 & s_2 & s_3 & P & \\
0 & 0 & -\frac{5}{4} & 1 & -\frac{1}{2} & \frac{1}{4} & 0 & 55 \\
0 & 1 & \frac{7}{4} & 0 & \frac{1}{2} & -\frac{3}{4} & 0 & 15 \\
1 & 0 & \frac{1}{2} & 0 & 0 & \frac{1}{2} & 0 & 30 \\
\hline
0 & 0 & 13 & 0 & 3 & 0 & 1 & 360
\end{bmatrix}
$$

La fonction $P$ est ici maximale, puisque la dernière ligne de la matrice ne contient plus d'éléments négatifs. D'après cette matrice finale, $z = 0$, $s_2 = 0$ et $s_3 = 0$ parce que ces variables ne sont pas des variables principales. Les autres variables ont pour valeur :

$$x = 30, \quad y = 15, \quad s_1 = 55, \quad P = 360$$

**Analyse postoptimale**

Une fois le problème résolu par l'algorithme du simplexe, l'interprétation de la matrice finale s'avère utile et très importante. Non seulement cette matrice fournit la solution optimale, mais elle permet également :

- de déterminer comment varierait cette solution si les contraintes devaient changer;
- de distinguer les contraintes liantes des contraintes non liantes;
- de détecter l'existence d'autres solutions.

**Interpréter les colonnes des variables d'écart**

Examinons de nouveau la matrice finale obtenue à l'exemple 2 :

$$
\begin{bmatrix}
x & y & z & s_1 & s_2 & s_3 & P & \\
0 & 0 & -\frac{5}{4} & 1 & -\frac{1}{2} & \frac{1}{4} & 0 & 55 \\
0 & 1 & \frac{7}{4} & 0 & \frac{1}{2} & -\frac{3}{4} & 0 & 15 \\
1 & 0 & \frac{1}{2} & 0 & 0 & \frac{1}{2} & 0 & 30 \\
\hline
0 & 0 & 13 & 0 & 3 & 0 & 1 & 360
\end{bmatrix}
$$

Bien qu'elles paraissent inutiles à priori, les colonnes des variables d'écart fournissent de l'information intéressante. En effet, chaque élément indique la répercussion d'une augmentation de une unité du membre droit de cette contrainte sur la variable principale de la ligne correspondante.

Par exemple, si le membre droit de la contrainte 2 augmentait de une unité :

- la variable principale de la ligne 1 ($s_1$) diminuerait de $\frac{1}{2}$ ;
- la variable principale de la ligne 2 ($y$) aumenterait de $\frac{1}{2}$ ;
- la variable principale de la ligne 3 ($x$) ne changerait pas;
- la variable principale de la ligne 4 ($P$) augmenterait de 3.

Les variables non principales demeurent non principales, sauf si les contraintes de non-négativité ne sont pas respectées.

## EXEMPLE 3  Effet d'un changement de contrainte

Soit la fonction objectif

$$P = 9x + 6y + 2z$$

assujettie aux contraintes

$$x + y + z \leq 100$$
$$3x + 2y + 5z \leq 120$$
$$2x + z \leq 60$$
$$(x \geq 0, y \geq 0, z \geq 0)$$

Supposons que les valeurs $x = 30, y = 15, z = 0$ maximisent la fonction objectif et que la matrice finale obtenue par la méthode du simplexe soit

$$\begin{bmatrix} x & y & z & s_1 & s_2 & s_3 & P & \\ 0 & 0 & -\frac{5}{4} & 1 & -\frac{1}{2} & \frac{1}{4} & 0 & 55 \\ 0 & 1 & \frac{7}{4} & 0 & \frac{1}{2} & -\frac{3}{4} & 0 & 15 \\ 1 & 0 & \frac{1}{2} & 0 & 0 & \frac{1}{2} & 0 & 30 \\ \hline 0 & 0 & 13 & 0 & 3 & 0 & 1 & 360 \end{bmatrix}$$

Trouver la nouvelle solution optimale si la deuxième contrainte passe de $3x + 2y + 5z \leq 120$ à $3x + 2y + 5z \leq 124$.

### Solution

Le membre droit de la deuxième contrainte varie de $\Delta_2 = 4$. Rappelons que les éléments de la colonne $s_2$ indiquent la répercussion d'une augmentation de une unité du membre droit de la deuxième contrainte sur les variables principales des lignes correspondantes. L'effet est ici multiplié par 4, puisque le membre droit de la contrainte augmente de 4 unités.

Au lieu d'examiner individuellement les variables principales, on utilise la forme vectorielle pour déterminer la nouvelle solution optimale. On a

$$\underbrace{\begin{bmatrix} s_1 \\ y \\ x \\ P \end{bmatrix} = \begin{bmatrix} 55 \\ 15 \\ 30 \\ 360 \end{bmatrix}}_{\substack{\text{Solution} \\ \text{originale}}} + \Delta_2 \underbrace{\begin{bmatrix} -\tfrac{1}{2} \\ \tfrac{1}{2} \\ 0 \\ 3 \end{bmatrix}}_{\substack{\text{Colonne} \\ s_2}} = \begin{bmatrix} 55 \\ 15 \\ 30 \\ 360 \end{bmatrix} + 4 \begin{bmatrix} -\tfrac{1}{2} \\ \tfrac{1}{2} \\ 0 \\ 3 \end{bmatrix} = \underbrace{\begin{bmatrix} 53 \\ 17 \\ 30 \\ 372 \end{bmatrix}}_{\substack{\text{Nouvelle} \\ \text{solution} \\ \text{optimale}}}$$

Les variables principales originales demeurent non négatives et les variables non principales restent non principales (ainsi, $z = 0$).

Lorsque plusieurs contraintes sont modifiées à la fois, les effets s'additionnent. En pratique, le changement de plusieurs contraintes représente à peu près la même somme de travail que la modification d'une seule d'entre elles.

---

### EXEMPLE 4    Effet du changement de plusieurs contraintes

---

Considérons une fois de plus le problème d'optimisation traité à l'exemple 2. Quelle serait la nouvelle solution optimale si les trois contraintes étaient modifiées comme suit :

$$x + y + z \le 100 \quad \xrightarrow{\Delta_1 = -10} \quad x + y + z \le 90$$

$$3x + 2y + 5z \le 120 \quad \xrightarrow{\Delta_2 = 8} \quad 3x + 2y + 5z \le 128$$

$$2x + z \le 60 \quad \xrightarrow{\Delta_3 = -4} \quad 2x + z \le 56$$

*Solution*

Il faudra utiliser les colonnes $s_1$, $s_2$ et $s_3$ de la matrice finale du simplexe, parce que les trois contraintes sont changées. On obtient la variation totale de la solution originale en additionnant les variations imposées par le changement de chacune des contraintes :

$$\begin{bmatrix} s_1 \\ y \\ x \\ P \end{bmatrix} = \begin{bmatrix} 55 \\ 15 \\ 30 \\ 360 \end{bmatrix} + \Delta_1 \begin{bmatrix} 1 \\ 0 \\ 0 \\ 0 \end{bmatrix} + \Delta_2 \begin{bmatrix} -\tfrac{1}{2} \\ \tfrac{1}{2} \\ 0 \\ 3 \end{bmatrix} + \Delta_3 \begin{bmatrix} \tfrac{1}{4} \\ -\tfrac{3}{4} \\ \tfrac{1}{2} \\ 0 \end{bmatrix}$$

En remplaçant les $\Delta$ par leurs valeurs respectives, on obtient

$$\begin{bmatrix} s_1 \\ y \\ x \\ P \end{bmatrix} = \begin{bmatrix} 55 \\ 15 \\ 30 \\ 360 \end{bmatrix} + (-10) \begin{bmatrix} 1 \\ 0 \\ 0 \\ 0 \end{bmatrix} + (8) \begin{bmatrix} -\tfrac{1}{2} \\ \tfrac{1}{2} \\ 0 \\ 3 \end{bmatrix} + (-4) \begin{bmatrix} \tfrac{1}{4} \\ -\tfrac{3}{4} \\ \tfrac{1}{2} \\ 0 \end{bmatrix} = \begin{bmatrix} 40 \\ 22 \\ 28 \\ 384 \end{bmatrix}$$

Remarquez que les variables non principales ($z$, $s_2$ et $s_3$) demeurent non principales.

Trouver les
contraintes liantes

Une contrainte est liante lorsque sa valeur limite est atteinte dans la solution optimale. Autrement dit, il n'y a pas d'écart entre les membres gauche et droit d'une contrainte liante.

---

## EXEMPLE 5   Trouver les contraintes liantes

Considérons la matrice finale obtenue à l'exemple 2.

$$
\begin{bmatrix}
x & y & z & s_1 & s_2 & s_3 & P & \\
0 & 0 & -\frac{5}{4} & 1 & -\frac{1}{2} & \frac{1}{4} & 0 & 55 \\
0 & 1 & \frac{7}{4} & 0 & \frac{1}{2} & -\frac{3}{4} & 0 & 15 \\
1 & 0 & \frac{1}{2} & 0 & 0 & \frac{1}{2} & 0 & 30 \\
\hline
0 & 0 & 13 & 0 & 3 & 0 & 1 & 360
\end{bmatrix}
$$

Dans la solution optimale, $s_2$ et $s_3$ sont des variables non principales et l'on a

- $s_2 = 0 \;\to\;$ la contrainte 2 est liante
- $s_3 = 0 \;\to\;$ la contrainte 3 est liante

Par ailleurs, $s_1$ est une variable principale telle que $s_1 = 55$. Il s'ensuit que la solution optimale se situe en deçà de la valeur limite imposée par la contrainte 1 et que cette contrainte n'est pas liante. Dans un contexte économique, il n'est donc pas avantageux d'utiliser toutes les ressources associées à la contrainte 1 si l'on veut maximiser la fonction objectif (le profit, par exemple).

Existence de
plusieurs solutions

Un problème d'optimisation linéaire admet plusieurs solutions si la fonction objectif atteint un maximum à différents points de la région admissible. Dans la matrice du simplexe, cela signifie que les variables principales peuvent être modifiées sans altérer la valeur maximale de la fonction objectif. Le prochain exemple montre comment détecter l'existence de solutions multiples et comment déterminer ces solutions.

---

## EXEMPLE 6

---

La matrice finale de l'exemple 2 est reprise ci-dessous; la fonction objectif ($P$) est maximisée lorsque $x = 30$, $y = 15$, $z = 0$.

$$
\begin{bmatrix}
x & y & z & s_1 & s_2 & s_3 & P & \\
0 & 0 & -\frac{5}{4} & 1 & -\frac{1}{2} & \frac{1}{4} & 0 & 55 \\
0 & 1 & \frac{7}{4} & 0 & \frac{1}{2} & -\frac{3}{4} & 0 & 15 \\
1 & 0 & \frac{1}{2} & 0 & 0 & \frac{1}{2} & 0 & 30 \\
\hline
0 & 0 & 13 & 0 & 3 & 0 & 1 & 360
\end{bmatrix}
$$

Expliquer pourquoi il existe plus d'une solution optimale à ce problème de programmation linéaire et proposer une alternative à la solution déjà connue.

*Solution*

La dernière ligne de la matrice finale donne

$$0x + 0y + 13z + 0s_1 + 3s_2 + 0s_3 + 1P = 360.$$

En isolant $P$, on obtient

$$P = 360 - 0x - 0y - 13z - 0s_1 - 3s_2 - 0s_3$$

La variable $z$ est non principale et ce, pour une bonne raison. Si $z$ augmentait de 1 unité, la valeur de $P$ diminuerait de 13 unités. L'objectif étant de maximiser la fonction $P$, l'utilisation de $z$ en tant que variable principale ne serait pas très appropriée. La variable $s_2$ est également non principale. La fonction $P$ diminuerait de 3 unités à chaque augmentation de une unité de $s_2$. Il n'est donc pas avantageux de faire de $s_2$ une variable principale. On conclut rapidement que $P$ ne peut augmenter au-delà de sa valeur actuelle (360). Cependant, bien que $s_3$ soit non principale, le coefficient 0 au bas de sa colonne signifie qu'un changement de valeur de $s_3$ n'aurait aucun effet sur le maximum de la fonction objectif. Autrement dit, on pourrait faire de $s_3$ une variable principale sans diminuer la valeur actuelle de $P$.

***En résumé, il existe plusieurs solutions optimales lorsque l'une des variables non principales affiche un « 0 » sur la dernière ligne.*** On obtient alors une autre solution optimale en faisant de cette variable une variable principale par une opération régulière de pivot. Il suffit de traiter le 0 comme nous avons traité auparavant les nombres négatifs de la dernière ligne. Le plus faible rapport donne la position du nouveau pivot unitaire.

$$\begin{bmatrix} x & y & z & s_1 & s_2 & s_3 & P & \vdots & \\ 0 & 0 & -5/4 & 1 & -1/2 & 1/4 & 0 & \vdots & 55 \\ 0 & 1 & 7/4 & 0 & 1/2 & -3/4 & 0 & \vdots & 15 \\ 1 & 0 & 1/2 & 0 & 0 & \boxed{1/2} & 0 & \vdots & 30 \\ \hline 0 & 0 & 13 & 0 & 3 & 0 & 1 & \vdots & 360 \end{bmatrix}$$

Rapport
220

← 60

↑

En multipliant la ligne 3 par 2, l'élément $\frac{1}{2}$ devient un pivot unitaire.

$$\begin{bmatrix} x & y & z & s_1 & s_2 & s_3 & P & \vdots & \\ 0 & 0 & -5/4 & 1 & -1/2 & 1/4 & 0 & \vdots & 55 \\ 0 & 1 & 7/4 & 0 & 1/2 & -3/4 & 0 & \vdots & 15 \\ 2 & 0 & 1 & 0 & 0 & \boxed{1} & 0 & \vdots & 60 \\ \hline 0 & 0 & 13 & 0 & 3 & 0 & 1 & \vdots & 360 \end{bmatrix}$$

Le lecteur peut vérifier que les opérations appropriées sur les lignes à partir du nouveau pivot unitaire donnent la matrice suivante :

$$\begin{bmatrix} x & y & z & s_1 & s_2 & s_3 & P & \vdots & \\ -1/2 & 0 & -3/2 & 1 & -1/2 & 0 & 0 & \vdots & 40 \\ 3/2 & 1 & 5/2 & 0 & 1/2 & 0 & 0 & \vdots & 60 \\ 2 & 0 & 1 & 0 & 0 & 1 & 0 & \vdots & 60 \\ \hline 0 & 0 & 13 & 0 & 3 & 0 & 1 & \vdots & 360 \end{bmatrix}$$

La matrice obtenue révèle que la fonction objectif atteint de nouveau un maximum de 360 lorsque $x = 0$, $y = 60$, $z = 0$.

Il peut être démontré que la fonction objectif vaut 360 en tout point du segment qui joint la solution originale ($x = 30$, $y = 15$, $z = 0$) et la nouvelle solution. De plus, toutes les contraintes sont respectées le long de ce segment.

# SÉRIE D'EXERCICES 6.4

Dans les exercices 1 à 5, résolvez par la méthode du simplexe les problèmes de programmation linéaire donnés.

1. Maximisez la fonction $P = 5x + 3y$ assujettie aux contraintes
$$x + 2y \leq 20$$
$$x - y \leq 5$$
$$x \leq 8$$
$$(x, y \geq 0)$$

2. Maximisez la fonction $f = 3x + 2y$ assujettie aux contraintes
$$x + 2y \leq 16$$
$$x + y \leq 10$$
$$2x + y \leq 16$$
$$(x, y \geq 0)$$

3. Maximisez la fonction $f = 5x + 2y$ assujettie aux contraintes
$$x + 4y \leq 36$$
$$x - y \leq 6$$
$$x \leq 8$$
$$(x, y \geq 0)$$

4. Maximisez la fonction $P = 7x + 5y + 6z$ assujettie aux contraintes
$$x + y - z \leq 3$$
$$x + 2y + z \leq 8$$
$$x + y \leq 5$$
$$(x, y, z, \geq 0)$$

5. Maximisez la fonction $P = x + 2y + 5z + t$ assujettie aux contraintes
$$x + 2y + z - t \leq 20$$
$$-x + y + z + t \leq 12$$
$$2x + y + z - t \leq 30$$
$$(x, y, z, t, \geq 0)$$

6. Considérez le problème de programmation linéaire présenté à l'exercice 2.

   (a) Quelles sont les contraintes liantes?

   (b) Combien de solutions ce problème admet-il?

   (c) Quelles valeurs de $x$, $y$ et $P$ produiraient la solution optimale si la deuxième contrainte était remplacée par $x + y \leq 8$?

7. RivAction produit deux modèles de kayak de rivière : le *ContemplAction*, conçu pour les « dériveurs », c'est-à-dire ceux qui aiment les excursions paisibles; *RivExtrême* s'adresse davantage aux aventuriers à la recherche d'émotions fortes. Le procédé de production est assujetti à certaines contraintes. L'entreprise commande chaque semaine 500 m$^2$ de fibres de carbone et 200 m$^2$ de fibre de verre.

   Pour assurer la production, l'entreprise dispose d'un maximum de 240 heures-personnes par semaine (p. ex. 6 employés qui travaillent chacun 40 heures). La fabrication du modèle *RivExtrême* exige davantage de temps parce que certaines pièces sont faites à la main.

Le tableau ci-dessous décrit les matériaux utilisés dans la fabrication des kayacs et le temps nécessaire à la production de chacun des modèles :

| Modèle | Fibre de carbone (m²) | Fibre de verre (m²) | Temps de production (heures) |
|---|---|---|---|
| *ContemplAction* | 15 | 10 | 4 |
| *RivExtrême* | 20 | 5 | 6 |

Un mètre carré de fibre de carbone coûte 6 $ et un mètre carré de fibre de verre, 4 $. Supposons que le salaire de tous les employés est de 20 $ l'heure. Un kayak *ContemplAction* se vend 255 $ et un kayak *RivExtrême* se détaille à 300 $.

L'objectif consiste à déterminer le nombre de kayacs de chaque modèle que l'entreprise devrait produire pour maximiser ses profits.

(a) Définissez les variables de ce problème.

(b) Exprimez la fonction objectif et les contraintes en fonction de ces variables.

(c) Résolvez le problème par la méthode du simplexe. Quel profit maximal l'entreprise peut-elle atteindre?

(d) Nommez toutes les contraintes liantes.

8. La résolution d'un problème de programmation linéaire par la méthode du simplexe donne la matrice optimale suivante :

$$\begin{bmatrix} x & y & z & s_1 & s_2 & s_3 & P & \\ 1 & 0 & 2 & 0 & 1 & 1.5 & 0 & 24 \\ 0 & 1 & 1 & 0 & -1 & 1.5 & 0 & 16 \\ 0 & 0 & 1 & 1 & 0.5 & 2 & 0 & 6 \\ \hline 0 & 0 & 0 & 0 & 2 & 5 & 1 & 100 \end{bmatrix}$$

(a) Si la troisième contrainte augmentait de deux unités, que deviendrait la solution optimale?

(b) Expliquez pourquoi l'analyse postoptimale ne donne pas de nouvelle solution si l'on diminue la troisième contrainte de 4 unités.

(c) Comment peut-on savoir si le problème de programmation linéaire admet plusieurs solutions optimales?

(d) Si la deuxième contrainte augmentait de 6 unités et la troisième contrainte diminuait de 2 unités, quelles valeurs de $x$, $y$, $z$ et $P$ donneraient la nouvelle solution optimale?

(e) La variable $z$ n'est pas une variable principale, ce qui signifie que nous avons choisi de ne pas fabriquer le produit Z. Trouvez deux autres solutions qui donneraient le même profit optimal si $z$ devenait une variable principale.

9. Considérez le problème de programmation linéaire suivant :

Maximisez la fonction $P = 2x + 5y$ assujettie aux contraintes
$$x + 2y \le 22$$
$$2x + y \le 20$$
$$x \ge 2$$
$$y \ge 3$$

Ce problème n'est pas un cas de maximisation standard à cause de la forme des deux dernières contraintes. Standardisez ce problème et résolvez-le en remplaçant $x$ par $u + 2$ et $y$ par $v + 3$.

**10.** Quéjet, une petite compagnie aérienne basée à Montréal, dessert les villes canadiennes de Toronto, Calgary et Vancouver. Le profit journalier de l'entreprise correspond à la différence entre ses revenus (provenant de la vente des billets) et ses dépenses (carburant, salaire de l'équipage, repas servis à bord des appareils, frais de location à l'aéroport, etc.). Le profit journalier de l'entreprise s'exprime par la fonction :

$$P = 400t + 360c + 450v$$

où les variables $t$, $c$ et $v$ représentent

$t$ : nombre d'appareils utilisés pour les allers-retours Montréal-Toronto;

$c$ : nombre d'appareils utilisés pour les allers-retours Montréal-Calgary;

$v$ : nombre d'appareils utilisés pour les allers-retours Montréal-Vancouver.

Le tableau ci-dessous décrit l'équipage nécessaire selon la destination et il précise le nombre de vols requis pour satisfaire à la demande.

|  | Pilotes | Personnel à bord de l'appareil | Nombre minimal de vols par jour |
|---|---|---|---|
| Toronto | 2 | 4 | 3 |
| Calgary | 3 | 6 | 2 |
| Vancouver | 3 | 8 | 1 |

Quéjet emploie 56 pilotes et 120 agents de bord et l'entreprise dispose d'une flotte de 18 appareils.

(a) Combien d'appareils Quéjet devrait-elle assigner à chacune des destinations pour maximiser ses profits?

(b) Ce problème d'optimisation admet-il plusieurs solutions?

(c) Afin de prendre de l'expansion, l'entreprise envisage d'acheter 2 autres appareils et d'embaucher 12 agents de bord supplémentaires. Que deviendrait la solution optimale dans ces nouvelles conditions?

(d) Selon le Syndicat des pilotes de Quéjet, les pilotes sont déjà surchargés. De leur point de vue, les changements proposés à la question c) détérioreraient les conditions de travail des pilotes. Y a-t-il exagération de la part du syndicat?

# SECTION 6.4

## Exercices informatiques

Les exercices qui suivent peuvent être résolus à l'aide de logiciels tels que MATLAB, Mathematica, Maple, Derive ou Mathcab. On pourra aussi employer des logiciels équivalents ou une calculatrice scientifique dotée de fonctions d'algèbre linéaire. À chacun des exercices, vous devrez lire une partie de la documentation propre au matériel que vous utilisez. Ces exercices visent à vous familiariser avec l'utilisation de votre logiciel. Lorsque vous maîtriserez les techniques explorées dans ces exercices, vous serez en mesure de résoudre par ordinateur bon nombre des problèmes donnés dans les séries d'exercices réguliers.

**T1.** Un conseiller financier doit investir les 500 000 $ que lui a confiés l'un de ses clients. Il peut choisir parmi les quatre grands secteurs d'investissement, donnés dans le tableau de la page suivante avec leurs rendements annuels moyens.

| Secteurs d'investissement | Rendement moyen ($\mu$) |
|---|---|
| Obligations d'épargne du gouvernement | 4% |
| Nouvelles technologies | 15% |
| Ressources naturelles | 6% |
| Investissements internationaux | 8% |

S'il considérait uniquement le rendement, le conseiller investirait la totalité du montant dans les nouvelles technologies. Cependant, une politique interne de la firme exige de placer au moins 30% des investissements dans des secteurs plus sûrs, tels que les obligations et les ressources naturelles. Les investissements internationaux présentent un certain intérêt, mais la législation plafonne ce type d'investissement à 10% du portfolio d'un investisseur.

Supposons que $x_{OG}$, $x_{NT}$, $x_{RN}$, $x_{II}$ représentent les montants investis dans chacun des secteurs. Comment le conseiller répartira-t-il l'argent de son client pour maximiser la fonction de profit ci-dessous en respectant toutes les contraintes?

$$P = 0.04x_{OG} + 0.15x_{NT} + 0.06x_{RN} + 0.08x_{II}$$

**T2.** Au problème T1, la fonction de profit dépendait uniquement du rendement moyen des secteurs d'investissement, sans tenir compte des fluctuations du marché. L'expérience récente a démontré que si certains affichent un facteur de risques plus élévé que d'autres, ils peuvent également rapporter beaucoup. Le tableau ci-dessous indique la déviation standard observée dans chacun des secteurs.

| Secteurs d'investissement | Étendard déviation ($\sigma$) |
|---|---|
| Obligations d'épargne du gouvernement | 0% |
| Nouvelles technologies | 18% |
| Ressources naturelles | 3% |
| Investissements internationaux | 6% |

Notez que le rendement des obligations gouvernementales ne varie pas. À l'opposé, il n'est pas inhabituel de voir les investissements du secteur des nouvelles technologies s'écarter de 1% de leur rendement moyen. Un investisseur agressif pourra s'intéresser à ce secteur à cause des possibilités de rendement élevé. Un investisseur plus conservateur verra au contraire ce secteur comme étant trop risqué. Pour tenir compte des différentes attitudes de la clientèle devant le risque, les conseillers financiers ont modélisé la fonction d'***utilité*** suivante :

$$U = 0.04x_{OG} + 0.15x_{NT} + 0.06x_{RN} + 0.08x_{II} + k\left[(0x_{OG})^2 + (0.18x_{NT})^2 + (0.03x_{RN})^2 + (0.06x_{II})^2\right]$$

La valeur de $k$ dépend de la tolérance de l'investisseur face au risque. On attribue la valeur $k = 1$ à l'investisseur agressif, $k = -1$ à l'investisseur conservateur et $k = 0$ à l'investisseur ambivalent devant le risque.

Comment le conseiller financier devrait-il répartir la somme à investir pour maximiser la fonction d'utilité, en respectant toutes les contraintes pour un investisseur agressif? pour un investisseur conservateur?

# 6.5
## CHAÎNES DE MARKOV

*Dans cette section, nous décrivons un modèle général pour un système qui passe d'un état à un autre. Nous appliquons ensuite ce modèle à plusieurs problèmes concrets.*

> **PRÉALABLES :** Systèmes linéaires
> Matrices
> Compréhension intuitive de la notion de limite

### Un processus de Markov

Considérons un système mathématique ou un système physique qui évolue selon un processus de changement tel que, à tout moment, il soit dans un état particulier parmi un nombre fini d'états. Par exemple, le temps qu'il fait dans une ville donnée est décrit par trois états : ensoleillé, nuageux, pluvieux. Ou encore, un individu peut se trouver dans l'un des quatre états émotifs suivants : joyeux, triste, en colère ou craintif. Supposons qu'un tel système évolue d'un état à un autre et qu'il soit observé régulièrement. S'il n'est pas possible de prédire avec certitude l'état du système en aucun temps, mais si la probabilité de le trouver dans un état particulier à un instant donné dépend de son état à l'observation précédente, alors le processus de changement est appelé *chaîne de Markov* ou *processus de Markov*.

> **DÉFINITION**
>
> Si une chaîne de Markov comporte $k$ états possibles, notés $1, 2,..., k$, alors la probabilité que le système soit dans l'état $i$ à un instant donné, après avoir occupé l'état $j$ à l'observation précédente, est notée $p_{ij}$ et est appelée *probabilité de transition* de l'état $j$ à l'état $i$. La matrice $P = [p_{ij}]$ est appelée *matrice de transition de la chaîne de Markov*.

Par exemple, dans une chaîne de Markov à trois états, la matrice de transition prend la forme

État précédent

$$\begin{matrix} & 1 & 2 & 3 & \\ \begin{bmatrix} p_{11} & p_{12} & p_{13} \\ p_{21} & p_{22} & p_{23} \\ p_{31} & p_{32} & p_{33} \end{bmatrix} & \begin{matrix} 1 \\ 2 \\ 3 \end{matrix} & & & \text{Nouvel état} \end{matrix}$$

Dans cette matrice, $p_{32}$ représente la probabilité que le système passe de l'état 2 à l'état 3, $p_{11}$, la probabilité que le système demeure dans l'état 1 s'il y était déjà, et ainsi de suite.

---

### EXEMPLE 1    Matrice de transition d'une chaîne de Markov

Une agence de location de voitures a trois points de service, notés 1, 2, 3. Un client peut louer une voiture à l'un de ces trois points et la retourner à celui de son choix.

Le gérant a compilé les probabilités de retour des voitures aux différents points de service en fonction du lieu de location :

**Point de location**

$$
\begin{array}{ccc}
1 & 2 & 3
\end{array}
$$

$$
\begin{bmatrix} .8 & .3 & .2 \\ .1 & .2 & .6 \\ .1 & .5 & .2 \end{bmatrix}
\begin{array}{l} 1 \\ 2 \\ 3 \end{array}
\begin{array}{l} \textbf{Point} \\ \textbf{de} \\ \textbf{retour} \end{array}
$$

Cette matrice est la matrice de transition du système, considérée comme une chaîne de Markov. Selon cette matrice, la probabilité qu'une voiture louée au point 3 soit retournée au point 2 s'élève à 0,6, la probabilité qu'une voiture louée au point 1 soit retournée au même endroit est de 0,8, et ainsi de suite. ◆

---

### EXEMPLE 2  Matrice de transition d'une chaîne de Markov

En révisant le fichier des donations reçues, l'association des anciens d'un collège observe que 80 % des anciens élèves qui ont contribué une année donnée contribueront encore l'année suivante, alors que seulement 30% de ceux qui n'ont pas contribué une année le feront l'année suivante. Ces données définissent une chaîne de Markov à deux états : dans le premier état, un ancien élève fait un don une année quelconque et dans le second état, il ne contribue pas cette année-là. La matrice de transition s'écrit

$$
P = \begin{bmatrix} .8 & .3 \\ .2 & .7 \end{bmatrix} \; \blacklozenge
$$

Dans les exemples précédents, on observe que les matrices de transition des chaînes de Markov affichent la propriété suivante : la somme des éléments de chaque colonne totalise 1. Ça n'est pas l'effet du hasard. Si $P = [p_{ij}]$ est la matrice de transition d'une chaîne de Markov quelconque constituée de $k$ états différents, alors pour tout $j$, on a

$$
p_{1j} + p_{2j} + \cdots + p_{kj} = 1 \tag{1}
$$

En effet, le système occupant l'état $j$ à un instant donné, il sera avec certitude dans l'un des $k$ états possibles lors de la prochaine observation.

Une matrice qui vérifie la propriété (1) est appelée ***matrice stochastique, matrice de probabilités*** ou ***matrice de Markov***. Il s'ensuit que la matrice de transition d'une chaîne de Markov est toujours stochastique.

Dans une chaîne de Markov, l'état du système à un moment quelconque ne peut généralement pas être prédit avec certitude. Le mieux que l'on puisse faire est d'associer une probabilité à chacun des états. Par exemple, dans une chaîne de Markov à trois états, l'on peut décrire l'état possible du système à un instant donné par le vecteur colonne suivant :

$$
\mathbf{x} = \begin{bmatrix} x_1 \\ x_2 \\ x_3 \end{bmatrix}
$$

où $x_1$ représente la probabilité que le système soit dans l'état 1, $x_2$, la probabilité qu'il soit dans l'état 2 et $x_3$, la probabilité qu'il se trouve dans l'état 3. On donne généralement la définition suivante :

---

**DÉFINITION**

À un instant donné, le *vecteur d'état* d'une chaîne de Markov à $k$ états est un vecteur colonne $\mathbf{x}$ dont l'élément $i$, noté $x_i$, correspond à la probabilité que le système soit dans l'état $i$ à cet instant.

---

Notez que les éléments d'un vecteur d'état quelconque d'une chaîne de Markov ne sont jamais négatifs et que leur somme vaut 1. (Pourquoi?) Un vecteur colonne qui présente cette propriété est appelé *vecteur de probabilité*.

Supposons maintenant que nous connaissions le vecteur d'état initial $\mathbf{x}^{(0)}$ d'une chaîne de Markov. Le théorème qui suit permet de déterminer les vecteurs d'état des observations subséquentes :

$$\mathbf{x}^{(1)}, \mathbf{x}^{(2)}, \ldots, \mathbf{x}^{(n)}, \ldots$$

**THÉORÈME 6.5.1**

*Soit $P$ la matrice de transition d'une chaîne de Markov et $\mathbf{x}^{(n)}$, le vecteur d'état correspondant à la n-ième observation. Alors $\mathbf{x}^{(n+1)} = P\mathbf{x}^{(n)}$.*

Nous ne ferons pas la démonstration de ce théorème, qui fait appel à la théorie des probabilités. Cependant, ce théorème permet d'écrire

$$\mathbf{x}^{(1)} = P\mathbf{x}^{(0)}$$
$$\mathbf{x}^{(2)} = P\mathbf{x}^{(1)} = P^2\mathbf{x}^{(0)}$$
$$\mathbf{x}^{(3)} = P\mathbf{x}^{(2)} = P^3\mathbf{x}^{(0)}$$
$$\vdots$$
$$\mathbf{x}^{(n)} = P\mathbf{x}^{(n-1)} = P^n\mathbf{x}^{(0)}$$

De cette manière, le vecteur d'état initial $\mathbf{x}^{(0)}$ et la matrice de transition $P$ déterminent $\mathbf{x}^{(n)}$ pour $n = 1, 2, \ldots$.

---

## EXEMPLE 3 Retour sur l'exemple 2

---

Soit la matrice de transition obtenue à l'exemple 2 :

$$P = \begin{bmatrix} .8 & .3 \\ .2 & .7 \end{bmatrix}$$

Voyons maintenant la répartition probable des donations futures d'un nouveau diplômé qui n'a pas contribué la première année suivant sa graduation. Pour ce diplômé, l'on sait avec certitude que le système occupe initialement l'état 2, de sorte que le vecteur d'état initial s'écrit :

$$\mathbf{x}^{(0)} = \begin{bmatrix} 0 \\ 1 \end{bmatrix}$$

Conformément au théorème 6.5.1, on a

$$\mathbf{x}^{(1)} = P\mathbf{x}^{(0)} = \begin{bmatrix} .8 & .3 \\ .2 & .7 \end{bmatrix} \begin{bmatrix} 0 \\ 1 \end{bmatrix} = \begin{bmatrix} .3 \\ .7 \end{bmatrix}$$

$$\mathbf{x}^{(2)} = P\mathbf{x}^{(1)} = \begin{bmatrix} .8 & .3 \\ .2 & .7 \end{bmatrix} \begin{bmatrix} .3 \\ .7 \end{bmatrix} = \begin{bmatrix} .45 \\ .55 \end{bmatrix}$$

$$\mathbf{x}^{(3)} = P\mathbf{x}^{(2)} = \begin{bmatrix} .8 & .3 \\ .2 & .7 \end{bmatrix} \begin{bmatrix} .45 \\ .55 \end{bmatrix} = \begin{bmatrix} .525 \\ .475 \end{bmatrix}$$

Ainsi, après trois années, l'ancien étudiant risque de faire un don dans une probabilité de 0,525. Au-delà de trois ans, on obtient les vecteurs d'état suivants, à trois décimales près :

$$\mathbf{x}^{(4)} = \begin{bmatrix} .563 \\ .438 \end{bmatrix}, \qquad \mathbf{x}^{(5)} = \begin{bmatrix} .581 \\ .419 \end{bmatrix}, \qquad \mathbf{x}^{(6)} = \begin{bmatrix} .591 \\ .409 \end{bmatrix}, \qquad \mathbf{x}^{(7)} = \begin{bmatrix} .595 \\ .405 \end{bmatrix}$$

$$\mathbf{x}^{(8)} = \begin{bmatrix} .598 \\ .402 \end{bmatrix}, \qquad \mathbf{x}^{(9)} = \begin{bmatrix} .599 \\ .401 \end{bmatrix}, \qquad \mathbf{x}^{(10)} = \begin{bmatrix} .599 \\ .401 \end{bmatrix}, \qquad \mathbf{x}^{(11)} = \begin{bmatrix} .600 \\ .400 \end{bmatrix}$$

Pour tout $n$ supérieur à 11, on a, à trois décimales près,

$$\mathbf{x}^{(n)} = \begin{bmatrix} .600 \\ .400 \end{bmatrix}$$

Autrement dit, les vecteurs d'état semblent converger vers un vecteur fixe si la période d'observation est suffisamment longue. (Nous reviendrons sur cette conclusion plus loin.) ◆

## EXEMPLE 4    Retour sur l'exemple 1

Soit la matrice de l'exemple 1 :

$$\begin{bmatrix} .8 & .3 & .2 \\ .1 & .2 & .6 \\ .1 & .5 & .2 \end{bmatrix}$$

Si une voiture est initialement louée au point 2, le vecteur d'état initial s'écrit

$$\mathbf{x}^{(0)} = \begin{bmatrix} 0 \\ 1 \\ 0 \end{bmatrix}$$

En appliquant le théorème 6.5.1 à ce vecteur, on trouve les vecteurs d'état inscrits dans le tableau 1 :

**Tableau 1**

| $n$ \ $x^{(n)}$ | 0 | 1 | 2 | 3 | 4 | 5 | 6 | 7 | 8 | 9 | 10 | 11 |
|---|---|---|---|---|---|---|---|---|---|---|---|---|
| $x_1^{(n)}$ | 0 | .300 | .400 | .477 | .511 | .533 | .544 | .550 | .553 | .555 | .556 | .557 |
| $x_2^{(n)}$ | 1 | .200 | .370 | .252 | .261 | .240 | .238 | .233 | .232 | .231 | .230 | .230 |
| $x_3^{(n)}$ | 0 | .500 | .230 | .271 | .228 | .227 | .219 | .217 | .215 | .214 | .214 | .213 |

Pour toute valeur de $n$ plus grande que 11, les vecteurs d'état sont égaux à $\mathbf{x}^{(11)}$, à trois décimales près.

On observe deux points importants dans cet exemple. Premièrement, il n'est pas nécessaire de connaître la durée de location de la voiture. Ce qui signifie que, dans une chaîne de Markov, la fréquence des observations n'est pas obligatoirement régulière. Deuxièmement, les vecteurs d'état semblent tendre vers un vecteur fixe lorsque $n$ augmente, tout comme dans le premier exemple. ◆

---

### EXEMPLE 5    Utiliser le théorème 6.5.1

Une officière doit contrôler la circulation aux huit intersections du quadrilatère illustré à la figure 6.5.1. Elle reçoit la directive de passer une heure à une intersection et de choisir ensuite de rester au même endroit ou d'aller vers une intersection voisine. Afin d'éviter qu'elle suive un schéma régulier, elle doit sélectionner au hasard, selon des probabilités égales, la prochaine intersection où elle ira. Par exemple, si elle est en poste à l'intersection 5, elle passera la prochaine heure à l'une des intersections 2, 4, 5 ou 8, selon des probabilités égales de $\frac{1}{4}$. Tous les matins, elle commence sa journée à l'intersection où elle a terminé son quart de travail la veille. La matrice de transition de cette chaîne de Markov est la suivante :

**Figure 6.5.1**

**Intersection précédente**

$$
\begin{array}{c}
\begin{array}{cccccccc} 1 & 2 & 3 & 4 & 5 & 6 & 7 & 8 \end{array} \\
\begin{bmatrix}
\frac{1}{3} & \frac{1}{3} & 0 & \frac{1}{5} & 0 & 0 & 0 & 0 \\
\frac{1}{3} & \frac{1}{3} & 0 & 0 & \frac{1}{4} & 0 & 0 & 0 \\
0 & 0 & \frac{1}{3} & \frac{1}{5} & 0 & \frac{1}{3} & 0 & 0 \\
\frac{1}{3} & 0 & \frac{1}{3} & \frac{1}{5} & \frac{1}{4} & 0 & \frac{1}{4} & 0 \\
0 & \frac{1}{3} & 0 & \frac{1}{5} & \frac{1}{4} & 0 & 0 & \frac{1}{3} \\
0 & 0 & \frac{1}{3} & 0 & 0 & \frac{1}{3} & \frac{1}{4} & 0 \\
0 & 0 & 0 & \frac{1}{5} & 0 & \frac{1}{3} & \frac{1}{4} & \frac{1}{3} \\
0 & 0 & 0 & 0 & \frac{1}{4} & 0 & \frac{1}{4} & \frac{1}{3}
\end{bmatrix}
\begin{array}{l} 1 \\ 2 \\ 3 \\ 4 \\ 5 \\ 6 \\ 7 \\ 8 \end{array}
\end{array}
$$

Nouvelle intersection

Si l'officière est initialement en poste à l'intersection 5, le tableau 2 (page suivante) indique les probabilités qu'elle soit à une intersection ou à une autre dans les heures qui suivent. Pour toute valeur de $n$ supérieure à 22, tous les vecteurs d'état sont égaux

Tableau 2

| $n$ / $x^{(n)}$ | 0 | 1 | 2 | 3 | 4 | 5 | 10 | 15 | 20 | 22 |
|---|---|---|---|---|---|---|---|---|---|---|
| $x_1^{(n)}$ | 0 | .000 | .133 | .116 | .130 | .123 | .113 | .109 | .108 | .107 |
| $x_2^{(n)}$ | 0 | .250 | .146 | .163 | .140 | .138 | .115 | .109 | .108 | .107 |
| $x_3^{(n)}$ | 0 | .000 | .050 | .039 | .067 | .073 | .100 | .106 | .107 | .107 |
| $x_4^{(n)}$ | 0 | .250 | .113 | .187 | .162 | .178 | .178 | .179 | .179 | .179 |
| $x_5^{(n)}$ | 1 | .250 | .279 | .190 | .190 | .168 | .149 | .144 | .143 | .143 |
| $x_6^{(n)}$ | 0 | .000 | .000 | .050 | .056 | .074 | .099 | .105 | .107 | .107 |
| $x_7^{(n)}$ | 0 | .000 | .133 | .104 | .131 | .125 | .138 | .142 | .143 | .143 |
| $x_8^{(n)}$ | 0 | .250 | .146 | .152 | .124 | .121 | .108 | .107 | .107 | .107 |

à $\mathbf{x}^{(22)}$, à trois décimales près. Ainsi, comme dans les deux premiers exemples, le vecteur d'état semble tendre vers un vecteur fixe lorsque $n$ augmente. ◆

## Comportement limite des vecteurs d'état

Dans les exemples qui précèdent, nous avons vu que, pour un nombre d'observations suffisamment élevé, les vecteurs d'état d'une chaîne de Markov semblent tendre vers un vecteur fixe. On peut se demander si c'est toujours le cas. L'exemple qui suit répond par la négative à cette question.

---

### EXEMPLE 6  Système oscillant entre deux vecteurs d'état

---

Soit

$$P = \begin{bmatrix} 0 & 1 \\ 1 & 0 \end{bmatrix} \quad \text{et} \quad \mathbf{x}^{(0)} = \begin{bmatrix} 1 \\ 0 \end{bmatrix}$$

Étant donné que $P^2 = I$ et que $P^3 = P$, on a

$$\mathbf{x}^{(0)} = \mathbf{x}^{(2)} = \mathbf{x}^{(4)} = \cdots = \begin{bmatrix} 1 \\ 0 \end{bmatrix}$$

et

$$\mathbf{x}^{(1)} = \mathbf{x}^{(3)} = \mathbf{x}^{(5)} = \cdots = \begin{bmatrix} 0 \\ 1 \end{bmatrix}$$

Ce système oscille indéfiniment entre les deux vecteurs d'état $\begin{bmatrix} 1 \\ 0 \end{bmatrix}$ et $\begin{bmatrix} 0 \\ 1 \end{bmatrix}$. Il ne tend donc pas vers un vecteur fixe. ◆

Cependant, il peut être démontré qu'il suffit d'imposer une petite condition à la matrice de transition pour que les vecteurs d'état tendent vers un vecteur limite. La définition qui suit décrit cette condition :

---

**DÉFINITION**

Une matrice de transition est ***régulière*** si l'une de ses puissances entières ne contient que des éléments positifs.

---

Ainsi, pour une matrice de transition régulière $P$, il existe un entier positif $m$ tel que tous les éléments de $P^m$ sont positifs. C'est le cas des matrices de transition des exemples 1 et 2, pour $m = 1$. À l'exemple 5, $P^4$ n'a que des éléments positifs. Par conséquent, les matrices de transition de ces trois exemples sont régulières.

On appelle *chaîne de Markov régulière* une chaîne de Markov régie par une matrice de transition régulière. Nous verrons que toute chaîne de Markov régulière donne lieu à un vecteur d'état fixe $\mathbf{q}$ tel que $P^n\mathbf{x}^{(0)}$ tend vers $\mathbf{q}$ lorsque $n$ augmente, quel que soit le choix initial $\mathbf{x}^{(0)}$. Ce résultat, de première importance dans la théorie des chaînes de Markov, est basé sur le théorème qui suit :

**THÉORÈME 6.5.2**

> ## Comportement de $P^n$ lorsque $n \to \infty$
>
> *Si P est une matrice de transition régulière, alors, lorsque $n \to \infty$,*
>
> $$P^n \to \begin{bmatrix} q_1 & q_1 & \cdots & q_1 \\ q_2 & q_2 & \cdots & q_2 \\ \vdots & \vdots & & \vdots \\ q_k & q_k & \cdots & q_k \end{bmatrix}$$
>
> *où les valeurs de $q_i$ sont des nombres positifs tels que $q_1 + q_2 + \cdots + q_k = 1$.*

Nous n'allons pas démontrer ce théorème. Nous suggérons au lecteur intéressé de consulter un texte plus spécialisé, tel que J. Kemeny et J. Snell, *Finite Markov Chains*[2] (New-York, Springer-Verlag, 1976).

Posons maintenant

$$Q = \begin{bmatrix} q_1 & q_1 & \cdots & q_1 \\ q_2 & q_2 & \cdots & q_2 \\ \vdots & \vdots & & \vdots \\ q_k & q_k & \cdots & q_k \end{bmatrix} \quad \text{et} \quad \mathbf{q} = \begin{bmatrix} q_1 \\ q_2 \\ \vdots \\ q_k \end{bmatrix}$$

Ainsi, $Q$ est une matrice de transition dont toutes les colonnes correspondent au vecteur de probabilité $\mathbf{q}$. La matrice $Q$ est telle que, si $\mathbf{x}$ est un vecteur de probabilité quelconque, alors

$$Q\mathbf{x} = \begin{bmatrix} q_1 & q_1 & \cdots & q_1 \\ q_2 & q_2 & \cdots & q_2 \\ \vdots & \vdots & & \vdots \\ q_k & q_k & \cdots & q_k \end{bmatrix} \begin{bmatrix} x_1 \\ x_2 \\ \vdots \\ x_k \end{bmatrix} = \begin{bmatrix} q_1x_1 + q_1x_2 + \cdots + q_1x_k \\ q_2x_1 + q_2x_2 + \cdots + q_2x_k \\ \vdots & \vdots & \vdots \\ q_kx_1 + q_kx_2 + \cdots + q_kx_k \end{bmatrix}$$

$$= (x_1 + x_2 + \cdots + x_k) \begin{bmatrix} q_1 \\ q_2 \\ \vdots \\ q_k \end{bmatrix} = (1)\mathbf{q} = \mathbf{q}$$

Par cette propriété, $Q$ transforme tout vecteur de probabilité $\mathbf{x}$ en un vecteur de probabilité fixe $\mathbf{q}$. Ce qui mène au théorème suivant :

---

2 Chaînes de Markov finies (Ndt)

**THÉORÈME 6.5.3**

### Comportement de $P^n$ lorsque $n \to \infty$

*Si $P$ est une matrice de transition régulière et $\mathbf{x}$, un vecteur de probabilité quelconque, alors, lorsque $n \to \infty$,*

$$P^n\mathbf{x} \to \begin{bmatrix} q_1 \\ q_2 \\ \vdots \\ q_k \end{bmatrix} = \mathbf{q}$$

*où $\mathbf{q}$ est un vecteur de probabilité fixe, indépendant de n, dont tous les éléments sont positifs.*

On est assuré de la validité de ce théorème puisque, selon le théorème 6.5.2, $P^n \to Q$ lorsque $n \to \infty$. Il s'ensuit que $P^n\mathbf{x} \to Q\mathbf{x} = \mathbf{q}$ lorsque $n \to \infty$. Ainsi, pour une chaîne de Markov régulière, le système tend éventuellement vers un vecteur d'état fixe $\mathbf{q}$, que l'on nomme ***vecteur stationnaire*** de la chaîne de Markov régulière.

Pour les systèmes à plusieurs états, l'on détermine efficacement le vecteur stationnaire $\mathbf{q}$ en calculant $P^n\mathbf{x}$ pour de grandes valeurs de $n$. Nos exemples illustrent cette méthode. Dans chaque cas on a un processus de Markov régulier, de sorte que la convergence vers un vecteur stationnaire est assurée. On peut aussi trouver le vecteur stationnaire en procédant par le théorème qui suit :

**THÉORÈME 6.5.4**

### Vecteur stationnaire

*Le vecteur stationnaire $\mathbf{q}$ d'une matrice de transition régulière $P$ est l'unique vecteur de probabilité qui vérifie l'équation $P\mathbf{q} = \mathbf{q}$.*

Pour nous assurer de la validité de ce théorème, considérons l'identité matricielle $PP^n = P^{n+1}$. D'après le théorème 6.5.2, à la fois $P^n$ et $P^{n+1}$ tendent vers $Q$ lorsque $n \to \infty$. Ainsi, nous avons $PQ = Q$. En sélectionnant une colonne arbitraire de cette équation matricielle on obtient $P\mathbf{q} = \mathbf{q}$. Pour montrer que $\mathbf{q}$ est le seul vecteur de probabilité qui vérifie cette équation, supposons qu'il existe un autre vecteur de probabilité $\mathbf{r}$ tel que $P\mathbf{r} = \mathbf{r}$. Dans ce cas, on aurait aussi $P^n\mathbf{r} = \mathbf{r}$ pour $n = 1, 2, \ldots$. En considérant $n \to \infty$, le théorème 6.5.3 permet de conclure que $\mathbf{q} = \mathbf{r}$.

Le théorème 6.5.4 s'exprime également comme suit : le système linéaire homogène

$$(I - P)\mathbf{q} = \mathbf{0}$$

admet un seul vecteur solution $\mathbf{q}$ qui soit constitué d'éléments non négatifs vérifiant la condition $q_1 + q_2 + \cdots + q_k = 1$. Utilisons maintenant cette idée pour déterminer les vecteurs stationnaires de nos exemples.

### EXEMPLE 7   Retour sur l'exemple 2

Soit la matrice de transition de l'exemple 2 :

$$P = \begin{bmatrix} .8 & .3 \\ .2 & .7 \end{bmatrix}$$

Le système linéaire $(I - P)\mathbf{q} = \mathbf{0}$ s'écrit alors

$$\begin{bmatrix} .2 & -.3 \\ -.2 & .3 \end{bmatrix} \begin{bmatrix} q_1 \\ q_2 \end{bmatrix} = \begin{bmatrix} 0 \\ 0 \end{bmatrix} \qquad (2)$$

Ce système se réduit à une seule équation indépendante :

$$.2q_1 - .3q_2 = 0$$

ou

$$q_1 = 1.5q_2$$

Ainsi, si l'on pose $q_2 = s$, toute solution de l'équation (2) prend la forme

$$\mathbf{q} = s \begin{bmatrix} 1.5 \\ 1 \end{bmatrix}$$

où $s$ est une constante arbitraire. Pour que le vecteur $\mathbf{q}$ devienne un vecteur de probabilité, on pose $s = 1/(1{,}5 + 1) = 4$. Ainsi,

$$\mathbf{q} = \begin{bmatrix} .6 \\ .4 \end{bmatrix}$$

C'est le vecteur stationnaire de cette chaîne de Markov régulière. Il s'ensuit que, à long terme, 60% des anciens étudiants feront une donation une année ou une autre et 40% ne contribueront pas. Vérifiez que ce résultat est bien en accord avec celui obtenu par la méthode numérique à l'exemple 3. ◆

---

## EXEMPLE 8  Retour sur l'exemple 1

Soit la matrice de transition de l'exemple 1 :

$$P = \begin{bmatrix} .8 & .3 & .2 \\ .1 & .2 & .6 \\ .1 & .5 & .2 \end{bmatrix}$$

Le système linéaire $(I - P)\mathbf{q} = \mathbf{0}$ s'écrit

$$\begin{bmatrix} .2 & -.3 & -.2 \\ -.1 & .8 & -.6 \\ -.1 & -.5 & .8 \end{bmatrix} \begin{bmatrix} q_1 \\ q_2 \\ q_3 \end{bmatrix} = \begin{bmatrix} 0 \\ 0 \\ 0 \end{bmatrix}$$

La matrice échelonnée réduite de la matrice des coefficients est (vérifiez-le) :

$$\begin{bmatrix} 1 & 0 & -\frac{34}{13} \\ 0 & 1 & -\frac{14}{13} \\ 0 & 0 & 0 \end{bmatrix}$$

Le système linéaire original est donc équivalent au système suivant :

$$q_1 = \left(\tfrac{34}{13}\right)q_3$$
$$q_2 = \left(\tfrac{14}{13}\right)q_3$$

Si l'on pose $q_3 = s$, toute solution du système linéaire prend la forme

$$\mathbf{q} = s \begin{bmatrix} \frac{34}{13} \\ \frac{14}{13} \\ 1 \end{bmatrix}$$

Pour en faire un vecteur de probabilité, on pose

$$s = \frac{1}{\frac{34}{13} + \frac{14}{13} + 1} = \frac{13}{61}$$

Ainsi, le vecteur stationnaire du système devient

$$\mathbf{q} = \begin{bmatrix} \frac{34}{61} \\ \frac{14}{61} \\ \frac{13}{61} \end{bmatrix} = \begin{bmatrix} .5573\ldots \\ .2295\ldots \\ .2131\ldots \end{bmatrix}$$

Ce résultat est en accord avec les valeurs du tableau 1, obtenues par la méthode numérique. Les éléments de $\mathbf{q}$ donnent les probabilités à long terme du retour des voitures aux points de service 1, 2 ou 3, respectivement. Si l'agence a une flotte de 1 000 véhicules, elle devrait prévoir les infrastructures pour au moins 558 véhicules à l'emplacement 1, au moins 230 véhicules à l'emplacement 2 et au moins 214 véhicules à l'emplacement 3. ◆

---

### EXEMPLE 9   Retour sur l'exemple 5

---

Sans donner les calculs détaillés, précisons que le vecteur de probabilité unique qui solutionne le système linéaire $(I - P)\mathbf{q} = \mathbf{0}$ est

$$\mathbf{q} = \begin{bmatrix} \frac{3}{28} \\ \frac{3}{28} \\ \frac{3}{28} \\ \frac{5}{28} \\ \frac{4}{28} \\ \frac{3}{28} \\ \frac{4}{28} \\ \frac{3}{28} \end{bmatrix} = \begin{bmatrix} .1071\ldots \\ .1071\ldots \\ .1071\ldots \\ .1785\ldots \\ .1428\ldots \\ .1071\ldots \\ .1428\ldots \\ .1071\ldots \end{bmatrix}$$

Les éléments de ce vecteur indiquent les proportions du temps consacré à chacune des intersections, évaluées sur une longue période de temps. Si l'objectif était de répartir le temps de l'officière également entre les huit intersections, alors la stratégie des déplacements aléatoires d'une intersection à l'autre selon des probabilités égales n'est pas la bonne. (Voir l'exercice 5.) ◆

---

## SÉRIE D'EXERCICES 6.5

**1.** Considérez la matrice de transition suivante :

$$P = \begin{bmatrix} .4 & .5 \\ .6 & .5 \end{bmatrix}$$

    (a)   Calculez $\mathbf{x}^{(n)}$ pour $n = 1, 2, 3, 4, 5$, si $\mathbf{x}^{(0)} = \begin{bmatrix} 1 \\ 0 \end{bmatrix}$

    (b)   Indiquez pourquoi $P$ est régulière et déterminez le vecteur stationnaire.

**2.** Considérez la matrice de transition suivante :

$$P = \begin{bmatrix} .2 & .1 & .7 \\ .6 & .4 & .2 \\ .2 & .5 & .1 \end{bmatrix}$$

    (a)   Calculez $\mathbf{x}^{(1)}$, $\mathbf{x}^{(2)}$ et $\mathbf{x}^{(3)}$ à trois décimales près si

$$\mathbf{x}^{(0)} = \begin{bmatrix} 0 \\ 0 \\ 1 \end{bmatrix}$$

    (b)   Indiquez pourquoi $P$ est régulière et déterminez le vecteur stationnaire.

**3.** Trouvez les vecteurs stationnaires des matrices de transition régulières suivantes :

    (a)  $\begin{bmatrix} \frac{1}{3} & \frac{3}{4} \\ \frac{2}{3} & \frac{1}{4} \end{bmatrix}$    (b)  $\begin{bmatrix} .81 & .26 \\ .19 & .74 \end{bmatrix}$    (c)  $\begin{bmatrix} \frac{1}{3} & \frac{1}{2} & 0 \\ \frac{1}{3} & 0 & \frac{1}{4} \\ \frac{1}{3} & \frac{1}{2} & \frac{3}{4} \end{bmatrix}$

**4.** Soit la matrice de transition $P$ :

$$\begin{bmatrix} \frac{1}{2} & 0 \\ \frac{1}{2} & 1 \end{bmatrix}$$

    (a)   Montrez que $P$ n'est pas régulière.

    (b)   Montrez que lorsque $n$ tend vers l'infini, $P^n \mathbf{x}^{(0)}$ tend vers $\begin{bmatrix} 0 \\ 1 \end{bmatrix}$ pour tout vecteur d'état initial $\mathbf{x}^{(0)}$.

    (c)   Quelle conclusion du théorème 6.5.3 n'est pas valable pour l'état stationnaire de cette matrice de transition?

**5.** Vérifiez que si $P$ est une matrice de transition régulière $k \times k$ et que la somme des éléments de chaque ligne vaut 1, alors les éléments du vecteur stationnaire correspondant sont tous égaux à $1/k$.

**6.** Montrez que la matrice de transition ci-dessous est régulière.

$$P = \begin{bmatrix} 0 & \frac{1}{2} & \frac{1}{2} \\ \frac{1}{2} & \frac{1}{2} & 0 \\ \frac{1}{2} & 0 & \frac{1}{2} \end{bmatrix}$$

Utilisez ensuite l'exercice 5 pour en déterminer le vecteur stationnaire.

**7.** Jean est soit joyeux, soit triste. S'il est joyeux un jour donné, il y a quatre chances sur cinq qu'il soit encore joyeux le lendemain. S'il est triste, il sera triste le lendemain une fois sur trois. À long terme, quelle est la probabilité que Jean soit joyeux un jour quelconque?

**8.** Un pays est divisé en trois régions démographiques. Chaque année, 5% des résidants de la région 1 déménagent dans la région 2 et 5% s'en vont dans la région 3. De même, 15% des résidants quittent la région 2 pour la région 1 et 10% la quittent pour la région 3. Finalement, 10% des résidants quittent la région 3 pour la région 1 et 5% pour la région 2. À long terme, quel pourcentage de la population totale se trouve dans chacune des régions?

# Section 6.5

## Exercices informatiques

Les exercices qui suivent peuvent être résolus à l'aide de logiciels tels que MATLAB, Mathematica, Maple, Derive ou Mathcab. On pourra aussi employer des logiciels équivalents ou une calculatrice scientifique dotée de fonctions d'algèbre linéaire. À chacun des exercices, vous devrez lire une partie de la documentation propre au matériel que vous utilisez. Ces exercices visent à vous familiariser avec l'utilisation de votre logiciel. Lorsque vous maîtriserez les techniques explorées dans ces exercices, vous serez en mesure de résoudre par ordinateur bon nombre des problèmes donnés dans les séries d'exercices réguliers.

**T1.** Considérez la séquence des matrices de transition

$$\{P_2, P_3, P_4, \ldots\}$$

où

$$P_2 = \begin{bmatrix} 0 & \frac{1}{2} \\ 1 & \frac{1}{2} \end{bmatrix}, \qquad P_3 = \begin{bmatrix} 0 & 0 & \frac{1}{3} \\ 0 & \frac{1}{2} & \frac{1}{3} \\ 1 & \frac{1}{2} & \frac{1}{3} \end{bmatrix},$$

$$P_4 = \begin{bmatrix} 0 & 0 & 0 & \frac{1}{4} \\ 0 & 0 & \frac{1}{3} & \frac{1}{4} \\ 0 & \frac{1}{2} & \frac{1}{3} & \frac{1}{4} \\ 1 & \frac{1}{2} & \frac{1}{3} & \frac{1}{4} \end{bmatrix}, \qquad P_5 = \begin{bmatrix} 0 & 0 & 0 & 0 & \frac{1}{5} \\ 0 & 0 & 0 & \frac{1}{4} & \frac{1}{5} \\ 0 & 0 & \frac{1}{3} & \frac{1}{4} & \frac{1}{5} \\ 0 & \frac{1}{2} & \frac{1}{3} & \frac{1}{4} & \frac{1}{5} \\ 1 & \frac{1}{2} & \frac{1}{3} & \frac{1}{4} & \frac{1}{5} \end{bmatrix},$$

et ainsi de suite.

(a) Montrez que ces quatre matrices sont régulières en calculant leurs carrés à l'aide de l'ordinateur.

(b) Vérifiez le théorème 6.5.2 en calculant la 100$^e$ puissance de $P_k$ pour $k = 2, 3, 4, 5$. Émettez ensuite une hypothèse quant à la valeur limite de $P_k^n$ lorsque $n \to \infty$ pour toute valeur de $k = 2, 3, 4, \ldots$.

(c) Vérifiez que la colonne commune $\mathbf{q}_k$ de la matrice limite obtenue en (b) satisfait à l'équation $P_k\mathbf{q}_k = \mathbf{q}_k$, tel que requis par le théorème 6.5.4.

**T2.** Une souris est placée dans une boîte divisée en neuf compartiments, tel qu'illustré à la figure Ex-T2. Supposons que la souris puisse rester dans la pièce qu'elle occupe ou traverser n'importe quelle porte selon des probabilité égales.

(a) Construisez la matrice de transition $9 \times 9$ appropriée et montrez qu'elle est régulière.

(b) Déterminez le vecteur stationnaire de la matrice.

(c) Utilisez un argument de symétrie pour montrer que l'on peut résoudre ce problème à l'aide d'une matrice $3 \times 3$.

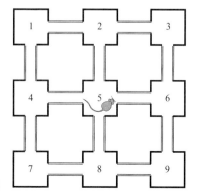

**Figure Ex-T2**

# 6
## THÉORIE DES GRAPHES

*Dans cette section, nous représentons par des matrices les relations qui unissent les éléments d'un ensemble et nous utilisons l'algèbre matricielle pour analyser ces relations.*

**PRÉALABLES** : Opérations d'addition et de multiplication matricielles

## Relations entre les éléments d'un ensemble

Beaucoup d'ensembles comprennent un nombre fini d'éléments qui sont liés entre eux d'une manière ou d'une autre. Pensons à un ensemble de personnes, d'animaux, de pays, d'entreprises, d'équipes sportives ou de villes; la relation qui unit deux membres $A$ et $B$ de tels ensembles peut prendre plusieurs formes : la personne $A$ domine la personne $B$, l'animal $A$ nourrit l'animal $B$, le pays $A$ supporte militairement le pays $B$, l'entreprise $A$ vend ses produits à l'entreprise $B$, l'équipe sportive $A$ l'emporte toujours sur l'équipe $B$ ou un vol direct dessert le trajet de la ville $A$ à la ville $B$.

Voyons maintenant de quelle façon la théorie des *graphes orientés* sert à modéliser mathématiquement des relations comme celles que nous venons de décrire.

## Graphes orientés

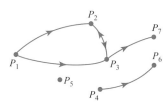

**Figure 6.6.1**

Un ***graphe orienté*** est un ensemble fini d'éléments $\{P_1, P_2,\ldots, P_n\}$, doté d'une collection de couples ordonnés $(P_i, P_j)$ formés d'éléments distincts de cet ensemble; un couple donné figure une seule fois dans cette collection. Les éléments de l'ensemble sont appelés ***sommets*** et les couples ordonnés forment les ***arêtes orientées*** du graphe. La notation $P_i \to P_j$ (lire $P_i$ est connecté à $P_j$) signifie que l'arête orientée $(P_i, P_j)$ fait partie du graphe orienté. Sur la représentation géométrique d'un tel graphe (figure 6.6.1), les sommets sont des points du plan et l'arête orientée $P_i \to P_j$ est un segment de droite ou un arc qui va du sommet $P_i$ au sommet $P_j$, muni d'une flèche qui indique le sens de la relation. Si $P_i \to P_j$ et $P_j \to P_i$ sont également valables (on note $P_i \leftrightarrow P_j$), une seule ligne relie $P_i$ et $P_j$, mais une double flèche indique les deux sens (connexion entre $P_2$ et $P_3$ sur la figure).

Tel qu'illustré à la figure 6.6.1, un graphe orienté peut contenir des « îlots » séparés de sommets, liés entre eux seulement, ou des sommets isolés, tels que $P_5$, sans relation avec les autres sommets. Par ailleurs, la connexion $P_i \to P_i$ n'est pas permise, de sorte qu'un sommet ne peut être lié à lui-même par un arc qui ne passerait par aucun autre sommet.

La figure 6.6.2 montre trois autres exemples de graphes orientés. Un graphe orienté à $n$ sommets peut être représenté par une matrice $n \times n$, notée $M = [m_{ij}]$ et appelée ***matrice associée*** au graphe orienté. Ses éléments sont définis par

$$m_{ij} = \begin{cases} 1, & \text{si } P_i \to P_j \\ 0, & \text{dans les autres cas} \end{cases}$$

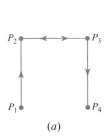

(*a*)

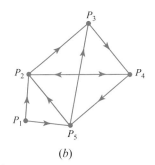

(*b*)

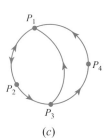

(*c*)

**Figure 6.6.2**

pour $i, j = 1, 2, ..., n$. Les matrices associées aux trois graphes orientés de la figu
sont :

$$\text{Figure 6.6.2}a: \quad M = \begin{bmatrix} 0 & 1 & 0 & 0 \\ 0 & 0 & 1 & 0 \\ 0 & 1 & 0 & 1 \\ 0 & 0 & 0 & 0 \end{bmatrix}$$

$$\text{Figure 6.6.2}b: \quad M = \begin{bmatrix} 0 & 1 & 0 & 0 & 1 \\ 0 & 0 & 1 & 1 & 0 \\ 0 & 0 & 0 & 1 & 0 \\ 0 & 1 & 0 & 0 & 1 \\ 0 & 1 & 1 & 0 & 0 \end{bmatrix}$$

$$\text{Figure 6.6.2}c: \quad M = \begin{bmatrix} 0 & 1 & 0 & 0 \\ 1 & 0 & 1 & 0 \\ 1 & 0 & 0 & 1 \\ 1 & 0 & 0 & 0 \end{bmatrix}$$

Par définition, les matrices associées ont les deux propriétés suivantes :

(i) Chacun des éléments vaut 0 ou 1.

(ii) Tous les éléments de la diagonale valent 0.

Réciproquement, toute matrice qui vérifie ces deux propriétés détermine le graphe orienté unique dont elle est la matrice associée. Par exemple, la matrice ci-dessous définit le graphe orienté de la figure 6.6.3.

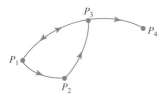

**Figure 6.6.3**

$$M = \begin{bmatrix} 0 & 1 & 1 & 0 \\ 0 & 0 & 1 & 0 \\ 1 & 0 & 0 & 1 \\ 0 & 0 & 0 & 0 \end{bmatrix}$$

## EXEMPLE 1   Liens d'influence dans une famille

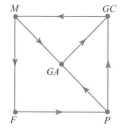

**Figure 6.6.4**

Une famille est constituée du père, de la mère, d'une fille et de deux garçons. Chacune de ces personnes exerce des influences au sein de la famille : la mère influence la fille et le fils aîné; le père influence les deux fils; la fille influence le père; le fils aîné influence le fils cadet; et le fils cadet influence la mère. On peut modéliser ces relations d'influence par un graphe orienté dont les sommets sont les cinq membres de la famille. Si le membre $A$ influence le membre $B$, on note $A \rightarrow B$. La figure 6.6.4 montre le graphe orienté obtenu, où les membres de la famille sont symbolisés par des lettres représentatives. La matrice des sommets du graphe orienté s'écrit :

$$\begin{array}{c} \\ M \\ P \\ F \\ GA \\ GC \end{array} \begin{array}{ccccc} M & P & F & GA & GC \\ \begin{bmatrix} 0 & 0 & 1 & 1 & 0 \\ 0 & 0 & 0 & 1 & 1 \\ 0 & 1 & 0 & 0 & 0 \\ 0 & 0 & 0 & 0 & 1 \\ 1 & 0 & 0 & 0 & 0 \end{bmatrix} \end{array} \blacklozenge$$

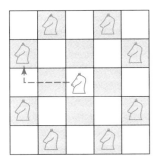

**Figure 6.6.5**

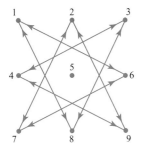

**Figure 6.6.6**

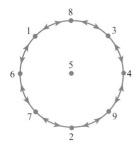

**Figure 6.6.7**

## EXEMPLE 2  Matrice associée : déplacements sur un échiquier

Dans le jeu d'échec, la marche du cavalier trace un L à chaque déplacement. Sur l'échiquier de la figure 6.6.5, le cavalier peut parcourir deux cases horizontalement et une case verticalement, ou encore deux cases verticalement et une case horizontalement. Ainsi, partant de la case centrale, le cavalier accède à l'une ou l'autre des huit cases indiquées sur la figure. Supposons maintenant que les déplacements du cavalier soient limités aux neuf cases numérotées de la figure 6.6.6. Si la connexion $i \rightarrow j$ signifie que le cavalier peut aller de la case $i$ à la case $j$, le graphe orienté de la figure 6.6.7 montre tous les déplacements possibles sur ces neuf cases. À la figure 6.6.8, nous avons « démêlé » l'écheveau de la figure 6.6.7 pour clarifier le schéma des déplacements du cavalier.

La matrice associée à ce graphe orienté est donnée par

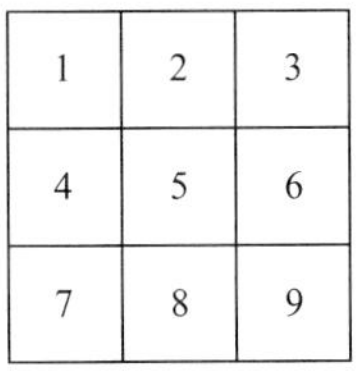

$$M = \begin{bmatrix} 0 & 0 & 0 & 0 & 0 & 1 & 0 & 1 & 0 \\ 0 & 0 & 0 & 0 & 0 & 0 & 1 & 0 & 1 \\ 0 & 0 & 0 & 1 & 0 & 0 & 0 & 1 & 0 \\ 0 & 0 & 1 & 0 & 0 & 0 & 0 & 0 & 1 \\ 0 & 0 & 0 & 0 & 0 & 0 & 0 & 0 & 0 \\ 1 & 0 & 0 & 0 & 0 & 0 & 1 & 0 & 0 \\ 0 & 1 & 0 & 0 & 0 & 1 & 0 & 0 & 0 \\ 1 & 0 & 1 & 0 & 0 & 0 & 0 & 0 & 0 \\ 0 & 1 & 0 & 1 & 0 & 0 & 0 & 0 & 0 \end{bmatrix} \blacklozenge$$

À l'exemple 1, le père ne peut influencer directement la mère, c'est-à-dire que la connexion $P \rightarrow M$ n'existe pas. Cependant, il peut influencer le fils cadet qui à son tour influencera la mère. On écrit alors $P \rightarrow GC \rightarrow M$ et l'on parle d'un **chemin de longueur 2** qui relie $P$ à $M$.

De même, $M \rightarrow F$ trace un **chemin de longueur 1**, $P \rightarrow GA \rightarrow GC \rightarrow M$ est un **chemin de longueur 3**, et ainsi de suite.

Voyons maintenant comment trouver le nombre de tous les chemins de longueur $r$ ($r = 1, 2, \ldots$) qui relient le sommet $P_i$ au sommet $P_j$ d'un graphe orienté arbitraire (incluant le cas où $P_i$ et $P_j$ représentent le même sommet). Le nombre de connexions directes (chemin de longueur 1) de $P_i$ à $P_j$ correspond à $m_{ij}$. Ainsi, l'on trouve soit zéro, soit un chemin de longueur 1 entre $P_i$ et $P_j$, selon que $m_{ij}$ vaut 0 ou 1. Pour déterminer le nombre de chemins de longueur 2, considérons le carré de la matrice associée. Si $m_{ij}^{(2)}$ est l'élément $(i, j)$ de la matrice $M^2$, on a

$$m_{ij}^{(2)} = m_{i1}m_{1j} + m_{i2}m_{2j} + \cdots + m_{in}m_{nj} \qquad (1)$$

Maintenant, si $m_{i1} = m_{1j} = 1$, alors il existe un chemin de longueur 2, $P_i \rightarrow P_1 \rightarrow P_j$, qui va de $P_i$ à $P_j$. Mais si $m_{i1}$ ou $m_{1j}$ est nul, alors cette connexion n'est pas possible. Ainsi, $P_i \rightarrow P_1 \rightarrow P_j$ est un chemin de longueur 2 si et seulement si $m_{i1}m_{1j} = 1$. De même, pour tout $k = 1, 2, \ldots, n$, $P_i \rightarrow P_k \rightarrow P_j$ trace un chemin de longueur 2 qui va de $P_i$ à $P_j$ si et seulement si le terme $m_{ik}m_{kj}$ du membre droit de l'équation (1) vaut 1; autrement, le terme est nul. Le membre droit de l'équation (1) indique donc le nombre total de chemins de longueur 2 reliant $P_i$ à $P_j$.

On trouve le nombre de chemins de longueur 3, 4,…, $n$ qui relient $P_i$ à $P_j$ par un raisonnement similaire. En général, le théorème qui suit s'applique :

**Figure 6.6.8**

**THÉORÈME 6.6.1**

> *Soit M, la matrice associée à un graphe orienté et $m_{ij}^{(r)}$, l'élément $(i, j)$ de la matrice $M^r$. Alors, $m_{ij}^{(r)}$ est égal au nombre de chemins de longueur $r$ qui relient $P_i$ à $P_j$.*

---

**EXEMPLE 3**  Utiliser le théorème 6.6.1

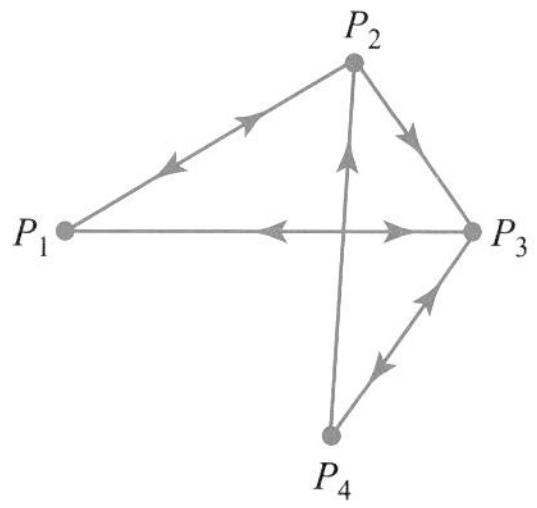

Figure 6.6.9

La figure 6.6.9 représente la carte des lignes aériennes desservies par une petite entreprise qui relie les quatre villes $P_1$, $P_2$, $P_3$ et $P_4$. La matrice associée à ce graphe orienté s'écrit :

$$M = \begin{bmatrix} 0 & 1 & 1 & 0 \\ 1 & 0 & 1 & 0 \\ 1 & 0 & 0 & 1 \\ 0 & 1 & 1 & 0 \end{bmatrix}$$

On a

$$M^2 = \begin{bmatrix} 2 & 0 & 1 & 1 \\ 1 & 1 & 1 & 1 \\ 0 & 2 & 2 & 0 \\ 2 & 0 & 1 & 1 \end{bmatrix} \quad \text{et} \quad M^3 = \begin{bmatrix} 1 & 3 & 3 & 1 \\ 2 & 2 & 3 & 1 \\ 4 & 0 & 2 & 2 \\ 1 & 3 & 3 & 1 \end{bmatrix}$$

Supposons que l'on s'intéresse aux connexions entre les villes $P_4$ et $P_3$; le théorème 6.6.1 va nous permettre d'évaluer leur nombre. Puisque $m_{43} = 1$, il existe une connexion directe (longueur 1); puisque $m_{43}^{(2)} = 1$, il y a aussi un chemin de longueur 2; de même, $m_{43}^{(3)} = 3$ et trois chemins de longueur 3 relient les deux villes. Pour le vérifier, examinons la figure 6.6.9; on trouve

Chemin de longueur 1 reliant $P_4$ à $P_3$ :  $P_4 \to P_3$
Chemin de longueur 2 reliant $P_4$ à $P_3$ :  $P_4 \to P_2 \to P_3$
Chemins de longueur 3 reliant $P_4$ à $P_3$ :  $P_4 \to P_3 \to P_4 \to P_3$
$P_4 \to P_2 \to P_1 \to P_3$
$P_4 \to P_3 \to P_1 \to P_3$ ◆

**Cliques**

Dans le langage courant, une « clique » désigne un groupe de gens très liés (habituellement, trois personnes ou plus) qui ont tendance à communiquer entre eux sans laisser de place aux « étrangers ». La clique prend une signification plus précise dans la théorie des graphes.

**DÉFINITION**

Un sous-ensemble d'un graphe orienté est appelé *clique* s'il répond aux trois conditions suivantes :

(i) Le sous-ensemble comprend au moins trois sommets.

(ii) Pour toute paire de sommets $P_i$ et $P_j$ appartenant au sous-ensemble, les connexions $P_i \to P_j$ et $P_j \to P_i$ existent.

(iii) Le sous-ensemble est aussi grand que possible; c'est-à-dire que l'on ne peut ajouter un autre sommet au sous-ensemble tout en maintenant la condition (ii).

Cette définition suggère que les cliques sont les plus grands sous-ensembles dont les éléments « communiquent » parfaitement les uns avec les autres. Par exemple, si les sommets représentent des villes et si $P_i \to P_j$ signifie qu'un vol direct relie la ville $P_i$ à la ville $P_j$, alors des vols directs relient toutes les villes de la clique dans un sens comme dans l'autre.

---

### EXEMPLE 4   Un graphe orienté qui contient deux cliques

---

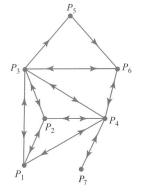

**Figure 6.6.10**

Le graphe orienté de la figure 6.6.10 (qui peut représenter la carte des lignes aériennes desservies par une compagnie) a deux cliques :

$$\{P_1, P_2, P_3, P_4\} \quad \text{et} \quad \{P_3, P_4, P_6\}$$

Cet exemple montre qu'un graphe orienté peut avoir plus d'une clique et qu'un sommet peut appartenir simultanément à plus d'une clique. ◆

Pour les graphes orientés simples, l'examen visuel suffit à déterminer les cliques. Cependant, pour les graphes orientés complexes, il serait souhaitable de connaître une procédure systématique pour détecter les cliques. À cet effet, nous définissons une matrice $S = [s_{ij}]$ liée à un graphe orienté de la façon suivante :

$$s_{ij} = \begin{cases} 1, & \text{si } P_i \leftrightarrow P_j \\ 0, & \text{dans les autres cas} \end{cases}$$

La matrice $S$ détermine un graphe orienté semblable au graphe orienté donné, à l'exception près que les arêtes orientées à sens unique sont éliminées. Par exemple, si le graphe orienté original est celui de la figure 6.6.11a, la matrice $S$ est associée au graphe orienté de la figure 6.6.11b. On peut déduire la matrice $S$ de la matrice $M$ associée au graphe orienté original en posant $s_{ij} = 1$ si $m_{ij} = m_{ji} = 1$ et $s_{ij} = 0$ dans tous les autres cas. Le théorème ci-dessous utilise la matrice $S$ pour identifier les cliques.

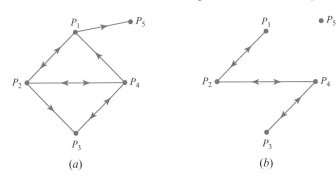

$(a)$ $\qquad\qquad\qquad\qquad\qquad$ $(b)$

**Figure 6.6.11**

**THÉORÈME 6.6.2**

**Repérer les cliques**

*Soit $s_{ij}^{(3)}$, l'élément $(i, j)$ de $S^3$. Alors un sommet $P_i$ appartient à une clique si et seulement si $s_{ij}^{(3)} \neq 0$.*

**Démonstration**   Si $s_{ij}^{(3)} \neq 0$, alors il existe au moins un chemin de longueur 3 qui va de $P_i$ à lui-même dans le graphe orienté modifié déterminé par $S$. Supposons que ce chemin soit $P_i \to P_j \to P_k \to P_i$. Dans le graphe orienté modifié, toutes les connexions sont bidirectionnelles, de sorte que l'on peut aussi écrire $P_i \leftrightarrow P_j \leftrightarrow P_k \leftrightarrow P_i$. Ce qui signifie que $\{P_i, P_j, P_k\}$ est soit une clique, soit un sous-ensemble d'une clique. Dans un cas comme dans l'autre, $P_i$ doit appartenir à une clique. L'énoncé réciproque, « si $P_i$ appartient à une clique, alors $s_{ij}^{(3)} \neq 0$, » peut être démontré de manière similaire. ∎

---

### EXEMPLE 5  Utiliser le théorème 6.6.2

---

Supposons qu'un graphe orienté ait pour matrice associée :

$$M = \begin{bmatrix} 0 & 1 & 1 & 1 \\ 1 & 0 & 1 & 0 \\ 0 & 1 & 0 & 1 \\ 1 & 0 & 0 & 0 \end{bmatrix}$$

Alors,

$$S = \begin{bmatrix} 0 & 1 & 0 & 1 \\ 1 & 0 & 1 & 0 \\ 0 & 1 & 0 & 0 \\ 1 & 0 & 0 & 0 \end{bmatrix} \quad \text{et} \quad S^3 = \begin{bmatrix} 0 & 3 & 0 & 2 \\ 3 & 0 & 2 & 0 \\ 0 & 2 & 0 & 1 \\ 2 & 0 & 1 & 0 \end{bmatrix}$$

Tous les éléments de la diagonale de $S^3$ étant nuls, le graphe orienté ne contient pas de clique (théorème 6.6.2). ◆

---

### EXEMPLE 6  Utiliser le théorème 6.6.2

---

Supposons qu'un graphe orienté ait pour matrice associée :

$$M = \begin{bmatrix} 0 & 1 & 0 & 1 & 1 \\ 1 & 0 & 0 & 1 & 0 \\ 1 & 1 & 0 & 1 & 0 \\ 1 & 1 & 0 & 0 & 0 \\ 1 & 0 & 0 & 1 & 0 \end{bmatrix}$$

Alors,

$$S = \begin{bmatrix} 0 & 1 & 0 & 1 & 1 \\ 1 & 0 & 0 & 1 & 0 \\ 0 & 0 & 0 & 0 & 0 \\ 1 & 1 & 0 & 0 & 0 \\ 1 & 0 & 0 & 0 & 0 \end{bmatrix} \quad \text{et} \quad S^3 = \begin{bmatrix} 2 & 4 & 0 & 4 & 3 \\ 4 & 2 & 0 & 3 & 1 \\ 0 & 0 & 0 & 0 & 0 \\ 4 & 3 & 0 & 2 & 1 \\ 3 & 1 & 0 & 1 & 0 \end{bmatrix}$$

Les éléments non nuls de la diagonale de $S^3$ sont, $s_{11}^{(3)}$, $s_{22}^{(3)}$ et $s_{44}^{(3)}$. Par conséquent, $P_1$, $P_2$ et $P_4$ appartiennent à une clique du graphe orienté. Et puisque la clique regroupe au moins trois sommets, le graphe orienté contient une seule clique, soit $\{P_1, P_2, P_4\}$. ◆

**Tournoi**

Dans les groupes d'individus ou d'animaux, il existe souvent une « hiérarchie » ou une relation de dominance entre deux membres quelconques du groupe. Autrement dit, si l'on prend deux individus $A$ et $B$, soit $A$ domine $B$ ou $B$ domine $A$, mais pas les deux. Dans un graphe orienté, si $P_i \to P_j$ signifie que $P_i$ domine $P_j$, alors pour tout couple distinct, soit $P_i \to P_j$, soit $P_j \to P_i$, mais pas les deux. On définit généralement comme suit la relation :

---

**DÉFINITION**

Un ***tournoi*** est un graphe orienté tel que pour tout couple distinct de sommets $P_i$ et $P_j$, soit $P_i \to P_j$, soit $P_j \to P_i$, mais pas les deux.

---

Par exemple, les $n$ équipes sportives d'une ligue rencontrent exactement une fois chacune des autres équipes, comme dans un tournoi à la ronde, et il n'y a pas de match nuls. Si $P_i \to P_j$ signifie que l'équipe $P_i$ emporte le match joué contre l'équipe $P_j$, on voit clairement que le graphe orienté représentant la ligue est un tournoi. Les graphes orientés illustrant une relation de dominance sont appelés ***tournois*** en raison de cette analogie.

La figure 6.6.12 illustre des tournois à trois, quatre ou cinq sommets. Sur ces trois graphiques, les sommets encerclés présentent une propriété intéressante : partant de ces sommets, il existe un chemin de longueur 1 ou un chemin de longueur 2 qui mène à n'importe quel autre sommet du graphe. Dans un tournoi sportif, ces sommets correspondraient aux équipes les plus « puissantes », parce que soit elles l'emportent sur une équipe quelconque donnée, soit elles l'emportent sur une autre équipe qui a battu l'équipe donnée. Nous sommes maintenant en mesure d'énoncer et de prouver un théorème qui garantit que tout tournoi possède au moins un sommet qui présente cette propriété.

**THÉORÈME 6.6.3**

**Connexions dans les tournois**

*Dans tout tournoi, il existe au moins un sommet connecté à tous les autres sommets par des chemins de longueur 1 ou 2.*

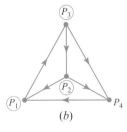

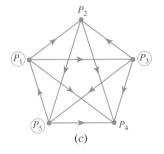

**Figure 6.6.12**

***Démonstration*** Considérons un sommet (il peut y en avoir plusieurs) qui a le plus grand nombre de connexions de longueur 1 ou 2 vers les autres sommets du graphe. Changeons la numérotation et nommons ce sommet particulier $P_1$. Supposons qu'il existe un sommet $P_i$ qui n'est pas lié à $P_1$ par un chemin de longueur 1 ou 2. Alors $P_1 \to P_i$ n'est pas vraie et, d'après la définition d'un tournoi, $P_i \to P_1$ doit être vraie. Ensuite, nommons $P_k$ un sommet quelconque tel que $P_1 \to P_k$ soit vraie; dans ce cas, $P_k \to P_i$ ne peut être vraie parce que, si c'était le cas, $P_1 \to P_k \to P_i$ serait un chemin de longueur 2 de $P_1$ à $P_i$. Ainsi, la connexion $P_i \to P_k$ doit exister. Il s'ensuit que $P_i$ a une connexion de longueur 1 à tout sommet lié à $P_1$ par un chemin de longueur 1. Le sommet $P_i$ doit également être connecté par des chemins de longueur 2 à tous les sommets liés à $P_1$ par d'autres chemins de longueur 2. De plus, puisque $P_i \to P_1$, $P_i$ a davantage de connexions de longueur 1 et 2 que $P_1$. Cependant, ce résultat contredit le choix initial de $P_1$. On conclut qu'il ne peut exister de sommet $P_i$ qui n'est pas connecté à $P_1$ par un chemin de longueur 1 ou 2. ∎

Cette preuve garantit qu'un sommet qui a le nombre maximal de connexions de longueur 1 ou 2 vers les autres sommets est caractérisé par la propriété énoncée dans le théorème. Il existe une façon simple de trouver de tels sommets en considérant la matrice associée $M$ et son carré $M^2$. La somme des éléments de la ligne $i$ de $M$ correspond au nombre total de connexions de longueur 1 entre $P_i$ et les autres sommets, et la somme des éléments de la ligne $i$ de $M^2$ est le nombre total de chemins de longueur 2 qui connectent $P_i$ aux autres sommets. En conséquence, la somme des éléments de la ligne $i$ de $A = M + M^2$ correspond au nombre total de connexions de longueur 1 ou 2 qui relient $P_i$ aux autres sommets. En d'autres mots, une ligne de $A = M + M^2$ dont les éléments donnent la somme la plus élevée indique un sommet qui correspond à la description donnée au théorème 6.6.3.

---

## EXEMPLE 7   Utiliser le théorème 6.6.3

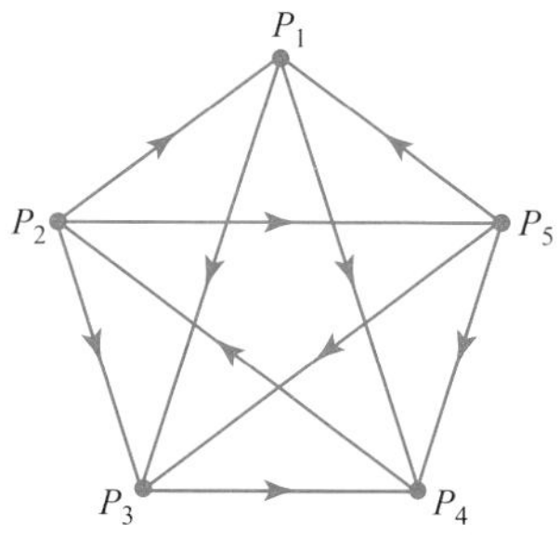

Cinq équipes de baseball jouent exactement une fois les unes contre les autres; les résultats sont affichés dans le tournoi de la figure 6.6.13. La matrice associée est la suivante :

Figure 6.6.13

$$M = \begin{bmatrix} 0 & 0 & 1 & 1 & 0 \\ 1 & 0 & 1 & 0 & 1 \\ 0 & 0 & 0 & 1 & 0 \\ 0 & 1 & 0 & 0 & 0 \\ 1 & 0 & 1 & 1 & 0 \end{bmatrix}$$

Ainsi,

$$A = M + M^2 = \begin{bmatrix} 0 & 0 & 1 & 1 & 0 \\ 1 & 0 & 1 & 0 & 1 \\ 0 & 0 & 0 & 1 & 0 \\ 0 & 1 & 0 & 0 & 0 \\ 1 & 0 & 1 & 1 & 0 \end{bmatrix} + \begin{bmatrix} 0 & 1 & 0 & 1 & 0 \\ 1 & 0 & 2 & 3 & 0 \\ 0 & 1 & 0 & 0 & 0 \\ 1 & 0 & 1 & 0 & 1 \\ 0 & 1 & 1 & 2 & 0 \end{bmatrix} = \begin{bmatrix} 0 & 1 & 1 & 2 & 0 \\ 2 & 0 & 3 & 3 & 1 \\ 0 & 1 & 0 & 1 & 0 \\ 1 & 1 & 1 & 0 & 1 \\ 1 & 1 & 2 & 3 & 0 \end{bmatrix}$$

Les sommes des lignes de $A$ donnent :

Somme de la 1$^{\text{ère}}$ ligne $= 4$
Somme de la 2$^{\text{e}}$ ligne $\ = 9$
Somme de la 3$^{\text{e}}$ ligne $\ = 2$
Somme de la 4$^{\text{e}}$ ligne $\ = 4$
Somme de la 5$^{\text{e}}$ ligne $\ = 7$

Puisque la deuxième ligne a la somme la plus élevée, le sommet $P_2$ est connecté à tous les autres sommets par des chemins de longueur 1 ou 2. La figure 6.6.13 illustre clairement la situation. ◆

Nous avons laissé entendre de façon informelle que le sommet ayant le plus grand nombre de connexions de longueur 1 ou 2 vers les autres sommets était un sommet « puissant ». La définition qui suit formalise cette idée.

---

### DÉFINITION

La *puissance* d'un sommet d'un tournoi est le nombre total de connexions de longueur 1 ou 2 qui le relient aux autres sommets. On définit également la puissance d'un sommet $P_i$ par la somme des éléments de la ligne $i$ de la matrice $A = M + M^2$, où $M$ est la matrice associée au graphe orienté.

---

EXEMPLE 8   Retour sur l'exemple 7

---

Classons les cinq équipes de baseball de l'exemple 7 selon leur puissance. Reprenons les résultats des sommes des lignes :

$$\text{Degré de l'équipe } P_1 = 4$$
$$\text{Degré de l'équipe } P_2 = 9$$
$$\text{Degré de l'équipe } P_3 = 2$$
$$\text{Degré de l'équipe } P_4 = 4$$
$$\text{Degré de l'équipe } P_5 = 7$$

Le classement des équipes selon leur puissance serait donc :

$$P_2 \text{ (première)}, \quad P_5 \text{ (deuxième)}, \quad P_1 \text{ et } P_4 \text{ (à égalité)}, \quad P_3 \text{ (dernière)} \quad \blacklozenge$$

---

## SÉRIE D'EXERCICES 6.6

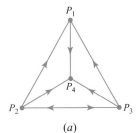

(a)

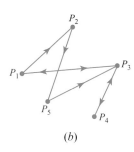

(b)

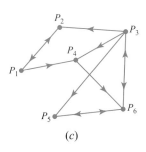

(c)

Figure Ex-1

1. Écrivez les matrices associées aux graphes orientés de la figure Ex-1.

2. Dessinez les graphes orientés correspondant aux matrices associées suivantes :

(a) $\begin{bmatrix} 0 & 1 & 1 & 0 \\ 1 & 0 & 0 & 0 \\ 0 & 0 & 0 & 1 \\ 1 & 0 & 1 & 0 \end{bmatrix}$ (b) $\begin{bmatrix} 0 & 0 & 1 & 0 & 0 \\ 1 & 0 & 0 & 0 & 1 \\ 0 & 1 & 0 & 1 & 1 \\ 0 & 0 & 0 & 0 & 0 \\ 1 & 1 & 1 & 0 & 0 \end{bmatrix}$ (c) $\begin{bmatrix} 0 & 1 & 0 & 1 & 0 & 1 \\ 1 & 0 & 0 & 0 & 1 & 0 \\ 0 & 0 & 0 & 0 & 0 & 0 \\ 1 & 1 & 0 & 0 & 1 & 0 \\ 0 & 0 & 0 & 1 & 0 & 1 \\ 0 & 1 & 0 & 0 & 1 & 0 \end{bmatrix}$

3. Soit la matrice associée $M$ :

$$\begin{bmatrix} 0 & 1 & 1 & 1 \\ 1 & 0 & 0 & 0 \\ 0 & 1 & 0 & 1 \\ 0 & 1 & 1 & 0 \end{bmatrix}$$

(a)   Tracez un schéma du graphe orienté correspondant.

(b)   Utilisez le théorème 6.6.1 pour déterminer le nombre de chemins de longueur 1, 2 et 3 qui relient $P_1$ à $P_2$. Vérifiez votre réponse en dressant la liste des différentes connexions, comme nous l'avons fait à l'exemple 3.

(c)   Répétez la partie (b) en considérant les chemins de longueur 1, 2 et 3 qui connectent $P_1$ à $P_4$.

4. (a)   Calculez le produit matriciel $M^T M$ pour la matrice associée $M$ de l'exemple 1.

(b)   Vérifiez que le $k$ième élément de la diagonale de $M^T M$ correspond au nombre de membres de la famille qui influencent le $k$ième membre. Pourquoi est-ce vrai?

(c)   Donnez une interprétation similaire pour les éléments situés hors de la diagonale de la matrice $M^T M$.

5. Par simple examen visuel, trouvez toutes les cliques des graphes orientés illustrés à la figure Ex-5, en page suivante.

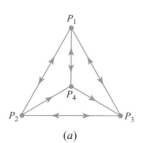

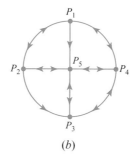

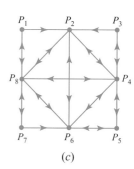

(a)                    (b)                    (c)

**Figure Ex-5**

**6.** Pour chacune des matrices associées ci-dessous, trouvez les cliques des graphes orientés correspondants en utilisant le théorème 6.6.2.

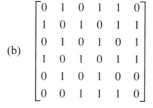

**7.** Considérez le tournoi de la figure Ex-7. Construisez la matrice associée et déterminez la puissance de chacun des sommets.

**8.** Cinq équipes de baseball jouent exactement une partie contre chacune des autres équipes. Les résultats sont les suivants :

$A$ l'emporte sur $B$, $C$ et $D$

$B$ l'emporte sur $C$ et $E$

$C$ l'emporte sur $D$ et $E$

$D$ l'emporte sur $B$

$E$ l'emporte sur $A$ et $D$

Classez les cinq équipes de baseball selon la puissance des sommets du tournoi qui représente les résultats des matchs.

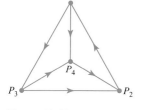

**Figure Ex-7**

# SECTION 6.6
## Exercices informatiques

Les exercices qui suivent peuvent être résolus à l'aide de logiciels tels que MATLAB, Mathematica, Maple, Derive ou Mathcab. On pourra aussi employer des logiciels équivalents ou une calculatrice scientifique dotée de fonctions d'algèbre linéaire. À chacun des exercices, vous devrez lire une partie de la documentation propre au matériel que vous utilisez. Ces exercices visent à vous familiariser avec l'utilisation de votre logiciel. Lorsque vous maîtriserez les techniques explorées dans ces exercices, vous serez en mesure de résoudre par ordinateur bon nombre des problèmes donnés dans les séries d'exercices réguliers.

**T1.** Un graphe dont les $n$ sommets sont connectés à chacun des autres sommets correspond à la matrice associée suivante :

$$M_n = \begin{bmatrix} 0 & 1 & 1 & 1 & 1 & \cdots & 1 \\ 1 & 0 & 1 & 1 & 1 & \cdots & 1 \\ 1 & 1 & 0 & 1 & 1 & \cdots & 1 \\ 1 & 1 & 1 & 0 & 1 & \cdots & 1 \\ 1 & 1 & 1 & 1 & 0 & \cdots & 1 \\ \vdots & \vdots & \vdots & \vdots & \vdots & \ddots & \vdots \\ 1 & 1 & 1 & 1 & 1 & \cdots & 0 \end{bmatrix}$$

Dans ce problème, nous développons une formule pour $M_n^k$ dont les éléments $(i, j)$ correspondent au nombre de chemins de longueur $k$ qui connectent $P_i$ à $P_j$.

(a) À l'aide de l'ordinateur, calculez les huit matrices $M_n^k$ pour $n = 2, 3$ et pour $k = 2, 3, 4, 5$.

(b) Utilisez les résultats obtenus en (a) et des arguments de symétrie pour montrer que l'on peut exprimer $M_n^k$ par

$$M_n^k = \begin{bmatrix} 0 & 1 & 1 & 1 & 1 & \cdots & 1 \\ 1 & 0 & 1 & 1 & 1 & \cdots & 1 \\ 1 & 1 & 0 & 1 & 1 & \cdots & 1 \\ 1 & 1 & 1 & 0 & 1 & \cdots & 1 \\ 1 & 1 & 1 & 1 & 0 & \cdots & 1 \\ \vdots & \vdots & \vdots & \vdots & \vdots & \ddots & \vdots \\ 1 & 1 & 1 & 1 & 1 & \cdots & 0 \end{bmatrix}^k = \begin{bmatrix} \alpha_k & \beta_k & \beta_k & \beta_k & \beta_k & \cdots & \beta_k \\ \beta_k & \alpha_k & \beta_k & \beta_k & \beta_k & \cdots & \beta_k \\ \beta_k & \beta_k & \alpha_k & \beta_k & \beta_k & \cdots & \beta_k \\ \beta_k & \beta_k & \beta_k & \alpha_k & \beta_k & \cdots & \beta_k \\ \beta_k & \beta_k & \beta_k & \beta_k & \alpha_k & \cdots & \beta_k \\ \vdots & \vdots & \vdots & \vdots & \vdots & \ddots & \vdots \\ \beta_k & \beta_k & \beta_k & \beta_k & \beta_k & \cdots & \alpha_k \end{bmatrix}$$

(c) Utilisez l'identité $M_n^k = M_n M_n^{k-1}$ pour montrer que

$$\begin{bmatrix} \alpha_k \\ \beta_k \end{bmatrix} = \begin{bmatrix} 0 & n-1 \\ 1 & n-2 \end{bmatrix} \begin{bmatrix} \alpha_{k-1} \\ \beta_{k-1} \end{bmatrix}$$

où

$$\begin{bmatrix} \alpha_1 \\ \beta_1 \end{bmatrix} = \begin{bmatrix} 0 \\ 1 \end{bmatrix}$$

(d) Utilisez (c) pour montrer que

$$\begin{bmatrix} \alpha_k \\ \beta_k \end{bmatrix} = \begin{bmatrix} 0 & n-1 \\ 1 & n-2 \end{bmatrix}^{k-1} \begin{bmatrix} 0 \\ 1 \end{bmatrix}$$

(e) Trouvez une expression générale pour

$$\begin{bmatrix} 0 & n-1 \\ 1 & n-2 \end{bmatrix}^{k-1}$$

Obtenez ensuite des expressions pour $\alpha_k$ et $\beta_k$; puis, montrez que

$$M_n^k = \left( \frac{(n-1)^k - (-1)^k}{n} \right) U_n + (-1)^k I_n$$

où $U_n$ est la matrice $n \times n$ dont tous les éléments valent 1 et $I_n$ est la matrice identité $n \times n$.

(f) Montrez que pour $n > 2$, tous les sommets de ces graphes orientés appartiennent à des cliques.

**T2.** Considérez un tournoi à la ronde de $n$ joueurs (nommés $a_1$, $a_2$, $a_3$,…, $a_n$) au cours duquel $a_1$ l'emporte sur $a_2$, $a_2$ l'emporte sur $a_3$, $a_3$ l'emporte sur $a_4$,…, $a_{n-1}$ l'emporte sur $a_n$ et $a_n$ l'emporte sur $a_1$. Déterminez la puissance de chaque joueur; démontrez d'abord qu'ils ont tous la même puissance et évaluez ensuite cette puissance.

*Indice* À l'aide de l'ordinateur, étudiez les cas où $n = 3, 4, 5, 6$; faites ensuite une prédiction et démontrez-en la justesse.

# 6.7
# MODÈLES ÉCONOMIQUES DE LEONTIEF

*Dans cette section, nous présentons deux modèles linéaires de systèmes économiques. En utilisant certains principes applicables aux matrices ne comportant aucun élément négatif, nous déterminerons des structures de prix équilibrées et nous établirons les niveaux de production nécessaires pour répondre à la demande.*

> PRÉALABLES : Systèmes linéaires
> Matrices

## Systèmes économiques

La théorie matricielle illustre bien les relations entre les prix, la production et la demande dans les systèmes économiques. Dans cette section, nous examinons quelques modèles simples basés sur les idées de Wassily Leontief, lauréat d'un prix Nobel. Nous étudierons deux modèles différents, mais qui présentent certaines similitudes : le modèle fermé d'entrées-sorties (ou modèle de consommation-production) et le modèle ouvert (ou modèle de production). Dans chaque cas, nous utiliserons des paramètres économiques donnés qui décrivent les relations entre les « industries » qui participent à l'économie considérée. À l'aide de la théorie matricielle, nous évaluerons ensuite des paramètres complémentaires, tels que les prix ou les niveaux de production, dans le but d'atteindre l'objectif économique fixé. Voyons d'abord le modèle fermé.

## Modèle fermé (entrées-sorties) de Leontief

Considérons d'abord un cas simple; nous généraliserons ensuite le modèle construit.

### EXEMPLE 1 Un modèle d'entrées-sorties

Les propriétaires de trois maisons – un charpentier, un électricien et un plombier – s'entendent pour rénover ensemble leurs trois résidences. Ils consacreront chacun 10 jours aux travaux selon la répartition suivante :

| | Travail exécuté par : | | |
|---|---|---|---|
| | le charpentier | l'électricien | le plombier |
| Nombre de jours travaillés chez le charpentier | 2 | 1 | 6 |
| Nombre de jours travaillés chez l'électricien | 4 | 5 | 1 |
| Nombre de jours travaillés chez le plombier | 4 | 4 | 3 |

À des fins d'impôt, les trois propriétaires doivent déclarer leur travail et se payer les uns les autres un tarif journalier raisonnable, en considérant également le travail que chacun fait sur sa propre maison. Leur tarif habituel tourne autour de 100 $ par jour, mais ils s'entendent pour l'ajuster de façon à ne rien se devoir l'un l'autre – c'est-à-dire que le montant total dû par chacun est égal au montant qu'il reçoit. Posons

$$p_1 = \text{tarif journalier du charpentier}$$
$$p_2 = \text{tarif journalier de l'électricien}$$
$$p_3 = \text{tarif journalier du plombier}$$

La condition d'« équilibre » veut que chaque propriétaire rentre dans ses frais. Pour y satisfaire, l'équation suivante doit être vérifiée pour chacun d'eux sur l'ensemble de la période de 10 jours :

$$\text{total des dépenses} = \text{total des revenus}$$

Par exemple, le charpentier paie un total de $2p_1 + p_2 + 6p_3$ pour la rénovation de sa propre maison et il reçoit la somme totale $10p_1$ pour les travaux qu'il effectue dans les trois maisons. En égalant ces deux expressions, on obtient la première des trois équations du système :

$$2p_1 + \phantom{5}p_2 + 6p_3 = 10p_1$$
$$4p_1 + 5p_2 + \phantom{6}p_3 = 10p_2$$
$$4p_1 + 4p_2 + 3p_3 = 10p_3$$

On trouve les deux autres équations d'équilibre en considérant le travail de l'électricien et celui du plombier. Divisons maintenant les membres de ces équations par 10 et récrivons celles-ci sous forme matricielle; on trouve

$$\begin{bmatrix} .2 & .1 & .6 \\ .4 & .5 & .1 \\ .4 & .4 & .3 \end{bmatrix} \begin{bmatrix} p_1 \\ p_2 \\ p_3 \end{bmatrix} = \begin{bmatrix} p_1 \\ p_2 \\ p_3 \end{bmatrix} \tag{1}$$

L'équation (1) prend la forme d'un système homogène si l'on soustrait le membre gauche du membre droit de l'équation; on a

$$\begin{bmatrix} .8 & -.1 & -.6 \\ -.4 & .5 & -.1 \\ -.4 & -.4 & .7 \end{bmatrix} \begin{bmatrix} p_1 \\ p_2 \\ p_3 \end{bmatrix} = \begin{bmatrix} 0 \\ 0 \\ 0 \end{bmatrix}$$

On trouve la solution suivante pour ce système homogène (vérifiez-le) :

$$\begin{bmatrix} p_1 \\ p_2 \\ p_3 \end{bmatrix} = s \begin{bmatrix} 31 \\ 32 \\ 36 \end{bmatrix}$$

où $s$ est une constante arbitraire. Cette constante est un facteur d'échelle que les propriétaires peuvent choisir à leur convenance. Par exemple, en posant $s = 3$, les tarifs journaliers respectifs – 93 $, 96 $ et 108 $ – se situent aux environs de 100 $. ◆

Cet exemple illustre les grandes lignes du modèle d'entrées-sorties d'une économie fermée, tel qu'élaboré par Leontief. Dans l'équation de base (1), la somme des éléments de chaque colonne de la matrice des coefficients égale 1 parce que tout le travail produit par les propriétaires est destiné à ces mêmes propriétaires, selon les proportions indiquées par les éléments de la colonne. Le problème consiste à déterminer les « coûts » des travaux exécutés pour maintenir le système en équilibre – de sorte que les dépenses encourues par chaque propriétaire soient égales à ses revenus.

Dans le modèle général, un système économique est constitué d'un nombre fini d'« industries », notées 1, 2,..., $k$. Sur une période de temps fixe, chaque industrie produit des biens ou des services (sorties) qui sont entièrement consommés d'une manière prédéterminée par l'ensemble de ces mêmes $k$ industries. À partir de ce modèle, on cherche habituellement à trouver les « prix » à facturer pour ces $k$ produits (sorties), de sorte que les dépenses totales de chaque industrie correspondent aux revenus (entrées) qu'elle génère. Une telle structure de prix représente une économie en équilibre.

Pour la période de temps fixée, posons

$p_i$ = prix demandé par l'industrie $i$ pour sa production totale

$e_{ij}$ = fraction de la production totale de l'industrie $j$ achetée par l'industrie $i$

pour $i = 1, 2, \ldots, k$. Par définition, on a

(i) $p_i \geq 0, \qquad i = 1, 2, \ldots, k$

(ii) $e_{ij} \geq 0, \qquad i, j = 1, 2, \ldots, k$

(iii) $e_{1j} + e_{2j} + \cdots + e_{kj} = 1, \qquad j = 1, 2, \ldots, k$

Avec ces quantités, on forme le ***vecteur de prix***

$$\mathbf{p} = \begin{bmatrix} p_1 \\ p_2 \\ \vdots \\ p_k \end{bmatrix}$$

et la ***matrice d'échanges*** ou ***matrice d'entrées-sorties***

$$E = \begin{bmatrix} e_{11} & e_{12} & \cdots & e_{1k} \\ e_{21} & e_{22} & \cdots & e_{2k} \\ \vdots & \vdots & & \vdots \\ e_{k1} & e_{k2} & \cdots & e_{kk} \end{bmatrix}$$

D'après la condition (iii), la somme des éléments de chacune des colonnes de la matrice d'échanges est égale à 1.

Tout comme dans l'exemple, pour que les dépenses de chaque industrie correspondent à ses revenus, l'équation matricielle suivante doit être vérifiée [voir (1)] :

$$E\mathbf{p} = \mathbf{p} \tag{2}$$

ou

$$(I - E)\mathbf{p} = \mathbf{0} \tag{3}$$

L'équation (3) est un système linéaire homogène pour le vecteur de prix $\mathbf{p}$. Il aura une solution non triviale si et seulement si le déterminant de sa matrice des coefficients $I - E$ est nul. À l'exercice 7, nous demandons au lecteur de montrer que c'est le cas pour toute matrice d'échange $E$. Ainsi, l'équation (3) admettra toujours des solutions non triviales pour le vecteur de prix $\mathbf{p}$.

En fait, pour que ce modèle économique soit sensé, il ne suffit pas que l'équation (3) admette des solutions non triviales pour $\mathbf{p}$. Les prix $p_i$ des $k$ productions ne doivent pas être négatifs; autrement dit, $\mathbf{p} \geq 0$. (En général, si $A$ est un vecteur ou une matrice quelconque, la notation $A \geq 0$ signifie qu'aucun élément de $A$ n'est négatif et la notation $A > 0$, que tous les éléments de $A$ sont positifs. De même, $A \geq B$ signifie que $A - B \geq 0$ et $A > B$, que $A - B > 0$.) Il est plus difficile de montrer que l'équation (3) admet une solution non triviale, telle que $\mathbf{p} \geq 0$, que de simplement montrer qu'elle admet des solutions non triviales. Mais cette affirmation est vraie et nous la présentons comme un théorème sans en donner la démonstration formelle.

**THÉORÈME 6.7.1**

*Si E est une matrice d'échanges, alors $E\mathbf{p} = \mathbf{p}$ admet toujours une solution non triviale $\mathbf{p}$ qui ne contient aucun élément négatif.*

Appliquons ce théorème à quelques exemples simples.

## EXEMPLE 2 Utiliser le théorème 6.7.1

Soit la matrice

$$E = \begin{bmatrix} \frac{1}{2} & 0 \\ \frac{1}{2} & 1 \end{bmatrix}$$

Alors $(I - E)\mathbf{p} = \mathbf{0}$ s'écrit

$$\begin{bmatrix} \frac{1}{2} & 0 \\ -\frac{1}{2} & 0 \end{bmatrix} \begin{bmatrix} p_1 \\ p_2 \end{bmatrix} = \begin{bmatrix} 0 \\ 0 \end{bmatrix}$$

Ce système a pour solution générale

$$\mathbf{p} = s \begin{bmatrix} 0 \\ 1 \end{bmatrix}$$

où $s$ est une constante arbitraire. Il existe donc des solutions non triviales $\mathbf{p} \geq 0$ pour tout $s > 0$. ◆

## EXEMPLE 3 Utiliser le théorème 6.7.1

Soit la matrice

$$E = \begin{bmatrix} 1 & 0 \\ 0 & 1 \end{bmatrix}$$

Alors $(I - E)\mathbf{p} = \mathbf{0}$ a pour solution générale

$$\mathbf{p} = s \begin{bmatrix} 1 \\ 0 \end{bmatrix} + t \begin{bmatrix} 0 \\ 1 \end{bmatrix}$$

où $s$ et $t$ sont des constantes arbitraires indépendantes. Les solutions non triviales $\mathbf{p} \geq 0$ existent alors pour tout $s \geq 0$ et $t \geq 0$, où s et $t$ ne sont pas nuls simultanément. ◆

L'exemple 2 montre que la condition d'équilibre exige parfois que l'un des prix soit nul. L'exemple 3 enseigne que plusieurs structures de prix linéairement indépendantes sont parfois possibles. Ces situations ne correspondent pas vraiment à une structure économique interdépendante. Le théorème qui suit énonce des conditions suffisantes pour exclure ces deux cas :

**THÉORÈME 6.7.2**

> *Soit E, une matrice d'échanges telle que pour un entier positif m, tous les éléments de $E^m$ sont positifs. Alors il existe exactement une solution linéairement indépendante de $(I - E)\mathbf{p} = \mathbf{0}$ et elle peut être choisie de sorte que tous ses éléments soient positifs.*

Nous ne démontrerons pas ce théorème. Si vous avez lu la section 6.5 qui traite des chaînes de Markov, vous constaterez que ce théorème est essentiellement le même que le` théorème 6.5.4. La matrice d'échanges dont il est ici question correspond à une matrice stochastique ou matrice de Markov telles que définies à la section 6.5.

## EXEMPLE 4 Utiliser le théorème 6.7.2

Soit la matrice d'échanges de l'exemple 1 :

$$E = \begin{bmatrix} .2 & .1 & .6 \\ .4 & .5 & .1 \\ .4 & .4 & .3 \end{bmatrix}$$

Puisque $E > 0$, la condition $E^m > 0$ imposée par le théorème 6.7.2 est satisfaite pour $m = 1$. En conséquence, on sait qu'il existe exactement une solution linéairement indépendante de $(I - E)\mathbf{p} = \mathbf{0}$ et qu'elle peut être choisie telle que $\mathbf{p} > 0$. Dans cet exemple, la solution suivante remplit ces conditions :

$$\mathbf{p} = \begin{bmatrix} 31 \\ 32 \\ 36 \end{bmatrix} \blacklozenge$$

**Modèle ouvert (production) de Leontief**

Contrairement au modèle fermé, dans lequel les productions (sorties) des $k$ industries sont entièrement distribuées entre ces mêmes industries, le modèle ouvert tente de répondre à une demande extérieure. Une partie des productions peut toujours être distribuée à l'intérieur du groupe d'industries pour en assurer les opérations, mais il doit y avoir un excès, une production nette, pour satisfaire à la demande extérieure. Dans le modèle fermé, la production des industries est fixe et l'objectif consiste à établir les prix des productions pour satisfaire à la condition d'équilibre entre les dépenses et les revenus. Dans le modèle ouvert, les prix sont fixes et l'on veut déterminer les niveaux de production nécessaires pour répondre à la demande extérieure. À partir des prix établis, nous allons exprimer ces niveaux de production en termes de leurs valeurs économiques. Plus précisément, pour une période de temps donnée, posons

$x_i$ = valeur monétaire de la production totale de l'industrie $i$

$d_i$ = valeur monétaire de la production de l'industrie $i$ nécessaire pour répondre à la demande extérieure

$c_{ij}$ = valeur monétaire de la production de l'industrie $i$ nécessaire à l'industrie $j$ pour produire une unité de valeur monétaire de sa propre production.

Avec ces quantités, définissons le ***vecteur de production***

$$\mathbf{x} = \begin{bmatrix} x_1 \\ x_2 \\ \vdots \\ x_k \end{bmatrix}$$

le *vecteur de demande*

$$\mathbf{d} = \begin{bmatrix} d_1 \\ d_2 \\ \vdots \\ d_k \end{bmatrix}$$

et la *matrice de consommation*

$$C = \begin{bmatrix} c_{11} & c_{12} & \cdots & c_{1k} \\ c_{21} & c_{22} & \cdots & c_{2k} \\ \vdots & \vdots & & \vdots \\ c_{k1} & c_{k2} & \cdots & c_{kk} \end{bmatrix}$$

De par la nature de ces matrices, on a

$$\mathbf{x} \geq 0, \quad \mathbf{d} \geq 0 \quad \text{et} \quad C \geq 0$$

Considérant les définitions de $c_{ij}$ et $x_j$, l'expression

$$c_{i1}x_1 + c_{i2}x_2 + \cdots + c_{ik}x_k$$

donne la valeur de la production de l'industrie $i$ nécessaire à la production totale des $k$ industries, telle que spécifiée par le vecteur de production $\mathbf{x}$. Parce que cette quantité est simplement l'élément $i$ du vecteur colonne $C\mathbf{x}$, on peut dire également que l'élément $i$ du vecteur colonne

$$\mathbf{x} - C\mathbf{x}$$

représente la valeur de la production en excès de l'industrie $i$, c'est-à-dire la production destinée à la demande extérieure. Or, la production de l'industrie $i$ destinée à la demande extérieure correspond à l'élément $i$ du vecteur de demande $\mathbf{d}$. Par conséquent, on obtient l'équation suivante :

$$\mathbf{x} - C\mathbf{x} = \mathbf{d}$$

ou

$$(I - C)\mathbf{x} = \mathbf{d} \tag{4}$$

Si cette équation est vérifiée, la demande est exactement satisfaite, sans surplus ni pénurie. Ainsi, connaissant $C$ et $\mathbf{d}$, nous voulons trouver un vecteur de production $\mathbf{x} \geq 0$ qui vérifie l'équation (4).

---

## EXEMPLE 5   Vecteur de production d'une ville

Une ville regroupe trois industries principales : une mine de charbon, une centrale électrique et un chemin de fer local. Pour extraire 1 \$ de charbon, l'entreprise minière achète 0,25 \$ d'électricité pour alimenter ses équipements et 0,25 \$ de services de transport aux fins de livraison. Pour produire 1 \$ d'électricité, la centrale achète 0,65 \$ de charbon, qui sert de combustible, elle utilise 0,05 \$ de l'électricité qu'elle produit et dépense 0,05 \$ pour le transport. Pour produire 1 \$ de transport, le chemin de fer utilise 0,55 \$ de charbon, utilisé comme combustible, et il consomme 0,10 \$ d'électricité pour faire fonctionner l'équipement auxiliaire. Une certaine semaine, la demande de charbon provenant de l'extérieur de la ville totalise 50 000 $ et la demande d'électricité pour l'extérieur s'élève à 25 000 $. Le chemin de fer ne reçoit pas de commande de l'extérieur. Combien chacune des trois industries doit-elle produire cette semaine-là pour satisfaire exactement à la somme des demandes intérieure et extérieure?

*Solution*

Pour cette semaine-là, posons

$$x_1 = \text{valeur totale du charbon produit par l'entreprise minière}$$
$$x_2 = \text{valeur totale de l'électricité produite par la centrale}$$
$$x_3 = \text{valeur totale de la production du chemin de fer}$$

D'après l'information donnée, la matrice de consommation du système est

$$C = \begin{bmatrix} 0 & .65 & .55 \\ .25 & .05 & .10 \\ .25 & .05 & 0 \end{bmatrix}$$

Le système linéaire $(I - C)\mathbf{x} = \mathbf{d}$ prend alors la forme

$$\begin{bmatrix} 1.00 & -.65 & -.55 \\ -.25 & .95 & -.10 \\ -.25 & -.05 & 1.00 \end{bmatrix} \begin{bmatrix} x_1 \\ x_2 \\ x_3 \end{bmatrix} = \begin{bmatrix} 50,000 \\ 25,000 \\ 0 \end{bmatrix}$$

La matrice des coefficients du membre gauche de l'équation est inversible et la solution est donnée par

$$\mathbf{x} = (I - C)^{-1}\mathbf{d} = \frac{1}{503} \begin{bmatrix} 756 & 542 & 470 \\ 220 & 690 & 190 \\ 200 & 170 & 630 \end{bmatrix} \begin{bmatrix} 50,000 \\ 25,000 \\ 0 \end{bmatrix} = \begin{bmatrix} 102,087 \\ 56,163 \\ 28,330 \end{bmatrix}$$

Ainsi, la production totale de la mine de charbon devra s'élever à 102 087 $, la centrale devra produire de l'électricité pour 56 163 $ et le chemin de fer devra fournir 28 330 $ de transport. ◆

Reprenons maintenant l'équation (4) :

$$(I - C)\mathbf{x} = \mathbf{d}$$

Si la matrice carrée $I - C$ est inversible, l'on peut écrire

$$\mathbf{x} = (I - C)^{-1}\mathbf{d} \tag{5}$$

De plus, si la matrice $(I - C)^{-1}$ ne renferme pas d'éléments négatifs, alors on sait avec certitude que pour tout $\mathbf{d} \geq 0$, l'équation (5) admet une solution non négative unique pour $\mathbf{x}$. Ce qui est particulièrement souhaitable, car dans ces conditions, les industries seront en mesure de répondre à la demande extérieure. Définissons la terminologie spécifique à cette situation.

**DÉFINITION**

Une matrice de consommation $C$ est dite ***productive*** si $(I - C)^{-1}$ existe et que
$$(I - C)^{-1} \geq 0$$

Considérons maintenant quelques critères simples qui garantissent la productivité d'une matrice de consommation. Le théorème suivant donne le premier critère :

**THÉORÈME 6.7.3**

**Matrice de consommation productive**

*Une matrice de consommation C est productive si et seulement si il existe un vecteur de production* $\mathbf{x} \geq 0$ *tel que* $\mathbf{x} > C\mathbf{x}$.

(La démonstration est esquissée à l'exercice 9.) La condition $\mathbf{x} > C\mathbf{x}$ signifie qu'il existe un échéancier de production tel que chaque industrie produit davantage qu'elle consomme.

On tire deux corollaires intéressants du théorème 6.7.3. Supposons que la somme des éléments des lignes de $C$ est toujours inférieure à 1. Si

$$\mathbf{x} = \begin{bmatrix} 1 \\ 1 \\ \vdots \\ 1 \end{bmatrix}$$

alors $C\mathbf{x}$ et un vecteur colonne dont les éléments correspondent aux sommes des lignes. Par conséquent, $\mathbf{x} > C\mathbf{x}$ et la condition définie par le théorème 6.7.3 est vérifiée. On peut donc formuler le corollaire suivant :

**COROLLAIRE 6.7.4**

*Une matrice de consommation est productive si la somme des éléments de chacune de ses lignes est inférieure à* 1.

À l'exercice 8, nous demandons au lecteur de démontrer le corollaire suivant :

**COROLLAIRE 6.7.5**

*Une matrice de consommation est productive si la somme des éléments de chacune de ses colonnes est inférieure à* 1.

Rappelant la définition des éléments de la matrice de consommation $C$, on voit que la somme des éléments de la colonne $j$ de $C$ correspond au total de la production des $k$ industries utilisée par l'industrie $j$ pour sortir une unité monétaire de son produit. L'industrie $j$ est dite **rentable** si la somme des éléments de cette colonne $j$ est inférieure à 1. Autrement dit, le corollaire 6.7.5 s'interprète comme suit : la matrice de consommation est productive si les $k$ industries qui composent le système économique sont rentables.

---

**EXEMPLE 6** Utiliser le corollaire 6.7.5

---

Soit la matrice de consommation de l'exemple 5 :

$$C = \begin{bmatrix} 0 & .65 & .55 \\ .25 & .05 & .10 \\ .25 & .05 & 0 \end{bmatrix}$$

Les sommes des éléments des trois colonnes étant toutes inférieures à 1, les trois industries sont rentables. Par conséquent, selon le corollaire 6.7.5, la matrice de consommation $C$ est productive. On arrive à la même conclusion en examinant les calculs effectués à l'exemple 5, puisque $(I - C)^{-1}$ n'est pas négative. ◆

1. Pour les matrices d'échanges suivantes, trouvez les vecteurs de prix non négatifs qui vérifient la condition d'équilibre (3) :

(a) $\begin{bmatrix} \frac{1}{2} & \frac{1}{3} \\ \frac{1}{2} & \frac{2}{3} \end{bmatrix}$ 　(b) $\begin{bmatrix} \frac{1}{2} & 0 & \frac{1}{2} \\ \frac{1}{3} & 0 & \frac{1}{2} \\ \frac{1}{6} & 1 & 0 \end{bmatrix}$ 　(c) $\begin{bmatrix} .35 & .50 & .30 \\ .25 & .20 & .30 \\ .40 & .30 & .40 \end{bmatrix}$

2. Utilisez le théorème 6.7.3 et ses corollaires pour montrer que les matrices de consommation suivantes sont productives :

(a) $\begin{bmatrix} .8 & .1 \\ .3 & .6 \end{bmatrix}$ 　(b) $\begin{bmatrix} .70 & .30 & .25 \\ .20 & .40 & .25 \\ .05 & .15 & .25 \end{bmatrix}$ 　(c) $\begin{bmatrix} .7 & .3 & .2 \\ .1 & .4 & .3 \\ .2 & .4 & .1 \end{bmatrix}$

3. Par le théorème 6.7.2, montrez qu'il existe un seul vecteur de prix linéairement indépendant pour le système économique fermé dont la matrice d'échanges est

$$E = \begin{bmatrix} 0 & .2 & .5 \\ 1 & .2 & .5 \\ 0 & .6 & 0 \end{bmatrix}$$

4. Trois voisins ont des potagers dans leur cour arrière. Le voisin $A$ cultive des tomates, $B$, du maïs et $C$, de la laitue. Ils s'entendent pour diviser les récoltes comme suit : $A$ prend $\frac{1}{2}$ de la récolte de tomates, $\frac{1}{3}$ du maïs et $\frac{1}{4}$ de la laitue. $B$ prend $\frac{1}{3}$ des tomates, $\frac{1}{3}$ du maïs et $\frac{1}{4}$ de la laitue; $C$ aura $\frac{1}{6}$ des tomates, $\frac{1}{3}$ du maïs et $\frac{1}{2}$ de la laitue. Quels prix les voisins doivent-ils établir pour leurs récoltes respectives s'ils veulent satisfaire à la condition d'équilibre d'une économie fermée et si le prix de la récolte la moins chère est de 100 $?

5. Trois ingénieures exploitent chacune une firme de consultation; l'une est spécialisée en génie civil (IC), la deuxième, en électricité (IÉ) et la troisième, en mécanique (IM). Les services offerts étant de nature multidisciplinaire, chacune achète des services des deux autres. Pour chaque dollar de consultation qu'elle fait, l'IC achète 0,10 $ de services à l'IÉ et 0,30 $ de services à l'IM. De même, pour chaque dollar de consultation qu'elle fait, l'IÉ achète 0,20 $ de services à l'IC et 0,40 $ de services à l'IM. Finalement, pour chaque dollar de consultation produit, l'IM achète 0,30 $ de services à l'IC et 0,40 $ de services à l'IÉ. Au cours d'une certaine semaine, l'IC reçoit 500 $ de demandes de consultation extérieures, l'IÉ en a pour 700 $ et l'IM, pour 600 $. Combien de dollars de consultation chaque ingénieure doit-elle produire cette semaine-là?

6. (a) Supposons que la demande de production $d_i$ de l'industrie $i$ augmente de une unité. Expliquez pourquoi la colonne $i$ de la matrice $(I - C)^{-1}$ représente l'augmentation qui doit être ajoutée au vecteur de production $\mathbf{x}$ pour répondre à la demande additionnelle?

   (b) En vous inspirant de l'exemple 5, utilisez l'énoncé de la partie (a) pour déterminer l'augmentation de la production de charbon nécessaire pour répondre à la demande adressée à la centrale électrique de produire une unité monétaire d'électricité supplémentaire.

7. Partant du fait que les sommes des éléments des colonnes de la matrice d'échanges $E$ valent toutes 1, montrez que les sommes des éléments des colonnes de $I - E$ égalent zéro. Montrez ensuite que le déterminant de $I - E$ est nul et que, par conséquent, $(I - E)\mathbf{p} = \mathbf{0}$ admet des solutions non triviales pour $\mathbf{p}$.

8. Montrez que le corollaire 6.7.5 découle du corollaire 6.7.4.

   ***Indice*** Utilisez le fait que $(A^T)^{-1} = (A^{-1})^T$ pour toute matrice inversible $A$.

9. **(Si vous avez des notions de calcul)** Démontrez le théorème 6.7.3 comme suit :

(a) Démontrez la portion « seulement si » du théorème, c'est-à-dire, montrez que si $C$ est une matrice de consommation productive, alors il existe un vecteur $\mathbf{x} \geq 0$ tel que $\mathbf{x} > C\mathbf{x}$.

(b) Démontrez la portion « si » du théorème en procédant comme suit :

***Étape 1*** Montrez que s'il existe un vecteur $\mathbf{x}^* \geq 0$ tel que $C\mathbf{x}^* < \mathbf{x}^*$, alors $\mathbf{x}^* > 0$.

***Étape 2*** Montrez qu'il existe un nombre $\lambda$ tel que $0 < \lambda < 1$ et $C\mathbf{x}^* < \lambda\mathbf{x}^*$.

***Étape 3*** Montrez que $C^n\mathbf{x}^* < \lambda^n\mathbf{x}^*$ pour $n = 1, 2, \ldots$.

***Étape 4*** Montrez que $C^n \to 0$ lorsque $n \to \infty$.

***Étape 5*** En effectuant la multiplication, montrez que

$$(I - C)(I + C + C^2 + \cdots + C^{n-1}) = I - C^n$$

pour $n = 1, 2, \ldots$.

***Étape 6*** En considérant $n \to \infty$ à l'étape 5, montrez que la somme infinie ci-dessous existe :

$$S = I + C + C^2 + \cdots$$

et que $(I - C)S = I$.

***Étape 7*** Montrez que $S \geq 0$ et que $S = (I - C)^{-1}$.

***Étape 8*** Montrez que $C$ est une matrice de consommation productive.

---

## Section 6.7

**Exercices informatiques**

Les exercices qui suivent peuvent être résolus à l'aide de logiciels tels que MATLAB, Mathematica, Maple, Derive ou Mathcab. On pourra aussi employer des logiciels équivalents ou une calculatrice scientifique dotée de fonctions d'algèbre linéaire. À chacun des exercices, vous devrez lire une partie de la documentation propre au matériel que vous utilisez. Ces exercices visent à vous familiariser avec l'utilisation de votre logiciel. Lorsque vous maîtriserez les techniques explorées dans ces exercices, vous serez en mesure de résoudre par ordinateur bon nombre des problèmes donnés dans les séries d'exercices réguliers.

**T1.** Considérez une séquence de matrices d'échanges $\{E_2, E_3, E_4, E_5, \ldots, E_n\}$ où

$$E_2 = \begin{bmatrix} 0 & \frac{1}{2} \\ 1 & \frac{1}{2} \end{bmatrix}, \qquad E_3 = \begin{bmatrix} 0 & \frac{1}{2} & \frac{1}{3} \\ 1 & 0 & \frac{1}{3} \\ 0 & \frac{1}{2} & \frac{1}{3} \end{bmatrix},$$

$$E_4 = \begin{bmatrix} 0 & \frac{1}{2} & \frac{1}{3} & \frac{1}{4} \\ 1 & 0 & \frac{1}{3} & \frac{1}{4} \\ 0 & \frac{1}{2} & 0 & \frac{1}{4} \\ 0 & 0 & \frac{1}{3} & \frac{1}{4} \end{bmatrix}, \quad E_5 = \begin{bmatrix} 0 & \frac{1}{2} & \frac{1}{3} & \frac{1}{4} & \frac{1}{5} \\ 1 & 0 & \frac{1}{3} & \frac{1}{4} & \frac{1}{5} \\ 0 & \frac{1}{2} & 0 & \frac{1}{4} & \frac{1}{5} \\ 0 & 0 & \frac{1}{3} & 0 & \frac{1}{5} \\ 0 & 0 & 0 & \frac{1}{4} & \frac{1}{5} \end{bmatrix}$$

et ainsi de suite. Utilisez l'ordinateur pour montrer que $E_2^2 > 0_2$, $E_3^3 > 0_3$, $E_4^4 > 0_4$, $E_5^5 > 0_5$ et faites l'hypothèse que bien que $E_n^n > 0_n$ soit vrai, $E_n^k > 0_n$ n'est pas vérifiée pour $k = 1, 2, 3, \ldots, n-1$. Puis, à l'aide de l'ordinateur, déterminez les vecteurs $\mathbf{p}_n$ tels que $E_n\mathbf{p}_n = \mathbf{p}_n$ (pour $n = 2, 3, 4, 5, 6$) et essayez d'en déduire un règle qui permettrait de calculer facilement $\mathbf{p}_{n+1}$ à partir de $\mathbf{p}_n$. Vérifiez ensuite la règle trouvée en construisant d'abord $\mathbf{p}_8$ à partir de

$$\mathbf{p}_7 = \begin{bmatrix} 2520 \\ 3360 \\ 1890 \\ 672 \\ 175 \\ 36 \\ 7 \end{bmatrix}$$

et en vérifiant ensuite si $E_8\mathbf{p}_8 = \mathbf{p}_8$.

**T2.** Considérez un modèle de production ouvert qui comprend $n$ industries, où $n > 1$. Pour produire 1 \$, l'industrie $j$ doit acheter $(1/n)$ \$ de produits de l'industrie $i$ (pour tout $i \neq j$), mais l'industrie $j$ (pour tout $j = 1, 2, 3,\ldots, n$) n'a pas de dépense de production. Construisez la matrice de consommation $C_n$, montrez qu'elle est productive et trouvez une expression pour $(I_n - C_n)^{-1}$. En cherchant l'expression pour $(I_n - C_n)^{-1}$, avec l'aide de l'ordinateur, étudiez les cas où $n = 2, 3, 4$ et 5; faites ensuite une prédiction et vérifiez si elle est juste.

*Indice*   Si $F_n = [1]_{n \times n}$ (la matrice $n \times n$ dont tous les éléments valent 1), montrez d'abord que

$$F_n^2 = nF_n$$

et exprimez ensuite la valeur prédite pour $(I_n - C_n)^{-1}$ en termes de $n$, $I_n$ et $F_n$.

## 6.8
## INFOGRAPHIE

*Dans cette section, nous considérons d'abord une vue d'un objet tridimensionnel affichée sur un écran vidéo; nous montrons ensuite comment obtenir de nouvelles vues de l'objet, avec l'aide de l'algèbre matricielle, par changement d'échelles, translation ou rotation de la vue initiale.*

PRÉALABLES : Algèbre matricielle
Géométrie analytique

### Visualisation d'un objet tridimensionnel

Supposons que l'on veuille représenter un objet tridimensionnel sur un écran vidéo suivant différents points de vues. La représentation de l'objet que nous avons en tête sera déterminée par un nombre fini de segments de droite. Par exemple, considérons la pyramide droite tronquée de base hexagonale illustrée à la figure 6.8.1. Nous introduisons d'abord un repère de coordonnées $xyz$ pour situer l'objet. Nous plaçons l'origine de ce repère au centre de l'écran et nous faisons coïncider le plan $xy$ avec le plan de l'écran (figure 6.8.1). Ainsi, nous verrons à l'écran seulement la projection de la vue de l'objet tridimensionnel sur le plan bidimensionnel $xy$.

Dans le repère $xyz$, les points $P_1, P_2,\ldots, P_n$ sont les extrémités des segments de droite qui déterminent la vue de l'objet; ils ont pour coordonnées

$$(x_1, y_1, z_1), \quad (x_2, y_2, z_2), \ldots, \quad (x_n, y_n, z_n)$$

Ces coordonnées sont emmagasinées dans la mémoire du système d'affichage vidéo, de même que l'information indiquant quelles paires de points sont reliées par des segments de droite. Par exemple, considérons les coordonnées des 12 sommets de la pyramide

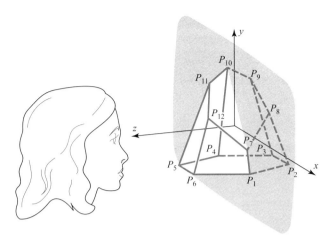

Figure 6.8.1

tronquée de la figure 6.8.1 (l'écran a une largeur de 4 unités et une hauteur de 3 unités) :

$$P_1: (1.000, -.800, .000), \qquad P_2: (.500, -.800, -.866),$$
$$P_3: (-.500, -.800, -.866), \qquad P_4: (-1.000, -.800, .000),$$
$$P_5: (-.500, -.800, .866), \qquad P_6: (.500, -.800, .866),$$
$$P_7: (.840, -.400, .000), \qquad P_8: (.315, .125, -.546),$$
$$P_9: (-.210, .650, -.364), \qquad P_{10}: (-.360, .800, .000),$$
$$P_{11}: (-.210, .650, .364), \qquad P_{12}: (.315, .125, .546)$$

Ces 12 sommets sont reliés deux à deux par les 18 segments de droite décrits ci-dessous, où $P_i \leftrightarrow P_j$ signifie que $P_i$ est relié à $P_j$.

$$P_1 \leftrightarrow P_2, \quad P_2 \leftrightarrow P_3, \quad P_3 \leftrightarrow P_4, \quad P_4 \leftrightarrow P_5, \quad P_5 \leftrightarrow P_6, \quad P_6 \leftrightarrow P_1,$$
$$P_7 \leftrightarrow P_8, \quad P_8 \leftrightarrow P_9, \quad P_9 \leftrightarrow P_{10}, \quad P_{10} \leftrightarrow P_{11}, \quad P_{11} \leftrightarrow P_{12}, \quad P_{12} \leftrightarrow P_7,$$
$$P_1 \leftrightarrow P_7, \quad P_2 \leftrightarrow P_8, \quad P_3 \leftrightarrow P_9, \quad P_4 \leftrightarrow P_{10}, \quad P_5 \leftrightarrow P_{11}, \quad P_6 \leftrightarrow P_{12}$$

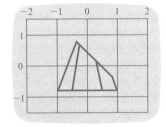

Vue 1

La vue 1 montre l'image produite sur l'écran vidéo par ces 18 segments de droite. Remarquez que le système d'affichage utilise seulement les coordonnées $x$ et $y$ des sommets pour dessiner la vue parce que seule la projection sur le plan $xy$ est affichée. Cependant, nous devons conserver les coordonnées $z$, dont nous aurons besoin plus loin pour transformer la vue.

Voyons maintenant comment obtenir de nouvelles vues de l'objet en changeant les échelles, ou encore par une translation ou une rotation de la vue initiale. Construisons d'abord une matrice $P$ de dimension $3 \times n$, appelée *matrice des coordonnées de la vue*, dont les colonnes contiennent les coordonnées des $n$ points de la vue :

$$P = \begin{bmatrix} x_1 & x_2 & \cdots & x_n \\ y_1 & y_2 & \cdots & y_n \\ z_1 & z_2 & \cdots & z_n \end{bmatrix}$$

Par exemple, les coordonnées $P$ de la vue 1 forment la matrice $3 \times 12$ suivante :

$$\begin{bmatrix} 1.000 & .500 & -.500 & -1.000 & -.500 & .500 & .840 & .315 & -.210 & -.360 & -.210 & .315 \\ -.800 & -.800 & -.800 & -.800 & -.800 & -.800 & -.400 & .125 & .650 & .800 & .650 & .125 \\ .000 & -.866 & -.866 & .000 & .866 & .866 & .000 & -.546 & -.364 & .000 & .364 & .546 \end{bmatrix}$$

Nous verrons plus loin comment transformer la matrice des coordonnées $P$ d'une vue en une matrice de coordonnées $P'$ correspondant à une nouvelle vue de l'objet. Les segments de droite qui relient les points se déplacent avec les points lors des transformations. De cette manière, chaque vue est déterminée uniquement par sa matrice de coordonnées, une fois précisées les paires de points reliées par des segments de droite dans la vue originale.

## Mise à l'échelle

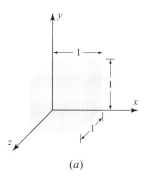

(a)

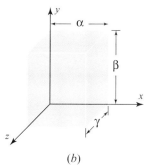

(b)

**Figure 6.8.2**

Comme première transformation, considérons la mise à l'échelle d'une vue selon les axes des $x$, des $y$ et des $z$ par les facteurs respectifs $\alpha$, $\beta$ et $\gamma$. Ainsi, le point $P_i$ de coordonnées $(x_i, y_i, z_i)$ dans la vue originale deviendra le point $P'_i$, de coordonnées $(\alpha x_i, \beta y_i, \gamma z_i)$ dans la nouvelle vue. Cette mise à l'échelle transformera un cube unitaire en un parallélépipède rectangle de dimensions $\alpha \times \beta \times \gamma$ (figure 6.8.2). Mathématiquement, cette opération peut être réalisée par multiplication matricielle; définissons une matrice diagonale $3 \times 3$ :

$$S = \begin{bmatrix} \alpha & 0 & 0 \\ 0 & \beta & 0 \\ 0 & 0 & \gamma \end{bmatrix}$$

Si un point $P_i$ de la vue originale correspond au vecteur colonne

$$\begin{bmatrix} x_i \\ y_i \\ z_i \end{bmatrix}$$

alors, le point transformé $P'_i$ est représenté par le vecteur colonne

$$\begin{bmatrix} x'_i \\ y'_i \\ z'_i \end{bmatrix} = \begin{bmatrix} \alpha & 0 & 0 \\ 0 & \beta & 0 \\ 0 & 0 & \gamma \end{bmatrix} \begin{bmatrix} x_i \\ y_i \\ z_i \end{bmatrix}$$

Utilisant la matrice des coordonnées $P$, dont les colonnes contiennent les coordonnées des $n$ points de la vue originale, on peut transformer simultanément ces $n$ points pour produire la matrice des coordonnées $P'$ de la vue à l'échelle; on a

$$SP = \begin{bmatrix} \alpha & 0 & 0 \\ 0 & \beta & 0 \\ 0 & 0 & \gamma \end{bmatrix} \begin{bmatrix} x_1 & x_2 & \cdots & x_n \\ y_1 & y_2 & \cdots & y_n \\ z_1 & z_2 & \cdots & z_n \end{bmatrix}$$

$$= \begin{bmatrix} \alpha x_1 & \alpha x_2 & \cdots & \alpha x_n \\ \beta y_1 & \beta y_2 & \cdots & \beta y_n \\ \gamma z_1 & \gamma z_2 & \cdots & \gamma z_n \end{bmatrix} = P'$$

La nouvelle matrice de coordonnées peut être entrée dans le système d'affichage vidéo pour produire la nouvelle vue de l'objet. Par exemple, la vue 2 correspond à la vue 1 mise

**Vue 2**  Vue 1 à l'échelle de
$\alpha = 1{,}8$, $\beta = 0{,}5$, $\gamma = 3{,}0$

à l'échelle en posant $\alpha = 1{,}8$, $\beta = 0{,}5$ et $\gamma = 3{,}0$. Notez que le changement d'échelle $\gamma = 3{,}0$ selon l'axe des $z$ n'est pas visible sur l'écran, puisque la vue 2 correspond à une projection de l'objet dans le plan $xy$.

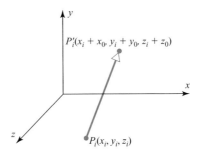

**Figure 6.8.3**

Translation

Considérons maintenant une translation, c'est-à-dire le déplacement d'un objet vers un autre emplacement sur l'écran. Supposons que l'on veuille changer une vue existante en déplaçant chaque point $P_i$, de coordonnées $(x_i, y_i, z_i)$, vers un nouveau point $P'_i$, de coordonnées $(x_i + x_0, y_i + y_0, z_i + z_0)$, tel qu'illustré à la figure 6.8.3. Le vecteur suivant

$$\begin{bmatrix} x_0 \\ y_0 \\ z_0 \end{bmatrix}$$

est appelé **vecteur de translation** de la transformation. Définissons une matrice $3 \times n$ telle que

$$T = \begin{bmatrix} x_0 & x_0 & \cdots & x_0 \\ y_0 & y_0 & \cdots & y_0 \\ z_0 & z_0 & \cdots & z_0 \end{bmatrix}$$

On peut déplacer les $n$ points de la vue déterminée par la matrice des coordonnées $P$ en procédant par addition matricielle :

$$P' = P + T$$

La matrice des coordonnées $P'$ donne alors les nouvelles coordonnées des $n$ points. Supposons, par exemple, que l'on veuille déplacer la vue 1 en utilisant le vecteur de translation suivant :

$$\begin{bmatrix} 1.2 \\ 0.4 \\ 1.7 \end{bmatrix}$$

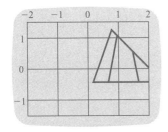

**Vue 3**  Vue 1 déplacée de $x_0 = 1{,}2$, $y_0 = 0{,}4$, $z_0 = 1{,}7$

On obtient alors la vue 3. Notez que, cette fois encore, la translation le long de l'axe des $z$, correspondant à $z_0 = 1{,}7$ n'est pas visible.

À l'exercice 7, nous présentons une technique de translation qui procède par multiplication matricielle plutôt que par addition.

Rotation

La rotation d'une vue autour de l'un des trois axes de coordonnées est une transformation plus complexe que la translation ou la mise à l'échelle. Voyons d'abord la rotation d'un angle $\theta$ autour de l'axe des $z$ (l'axe perpendiculaire à l'écran). Considérant un point donné $P_i$ de la vue originale, de coordonnées $(x_i, y_i, z_i)$, on veut déterminer les

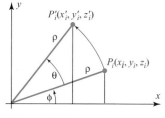

**Figure 6.8.4**

coordonnées $(x_i', y_i', z_i')$ du point $P_i'$ résultant de la rotation. En consultant la figure 6.8.4 et en utilisant un peu de trigonométrie, le lecteur devrait être en mesure d'obtenir les expressions suivantes :

$$x_i' = \rho \cos(\phi + \theta) = \rho \cos \phi \cos \theta - \rho \sin \phi \sin \theta = x_i \cos \theta - y_i \sin \theta$$
$$y_i' = \rho \sin(\phi + \theta) = \rho \cos \phi \sin \theta + \rho \sin \phi \cos \theta = x_i \sin \theta + y_i \cos \theta$$
$$z_i' = z_i$$

Sous forme matricielle, ces équations deviennent :

$$\begin{bmatrix} x_i' \\ y_i' \\ z_i' \end{bmatrix} = \begin{bmatrix} \cos\theta & -\sin\theta & 0 \\ \sin\theta & \cos\theta & 0 \\ 0 & 0 & 1 \end{bmatrix} \begin{bmatrix} x_i \\ y_i \\ z_i \end{bmatrix}$$

Si $R$ désigne la matrice $3 \times 3$ de cette équation, on calcule simultanément la rotation des $n$ points par le produit matriciel

$$P' = RP$$

On obtient ainsi la matrice des coordonnées $P'$ de la vue après rotation.

Les rotations autour des axes $x$ et $y$ sont traitées de façon similaire; les matrices de rotation résultantes accompagnent les vues 4, 5 et 6. Ces trois nouvelles vues de la pyramide tronquée correspondent à des rotations de 90° de la vue 1 autour des axes $x$, $y$ et $z$, respectivement.

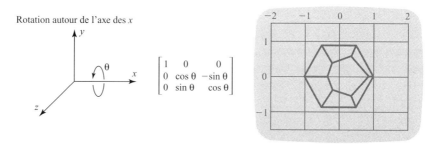

**Vue 4**    Vue 1 après rotation de 90° autour de l'axe des $x$

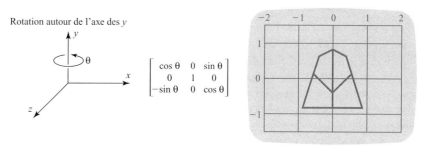

**Vue 5**    Vue 1 après rotation de 90° autour de l'axe des $y$

Rotation autour de l'axe des $z$

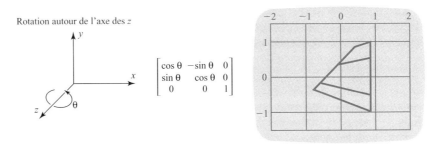

$$\begin{bmatrix} \cos\theta & -\sin\theta & 0 \\ \sin\theta & \cos\theta & 0 \\ 0 & 0 & 1 \end{bmatrix}$$

**Vue 6**   Vue 1 après rotation de 90° autour de l'axe des $z$

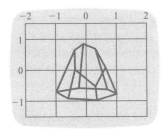

**Vue 7**   Vue oblique de la pyramide tronquée

Les rotations autour des trois axes de coordonnées peuvent être combinées pour produire des vues obliques d'un objet. Par exemple, la vue 7 résulte d'une rotation de la vue 1 de 30° autour de l'axe des $x$, suivie d'une rotation de $-70°$ autour de l'axe des $y$ et d'une rotation de $-27°$ autour de l'axe des $z$. Mathématiquement, ces trois rotations successives peuvent être combinées en une seule équation de transformation $P' = RP$, où $R$ correspond au produit des trois matrices de rotation individuelles :

$$R_1 = \begin{bmatrix} 1 & 0 & 0 \\ 0 & \cos(30°) & -\sin(30°) \\ 0 & \sin(30°) & \cos(30°) \end{bmatrix}$$

$$R_2 = \begin{bmatrix} \cos(-70°) & 0 & \sin(-70°) \\ 0 & 1 & 0 \\ -\sin(-70°) & 0 & \cos(-70°) \end{bmatrix}$$

$$R_3 = \begin{bmatrix} \cos(-27°) & -\sin(-27°) & 0 \\ \sin(-27°) & \cos(-27°) & 0 \\ 0 & 0 & 1 \end{bmatrix}$$

La multiplication se fait selon l'ordre suivant :

$$R = R_3 R_2 R_1 = \begin{bmatrix} .305 & -.025 & -.952 \\ -.155 & .985 & -.076 \\ .940 & .171 & .296 \end{bmatrix}$$

Comme dernière illustration, la vue 8 (page suivante) montre deux images séparées de la pyramide tronquée qui forment un couple stéréoscopique. L'une d'elles résulte d'une rotation de $-3°$ de la vue 7 autour de l'axe des $y$, suivie d'une translation vers la droite; l'autre image provient d'une rotation de $+3°$ de la même vue 7 autour de l'axe des $y$, suivie d'une translation vers la gauche. Nous avons choisi les translations pour que les vues stéréoscopiques soient distantes d'environ 6 cm – soit la distance approximative entre les yeux d'une personne.

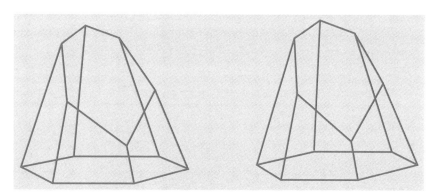

**Vue 8**   Figure stéréoscopique de la pyramide tronquée. Pour percevoir la troisième dimension du diagramme, placez le livre à environ 30 cm des yeux et faites la mise au point sur un objet distant. En déplacant ensuite le regard vers la vue 8 sans refaire la mise au point, vous pouvez voir se fusionner les deux vues du couple stéréoscopique et obtenir l'effet tridimensionnel désiré.

## SÉRIE D'EXERCICES 6.8

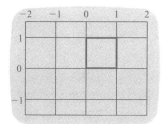

**Vue 9**   Carré délimité par les sommets $(0, 0, 0)$, $(1, 0, 0)$, $(1, 1, 0)$ et $(0, 1, 0)$ (Exercices 1 et 2)

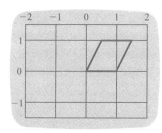

**Vue 10**   Vue 9 déformée par cisaillement selon $x$ d'un facteur $\frac{1}{2}$ par rapport à $y$.

1. La vue 9 montre un carré délimité par les sommets $(0, 0, 0)$, $(1, 0, 0)$, $(1, 1, 0)$ et $(0, 1, 0)$.

   (a) Écrivez la matrice des coordonnées de la vue 9.

   (b) Que devient la matrice des coordonnées de la vue 9 si celle-ci est mise à l'échelle par les facteurs $1\frac{1}{2}$ selon $x$ et $\frac{1}{2}$ selon $y$? Dessinez un schéma de la vue à l'échelle.

   (c) Que devient la matrice des coordonnées de la vue 9 après une translation définie par le vecteur

   $$\begin{bmatrix} -2 \\ -1 \\ 3 \end{bmatrix}$$

   Dessinez un schéma de la vue après translation.

   (d) Que devient la matrice des coordonnées de la vue 9 après une rotation de $-30°$ autour de l'axe des $z$. Dessinez un schéma de la vue après rotation.

2. (a) Multiplions la matrice des coordonnées de la vue 9 par la matrice suivante :

   $$\begin{bmatrix} 1 & \frac{1}{2} & 0 \\ 0 & 1 & 0 \\ 0 & 0 & 1 \end{bmatrix}$$

   On obtient la matrice des coordonnées de la vue 10. Une telle transformation est un *cisaillement selon x d'un facteur $\frac{1}{2}$ par rapport à y*. Montrez qu'un point $(x_i, y_i, z_i)$ devient $(x_i + \frac{1}{2}y_i, y_i, z_i)$ à la suite de cette transformation.

   (b) Quelles sont les coordonnées des quatre sommets du carré déformé de la vue 10?

   (c) Soit la matrice

   $$\begin{bmatrix} 1 & 0 & 0 \\ .6 & 1 & 0 \\ 0 & 0 & 1 \end{bmatrix}$$

Elle détermine un *cisaillement selon y d'un facteur 0,6 par rapport à x* (la vue 11 en montre un exemple). Dessinez le carré de la vue 9 après ce cisaillement et trouvez les nouvelles coordonnées des quatre sommets.

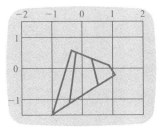

**Vue 11**   Vue 1 déformée par cisaillement selon $y$ d'un facteur 0, 6 par rapport à $x$.

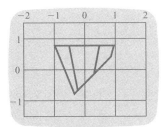

**Vue 12**   Vue 1 obtenue d'une réflexion par rapport au plan $xz$ (exercice 3).

**3.** (a)   La *réflexion par rapport au plan xz* transforme un point $(x_i, y_i, z_i)$ en $(x_i, -y_i, z_i)$. (La vue 12 en montre un exemple.) Si $P$ et $P'$ sont respectivement les matrices des coordonnées de la vue originale et de sa réflexion par rapport au plan $xz$, trouvez une matrice $M$ telle que $P' = MP$.

(b)   En vous inspirant de la partie (a), définissez la *réflexion par rapport au plan yz* et construisez la matrice de transformation correspondante. Dessinez la vue 1 obtenue de la réflexion par rapport au plan $yz$.

(c)   En vous inspirant de la partie (a), définissez la *réflexion par rapport au plan xy* et construisez la matrice de transformation correspondante. Dessinez la vue 1 obtenue de la réflexion par rapport au plan $xy$.

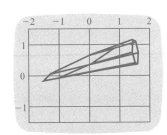

**Vue 13**   Vue 1 après mise à l'échelle, translation et rotation (exercice 4).

**4.** (a)   La vue 13 résulte de l'application des cinq transformations suivantes à la vue 1 :

1. Mise à l'échelle par les facteurs $\frac{1}{2}$ selon $x$, 2 selon $y$ et $\frac{1}{3}$ selon $z$.

2. Translation de $\frac{1}{2}$ unité selon $x$.

3. Rotation de 20° autour de l'axe des $x$.

4. Rotation de $-45°$ autour de l'axe des $y$.

5. Rotation de 90° autour de l'axe des $z$.

Construisez les matrices $M_1$, $M_2$, $M_3$, $M_4$ et $M_5$ associées à ces cinq transformations.

(b)   Si $P$ représente la matrice des coordonnées de la vue 1 et $P'$, la matrice des coordonnées de la vue 13, exprimez $P'$ en termes de $M_1$, $M_2$, $M_3$, $M_4$, $M_5$ et $P$.

**5.** (a)   La vue 14 résulte de l'application des sept transformations suivantes à la vue 1 :

1. Mise à l'échelle par les facteurs 0,3 selon $x$ et 0,5 selon $y$.

2. Rotation de 45° autour de l'axe des $x$.

3. Translation de 1 unité selon $x$.

4. Rotation de 35° autour de l'axe des $y$.

5. Rotation de $-45°$ autour de l'axe des $z$.

6. Translation de 1 unité selon $z$.

7. Mise à l'échelle par le facteur 2 selon x.

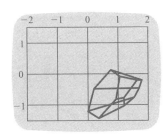

**Vue 14**   Vue 1 après mise à l'échelle, translation et rotation (exercice 5).

Construisez les matrices $M_1$, $M_2$, $M_3$, $M_4$, $M_5$, $M_6$ et $M_7$ associées à ces sept transformations.

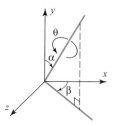

**Figure Ex-6**

(b) Si $P$ représente la matrice des coordonnées de la vue 1 et $P'$, la matrice des coordonnées de la vue 14, exprimez $P'$ en termes de $M_1$, $M_2$, $M_3$, $M_4$, $M_5$, $M_6$ et $M_7$ et $P$.

6. Supposez qu'une vue associée à une matrice de coordonnées $P$ doive effectuer une rotation d'un angle $\theta$ autour d'un axe passant par l'origine et défini par les deux angles $\alpha$ et $\beta$ (figure Ex-6). Si $P'$ désigne la matrice des coordonnées de la vue après rotation, trouvez les matrices de rotation $R_1$, $R_2$, $R_3$, $R_4$ et $R_5$ telles que

$$P' = R_5 R_4 R_3 R_2 R_1 P$$

***Indice*** La rotation désirée peut se faire en cinq étapes :

1. Rotation d'un angle $\beta$ autour de l'axe des $y$.
2. Rotation d'un angle $\alpha$ autour de l'axe des $z$.
3. Rotation d'un angle $\theta$ autour de l'axe des $y$.
4. Rotation d'un angle $-\alpha$ autour de l'axe des $z$.
5. Rotation d'un angle $-\beta$ autour de l'axe des $y$.

7. Cet exercice illustre une technique de translation d'un point de coordonnées $(x_i, y_i, z_i)$ vers $(x_i + x_0, y_i + y_0, z_i + z_0)$ qui procède par multiplication matricielle plutôt que par addition.

(a) Considérons le point $(x_i, y_i, z_i)$ associé au vecteur colonne

$$\mathbf{v}_i = \begin{bmatrix} x_i \\ y_i \\ z_i \\ 1 \end{bmatrix}$$

De même, associons le point $(x_i + x_0, y_i + y_0, z_i + z_0)$ au vecteur colonne

$$\mathbf{v}'_i = \begin{bmatrix} x_i + x_0 \\ y_i + y_0 \\ z_i + z_0 \\ 1 \end{bmatrix}$$

Trouvez une matrice $4 \times 4$ telle que $\mathbf{v}'_i = M\mathbf{v}_i$.

(b) Trouvez la matrice $4 \times 4$ de l'équation ci-dessus, qui déplacera par translation le point $(4, -2, 3)$ vers $(-1, 7, 0)$.

8. Considérant les trois matrices de rotation qui accompagnent les vues 4, 5 et 6, montrez que $R^{-1} = R^T$.

(On appelle ***matrice orthogonale*** une matrice dotée de cette propriété.)

## Section 6.8
### Exercices informatiques

Les exercices qui suivent peuvent être résolus à l'aide de logiciels tels que MATLAB, Mathematica, Maple, Derive ou Mathcab. On pourra aussi employer des logiciels équivalents ou une calculatrice scientifique dotée de fonctions d'algèbre linéaire. À chacun des exercices, vous devrez lire une partie de la documentation propre au matériel que vous utilisez. Ces exercices visent à vous familiariser avec l'utilisation de votre logiciel. Lorsque vous maîtriserez les techniques explorées dans ces exercices, vous serez en mesure de résoudre par ordinateur bon nombre des problèmes donnés dans les séries d'exercices réguliers.

**T1.** Soit $(a, b, c)$, un vecteur unitaire normal au plan $ax + by + cz = 0$, et $\mathbf{r} = (x, y, z)$, un vecteur. Il peut être démontré que la réflexion du vecteur $\mathbf{r}$ par rapport au plan décrit ci-dessus donne un vecteur de coordonnées $\mathbf{r}_m = (x_m, y_m, z_m)$, où

$$\begin{bmatrix} x_m \\ y_m \\ z_m \end{bmatrix} = M \begin{bmatrix} x \\ y \\ z \end{bmatrix}$$

et

$$M = I - 2\mathbf{n}\mathbf{n}^T = \begin{bmatrix} 1 & 0 & 0 \\ 0 & 1 & 0 \\ 0 & 0 & 1 \end{bmatrix} - 2 \begin{bmatrix} a \\ b \\ c \end{bmatrix} [a \quad b \quad c]$$

(a) Montrez que $M^2 = I$ et donnez une justification géométrique à cette égalité.

> ***Indice*** Utilisez le fait que $(a, b, c)$ est un vecteur unitaire pour montrer que $\mathbf{n}^T\mathbf{n} = 1$.

(b) À l'aide de l'ordinateur, montrez que $\det(M) = -1$.

(c) Les vecteurs propres de $M$ vérifient l'équation suivante :

$$\begin{bmatrix} x_m \\ y_m \\ z_m \end{bmatrix} = M \begin{bmatrix} x \\ y \\ z \end{bmatrix} = \lambda \begin{bmatrix} x \\ y \\ z \end{bmatrix}$$

Ils correspondant donc aux vecteurs dont la direction pas modifiée par une réflexion par rapport au plan. À l'aide de l'ordinateur, déterminez les vecteurs propres et les valeurs propres de $M$ et donnez une justification géométrique à votre réponse.

**T2.** On applique au vecteur $\mathbf{v} = (x, y, z)$ une rotation d'un angle $\theta$ autour d'un axe défini par le vecteur unitaire $(a, b, c)$; le vecteur résultant est $\mathbf{v}_R = (x_R, y_R, z_R)$. Il peut être démontré que

$$\begin{bmatrix} x_R \\ y_R \\ z_R \end{bmatrix} = R(\theta) \begin{bmatrix} x \\ y \\ z \end{bmatrix}$$

où

$$R(\theta) = \cos(\theta) \begin{bmatrix} 1 & 0 & 0 \\ 0 & 1 & 0 \\ 0 & 0 & 1 \end{bmatrix} + [1 - \cos(\theta)] \begin{bmatrix} a \\ b \\ c \end{bmatrix} [a \quad b \quad c]$$

$$+ \sin(\theta) \begin{bmatrix} 0 & -c & b \\ c & 0 & -a \\ -b & a & 0 \end{bmatrix}$$

(a) À l'aide de l'ordinateur, montrez que $R(\theta)R(\varphi) = R(\theta + \varphi)$ et donnez une justification géométrique à cette égalité. Selon les capacités de l'ordinateur que vous utilisez, vous devrez peut-être expérimenter différentes valeurs de $a$, $b$ et

$$c = \sqrt{1 - a^2 - b^2}$$

(b) Montrez également que $R^{-1}(\theta) = R(-\theta)$ et donnez une justification géométrique à cette égalité.

(c) Utilisez l'ordinateur pour montrer que $\det[R(\theta)] = +1$.

# RÉPONSES DES EXERCICES

**Série d'exercices 1.1**
**(page 6)**

1. (a), (c), (f)

3. **(a)** $x = \frac{3}{7} + \frac{5}{7}t$
   $y = t$

   **(b)** $x_1 = \frac{5}{3}s - \frac{4}{3}t + \frac{7}{3}$     $x_1 = \frac{1}{4}r - \frac{5}{8}s + \frac{3}{4}t - \frac{1}{8}$     $v = \frac{8}{3}q - \frac{2}{3}r + \frac{1}{3}s - \frac{4}{3}t$

         $x_2 = s$                $x_2 = r$                        $w = q$

         $x_3 = t$                 $x_3 = s$                        $x = r$

                               $x_4 = t$                       $y = s$

                                                       $z = t$

4. **(a)** $\begin{bmatrix} 3 & -2 & -1 \\ 4 & 5 & 3 \\ 7 & 3 & 2 \end{bmatrix}$     **(b)** $\begin{bmatrix} 2 & 0 & 2 & 1 \\ 3 & -1 & 4 & 7 \\ 6 & 1 & -1 & 0 \end{bmatrix}$

   **(c)** $\begin{bmatrix} 1 & 2 & 0 & -1 & 1 & 1 \\ 0 & 3 & 1 & 0 & -1 & 2 \\ 0 & 0 & 1 & 7 & 0 & 1 \end{bmatrix}$     **(d)** $\begin{bmatrix} 1 & 0 & 0 & 1 \\ 0 & 1 & 0 & 2 \\ 0 & 0 & 1 & 3 \end{bmatrix}$

5. **(a)** $\begin{aligned} 2x_1 \quad\quad &= 0 \\ 3x_1 - 4x_2 &= 0 \\ x_2 &= 1 \end{aligned}$     **(b)** $\begin{aligned} 3x_1 \quad\quad - 2x_3 &= 5 \\ 7x_1 + x_2 + 4x_3 &= -3 \\ -2x_2 + x_3 &= 7 \end{aligned}$

   **(c)** $\begin{aligned} 7x_1 + 2x_2 + x_3 - 3x_4 &= 5 \\ x_1 + 2x_2 + 4x_3 \quad\quad &= 1 \end{aligned}$     **(d)** $\begin{aligned} x_1 \quad\quad\quad\quad &= 7 \\ x_2 \quad\quad &= -2 \\ x_3 \quad &= 3 \\ x_4 &= 4 \end{aligned}$

6. **(a)** $x - 2y = 5$     **(b)** Soit $x = t$ ; alors $t - 2y = 5$. En isolant $y$, on trouve $y = \frac{1}{2}t - \frac{5}{2}$

12. **(a)** Les droites n'ont aucun point d'intersection.
    **(b)** Les droites se croisent en un seul et unique point.
    **(c)** Les trois droites sont confondues.

**Série d'exercices 1.2**
**(page 20)**

1. (a), (b), (c), (d), (h), (i), (j)

3. **(a)** Les deux          **(b)** Aucune des deux        **(c)** Les deux
   **(d)** Échelonnée       **(e)** Aucune des deux        **(f)** Les deux

4. **(a)** $x_1 = -3,\ x_2 = 0,\ x_3 = 7$
   **(b)** $x_1 = 7t + 8,\ x_2 = -3t + 2,\ x_3 = -t - 5,\ x_4 = t$
   **(c)** $x_1 = 6s - 3t - 2,\ x_2 = s,\ x_3 = -4t + 7,\ x_4 = -5t + 8,\ x_5 = t$
   **(d)** Incompatible

6. **(a)** $x_1 = 3,\ x_2 = 1,\ x_3 = 2$          **(b)** $x_1 = -\frac{1}{7} - \frac{3}{7}t,\ x_2 = \frac{1}{7} - \frac{4}{7},\ x_3 = t$
   **(c)** $x = t - 1,\ y = 2s,\ z = s,\ w = t$      **(d)** Incompatible

8. **(a)** Incompatible         **(b)** $x_1 = -4,\ x_2 = 2,\ x_3 = 7$
   **(c)** $x_1 = 3 + 2t,\ x_2 = t$     **(d)** $x = \frac{8}{5} - \frac{3}{5}t - \frac{3}{5}s,\ y = \frac{1}{10} + \frac{2}{5}t - \frac{1}{10}s,\ z = t,\ w = s$

12. (a), (c), (d)

**13.** (a) $x_1 = 0$, $x_2 = 0$, $x_3 = 0$   (b) $x_1 = -s$, $x_2 = -t - s$, $x_3 = 4s$, $x_4 = t$
   (c) $w = t$, $x = -t$, $y = t$, $z = 0$

**14.** (a) Seulement la solution triviale
   (b) $u = 7s - 5t$, $v = -6s + 4t$, $w = 2s$, $x = 2t$
   (c) Seulement la solution triviale

**19.** Réponses possibles : $\begin{bmatrix} 1 & 3 \\ 0 & 1 \end{bmatrix}$ et $\begin{bmatrix} 1 & 0 \\ 0 & 1 \end{bmatrix}$   **20.** $\alpha = \pi/2$, $\beta = \pi$. $\gamma = 0$

**23.** Si $\lambda = 1$, alors $x_1 = x_2 = -\frac{1}{2}s$, $x_3 = s$
   Si $\lambda = 2$, alors $x_1 = -\frac{1}{2}s$, $x_2 = 0$, $x_3 = s$

**24.** $x = -13/7$, $y = 91/54$, $z = -91/8$   **25.** $a = 1$, $b = -6$, $c = 2$, $d = 10$

**30.** (a) Trois droites dont au moins deux sont distinctes
   (b) Trois droites identiques

**32.** (a) Faux   (b) Faux   (c) Faux   (d) Faux

**Série d'exercices 1.3
(page 34)**

**1.** (a) Non définie   (b) $4 \times 2$   (c) Non définie   (d) Non définie
   (e) $5 \times 5$   (f) $5 \times 2$   (g) Non définie   (h) $5 \times 2$

**2.** $a = 5$, $b = -3$, $c = 4$, $d = 1$

**4.** (a) $\begin{bmatrix} 7 & 2 & 4 \\ 3 & 5 & 7 \end{bmatrix}$   (b) $\begin{bmatrix} -5 & 0 & -1 \\ 4 & -1 & 1 \\ -1 & -1 & 1 \end{bmatrix}$   (c) $\begin{bmatrix} -5 & 0 & -1 \\ 4 & -1 & 1 \\ -1 & -1 & 1 \end{bmatrix}$

   (d) Non définie   (e) $\begin{bmatrix} -\frac{1}{4} & \frac{3}{2} \\ \frac{9}{4} & 0 \\ \frac{3}{4} & \frac{9}{4} \end{bmatrix}$   (f) $\begin{bmatrix} 0 & -1 \\ 1 & 0 \end{bmatrix}$

   (g) $\begin{bmatrix} 9 & 1 & -1 \\ -13 & 2 & -4 \\ 0 & 1 & -6 \end{bmatrix}$   (h) $\begin{bmatrix} 9 & -13 & 0 \\ 1 & 2 & 1 \\ -1 & -4 & -6 \end{bmatrix}$

**5.** (a) $\begin{bmatrix} 12 & -3 \\ -4 & 5 \\ 4 & 1 \end{bmatrix}$   (b) Non définie   (c) $\begin{bmatrix} 42 & 108 & 75 \\ 12 & -3 & 21 \\ 36 & 78 & 63 \end{bmatrix}$

   (d) $\begin{bmatrix} 3 & 45 & 9 \\ 11 & -11 & 17 \\ 7 & 17 & 13 \end{bmatrix}$   (e) $\begin{bmatrix} 3 & 45 & 9 \\ 11 & -11 & 17 \\ 7 & 17 & 13 \end{bmatrix}$   (f) $\begin{bmatrix} 21 & 17 \\ 17 & 35 \end{bmatrix}$

   (g) $\begin{bmatrix} 0 & -2 & 11 \\ 12 & 1 & 8 \end{bmatrix}$   (h) $\begin{bmatrix} 12 & 6 & 9 \\ 48 & -20 & 14 \\ 24 & 8 & 16 \end{bmatrix}$   (i) 61   (j) 35   (k) (28)

**8.** (a) $\begin{bmatrix} 67 \\ 64 \\ 63 \end{bmatrix} = 6 \begin{bmatrix} 3 \\ 6 \\ 0 \end{bmatrix} + 0 \begin{bmatrix} -2 \\ 5 \\ 4 \end{bmatrix} + 7 \begin{bmatrix} 7 \\ 4 \\ 9 \end{bmatrix}$   (b) $\begin{bmatrix} 6 \\ 6 \\ 63 \end{bmatrix} = 3 \begin{bmatrix} 6 \\ 0 \\ 7 \end{bmatrix} + 6 \begin{bmatrix} -2 \\ 1 \\ 7 \end{bmatrix} + 0 \begin{bmatrix} 4 \\ 3 \\ 5 \end{bmatrix}$

$\begin{bmatrix} 41 \\ 21 \\ 67 \end{bmatrix} = -2 \begin{bmatrix} 3 \\ 6 \\ 0 \end{bmatrix} + 1 \begin{bmatrix} -2 \\ 5 \\ 4 \end{bmatrix} + 7 \begin{bmatrix} 7 \\ 4 \\ 9 \end{bmatrix}$   $\begin{bmatrix} -6 \\ 17 \\ 41 \end{bmatrix} = -2 \begin{bmatrix} 6 \\ 0 \\ 7 \end{bmatrix} + 5 \begin{bmatrix} -2 \\ 1 \\ 7 \end{bmatrix} + 4 \begin{bmatrix} 4 \\ 3 \\ 5 \end{bmatrix}$

$\begin{bmatrix} 41 \\ 59 \\ 57 \end{bmatrix} = 4 \begin{bmatrix} 3 \\ 6 \\ 0 \end{bmatrix} + 3 \begin{bmatrix} -2 \\ 5 \\ 4 \end{bmatrix} + 5 \begin{bmatrix} 7 \\ 4 \\ 9 \end{bmatrix}$   $\begin{bmatrix} 70 \\ 31 \\ 122 \end{bmatrix} = 7 \begin{bmatrix} 6 \\ 0 \\ 7 \end{bmatrix} + 4 \begin{bmatrix} -2 \\ 1 \\ 7 \end{bmatrix} + 9 \begin{bmatrix} 4 \\ 3 \\ 5 \end{bmatrix}$

**13.** **(a)** $A = \begin{bmatrix} 2 & -3 & 5 \\ 9 & -1 & 1 \\ 1 & 5 & 4 \end{bmatrix}$, $\quad \mathbf{x} = \begin{bmatrix} x_1 \\ x_2 \\ x_3 \end{bmatrix}$, $\quad \mathbf{b} = \begin{bmatrix} 7 \\ -1 \\ 0 \end{bmatrix}$

**(b)** $A = \begin{bmatrix} 4 & 0 & -3 & 1 \\ 5 & 1 & 0 & -8 \\ 2 & -5 & 9 & -1 \\ 0 & 3 & -1 & 7 \end{bmatrix}$, $\quad \mathbf{x} = \begin{bmatrix} x_1 \\ x_2 \\ x_3 \\ x_4 \end{bmatrix}$, $\quad \mathbf{b} = \begin{bmatrix} 1 \\ 3 \\ 0 \\ 2 \end{bmatrix}$

**16.** **(a)** $\begin{bmatrix} -3 & -15 & -11 \\ 21 & -15 & 44 \end{bmatrix}$ **(b)** $\begin{bmatrix} 4 & -7 & -19 & -43 \\ 2 & 2 & 18 & 17 \\ 0 & 5 & 25 & 35 \\ 2 & 3 & 23 & 24 \end{bmatrix}$ **(c)** $\begin{bmatrix} 3 & 3 \\ -1 & 4 \\ 1 & 5 \\ 4 & -4 \\ 0 & 14 \end{bmatrix}$

**17.** **(a)** $A_{11}$ est une matrice $2 \times 3$ et $B_{11}$, une matrice $2 \times 2$. $A_{11}B_{11}$ n'existe pas.

**(b)** $\begin{bmatrix} -1 & 23 & -10 \\ 37 & -13 & 8 \\ 29 & 23 & 41 \end{bmatrix}$

**21.** **(a)** $\begin{bmatrix} a_{11} & 0 & 0 & 0 & 0 & 0 \\ 0 & a_{22} & 0 & 0 & 0 & 0 \\ 0 & 0 & a_{33} & 0 & 0 & 0 \\ 0 & 0 & 0 & a_{44} & 0 & 0 \\ 0 & 0 & 0 & 0 & a_{55} & 0 \\ 0 & 0 & 0 & 0 & 0 & a_{66} \end{bmatrix}$ **(b)** $\begin{bmatrix} a_{11} & a_{12} & a_{13} & a_{14} & a_{15} & a_{16} \\ 0 & a_{22} & a_{23} & a_{24} & a_{25} & a_{26} \\ 0 & 0 & a_{33} & a_{34} & a_{35} & a_{36} \\ 0 & 0 & 0 & a_{44} & a_{45} & a_{46} \\ 0 & 0 & 0 & 0 & a_{55} & a_{56} \\ 0 & 0 & 0 & 0 & 0 & a_{66} \end{bmatrix}$

**(c)** $\begin{bmatrix} a_{11} & 0 & 0 & 0 & 0 & 0 \\ a_{21} & a_{22} & 0 & 0 & 0 & 0 \\ a_{31} & a_{32} & a_{33} & 0 & 0 & 0 \\ a_{41} & a_{42} & a_{43} & a_{44} & 0 & 0 \\ a_{51} & a_{52} & a_{53} & a_{54} & a_{55} & 0 \\ a_{61} & a_{62} & a_{63} & a_{64} & a_{65} & a_{66} \end{bmatrix}$ **(d)** $\begin{bmatrix} a_{11} & a_{12} & 0 & 0 & 0 & 0 \\ a_{21} & a_{22} & a_{23} & 0 & 0 & 0 \\ 0 & a_{32} & a_{33} & a_{34} & 0 & 0 \\ 0 & 0 & a_{43} & a_{44} & a_{45} & 0 \\ 0 & 0 & 0 & a_{54} & a_{55} & a_{56} \\ 0 & 0 & 0 & 0 & a_{65} & a_{66} \end{bmatrix}$

**27.** Une seule, soit $A = \begin{bmatrix} 1 & 1 & 0 \\ 1 & -1 & 0 \\ 0 & 0 & 0 \end{bmatrix}$

**30.** **(a)** Oui; par exemple, $\begin{bmatrix} 0 & 1 \\ 0 & 0 \end{bmatrix}$ **(b)** Oui; par exemple, $\begin{bmatrix} 1 & 0 \\ 0 & 0 \end{bmatrix}$

**32.** **(a)** Vrai **(b)** Faux; par exemple, $A = \begin{bmatrix} 1 & -1 \\ 1 & -1 \end{bmatrix}$ **(c)** Vrai **(d)** Vrai

**Série d'exercices 1.4
(page 50)**

**4.** $A^{-1} = \begin{bmatrix} 2 & -1 \\ -5 & 3 \end{bmatrix}$, $\quad B^{-1} = \begin{bmatrix} \frac{1}{5} & \frac{3}{20} \\ -\frac{1}{5} & \frac{1}{10} \end{bmatrix}$, $\quad C^{-1} = \begin{bmatrix} -\frac{1}{2} & -2 \\ 1 & 3 \end{bmatrix}$, $\quad D^{-1} = \begin{bmatrix} \frac{1}{2} & 0 \\ 0 & \frac{1}{3} \end{bmatrix}$

**7.** **(a)** $A = \begin{bmatrix} \frac{5}{13} & \frac{1}{13} \\ -\frac{3}{13} & \frac{2}{13} \end{bmatrix}$ **(b)** $A = \begin{bmatrix} \frac{2}{7} & 1 \\ \frac{1}{7} & \frac{3}{7} \end{bmatrix}$

**(c)** $A = \begin{bmatrix} -\frac{2}{5} & 1 \\ -\frac{1}{5} & \frac{3}{5} \end{bmatrix}$ **(d)** $A = \begin{bmatrix} -\frac{9}{13} & \frac{1}{13} \\ \frac{2}{13} & -\frac{6}{13} \end{bmatrix}$

9. **(a)** $p(A) = \begin{bmatrix} 1 & 1 \\ 2 & -1 \end{bmatrix}$ **(b)** $p(A) = \begin{bmatrix} 20 & 7 \\ 14 & 6 \end{bmatrix}$ **(c)** $p(A) = \begin{bmatrix} 39 & 13 \\ 26 & 13 \end{bmatrix}$

11. $\begin{bmatrix} \cos\theta & -\sin\theta \\ \sin\theta & \cos\theta \end{bmatrix}$ 13. $A^{-1} = \begin{bmatrix} \dfrac{1}{a_{11}} & 0 & \cdots & 0 \\ 0 & \dfrac{1}{a_{22}} & \cdots & 0 \\ \vdots & \vdots & & \vdots \\ 0 & 0 & \cdots & \dfrac{1}{a_{nn}} \end{bmatrix}$ 18. $C = -A^{-1}BA^{-1}$

19. **(a)** $\begin{bmatrix} \frac{1}{2} & -\frac{1}{2} & 0 & 0 \\ \frac{1}{2} & \frac{1}{2} & 0 & 0 \\ 0 & 0 & \frac{1}{2} & -\frac{1}{2} \\ -1 & 0 & \frac{1}{2} & \frac{1}{2} \end{bmatrix}$ **(b)** $\begin{bmatrix} 1 & -1 & 0 & 0 \\ 0 & 1 & 0 & 0 \\ 0 & 0 & 1 & -1 \\ 0 & 0 & 0 & 1 \end{bmatrix}$

20. **(a)** Exemple de réponse possible : $\begin{bmatrix} 1 & 2 & 3 \\ 2 & 1 & 4 \\ 3 & 4 & 5 \end{bmatrix}$.

**(b)** Exemple de réponse possible : $\begin{bmatrix} 0 & -1 & -1 \\ 1 & 0 & -1 \\ 1 & 1 & 0 \end{bmatrix}$.

22. Oui 23. $A^{-1} = \begin{bmatrix} \frac{1}{2} & \frac{1}{2} & -\frac{1}{2} \\ -\frac{1}{2} & \frac{1}{2} & \frac{1}{2} \\ \frac{1}{2} & -\frac{1}{2} & \frac{1}{2} \end{bmatrix}$ 33. $\begin{bmatrix} \pm 1 & 0 & 0 \\ 0 & \pm 1 & 0 \\ 0 & 0 & \pm 1 \end{bmatrix}$

34. **(a)** Si $A$ est inversible, alors $A^T$ est inversible. **(b)** Vrai

## Série d'exercices 1.5 (page 60)

1. (a), (c), (d), (f)

3. **(a)** $\begin{bmatrix} 0 & 0 & 1 \\ 0 & 1 & 0 \\ 1 & 0 & 0 \end{bmatrix}$ **(b)** $\begin{bmatrix} 0 & 0 & 1 \\ 0 & 1 & 0 \\ 1 & 0 & 0 \end{bmatrix}$ **(c)** $\begin{bmatrix} 1 & 0 & 0 \\ 0 & 1 & 0 \\ -2 & 0 & 1 \end{bmatrix}$ **(d)** $\begin{bmatrix} 1 & 0 & 0 \\ 0 & 1 & 0 \\ 2 & 0 & 1 \end{bmatrix}$

6. **(a)** $\begin{bmatrix} -7 & 4 \\ 2 & -1 \end{bmatrix}$ **(b)** $\begin{bmatrix} -\frac{5}{39} & \frac{2}{13} \\ \frac{4}{39} & \frac{1}{13} \end{bmatrix}$ **(c)** Non inversible

8. **(a)** $\begin{bmatrix} 1 & 3 & 1 \\ 0 & 1 & -1 \\ -2 & 2 & 0 \end{bmatrix}$ **(b)** $\begin{bmatrix} \frac{\sqrt{2}}{26} & \frac{-3\sqrt{2}}{26} & 0 \\ \frac{4\sqrt{2}}{26} & \frac{\sqrt{2}}{26} & 0 \\ 0 & 0 & 1 \end{bmatrix}$ **(c)** $\begin{bmatrix} 1 & 0 & 0 & 0 \\ -\frac{1}{3} & \frac{1}{3} & 0 & 0 \\ 0 & -\frac{1}{5} & \frac{1}{5} & 0 \\ 0 & 0 & -\frac{1}{7} & \frac{1}{7} \end{bmatrix}$

**(d)** Non inversible **(e)** $\begin{bmatrix} -\frac{4}{5} & \frac{3}{5} & \frac{1}{5} & \frac{1}{5} \\ \frac{3}{2} & 0 & -1 & 0 \\ \frac{1}{2} & 0 & 0 & 0 \\ \frac{4}{5} & \frac{2}{5} & -\frac{1}{5} & -\frac{1}{5} \end{bmatrix}$

10. **(a)** $E_1 = \begin{bmatrix} 1 & 0 \\ 5 & 1 \end{bmatrix}$, $E_2 = \begin{bmatrix} 1 & 0 \\ 0 & \frac{1}{2} \end{bmatrix}$ **(b)** $A^{-1} = E_2 E_1$ **(c)** $A = E_1^{-1} E_2^{-1}$

**11.** **(a)** $\begin{bmatrix} 1 & -4 & 7 \\ 4 & 5 & -3 \\ 2 & -1 & 0 \end{bmatrix}$ **(b)** $\begin{bmatrix} 2 & -1 & 0 \\ \frac{4}{3} & \frac{5}{3} & -1 \\ 1 & -4 & 7 \end{bmatrix}$ **(c)** $\begin{bmatrix} 10 & 9 & -6 \\ 4 & 5 & -3 \\ 1 & -4 & 7 \end{bmatrix}$

**14.** $\begin{bmatrix} 0 & 1 & 0 \\ 1 & 0 & 0 \\ 0 & 0 & 1 \end{bmatrix} \begin{bmatrix} 1 & 0 & 0 \\ 0 & 1 & 0 \\ -2 & 0 & 1 \end{bmatrix} \begin{bmatrix} 1 & 0 & 0 \\ 0 & 1 & 0 \\ 0 & 1 & 1 \end{bmatrix} \begin{bmatrix} 1 & 3 & 3 & 8 \\ 0 & 1 & 7 & 8 \\ 0 & 0 & 0 & 0 \end{bmatrix}$

**19.** **(b)** Ajouter à la deuxième ligne la première ligne multipliée par $-1$.

Ajouter à la troisième ligne la première ligne multipliée par $-1$.

Ajouter à la première ligne la deuxième ligne multipliée par $-1$.

Ajouter la deuxième ligne à la troisième ligne.

**24.** Une telle matrice n'existe pas. Essayer $b = 1$, $a = c = d = 0$.

**Série d'exercices 1.6 (page 70)**

**1.** $x_1 = 3$, $x_2 = -1$      **4.** $x_1 = 1$, $x_2 = -11$, $x_3 = 16$

**6.** $w = -6$, $x = 1$, $y = 10$, $z = -7$

**9.** **(a)** $x_1 = \frac{16}{3}$, $x_2 = -\frac{4}{3}$, $x_3 = -\frac{11}{3}$      **(b)** $x_1 = -\frac{5}{3}$, $x_2 = \frac{5}{3}$, $x_3 = \frac{10}{3}$

**(c)** $x_1 = 3$, $x_2 = 0$, $x_3 = -4$

**11.** **(a)** $x_1 = \frac{22}{17}$, $x_2 = \frac{1}{17}$      **(b)** $x_1 = \frac{21}{17}$, $x_2 = \frac{11}{17}$

**13.** **(a)** $x_1 = \frac{7}{15}$, $x_2 = \frac{4}{15}$      **(b)** $x_1 = \frac{34}{15}$, $x_2 = \frac{28}{15}$

**(c)** $x_1 = \frac{19}{15}$, $x_2 = \frac{13}{15}$      **(d)** $x_1 = -\frac{1}{5}$, $x_2 = \frac{3}{5}$

**15.** **(a)** $x_1 = -12 - 3t$, $x_2 = -5 - t$, $x_3 = t$      **(b)** $x_1 = 7 - 3t$, $x_2 = 3 - t$, $x_3 = t$

**19.** $b_1 = b_3 + b_4$, $b_2 = 2b_3 + b_4$      **21.** $X = \begin{bmatrix} 11 & 12 & -3 & 27 & 26 \\ -6 & -8 & 1 & -18 & -17 \\ -15 & -21 & 9 & -38 & -35 \end{bmatrix}$

**22.** **(a)** Uniquement la solution triviale $x_1 = x_2 = x_3 = x_4 = 0$; inversible

**(b)** Une infinité de solutions; non inversible

**28.** **(a)** $I - A$ est inversible      **(b)** $\mathbf{x} = (I - A)^{-1}\mathbf{b}$

**30.** Oui, lorsque les matrices ne sont pas carrées

**Série d'exercices 1.7 (page 77)**

**1.** **(a)** $\begin{bmatrix} \frac{1}{2} & 0 \\ 0 & -\frac{1}{5} \end{bmatrix}$      **(b)** Non inversible      **(c)** $\begin{bmatrix} -1 & 0 & 0 \\ 0 & \frac{1}{2} & 0 \\ 0 & 0 & 3 \end{bmatrix}$

**3.** **(a)** $A^2 = \begin{bmatrix} 1 & 0 \\ 0 & 4 \end{bmatrix}$, $A^{-2} = \begin{bmatrix} 1 & 0 \\ 0 & \frac{1}{4} \end{bmatrix}$, $A^{-k} = \begin{bmatrix} 1 & 0 \\ 0 & 1/(-2)^k \end{bmatrix}$

**(b)** $A^2 = \begin{bmatrix} \frac{1}{4} & 0 & 0 \\ 0 & \frac{1}{9} & 0 \\ 0 & 0 & \frac{1}{16} \end{bmatrix}$, $A^{-2} = \begin{bmatrix} 4 & 0 & 0 \\ 0 & 9 & 0 \\ 0 & 0 & 16 \end{bmatrix}$, $A^{-k} = \begin{bmatrix} 2^k & 0 & 0 \\ 0 & 3^k & 0 \\ 0 & 0 & 4^k \end{bmatrix}$

**5.** **(a)**      **7.** $a = 2$, $b = -1$

**10.** **(a)** $\begin{bmatrix} 1 & 0 & 0 \\ 0 & -1 & 0 \\ 0 & 0 & -1 \end{bmatrix}$      **(b)** $\begin{bmatrix} \pm\frac{1}{3} & 0 & 0 \\ 0 & \pm\frac{1}{2} & 0 \\ 0 & 0 & \pm 1 \end{bmatrix}$

**11.** **(a)** $\begin{bmatrix} a_{11} & a_{12} & a_{13} \\ a_{21} & a_{22} & a_{23} \\ a_{31} & a_{32} & a_{33} \end{bmatrix} \begin{bmatrix} 3 & 0 & 0 \\ 0 & 5 & 0 \\ 0 & 0 & 7 \end{bmatrix}$      **(b)** Non

16. **(b)** Oui          17. Oui

19. $\begin{bmatrix} 4 & 0 & 0 \\ 0 & 4 & 0 \\ 0 & 0 & 4 \end{bmatrix}$, $\begin{bmatrix} 4 & 0 & 0 \\ 0 & 4 & 0 \\ 0 & 0 & -1 \end{bmatrix}$, $\begin{bmatrix} 4 & 0 & 0 \\ 0 & -1 & 0 \\ 0 & 0 & 4 \end{bmatrix}$, $\begin{bmatrix} -1 & 0 & 0 \\ 0 & 4 & 0 \\ 0 & 0 & 4 \end{bmatrix}$,

$\begin{bmatrix} -1 & 0 & 0 \\ 0 & -1 & 0 \\ 0 & 0 & 4 \end{bmatrix}$, $\begin{bmatrix} -1 & 0 & 0 \\ 0 & 4 & 0 \\ 0 & 0 & -1 \end{bmatrix}$, $\begin{bmatrix} 4 & 0 & 0 \\ 0 & -1 & 0 \\ 0 & 0 & -1 \end{bmatrix}$, $\begin{bmatrix} -1 & 0 & 0 \\ 0 & -1 & 0 \\ 0 & 0 & -1 \end{bmatrix}$

20. **(a)** Oui          **(b)** Non (sauf si $n = 1$)          **(c)** Oui          **(d)** Non (sauf si $n = 1$)

24. **(a)** $x_1 = \frac{7}{4}$, $x_2 = 1$, $x_3 = -\frac{1}{2}$          **(b)** $x_1 = -8$, $x_2 = -4$, $x_3 = 3$

25. $A = \begin{bmatrix} 1 & 10 \\ 0 & -2 \end{bmatrix}$          26. $\frac{n}{2}(1 + n)$

**Exercices supplémentaires (page 80)**

1. $x' = \frac{3}{5}x + \frac{4}{5}y$, $y' = -\frac{4}{5}x + \frac{3}{5}y$

3. Exemple de réponse possible :
$$x_1 - 2x_2 - x_3 - x_4 = 0$$
$$x_1 + 5x_2 + 2x_4 \qquad = 0$$

5. $x = 4$, $y = 2$, $z = 3$

7. **(a)** $a \neq 0$, $b \neq 2$          **(b)** $a \neq 0$, $b = 2$          **(c)** $a = 0$, $b = 2$          **(d)** $a = 0$, $b \neq 2$

9. $K = \begin{bmatrix} 0 & 2 \\ 1 & 1 \end{bmatrix}$

11. **(a)** $X = \begin{bmatrix} -1 & 3 & -1 \\ 6 & 0 & 1 \end{bmatrix}$          **(b)** $X = \begin{bmatrix} 1 & -2 \\ 3 & 1 \end{bmatrix}$          **(c)** $X = \begin{bmatrix} -\frac{113}{37} & -\frac{160}{37} \\ -\frac{20}{37} & -\frac{46}{37} \end{bmatrix}$

13. Il faut $mpn$ multiplications et $mp(n-1)$ additions.

15. $a = 1$, $b = -2$, $c = 3$

16. $a = 1$, $b = -4$, $c = -5$          26. $A = -\frac{7}{5}$, $B = \frac{4}{5}$, $C = \frac{3}{5}$

29. **(b)** $\begin{bmatrix} a^n & 0 & 0 \\ 0 & b^n & 0 \\ d & 0 & c^n \end{bmatrix}$, où $d = \begin{cases} \dfrac{a^n - c^n}{a - c} & \text{si } a \neq c \\ na^{n-1} & \text{si } a = c \end{cases}$

**Série d'exercices 2.1 (page 99)**

1. **(a)** $M_{11} = 29$, $M_{12} = 21$, $M_{13} = 27$, $M_{21} = -11$, $M_{22} = 13$, $M_{23} = -5$, $M_{31} = -19$, $M_{32} = -19$, $M_{33} = 19$

    **(b)** $C_{11} = 29$, $C_{12} = -21$, $C_{13} = 27$, $C_{21} = 11$, $C_{22} = 13$, $C_{23} = 5$, $C_{31} = -19$, $C_{32} = 19$, $C_{33} = 19$

3. 152

4. **(a)** $\text{adj}(A) = \begin{bmatrix} 29 & 11 & -19 \\ -21 & 13 & 19 \\ 27 & 5 & 19 \end{bmatrix}$          **(b)** $A^{-1} = \begin{bmatrix} \frac{29}{152} & \frac{11}{152} & -\frac{19}{152} \\ -\frac{21}{152} & \frac{13}{152} & \frac{19}{152} \\ \frac{27}{152} & \frac{5}{152} & \frac{19}{152} \end{bmatrix}$

6. $-66$          8. $k_3 - 8k^2 - 10k + 95$

11. $A^{-1} = \begin{bmatrix} 3 & -5 & -5 \\ -3 & 4 & 5 \\ 2 & -2 & -3 \end{bmatrix}$

13. $A^{-1} = \begin{bmatrix} \frac{1}{2} & \frac{3}{2} & 1 \\ 0 & 1 & \frac{3}{2} \\ 0 & 0 & \frac{1}{2} \end{bmatrix}$  15. $A^{-1} = \begin{bmatrix} -4 & 3 & 0 & -1 \\ 2 & -1 & 0 & 0 \\ -7 & 0 & -1 & 8 \\ 6 & 0 & 1 & -7 \end{bmatrix}$

16. $x_1 = 1$, $x_2 = 2$   18. $x = -\frac{144}{55}$, $y = -\frac{61}{55}$, $z = \frac{46}{11}$

21. La règle de Cramer ne s'applique pas.   22. $A^{-1} = \begin{bmatrix} \cos\theta & -\sin\theta & 0 \\ \sin\theta & \cos\theta & 0 \\ 0 & 0 & 1 \end{bmatrix}$

24. $x = 1$, $y = 0$, $z = 2$, $w = 0$   31. $\det(A) = 10 \times (-108) = -1080$   34. Un

**Série d'exercices 2.2 (page 107)**

2. **(a)** $-30$  **(b)** $-2$  **(c)** $0$  **(d)** $0$

4. $30$   6. $-17$   8. $39$   11. $-2$

12. **(a)** $-6$  **(b)** $72$  **(c)** $-6$  **(d)** $18$

16. **(a)** $\det(A) = -1$  **(b)** $\det(A) = 1$   18. $x = 0,\ -1,\ \frac{1}{2}$

**Série d'exercices 2.3 (page 115)**

1. **(a)** $\det(2A) = -40 = 2^2 \det(A)$  **(b)** $\det(-2A) = -448 = (-2)^3 \det(A)$

4. **(a)** Inversible  **(b)** Non inversible  **(c)** Non inversible  **(d)** Non inversible

6. Si $x = 0$, la première et la troisième lignes sont proportionnelles.
Si $x = 2$, la première et le deuxième lignes sont proportionnelles.

12. **(a)** $k = \dfrac{5 \pm \sqrt{17}}{2}$  **(b)** $k = -1$

14. **(a)** $\begin{bmatrix} \lambda - 1 & -2 \\ -2 & \lambda - 1 \end{bmatrix} \begin{bmatrix} x_1 \\ x_2 \end{bmatrix} = \begin{bmatrix} 0 \\ 0 \end{bmatrix}$  **(b)** $\begin{bmatrix} \lambda - 2 & -3 \\ -4 & \lambda - 3 \end{bmatrix} \begin{bmatrix} x_1 \\ x_2 \end{bmatrix} = \begin{bmatrix} 0 \\ 0 \end{bmatrix}$

**(c)** $\begin{bmatrix} \lambda - 3 & -1 \\ 5 & \lambda + 3 \end{bmatrix} \begin{bmatrix} x_1 \\ x_2 \end{bmatrix} = \begin{bmatrix} 0 \\ 0 \end{bmatrix}$

15. (i) $\lambda^2 - 2\lambda - 3 = 0$  (ii) $\lambda = -1$, $\lambda = 3$  (iii) $\begin{bmatrix} -t \\ t \end{bmatrix}$, $\begin{bmatrix} t \\ t \end{bmatrix}$

(i) $\lambda^2 - 5\lambda - 6 = 0$  (ii) $\lambda = -1$, $\lambda = 6$  (iii) $\begin{bmatrix} -t \\ t \end{bmatrix}$, $\begin{bmatrix} \frac{3}{4}t \\ t \end{bmatrix}$

(i) $\lambda^2 - 4 = 0$  (ii) $\lambda = -2$, $\lambda = 2$  (iii) $\begin{bmatrix} -\frac{t}{5} \\ t \end{bmatrix}$, $\begin{bmatrix} -t \\ t \end{bmatrix}$

20. Non   21. $AB$ est singulière.

22. **(a)** Faux  **(b)** Vrai  **(c)** Faux  **(d)** Vrai

23. **(a)** Vrai  **(b)** Vrai  **(c)** Faux  **(d)** Vrai

**Série d'exercices 2.4 (page 123)**

1. **(a)** 5  **(b)** 9  **(c)** 6  **(d)** 10  **(e)** 0  **(f)** 2

3. $22$   5. $52$   7. $a^2 - 5a + 21$   9. $-65$   11. $-123$

13. **(a)** $\lambda = 1$, $\lambda = -3$  **(b)** $\lambda = -2$, $\lambda = 3$, $\lambda = 4$   16. . $275$

17. **(a)** $= -120$  **(b)** $= -120$   18. $x = \dfrac{3 \pm \sqrt{33}}{4}$   22. Il vaut zéro si $n > 1$.

**Exercices supplémentaires (page 124)**

1. $x' = \frac{3}{5}x + \frac{4}{5}y$, $y' = -\frac{4}{5}x + \frac{3}{5}y$    4. 2

5. $\cos\beta = \dfrac{c^2 + a^2 - b^2}{2ac}$, $\cos\gamma = \dfrac{a^2 + b^2 - c^2}{2ab}$    12. $\det(B) = (-1)^{n(n-1)/2}\det(A)$

13. **(a)** Les colonnes $i$ et $j$ seront permutées.
    **(b)** La colonne $i$ sera divisée par $c$.
    **(c)** La colonne $i$ sera augmentée de la colonne $j$ préalablement multipliée par $-c$.

15. **(a)** $\lambda^3 + (-a_{11} - a_{22} - a_{33})\lambda^2$
    $+ (a_{11}a_{22} + a_{11}a_{33} + a_{22}a_{33} - a_{12}a_{21} - a_{13}a_{31} - a_{23}a_{32})\lambda$
    $+ (a_{11}a_{23}a_{32} + a_{12}a_{21}a_{33} + a_{13}a_{22}a_{31} - a_{11}a_{22}a_{33} - a_{12}a_{23}a_{31} - a_{13}a_{21}a_{32})$

18. **(a)** $\lambda = -5$, $\lambda = 2$, $\lambda = 4$; $\begin{bmatrix} -2t \\ t \\ t \end{bmatrix}$, $\begin{bmatrix} 5t \\ t \\ t \end{bmatrix}$, $\begin{bmatrix} 7t \\ 19t \\ t \end{bmatrix}$    **(b)** $\lambda = 1$; $\begin{bmatrix} \frac{1}{2}t \\ -\frac{1}{2}t \\ t \end{bmatrix}$

**Série d'exercices 3.1 (page 136)**

3. **(a)** $\overrightarrow{P_1P_2} = (-1, -1)$    **(b)** $\overrightarrow{P_1P_2} = (-7, -2)$    **(c)** $\overrightarrow{P_1P_2} = (2, 1)$
   **(d)** $\overrightarrow{P_1P_2} = (a, b)$    **(e)** $\overrightarrow{P_1P_2} = (-5, 12, -6)$    **(f)** $\overrightarrow{P_1P_2} = (1, -1, -2)$
   **(g)** $\overrightarrow{P_1P_2} = (-a, -b, -c)$    **(h)** $\overrightarrow{P_1P_2} = (a, b, c)$

5. **(a)** $P(-1, 2, -4)$ est une réponse possible.
   **(b)** $P(7, -2, -6)$ est une réponse possible.

6. **(a)** $(-2, 1, -4)$    **(b)** $(-10, 6, 4)$    **(c)** $(-7, 1, 10)$
   **(d)** $(80, -20, -80)$    **(e)** $(132, -24, -72)$    **(f)** $(-77, 8, 94)$

8. $c_1 = 2$, $c_2 = -1$, $c_3 = 2$    10. $c_1 = c_2 = c_3 = 0$

12. **(a)** $x' = 5$, $y' = 8$    **(b)** $x = -1$, $y = 3$

15. $\mathbf{u} = \left(\frac{\sqrt{3}}{2}, \frac{1}{2}\right)$, $\mathbf{v} = \left(-\frac{1}{2}, -\frac{\sqrt{3}}{2}\right)$,

    $\mathbf{u} + \mathbf{v} = \left(\frac{\sqrt{3}-1}{2}, \frac{1-\sqrt{3}}{2}\right)$, $\mathbf{u} - \mathbf{v} = \left(\frac{\sqrt{3}+1}{2}, \frac{\sqrt{3}+1}{2}\right)$

**Série d'exercices 3.2 (page 141)**

1. **(a)** 5    **(b)** $\sqrt{13}$    **(c)** 5    **(d)** $2\sqrt{3}$    **(e)** $3\sqrt{6}$    **(f)** 6

3. **(a)** $\sqrt{83}$    **(b)** $\sqrt{17} + \sqrt{26}$    **(c)** $4\sqrt{17}$    **(d)** $\sqrt{466}$
   **(e)** $\left(\frac{3}{\sqrt{61}}, \frac{6}{\sqrt{61}}, -\frac{4}{\sqrt{61}}\right)$    **(f)** 1

9. **(b)** $\left(\frac{3}{5}, \frac{4}{5}\right)$    **(c)** $\left(\frac{2}{7}, -\frac{3}{7}, \frac{6}{7}\right)$

10. Une sphère de rayon 1, centrée à $(x_0, y_0, z_0)$

16. **(a)** $a = c = 0$
    **(b)** Au moins l'une des variables $a$ ou $c$ est différente de zéro, de sorte que $a^2 + c^2 > 0$.

17. **(a)** La distance qui sépare $x$ de l'origine est inférieure à 1.    **(b)** $\|x - x_0\| > 1$

**Série d'exercices 3.3 (page 149)**

1. **(a)** $-11$    **(b)** $-24$    **(c)** 0    **(d)** 0

3. **(a)** Orthogonaux    **(b)** Obtus    **(c)** Aigu    **(d)** Obtus

5. **(a)** $(6, 2)$    **(b)** $\left(-\frac{21}{13}, -\frac{14}{13}\right)$    **(c)** $\left(\frac{55}{13}, 1, -\frac{11}{13}\right)$    **(d)** $\left(\frac{73}{89}, -\frac{12}{89}, -\frac{32}{89}\right)$

8. **(b)** $(3k, 2k)$ pour tout scalaire $k$    **(c)** $\left(\frac{4}{5}, \frac{3}{5}\right)$, $\left(-\frac{4}{5}, -\frac{3}{5}\right)$

11. $\cos\theta_1 = \frac{\sqrt{10}}{10}$, $\cos\theta_2 = \frac{3\sqrt{10}}{10}$, $\cos\theta_3 = 0$    13. $\pm(1/\sqrt{3}, 1/\sqrt{3}, -1/\sqrt{3})$

16. **(a)** $\frac{10}{3}$    **(b)** $-\frac{6}{5}$    **(c)** $\frac{-60+34\sqrt{3}}{33}$    **(d)** $\frac{1}{2}$

20. $\cos^{-1}\left(\frac{2}{\sqrt{6}}\right)$    21. **(b)** $\cos\beta = \dfrac{b}{\|\mathbf{v}\|}$, $\cos\gamma = \dfrac{c}{\|\mathbf{v}\|}$

27. **(a)** Le produit scalaire ne peut s'appliquer à un vecteur **u** et à un scalaire.
    **(b)** Un scalaire est additionné au vecteur **w**.
    **(c)** Les scalaires n'ont pas de norme.
    **(d)** Le produit scalaire ne peut s'appliquer à un scalaire $k$ et à un vecteur.

29. Non; on peut seulement conclure que **u** est orthogonal à $\mathbf{v} - \mathbf{w}$.

30. $\mathbf{r} = (\mathbf{u} \cdot \mathbf{r})\dfrac{\mathbf{u}}{\|\mathbf{u}\|^2} + (\mathbf{v} \cdot \mathbf{r})\dfrac{\mathbf{v}}{\|\mathbf{v}\|^2} + (\mathbf{w} \cdot \mathbf{r})\dfrac{\mathbf{w}}{\|\mathbf{w}\|^2}$    **31.** Théorème de Pythagore.

**Série d'exercices 3.4**
**(page 161)**

1. **(a)** $(32, -6, -4)$    **(b)** $(-14, -20, -82)$    **(c)** $(27, 40, -42)$
   **(d)** $(0, 176, -264)$    **(e)** $(-44, 55, -22)$    **(f)** $(-8, -3, -8)$

3. **(a)** $\sqrt{59}$    **(b)** $\sqrt{101}$    **(c)** $0$

7. Par exemple, $(1, 1, 1) \times (2, -3, 5) = (8, -3, -5)$

9. **(a)** $-3$    **(b)** $3$    **(c)** $3$    **(d)** $-3$    **(e)** $-3$    **(f)** $0$

11. **(a)** Non    **(b)** Oui    **(c)** Non    13. $\left(\dfrac{6}{\sqrt{61}}, -\dfrac{3}{\sqrt{61}}, \dfrac{4}{\sqrt{61}}\right), \left(-\dfrac{6}{\sqrt{61}}, \dfrac{3}{\sqrt{61}}, -\dfrac{4}{\sqrt{61}}\right)$

15. $2(\mathbf{v} \times \mathbf{u})$    17. **(a)** $\dfrac{\sqrt{26}}{2}$    **(b)** $\dfrac{\sqrt{26}}{3}$    21. **(a)** $\sqrt{122}$    **(b)** $\theta \approx 40° \, 19''$

23. **(a)** $\mathbf{m} = (0, 1, 0)$ et $\mathbf{n} = (1, 0, 0)$    **(b)** $(-1, 0, 0)$    **(c)** $(0, 0, -1)$

28. $(-8, 0, -8)$    31. **(a)** $\dfrac{2}{3}$    **(b)** $\dfrac{1}{2}$    35. **(b)** $\mathbf{u} \cdot \mathbf{w} \neq 0$, $\mathbf{v} \cdot \mathbf{w} = 0$

36. Non, l'équation équivaut à $\mathbf{u} \times (\mathbf{v} - \mathbf{w}) = 0$ et par conséquent $\mathbf{v} - \mathbf{w} = k\mathbf{u}$ pour un certain scalaire $k$.

38. Ils sont colinéaires.

**Série d'exercices 3.5**
**(page 169)**

1. **(a)** $-2(x + 1) + (y - 3) - (z + 2) = 0$    **(b)** $(x - 1) + 9(y - 1) + 8(z - 4) = 0$
   **(c)** $2z = 0$    **(d)** $x + 2y + 3z = 0$

3. **(a)** $(0, 0, 5)$ est un point du plan et $\mathbf{n} = (-3, 7, 2)$ est un vecteur normal, de sorte que $-3(x - 0) + 7(y - 0) + 2(z - 5) = 0$ est une équation cartésienne du plan; on peut obtenir d'autres réponses valables en choisissant d'autres vecteurs normaux.
   **(b)** $(x - 0) + 0(y - 0) - 4(z - 5) = 0$ est une réponse possible.

5. **(a)** Non parallèles    **(b)** Parallèles    **(c)** Parallèles

9. **(a)** $x = 3 + 2t$, $y = -1 + t$, $z = 2 + 3t$    **(b)** $x = -2 + 6t$, $y = 3 - 6t$, $z = -3 - 2t$
   **(c)** $x = 2$, $y = 2 + t$, $z = 6$    **(d)** $x = t$, $y = -2t$, $z = 3t$

11. **(a)** $x = -12 - 7t$, $y = -41 - 23t$, $z = t$    **(b)** $x = \dfrac{5}{2}t$, $y = 0$, $z = t$

13. **(a)** Parallèles    **(b)** Non parallèles    17. $2x + 3y - 5z + 36 = 0$

19. **(a)** $z - z_0 = 0$    **(b)** $x - x_0 = 0$    **(c)** $y - y_0 = 0$    21. $5x - 2y + z - 34 = 0$

23. $y + 2z - 9 = 0$    27. $x + 5y + 3z - 18 = 0$

29. $4x + 13y - z - 17 = 0$    31. $3x - y - z - 2 = 0$

37. **(a)** $x = \dfrac{11}{23} + \dfrac{7}{23}t$, $y = -\dfrac{41}{23} - \dfrac{1}{23}t$, $z = t$    **(b)** $x = -\dfrac{2}{5}t$, $y = 0$, $z = t$

39. **(a)** $\dfrac{5}{3}$    **(b)** $\dfrac{1}{\sqrt{29}}$    **(c)** $\dfrac{4}{\sqrt{3}}$

43. **(a)** $\dfrac{x - 3}{2} = y + 1 = \dfrac{z - 2}{3}$    **(b)** $\dfrac{x + 2}{6} = -\dfrac{y - 3}{6} = -\dfrac{z + 3}{2}$

44. **(a)** $x - 2y - 17 = 0$ et $x + 4z - 27 = 0$ est une réponse possible.
    **(b)** $x - 2y = 0$ et $-7y + 2z = 0$ est une réponse possible.

45. **(a)** $\theta \approx 35°$    **(b)** $\theta \approx 79°$    47. Elles sont identiques.

**Série d'exercices 4.1**
**(page 186)**

1. **(a)** $(-1, 9, -11, 1)$    **(b)** $(22, 53, -19, 14)$    **(c)** $(-13, 13, -36, -2)$
   **(d)** $(-90, -114, 60, -36)$    **(e)** $(-9, -5, -5, -3)$    **(f)** $(27, 29, -27, 9)$

3. $c_1 = 1$, $c_2 = 1$, $c_3 = -1$, $c_4 = 1$    5. **(a)** $\sqrt{29}$    **(b)** 3    **(c)** 13    **(d)** $\sqrt{31}$

8. $k = \pm\frac{5}{7}$    10. **(a)** $\left(\frac{1}{\sqrt{10}}, \frac{3}{\sqrt{10}}\right), \left(-\frac{1}{\sqrt{10}}, -\frac{3}{\sqrt{10}}\right)$

14. **(a)** Oui    **(b)** Non    **(c)** Oui    **(d)** Non    **(e)** Non    **(f)** Oui

15. **(a)** $k = -3$    **(b)** $k = -2$, $k = -3$    19. $x_1 = 1$, $x_2 = -1$, $x_3 = 2$

22. La composante parallèle à **a** est proj$_{\mathbf{a}}\,\mathbf{u} = \frac{4}{15}(-1, 1, 2, 3)$; la composante orthogonale est $\frac{1}{15}(34, 11, 52, -27)$.

23. Elles ne se croisent pas.

33. **(a)** Mesure euclidienne de la «boîte» dans $R^n$: $a_1 a_2 \ldots a_n$

    **(b)** Longueur de la diagonale: $\sqrt{a_1^2 + a_2^2 + \cdots + a_n^2}$

35. **(a)** $d(\mathbf{u}, \mathbf{v}) = \sqrt{2}$

37. **(a)** Vrai    **(b)** Vrai    **(c)** Faux    **(d)** Vrai    **(e)** Vrai, sauf si $\mathbf{u} = \mathbf{0}$

**Série d'exercices 4.2 (page 202)**

1. **(a)** Linéaire; $R^3 \to R^2$    **(b)** Non linéaire; $R^2 \to R^3$
   **(c)** Linéaire; $R^3 \to R^3$    **(d)** Non linéaire; $R^4 \to R^2$

3. $\begin{bmatrix} 3 & 5 & -1 \\ 4 & -1 & 1 \\ 3 & 2 & -1 \end{bmatrix}$; $T(-1, 2, 4) = (3, -2, -3)$

5. **(a)** $\begin{bmatrix} 0 & 1 \\ -1 & 0 \\ 1 & 3 \\ 1 & -1 \end{bmatrix}$    **(b)** $\begin{bmatrix} 7 & 2 & -1 & 1 \\ 0 & 1 & 1 & 0 \\ -1 & 0 & 0 & 0 \end{bmatrix}$    **(c)** $\begin{bmatrix} 0 & 0 & 0 \\ 0 & 0 & 0 \\ 0 & 0 & 0 \\ 0 & 0 & 0 \\ 0 & 0 & 0 \end{bmatrix}$

   **(d)** $\begin{bmatrix} 0 & 0 & 0 & 1 \\ 1 & 0 & 0 & 0 \\ 0 & 0 & 1 & 0 \\ 0 & 1 & 0 & 0 \\ 1 & 0 & -1 & 0 \end{bmatrix}$

7. **(a)** $T(-1, 4) = (5, 4)$    **(b)** $T(2, 1, -3) = (0, -2, 0)$

9. **(a)** $(2, -5, -3)$    **(b)** $(2, 5, 3)$    **(c)** $(-2, -5, 3)$

13. **(a)** $\left(-2, \frac{\sqrt{3}-2}{2}, \frac{1+2\sqrt{3}}{2}\right)$    **(b)** $(0, 1, 2\sqrt{2})$    **(c)** $(-1, -2, 2)$

15. **(a)** $\left(-2, \frac{\sqrt{3}+2}{2}, \frac{-1+2\sqrt{3}}{2}\right)$    **(b)** $(-2\sqrt{2}, 1, 0)$    **(c)** $(1, 2, 2)$

17. **(a)** $\begin{bmatrix} 0 & 0 \\ 1/2 & -\sqrt{3}/2 \end{bmatrix}$    **(b)** $\begin{bmatrix} -\sqrt{2} & \sqrt{2} \\ \sqrt{2} & \sqrt{2} \end{bmatrix}$    **(c)** $\begin{bmatrix} -1 & 0 \\ 0 & -1 \end{bmatrix}$

19. **(a)** $\begin{bmatrix} \sqrt{3}/8 & -\sqrt{3}/16 & 1/16 \\ 1/8 & 3/16 & -\sqrt{3}/16 \\ 0 & 1/8 & \sqrt{3}/8 \end{bmatrix}$    **(b)** $\begin{bmatrix} 0 & 0 & 0 \\ 0 & -1 & 0 \\ 0 & 0 & -1 \end{bmatrix}$

    **(c)** $\begin{bmatrix} 0 & 1 & 0 \\ 0 & 0 & -1 \\ -1 & 0 & 0 \end{bmatrix}$

21. **(a)** Oui    **(b)** Non

24. $\begin{bmatrix} \frac{1}{3}(1-\cos\theta)+\cos\theta & \frac{1}{3}(1-\cos\theta)-\frac{1}{\sqrt{3}}\sin\theta & \frac{1}{3}(1-\cos\theta)-\frac{1}{\sqrt{3}}\sin\theta \\ \frac{1}{3}(1-\cos\theta)-\frac{1}{\sqrt{3}}\sin\theta & \frac{1}{3}(1-\cos\theta)+\cos\theta & \frac{1}{3}(1-\cos\theta)-\frac{1}{\sqrt{3}}\sin\theta \\ \frac{1}{3}(1-\cos\theta)-\frac{1}{\sqrt{3}}\sin\theta & \frac{1}{3}(1-\cos\theta)-\frac{1}{\sqrt{3}}\sin\theta & \frac{1}{3}(1-\cos\theta)+\cos\theta \end{bmatrix}$

29. **(a)** Correspond à multiplier sa projection orthogonale sur l'axe des $x$ d'un facteur 2.
    **(b)** Deux fois la réflexion par rapport à l'axe des $x$ d'un facteur 2.

30. **(a)** La coordonnée $x$ est étirée par un facteur 2 et la coordonnée $y$, par un facteur 3.
    **(b)** Rotation de 30°

31. Rotation d'un angle $2\theta$      34. Seulement si $b = 0$.

**Série d'exercices 4.3**
**(page 217)**

1. **(a)** Non injective    **(b)** Injective    **(c)** Injective    **(d)** Injective
   **(e)** Injective    **(f)** Injective    **(g)** Injective

3. Par exemple, le vecteur $(1, 3)$ n'appartient pas à l'image.

5. **(a)** Injective; $\begin{bmatrix} \frac{1}{3} & -\frac{2}{3} \\ \frac{1}{3} & \frac{1}{3} \end{bmatrix}$; $T^{-1}(w_1, w_2) = \left(\frac{1}{3}w_1 - \frac{2}{3}w_2, \frac{1}{3}w_1 + \frac{1}{3}w_2\right)$

   **(b)** Non injective

   **(c)** Injective $\begin{bmatrix} 0 & -1 \\ -1 & 0 \end{bmatrix}$; $T^{-1}(w_1, w_2) = (-w_2, -w_1)$

   **(d)** Non injective

7. **(a)** Réflexion par rapport à l'axe des $x$    **(b)** Rotation d'un angle $-\pi/4$
   **(c)** Compression d'un rapport $\frac{1}{3}$    **(d)** Réflexion par rapport au plan $yz$
   **(e)** Étirement d'un rapport 5

9. **(a)** Linéaire    **(b)** Non linéaire    **(c)** Linéaire    **(d)** Non linéaire

12. **(a)** Pour une réflexion par rapport à l'axe des $y$, $T(\mathbf{e}_1) = \begin{bmatrix} -1 \\ 0 \end{bmatrix}$ et $T(\mathbf{e}_2) = \begin{bmatrix} 0 \\ 1 \end{bmatrix}$.

    Ainsi, $T = \begin{bmatrix} -1 & 0 \\ 0 & 1 \end{bmatrix}$.

    **(b)** Pour une réflexion par rapport au plan $xz$, $T(\mathbf{e}_1) = \begin{bmatrix} 1 \\ 0 \\ 0 \end{bmatrix}$, $T(\mathbf{e}_2) = \begin{bmatrix} 0 \\ -1 \\ 0 \end{bmatrix}$,

    et $T(\mathbf{e}_3) = \begin{bmatrix} 0 \\ 0 \\ 1 \end{bmatrix}$. Ainsi, $T = \begin{bmatrix} 1 & 0 & 0 \\ 0 & -1 & 0 \\ 0 & 0 & 1 \end{bmatrix}$.

    **(c)** Pour une projection orthogonale sur l'axe des $x$, $T(\mathbf{e}_1) = \begin{bmatrix} 1 \\ 0 \end{bmatrix}$ et $T(\mathbf{e}_2) = \begin{bmatrix} 0 \\ 0 \end{bmatrix}$.

    Ainsi, $T = \begin{bmatrix} 1 & 0 \\ 0 & 0 \end{bmatrix}$.

    **(d)** Pour une projection orthogonale sur le plan $yz$, $T(\mathbf{e}_1) = \begin{bmatrix} 0 \\ 0 \\ 0 \end{bmatrix}$, $T(\mathbf{e}_2) = \begin{bmatrix} 0 \\ 1 \\ 0 \end{bmatrix}$,

    ct $T(\mathbf{e}_3) = \begin{bmatrix} 0 \\ 0 \\ 1 \end{bmatrix}$. Ainsi, $T = \begin{bmatrix} 0 & 0 & 0 \\ 0 & 1 & 0 \\ 0 & 0 & 1 \end{bmatrix}$.

    **(e)** Pour une rotation d'un angle $\theta$ positif, $T(\mathbf{e}_1) = \begin{bmatrix} \cos\theta \\ \sin\theta \end{bmatrix}$ et $T(\mathbf{e}_2) = \begin{bmatrix} -\sin\theta \\ \cos\theta \end{bmatrix}$.

Ainsi, $T = \begin{bmatrix} \cos\theta & -\sin\theta \\ \sin\theta & \cos\theta \end{bmatrix}$.

**(f)** Pour un étirement de rapport $k \geq 1$, $T(\mathbf{e}_1) = \begin{bmatrix} k \\ 0 \\ 0 \end{bmatrix}$, $T(\mathbf{e}_2) = \begin{bmatrix} 0 \\ k \\ 0 \end{bmatrix}$, et $T(\mathbf{e}_3) = \begin{bmatrix} 0 \\ 0 \\ k \end{bmatrix}$.

Alors, $T = \begin{bmatrix} k & 0 & 0 \\ 0 & k & 0 \\ 0 & 0 & k \end{bmatrix}$.

13. **(a)** $T(\mathbf{e}_1) = \begin{bmatrix} -1 \\ 0 \end{bmatrix}$ et $T(\mathbf{e}_2) = \begin{bmatrix} 0 \\ 0 \end{bmatrix}$. Ainsi, $T = \begin{bmatrix} -1 & 0 \\ 0 & 0 \end{bmatrix}$.

**(b)** $T(\mathbf{e}_1) = \begin{bmatrix} 0 \\ -1 \end{bmatrix}$ et $T(\mathbf{e}_2) = \begin{bmatrix} 1 \\ 0 \end{bmatrix}$. Ainsi, $T = \begin{bmatrix} 0 & 1 \\ -1 & 0 \end{bmatrix}$.

**(c)** $T(\mathbf{e}_1) = \begin{bmatrix} 0 \\ 3 \end{bmatrix}$ et $T(\mathbf{e}_2) = \begin{bmatrix} 0 \\ 0 \end{bmatrix}$. Ainsi, $T = \begin{bmatrix} 0 & 0 \\ 3 & 0 \end{bmatrix}$.

16. **(a)** Transformation linéaire de $R^2 \to R^3$ ; injective
    **(b)** Transformation linéaire de $R^3 \to R^2$ ; non injective

17. **(a)** $\left(\frac{1}{2}, \frac{1}{2}\right)$   **(b)** $\left(\frac{3}{4}, \frac{\sqrt{3}}{4}\right)$   **(c)** $\left(\frac{1-5\sqrt{3}}{4}, \frac{15-\sqrt{3}}{4}\right)$

19. **(a)** $\lambda = 1$; $\begin{bmatrix} 0 \\ s \\ t \end{bmatrix}$   $\lambda = -1$; $\begin{bmatrix} t \\ 0 \\ 0 \end{bmatrix}$   **(b)** $\lambda = 1$; $\begin{bmatrix} s \\ 0 \\ t \end{bmatrix}$   $\lambda = 0$; $\begin{bmatrix} 0 \\ t \\ 0 \end{bmatrix}$

    **(c)** $\lambda = 2$ ; tous les vecteurs de $R^3$ sont des vecteurs propres.   **(d)** $\lambda = 1$; $\begin{bmatrix} 0 \\ 0 \\ t \end{bmatrix}$

23. **(a)** $\begin{bmatrix} \cos 2\theta & \sin 2\theta \\ \sin 2\theta & -\cos 2\theta \end{bmatrix}$   **(b)** $\left(\frac{1+5\sqrt{3}}{2}, \frac{\sqrt{3}-5}{2}\right)$

27. **(a)** L'image de $T$ est un sous-ensemble propre de $R^n$.
    **(b)** $T$ doit transformer une infinité de vecteurs en $\mathbf{0}$.

**Série d'exercices 4.4 (page 228)**

1. **(a)** $x^2 + 2x - 1 - 2(3x^2 + 2) = -5x^2 + 2x - 5$   4. Oui; $A = \begin{bmatrix} 1 & 0 & 0 \\ 0 & 1 & 0 \\ 0 & 0 & 1 \\ 0 & 0 & 0 \end{bmatrix}$

7. $L : P_1 \to P_2$ où $L$ transforme $ax + b$ en $(a + b)x + a - b$

9. **(a)** $3e^t + 3e^{-t} = 6\cosh(t)$   **(b)** Oui

12. $y = 2x^2$   14. **(a)** $y = x^3 - x$   15. **(a)** $y = 2x^3 - 2x + 2$

18. **(a)** Non, à cause de la constante d'intégration arbitraire
    **(b)** Non (sauf pour $P_0$)

21. **(a)** Tout polynôme $L_i(x)$ est de degré inférieur ou égal à $n$ et il en va de même de la somme $y_0 L(x) + \cdots + y_n L(x)$; de plus, $p(x_i) = 0 + 0 + \cdots + 0 + y_i \cdot L_i(x_i) + 0 + \cdots + 0$, ce qui prouve que cette fonction est un polynôme d'interpolation de degré inférieur ou égal à $n$.
    **(b)** $I_{n+1}\mathbf{c} = \mathbf{y}$, où $\mathbf{c}$ représente le vecteur des $c_i$ et $\mathbf{y}$, le vecteur des $y_i$.

**Série d'exercices 5.1**
**(page 239)**

1. L'ensemble n'est pas un espace vectoriel car il contredit l'axiome 8.
3. L'ensemble n'est pas un espace vectoriel car il contredit les axiomes 9 et 10.
5. L'ensemble forme un espace vectoriel pour les opérations données.
7. L'ensemble forme un espace vectoriel pour les opérations données.
9. L'ensemble n'est pas un espace vectoriel car il contredit les axiomes 1, 4, 5 et 6.
11. L'ensemble forme un espace vectoriel pour les opérations données.
13. L'ensemble forme un espace vectoriel pour les opérations données.
25. Non. Un espace vectoriel doit contenir un élément nul.
26. Non. Les axiomes 1, 4 et 6 ne seront pas vérifiés.
29. (1) Axiome 7 (2) Axiome 4 (3) Axiome 5 (4) Découle de l'énoncé 2
    (5) Axiome 3 (6) Axiome 5 (7) Axiome 4
32. Non ; $\mathbf{0}_1 = \mathbf{0}_1 + \mathbf{0}_2 = \mathbf{0}_2$

**Série d'exercices 5.2**
**(page 251)**

1. (a), (c)   3. (a), (c), (d)   5. (a), (c), (d)
6. (a) Une droite; $x = -\frac{1}{2}t$, $y = -\frac{3}{2}t$, $z = t$ (b) Une droite; $x = 2t$, $y = t$, $z = 0$
   (c) L'origine (d) L'origine (e) Une droite; $x = -3t$, $y = -2t$, $z = t$
   (f) Un plan; $x - 3y + z = 0$
9. (a) $-9 - 7x - 15x^2 = -2\mathbf{p}_1 + \mathbf{p}_2 - 2\mathbf{p}_3$ (b) $6 + 11x + 6x^2 = 4\mathbf{p}_1 - 5\mathbf{p}_2 + \mathbf{p}_3$
   (c) $0 = 0\mathbf{p}_1 + 0\mathbf{p}_2 + 0\mathbf{p}_3$ (d) $7 + 8x + 9x^2 = 0\mathbf{p}_1 - 2\mathbf{p}_2 + 3\mathbf{p}_3$
11. (a) Les vecteurs engendrent $R^3$. (b) Les vecteurs n'engendrent pas $R^3$.
    (c) Les vecteurs n'engendrent pas $R^3$. (d) Les vecteurs engendrent $R^3$.
12. (a), (c), (e)   15. $y = z$
24. (a) Ils engendrent une droite s'ils sont colinéaires et s'ils ne sont pas tous deux nuls. Ils engendrent un plan s'ils ne sont pas colinéaires.
    (b) Si $\mathbf{u} = a\mathbf{v}$ et $\mathbf{v} = b\mathbf{u}$ pour certains nombres réels $a$ et $b$.
    (c) À condition que $\mathbf{b} = \mathbf{0}$ étant donné qu'un sous-espace doit contenir $\mathbf{x} = \mathbf{0}$ et que $\mathbf{b} = A\mathbf{0} = \mathbf{0}$.
26. (a) Par exemple, $\begin{bmatrix} 1 & 0 \\ 0 & 0 \end{bmatrix}$, $\begin{bmatrix} 0 & 1 \\ 0 & 0 \end{bmatrix}$, $\begin{bmatrix} 0 & 0 \\ 1 & 0 \end{bmatrix}$, $\begin{bmatrix} 0 & 0 \\ 0 & 1 \end{bmatrix}$
    (b) L'ensemble des matrices qui contiennent un élément égal à 1 et dont tous les autres éléments sont nuls.

**Série d'exercices 5.3**
**(page 262)**

1. (a) $\mathbf{u}_2$ est le produit par un scalaire de $\mathbf{u}_1$.
   (b) Les vecteurs sont linéairement dépendants selon le théorème 5.3.3.
   (c) $\mathbf{p}_2$ est le produit par un scalaire de $\mathbf{p}_1$.
   (d) $B$ est le produit par un scalaire de $A$.
3. Aucun
5. (a) Ils ne sont pas dans un même plan. (b) Ils sont dans un même plan.
18. Si et seulement si le vecteur n'est pas nul.
19. (a) Ils sont linéairement indépendants puisque $\mathbf{v}_1$, $\mathbf{v}_2$ et $\mathbf{v}_3$ ne sont pas dans le même plan lorsque leurs origines coïncident avec l'origine du repère.
    (b) Ils sont linéairement dépendants puisque $\mathbf{v}_1$, $\mathbf{v}_2$ et $\mathbf{v}_3$ sont dans le même plan lorsque leurs origines coïncident avec l'origine du repère.
24. (a) Faux (b) Faux (c) Vrai (d) Faux
27. (a) Oui

**Série d'exercices 5.4**
**(page 278)**

1. **(a)** Une base de $R^2$ contient deux vecteurs linéairement indépendants.
   **(b)** Une base de $R^3$ contient trois vecteurs linéairement indépendants.
   **(c)** Une base de $P_2$ contient trois vecteurs linéairement indépendants.
   **(d)** Une base de $M_{22}$ contient quatre vecteurs linéairement indépendants.

3. (a),(b)    7. **(a)** $(\mathbf{w})_S = (3, -7)$    **(b)** $(\mathbf{w})_S = \left(\frac{5}{28}, \frac{3}{14}\right)$    **(c)** $(\mathbf{w})_S = \left(a, \frac{b-a}{2}\right)$

9. **(a)** $(\mathbf{v})_S = (3, -2, 1)$    **(b)** $(\mathbf{v})_S = (-2, 0, 1)$    11. $(A)_S = (-1, 1, -1, 3)$

13. Base : $(-\frac{1}{4}, -\frac{1}{4}, 1, 0)$, $(0, -1, 0, 1)$; dimension $= 2$

15. Base : $(3, 1, 0)$, $(-1, 0, 1)$; dimension $= 2$

19. **(a)** La dimension est 3    **(b)** La dimension est 2    **(c)** La dimension est 1

20. La dimension est 3

21. **(a)** $\{\mathbf{v}_1, \mathbf{v}_2, \mathbf{e}_1\}$ ou $\{\mathbf{v}_1, \mathbf{v}_2, \mathbf{e}_2\}$    **(b)** $\{\mathbf{v}_1, \mathbf{v}_2, \mathbf{e}_1\}$ ou $\{\mathbf{v}_1, \mathbf{v}_2, \mathbf{e}_2\}$ ou $\{\mathbf{v}_1, \mathbf{v}_2, \mathbf{e}_3\}$

27. **(a)** Réponse possible : $\{-1 + x - 2x^2, 3 + 3x + 6x^2, 9\}$
    **(b)** Réponse possible : $\{1 + x, x^2, -2 + 2x^2\}$
    **(c)** Réponse possible : $\{1 + x - 3x^2\}$.

29. **(a)** $(2, 0)$    **(b)** $\left(\frac{2}{\sqrt{3}}, -\frac{1}{\sqrt{3}}\right)$    **(c)** $(0, 1)$    **(d)** $\left(\frac{2}{\sqrt{3}}a, b - \frac{a}{\sqrt{3}}\right)$

31. Oui; par exemple, $\begin{bmatrix} 1 & 0 \\ 0 & \pm 1 \end{bmatrix}$, $\begin{bmatrix} 0 & 1 \\ \pm 1 & 0 \end{bmatrix}$

35. **(a)** La dimension est $n - 1$.
    **(b)** $(1, 0, 0, \ldots, 0, -1)$, $(0, 1, 0, \ldots, 0, -1)$, $(0, 0, 1, \ldots, 0, -1)$, $\ldots$, $(0, 0, 0, \ldots, 1, -1)$, est une base de dimension $n - 1$.

**Série d'exercices 5.5**
**(page 292)**

1. $\mathbf{r}_1 = (2, -1, 0, 1)$, $\mathbf{r}_2 = (3, 5, 7, -1)$, $\mathbf{r}_3 = (1, 4, 2, 7)$;

$$\mathbf{c}_1 = \begin{bmatrix} 2 \\ 3 \\ 1 \end{bmatrix}, \quad \mathbf{c}_2 = \begin{bmatrix} -1 \\ 5 \\ 4 \end{bmatrix}, \quad \mathbf{c}_3 = \begin{bmatrix} 0 \\ 7 \\ 2 \end{bmatrix}, \quad \mathbf{c}_4 = \begin{bmatrix} 1 \\ -1 \\ 7 \end{bmatrix}$$

3. **(a)** $\begin{bmatrix} -2 \\ 10 \end{bmatrix} = \begin{bmatrix} 1 \\ 4 \end{bmatrix} - \begin{bmatrix} 3 \\ -6 \end{bmatrix}$    **(b)** $\mathbf{b}$ n'appartient pas à l'espace-colonne de $A$.

**(c)** $\begin{bmatrix} 1 \\ 9 \\ 1 \end{bmatrix} - 3\begin{bmatrix} -1 \\ 3 \\ 1 \end{bmatrix} + \begin{bmatrix} 1 \\ 1 \\ 1 \end{bmatrix} = \begin{bmatrix} 5 \\ 1 \\ -1 \end{bmatrix}$

**(d)** $\begin{bmatrix} 2 \\ 0 \\ 0 \end{bmatrix} = \begin{bmatrix} 1 \\ 1 \\ -1 \end{bmatrix} + (t-1)\begin{bmatrix} -1 \\ 1 \\ -1 \end{bmatrix} + t\begin{bmatrix} 1 \\ -1 \\ 1 \end{bmatrix}$

**(e)** $\begin{bmatrix} 4 \\ 3 \\ 5 \\ 7 \end{bmatrix} = -26\begin{bmatrix} 1 \\ 0 \\ 1 \\ 0 \end{bmatrix} + 13\begin{bmatrix} 2 \\ 1 \\ 2 \\ 1 \end{bmatrix} - 7\begin{bmatrix} 0 \\ 2 \\ 1 \\ 2 \end{bmatrix} + 4\begin{bmatrix} 1 \\ 1 \\ 3 \\ 2 \end{bmatrix}$

5. **(a)** $\begin{bmatrix} 1 \\ 0 \end{bmatrix} + t\begin{bmatrix} 3 \\ 1 \end{bmatrix}$;  $t\begin{bmatrix} 3 \\ 1 \end{bmatrix}$    **(b)** $\begin{bmatrix} -2 \\ 7 \\ 0 \end{bmatrix} + t\begin{bmatrix} -1 \\ -1 \\ 1 \end{bmatrix}$;  $t\begin{bmatrix} -1 \\ -1 \\ 1 \end{bmatrix}$

**(c)** $\begin{bmatrix} -1 \\ 0 \\ 0 \\ 0 \end{bmatrix} + r \begin{bmatrix} 2 \\ 1 \\ 0 \\ 0 \end{bmatrix} + s \begin{bmatrix} -1 \\ 0 \\ 1 \\ 0 \end{bmatrix} + t \begin{bmatrix} -2 \\ 0 \\ 0 \\ 1 \end{bmatrix}; \quad r \begin{bmatrix} 2 \\ 1 \\ 0 \\ 0 \end{bmatrix} + s \begin{bmatrix} -1 \\ 0 \\ 1 \\ 0 \end{bmatrix} + t \begin{bmatrix} -2 \\ 0 \\ 0 \\ 1 \end{bmatrix}$

**(d)** $\begin{bmatrix} \frac{6}{5} \\ \frac{7}{5} \\ 0 \\ 0 \end{bmatrix} + s \begin{bmatrix} \frac{7}{5} \\ \frac{4}{5} \\ 1 \\ 0 \end{bmatrix} + t \begin{bmatrix} \frac{1}{5} \\ -\frac{3}{5} \\ 0 \\ 1 \end{bmatrix}; \quad s \begin{bmatrix} \frac{7}{5} \\ \frac{4}{5} \\ 1 \\ 0 \end{bmatrix} + t \begin{bmatrix} \frac{1}{5} \\ -\frac{3}{5} \\ 0 \\ 1 \end{bmatrix}$

7. **(a)** $\mathbf{r}_1 = [1 \quad 0 \quad 2], \quad \mathbf{r}_2 = [0 \quad 0 \quad 1], \quad \mathbf{c} = \begin{bmatrix} 1 \\ 0 \\ 0 \end{bmatrix}, \quad \mathbf{c}_2 = \begin{bmatrix} 2 \\ 1 \\ 0 \end{bmatrix}$

**(b)** $\mathbf{r}_1 = [1 \quad -3 \quad 0 \quad 0], \quad \mathbf{r}_2 = [0 \quad 1 \quad 0 \quad 0], \quad \mathbf{c}_1 = \begin{bmatrix} 1 \\ 0 \\ 0 \\ 0 \end{bmatrix}, \quad \mathbf{c}_2 = \begin{bmatrix} -3 \\ 1 \\ 0 \\ 0 \end{bmatrix}$

**(c)** $\mathbf{r}_1 = [1 \quad 2 \quad 4 \quad 5], \quad \mathbf{r}_2 = [0 \quad 1 \quad -3 \quad 0],$
$\mathbf{r}_3 = [0 \quad 0 \quad 1 \quad -3], \quad \mathbf{r}_4 = [0 \quad 0 \quad 0 \quad 1],$

$\mathbf{c}_1 = \begin{bmatrix} 1 \\ 0 \\ 0 \\ 0 \\ 0 \end{bmatrix}, \quad \mathbf{c}_2 = \begin{bmatrix} 2 \\ 1 \\ 0 \\ 0 \\ 0 \end{bmatrix}, \quad \mathbf{c}_3 = \begin{bmatrix} 4 \\ -3 \\ 1 \\ 0 \\ 0 \end{bmatrix}, \quad \mathbf{c}_4 = \begin{bmatrix} 5 \\ 0 \\ -3 \\ 1 \\ 0 \end{bmatrix}$

**(d)** $\mathbf{r}_1 = [1 \quad 2 \quad -1 \quad 5], \quad \mathbf{r}_2 = [0 \quad 1 \quad 4 \quad 3],$
$\mathbf{r}_3 = [0 \quad 0 \quad 1 \quad -7], \quad \mathbf{r}_4 = [0 \quad 0 \quad 0 \quad 1],$

$\mathbf{c}_1 = \begin{bmatrix} 1 \\ 0 \\ 0 \\ 0 \end{bmatrix}, \quad \mathbf{c}_2 = \begin{bmatrix} 2 \\ 1 \\ 0 \\ 0 \end{bmatrix}, \quad \mathbf{c}_3 = \begin{bmatrix} -1 \\ 4 \\ 1 \\ 0 \end{bmatrix}, \quad \mathbf{c}_4 = \begin{bmatrix} 5 \\ 3 \\ -7 \\ 1 \end{bmatrix}$

9. **(a)** $\begin{bmatrix} 1 \\ 5 \\ 7 \end{bmatrix}, \begin{bmatrix} -1 \\ -4 \\ -6 \end{bmatrix}$ **(b)** $\begin{bmatrix} 2 \\ 4 \\ 0 \end{bmatrix}$ **(c)** $\begin{bmatrix} 1 \\ 2 \\ -1 \end{bmatrix}, \begin{bmatrix} 4 \\ 1 \\ 3 \end{bmatrix}$

**(d)** $\begin{bmatrix} 1 \\ 3 \\ -1 \\ 2 \end{bmatrix}, \begin{bmatrix} 4 \\ -2 \\ 0 \\ 3 \end{bmatrix}$ **(e)** $\begin{bmatrix} 1 \\ 0 \\ 2 \\ 3 \\ -2 \end{bmatrix}, \begin{bmatrix} -3 \\ 3 \\ -3 \\ -6 \\ 9 \end{bmatrix}, \begin{bmatrix} 2 \\ 6 \\ -2 \\ 0 \\ 2 \end{bmatrix}$

11. **(a)** $(1, 1, -4, -3), \quad (0, 1, -5, -2), \quad (0, 0, 1, -\frac{1}{2})$
**(b)** $(1, -1, 2, 0), \quad (0, 1, 0, 0), \quad (0, 0, 1, -\frac{1}{6})$
**(c)** $(1, 1, 0, 0), \quad (0, 1, 1, 1), \quad (0, 0, 1, 1), \quad (0, 0, 0, 1)$

14. **(b)** $\begin{bmatrix} 0 & 0 & 0 \\ 0 & 1 & 0 \\ 0 & 0 & 1 \end{bmatrix}$

17. $\begin{bmatrix} 3a & -5a \\ 3b & -5b \end{bmatrix}$ pour tous les nombres réels $a$ et $b$ qui ne sont pas tous deux nuls.

**Série d'exercices 5.6**
**(page 292)**

1. $\text{Rang}(A) = \text{rang}(A^T) = 2$

3. **(a)** 2; 1     **(b)** 1; 2     **(c)** 2; 2     **(d)** 2; 3     **(e)** 3; 2

5. **(a)** Rang = 4, nullité = 0     **(b)** Rang = 3, nullité = 2     **(c)** Rang = 3, nullité = 0

7. **(a)** Oui, 0     **(b)** Non     **(c)** Oui, 2     **(d)** Oui, 7     **(e)** Non
   **(f)** Oui, 4     **(g)** Oui, 0

9. $b_1 = r$, $b_2 = s$, $b_3 = 4s - 3r$, $b_4 = 2r - s$, $b_5 = 8s - 7r$     **11.** Non

13. La matrice est de rang 2 si $r = 2$ et $s = 1$ ; elle n'est jamais de rang 1.

16. **(a)** $\begin{bmatrix} 1 & 0 & 0 \\ 0 & 1 & 0 \\ 0 & 0 & 0 \end{bmatrix}$     **(b)** Une droite passant par l'origine

   **(c)** Un plan passant par l'origine
   **(d)** L'espace nul correspond à une droite passant par l'origine et l'espace ligne est un plan passant par l'origine.

19. **(a)** 3     **(b)** 5     **(c)** 3     **(d)** 3

**Exercices supplémentaires**
**(page 307)**

1. **(a)** La totalité de $R^3$     **(b)** Un plan : $2x - 3y + z = 0$
   **(c)** Une droite : $x = 2t$, $y = t$, $z = 0$     **(d)** L'origine : $(0, 0, 0)$

3. **(a)** $a(4, 1, 1) + b(0, -1, 2)$     **(b)** $(a + c)(3, -1, 2) + b(1, 4, 1)$
   **(c)** $a(2, 3, 0) + b(-1, 0, 4) + c(4, -1, 1)$

5. **(a)** $\mathbf{v} = (-1 + r)\mathbf{v}_1 + \left(\frac{2}{3} - r\right)\mathbf{v}_2 + r\mathbf{v}_3$ ; la valeur de $r$ est arbitraire.

7. Non

9. **(a)** Rang = 2, nullité = 1     **(b)** Rang = 3, nullité = 2
   **(c)** Rang = $n + 1$, nullité = $n$

11. $\{1, x^2, x^3, x^4, x^5, x^6, \ldots, x^n\}$     **13. (a)** 2    **(b)** 1    **(c)** 2    **(d)** 3

**Série d'exercices 6.1**
**(page 316)**

1. **(a)** $y = 3x - 4$     **(b)** $y = -2x + 1$

2. **(a)** $x^2 + y^2 - 4x - 6y + 4 = 0$ or $(x - 2)^2 + (y - 3)^2 = 9$
   **(b)** $x^2 + y^2 + 2x - 4y - 20 = 0$ or $(x + 1)^2 + (y - 2)^2 = 25$

3. $x^2 + 2xy + y^2 - 2x + y = 0$ (une parabole)

4. **(a)** $x + 2y + z = 0$     **(b)** $-x + y - 2z + 1 = 0$

5. **(a)** $\begin{vmatrix} x & y & z & 0 \\ x_1 & y_1 & z_1 & 1 \\ x_2 & y_2 & z_2 & 1 \\ x_3 & y_3 & z_3 & 1 \end{vmatrix} = 0$     **(b)** $x + 2y + z = 0$;   $-x + y - 2z = 0$

6. **(a)** $x^2 + y^2 + z^2 - 2x - 4y - 2z = -2$ or $(x - 1)^2 + (y - 2)^2 + (z - 1)^2 = 4$
   **(b)** $x^2 + y^2 + z^2 - 2x - 2y = 3$ or $(x - 1)^2 + (y - 1)^2 + z^2 = 5$

10. $\begin{vmatrix} y & x^2 & x & 1 \\ y_1 & x_1^2 & x_1 & 1 \\ y_2 & x_2^2 & x_2 & 1 \\ y_3 & x_3^2 & x_3 & 1 \end{vmatrix} = 0$

11. L'équation de la droite passant par les trois points colinéaires     **12.** $0 = 0$

13. L'équation du plan passant par les quatre points coplanaires

**Série d'exercices 6.2**
**(page 320)**

1. $I_1 = \frac{255}{317}$, $I_2 = \frac{97}{317}$, $I_3 = \frac{158}{317}$     2. $I_1 = \frac{13}{5}$, $I_2 = -\frac{2}{5}$, $I_3 = \frac{11}{5}$

3. $I_1 = -\frac{5}{22}$, $I_2 = \frac{7}{22}$, $I_3 = \frac{6}{11}$     4. $I_1 = \frac{1}{2}$, $I_2 = 0$, $I_3 = 0$, $I_4 = \frac{1}{2}$, $I_5 = \frac{1}{2}$, $I_6 = \frac{1}{2}$

**Série d'exercices 6.3**
**(page 333)**

1. $x_1 = 2$, $x_2 = \frac{2}{3}$; valeur maximale de $z = \frac{22}{3}$

2. Aucune solution admissible 　　　　　3.　　Solution non bornée

4. Investir 6 000 \$ en obligations $A$ et 4 000 \$ en obligations $b$; le rendement annuel s'élève à 880 \$.

5. $\frac{7}{9}$ tasse de lait et $\frac{25}{18}$ onces de flocons de maïs; coût minimal $= \frac{335}{18} = 18{,}6$ ¢.

6. **(a)** $x_1 \geq 0$ et $x_2 \geq 0$ sont non liantes; $2x_1 + 3x_2 \leq 24$ est liante.
   **(b)** $x_1 - x_2 \leq v$ est liante pour $v < -3$ et elle donne l'ensemble vide pour $v < -6$.
   **(c)** $x_2 \leq v$ est liante pour $v < 8$ et elle donne l'ensemble vide pour $v < 0$.

7. 550 contenants de l'entreprise $A$ et 300 contenants de l'entreprise $B$; coût d'expédition maximal $= 2\,110$ \$

8. 925 contenants de l'entreprise $A$ et aucun contenant de l'entreprise $B$; coût d'expédition maximal $= 2\,312.50$ \$

9. 0,4 livre de l'ingrédient $A$ et 2,4 livres de l'ingrédient $B$; coût minimal $= 24{,}8$ ¢

**Série d'exercices 6.4**
**(page 346)**

1. $x = 8, y = 6, P = 58$

2. $x = 6, y = 4, P = 26$

3. $x = 8, y = 7, f = 54$

   $x = 5, y = 0, z = 3, P = 53$

   $x = 10, y = 0, z = 16, t = 6, P = 58$ (Il existe plusieurs autres solutions.)

7. **c)** Profit maximal : \$1,180 (12 kayak *ContemplAction* et 16 kayak *RivExtême*)

8. **(a)** $x = 27, y = 19, P = 110$

   **(b)** La contrainte de non négativité n'est plus vérifiée pour $s_1$.

   **(c)** $z$ est une variable non principale avec un 0 au bas de la colonne correspondante.

   **(d)** $x = 27, y = 7, P = 102$

   **(e)** $x = 18, y = 13$

9. $x = 2, y = 10, P = 54$

10. **(a)** $t = 5, c = 2, v = 11, P = 7670$

    **(b)** La solution est unique puisque on ne trouve aucun 0 au bas de la colonne d'une variable non principale.

    **(c)** $t = 6, c = 2, v = 12, P = 8620$

    **(d)** Au départ, la contrainte associée au travail des pilotes était non liante (écart de 7). Les changements proposés réduiraient l'écart à 2. Dans un cas comme dans l'autre, les pilotes ne sont pas surchargés.

**Série d'exercices 6.5**
**(page 359)**

1. **(a)** $\mathbf{x}^{(1)} = \begin{bmatrix} .4 \\ .6 \end{bmatrix}$, $\mathbf{x}^{(2)} = \begin{bmatrix} .46 \\ .54 \end{bmatrix}$, $\mathbf{x}^{(3)} = \begin{bmatrix} .454 \\ .546 \end{bmatrix}$, $\mathbf{x}^{(4)} = \begin{bmatrix} .4546 \\ .5454 \end{bmatrix}$, $\mathbf{x}^{(5)} = \begin{bmatrix} .45454 \\ .54546 \end{bmatrix}$

   **(b)** $P$ est régulière puisque tous les éléments de $P$ sont positifs; $\mathbf{q} = \begin{bmatrix} \frac{5}{11} \\ \frac{6}{11} \end{bmatrix}$

2. **(a)** $\mathbf{x}^{(1)} = \begin{bmatrix} .7 \\ .2 \\ .1 \end{bmatrix}$, $\mathbf{x}^{(2)} = \begin{bmatrix} .23 \\ .52 \\ .25 \end{bmatrix}$, $\mathbf{x}^{(3)} = \begin{bmatrix} .273 \\ .396 \\ .331 \end{bmatrix}$

   **(b)** $P$ est régulière puisque tous les éléments de $P$ sont positifs; $\mathbf{q} = \begin{bmatrix} \frac{22}{72} \\ \frac{29}{72} \\ \frac{21}{72} \end{bmatrix}$

3. **(a)** $\begin{bmatrix} \frac{9}{17} \\ \frac{8}{17} \end{bmatrix}$ **(b)** $\begin{bmatrix} \frac{26}{45} \\ \frac{19}{45} \end{bmatrix}$ **(c)** $\begin{bmatrix} \frac{3}{19} \\ \frac{4}{19} \\ \frac{12}{19} \end{bmatrix}$

4. **(a)** $P^n = \begin{bmatrix} \left(\frac{1}{2}\right)^n & 0 \\ 1 - \left(\frac{1}{2}\right)^n & 1 \end{bmatrix}$, $n = 1, 2, \ldots$.

Ainsi, aucune puissance de $P$ ne contient que des éléments positifs.

**(b)** $P^n \to \begin{bmatrix} 0 & 0 \\ 1 & 1 \end{bmatrix}$ lorsque $n \to \infty$, alors $P^n \mathbf{x}^{(0)} \to \begin{bmatrix} 0 \\ 1 \end{bmatrix}$ pour tout $\mathbf{x}^{(0)}$ lorsque $n \to \infty$.

**(c)** Le éléments du vecteur limite $\begin{bmatrix} 0 \\ 1 \end{bmatrix}$ ne sont pas tous positifs.

6. $P^2 = \begin{bmatrix} \frac{1}{2} & \frac{1}{4} & \frac{1}{4} \\ \frac{1}{4} & \frac{1}{2} & \frac{1}{4} \\ \frac{1}{4} & \frac{1}{4} & \frac{1}{2} \end{bmatrix}$ ne contient que des éléments positifs; $\mathbf{q} = \begin{bmatrix} \frac{1}{3} \\ \frac{1}{3} \\ \frac{1}{3} \end{bmatrix}$

7. $\frac{10}{13}$     8. $54\frac{1}{6}\%$ dans la région 1; $16\frac{2}{3}\%$ dans la région 2; $29\frac{1}{6}\%$ dans la région 3.

**Série d'exercices 6.6 (page 370)**

1. **(a)** $\begin{bmatrix} 0 & 0 & 0 & 1 \\ 1 & 0 & 1 & 1 \\ 1 & 1 & 0 & 1 \\ 0 & 0 & 0 & 0 \end{bmatrix}$ **(b)** $\begin{bmatrix} 0 & 1 & 1 & 0 & 0 \\ 0 & 0 & 0 & 0 & 1 \\ 1 & 0 & 0 & 1 & 0 \\ 0 & 0 & 1 & 0 & 0 \\ 0 & 0 & 1 & 0 & 0 \end{bmatrix}$ **(c)** $\begin{bmatrix} 0 & 1 & 0 & 1 & 0 & 0 \\ 1 & 0 & 0 & 0 & 0 & 0 \\ 0 & 1 & 0 & 1 & 1 & 1 \\ 0 & 0 & 0 & 0 & 0 & 1 \\ 0 & 0 & 0 & 0 & 0 & 1 \\ 0 & 0 & 1 & 0 & 1 & 0 \end{bmatrix}$

2. **(a)** 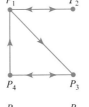 **(b)**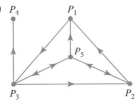

**(c)**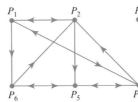

3. **(a)**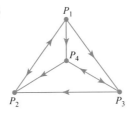

**(b)** Longueur 1 : $P_1 \to P_2$

Longueur 2 : $P_1 \to P_4 \to P_2$
$P_1 \to P_3 \to P_2$

Longueur 3 : $P_1 \to P_2 \to P_1 \to P_2$
$P_1 \to P_3 \to P_4 \to P_2$
$P_1 \to P_4 \to P_3 \to P_2$

**(c)** Longueur 1 : $P_1 \rightarrow P_4$

Longueur 2 : $P_1 \rightarrow P_3 \rightarrow P_4$

Longueur 3 : $P_1 \rightarrow P_2 \rightarrow P_1 \rightarrow P_4$

$P_1 \rightarrow P_4 \rightarrow P_3 \rightarrow P_4$

**4. (a)** $\begin{bmatrix} 1 & 0 & 0 & 0 & 0 \\ 0 & 1 & 0 & 0 & 0 \\ 0 & 0 & 1 & 1 & 0 \\ 0 & 0 & 1 & 2 & 1 \\ 0 & 0 & 0 & 1 & 2 \end{bmatrix}$

**(c)** L'élément $ij$ correspond au nombre de membres de la famille qui influencent à la fois les membres $i$ et $j$ de la famille.

**5. (a)** $\{P_1, P_2, P_3\}$      **(b)** $\{P_3, P_4, P_5\}$      **(c)** $\{P_2, P_4, P_6, P_8\}$ et $\{P_4, P_5, P_6\}$

**6. (a)** Aucun      **(b)** $\{P_3, P_4, P_6\}$

**7.** $\begin{bmatrix} 0 & 0 & 1 & 1 \\ 1 & 0 & 0 & 0 \\ 0 & 1 & 0 & 1 \\ 0 & 1 & 0 & 0 \end{bmatrix}$ 
 Puissance de $P_1 = 5$
 Puissance de $P_2 = 3$
 Puissance de $P_3 = 4$
 Puissance de $P_4 = 2$

**8.** Premier, $A$; deuxième, $B$ et $E$ (égalité); quatrième, $C$; cinquième, $D$

**Série d'exercices 6.7 (page 381)**

**1. (a)** $\begin{bmatrix} 2 \\ 3 \end{bmatrix}$      **(b)** $\begin{bmatrix} 6 \\ 5 \\ 6 \end{bmatrix}$      **(c)** $\begin{bmatrix} 78 \\ 54 \\ 79 \end{bmatrix}$

**2. (a)** Utilisez le corollaire 6.7.4; les sommes des lignes sont toutes inférieures à un.

**(b)** Utilisez le corollaire 6.7.5; les sommes des colonnes sont toutes inférieures à un.

**(c)** Utilisez le théorème 6.7.3 et $\mathbf{x} = \begin{bmatrix} 2 \\ 1 \\ 1 \end{bmatrix} > C\mathbf{x} = \begin{bmatrix} 1.9 \\ .9 \\ .9 \end{bmatrix}$.

**3.** $E^2$ ne contient que des éléments positifs.

**4.** Prix des tomates, 120,00 \$; prix du maïs, 100,00 \$; prix de la laitue, 106,67 \$

**5.** IC : 1 256 \$; IÉ : 1 448 \$, IM : 1 556 \$

**Série d'exercices 6.8 (page 389)**

**1. (a)** $\begin{bmatrix} 0 & 1 & 1 & 0 \\ 0 & 0 & 1 & 1 \\ 0 & 0 & 0 & 0 \end{bmatrix}$      **(b)** $\begin{bmatrix} 0 & \frac{3}{2} & \frac{3}{2} & 0 \\ 0 & 0 & \frac{1}{2} & \frac{1}{2} \\ 0 & 0 & 0 & 0 \end{bmatrix}$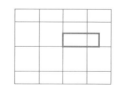

**(c)** $\begin{bmatrix} -2 & -1 & -1 & -2 \\ -1 & -1 & 0 & 0 \\ 3 & 3 & 3 & 3 \end{bmatrix}$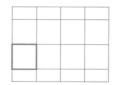

**(d)** $\begin{bmatrix} 0 & .866 & 1.366 & .500 \\ 0 & -.500 & .366 & .866 \\ 0 & 0 & 0 & 0 \end{bmatrix}$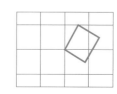

2. **(b)** $(0, 0, 0)$, $(1, 0, 0)$, $(1\frac{1}{2}, 1, 0)$ et $(\frac{1}{2}, 1, 0)$
   **(c)** $(0, 0, 0)$, $(1, 6, 0)$, $(1, 1.6, 0)$ et $(0, 1, 0)$

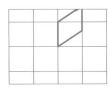

3. **(a)** $\begin{bmatrix} 1 & 0 & 0 \\ 0 & -1 & 0 \\ 0 & 0 & 1 \end{bmatrix}$   **(b)** $\begin{bmatrix} -1 & 0 & 0 \\ 0 & 1 & 0 \\ 0 & 0 & 1 \end{bmatrix}$

   **(c)** $\begin{bmatrix} 1 & 0 & 0 \\ 0 & 1 & 0 \\ 0 & 0 & -1 \end{bmatrix}$

4. **(a)** $M_1 = \begin{bmatrix} \frac{1}{2} & 0 & 0 \\ 0 & 2 & 0 \\ 0 & 0 & \frac{1}{3} \end{bmatrix}$, $M_2 = \begin{bmatrix} \frac{1}{2} & \frac{1}{2} & \cdots & \frac{1}{2} \\ 0 & 0 & \cdots & 0 \\ 0 & 0 & \cdots & 0 \end{bmatrix}$, $M_3 = \begin{bmatrix} 1 & 0 & 0 \\ 0 & \cos 20° & -\sin 20° \\ 0 & \sin 20° & \cos 20° \end{bmatrix}$,

$M_4 = \begin{bmatrix} \cos(-45°) & 0 & \sin(-45°) \\ 0 & 1 & 0 \\ -\sin(-45°) & 0 & \cos(-45°) \end{bmatrix}$, $M_5 = \begin{bmatrix} 0 & -1 & 0 \\ 1 & 0 & 0 \\ 0 & 0 & 1 \end{bmatrix}$

   **(b)** $P' = M_5 M_4 M_3 (M_1 P + M_2)$

5. **(a)** $M_1 = \begin{bmatrix} .3 & 0 & 0 \\ 0 & .5 & 0 \\ 0 & 0 & 1 \end{bmatrix}$, $M_2 = \begin{bmatrix} 1 & 0 & 0 \\ 0 & \cos 45° & -\sin 45° \\ 0 & \sin 45° & \cos 45° \end{bmatrix}$, $M_3 = \begin{bmatrix} 1 & 1 & \cdots & 1 \\ 0 & 0 & \cdots & 0 \\ 0 & 0 & \cdots & 0 \end{bmatrix}$,

$M_4 = \begin{bmatrix} \cos 35° & 0 & \sin 35° \\ 0 & 1 & 0 \\ -\sin 35° & 0 & \cos 35° \end{bmatrix}$, $M_5 = \begin{bmatrix} \cos(-45°) & -\sin(-45°) & 0 \\ \sin(-45°) & \cos(-45°) & 0 \\ 0 & 0 & 1 \end{bmatrix}$,

$M_6 = \begin{bmatrix} 0 & 0 & \cdots & 0 \\ 0 & 0 & \cdots & 0 \\ 1 & 1 & \cdots & 1 \end{bmatrix}$, $M_7 = \begin{bmatrix} 2 & 0 & 0 \\ 0 & 1 & 0 \\ 0 & 0 & 1 \end{bmatrix}$

   **(b)** $P' = M_7(M_5 M_4 (M_2 M_1 P + M_3) + M_6)$

6. $R_1 = \begin{bmatrix} \cos \beta & 0 & \sin \beta \\ 0 & 1 & 0 \\ -\sin \beta & 0 & \cos \beta \end{bmatrix}$, $R_2 = \begin{bmatrix} \cos \alpha & -\sin \alpha & 0 \\ \sin \alpha & \cos \alpha & 0 \\ 0 & 0 & 1 \end{bmatrix}$,

$R_3 = \begin{bmatrix} \cos \theta & 0 & \sin \theta \\ 0 & 1 & 0 \\ -\sin \theta & 0 & \cos \theta \end{bmatrix}$, $R_4 = \begin{bmatrix} \cos \alpha & \sin \alpha & 0 \\ -\sin \alpha & \cos \alpha & 0 \\ 0 & 0 & 1 \end{bmatrix}$,

$R_5 = \begin{bmatrix} \cos \beta & 0 & -\sin \beta \\ 0 & 1 & 0 \\ \sin \beta & 0 & \cos \beta \end{bmatrix}$

7. **(a)** $M = \begin{bmatrix} 1 & 0 & 0 & x_0 \\ 0 & 1 & 0 & y_0 \\ 0 & 0 & 1 & z_0 \\ 0 & 0 & 0 & 1 \end{bmatrix}$ **(b)** $\begin{bmatrix} 1 & 0 & 0 & -5 \\ 0 & 1 & 0 & 9 \\ 0 & 0 & 1 & -3 \\ 0 & 0 & 0 & 1 \end{bmatrix}$